U0266151

向晓汉　黎雪芬　主　编
奚茂龙　副主编

化学工业出版社
·北京·

本书从基础和实用出发，系统介绍了西门子 S7-200/200SMART/1200/300/400 等系列 PLC 技术。

全书分两个部分：第一部分为入门篇，主要介绍了可编程序控制器（PLC）基础、西门子 PLC 的硬件、西门子 PLC 的软件、西门子 PLC 的指令系统、逻辑控制编程的编写方法与调试；第二部分为精通篇，包括 PLC 在过程控制中的应用、PLC 在运动控制中的应用、PLC 在变频器调速系统中的应用、PLC 的 PPI/MPI/PROFIBUS 和 MODBUS 通信、工业以太网通信、西门子 PLC 其他应用技术、西门子 PLC 工程应用案例等。

本书内容丰富，重点突出，强调知识的实用性，同时配有大量实用的例题，便于读者模仿学习。大部分实例都有详细的软件、硬件配置清单，并配有接线图和程序。本书所配电子资源中有重点内容的程序和操作视频资料。

本书可供从事 PLC 应用的技术人员学习使用，也可以作为大中专院校的机电类、信息类专业的教材。

图书在版编目（CIP）数据

西门子 PLC 完全精通教程 / 向晓汉，黎雪芬主编.
2 版. —北京：化学工业出版社，2017.6
ISBN 978-7-122-29274-2

Ⅰ. ①西…　Ⅱ. ①向… ②黎…　Ⅲ. ①PLC 技术-教材
Ⅳ. ①TM571.6

中国版本图书馆 CIP 数据核字（2017）第 048172 号

责任编辑：李军亮　　文字编辑：陈　喆
责任校对：宋　玮　　装帧设计：刘丽华

出版发行：化学工业出版社（北京市东城区青年湖南街 13 号　邮政编码 100011）
印　　刷：北京永鑫印刷有限公司
装　　订：三河市宇新装订厂
787mm×1092mm　1/16　印张 31　字数 776 千字　2017 年 6 月北京第 2 版第 1 次印刷

购书咨询：010-64518888（传真：010-64519686）　售后服务：010-64518899
网　　址：http: // www. cip. com. cn
凡购买本书，如有缺损质量问题，本社销售中心负责调换。

定　　价：98.00 元

前　言

PREFACE

随着计算机技术的发展，以可编程序控制器、变频器调速和计算机通信等技术为主体的新型电气控制系统已经逐渐取代传统的继电器电气控制系统，并广泛应用于各行业。由于西门子 PLC 具有的卓越的性能，因此在工控市场占有非常大的份额，应用十分广泛。虽然 PLC 入门相对比较容易，但对于那些西门子 PLC 刚入门的读者来说，要系统掌握 PLC 的应用还不太容易（如 PLC 通信、运动控制、PID 控制等技术）。编者曾经编写出版了一系列 PLC 技术图书，读者反映较好。因此，为了使读者能既容易读懂，又更好地掌握综合应用技术，我们总结长期的教学经验和工程实践经验，联合企业相关人员，共同编写了《西门子 PLC 完全精通教程》，本书出版后，深受广大读者的欢迎，有很多读者发来邮件与我们探讨 PLC 技术问题，并对本书的内容提出了宝贵意见。近年来，随着 PLC 技术的进步，我们又对第一版的内容进行了优化、调整，并增加了大量的经典小程序和工程实例，使本书的内容更加全面和实用。

我们在编写过程中，除了全面系统地介绍了西门子 PLC 技术的基础知识外，还结合实际应用，将一些生动的操作实例融入到书中，以提高读者的学习兴趣。本书具有以下特点。

（1）内容由浅入深、由基础到应用，理论联系实际，既适合初学者学习使用，也可以供有一定基础的人结合书中大量的实例，深入学习西门子 PLC 的工程应用。

（2）用实例引导读者学习。本书的内容全部用精选的例子来讲解，例如，用例子说明现场总线通信的实现全过程。同时所有的例子都包含软硬件的配置方案图、接线图和程序，而且为确保程序的正确性，程序已经在 PLC 上运行通过。

（3）对于比较复杂的例子，均配有学习资源，包含视频和程序源代码。如工业以太网通信的硬件组态较复杂，就配有视频和程序源代码，读者可以在出版社的网站http://download.cip.com.cn/“配书资源”一栏中下载，便于读者学习。

本书由向晓汉、黎雪芬主编，奚茂龙任副主编，无锡职业技术学院的奚小网教授任主审。全书共分 12 章。第 1 章由无锡小天鹅股份有限公司的苏高峰编写；第 2 章由无锡职业技术学院的奚茂龙博士编写；第 3 章由桂林电子科技大学的向定汉教授编写；第 4、9 和 12 章由无锡职业技术学院的向晓汉编写；第 5 章由无锡雪浪环境科技股份有限公司的刘摇摇编写；第 6 章由无锡雪浪环境科技股份有限公司的王飞飞编写；第 7 章由无锡雷华科技有限公司的欧阳慧彬编写；第 8 章由无锡雷华科技有限公司的陆彬编写；第 10 章由无锡职业技术学院的黎雪芬编写；第 11 章由无锡小天鹅股份有限公司的李润海编写。

由于编者水平有限，不足之处在所难免，敬请读者批评指正。

编　者

目 录

CONTENTS

第1篇 入门篇

第❶章 可编程序控制器（PLC）基础……2

1.1 概述……2

1.1.1 PLC的发展历史……2

1.1.2 PLC的主要特点……3

1.1.3 PLC的应用范围……3

1.1.4 PLC的分类与性能指标……4

1.1.5 PLC与继电器系统的比较……5

1.1.6 PLC与微机的比较……5

1.1.7 PLC的发展趋势……5

1.1.8 PLC在我国……6

1.2 可编程序控制器的结构和工作原理……6

1.2.1 可编程序控制器的硬件组成……6

1.2.2 可编程序控制器的工作原理……9

1.2.3 可编程序控制器的立即输入、输出功能……10

第❷章 西门子PLC的硬件……12

2.1 西门子PLC概述……12

2.2 S7-200系列PLC……13

2.2.1 S7-200 CPU模块……13

2.2.2 S7-200 CPU的接线……14

2.3 S7-200扩展模块……17

2.3.1 数字量I/O扩展模块……17

2.3.2 模拟量I/O扩展模块……18

2.3.3 其他扩展模块……20

2.4 S7-200电源需求计算……23

2.4.1 最大I/O配置……23

2.4.2 电源需求计算……23

2.5 S7-300 PLC常用模块及其接线……24

2.5.1 S7-300 PLC的基本结构……24

2.5.2 S7-300 PLC的CPU模块……25

2.5.3 数字量模块……28

2.5.4 模拟量模块……33

2.5.5 S7-300 PLC的通信处理模块……37

2.5.6 S7-300 PLC的功能模块……37

2.5.7 S7-300 PLC 的其他模块……38
2.6 S7-400 PLC 常用模块简介……38
2.6.1 S7-400 PLC 的概述……38
2.6.2 S7-400 PLC 的机架……39

第3章 西门子 PLC 的软件……42

3.1 西门子 PLC 编程软件的简介……42
3.1.1 LOGO! 的编程软件……42
3.1.2 S7-200 的编程软件……42
3.1.3 S7-200 SMART 的编程软件……42
3.1.4 S7-1200 的编程软件……42
3.1.5 S7-300/400 的编程软件……42
3.2 S7-200 的编程软件 STEP 7-Micro/WIN 的使用……42
3.2.1 STEP 7-Micro/WIN 软件的界面介绍……42
3.2.2 编译 STEP 7-Micro/WIN 项目……45
3.2.3 用 STEP 7-Micro/WIN 建立一个完整的项目……53
3.2.4 S7-200 仿真软件的使用……59
3.3 S7-300/400 编程软件 STEP 7 的使用……61
3.3.1 STEP 7 软件简介……61
3.3.2 编程界面的 SIMATIC 管理器……62
3.3.3 硬件组态与参数设置……65
3.3.4 STEP 7 的下载和上传……80
3.3.5 STEP 7 软件编程……85
3.3.6 用 STEP 7 建立一个完整的项目……86

第4章 西门子 PLC 的指令系统……93

4.1 西门子 PLC 的编程基础知识……93
4.1.1 数据的存储类型……93
4.1.2 编程语言……95
4.2 S7-200 系列 PLC 的指令系统……96
4.2.1 S7-200 的元件的功能与地址分配……96
4.2.2 位逻辑指令……100
4.2.3 定时器与计数器指令……104
4.2.4 功能指令……118
4.2.5 S7-200 PLC 的程序控制指令及其应用……137
4.3 S7-300/400 系列 PLC 的指令系统……146
4.3.1 S7-300/400 编程元件与数据类型……146
4.3.2 寻址方式……150
4.3.3 CPU 中的寄存器……153
4.3.4 位逻辑指令……156
4.3.5 定时器与计数器指令……162

4.3.6 其他常用指令 …… 168
4.4 S7-300/400 PLC 的程序结构 …… 172
4.4.1 功能、功能块和数据块 …… 173
4.4.2 共享数据块（DB）及其应用 …… 176
4.4.3 组织块（OB） …… 184
4.5 S7-300/400 实例 …… 194
第❺章 逻辑控制编程的编写方法与调试 …… 197
5.1 顺序功能图 …… 197
5.1.1 顺序功能图的画法 …… 197
5.1.2 梯形图编程的原则 …… 202
5.1.3 流程图设计法 …… 204
5.2 应用实例 …… 219
5.2.1 液体混合的 PLC 控制 …… 219
5.2.2 全自动洗衣机的 PLC 控制 …… 223
5.3 程序的调试方法 …… 228
5.3.1 用变量监控表进行调试 …… 228
5.3.2 使用 PLCSIM 软件进行调试（对于 S7-300/400） …… 231
5.4 故障诊断 …… 233
5.4.1 使用状态和出错 LED 进行故障诊断 …… 234
5.4.2 用 STEP 7 快速视图进行故障诊断 …… 236
5.4.3 用通信块的输出参数/返回值（RET_VAL）诊断故障 …… 242

第 2 篇 精通篇

第❻章 PLC 在过程控制中的应用 …… 246
6.1 PID 控制简介 …… 246
6.1.1 PID 控制原理简介 …… 246
6.1.2 PID 控制器的参数整定 …… 249
6.2 利用 PID 指令编写过程控制程序 …… 251
第❼章 PLC 在运动控制中的应用 …… 273
7.1 PLC 控制步进电动机 …… 273
7.1.1 步进电动机简介 …… 273
7.1.2 直接使用 PLC 的高速输出点控制步进电动机 …… 274
7.1.3 步进电动机的调速控制 …… 287
7.1.4 步进电动机的正反转控制 …… 289
7.2 PLC 控制伺服系统 …… 291
7.2.1 伺服系统基础 …… 291

7.2.2 直接使用 PLC 的高速输出点控制伺服系统…………293

第8章 PLC在变频器调速系统中的应用…………305

8.1 西门子 MM 440 变频器使用简介…………305
8.1.1 认识变频器…………305
8.1.2 西门子 MM 440 变频器使用简介…………306
8.2 变频器多段频率给定…………309
8.3 变频器模拟量频率给定…………314
8.3.1 模拟量模块的简介…………314
8.3.2 电流信号频率给定（利用 S7-200）…………316
8.3.3 电压信号频率给定（利用 S7-300）…………318
8.4 变频器的通信频率给定…………319
8.4.1 MM 440 变频器通信的基本知识…………319
8.4.2 S7-200 与 MM 440 变频器的 USS 通信频率给定…………322
8.4.3 S7-1200 PLC 与 MM 440 的 USS 通信…………327
8.4.4 S7-300 与 MM 440 变频器的场总线通信频率给定…………333
8.5 使用变频器时电动机的制动和正反转…………338
8.5.1 使用变频器时电动机的制动…………338
8.5.2 使用变频器时电动机的正反转…………339

第9章 PLC的PPI/MPI/PROFIBUS和MODBUS通信…………341

9.1 通信基础知识…………341
9.1.1 通信的基本概念…………341
9.1.2 RS-485 标准串行接口…………344
9.1.3 OSI 参考模型…………345
9.2 SIMATIC NET 工业通信网络…………346
9.2.1 工业通信网络结构…………346
9.2.2 通信网络技术说明…………347
9.3 PPI 通信…………347
9.3.1 初识 PPI 协议…………347
9.3.2 S7-200 系列 PLC 之间的 PPI 通信…………348
9.4 MPI 通信…………352
9.4.1 MPI 通信概述…………352
9.4.2 无组态连接通信方式…………352
9.5 PROFIBUS 现场总线通信…………359
9.5.1 PROFIBUS 现场总线概述…………359
9.5.2 PROFIBUS 通信概述…………360
9.5.3 PROFIBUS 总线拓扑结构…………362
9.5.4 S7-300 与 ET 200M 的 PROFIBUS-DP 通信…………364
9.5.5 S7-300 与 S7-200 间的 PROFIBUS-DP 通信…………370
9.5.6 S7-300 与 S7-300 间的 PROFIBUS-DP 通信…………379

9.6 MODBUS 通信概述 ······ 387
9.6.1 MODBUS 通信概述 ······ 387
9.6.2 MODBUS 传输模式 ······ 388
9.6.3 S7-200 PLC 间 MODBUS 通信 ······ 388
9.6.4 S7-1200 与 S7-1200 的 MODBUS 通信 ······ 392

第10章 工业以太网通信 ······ 397
10.1 以太网通信概述 ······ 397
10.1.1 以太网通信简介 ······ 397
10.1.2 工业以太网通信简介 ······ 398
10.2 S7-200 PLC 的以太网通信 ······ 399
10.3 S7-1200 PLC 的以太网通信 ······ 407
10.3.1 S7-1200 系列 PLC 间的以太网通信 ······ 407
10.3.2 S7-1200 系列 PLC 与 S7-300 系列 PLC 间的以太网通信 ······ 412
10.4 S7-300/400 系列 PLC 的以太网通信 ······ 418
10.4.1 S7-300 间的以太网通信 ······ 418
10.4.2 S7-400 与远程 I/O 模块 ET200 间的 PROFINET 通信 ······ 427
10.4.3 S7-400 与 S7-200 SMART 间的以太网通信 ······ 433

第11章 西门子 PLC 其他应用技术 ······ 439
11.1 高速计数器的应用 ······ 439
11.1.1 高速计数器的简介 ······ 439
11.1.2 高速计数器在转速测量中的应用 ······ 441
11.2 PWM ······ 449
11.2.1 PWM 功能简介 ······ 449
11.2.2 PWM 功能应用举例 ······ 450
11.3 其他技巧/难点 ······ 453
11.3.1 安装和使用西门子软件注意事项 ······ 453
11.3.2 创建和使用 S7-200 的库函数 ······ 454
11.3.3 指针的应用 ······ 457

第12章 西门子 PLC 工程应用案例 ······ 459
12.1 压力数据采集 PLC 控制系统 ······ 459
12.1.1 系统软硬件配置 ······ 459
12.1.2 编写控制程序 ······ 459
12.2 物料混合机的 PLC 控制 ······ 464
12.2.1 系统软硬件配置 ······ 464
12.2.2 编写控制程序 ······ 466
12.3 小型搅拌机的 PLC 控制 ······ 467
12.3.1 系统软硬件配置 ······ 468
12.3.2 控制程序的编写 ······ 468

12.4 啤酒灌装线系统的 PLC 控制 471
12.4.1 系统软硬件配置 472
12.4.2 控制程序的编写 474
12.5 往复运动小车 PLC 控制系统 479
12.5.1 系统软硬件配置 479
12.5.2 控制程序的编写 481
参考文献 485

第 1 篇

入 门 篇

第1章

可编程序控制器（PLC）基础

本章介绍可编程序控制器的历史、功能、特点、应用范围、发展趋势、在我国的使用情况、结构和工作原理等知识，使读者初步了解可编程序控制器，这是学习本书后续内容的必要准备。

1.1 概述

可编程序控制器（Programmable Logic Controller）简称PLC，国际电工委员会（IEC）于 1985 年对可编程序控制器作了如下定义：可编程序控制器是一种数字运算操作的电子系统，专为在工业环境下应用而设计。它采用可编程序的存储器，用来在其内部存储执行逻辑运算、顺序控制、定时、计数和算术运算等操作的指令，并通过数字、模拟的输入和输出，控制各种类型的机械或生产过程。可编程序控制器及其有关设备，都应按易于与工业控制系统连成一个整体，易于扩充功能的原则设计。PLC 是一种工业计算机，其种类繁多，不同厂家的产品有各自的特点，但作为工业标准设备，可编程序控制器又有一定的共性。

1.1.1 PLC 的发展历史

20 世纪 60 年代以前，汽车生产线的自动控制系统基本上都是由继电器控制装置构成的。当时每次改型都直接导致继电器控制装置的重新设计和安装，福特汽车公司的老板曾经说“无论顾客需要什么样的汽车，福特的汽车永远是黑色的”，从侧面反映汽车改型和升级换代比较困难。为了改变这一现状，1969 年，美国的通用汽车公司（GM）公开招标，要求用新的装置取代继电器控制装置，并提出 10 项招标指标，要求编程方便、现场可修改程序、维修方便、采用模块化设计、体积小、可与计算机通信等。同一年，美国数字设备公司（DEC）研制出了世界上第一台可编程序控制器 PDP-14，在美国通用汽车公司的生产线上试用成功，并取得了满意的效果，可编程序控制器从此诞生。由于当时的 PLC 只能取代继电器接触器控制，功能仅限于逻辑运算、计时、计数等，因此称为“可编程逻辑控制器”。伴随着微电子技术、控制技术与信息技术的不断发展，可编程序控制器的功能不断增强。美国电气制造商协会（NEMA）于 1980 年正式将其命名为“可编程序控制器”，简称 PC，由于这个名称和个人计算机的简称相同，容易混淆，因此在我国，很多人仍然习惯称可编程序控制器为 PLC。可以说 PLC 是在继电器控制系统基础上发展起来的。

由于 PLC 具有易学易用、操作方便、可靠性高、体积小、通用灵活和使用寿命长等一系列优点，因此，很快 PLC 就在工业中得到了广泛的应用。同时，这一新技术也受到其他国家的重视。1971 年日本引进这项技术，很快研制出日本第一台 PLC，欧洲于 1973 年研制出第一台 PLC，我国从 1974 年开始研制，1977 年国产 PLC 正式投入工业应用。

进入 20 世纪 80 年代以来，随着电子技术的迅猛发展，以 16 位和 32 位微处理器构成的微机化 PLC 得到快速发展（例如 GE 的 RX7i，使用的是赛扬 CPU，其主频达 1GHz，其信息处理能力几乎和个人电脑相当），使得 PLC 在设计、性能价格比以及应用方面有了突破，不仅控制功能增强，功耗和体积减小，成本下降，可靠性提高，编程和故障检测更为灵活方便，而且随着远程 I/O 和通信网络、数据处理和图像显示的发展，PLC 已经普遍用于控制复杂生产过程。PLC 已经成为工厂自动化的三大支柱（PLC、机器人和 CAD/CAM）之一。

1.1.2 PLC 的主要特点

PLC 之所以高速发展，除了工业自动化的客观需要外，还有许多适合工业控制的独特的优点，它较好地解决了工业控制领域中普遍关心的可靠、安全、灵活、方便、经济等问题，其主要特点如下。

（1）抗干扰能力强，可靠性高　在传统的继电器控制系统中，使用了大量的中间继电器、时间继电器，由于器件的固有缺点，如器件老化、接触不良、触点抖动等现象，大大降低了系统的可靠性。而在 PLC 控制系统中大量的开关动作由无触点的半导体电路完成，因此故障大大减少。

此外，PLC 的硬件和软件方面采取了措施，提高了其可靠性。在硬件方面，所有的 I/O 接口都采用了光电隔离，使得外部电路与 PLC 内部电路实现了物理隔离。各模块都采用了屏蔽措施，以防止辐射干扰。电路中采用了滤波技术，以防止或抑制高频干扰。在软件方面，PLC 具有良好的自诊断功能，一旦系统的软硬件发生异常情况，CPU 会立即采取有效措施，以防止故障扩大。通常 PLC 具有看门狗功能。

对于大型的 PLC 系统，还可以采用双 CPU 构成冗余系统或者三 CPU 构成表决系统，使系统的可靠性进一步提高。

（2）程序简单易学　系统的设计调试周期短　PLC 是面向用户的设备，PLC 的生产厂家充分考虑到现场技术人员的技能和习惯，可采用梯形图或面向工业控制的简单指令形式。梯形图与继电器原理图很相似，直观、易懂、易掌握，不需要学习专门的计算机知识和语言。设计人员可以在设计室设计、修改和模拟调试程序，非常方便。

（3）安装简单，维修方便　PLC 不需要专门的机房，可以在各种工业环境下直接运行，使用时只需将现场的各种设备与 PLC 相应的 I/O 端相连接，即可投入运行。各种模块上均有运行和故障指示装置，便于用户了解运行情况和查找故障。

（4）采用模块化结构，体积小，重量轻　为了适应工业控制需求，除了整体式 PLC 外，绝大数 PLC 采用模块化结构。PLC 的各部件，包括 CPU、电源、I/O 等都采用模块化设计。此外，PLC 相对于通用工控机，其体积和重量要小得多。

（5）丰富的 I/O 接口模块，扩展能力强　PLC 针对不同的工业现场信号（如交流或直流、开关量或模拟量、电压或电流、脉冲或电位、强电或弱电等）有相应的 I/O 模块与工业现场的器件或设备（如按钮、行程开关、接近开关、传感器及变送器、电磁线圈、控制阀等）直接连接。另外，为了提高操作性能，它还有多种人-机对话的接口模块，为了组成工业局部网络，它还有多种通信联网的接口模块等。

1.1.3 PLC 的应用范围

目前，PLC 在国内外已广泛应用于专用机床、机床、控制系统、自动化楼宇、钢铁、石油、化工、电力、建材、汽车、纺织机械、交通运输、环保以及文化娱乐等各行各业。随着

PLC 性能价格比的不断提高，其应用范围还将不断扩大，其应用场合可以说是无处不在，具体应用大致可归纳为如下几类：

（1）顺序控制　这是 PLC 最基本、最广泛应用的领域，它取代传统的继电器顺序控制，PLC 用于单机控制、多机群控制、自动化生产线的控制。例如数控机床、注塑机、印刷机械、电梯控制和纺织机械等。

（2）计数和定时控制　PLC 为用户提供了足够的定时器和计数器，并设置相关的定时和计数指令，PLC 的计数器和定时器精度高、使用方便，可以取代继电器系统中的时间继电器和计数器。

（3）位置控制　大多数的 PLC 制造商，目前都提供拖动步进电动机或伺服电动机的单轴或多轴位置控制模块，这一功能可广泛用于各种机械，如金属切削机床、装配机械等。

（4）模拟量处理　PLC 通过模拟量的输入/输出模块，实现模拟量与数字量的转换，并对模拟量进行控制，有的还具有 PID 控制功能。例如用于锅炉的水位、压力和温度控制。

（5）数据处理　现代的 PLC 具有数学运算、数据传递、转换、排序和查表等功能，也能完成数据的采集、分析和处理。

（6）通信联网　PLC 的通信包括 PLC 相互之间、PLC 与上位计算机、PLC 和其他智能设备之间的通信。PLC 系统与通用计算机可以直接或通过通信处理单元、通信转接器相连构成网络，以实现信息的交换，并可构成“集中管理、分散控制”的分布式控制系统，满足工厂自动化系统的需要。

1.1.4　PLC 的分类与性能指标

（1）PLC 的分类

① 从组成结构形式分类　可以将 PLC 分为两类：一类是整体式 PLC（也称单元式），其特点是电源、中央处理单元、I/O 接口都集成在一个机壳内；另一类是标准模板式结构化的 PLC（也称组合式），其特点是电源模板、中央处理单元模板、I/O 模板等在结构上是相互独立的，可根据具体的应用要求，选择合适的模块，安装在固定的机架或导轨上，构成一个完整的 PLC 应用系统。

② 按 I/O 点容量分类

a．小型 PLC。小型 PLC 的 I/O 点数一般在 128 点以下，如西门子的 S7-200 SMART 系列 PLC。

b．中型 PLC。中型 PLC 采用模块化结构，其 I/O 点数一般在 256～1024 点之间，如西门子的 S7-300 系列 PLC。

c．大型 PLC。一般 I/O 点数在 1024 点以上的称为大型 PLC ，如西门子的 S7-400 系列 PLC。

（2）PLC 的性能指标　各厂家的 PLC 虽然各有特色，但其主要性能指标是相同的。

① 输入/输出(I/O)点数　输入/输出(I/O)点数是最重要的一项技术指标，是指 PLC 的面板上连接外部输入、输出端子数，常称为“点数”，用输入与输出点数的和表示。点数越多表示 PLC 可接入的输入器件和输出器件越多，控制规模越大。点数是 PLC 选型时最重要的指标之一。

② 扫描速度　扫描速度是指 PLC 执行程序的速度。以 ms/K 为单位，即执行 1K 步指令所需的时间。1 步占 1 个地址单元。

③ 存储容量 存储容量通常用K字(KW)或K字节(KB)、K位来表示。这里1K＝1024。有的PLC用“步”来衡量，一步占用一个地址单元。存储容量表示PLC能存放多少用户程序。例如，三菱型号为FX2N-48MR的PLC存储容量为8000步。有的PLC的存储容量可以根据需要配置，有的PLC的存储器可以扩展。

④ 指令系统 指令系统表示该PLC软件功能的强弱。指令越多，编程功能就越强。

⑤ 内部寄存器（继电器） PLC内部有许多寄存器用来存放变量、中间结果、数据等，还有许多辅助寄存器可供用户使用。因此寄存器的配置也是衡量PLC功能的一项指标。

⑥ 扩展能力 扩展能力是反映PLC性能的重要指标之一。PLC除了主控模块外，还可配置实现各种特殊功能的高功能模块。例如A/D模块、D/A模块、高速计数模块、远程通信模块等。

1.1.5 PLC与继电器系统的比较

在PLC出现以前，继电器硬接线电路是逻辑、顺序控制的唯一执行者，它结构简单、价格低廉，一直被广泛应用。PLC出现后，几乎所有的方面都超过继电器控制系统，两者的性能比较见表1-1。

表1-1 可编程序控制器与继电器控制系统的比较

序号	比较项目	继电器控制	可编程序控制器控制
1	控制逻辑	硬接线多、体积大、连线多	软逻辑、体积小、接线少、控制灵活
2	控制速度	通过触点开关实现控制，动作受继电器硬件限制，通常超过10ms	由半导体电路实现控制，指令执行时间短，一般为微秒级
3	定时控制	由时间继电器控制，精度差	由集成电路的定时器完成，精度高
4	设计与施工	设计、施工、调试必须按照顺序进行，周期长	系统设计完成后，施工与程序设计同时进行，周期短
5	可靠性与维护	继电器的触点寿命短，可靠性和可维护性差	无触点，寿命长，可靠性高，有自诊断功能
6	价格	价格低	价格高

1.1.6 PLC与微机的比较

采用微电子技术制造的可编程序控制器与微机一样，也由CPU、ROM（或者FLASH）、RAM、I/O接口等组成，但又不同于一般的微机，可编程序控制器采用了特殊的抗干扰技术，是一种特殊的工业控制计算机，更加适合工业控制。两者的性能比较见表1-2。

表1-2 PLC与微机的比较

序号	比较项目	可编程序控制器控制	微机控制
1	应用范围	工业控制	科学计算、数据处理、计算机通信
2	使用环境	工业现场	具有一定温度和湿度的机房
3	输入/输出	控制强电设备，需要隔离	与主机弱电联系，不隔离
4	程序设计	一般使用梯形图语言，易学易用	编程语言丰富，如C、BASIC等
5	系统功能	自诊断、监控	使用操作系统
6	工作方式	循环扫描方式和中断方式	中断方式

1.1.7 PLC的发展趋势

PLC的发展趋势有如下几个方面：

① 向高性能、高速度、大容量发展。

② 网络化。强化通信能力和网络化，向下将多个可编程序控制器或者多个 I/O 框架相连；向上与工业计算机、以太网等相连，构成整个工厂的自动化控制系统。即便是微型的 S7-200 系列 PLC 也能组成多种网络，通信功能十分强大。

③ 小型化、低成本、简单易用。目前，有的小型 PLC 的价格只有几百元人民币。

④ 不断提高编程软件的功能。编程软件可以对 PLC 控制系统的硬件组态，在屏幕上可以直接生成和编辑梯形图、指令表、功能块图和顺序功能图程序，并可以实现不同编程语言的相互转换。程序可以下载、存盘和打印，通过网络或电话线，还可以实现远程编程。

⑤ 适合 PLC 应用的新模块。随着科技的发展，对工业控制领域将提出更高的、更特殊的要求，因此，必须开发特殊功能模块来满足这些要求。

⑥ PLC 的软件化与 PC 化。目前已有多家厂商推出了在 PC 上运行的可实现 PLC 功能的软件包，也称为“软 PLC”，“软 PLC”的性能价格比比传统的“硬 PLC”更高，是 PLC 的一个发展方向。

PC 化的 PLC 类似于 PLC，但它采用了 PC 的 CPU，功能十分强大，如 GE 的 Rx7i 和 Rx3i 使用的就是工控机用的赛扬 CPU，主频已经达到 1GHz。

1.1.8 PLC 在我国

（1）国外 PLC 品牌　目前 PLC 在我国得到了广泛的应用，很多知名厂家的 PLC 在我国都有应用。

① 美国是 PLC 生产大国，有 100 多家 PLC 生产厂家。其中 A-B 公司的 PLC 产品规格比较齐全，主推大中型 PLC，主要产品系列是 PLC-5。通用电气也是知名 PLC 生产厂商，大中型 PLC 产品系列有 RX3i 和 RX7i 等。德州仪器也生产大、中、小全系列 PLC 产品。

② 欧洲的 PLC 产品也久负盛名。德国的西门子公司、AEG 公司和法国的 TE 公司都是欧洲著名的 PLC 制造商。其中西门子公司的 PLC 产品与美国的 A-B 的 PLC 产品齐名。

③ 日本的小型 PLC 具有一定的特色，性价比较高，比较有名的品牌有三菱、欧姆龙、松下、富士、日立和东芝等，在小型机市场，日系 PLC 的市场份额曾经高达 70%。

（2）国产 PLC 品牌　我国自主品牌的 PLC 生产厂家有 30 余家。在目前已经上市的众多 PLC 产品中，还没有形成规模化的生产和名牌产品，甚至还有一部分是以仿制、来件组装或“贴牌”方式生产。单从技术角度来看，国产小型 PLC 与国际知名品牌小型 PLC 差距正在缩小，使用越来越多。例如和利时、深圳汇川和无锡信捷等公司生产的小型 PLC 已经比较成熟，其可靠性在许多低端应用中得到了验证，但其知名度与世界先进水平还有相当的差距。

总的来说，我国使用的小型可编程序控制器主要以日本的品牌为主，而大中型可编程序控制器主要以欧美的品牌为主。目前 95%以上的 PLC 市场被国外品牌所占领。

1.2 可编程序控制器的结构和工作原理

1.2.1 可编程序控制器的硬件组成

可编程序控制器种类繁多，但其基本结构和工作原理相同。可编程序控制器的功能结构区由 CPU（中央处理器）、存储器和输入/输出模块三部分组成，如图 1-1 所示。

（1）CPU（中央处理器） CPU 的功能是完成 PLC 内所有的控制和监视操作。中央处理器一般由控制器、运算器和寄存器组成。CPU 通过数据总线、地址总线和控制总线与存储器、输入输出接口电路连接。

（2）存储器 在 PLC 中使用两种类型的存储器：一种是只读类型的存储器，如 EPROM 和 EEPROM；另一种是可读/写的随机存储器 RAM。PLC 的存储器分为 5 个区域，如图 1-2 所示。

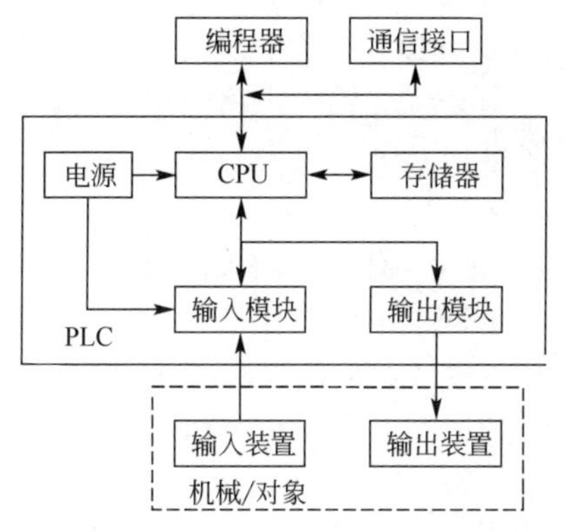

图 1-1 可编程序控制器结构框图

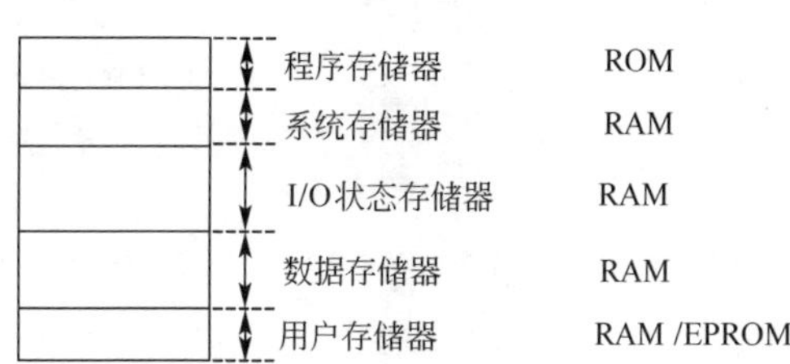

图 1-2 存储器的区域划分

程序存储器的类型是只读存储器（ROM），PLC 的操作系统存放在这里，程序由制造商固化，通常不能修改。也有的PLC允许用户对其操作系统进行升级，例如西门子S7-200SMART 和 S7-1200。存储器中的程序负责解释和编译用户编写的程序、监控 I/O 口的状态、对 PLC 进行自诊断、扫描 PLC 中的程序等。系统存储器属于随机存储器（RAM），主要用于存储中间计算结果和数据、系统管理，有的 PLC 厂家用系统存储器存储一些系统信息，如错误代码等，系统存储器不对用户开放。I/O 状态存储器属于随机存储器，用于存储 I/O 装置的状态信息，每个输入模块和输出模块都在 I/O 映像表中分配一个地址，而且这个地址是唯一的。数据存储器属于随机存储器，主要用于数据处理功能，为计数器、定时器、算术计算和过程参数提供数据存储。有的厂家将数据存储器细分为固定数据存储器和可变数据存储器。用户编程存储器，其类型可以是随机存储器、可擦除存储器（EPROM）和电擦除存储器（EEPROM），高档的 PLC 还可以用 FLASH。用户编程存储器主要用于存放用户编写的程序。存储器的关系如图 1-3 所示。

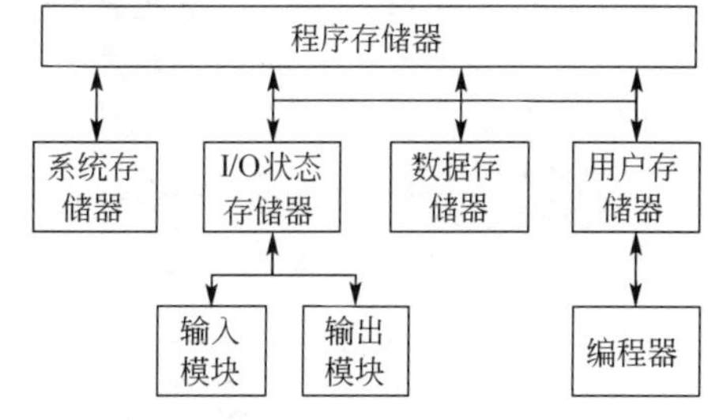

图 1-3 存储器的关系

只读存储器可以用来存放系统程序，PLC 断电后再上电，系统内容不变且重新执行。只读存储器也可用来固化用户程序和一些重要参数，以免因偶然操作失误而造成程序和数据的破坏或丢失。随机存储器中一般存放用户程序和系统参数。当 PLC 处于编程工作时，CPU 从 RAM 中取指令并执行。用户程序执行过程中产生的中间结果也在 RAM 中暂时存放。RAM 通常由 CMOS 型集成电路组成，功耗小，但断电时内容消失，所以一般使用大电容或后备锂电池保证掉电后 PLC 的内容在一定时间内不丢失。

（3）输入/输出接口　可编程序控制器的输入和输出信号可以是开关量或模拟量。输入/输出接口是PLC内部弱电（Low Power）信号和工业现场强电（High Power）信号联系的桥梁。输入/输出接口主要有两个作用，一是利用内部的电隔离电路将工业现场和PLC内部进行隔离，起保护作用；二是调理信号，可以把不同的信号（如强电、弱电信号）调理成CPU可以处理的信号（5V、3.3V或2.7V等），如图1-4所示。

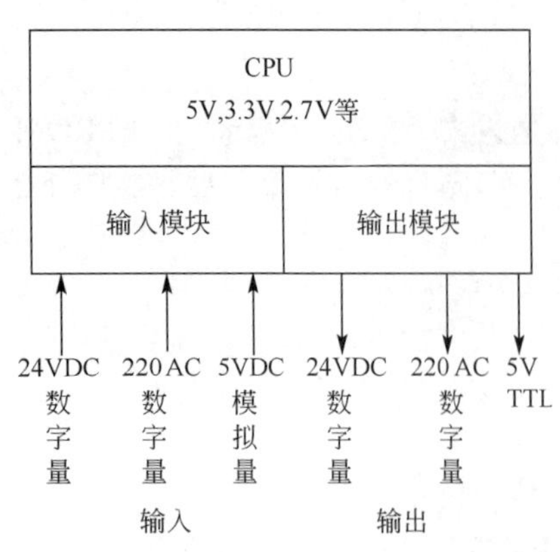

图1-4　输入/输出接口

输入/输出接口模块是PLC系统中最大的部分，输入/输出接口模块通常需要电源，输入电路的电源可以由外部提供，对于模块化的PLC还需要背板（安装机架）。

① 输入接口电路

a．输入接口电路的组成和作用。输入接口电路由接线端子、输入调理和电平转换电路、模块状态显示、电隔离电路和多路选择开关模块组成，如图1-5所示。现场的信号必须连接在输入端子才可能将信号输入到CPU中，它提供了外部信号输入的物理接口；调理和电平转换电路十分重要，可以将工业现场的信号（如强电220V AC信号）转化成电信号（CPU可以识别的弱电信号）；电隔离电路主要利用电隔离器件将工业现场的机械或者电输入信号和PLC的CPU的信号隔开，它能确保过高的电干扰信号和浪涌不串入PLC的微处理器，起保护作用，有三种隔离方式，用得最多的是光电隔离，其次是变压器隔离和干簧继电器隔离；当外部有信号输入时，输入模块上有指示灯显示，这个电路比较简单，当线路中有故障时，它帮助用户查找故障，由于氖灯或LED灯的寿命比较长，所以这个灯通常是氖灯或LED灯；多路选择开关接收调理完成的输入信号，并存储在多路开关模块中，当输入循环扫描时，多路开关模块中信号输送到I/O状态寄存器中。PLC在设计过程中就考虑到了电磁兼容（EMC）。

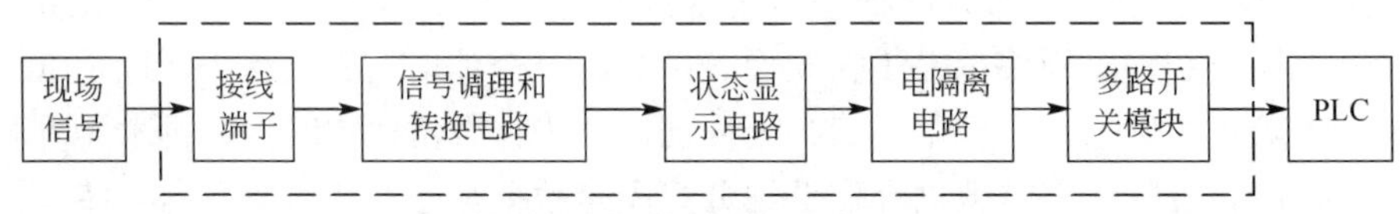

图1-5　输入接口的结构

b．输入信号的设备的种类。输入信号可以是离散信号和模拟信号。当输入端是离散信号时，输入端的设备类型可以是限位开关、按钮、压力继电器、继电器触点、接近开关、选择开关、光电开关等，如图1-6所示。当输入为模拟量输入时，输入设备的类型可以是压力传感器、温度传感器、流量传感器、电压传感器、电流传感器、力传感器等。

【关键点】 PLC的输入和输出信号的控制电压通常是DC 24V，DC 24V电压在工业控制中最为常见。

② 输出接口电路

a．输出接口电路的组成和作用。输出接口电路由多路选择开关模块、信号锁存器、电隔离电路、模块状态显示电路、输出电平转换电路和接线端子组成，如图1-7所示。在输出扫描期间，多路选择开关模块接收来自映像表中的输出信号，并对这个信号的状态和目标地址进行译码，最后将信息送给锁存器；信号锁存器是将多路选择开关模块的信号保存起来，直到下一次更新；输出接口的电隔离电路作用和输入模块的一样，但是由于输出模块输出的信号比输入信号要强得多，因此要求隔离电磁干扰和浪涌的能力更高；输出电平转换电路将隔离电路送来的信号放大成足够驱动现场设备的信号，放大器件可以是双向晶闸管、三极管和干簧继电器等；输出端的接线端子用于将输出模块与现场设备相连接。

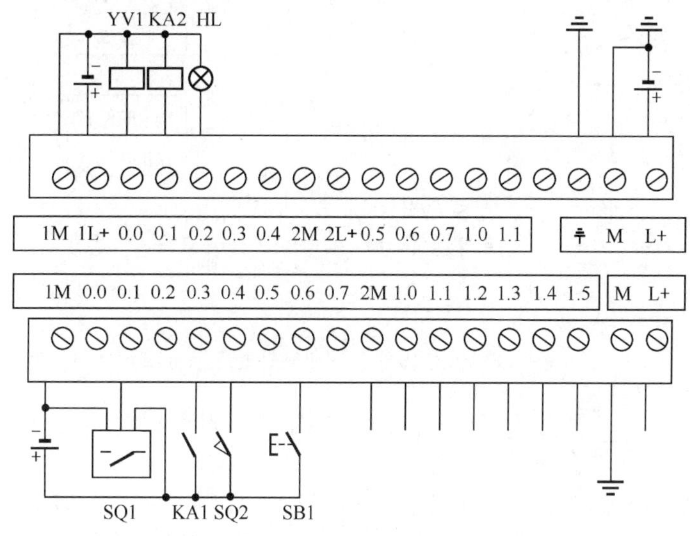

图 1-6 输入/输出接口

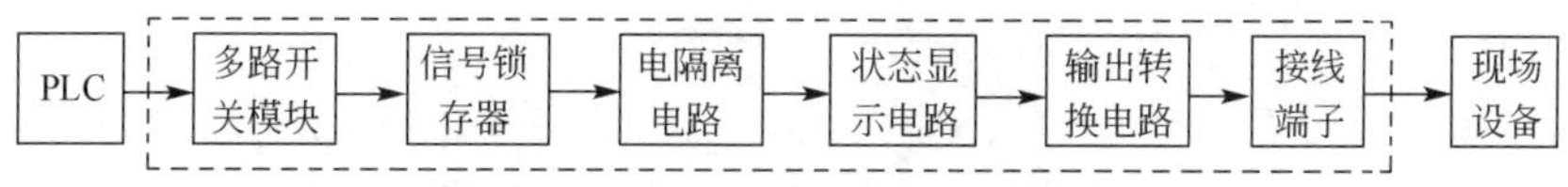

图 1-7 输出接口的结构

b．可编程序控制器有三种输出接口形式：继电器输出、晶体管输出和晶闸管输出形式。继电器输出形式的 PLC 的负载电源可以是直流电源或交流电源，但其输出响应频率较慢。晶体管输出的 PLC 负载电源是直流电源，其输出响应频率较快。晶闸管输出形式的 PLC 的负载电源是交流电源。选型时要特别注意 PLC 的输出形式。

c．输出信号的设备的种类。输出信号可以是离散信号和模拟信号。当输出端是离散信号时，输出端的设备类型可以是电磁阀的线圈、电动机起动器、控制柜的指示器、接触器线圈、LED 灯、指示灯、继电器线圈、报警器和蜂鸣器等。当输出为模拟量输出时，输出设备的类型可以是流量阀、AC 驱动器（如交流伺服驱动器）、DC 驱动器、模拟量仪表、温度控制器和流量控制器等。

1.2.2 可编程序控制器的工作原理

PLC 是一种存储程序的控制器。用户根据某一对象的具体控制要求，编制好控制程序后，用编程器将程序输入到 PLC（或用计算机下载到 PLC）的用户程序存储器中寄存。PLC 的控制功能就是通过运行用户程序来实现的。

PLC 运行程序的方式与微型计算机相比有较大的不同，微型计算机运行程序时，一旦执行到 END 指令，程序运行结束。而 PLC 从 0 号存储地址所存放的第一条用户程序开始，在无中断或跳转的情况下，按存储地址号递增的方向顺序逐条执行用户程序，直到 END 指令结束。然后从头开始执行，并周而复始地重复，直到停机或从运行(RUN)切换到停止(STOP)工作状态。把 PLC 这种执行程序的方式称为扫描工作方式。每扫描完一次程序就构成一个扫描周期。另外，PLC 对输入、输出信号的处理与微型计算机不同。微型计算机对输入、输出信号实时处理，而 PLC 对输入、输出信号是集中批处理。下面具体介绍 PLC 的扫描工作过程。其运行和信号处理示意如图 1-8 所示。

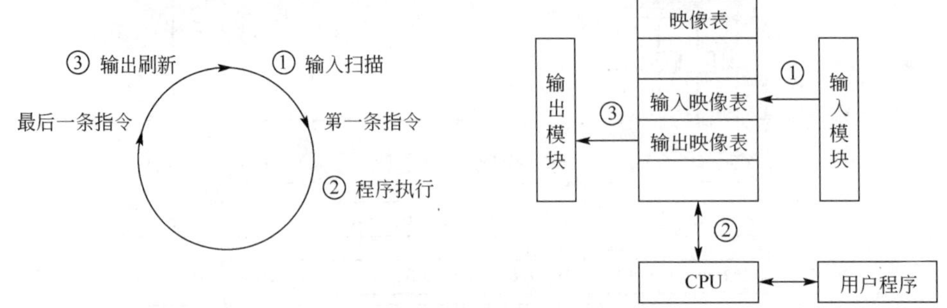

图 1-8 PLC 内部运行和信号处理示意图

PLC 扫描工作方式主要分为三个阶段：输入扫描、程序执行、输出刷新。

（1）输入扫描 PLC 在开始执行程序之前，首先扫描输入端子，按顺序将所有输入信号读入到寄存输入状态的输入映像寄存器中，这个过程称为输入扫描。PLC 在运行程序时，所需的输入信号不是现时取输入端子上的信息，而是取输入映像寄存器中的信息。在本工作周期内这个采样结果的内容不会改变，只有到下一个扫描周期输入扫描阶段才被刷新。PLC 的扫描速度很快，取决于 CPU 的时钟速度。

（2）程序执行 PLC 完成了输入扫描工作后，按顺序从 0 号地址开始的程序进行逐条扫描执行，并分别从输入映像寄存器、输出映像寄存器以及辅助继电器中获得所需的数据进行运算处理。再将程序执行的结果写入输出映像寄存器中保存。但这个结果在全部程序未被执行完毕之前不会送到输出端子上，也就是物理输出是不会改变的。扫描时间取决于程序的长度、复杂程度和 CPU 的功能。

（3）输出刷新 在执行到 END 指令，即执行完用户所有程序后，PLC 上将输出映像寄存器中的内容送到输出锁存器中进行输出，驱动用户设备。扫描时间取决于输出模块的数量。

从以上的介绍可以知道，PLC 程序扫描特性决定了 PLC 的输入和输出状态并不能在扫描的同时改变，例如一个按钮开关的输入信号的输入刚好在输入扫描之后，那么这个信号只有在下一个扫描周期才能被读入。

上述三个步骤是 PLC 的软件处理过程，可以认为就是程序扫描时间。扫描时间通常由三个因素决定：一是 CPU 的时钟速度，越高档的 CPU，时钟速度越高，扫描时间越短；二是 I/O 模块的数量，模块数量越少，扫描时间越短；三是程序的长度，程序长度越短，扫描时间越短。一般的 PLC 执行容量为 1K 的程序需要的扫描时间是 1～10ms。

1.2.3 可编程序控制器的立即输入、输出功能

比较高档的 PLC 都有立即输入、输出功能。

（1）立即输出功能 所谓立即输出功能就是输出模块在处理用户程序时，能立即被刷新。PLC 临时挂起（中断）正常运行的程序，将输出映像表中的信息输送到输出模块，立即进行输出刷新，然后回到程序中继续运行，立即输出的示意图如图 1-9 所示。注意，立即输出功能并不能立即刷新所有的输出模块。

（2）立即输入功能 立即输入适用于要求对反应速度很严格的场合，例如几毫秒的时间

对于控制来说十分关键的情况下。立即输入时，PLC 立即挂起正在执行的程序，扫描输入模块，然后更新特定的输入状态到输入映像表，最后继续执行剩余的程序，立即输入的示意图如图 1-10 所示。

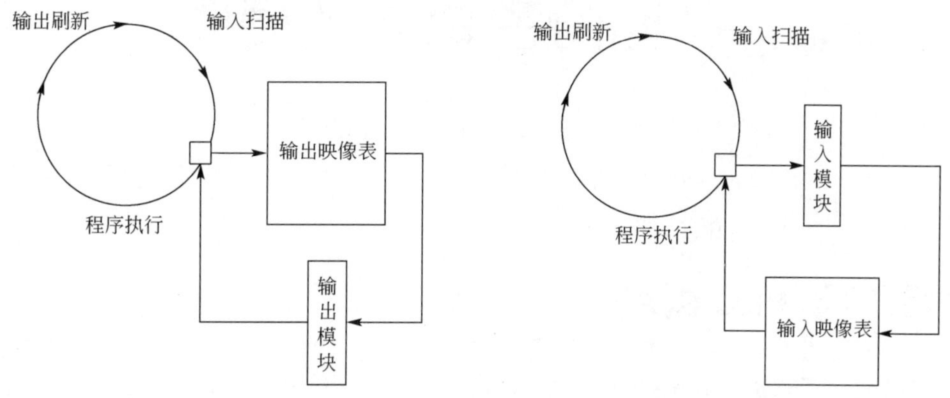

图 1-9 立即输出过程　　　　图 1-10 立即输入过程

【例 1-1】 某设备上有一个两线式 NPN 接近开关和一个三线式 PNP 接近开关，控制器是 S7-200 SAMRT，请画出原理图。

【解】 一般而言，同一台 PLC 上，最好使用 PNP 或者 NPN 型接近开关中的一种。如果有两种，则必须将 PNP 和 NPN 型接近开关分别设计在不同的输入组中，如图 1-11 所示，三线式 PNP 接近开关是 PNP 输入，两线式 NPN 接近开关是 NPN 输入。

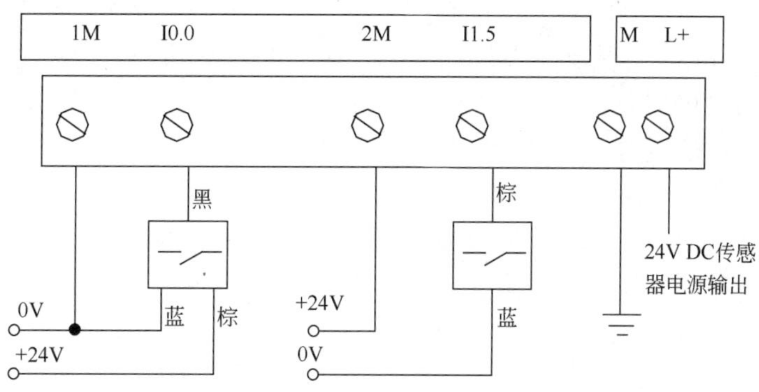

图 1-11 原理图

【关键点】 特别要提醒读者，同一台 PLC 中，如果同时设计 PNP 和 NPN 型接近开关是不合理的，因为这样很容易在接线时出错，特别是在检修时，更是如此。

重点难点总结

（1）PLC 的应用范围。

（2）PLC 的工作机理和结构。

（3）接近开关的接线和使用特别重要。

第2章 西门子 PLC 的硬件

本章主要介绍 S7-200/300/400 的 CPU 模块及其扩展模块的技术性能和接线方法，电源的需求计算。本章的内容非常重要。

2.1 西门子 PLC 概述

德国的西门子（SIEMENS）公司是欧洲最大的电子和电气设备制造商之一，生产的 SIMATIC 可编程序控制器在欧洲处于领先地位。其第一代可编程序控制器是 1975 年投放市场的 SIMATIC S3 系列的控制系统。之后在 1979 年，西门子公司将微处理器技术应用到可编程序控制器中，研制出了 SIMATIC S5 系列，取代了 S3 系列，目前 S5 系列产品仍然有小部分在工业现场使用，在 20 世纪末，西门子又在 S5 系列的基础上推出了 S7 系列产品。最新的 SIMATIC 产品为 SIMATIC S7 和 C7 等几大系列。C7 是基于 S7-300 系列 PLC 性能，同时集成了 HMI。

SIMATIC PLC 系列产品分为：通用逻辑模块（LOGO!）、S7-200 系列、S7-200 SMART 系列、S7-1200 系列、S7-300 系列、S7-400 系列和 S7-1500 系列七个产品系列。S7-200 是在西门子收购的小型 PLC 的基础上发展而来的，因此其指令系统、程序结构和编程软件与 S7-300/400 有较大的区别，在西门子 PLC 产品系列中是一个特殊的产品。S7-200 SMART 是 S7-200 的升级版本，是西门子家族的新成员，于 2012 年 7 月发布，其绝大多数的指令和使用方法与 S7-200 类似，其编程软件也和 S7-200 的类似，而且在 S7-200 的运行的程序，大部分可以在 S7-200 SMART 中运行。S7-1200 系列是在 2009 年才推出的新型小型 PLC，定位于 S7-200 和 S7-300 产品之间，但其使用方法和西门子大中型 PLC 类似。S7-300/400 由西门子的 S5 系列发展而来，是西门子公司的最具竞争力的 PLC 产品。2012 年西门子公司又推出了新品 S7-1500 系列产品。西门子的 PLC 产品系列的定位见表 2-1。

表 2-1 SIMATIC 控制器的定位

序号	控制器	定位	主要任务和性能特征
1	LOGO!	低端独立自动化系统中简单的开关量解决方案和智能逻辑控制器	简单自动化 作为时间继电器、计数器和辅助接触器的替代开关设备 模块化设计，柔性应用 有数字量、模拟量和通信模块 用户界面友好，配置简单 使用拖放功能和智能电路开发
2	S7-200	低端的离散自动化系统和独立自动化系统中使用的紧凑型逻辑控制器模块	串行模块结构、模块化扩展 紧凑设计，CPU 集成 I/O 实时处理能力，高速计数器和报警输入和中断 易学易用的软件 多种通信选项

续表

序号	控制器	定位	主要任务和性能特征
3	S7-200 SMART	低端的离散自动化系统和独立自动化系统中使用的紧凑型逻辑控制器模块，是S7-200的升级版本	串行模块结构、模块化扩展 紧凑设计，CPU 集成 I/O 集成了 PROFINET 接口 实时处理能力，高速计数器和报警输入和中断 易学易用的软件 多种通信选项
4	S7-1200	低端的离散自动化系统和独立自动化系统中使用的小型控制器模块	可升级及灵活的设计 集成了 PROFINET 接口 集成了强大的计数、测量、闭环控制及运动控制功能 直观高效的 STEP 7 Basic 工程系统可以直接组态控制器和 HMI
5	S7-300	中端的离散自动化系统中使用的控制器模块	通用型应用和丰富的 CPU 模块种类 高性能 模块化设计，紧凑设计 由于使用 MMC 存储程序和数据，系统免维护
6	S7-400	高端的离散和过程自动化系统中使用的控制器模块	特别高的通信和处理能力 定点加法或乘法的指令执行速度最快为 0.03μs 大型 I/O 框架和最高 20MB 的主内存 快速响应，实时性强，垂直集成 支持热插拔和在线 I/O 配置，避免重启 具备等时模式，可以通过 PROFIBUS 控制高速机器
7	S7-1500	中高端系统	S7-1500 控制器除了包含多种创新技术之外，还设定了新标准，最大程度提高生产效率。无论是小型设备还是对速度和准确性要求较高的复杂设备装置，都一一适用。SIMATIC S7-1500 无缝集成到 TIA 中，极大提高了工程组态的效率

西门子 PLC 产品共有七个产品系列，每个产品系列都有各自的特色。目前，在我国 LOGO!和 S7-1200 系列 PLC 应用并不十分广泛，故不对其硬件作详细介绍，新推出的 S7-200 SMART 的势头很好，其硬件接线同 S7-200 系列很相似，所以也不对其硬件作详细介绍。在中国使用最多的是 S7-200 系列和 S7-300/400 系列，最具代表性，所以将对这三个产品系列作详细介绍。

2.2 S7-200 系列 PLC

S7-200 系列 PLC 的硬件包括 S7-200 CPU 模块、数字量 I/O 模块、模拟量 I/O 模块和通信模块等，以下分别介绍。

2.2.1 S7-200 CPU 模块

S7-200 CPU 将微处理器、集成电源和多个数字量 I/O 点集成在一个紧凑的盒子中，形成功能比较强大的 S7-200 系列微型 PLC 的模块，如图 2-1 所示。

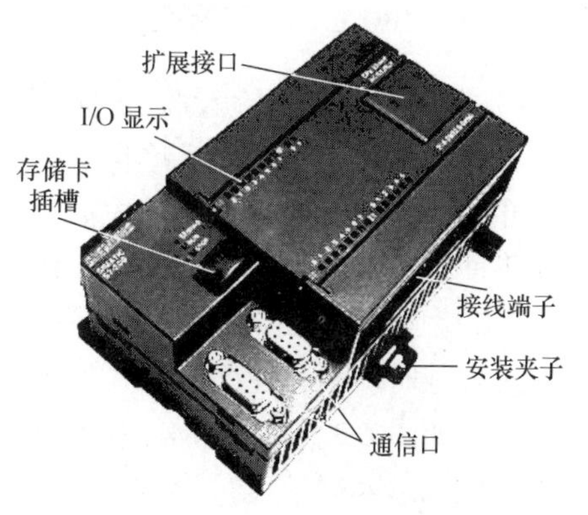

图 2-1 S7-200 CPU 外形

（1）S7-200 CPU 的技术性能　西门子公司的 CPU 模块的中央处理器是 32 位的。西门子公司提供多种类型的 CPU，以适应各种应用要求。不同的 CPU 有不同的技术参数，其规格（节选）见表 2-2。读懂这个性能表是很重要的，设计者在选型时，必须要参考这个表格，例如晶体管输出时，输出电流为 0.75A，若这个点控制一台电动机的启/停，设计者必须考虑这个电流是否足够驱动接触器，从而决定是否增加一个中间继电器。

表 2-2　S7-200 CPU 规格表

项　目		CPU 221	CPU 222	CPU 224	CPU 224XP CPU 224XPsi	CPU 226
程序存储字节	使用运行编程模式	4096		8192	12288	16384
	不使用运行编程模式			12288	16384	24576
数字量 I/O		6/4	8/6	14/10		24/16
模拟量 I/O		无			2/1	无
本位通信口		1 个 RS-485		2 个 RS-485		
PPI、MPI/波特率		9.6kbps、19.2kbps、187.5kbps				
自由口波特率		1.2～115.2 kbps				
高速脉冲输出/kHz		20×2			100×2	20×2
数字量输入特性		典型数值：24V DC，4mA				
数字量输出特性		输出电压：20.4～28.8V DC 每个点的额定电流：0.75A（晶体管输出）、2A（继电器输出）				
供电能力/mA	DC 5V	0	340	660		1 000
	DC 24V	180	180	280		400
定时器		256				
计数器		256				

（2）S7-200 CPU 的工作方式　CPU 的前面板即存储卡插槽的上部，有 3 盏指示灯显示当前工作方式。指示灯为绿色时，表示运行状态；指示灯为红色时，表示停止状态；标有“SF”的灯亮表示系统故障，PLC 停止工作。

CPU 处于停止工作方式时，不执行程序。进行程序的上传和下载时，都应将 CPU 置于停止工作方式。停止方式可以通过 PLC 上的拨钮设定，也可以在编译软件中设定。

CPU 处于运行工作方式时，PLC 按照自己的工作方式运行用户程序。运行方式可以通过 PLC 上的拨钮设定，也可以在编译软件中设定。

2.2.2　S7-200 CPU 的接线

（1）CPU 22X 的输入端子的接线　S7-200 系列 CPU 的输入端接线与三菱的 FX 系列的 PLC 的输入端接线不同，后者不需要接入直流电源，其电源由系统内部提供，而 S7-200 系列 CPU 的输入端则必须接入直流电源。

下面以 CPU 224 为例介绍输入端的接线。“1M”和“2M”是输入端的公共端子，与 24V DC 电源相连，电源有两种连接方法对应 PLC 的 NPN 型和 PNP 型接法。当电源的负极与公共端子相连时，为 PNP 型接法，如图 2-2 所示；而当电源的正极与公共端子相连时，为 NPN 型接法，如图 2-3 所示。“M”和“L+”端子可以向传感器提供 24V DC 的电压，注意这对端子不是电源输入端子。

初学者往往不容易区分 PNP 型和 NPN 型的接法，经常混淆，若读者掌握以下的方法，就不会出错：把 PLC 作为负载，以输入开关（通常为接近开关）为对象，若信号从开关流出

（信号从开关流出，向 PLC 流入），则 PLC 的输入为 PNP 型接法；把 PLC 作为负载，以输入开关（通常为接近开关）为对象，若信号从开关流入（信号从 PLC 流出，向开关流入），则 PLC 的输入为 NPN 型接法。三菱的 FX 系列（FX3 除外）PLC 只支持 NPN 型接法。

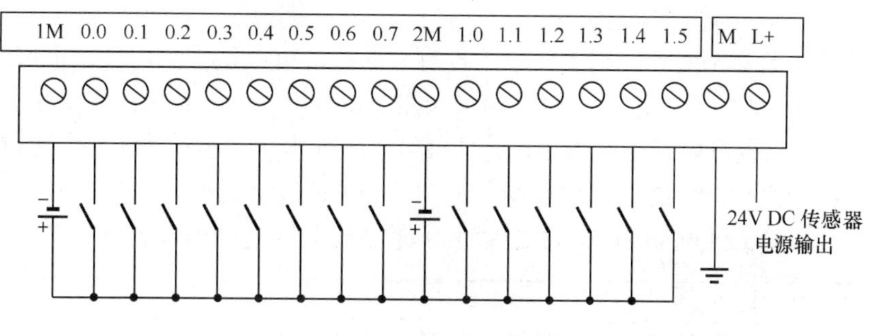

图 2-2　输入端子的接线（PNP）

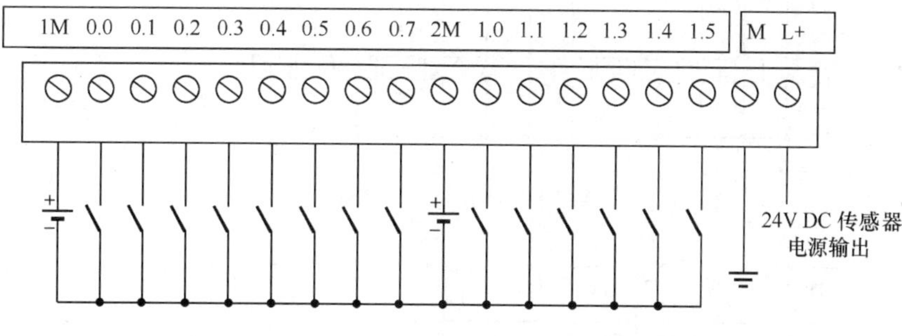

图 2-3　输入端子的接线（NPN）

【关键点】 CPU 的高速输入（I0.3/I0.4/I0.5）可接收 5V DC 信号，其他输入点只可以接收 24V DC 信号，只需将两种信号供电电源的公共端都连接到 1M 端子。但这两种信号必须同时为漏型或源型输入信号。

【例 2-1】 有一台 CPU 224，输入端有一只三线 PNP 接近开关和一只二线 PNP 接近开关，应如何接线？

【解】 对于 CPU 224，公共端接电源的负极。而对于三线 PNP 接近开关，只要将其正、负极分别与电源的正、负极相连，将信号线与 PLC 的“I0.0”相连即可；而对于二线 PNP 接近开关，只要将电源的正极分别与其正极相连，将信号线与 PLC 的“I0.1”相连即可，如图 2-4 所示。

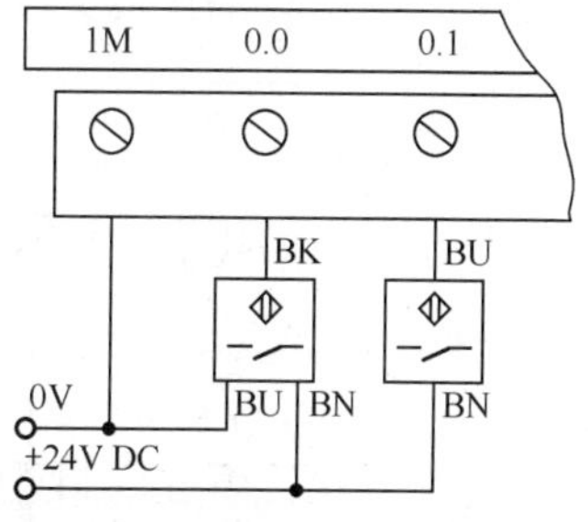

图 2-4　例 2-1 输入端子的接线

（2）CPU 22X 的输出端子的接线　S7-200 系列 CPU 的数字量输出有两种形式：一种是 24V 直流输出（即晶体管输出）；另一种是继电器输出。CPU 上标注“DC/DC/DC”的含义：第一个 DC 表示供电电源电压为 24V DC；第二个 DC 表示输入端的电源电压为 24V DC；第三个 DC 表示输出为 24V DC。CPU 上标注“AC/DC/RLY”的含义：AC 表示供电电源电压为 220V AC，DC 表示输入端的电源电压为 24V DC，“RLY”表示输出为继电器输出。

早期 24V 直流输出只有一种形式，即 PNP 型输出，也就是常说的高电平输出，这点与三菱 FX 系列 PLC 不同，三菱 FX 系列 PLC（FX3 除外，FX3 有 PNP 型和 NPN 型两种可选择的输出形式）为 NPN 型输出，也就是低电平输出，理解这一点十分重要，特别是利用 PLC 进行运动控制（如控制步进电动机时）时，必须考虑这一点。后来，西门子也推出了 NPN 输出的 CPU 模块，即 CPU 224XPsi。

晶体管输出如图 2-5 所示。继电器输出没有方向性，可以是交流信号，也可以是直流信号，但不能使用 380V 的交流电。继电器输出如图 2-6 所示。可以看出，输出是分组安排的，每组既可以是直流，也可以是交流电源，而且每组电源的电压大小可以不同，接直流电源时，没有方向性。在接线时，务必看清接线图。注意，当 CPU 的高速输出点 Q0.0 和 Q0.1 接 5V 电源，其他点（如 Q0.2/Q0.3/Q0.4）接 24V 电压时必须成组连接相同的电压等级。

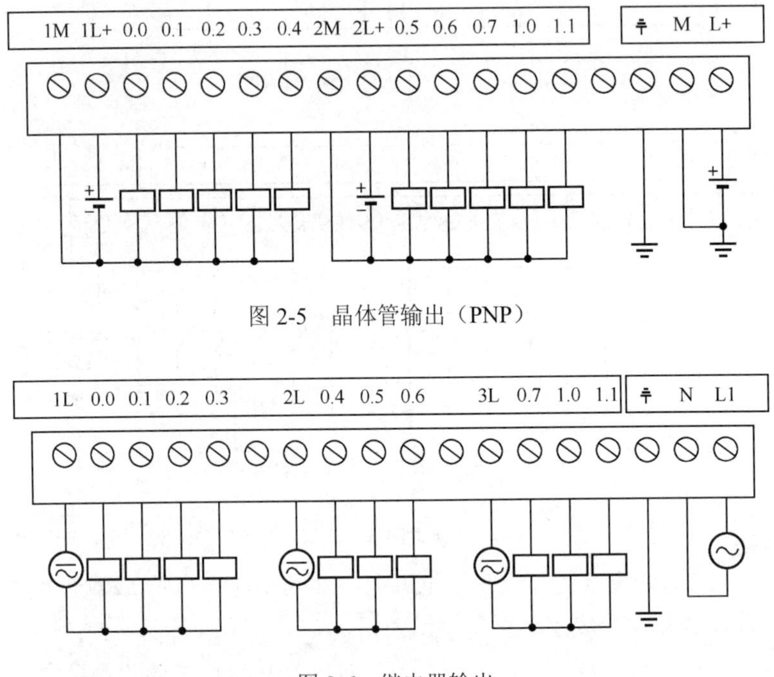

图 2-5 晶体管输出（PNP）

图 2-6 继电器输出

CPU 224XPsi 的输出比较特殊，是 NPN 输出，其接线如图 2-7 所示。这个接线和三菱 FX2N 系列 PLC 的接线类似。

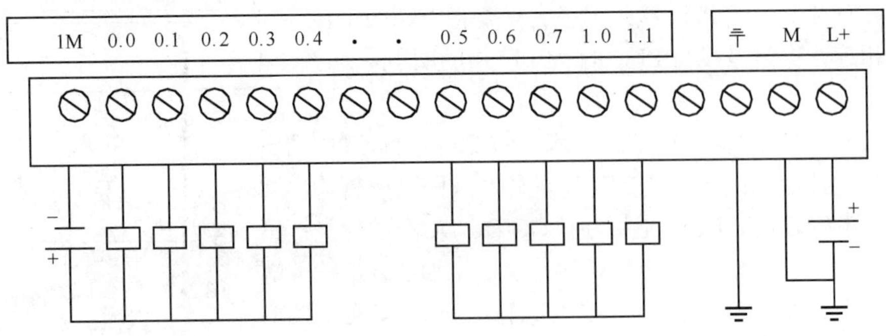

图 2-7 CPU 224XPsi 的输出接线图

在给 CPU 进行供电接线时，一定要特别注意区分是哪一种供电方式，如果把 220V AC

接到 24V DC 供电的 CPU 上，或者不小心接到 24V DC 传感器的输出电源上，都会造成 CPU 的损坏。

【例 2-2】 有一台 CPU 224，控制一只 24V DC 的电磁阀和一只 220V AC 电磁阀，输出端应如何接线？

【解】 因为两个电磁阀的线圈电压不同，而且有直流和交流两种电压，所以如果不经过转换，只能用继电器输出的 CPU，而且两个电磁阀分别在两个组中。其接线如图 2-8 所示。

【例 2-3】 有一台 CPU 224，控制两台步进电动机和一台三相异步电动机的启/停，三相电动机的启/停由一只接触器控制，接触器的线圈电压为 220V AC，输出端应如何接线（步进电动机部分的接线可以省略）？

【解】 因为要控制两台步进电动机，所以要选用晶体管输出的 CPU，而且必须用 Q0.0 和 Q0.1 作为输出高速脉冲点控制步进电动机，但接触器的线圈电压为 220V AC，所以电路要经过转换，增加中间继电器 KA，其接线如图 2-9 所示。

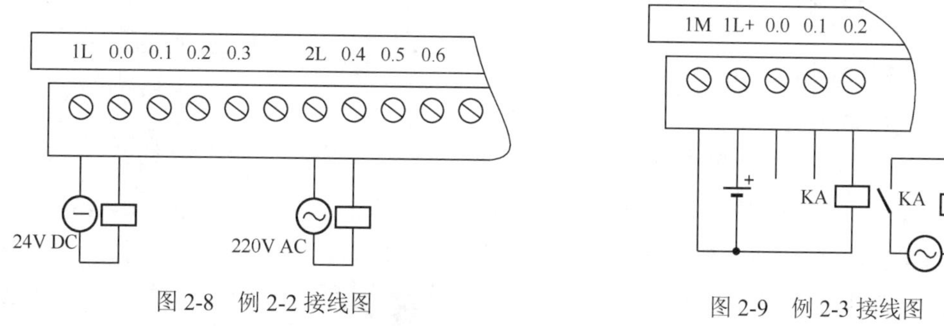

图 2-8 例 2-2 接线图

图 2-9 例 2-3 接线图

2.3 S7-200 扩展模块

通常 S7-200 系列 CPU 只有数字量输入点和数字量输出点（特殊除外，如 CPU 224XP），要完成模拟量的输入、模拟量输出、现场总线通信以及当数字输入输出点不够时，都应该选用扩展模块来解决。S7-200 系列有丰富的扩展模块供用户选用。S7-200 的数字量、模拟量输入/输出模点不能复用（即既能用做输入，又能用做输出）。

2.3.1 数字量 I/O 扩展模块

（1）数字量 I/O 扩展模块的规格　数字量 I/O 扩展模块包括数字量输入模块、数字量输出模块和数字量输入输出混合模块，当 CPU 上数字量输入或者输出点不够时可选用扩展模块。部分数字量 I/O 模块的规格见表 2-3。

表 2-3 数字量 I/O 扩展模块规格表

型　号	输入点	输出点	电　压	功率/W	电源要求	
					5V DC	24V DC
EM 221 DI	8	0	24V DC	1	30mA	32mA
EM 221 DI	8	0	120/230V AC	3	30mA	—
EM 222 DO（DC 输出）	0	8	24V DC	3	50mA	—
EM 222 DO（AC 输出）	0	8	24V DC	4	110mA	—
EM 223（DC 输入、输出）	8	8	24V DC	2	80mA	32mA

（2）数字量I/O扩展模块的接线　数字量I/O模块有专用的扁平电缆与CPU通信，并通过此电缆由CPU向扩展I/O模块提供5V DC的电源。EM 221数字量输入模块的接线如图2-10所示，EM 222数字量输出模块的接线如图2-11所示。可以发现，数字量I/O扩展模块的接线与CPU的数字量输入输出端子的接线是类似的。

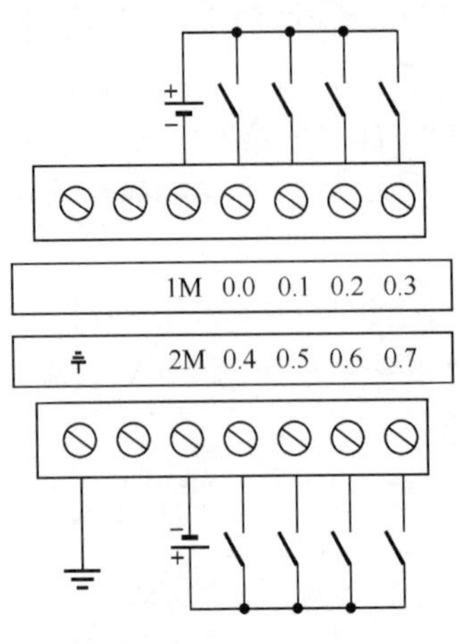

图2-10　EM 221模块接线图

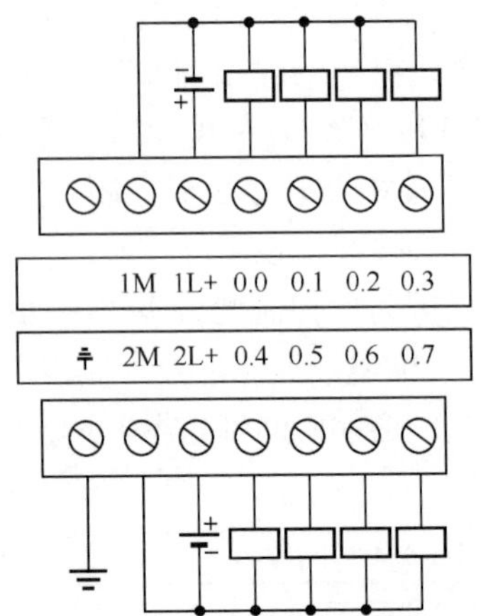

图2-11　EM 222模块接线图

S7-200编程时不必配置I/O地址。S7-200扩展模块上的I/O地址按照离CPU的距离递增排列。离CPU越近，地址号越小。在模块之间，数字量信号的地址总是以8位（1个字节）为单位递增。如果CPU上的物理输入点没有完全占据一个字节，其中剩余未用的位也不能分配给后续模块的同类信号。CPU 222（8点输入、6点输出）配置一块EM 223（4点输入、4点输出）模块，扩展模块的输入地址为I1.0～I1.3，而I1.4～I1.7空置不可用，扩展模块的输出地址为Q1.0～Q1.3，而Q1.4～Q1.7空置不可用。

当CPU和数字量的扩展模块的输入点/输出点有信号输入或者输出时，LED指示灯会亮，显示有输入/输出信号。

2.3.2　模拟量I/O扩展模块

（1）模拟量I/O扩展模块的规格　模拟量I/O扩展模块包括模拟量输入模块、模拟量输出模块和模拟量输入输出混合模块。部分模拟量I/O模块的规格见表2-4。

表2-4　部分模拟量I/O扩展模块规格表

型　号	输入点	输出点	电　压	功率/W	电源要求	
					5V DC	24V DC
EM 231	4	0	24V DC	2	20mA	60mA
EM 232	0	2	24V DC	2	20mA	70mA
EM 235	4	1	24V DC	2	30mA	60mA

（2）模拟量I/O扩展模块的接线　S7-200系列的模拟量模块用于输入/输出电流或者电压信号。模拟量输入模块的接线如图2-12所示，模拟量输出模块的接线如图2-13所示。

模拟量输入模块有两个参数容易混淆，即模拟量转换的分辨率和模拟量转换的精度（误差）。分辨率是A/D模拟量转换芯片的转换精度，即用多少位的数值来表示模拟量。若S7-200

模拟量模块的转换分辨率是 12 位，能够反映模拟量变化的最小单位是满量程的 1/4096。模拟量转换的精度除了取决于 A/D 转换的分辨率，还受到转换芯片的外围电路的影响。在实际应用中，输入的模拟量信号会有波动、噪声和干扰，内部模拟电路也会产生噪声、漂移，这些都会对转换的最后精度造成影响。这些因素造成的误差要大于 A/D 芯片的转换误差。

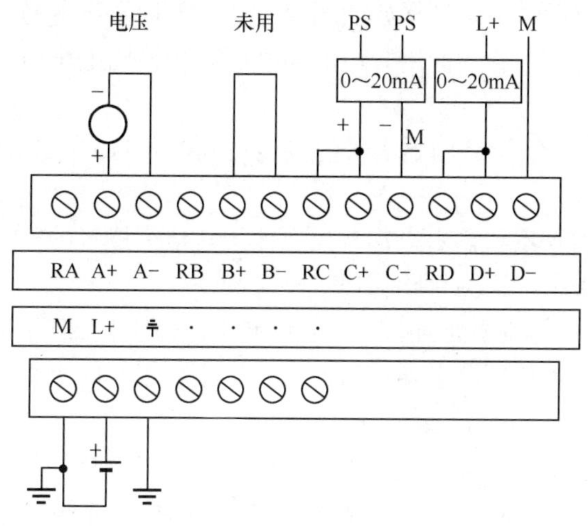

图 2-12 EM 231 模块接线图

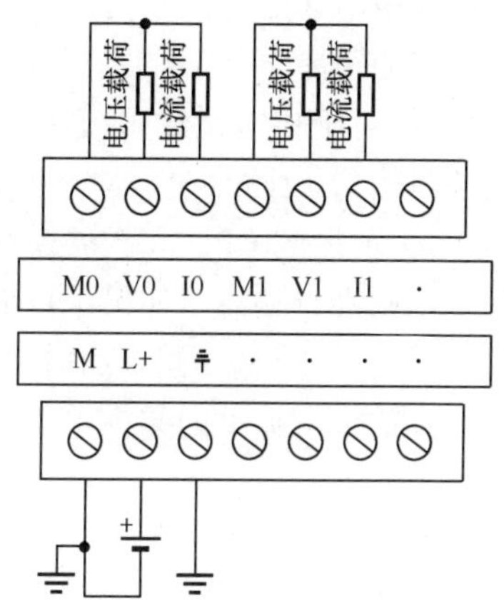

图 2-13 EM 232 模块接线图

当模拟量的扩展模块的输入点/输出点有信号输入或者输出时，LED 指示灯不会亮，这点与数字量模块不同，因为西门子模拟量模块上的指示灯没有与电路相连。

使用模拟量模块时，要注意以下问题。

① 模拟量模块有专用的扁平电缆与 CPU 通信，并通过此电缆由 CPU 向模拟量模块提供 5V DC 的电源。此外，模拟量模块必须外接 24V DC 电源。

② 每个模块能同时输入/输出电流或者电压信号，对于模拟量输入的电压或者电流信号选择通过 DIP 开关设定，量程的选择也是通过 DIP 开关来设定的。一个模块可以同时作为电流信号或者电压输入模块使用，但必须分别按照电流和电压型信号的要求接线。但是 DIP 开关设置对整个模块的所有通道有效，在这种情况下，电流、电压信号的规格必须能设置为相同的 DIP 开关状态。如表 2-5 中，0～5V 和 0～20mA 信号具有相同的 DIP 设置状态，可以接入同一个模拟量模块的不同通道。

表 2-5 选择模拟量输入量程的 EM 231 配置开关

	SW1	SW2	SW3	满 量 程	分 辨 率
单极性	ON	OFF	ON	0～10V	2.5mV
		ON	OFF	0～5V	1.25mV
				0～20mA	5μA
双极性	OFF	OFF	ON	±5V	2.5mV
		ON	OFF	±2.5V	1.25mV

双极性就是信号在变化的过程中要经过“零”，单极性不过零。由于模拟量转换为数字量是有符号整数，因此双极性信号对应的数值会有负数。在 S7-200 中，单极性模拟量输入/输出信号的数值范围是 0～32000；双极性模拟量信号的数值范围是−32000～32000。

③ 对于模拟量输入模块，传感器电缆线应尽可能短，而且应使用屏蔽双绞线，导线应

避免弯成锐角。靠近信号源屏蔽线的屏蔽层应单端接地。

④ 未使用的通道应短接，如图 2-12 中的 B+和 B−端子未使用，进行了短接。

⑤ 一般电压信号比电流信号容易受干扰，应优先选用电流信号。电压型的模拟量信号由于输入端的内阻很高（S7-200 的模拟量模块为 10MΩ），极易引入干扰。一般电压信号是用在控制设备柜内电位器设置，或者距离非常近、电磁环境好的场合。电流型信号不容易受到传输线沿途的电磁干扰，因而在工业现场获得广泛的应用。电流信号可以传输比电压信号远得多的距离。

⑥ 对于模拟量输出模块，电压型和电流型信号的输出信号的接线不同，各自的负载接到各自的端子上。

⑦ 前述的 CPU 和扩展模块的数字量的输入点和输出点都有隔离保护，但模拟量的输入和输出则没有隔离。如果用户的系统中需要隔离，请另行购买信号隔离器件。

⑧ 模拟量输入模块的电源地和传感器的信号地必须连接（工作接地），否则将会产生一个很高的上下振动的共模电压，影响模拟量输入值，测量结果可能是一个变动很大的不稳定的值。

⑨ 模拟量输出模块总是要占据两个通道的输出地址。即便有些模块（EM 235）只有一个实际输出通道，它也要占用两个通道的地址。在计算机和 CPU 实际联机时，使用 Micro/WIN 的菜单命令“PLC”→“信息”，可以查看 CPU 和扩展模块的实际 I/O 地址分配。

【例 2-4】 有一个系统，配置了一台 EM 231，用于测量压力，压力传感器变送器输出的是 4~20mA 的信号，请画出接线图。

【解】 压力传感器上有两个接线端子，正接线端子和+24V 电源相连，负接线端子和 RA 及 A+相连，电源的 0V 和 A−相连。不用的通道要短接，B+和 B−端子短接，C+和 C−端子短接，D+和 D−端子短接，接线图如图 2-14 所示。此外要注意拨码开关的位置，由于是电流信号，SW1 应为“ON”状态，SW2 应为“ON”状态，SW3 应为“OFF”状态。

【关键点】 本接线图是常见的二线式接法，有的电流信号输出的传感器的接法和本例不同（三线或者四线式），因此使用传感器一定要认真阅读传感器的说明书，根据其说明书接线。

2.3.3 其他扩展模块

（1）热电偶、热电阻模块 EM 231 热电偶模块不同于常规的 EM 231 模拟量输入模块，它有冷端补偿电路，可以对测量数值作必要的修正，以补偿基准温度与模块温度差，同时，该模块的放大倍数较大，因此它能直接与热电偶相连，从而测量温度。EM 231 能和 J、K、E、N、S、T 及 R 七种热电偶相连，并测量温度。

EM 231 RTD 为热电阻模块，可以通过模块上的 DIP 开关选择热电阻的类型。

以下简要介绍 EM 231 热电偶模块。

EM 231 热电偶模块的接线如图 2-15 所示。

EM 231 热电偶模拟量模块上有 8 个拨码开关，其中 4 不用，其余的开关都有特定的含义，在使用此模块时特别重要，其设置方法见表 2-6。

【例 2-5】 有一台 EM 231 热电偶模块，用于测量温度，热电偶是 J 型，断线检测方向为正，启用断线检测，采用华氏温度，启用冷端补偿，请正确设置 DIP 拨码开关。

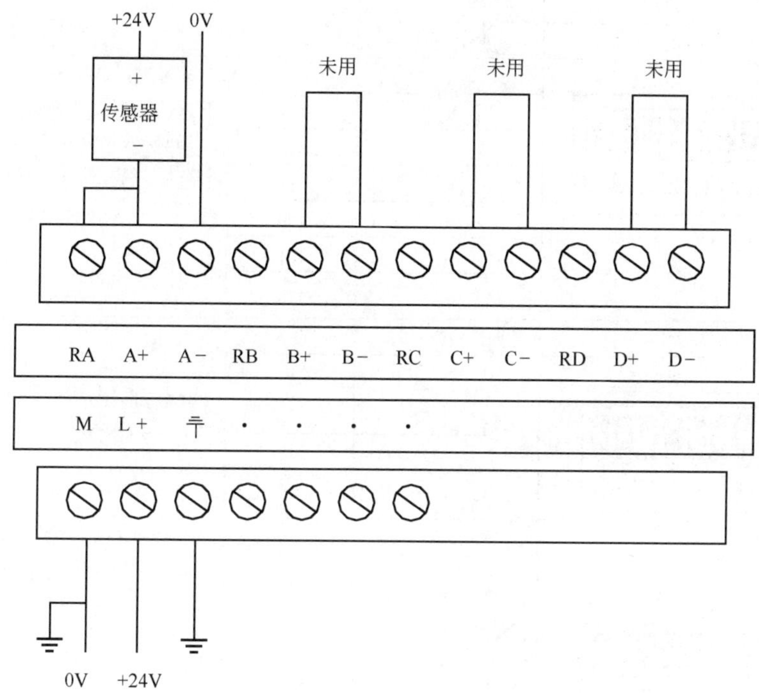

图 2-14　例 2-4 接线图

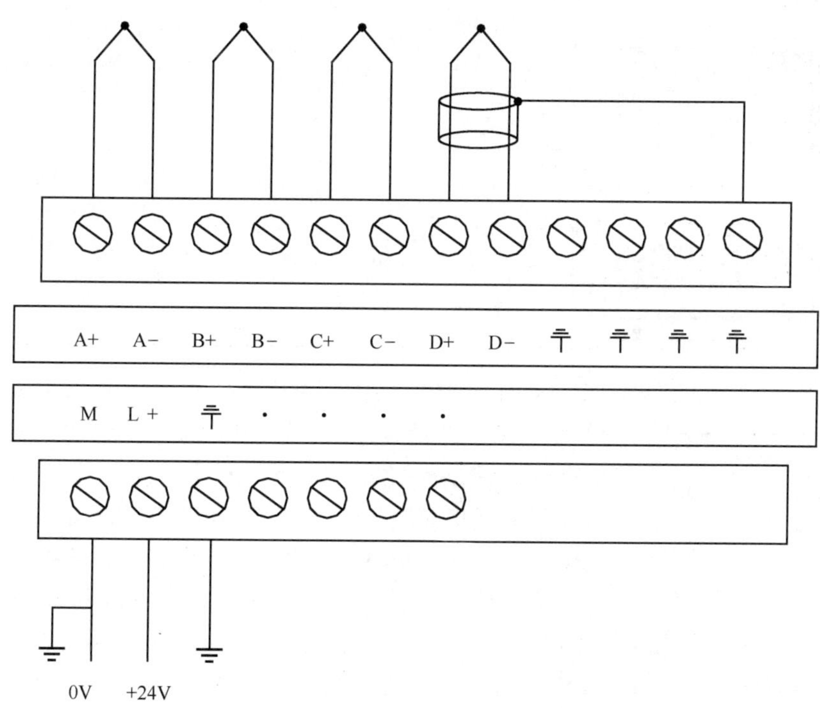

图 2-15　EM 231 热电偶模块的接线

表 2-6 DIP 拨码开关的设置方法

序号	拨码开关位置	项目	设置	含义
	SW1、SW2、SW3	热电偶类型		
1	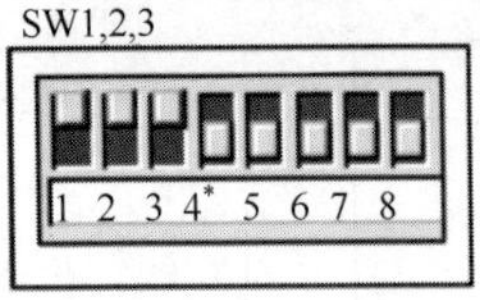 SW1,2,3 1 2 3 4* 5 6 7 8 拨码开关向上表示接通，数值为 1；反之，拨码开关向下表示断开，数值为 0	J	000	通过改变 SW1、SW2、SW3 三个拨码的位置，选择适合连接热电偶的类型。例如，选用的热电偶是 K 型，那么 SW1 设为 0、SW2 设为 0、SW3 设为 1
		K	001	
		T	010	
		E	011	
		R	100	
		S	101	
		N	110	
2	SW5	断线检测方向	设置	0 指示断线为正 1 指示断线为负
	SW5  1 2 3 4 5 6 7 8	+32726.7°	0	
		–32726.7°	1	
3	SW6	断线检测启用	设置	将 25μA 电流注入输入端子，可完成断线检测。断线检测启用开关可以启用或禁用检测电流。如果输入信号超出大约±200mV，EM 231 热电偶模块将检测明线。如检测到断线，测量读数被设定成由断线检测所选定的值
	SW6 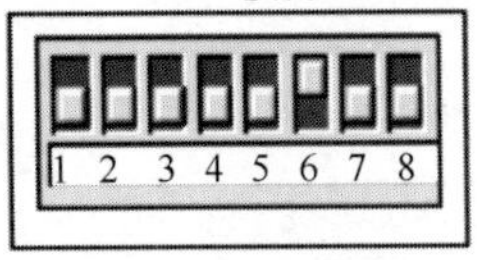 1 2 3 4 5 6 7 8	启用	0	
		禁用	1	
4	SW7	温度选择	设置	设置为 0 表示获得数据为摄氏度 设置为 1 表示获得数据为华氏度
	SW7 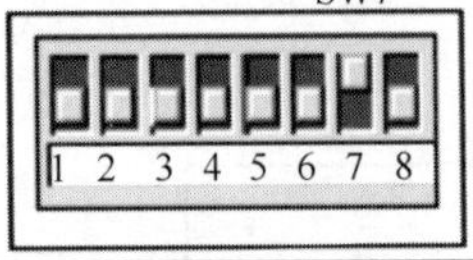 1 2 3 4 5 6 7 8	摄氏度	0	
		华氏度	1	
5	SW8	启用冷端补偿	设置	使用热电偶必须进行冷端补偿，如果没有启用冷端补偿，模块的转换则会出现错误。因为热电偶导线连接到模块连接器时会产生电压，选择±80mV 范围时将自动禁用冷结点补偿
	SW8 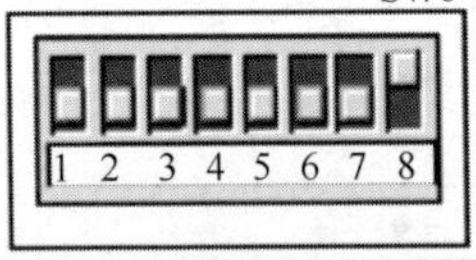 1 2 3 4 5 6 7 8	启用	0	
		不启用	1	

【解】 因为采用 J 型热电偶，SW1、SW2、SW3 设置均为 0；启用断线检测，且为正向 SW5、SW6 设置均为 0；为华氏温度，SW7=1；启用冷端补偿 SW8=0。其设置如图 2-16 所示。

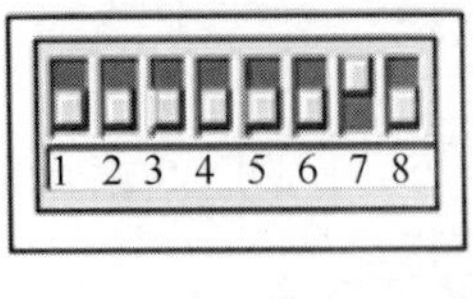

1 2 3 4 5 6 7 8

图 2-16 DIP 拨码开关设置图

（2）通信模块 PROFIBUS-DP（EM 277） S7-200 系列的 CPU 要接入 PROFIBUS-DP 网，则必须配置 EM 277 模块，EM 277 作为 DP 从站（只能作为从站，S7-300 和 S7-400 可以作为主站），EM 277 模块接收来自主站的多种不同的 I/O 组态，向主站发送和接收数据。此外，EM 277 还可以作为 MPI 的从站，与主站（如 S7-300）进行 MPI 通信。正因为 EM 277 是 PROFIBUS-DP 从站模块，不能做主站，而西门子的变频器需要接受主站的控制，所以 EM 277 不能控制西门子变频器。S7-200 不能作为 PROFIBUS-DP 的主站。EM 277 模块并不占用地址。

当CPU上的通信口（如自由口通信等）已经被占用，或者CPU的连接数已经用尽时，如果还要连接HMI，则可以在CPU上附加EM 277模块，EM 277上的通信口可以连接西门子的HMI。其他品牌的HMI是否能够连接要询问其生产厂家。

对EM 277重新设置地址后，须断电后重新上电才起作用。有时重新设置且断电后仍然不起作用，则要检查EM 277地址拨码是否到位。

通信模块中还有Modem模块EM 241和以太网模块CP243-1等。

（3）定位模块（EM 253） S7-200系列CPU（晶体管输出时）的Q0.0和Q0.1可以输出高速脉冲，可以用于控制步进电动机和伺服电动机，但若要求较高时，则应使用定位模块EM 253。

2.4 S7-200电源需求计算

2.4.1 最大I/O配置

最大I/O的限制条件：

① CPU的I/O映像区的大小限制。

② CPU本体的I/O点数的不同。

③ CPU所能扩展的模块数目，如CPU 224能扩展7个模块，CPU 222能扩展2个模块。

④ CPU内部+5V电源是否满足所有扩展模块的需要，扩展模块的+5V电源不能外接电源，只能由CPU供给。

⑤ CPU智能模块对I/O点地址的占用。

而在以上因素中，CPU的供电能力对扩展模块的个数起决定因素，因此最为关键。

2.4.2 电源需求计算

所谓电源计算，就是用CPU所能提供的电源容量减去各模块所需要的电源消耗量。S7-200 CPU模块提供5V DC和24V DC电源。当有扩展模块时，CPU通过I/O总线为其提供5V电源，所有扩展模块的5V电源消耗之和不能超过该CPU提供的电源额定值。若不够用，不能外接5V电源。

每个CPU都有一个24V DC传感器电源，它为本机输入点和扩展模块输入点及扩展模块继电器线圈提供24V DC。如果电源要求超出了CPU模块的电源定额，可以增加一个外部24V DC电源来供给扩展模块，但只能二选一，不能同时由外接电源和CPU供电。

注意，EM 277模块本身不需要24V DC电源，这个电源是专供通信端口用的。24V DC电源的需求取决于通信端口上的负载大小。CPU上的通信口可以连接PC/PPI电缆和TD 200并为它们供电，此电源消耗已经不必再纳入计算。下面举例说明电源的需求计算。

【例2-6】 某系统上有1个CPU 224、1个EM 221模块和3个EM 223模块，计算由CPU 224供电，电源是否足够？

【解】 首先查表2-2可知，CPU 224（AC/DC/RLY）的供电能力是5V DC电压时，提供最大660 mA电流；24V DC电压时，最大提供280mA电流。

因为$660-1\times30-3\times80=390(mA)$，可见5V DC电源是足够的。

又因为 280−14×4−3×8×4−3×8×9−8×4=−120(mA)，可见 24V DC 电源是不够的。

因此，24V DC 电源需要使用外加电源，但是注意外加电源不能与 CPU 模块本身的电源并联在一起，可直接连到需要的电源上。

2.5 S7-300 PLC 常用模块及其接线

2.5.1 S7-300 PLC 的基本结构

S7-300 PLC 是模块化结构设计的 PLC，各个单独模块之间可进行广泛组合和扩展。它的主要组成部分有电源模块（PS）、中央处理器模块（CPU）、导轨（RACK）、接口模块（IM）、信号模块（SM）和功能模块（FM）等。S7-300 PLC 可以通过 MPI 接口直接与编程器（PG）、操作面板（OP）和其他 S7 系列 PLC 相连。其实物如图 2-17 所示，其系统构成如图 2-18 所示。

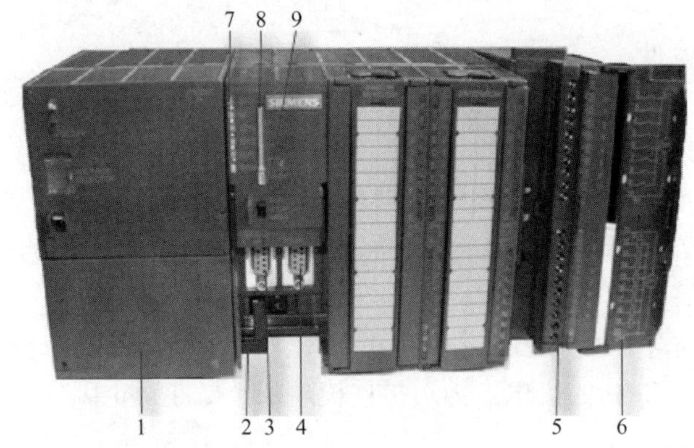

图 2-17 S7-300 PLC 实物图

1—电源模块；2—24V DC 连接器；3—MPI 接口；4—DP 接口；5—前连接器；6—前盖；7—状态和故障指示灯；8—存储卡；9—模式开关

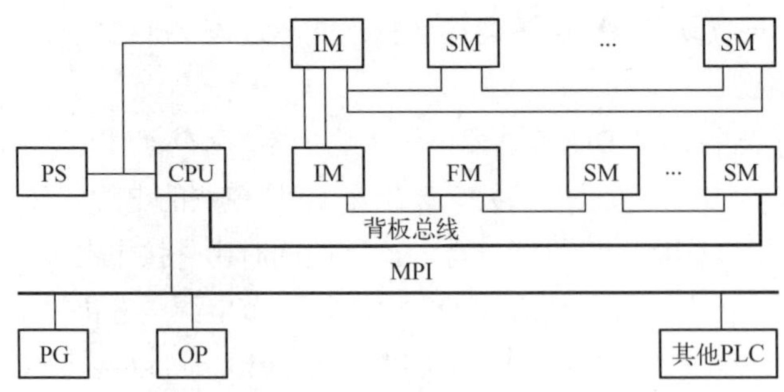

图 2-18 S7-300 PLC 系统构成图

① 电源模块（PS）：用于向 CPU 及其扩展模块提供 DC 24V 电源。电源模块与 CPU 之间用电缆（连接器）连接，而不是用背板供电，因此有的设计者为了节约成本用普通开关电源取代西门子的电源模块，但这种设计是不被西门子公司推荐的。目前电源模块有 2A、5A 和 10A 3 种规格，可根据实际情况选用。

② 中央处理器模块（CPU）：S7-300 PLC 的 CPU 模块主要包括 CPU 312、CPU 312C、

CPU 313C、CPU 313C-PtP、CPU 314-2DP 等型号。有的型号还有不同的版本号（如 CPU 314-2DP 目前有 2.0 版和 2.6 版），每种 CPU 有其不同的性能。CPU 型号中的“C”表示紧凑型 CPU；CPU 型号中的“DP”表示带有 9 针的 DP 接口；CPU 型号中的“PtP”表示带有 15 针的 PtP 接口；有的 CPU 上还带有输入/输出端子。

③ 导轨（RACK）：是安装 S7-300 PLC 各类模块的机架，它是特制的异形板，其标准长度有 160mm、482mm、530mm、830mm 和 2000mm，可以根据实际选用，此导轨可以切割成实际需要的长度。

④ 信号模块(SM)：是数字量 I/O 模块和模拟量 I/O 模块的总称。信号模块主要有 SM 321（数字量输入）、SM 322（数字量输出）、SM 331（模拟量输入）和 SM 332（模拟量输出）等模块。每个模块都带有一个总线连接器，用于 CPU 和其他模块之间的数据通信。

⑤ 功能模块(FM)：主要用于对实时性和存储量要求高的控制任务。如计数模块 FM 350、定位模块 FM 353 等。

通信处理模块（CP）用于 PLC 之间、PLC 与计算机和其他智能设备之间的通信，可以将 PLC 接入工业以太网、PROFIBUS 和 AS-I 网络，或用于串行通信。它可以减轻 CPU 处理通信的负担，并减少用户对通信功能的编程工作。

⑥ 接口模块（IM）：用于多机架配置时连接主机架（CR）和扩展机架（ER）。S7-300 PLC 通过分布式的主机架和连接的扩展机架(最多可连接 3 个扩展机架)，可以最多操作 32 个模块。

2.5.2 S7-300 PLC 的 CPU 模块

S7-300 PLC 的 CPU 模块共有几十个不同的型号，按照性能等级划分，可涵盖各种应用领域。主要分以下几类：

（1）CPU 模块的分类

① 紧凑型 CPU。包括 CPU 312C、313C、313C-PtP、313C-2DP、314C-PtP 和 314C-2DP。各 CPU 均有计数、频率测量和脉冲宽度调制功能。有的带有定位功能，有的带有 I/O。

② 标准型 CPU。包括 CPU 312、313、314、315、315-2DP 和 316-2DP。

③ 户外型 CPU。包括 CPU 312 IFM、314 IFM、314 户外型和 315-2DP。这种模型在恶劣的环境下使用。

④ 高端 CPU。包括 CPU 317-2DP 和 CPU 318-2DP。具有大容量的程序存储器和 PROFIBUS-DP 接口，可以用于大规模的 I/O 配置（如 CPU 318-2DP 最多可以配置 65536 个数字 I/O），建立分布式 I/O 结构。

⑤ 故障安全型 CPU。CPU 315F，不需要对故障 I/O 进行额外接线，可以组态成一个故障安全型自动化系统。

（2）CPU 的状态与故障显示 LED　CPU 317-2DP 的面板如图 2-19 所示，其他的 CPU 的面板和 CPU 317-2DP 类似。

① SF（系统出错/故障显示，红色）：CPU 硬件故障或软件错误时亮。

② BATF（电池故障，红色）：电池电压低或没有电池时亮。

③ DC 5V（+5V 电源指示，绿色）：5V 电源正常时亮。

④ FRCE（强制，黄色）：至少有一个 I/O 被强制时亮。

⑤ RUN（运行方式，绿色）：CPU 处于 RUN 状态时亮；重新启动时以 2Hz 的频率闪亮；HOLD（单步、断点）状态时以 0.5Hz 的频率闪亮。

⑥ STOP（停止方式，黄色）：CPU 处于 STOP、HOLD 状态或重新启动时常亮。

⑦ BF（总线错误，红色）。

（3）模式选择开关　模式开关的外形如图 2-20 所示，老式型号的外观与之有区别。

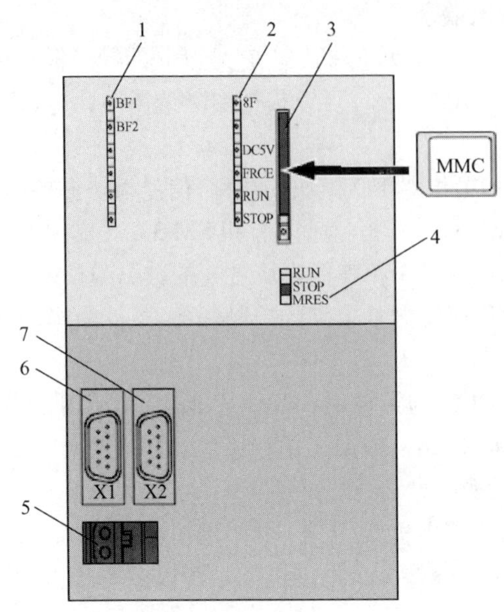

图 2-19　CPU 317-2DP 的面板

1—总线故障指示器；2—状态和错误显示；3—微存储卡（MMC）的插槽；
4—模式选择器开关；5—电源连接；6—接口 X1 （MPI/DP）；7—接口 X2 （DP）

图 2-20　模式开关的外形

① RUN 模式：CPU 执行用户程序。

② STOP 模式：CPU 不执行用户程序。

③ MRES：CPU 存储器复位，带有用于 CPU 存储器复位按钮功能的模式选择器开关位置。通过模式选择器开关进行 CPU 存储器复位需要特定操作顺序。

④ 复位存储器操作：通电后从 STOP 位置扳到 MRES 位置，“STOP” LED 熄灭 1s，亮 1s，再熄灭 1s 后保持亮。放开开关，使它回到 STOP 位置，然后又回到 MRES，“STOP” LED 以 2Hz 的频率至少闪动 3s，表示正在执行复位，最后“STOP” LED 一直亮。

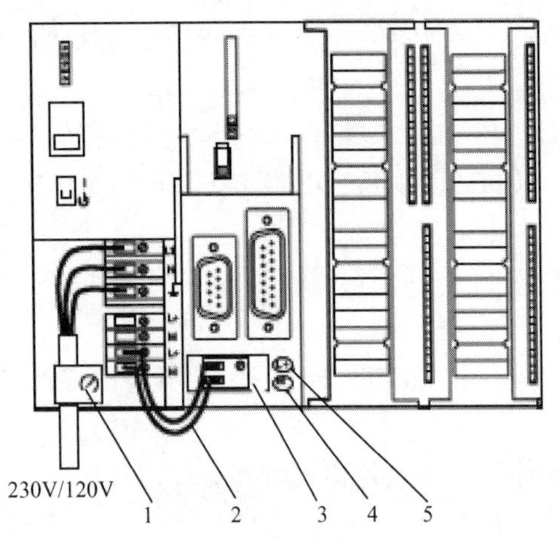

图 2-21　电源模块和 CPU 接线

1—电缆夹；2—连接电缆；
3—可拆卸的电源连接器；
4—标记“M”；5—标记“L+”

（4）紧凑型 CPU 的接线　紧凑型 CPU 的接线基本类似，因此以 CPU 314C-2DP 为例讲解紧凑型 CPU 的接线。

① 电源模块和 CPU 的接线。电源模块和 CPU 接线比较简单，S7-300 PLC 的接线都相同。先打开 PS 307 电源模块和 CPU 的前面板，再打开 PS 307 上的电缆夹，接着将电源电缆连接到 PS 307 的 L1、N 和保护接地（PE）端。最后将 PS 307 上的端子 M 和 L+ 连接到 CPU 上的 M 和 L+端子。电源模块和 CPU 接线如图 2-21

所示。

② 数字 I/O 的接线。紧凑型 CPU 一般带有数字 I/O，输入为 PNP 型输入（高电平有效），这一点不同于 S7-200 PLC，后者为 PNP 型和 NPN 型输入可选，因此输入端若要连接接近开关，通常应选择 PNP 型。输入端的 1 号端子与 DC 24 V 相连，而 20 号端子与 0V 相连，10 号和 11 号端子不使用，其余输入端的端子都可以作为输入点使用。

输出也是 PNP 输出（高电平有效），这一点与 S7-200 PLC 相同。输出端的 21 号和 31 号端子与 DC 24 V 相连，而 30 号和 40 号端子与 0V 相连，其余输出端的端子都可以作为输出点使用。数字 I/O 的接线如图 2-22 所示。S7-300 PLC 的接线图一般印刷在机壳上，当然也可从西门子公司的网站下载。

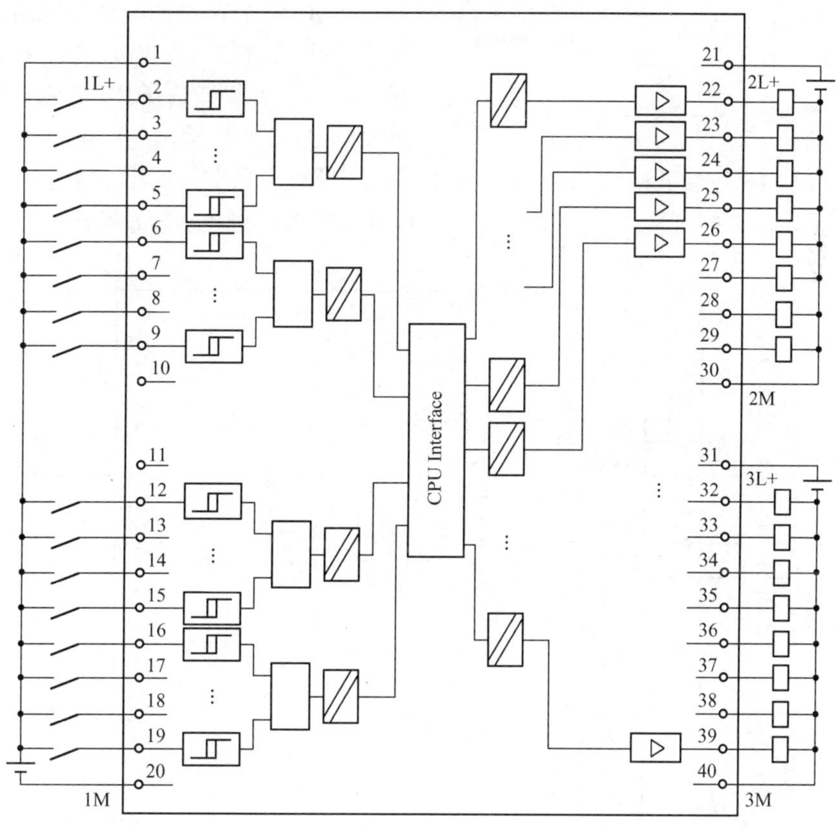

图 2-22 CPU 314C-2DP 的数字 I/O 的接线

【例 2-7】 某设备的控制器为 CPU 314C-2DP，控制三相交流电动机的启停控制，并有一只接近开关限位，请设计接线图。

【解】 根据题意，只需要 3 个输入点和 1 个输出点。因此使用 CPU 314C-2DP 上集成的 I/O 即可，输入端和输出端都是 PNP 型，因此接近开关只能用 PNP 型的接近开关（不用转换电路时），接线图如图 2-23 所示。交流电动机的启停一般要使用交流接触器，交流回路由读者自行设计，在此不作赘述。

③ 模拟量 I/O 的接线。紧凑型 CPU 除了带有数字 I/O，一般还自带模拟 I/O，这无疑是非常方便的，对于要求不是很高控制系统使用紧凑型 CPU 是非常经济的。

如图 2-24 所示，CPU 314C-2DP 有 5 个模拟输入通道，其中输入通道 0（CH0）、输入通道 1（CH1）、输入通道 2（CH2）和输入通道 3（CH3），每个输入通道都可以输入电压或者电流信号，但二者只能选择其一，不能同时输入，例如在通道 0 中要采集电压信号，那么只要将电压信号连接在 2 号端子和 4 号端子之间即可，3 号端子悬空。

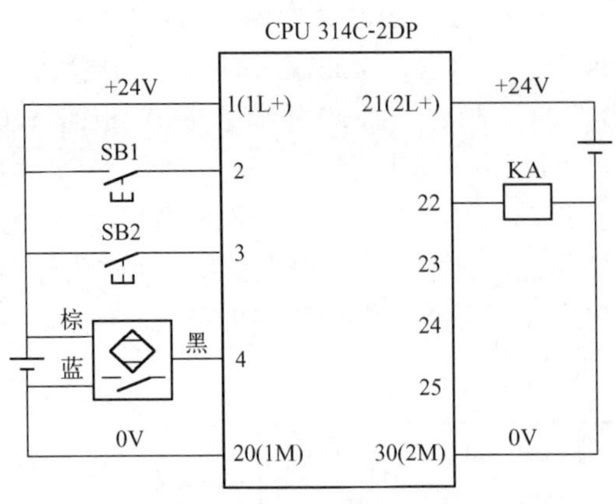

图 2-23 例 2-7 的接线图

14 号和 15 号端子上只能接入热电阻 Pt100。

AO0 和 AO1 是两个模拟输出通道，每个模拟输出通道都可输出模拟电压信号和电流信号，但二者只能选择其一，不能同时输出，例如在 AO0 中要输出电压信号，那么只要将电压信号连接在 16 号端子和 20 号端子之间即可，17 号端子悬空。读者可能已经发现这里只谈到接线端子，却未提到输入/输出地址，有关地址相关内容将在后续章节讲解。

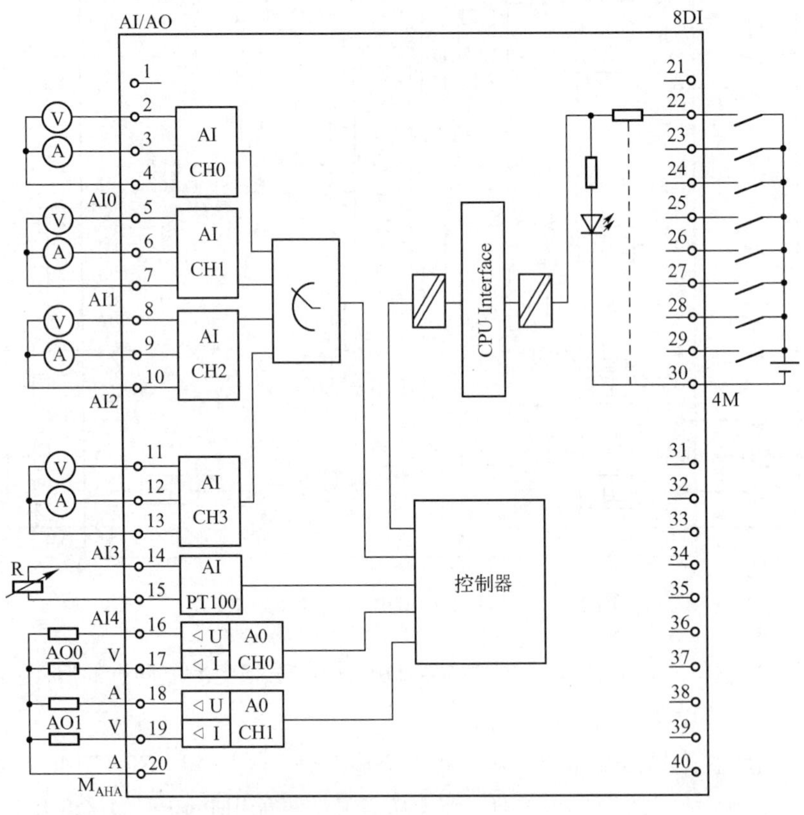

图 2-24 CPU 314C-2DP 的模拟 I/O 接线

2.5.3 数字量模块

S7-300 PLC 有多种型号的数字量输入/输出（I/O）模块供选择。以下将介绍数字量输入模块 SM 321、数字量输出模块 SM 322 和数字量输入/输出模块 SM 323。

（1）数字量输入模块 SM 321

① 数字量输入模块 SM 321 的工作原理。数字量模块用于采集现场过程的数字信号，有的模块采集直流信号，有的模块则可采集交流信号，并把它转化成 PLC 内部的信号电平。对于现场输入元件，仅要求提供开关触点即可。输入信号进入模块后，一般经过光电隔离、滤波，然后送到输入缓冲寄存器等，到 CPU 采样时，采样信号经过背板总线进入输入映像区。

用于采集直流信号的模块称为直流输入模块，一般的输入电压为 DC 24V，如图 2-25 所示。用于采集交流信号的模块称为交流输入模块，一般的输入电压为 AC 120V 或者 AC 230V，如图 2-26 所示。

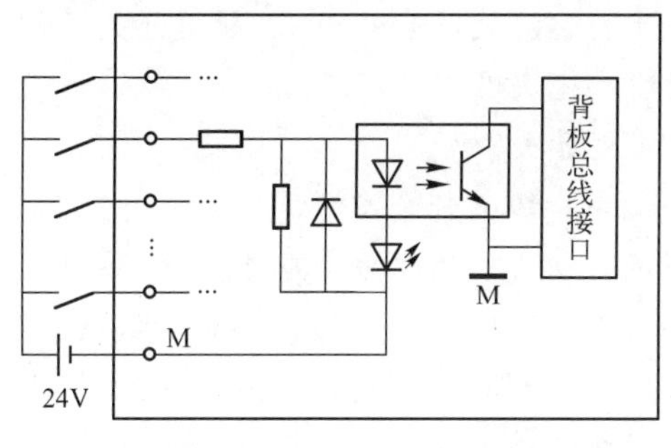

图 2-25　直流数字量模块

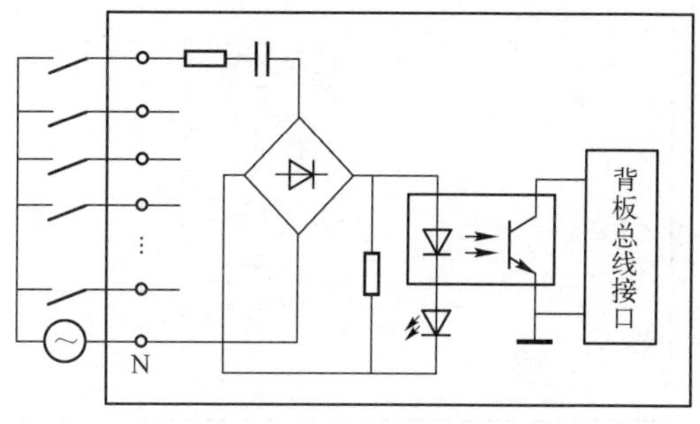

图 2-26　交流数字量模块

② 数字量输入模块 SM 321 的接线。数字量输入模块 SM 321 有多种型号，以下介绍 3 种有代表性的输入模块的接线。

直流数字量输入模块多为 PNP 输入，只有个别型号为 NPN 输入，如图 2-27 所示的 SM 321 模块是 16 点直流 PNP 输入模块，读者在判断是否为 PNP 型，只要判断输入有效信号是否为高电平，很明显见图 2-27 中，当开关闭合时输入的是高电平，因此是 PNP 输入。输入开关的一端与模块的端子相连，而另一端则与同一个电源的 24V 相连。

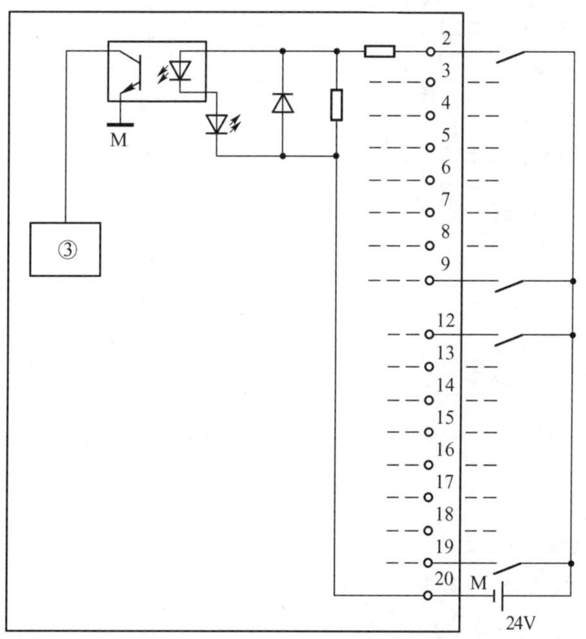

图 2-27　直流数字量输入模块接线图（PNP）

PNP 型数字量输入模块 SM 321 的接线与紧凑型 CPU 的数字量的输入类似。

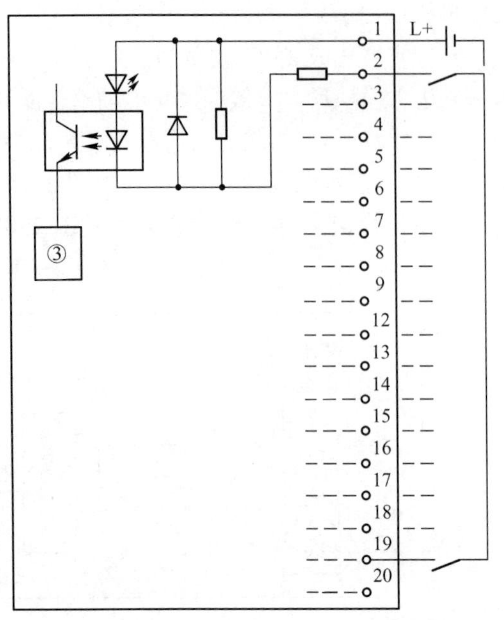

图 2-28 直流数字量输入模块接线图（NPN）

如图 2-28 所示的 SM 321 模块是 16 点直流 NPN 输入模块，其有效输入信号是低电平。输入开关的一端与模块的端子相连，而另一端则与同一个电源的 0V 相连。在接线时要特别注意。

【关键点】西门子的直流输入模块一般是 PNP 型输入，因此若系统使用接近开关时，最好选用 PNP 接近开关。交流输入模块则不存在此问题，只要选用交流接近开关即可。

交流数字量输入模块的接线如图 2-29 所示。交流电源零线（或者火线）与 1N、2N、3N 和 4N 相连，交流电源火线或者零线与输入开关一端相连，而开关的另一端与模块的输入接线端子相连。输入开关可以是按钮、交流接近开关等。

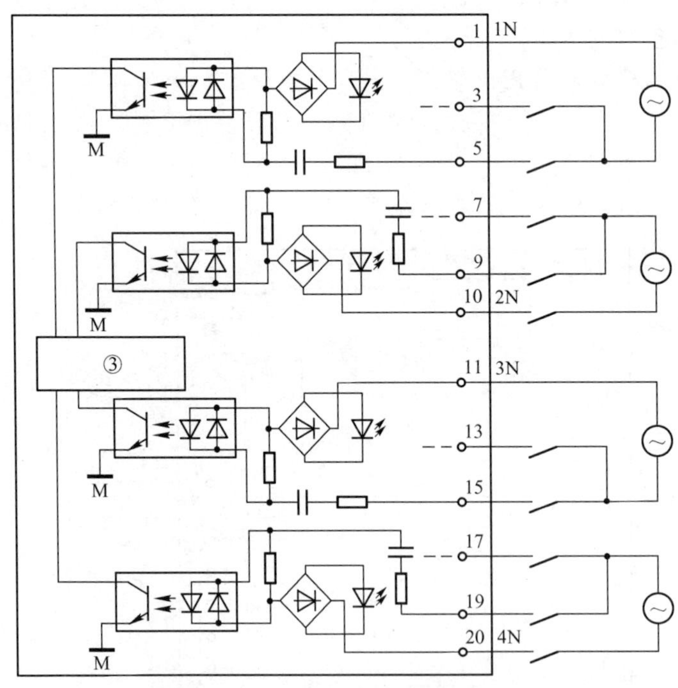

图 2-29 交流数字量输入模块接线图

（2）数字量输出模块 SM 322

① 数字量输出模块 SM 322 的工作原理。数字量输出模块将 PLC 内部的电平信号转换成外部过程需要的电平信号，同时具有隔离和信号放大的作用，可直接用于驱动电磁阀、接触器、继电器和小功率器件等。

输出模块有晶体管输出（直流输出）、晶闸管输出（交流输出）和继电器输出（交直流输出）3 种类型。晶体管输出模块只能驱动直流负载，晶闸管输出模块只能驱动交流负载，而继电器输出模块可以驱动交流和直流负载。从响应速度来看，晶体管输出速度最快，继电器输出响应速度最慢，但从使用的灵活性来看，继电器输出最为灵活。3 种模块的内部结构如图 2-30～图 2-32 所示。

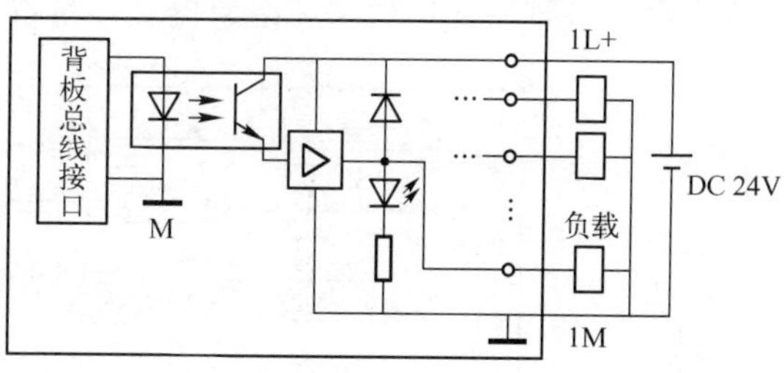

图 2-30 数字量输出模块（晶体管输出）

② 数字量输出模块 SM 322 的接线。直流数字量输出模块接线如图 2-33 所示，直流数字量输出模块是 PNP 输出（有效输出信号为高电平），负载的一端与模块的接线端子（图 2-33）相连，负载的另一端与电源的 0V 相连。1L+ 和 2L+与电源的 DC 24 V 相连，1M 和 2M 与电源的 0V 相连。

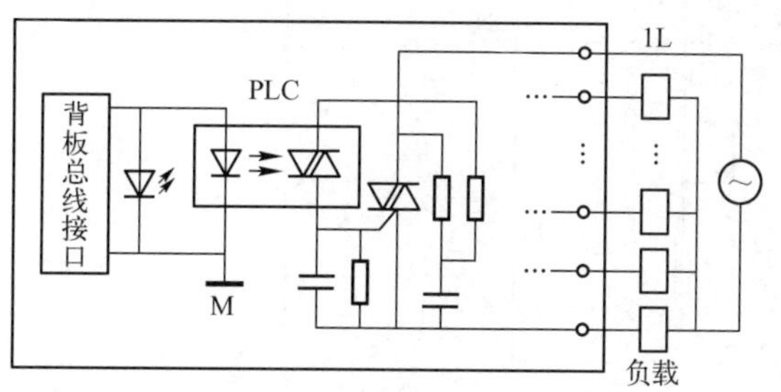

图 2-31 数字量输出模块（晶闸管输出）

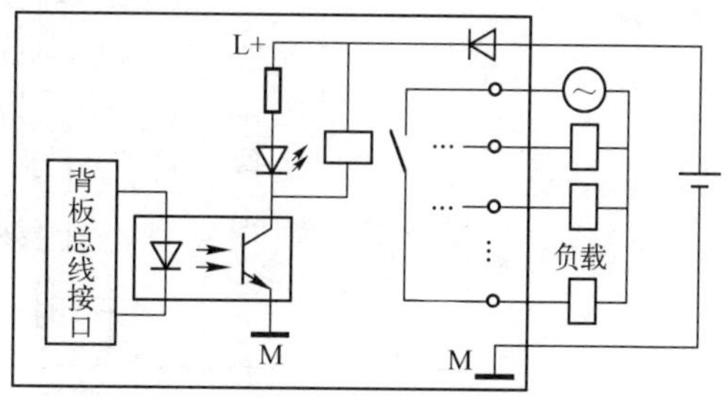

图 2-32 数字量输出模块（继电器输出）

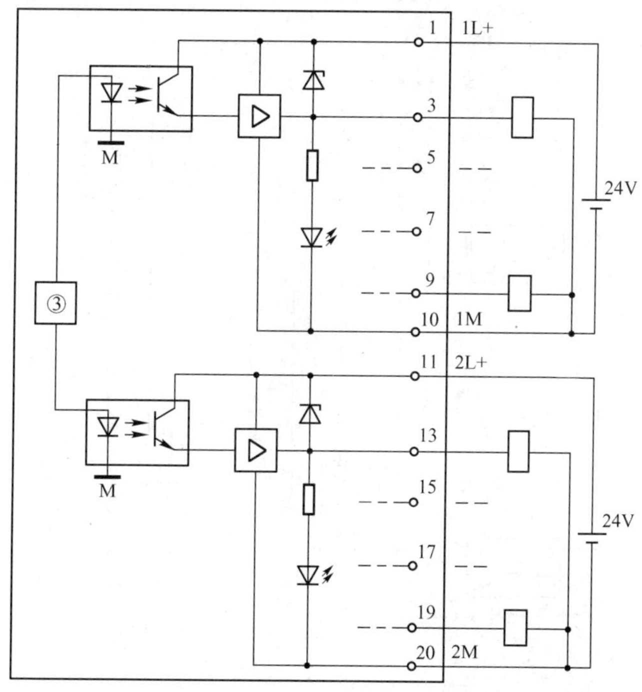

图 2-33 直流数字量输出模块接线图

交流数字量输出模块接线如图 2-34 所示，交流数字量输出模块使用相对较少，其响应速度介于直流数字量输出模块和继电器数字量输出模块之间。

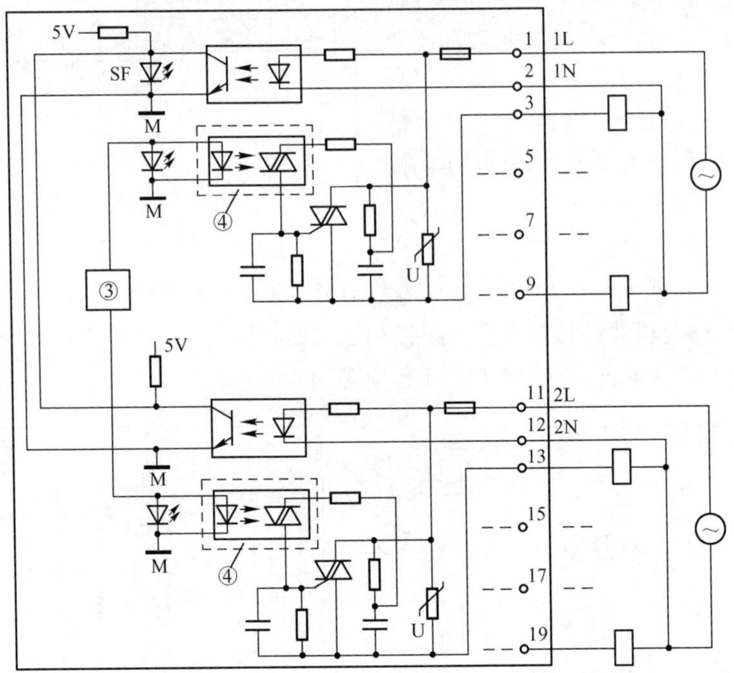

图 2-34 交流数字量输出模块接线图

继电器数字量输出模块接线如图 2-35 所示。

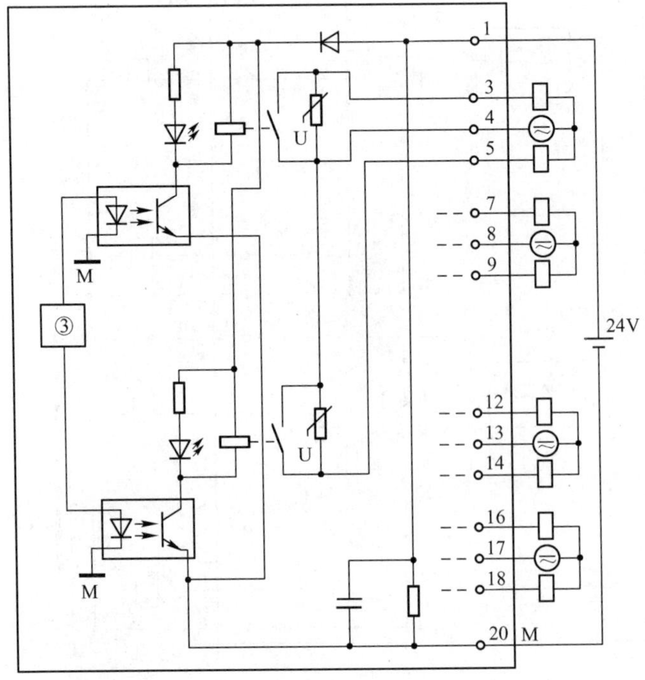

图 2-35 继电器数字量输出模块接线图

SM 323 是 S7-300 PLC 的数字量输入/输出模块，此模块兼有数字输入和数字量输出，其接线与数字输入模块和数字量输出模块类似，在此不再赘述。

2.5.4 模拟量模块

S7-300 PLC 用于模拟量输入（A/D 转换）/输出（D/A 转换）的特殊功能模块有 SM 331 模拟量输入模块、SM 332 模拟量输出模块、SM 334 模拟量输入/输出模块和 SM 335 快速模拟量输入/输出混合模块 4 类。每类中根据输入/输出通道数、分辨率、连接传感器的不同，又分为不同的规格。由于规格较多，限于篇幅，以下只介绍有代表性的模块。

（1）模拟量输入模块 SM 331 连接 S7-300 PLC 单独用于模拟量输入的模块 SM 331 目前有多种规格，这些规格依靠订货号 6ES7 331-×××××-0AB0 中间的 5 位（×××××）进行区分。模拟量输入模块通过总线连接器与 CPU 或者扩展单元相连。

如图 2-36 所示，6ES7 331-7HF01-0AB0 模块是 8 通道 14 位 A/D 转换模块，简称 AI8×14。使用时要注意如下事项：

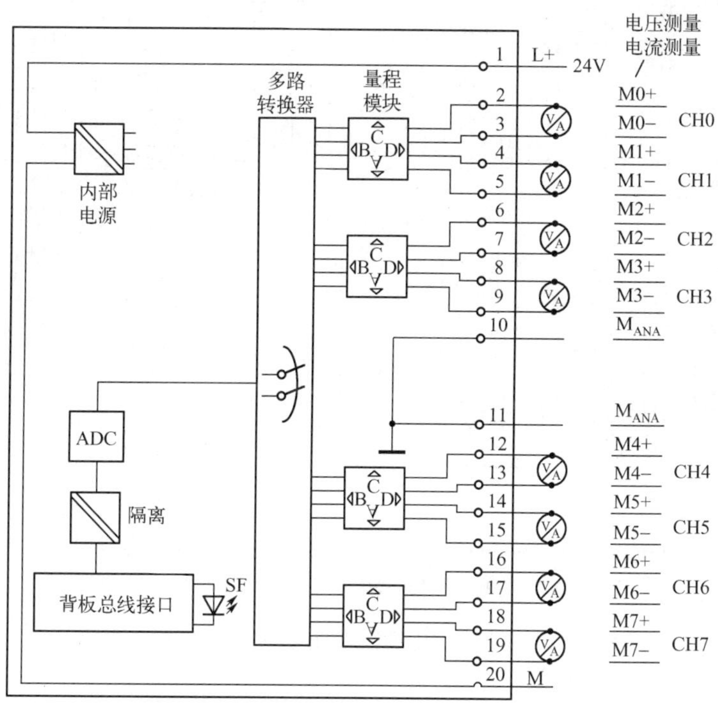

图 2-36 模拟量输入模块（6ES7 331-7HF01-0AB0）接线图

① 为了提高模拟量输入的可靠性，减少干扰，所有的连线均应使用屏蔽双绞线，屏蔽层要“双端接地”，接线长度要小于 200m。

② 为了缩短扫描时间，在模块的硬件配置设定时，应将模块中全部没有使用的通道设定为“禁止”状态。

③ 当选择 1～5V 模拟电压输入时，如通道组只用 1 个通道，应将未使用的与同组已经使用的输入进行并联。

④ 当选择−1～1V 模拟电压输入时，应将未使用的 Mn+与 Mn−短接，并连接到参考电位 M_{ANA}（接线端子 11）上。

⑤ 对于 2 线式模拟电流输入，应将没有使用的输入端开路（不能使用模块的诊断功能），

或者在输入端接 1.5～3.3 kΩ的电阻（能使用模块的诊断功能）。

⑥ 对于 4 线式模拟电流输入，如通道组只使用 1 个通道，应将未使用的与已经使用的输入进行串联。

⑦ 此模块可以连接模拟电压和电流信号输入，但不能连接热电阻或者热电偶。

⑧ 该模块只有一个 ADC，所以一次只能转换一个通道的数据，其他通道需要多路开关的切换依次进行，转换后的数据存储到各自的地址中。

如图 2-37 所示，6ES7 331-7PF01-0AB0 模块是 8 通道热电阻输入模块，简称 AI8×RTD。使用时要注意如下事项：

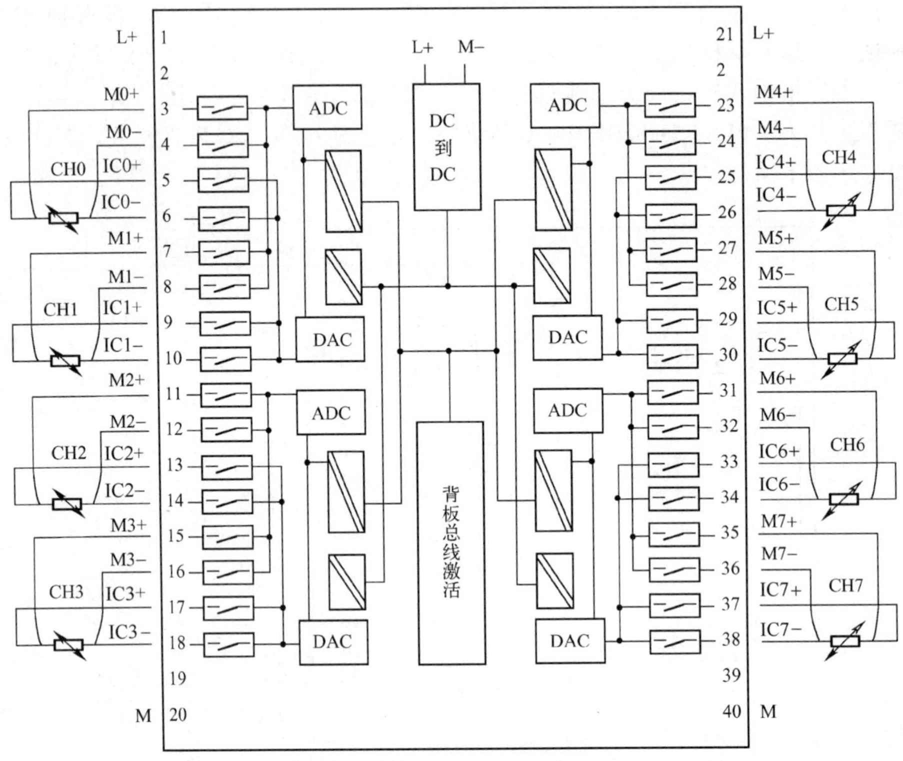

图 2-37 模拟量输入模块（6ES7 331-7PF01-0AB0）接线图

① 此模块只能用于热电阻输入，4 个通道使用了 4 个 ADC，一次可以完成 4 通道 A/D 转换。

② 遵守 6ES7 331-7HF01-0AB0 模块的①～⑥项。

③ 未使用的通道应连接标准电阻作为“模拟”输入信号。

④ IC0+和 IC0−（还有 IC1+和 IC2−～IC7+和 IC7−）是模块提供的电流源，不可以短接，否则会短路。

如图 2-38 所示，6ES7 331-7PF11-0AB0 模块是 8 通道热电偶输入模块，简称 AI8×TC。使用时要注意如下事项：

① 此模块只能用于热电偶输入，4 个通道使用了 4 个 ADC，一次可以完成 4 通道 A/D 转换。

② 遵守 6ES7 331-7HF01-0AB0 模块的①～⑥项。

③ 未使用的通道应将输入端“＋”和输入端“－”短接。

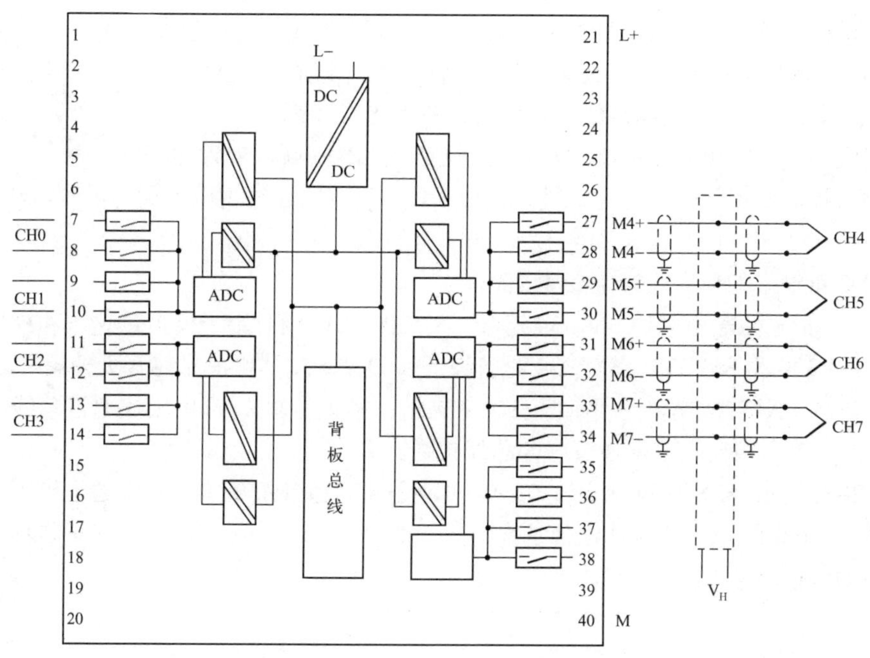

图 2-38 模拟量输入模块（6ES7 331-7PF11-0AB0）接线图

（2）模拟量输出模块 SM 332 连接 S7-300 PLC 单独用于模拟量输出的模块 SM 332 目前有 10 种规格，分辨率为 12 位和 16 位，模拟输出通道有 2、4、8 共 3 种。模拟量输入模块通过总线连接器与 CPU 或者扩展单元相连，数据通过内部总线传送。

如图 2-39 所示，6ES7 332-5HD01-0AB0 模块是 8 通道模拟量输出模块。使用时要注意如下事项：

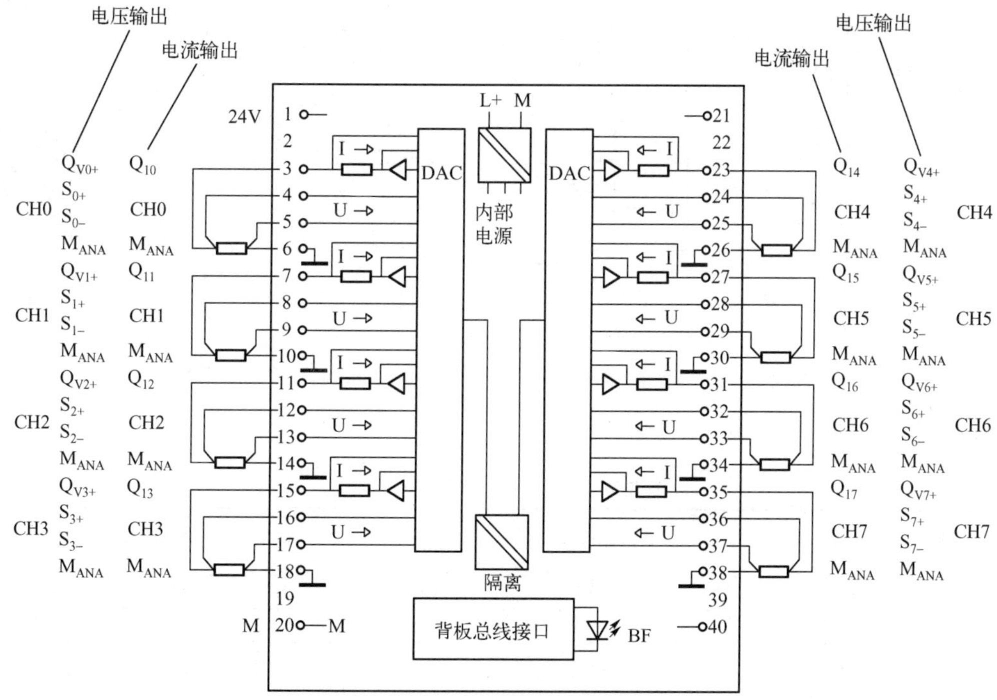

图 2-39 模拟量输出模块（6ES7 332-5HD01-0AB0）接线图

① 当模拟量输出为电压信号时，可采用 4 线式和 2 线式两种连接方式。当采用 4 线式连接时，应将负载连接到 Q_{Vn} 与 M_{ANA} 端，S+和 S−用于连接负载检测端，采用这种形式可以提高模拟量输出精度。当采用两线式连接时，S+和 S−开路。

② 当采用电流输出时，应将负载连接到 Q_{Vn} 与 M_{ANA} 端，S+和 S−开路。

③ 为了提高模拟量输入的可靠性，减少干扰，所有的连线均应使用屏蔽双绞线，对于 4 线式连接时，Q_{Vn}/S+与 M_{ANA}/S−分别使用一对双绞线。

④ 模拟量输出的最大连接距离为 200m。

（3）模拟量输入/输出模块 SM 334 连接　S7-300 PLC 同时用于模拟量输入和模拟量输出的模块是 SM 334 和 SM 335。SM 334 是普通的 A/D、D/A 模块，目前有 2 种规格。SM 335 是高速 A/D、D/A 转换模块，目前只有一个规格。模拟量输入/输出模块通过总线连接器与 CPU 或者扩展单元相连，数据通过内部总线传送。

如图 2-40 所示，6ES7 334-0CE01-0AA0 模块是 4 通道模拟量输入和 2 通道模拟量输出模块。它实际上就是模拟量输入和模拟量输出模块的合并，因此其使用时的注意事项与模拟量输入和模拟量输出模块相同，在此不再赘述。

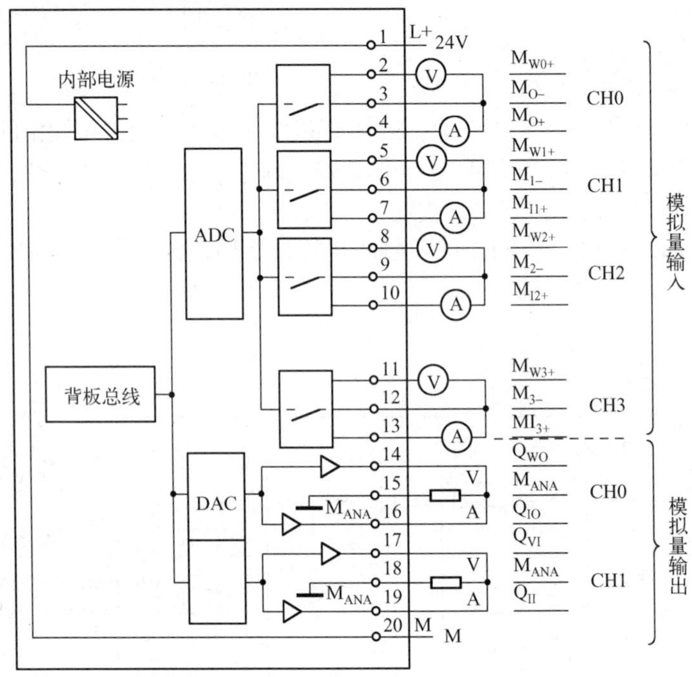

图 2-40　模拟量输入/输出模块（6ES7 334-0CE01-0AA0）接线图

SM 334 模块的地址分配见表 2-7。

表 2-7　SM 334 模块的地址分配

通　道	地　址
输入通道 0	模块的起始地址
输入通道 1	模块的起始地址+2B 的地址偏移量
输入通道 2	模块的起始地址+4B 的地址偏移量
输入通道 3	模块的起始地址+6B 的地址偏移量
输出通道 0	模块的起始地址
输出通道 1	模块的起始地址+2B 的地址偏移量

【例 2-8】 某系统有 CPU 313C、SM 332 和 MM 440 变频器，电动机有启停控制，并对变频器进行模拟量速度给定，请进行正确接线。

【解】 接线图如图 2-41 所示。

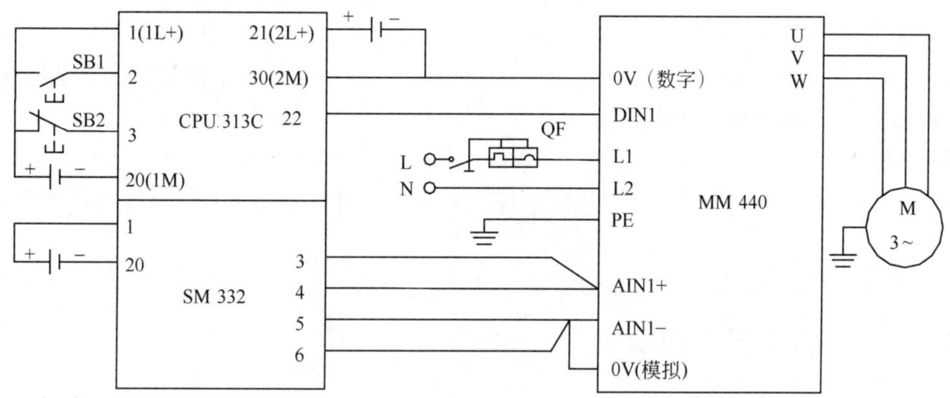

图 2-41 例 2-8 接线图

2.5.5 S7-300 PLC 的通信处理模块

通信处理模块为 PLC 接入 PROFIBUS 现场总线、工业以太网和串行通信等提供了极大的便利。通过集成在 STEP 7 中的参数化处理工具可进行简便的参数设置。

CP340 通过点对点连接进行串行通信的经济型解决方案。 它具有 3 种物理接口，分别是 RS-232C（V.24）、20 mA（TTY）和 RS-422/RS-485（X.27）。CP340 执行的协议有 ASCII 、3964（R）（不适于 RS-485）和打印机驱动程序。

CP341 用于执行强大的点到点高速串行通信。具有不同物理特性的 3 个型号，分别是 RS-232C（V.24）、20 mA（TTY）和 RS-422/RS-485（X.27）。CP341 执行的协议有 ASCII、3964（R）、RK 512 和客户协议（可装载）。

CP343-2 是用于 SIMATIC S7-300 PLC 和 ET 200M 分布式 I/O 的 AS-Interface 主站。CP343-2 最多可连接 62 个 AS-Interface 从站，并且可集成模拟值传送（遵循扩展 AS-Interface 规范 V2.1）。支持所有 AS-Interface 主站，符合扩展 AS-Interface 接口技术规范 V2.1。

CP342-5 是用于 PROFIBUS 总线系统的 SIMATIC S7-300 PLC 和 SIMATIC C7 的通信模块。CP342-5 减轻了 CPU 的通信任务。它使用的通信协议有：PROFIBUS-DP、PG/OP 通信、S7 通信等。使用 CP342-5 通信处理模块传输速率可达 9.6kbit/s～12Mbit/s。

CP343-1 在工业以太网上独立处理数据通信，主要用于操作员之间的连接。该模块有自身的处理器，符合 OSI 模型，支持的协议有 ISO、TCP/IP、S7 通信和 PG/OP 通信等。以太网模块目前有 CP343-1 Lean、CP343-1、CP343-1 IT 和 CP343-1 PN 四大类，各有特色。

2.5.6 S7-300 PLC 的功能模块

（1）计数器模块　模块的计数器均为 0～32 位或±31 位加减计数器，可以判断脉冲的方向，模块给编码器供电。达到比较值时发出中断。可以 2 倍频和 4 倍频计数。有集成的 DI/DO。

FM 350-1 是单通道计数器模块，可以检测最高达 500kHz 的脉冲，有连续计数、单向计数、循环计数 3 种工作模式。FM 350-2 和 CM 35 都是 8 通道智能型计数器模块。

其功能是除了在高速计数外，还可以在同步测量模式下工作。模块在频率测量的基础上增加了转速测量和周期测量的功能。此外在诊断中断的内容方面，增加了外部电压故障、DC 5V 故障、RAM 出错、A/B/N 输入错误等检测功能。

（2）位置控制与位置检测模块　FM 351 双通道定位模块用于控制变级调速电动机或变频器。FM 353 是步进电机定位模块。FM 354 是伺服电机定位模块。FM 357 可以用于最多 4 个插补轴的协同定位。FM 352 高速电子凸轮控制器，它有 32 个凸轮轨迹，13 个集成的 DO，采用增量式编码器或绝对式编码器。

SM 338 超声波传感器检测位置，无磨损、保护等级高、精度稳定不变。

（3）闭环控制模块　FM 355 闭环控制模块有 4 个闭环控制通道，有自优化温度控制算法和 PID 算法。

功能模块的使用比较复杂，接线也相对复杂，请读者参考相关手册，在此不再赘述。

2.5.7　S7-300 PLC 的其他模块

（1）称重模块　SIWAREX U 称重模块是紧凑型电子秤，测定料仓和贮斗的料位，对吊车载荷进行监控，对传送带载荷进行测量或对工业提升机、轧机超载进行安全防护等。

SIWAREX M 称重模块是有校验能力的电子称重和配料单元，可以组成多料称重系统，安装在易爆区域。

（2）电源模块　PS 307 电源模块将 120/230 交流电压转换为 24V 直流电压，为 S7-300 PLC、传感器和执行器供电。输出电流有 2A、5A 和 10A 共 3 种。电源模块安装在 DIN 导轨上的插槽 1。

（3）接口模块（IM）　接口模块用于多机架配置时连接主机架（CR）和扩展机架（ER）。S7-300 PLC 通过分布式的主机架和连接的扩展机架（最多可连接 3 个扩展机架），可以操作最多 32 个模块。

S7-300 模块组成的完整的系统如图 2-42 所示。

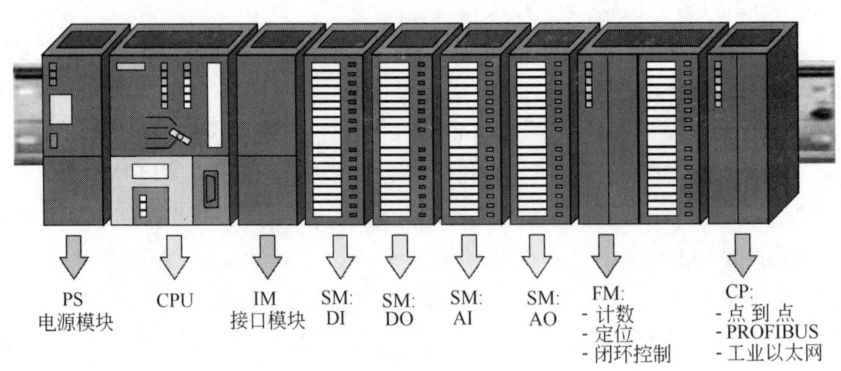

图 2-42　S7-300 模块组成的完整的系统

2.6　S7-400 PLC 常用模块简介

2.6.1　S7-400 PLC 的概述

SIMATIC S7-400 PLC 是用于中、高档性能范围的可编程序控制器，其尺寸比 S7-300 PLC

大。采用模块化及无风扇的设计，坚固耐用，容易扩展，广泛的通信能力、容易实现的分布式结构以及用户友好的操作，使 SIMATIC S7-400 PLC 成为中、高档性能控制领域中首选的理想解决方案。与 S7-300 PLC 相比，S7-400 PLC 的体积更加大，性能更加卓越，其特点如下：

① 运行速度快，S7-416 PLC 执行一条二进制指令只要 0.08μs。

② 存储器容量大，例如 CPU 417-4 的 RAM 可以扩展到 16MB，装载存储器（EEPROM 或 RAM）可以扩展到 64MB。

③ I/O 扩展功能强，可以扩展 21 个机架，CPU 417-4 最多可以扩展 262144 个数字量 I/O 点和 16384 个模拟量 I/O。

④ 有极强的通信能力，集成的 MPI 能建立最多 32 个站的简单网络。大多数 CPU 集成有 PROFIBUS-DP 主站接口，用来建立高速的分布式系统，通信速率最高为 12Mbit/s。

⑤ 集成的 HMI 服务，只需要为 HMI 服务定义源和目的地址，自动传送信息。

S7-400 PLC 的外形如图 2-43 所示。

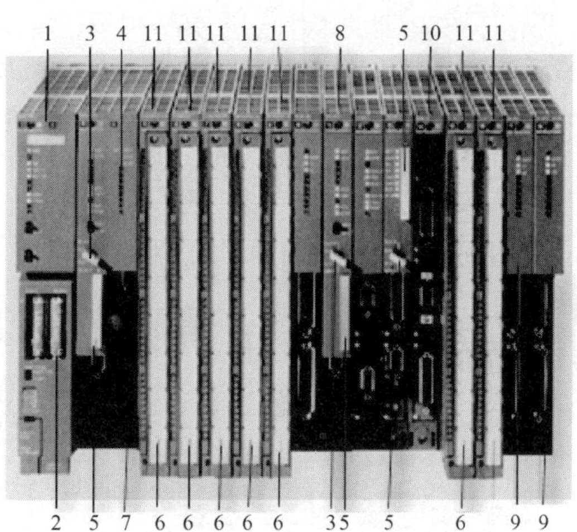

图 2-43 S7-400 PLC 的外形图

1—电源模板；2—后备电池；3—钥匙开关；4—状态和故障 LED；5—存储器卡；6—有标签区的前连接器；7—CPU 1；8—CPU 2；9—CP 接口；10—IM 接口模板；11—I/O 模板

2.6.2 S7-400 PLC 的机架

（1）S7-400 PLC 的机架简介　S7-400 PLC 的机架是安装所有模块的基本框架，这些模块通过背板总线进行交换数据和供电。S7-400 PLC 的机架种类和应用见表 2-8。

表 2-8 S7-400 PLC 的机架种类和应用

机　架	插槽总数	可 用 总 线	可 用 领 域	说　明
UR1	18	I/O 总线 通信总线	CR 或者 ER	适用于所有的模块类型
UR2	9			
ER1	18	受限 I/O 总线	ER	适用于 SM、IM 和 PS 模块 I/O 总线受以下控制： ① 不会响应模块中断 ② 不能使用 24V 供电模块 ③ 模块不能使用模块的后备电源供电，也不能通过外加电源给 CPU 或接收 IM 的电压加电
ER2	9			
CR2	18	分段 I/O 总线 连续通信总线	分段 CR	适用于除 IM 外所有的模块，I/O 总线分 2 段，占 10 槽和 8 槽
CR3	4	I/O 总线 通信总线	标准系统 CR	适用于除 IM 外所有的模块，CPU 41X-H 仅限单机操作
UR2-H	2×9	分段 I/O 总线 连续通信总线	为紧凑安装容错型系统细分为 CR 或者 ER	适用于除 IM 外所有的模块，I/O 总线分 2 段，各占 9 槽

① 机架的数据交换。I/O 总线（P 总线）是机架的并行背部总线，用于 I/O 信号交流，对于信号模块的过程数据也是通过 I/O 总线进行。通信总线（C 总线）是机架背部串行总

线，用于快速交换 I/O 信号相关的大量数据。除 ER1 和 ER2 外，其他的机架只有一条通信总线。

② 机架的供电。通过背部总线和基本连接器，由安装在机架最左侧的电源模块为机架上的模块提供所需的工作电压（5V 用于逻辑控制，24V 用于接口模块）。对于本地连接，还可以通过 IM460-1/IM461-1 接口模块为 ER 供电。IM460-1 有两个接口，每个接口最多可以通过 5A 的电流，可以为每个 ER 提供 5A 的电流。

（2）UR1 机架（通用机架） UR1 和 UR2 机架用于装配中央控制器和扩展单元。UR1 和 UR2 机架都有 I/O 总线和通信总线。UR1 最多可容纳 18 个模块，UR2 最多可容纳 9 个模块。UR1 机架如图 2-44 所示。

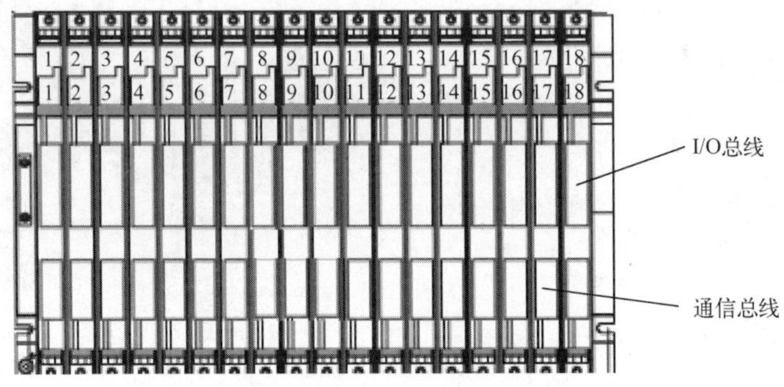

图 2-44 UR1 机架及其总线

（3）CR2 和 CR3 机架 CR2 机架用于分段式中央机架设计，可安装中央控制器和扩展单元。CR2 有 I/O 总线和通信总线。I/O 总线分为两个局部总线区段，分别为 10 个和 8 个插槽，如图 2-45 所示，I/O 总线分为两个局部总线区段①和②，其中区段①为 10 槽，区段②为 8 槽，③为通信总线。CR2 共 18 槽，可安装一个电源模块和两个 CPU 模块和其他模块。

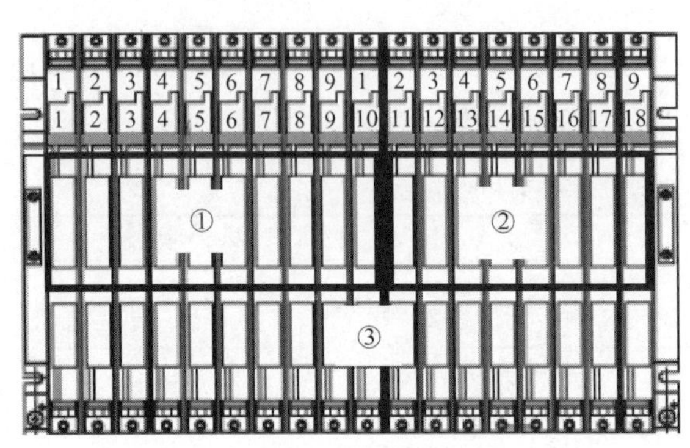

图 2-45 UR2 机架及其总线

CR3 是 4 槽的中央机架，有 I/O 总线和通信总线各一条。

（4）UR2-H 机架 UR2-H 机架用于在一个机架上装配两个中央控制器或扩展单元。UR2-H 机架实质上代表同一装配导轨上的两个电隔离的 UR2 机架。UR2-H 主要应用于紧凑结构的冗余 S7-400 H PLC 系统（同一机架上有两个设备或系统）。

UR2-H 机架及其总线如图 2-46 所示，机架分为①和②两段，每段 9 槽，每段都有各自的电源和 CPU。

① 段的 1～9 号槽按顺序分别安装电源模块、CPU 模块、DI 模块等。

② 段的 1～9 号槽按顺序分别安装电源模块、CPU 模块、DI 模块等。

注意西门子机架的槽位从 1 开始，而有的 PLC 机架的槽位从 0 开始（如 GE 的 RX3i）。

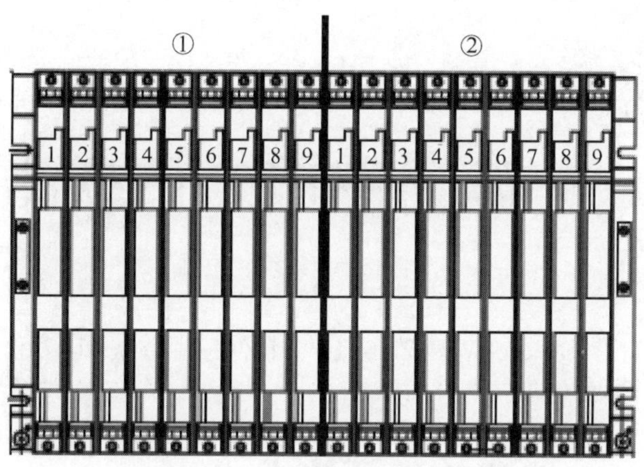

图 2-46　UR2-H 机架及其总线

总体来说，西门子 S7-400 的其他模块的接线与 S7-300 比较类似，限于篇幅，在此不做介绍。

重点难点总结

（1）S7-200 系列 PLC 的外部接线、扩展模块的接线，特别是数字量输入、输出模块和模拟量输入/输出模块的接线至关重要。

（2）电源的需求计算既是重点，也是难点，特别要学会通过产品手册查询相关参数。

（3）西门子 PLC 的 7 大系列产品应用范围。

（4）常用 S7-300/400 PLC 的 CPU 模块、数字量输入/输出模块、模拟量输入/输出模块、功能模块、机架和电源模块的功能。

（5）常用 S7-300/400 PLC 的 CPU 模块、数字量输入/输出模块、模拟量输入/输出模块和电源模块的接线和使用注意事项。

（6）常用 S7-300/400 PLC 模块的安装。

第3章

西门子 PLC 的软件

本章主要介绍 STEP 7-Micro/WIN 和 STEP 7 软件使用方法，以及仿真软件的使用，掌握本章内容是编程必要的准备。

3.1 西门子 PLC 编程软件的简介

西门子的 PLC 系列较多，其编程软件的种类也较多，以下将分别简介。

3.1.1 LOGO！的编程软件

LOGO！是西门子的最低端的 PLC，LOGO！上有输入程序的键盘，可以不用编程软件，也可以使用编程软件 LOGO!Soft Comfort 编译程序，此软件是免费软件。

3.1.2 S7-200 的编程软件

S7-200 的编程软件是 STEP7-Micro/WIN，在后续章节会详细介绍。

3.1.3 S7-200 SMART 的编程软件

S7-200 SMART 的编程软件是 STEP 7-Micro/WIN SMART，其使用方法与 STEP 7-Micro/WIN 十分类似。

3.1.4 S7-1200 的编程软件

S7-1200 的编程软件是 PORTAL（博途），这款软件是西门子正在推广使用的软件，也可以用于 S7-300/400 和 S7-1500。PORTAL 对计算机硬件的要求较高。本书的后续例子使用的是 PORTAL V13 中文版，其软件界面、程序与其他版本有少许区别，请读者注意。

3.1.5 S7-300/400 的编程软件

S7-300/400 的编程软件是 STEP 7，在后续章节会详细介绍。当然也可以使用 PORTAL，而且 PORTAL 使用会越来越广泛，无疑 PORTAL 代表西门子软件的未来发展方向。

3.2 S7-200 的编程软件 STEP 7-Micro/WIN 的使用

3.2.1 STEP 7-Micro/WIN 软件的界面介绍

STEP 7-Micro/WIN 软件的主界面如图 3-1 所示。其中包含菜单栏、工具浏览条、工具栏、指令树、程序编辑器、输出窗口等。

图 3-1 STEP 7-Micro/WIN 软件的主界面

（1）菜单栏　菜单栏包括文件、编辑、查看、PLC、调试、工具、窗口和帮助 8 个菜单项。用户可以定制“工具”菜单，在该菜单中增加自己的工具。

（2）工具浏览条　工具浏览条显示编程特性的按钮控制群组。它在编译程序时是非常有用的，尽管其功能在菜单中同样可以实现，显然使用工具浏览条更为方便。

工具浏览条中有“查看”和“工具”两个视图。“查看”视图显示了程序块、符号表、状态表、数据块、系统块、交叉引用及通信工具。“工具”视图显示了指令向导、文本显示向导、位置控制向导、EM 253 控制面板和调制解调器扩展向导等工具。工具浏览条的“工具”视图中的按钮功能与菜单栏中的“工具”菜单的功能相同。工具浏览条中还提供了滚动按钮，方便用户查看对象。

（3）指令树　指令树提供所有项目对象和为当前程序编辑器（LAD、FBD 或 STL）提供所有指令的树形视图。用户可以右击指令树中的“项目”节点，插入附加程序组织单元（POU）；可以右击单个 POU，打开、删除、编辑其属性表，添加密码保护或重命名子程序及中断例行程序。可以右击指令树中“指令”节点或单个指令，以便隐藏整个树。展开指令树中的节点，可以拖放单个指令，或双击指令系统自动将所选指令插入程序编辑器中的光标位置。用户可以将指令拖放在“偏好”节点中，排列经常使用的指令。界面如图 3-1 所示，具体功能如下。

① 可借助交叉引用（Cross Reference，也称交叉参考）检视程序的交叉引用和组件使用信息。

② 可借助数据块显示和编辑数据块内容。

③ 可借助“状态表”窗口允许将程序的输入、输出结果或变量置入图表中，以便追踪其状态。可以建立多个状态图，以便从程序的不同部分检视组件。每个状态图在“状态表”窗口中都有自己的标签。

④ 符号表 / 全局变量表窗口允许分配和编辑全局符号（即可在任何 POU 中使用的符号值，不只是建立符号的 POU）。可以建立多个符号表。可在项目中增加一个 S7-200 系统符号预定义表。

⑤ 输出窗口在编译程序时提供信息。当输出窗口列出程序的错误信息时，双击错误信息，会在程序编辑器窗口中显示适当的网络。

⑥ 状态栏显示进行 STEP 7-Micro/WIN 操作时的操作状态信息。

⑦ 程序编辑器窗口包含用于该项目的编辑器（LAD、FBD 或 STL）的局部变量表和程序视图。如果需要，拖动分割条，扩展程序视图，并覆盖局部变量表。若在主程序一节（OB1）之外，建立子程序或中断例行程序时，标记出现在程序编辑器窗口的底部。可单击该标记，在子程序、中断和 OB1 之间移动。

⑧ 局部变量表包含读者对局部变量所作的赋值（即子程序和中断例行程序使用的变量）。在局部变量表中建立的变量使用暂时内存，地址赋值由系统处理，并且变量的使用仅限于建立此变量的 POU。

（4）工具栏　工具栏为常用的操作提供便利的访问。用户可以定制每个工具栏的内容和外观。

① 标准工具栏　标准工具栏如图 3-2 所示。其中，“编译程序或数据块”按钮和“全部编译”按钮的区别是：前者是在任意一个激活窗口中编译程序块或数据块，是局部编译，而后者则是对程序、数据块和系统块的全部编译，建议多使用“全部编译”按钮。“上载”按钮是将项目从 PLC 上载至 STEP 7-Micro/WIN（有的称为“上传”或“读入”），而“下载”按钮是将项目从 STEP 7-Micro/WIN 下载至 PLC（也有的软件称为“写出”）。

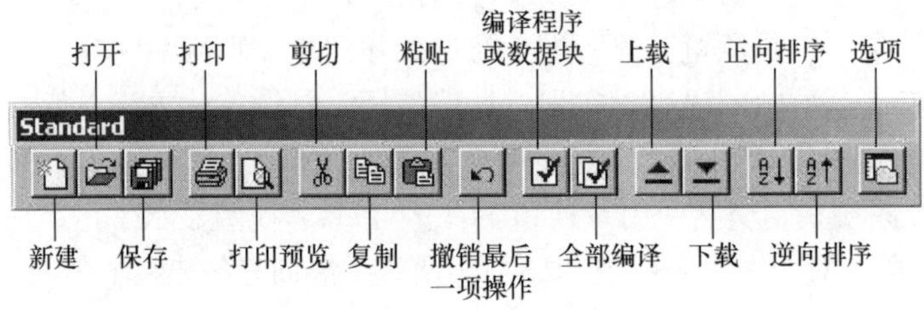

图 3-2　标准工具栏

② 调试工具栏　调试工具栏如图 3-3 所示，在调试程序时非常有用。其中，“运行”按钮是将 PLC 设置成“运行”模式，调试时使用比较方便，也可以直接将 PLC 上的拨钮拨到“运行”模式。“停止”按钮是将 PLC 设置成“停止”模式，准备将程序下载到 PLC 之前，应将 PLC 设置成“停止”模式，也可以直接将 PLC 上的拨钮拨到“停止”模式实现。

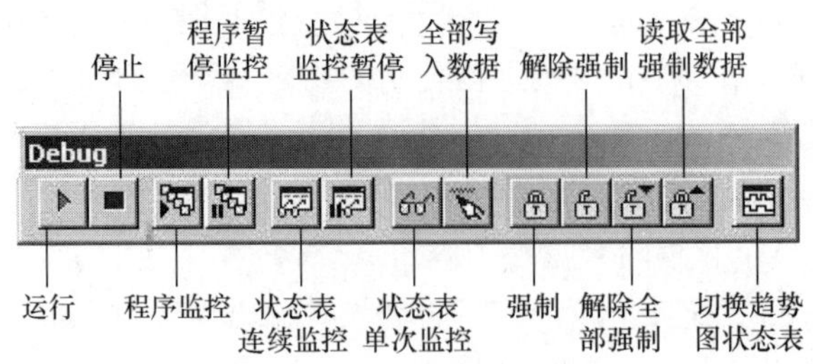

图 3-3　调试工具栏

③ 常用工具栏 常用工具栏如图 3-4 所示。其中，"插入网络"按钮较为常用，单击此按钮可以在程序中插入一个新网络。

④ 指令工具栏 指令工具栏如图 3-5 所示。在输入梯形图指令时，可以使用指令工具栏中的按钮。

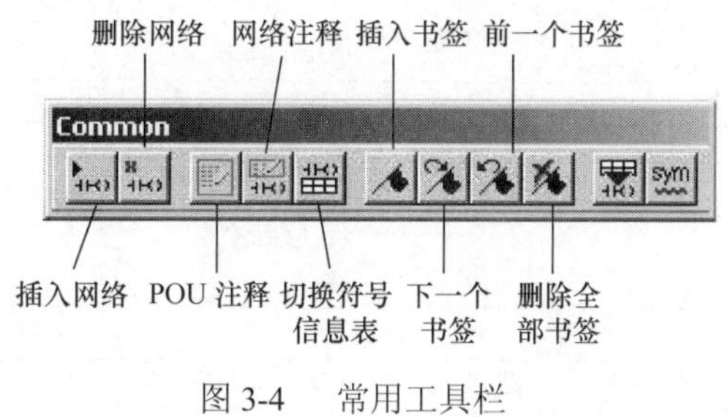

图 3-4 常用工具栏

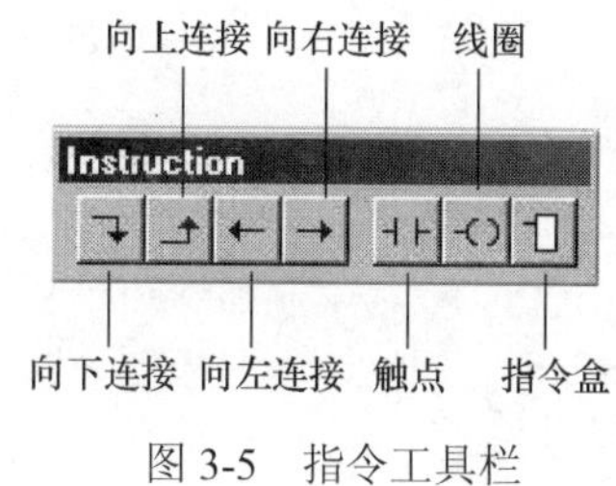

图 3-5 指令工具栏

3.2.2 编译 STEP 7-Micro/WIN 项目

（1）打开 STEP 7-Micro/WIN 软件 打开 STEP 7-Micro/WIN 软件通常有三种方法，分别介绍如下：

① 单击"所有程序"→"Simatic"→"STEP 7-Micro/WIN V4.0.6.35"→"STEP 7-Micro/WIN"，如图 3-6 所示，即可打开软件。

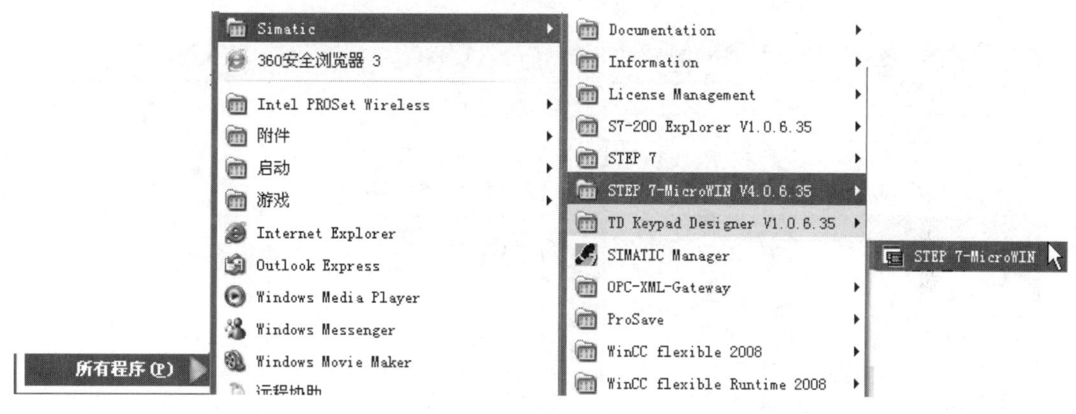

图 3-6 打开 STEP 7-Micro/WIN 软件界面

② 直接双击桌面上的 STEP 7-Micro/WIN 软件快捷方式 V4.0 STEP 7 MicroWIN...，也可以打开软件，这是较快捷的打开方法。

③ 在电脑的任意位置，双击以前保存的程序，即可打开软件。

（2）创建新项目 新建项目有 2 种方法：一种方法是单击菜单栏中的"文件"→"新建"，即可新建项目，如图 3-7 所示。另一种方法是单击工具栏中的图标即可。

（3）保存项目 保存项目有 2 种方法：一种方法是单击菜单栏中的"文件"→"保存"，即可保存项目，如图 3-8 所示。另一种方法是单击工具栏中的图标即可。

（4）打开项目 打开项目有 3 种方法：一种方法是单击菜单栏中的"文件"→"打开"，如图 3-9 所示，找到要打开的文件的位置，选中要打开的文件，单击"打开"按钮即可打开项目，如图 3-10 所示。第二种方法是单击工具栏中的图标即可打开项目。第三种方法是直接在项目的存放目录下双击该项目，也可以打开此项目。

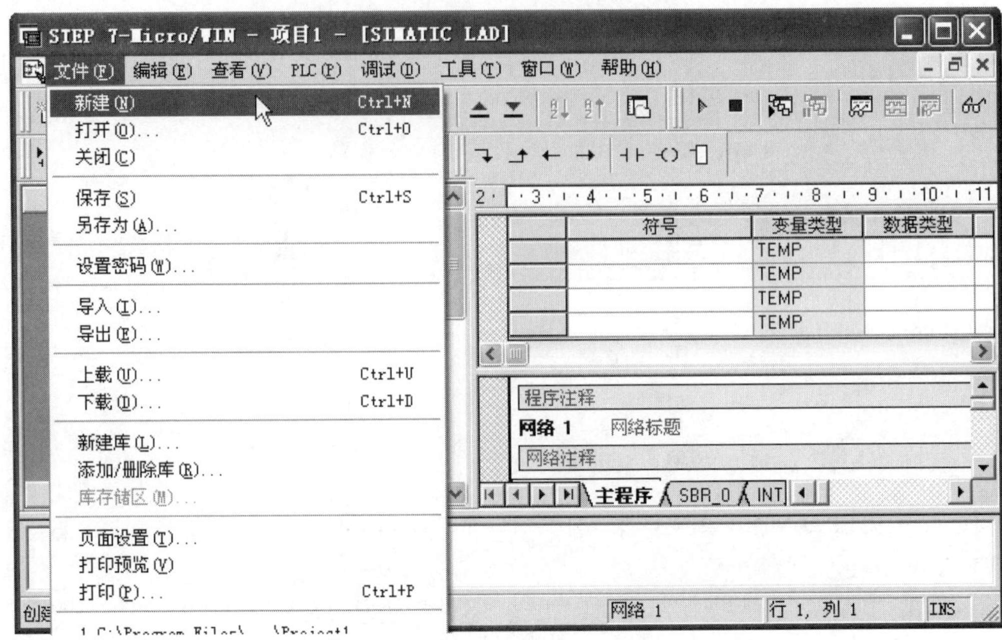

图 3-7　新建项目

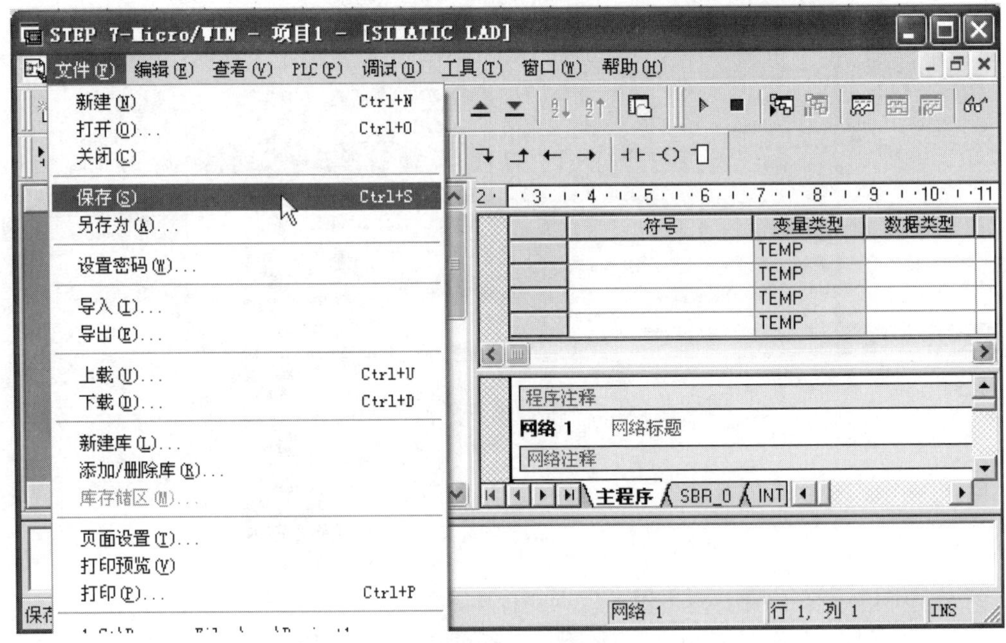

图 3-8　保存项目

（5）系统块的设置　S7-200 CPU 提供了多种参数和选项设置以适应具体应用，这些参数和选项在“系统块”对话框内设置。系统块必须下载到 CPU 中才起作用。有的初学者修改程序后往往不会忘记重新下载程序，而在软件中更改参数后却忘记了重新下载，这是不对的。

单击工具浏览条的“查看”视图中的“系统块”图标，或者使用菜单栏中的“查看”→“组件”→“系统块”命令打开“系统块”对话框，如图 3-11 所示。

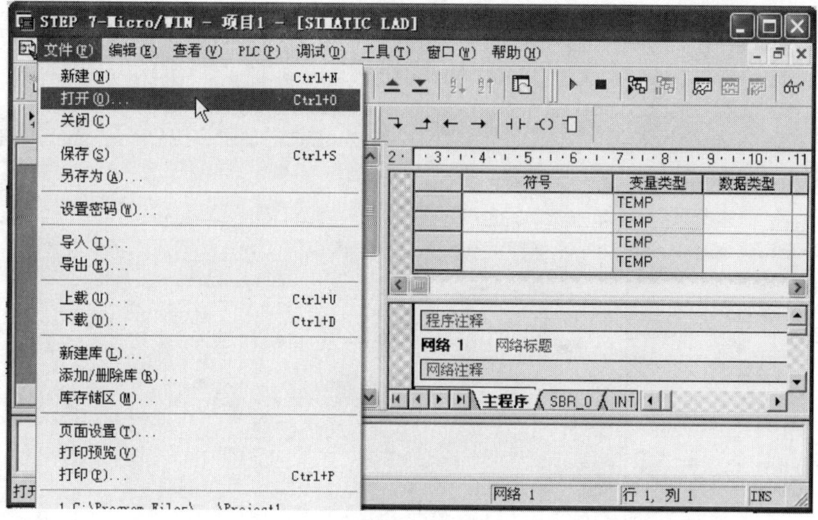

图 3-9 打开项目（1）

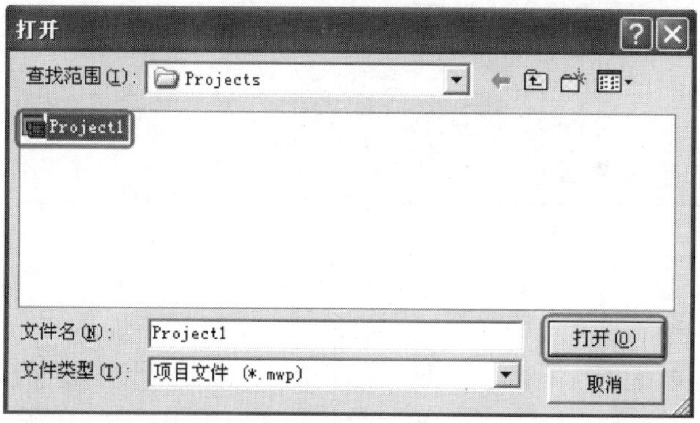

图 3-10 打开项目（2）

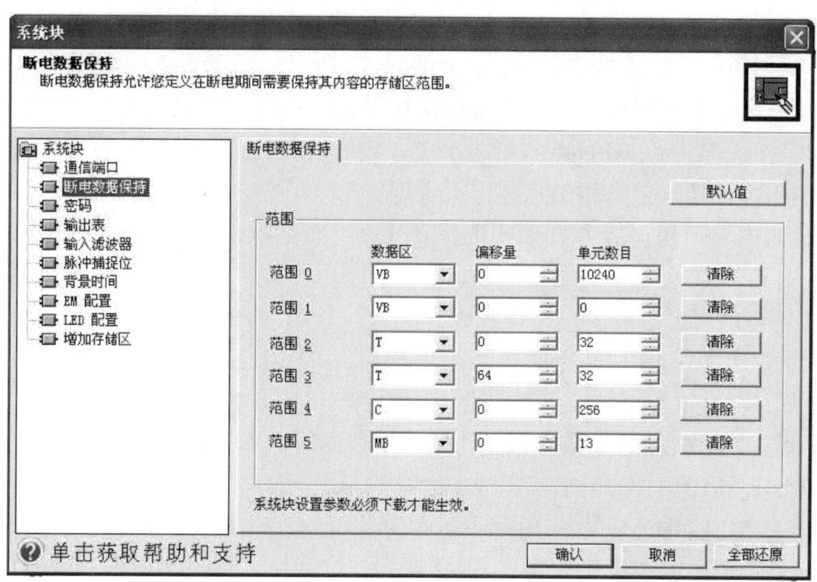

图 3-11 “系统块”对话框

① 设置通信端口　在“系统块”对话框中，单击“系统块”节点下的“通信端口”，可打开“通信端口”选项卡，设置 CPU 的通信端口属性，如图 3-12 所示。

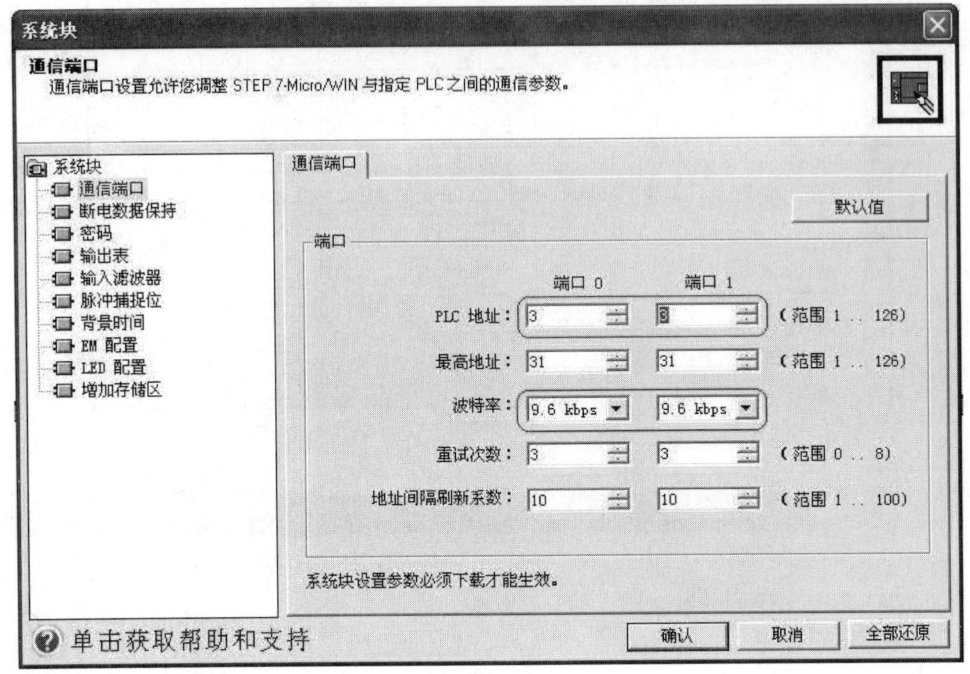

图 3-12　设置通信端口

PLC 的默认地址为 2，但 PLC 通信时，通信端口的地址不能重复，通信端口的地址必须是唯一的（同一台 PLC 的两个端口的地址一般相同），因此需要更改 PLC 的地址。波特率必须和开始设置的传输率一致。更改完成后，必须下载到 CPU 中才起作用。当然，使用指令“SET_ADDR”也可以更改通信端口的地址，但必须运行程序。

② 设置断电数据保持　在“系统块”对话框中，单击“系统块”节点下的“断电数据保持”，可打开“断电数据保持”对话框，如图 3-13 所示。断电数据保持设置就是定义 CPU 如何处理各数据区的数据保持任务。在数据保持设置区中选中的就是要保持其数据内容的数据区。所谓“保持”就是在 CPU 断电后再上电，数据区域的内容是否保持断电前的状态。在这里设置的数据保持功能依靠如下几种方式实现。

a．CPU 的内置超级电容，在断电时间不太长时，可以为数据和时钟的保持提供电源缓冲。

b．CPU 上可以附加电池卡，与内置电容配合，长期为时钟和数据保持提供电源。

c．设置系统块，在 CPU 断电时自动保存 M 区中的 14 字节的数据。

d．在数据块中定义不需要更改的数据，下载到 CPU 内可以永久保存。

e．用户编程使用相应的特殊寄存器功能，将数据写入 EEPROM 永久保存。

如果将 MB0～MB13 共 14 字节范围中的存储单元设置为“保持”，则 CPU 在断电时会自动将其内容写入 EEPROM 的相应区域中，在重新上电后用 EEPROM 的内容覆盖这些存储区。如果将其他数据区的范围设置为“不保持”，CPU 会在重新上电后将 EEPROM 中的数值复制到相应的地址；如果将数据区的范围设置为“保持”，一旦内置超级电容（＋电池卡）未能成功保持数据，则会将 EEPROM 的内容覆盖相应的数据区，反之则不覆盖。

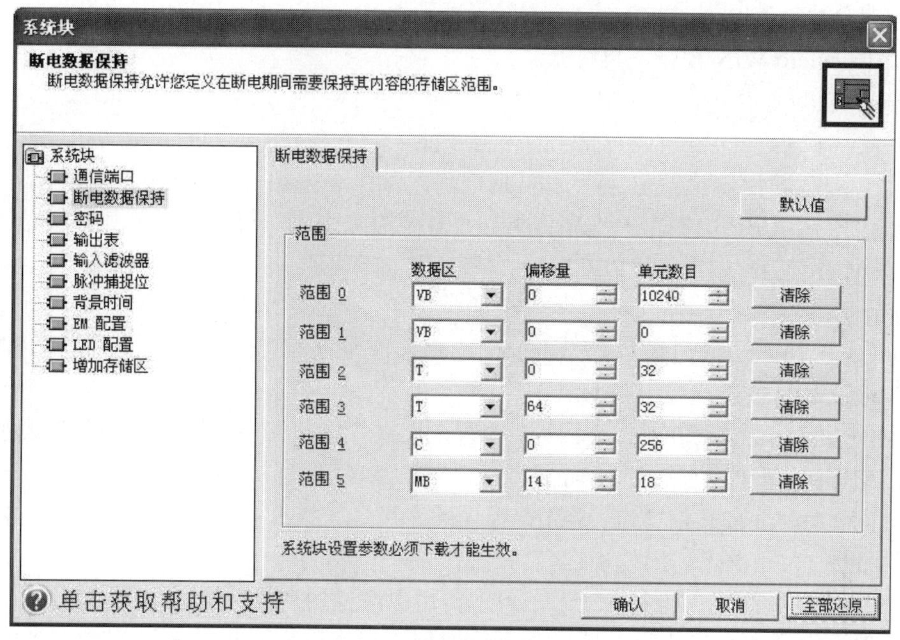

图 3-13　设置断电数据保持

如果关断 CPU 的电源再上电，观察到 V 存储区的相应的单元内还保存有正确的数据，则可说明数据已经成功地写入 CPU 的 EEPROM。

③ 设置密码　通过设置密码可以限制对 S-200 CPU 的内容的访问。在“系统块”对话框中，单击“系统块”节点下的“密码”，可打开“密码”选项卡，设置密码保护功能，如图 3-14 所示。密码的保护等级分为 4 个等级，除了“全部权限（1 级）”外，其他的均需要在“密码”和“验证”文本框中输入起保护作用的密码。

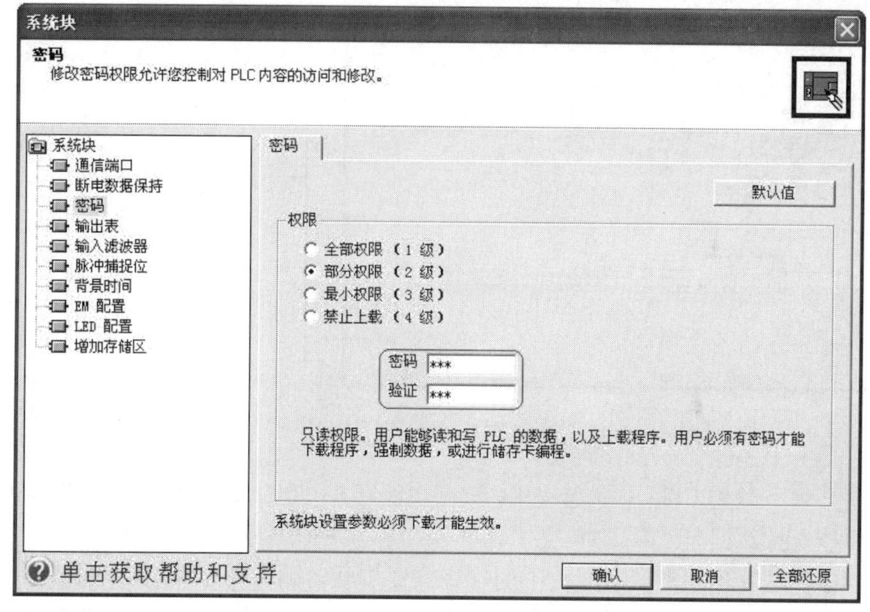

图 3-14　设置密码

要检验密码是否生效，可以进行以下操作。

a．停止 Micro/WIN 与 CPU 的通信 1min 以上。

b．关闭 Micro/WIN 程序，再打开。

c．停止 CPU 的供电，再送电。

如果忘记了密码，必须清除 CPU 的内存才能重新下载程序。执行清除 CPU 指令并不会改变 CPU 原有的网络地址、波特率和实时时钟；如果有外插程序存储卡，其内容也不会改变。清除密码后，CPU 中原有的程序将不存在。要清除密码，可按如下 3 种方法操作。

a．在 Micro/WIN 中选择“PLC”→“清除”，选择程序块、数据块和系统块，并按“确定”按钮确认。

b．另外一种方法是通过程序 wipeout.exe 来恢复 CPU 的默认设置。这个程序可在 STEP 7-Micro/WIN 安装光盘中找到。

c．此外，还可以在 CPU 上插入一个含有未加密程序的外插存储卡，上电后此程序会自动装入 CPU 并且覆盖原有的带密码的程序，然后 CPU 可以自由访问。

西门子公司随编程软件 Micro/WIN 提供的库指令、指令向导生成的子程序、中断程序都进行了加密。加密并不妨碍使用它们。加密的程序会显示一个锁形标记，不能打开查看程序内容。将加密的程序下载到 CPU 中，再上传后也保持加密状态。

如果用户想保护编写的程序项目，可以使用“文件”→“设置密码”命令来保存程序项目。

（6）数据块　数据块用于为 V 存储器指定初始值。可使用不同的长度（字节、字或双字）在 V 存储器中保存不同格式的数据。单击工具浏览条的“查看”视图中的“数据块”图标，或者单击菜单栏中的“查看”→“组件”→“数据块”命令打开“数据块”窗口。在图 3-15 中输入“VB0 100”和“VW2 100”两行数据，实际上就是起初始化的作用，与图 3-16 中的梯形图程序的作用相同。

图 3-15 “数据块”窗口

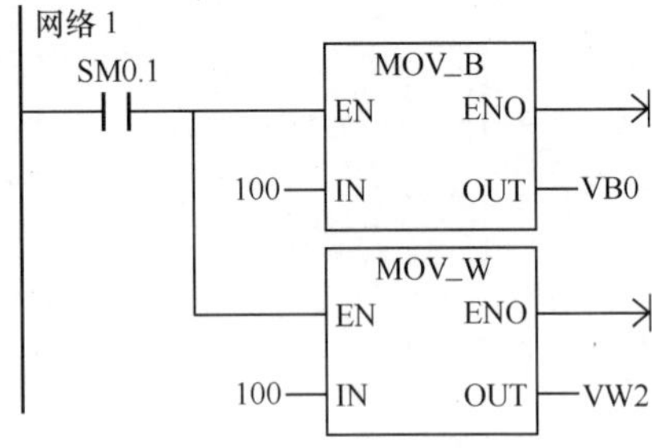

图 3-16 初始化程序

数据块必须下载到 CPU 中才起作用，数据块保存在 CPU 的 EEPROM 存储单元中，因此断电后仍然能保持数据。

（7）程序调试　程序调试是工程中的一个重要步骤，因为初步编写完成的程序不一定正确，有时虽然逻辑正确，但需要修改参数，因此程序调试十分重要。Micro/WIN 提供了丰富的程序调试工具供用户使用，下面分别介绍。

① 状态表 使用状态表可以监控数据，各种参数（如 CPU 的 I/O 开关状态、模拟量的当前数值等）都在状态表中显示。此外，配合“强制”功能还能将相关数据写入 CPU，改变参数的状态，例如可以改变 I/O 开关状态。

单击工具浏览条的“查看”视图中的“状态表”图标，弹出“状态表”窗口，单击菜单栏中的“查看”→“组件”→“状态表”命令也可以打开如图 3-17 所示。在其中可以设置相关参数，单击工具栏中的“状态表监控”按钮可以监控数据。

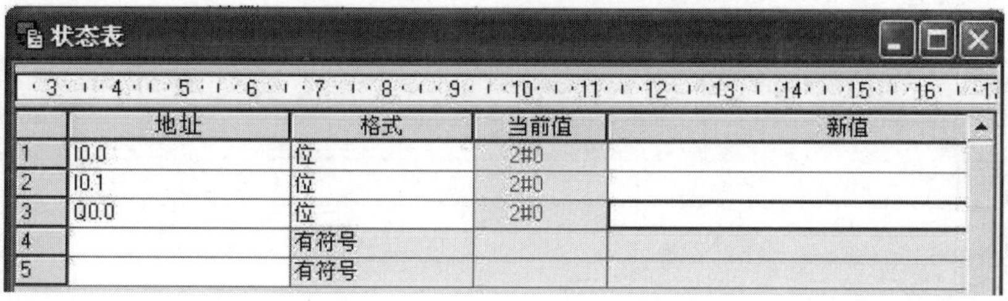

状态表

	地址	格式	当前值	新值
1	I0.0	位	2#0	
2	I0.1	位	2#0	
3	Q0.0	位	2#0	
4		有符号		
5		有符号		

图 3-17 “状态表”窗口

② 强制 S7-200 系列 PLC 提供了强制功能，以方便调试工作。在现场不具备某些外部条件的情况下模拟工艺状态。用户可以对数字量（DI/DO）和模拟量（AI/AO）进行强制。强制时，运行状态指示灯变成黄色，取消强制后指示灯变成绿色。

如果在没有实际的 I/O 连线时，可以利用强制功能调试程序。先打开“状态表”窗口并使其处于监控状态，在“新值”数值框中写入要强制的数据，然后单击工具栏中的“强制”按钮，此时，被强制的变量数值上有一个标志，如图 3-18 所示。

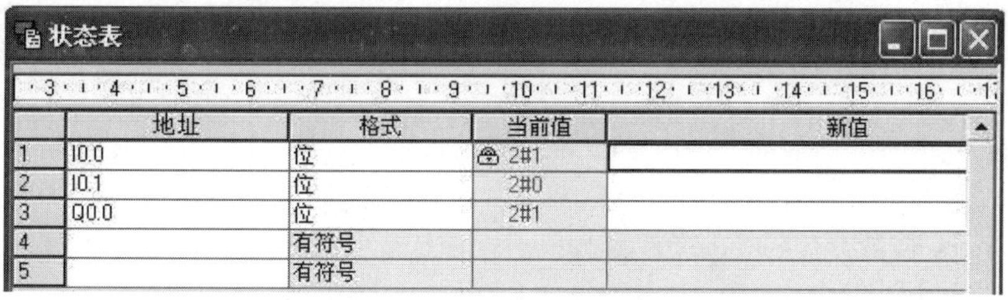

状态表

	地址	格式	当前值	新值
1	I0.0	位	2#1	
2	I0.1	位	2#0	
3	Q0.0	位	2#1	
4		有符号		
5		有符号		

图 3-18 使用强制功能

单击工具栏中的“取消全部强制”按钮可以取消全部的强制。

③ 写入数据 S7-200 系列 PLC 提供了数据写入功能，以方便调试工作。例如，在“状态表”窗口中输入 Q0.0 的新值“0”，如图 3-19 所示，单击工具栏上的“全部写入”按钮，或者单击菜单栏中的“调试”→“全部写入”命令即可更新数据。

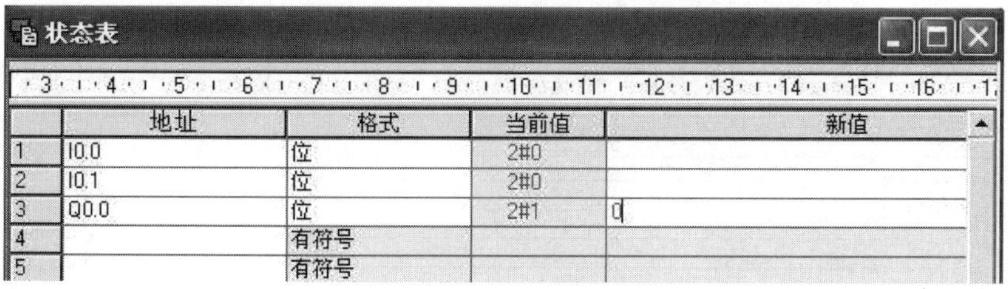

状态表

	地址	格式	当前值	新值
1	I0.0	位	2#0	
2	I0.1	位	2#0	
3	Q0.0	位	2#1	0
4		有符号		
5		有符号		

图 3-19 写入数据

利用“全部写入”功能可以同时输入几个数据。“全部写入”的作用类似于“强制”的作用。但两者是有区别的：强制功能的优先级别要高于“全部写入”，“全部写入”的数据可能改变参数状态，但当与逻辑运算的结果抵触时，写入的数值也可能不起作用。

④ 趋势图　状态表可以监控数据，趋势图同样可以监控数据，只不过使用状态表监控数据时的结果是以表格的形式表示的，而使用趋势图时则以曲线的形式表达。利用后者能够更加直观地观察数字量信号变化的逻辑时序或者模拟量的变化趋势。

单击调试工具栏上的“切换趋势图状态表”按钮可以在状态表和趋势图形式之间切换，趋势图如图 3-20 所示。

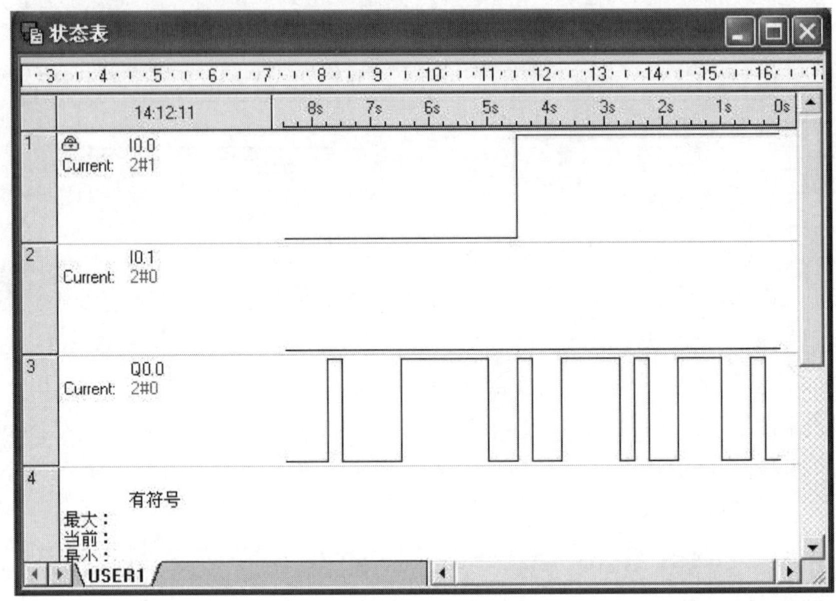

图 3-20　趋势图

趋势图对变量的反应速度取决于 Micro/WIN 与 CPU 通信的速度以及图中的时间基准。在趋势图中单击可以选择图形更新的速率。当停止监控时，可以冻结图形以便仔细分析。

（8）交叉引用　交叉引用表能显示程序中元件使用的详细信息。交叉引用表对查找程序中数据地址的使用十分有用。在工具浏览条的“查看”视图下单击“交叉引用”图标，可弹出如图 3-21 所示的界面。当双击交叉引用表中某个元素时，界面立即切换到程序编辑器中显示交叉引用对应元件的程序段。例如，双击“交叉引用表”中第一行的“I0.0”，界面切换到程序编辑器中，而且光标（方框）停留在“I0.0”上，如图 3-22 所示。

	元素	块	位置	关联
1	I0.0	程序块 (OB1)	网络 1	-||-
2	I0.0	程序块 (OB1)	网络 2	-||-
3	Q0.0	程序块 (OB1)	网络 1	-( )
4	VB10	程序块 (OB1)	网络 2	MOV_B

图 3-21　交叉引用表

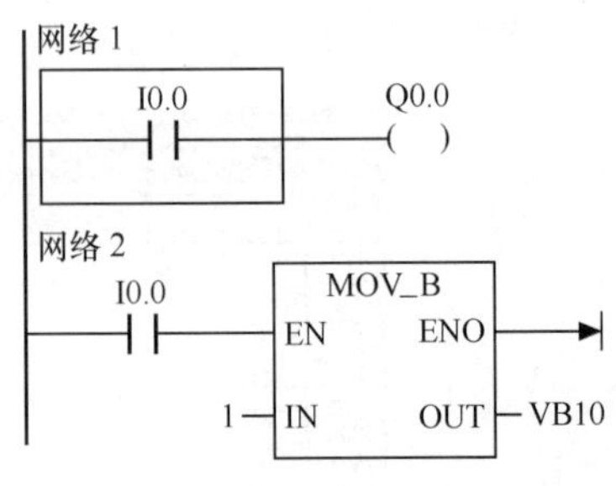

图 3-22　交叉引用表对应的程序

（9）工具浏览条　Micro/WIN 的工具浏览条中有指令向导、文本显示向导、位置控制向导、PID 控制面板、以太网向导和 EM 253 控制面板等工具。这些工具很实用，使用有的工具能使比较复杂的编程变得简单，例如，使用“指令向导”工具的网络读写指令向导，就能将较复杂的网络读写指令通过向导指引生成子程序；有的工具的功能则是不能取代的，例如，要使用以太网模块进行通信时就必须使用“以太网向导”工具。

（10）帮助菜单　Micro/WIN 软件虽然界面友好，比较容易使用，但遇到问题是难免的。Micro/WIN 软件提供了详尽的帮助。使用菜单栏中的“帮助”→“目录和索引”命令可以打开如图 3-23 所示的“帮助”对话框。其中有两个选项卡，分别是“目录”和“索引”。“目录”选项卡中显示的是 Micro/WIN 软件的帮助主题，单击帮助主题可以查看详细内容。而在“索引”选项卡中，可以根据关键字查询帮助主题。

3.2.3　用 STEP 7-Micro/WIN 建立一个完整的项目

下面以图 3-24 所示的启/停控制梯形图为例，完整地介绍一个程序从输入到下载、运行和监控的全过程，说明 STEP 7-Micro/WIN 软件的使用方法。

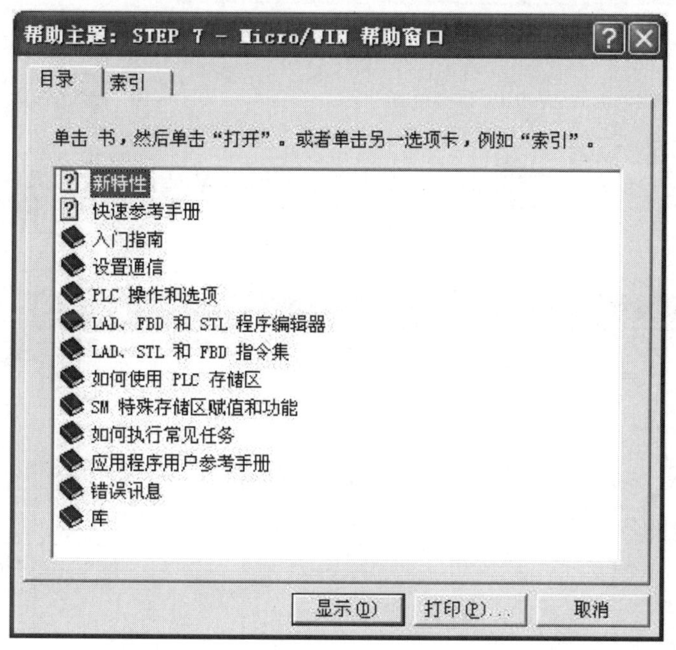

图 3-23　使用 Micro/WIN 的帮助

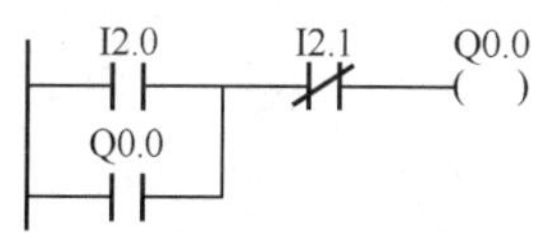

图 3-24　启/停控制梯形图

（1）启动 STEP 7-Micro/WIN 软件　启动 STEP 7-Micro/WIN 软件，弹出如图 3-25 所示的英文界面。

（2）切换成中文界面　很多用户倾向于中文界面，STEP 7-Micro/WIN 软件提供了德语、英语、汉语等 6 种语言供用户选择。单击菜单栏中的“Tools”→“Options”命令，弹出如图 3-26 所示的对话框。选中“Options”节点下的“General”，在右侧的“Language”列表框中选中所需要的语言“Chinese”，单击“OK”按钮。弹出如图 3-27 所示的对话框，单击“确定”按钮，弹出如图 3-28 所示的对话框，单击“是”按钮，软件自动关闭。下一次运行 STEP

7-Micro/WIN 软件时，将自动弹出中文界面。

图 3-25　STEP 7-Micro/WIN 软件初始界面

【关键点】S7-200 的型号中带“CN”即中国生产的 CPU（如 CPU 221 CN），必须使用中文界面编辑。

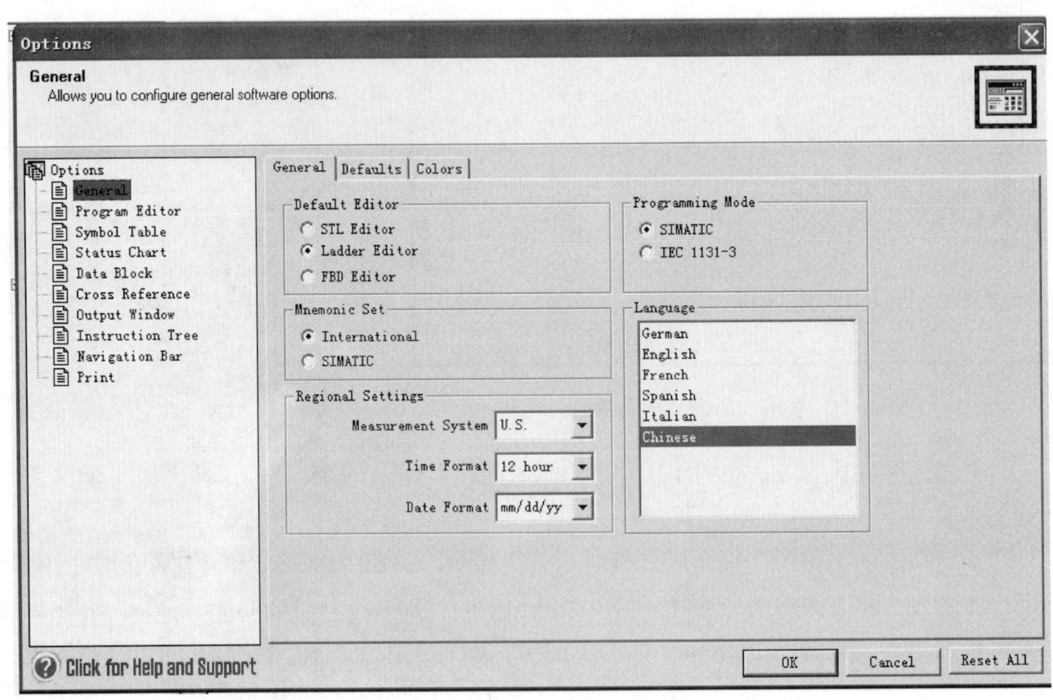

图 3-26　设置所需要的语言

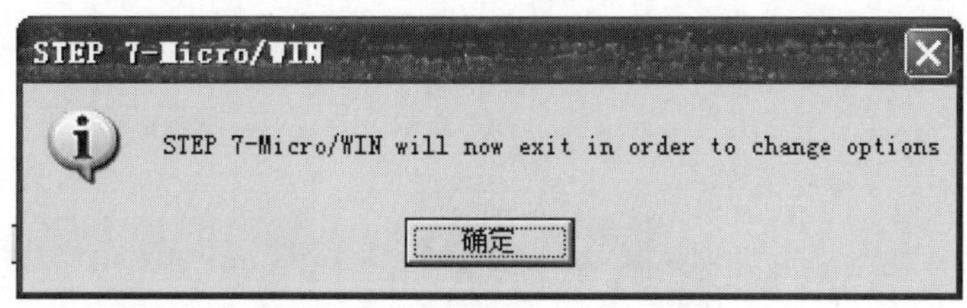

图 3-27 确认改变选项界面

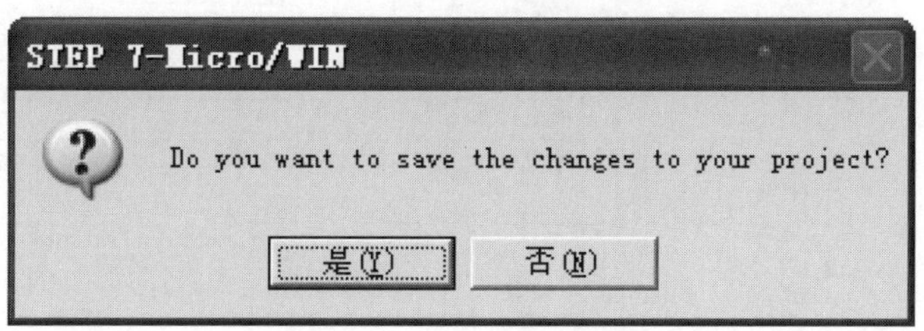

图 3-28 保存项目界面

（3）PLC 的类型选择 展开指令树中的“项目 1”节点，选中并双击“CPU 2XX”（可能是 CPU 221），这时弹出“PLC 类型”对话框，在“PLC 类型”下拉列表框中选定“CPU 226 CN”（这是本例的机型），然后单击“确认”按钮，如图 3-29 所示。

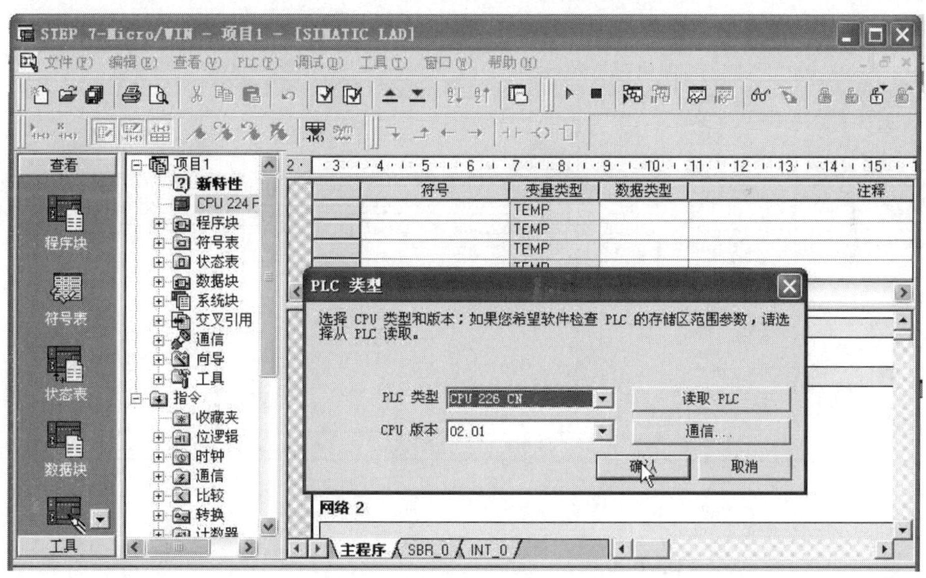

图 3-29 PLC 类型选择界面

（4）输入程序 展开指令树中的“指令”节点，依次双击常开触点按钮“⊣⊢”（或者拖入程序编辑窗口）、常闭触点按钮“⊣/⊢”、输出线圈按钮“( )”，换行后再双击常开触点按钮“⊣⊢”，出现程序输入界面，如图 3-30 所示。接着单击红色的问号，输入寄存器及其地址（本例为 I2.0、Q0.0 等），输入完毕后如图 3-31 所示。

【关键点】有的初学者在输入时会犯这样的错误，将“Q0.0”错误地输入成“Qo.0”，此时“Qo.0”下面将有红色的波浪线提示错误。

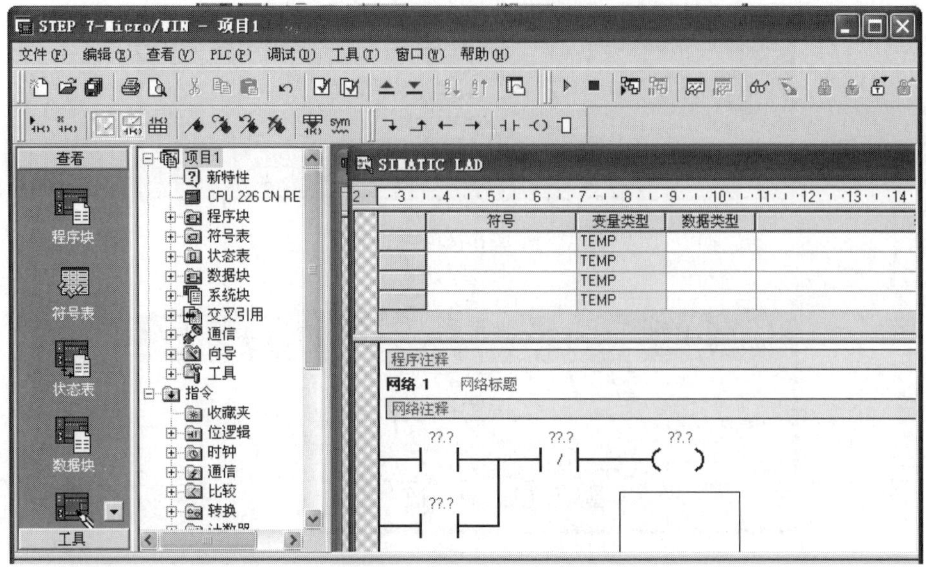

图 3-30　程序输入界面

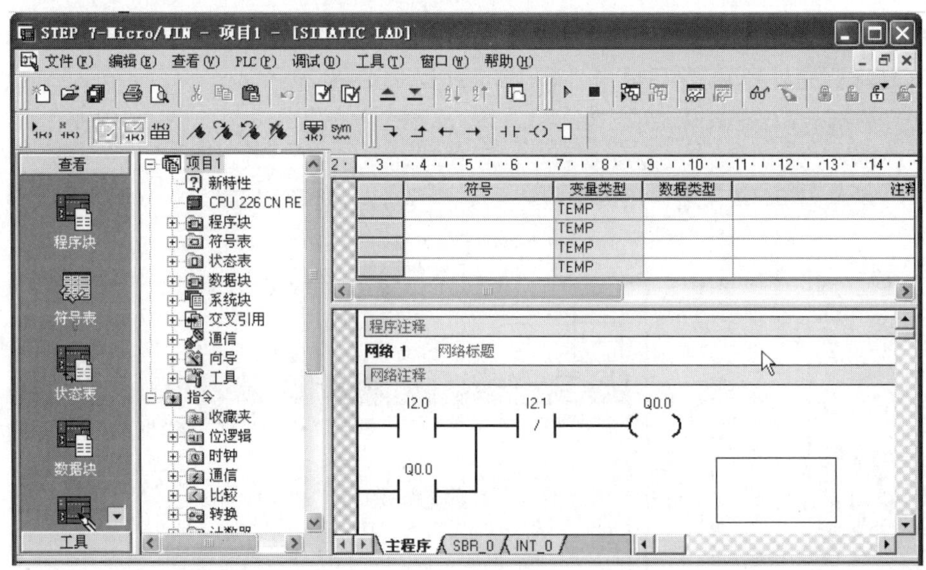

图 3-31　完成程序输入界面

（5）编译程序　单击标准工具栏的“全部编译”按钮进行编译，若程序有错误，则输出窗口会显示错误信息。

编译后如果有错误，可在下方的输出窗口查看错误，双击该错误即跳转到程序中该错误的所在处，根据系统手册中的指令要求进行修改，如图 3-32 所示。

（6）设置通信　单击工具浏览条中“查看”视图中的“设置 PG/PC 接口”图标，弹出“设置 PG/PC 接口”对话框，在“为使用的接口分配参数”列表框中选择“PC/PPI cable (PPI)”选项并双击，弹出“属性-PC/PPI cable (PPI)”对话框，可使用默认数值，如图 3-33 所示。接着选择“本地连接”选项卡，在“连接到”下拉列表框中选择编程电缆与计算机相连的接口，本例为“COM1”，再单击“确定”按钮，如图 3-34 所示。注意：传输率一定要与通信电缆上的设置一致，否则不能建立通信。

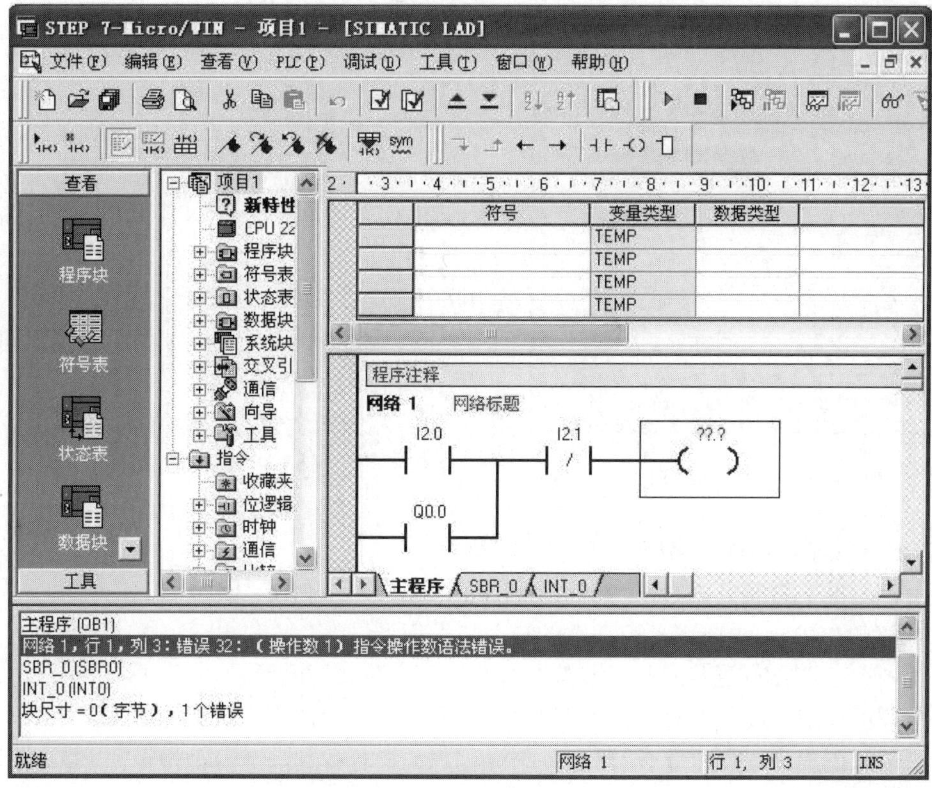

图 3-32 编译程序

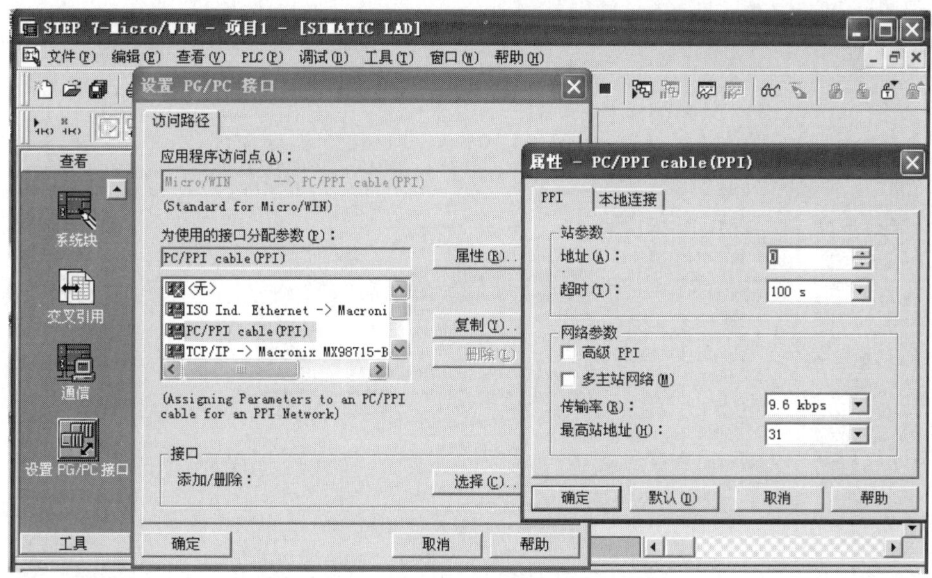

图 3-33 设置通信参数

初学者往往容易碰到 Micro/WIN 与 CPU 通信失败的情况，可能的原因如下。

① Micro/WIN 中设置的对方通信口地址与 CPU 的实际口地址不同。

② Micro/WIN 中设置的本地地址与 CPU 通信口的地址相同（一般应当将 Micro/WIN 的本地地址设置为“0”）。

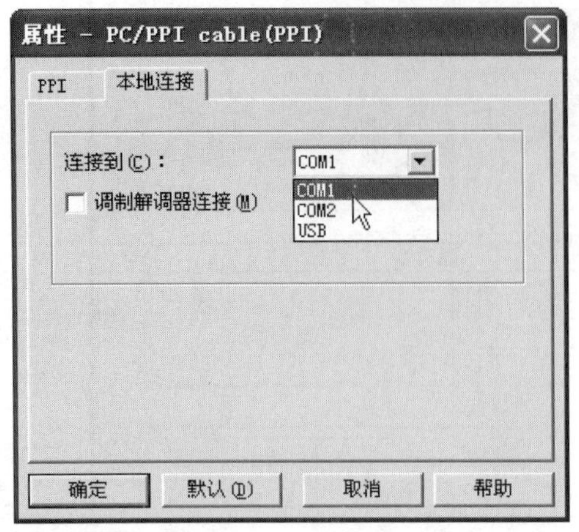

图 3-34　选择连接接口

③ Micro/WIN 使用的通信波特率与 CPU 端口的实际通信速率设置不同。

④ 有些程序会将 CPU 上的通信口设置为自由口模式，此时不能进行编程通信。编程通信是 PPI 模式，而在“STOP”状态下，通信口永远是 PPI 从站模式，因此最好把 CPU 上的模式开关拨到“STOP”的位置。

⑤ 编程电缆有问题，此时可更换一根西门子的原装 PPI 编程电缆。

⑥ 编程口烧毁，必须送修。

有的用户用 CP 卡进行编程通信，尽管 CP 卡的功能强大，但必须注意如下问题。

① CP5613 不能连接 S7-200 CPU 通信口编程。

② CP5511/5512/5611 不能在 Windows XP Home 版本下使用。

③ 所有的 CP 卡都不支持 S7-200 的自由口编程调试。

④ CP 卡与 S7-200 通信时，不能选择“CP 卡（auto）”选项。

（7）联机通信　选中工具浏览条中“查看”视图下的“通信”图标并单击，弹出“通信”对话框；再双击“双击刷新”，计算机自动搜索 PLC，若找到，则自动将目标 PLC 的地址和型号等信息显示出来，如图 3-35 所示。搜索完成后，单击“确定”按钮，这时计算机与 PLC 已经可以通信了。有时搜索结果有误，原因在于远程地址和 PLC 地址不一致造成，例如本例中的远程地址和搜索的地址都为“2”。

图 3-35　联机通信

（8）下载程序　单击标准工具栏中的下载按钮，弹出“下载”对话框，如图 3-36 所示，单击“下载”按钮，若 PLC 此时处于“运行”模式，系统将提示用户将“选项”栏中的“程序块”、“数据块”和“系统块”3 个选项全部勾选，再将 PLC 设置成“停止”模式，然后单击“确定”按钮，则程序自动下载到 PLC 中。下载成功后，输出窗口中有“下载成功”字样的提示。

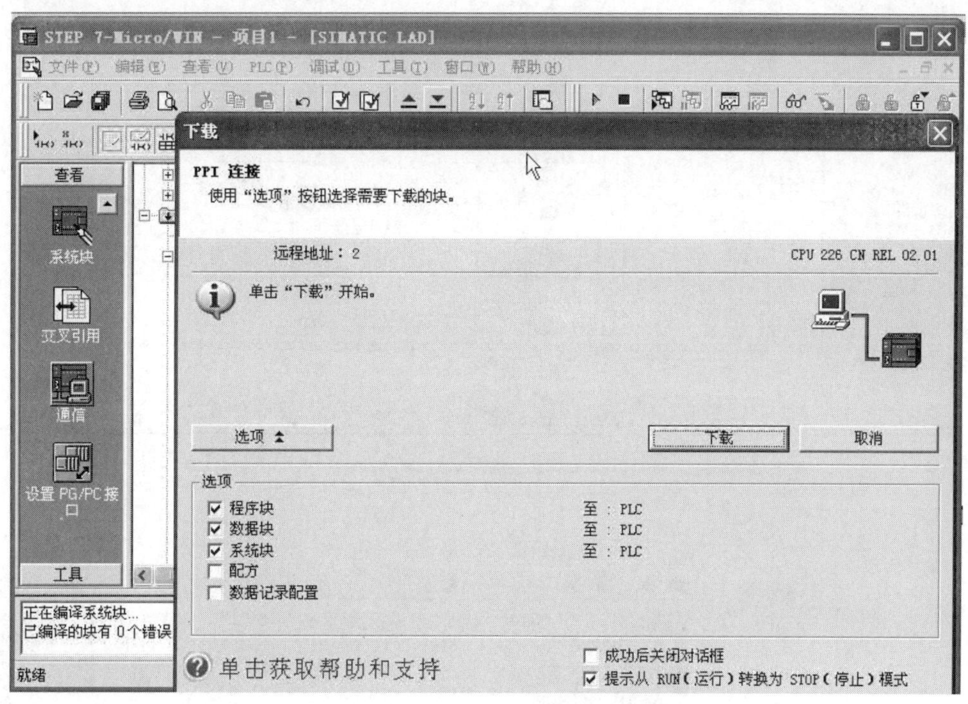

图 3-36　下载程序

（9）程序状态监控　在调试程序时，“程序状态监控”功能非常有用，当开启此功能时，闭合的触点中有蓝色的矩形，而断开的触点中没有蓝色的矩形，如图 3-37 所示。要开启“程序状态监控”功能，只需要单击调试工具栏上的“程序监控”按钮即可。

3.2.4　S7-200 仿真软件的使用

（1）S7-200 仿真软件简介　仿真软件可以在计算机或者编程设备（如 Power PG）中模拟 PLC 运行和测试程序，就像运行在真实的硬件上一样。西门子公司为 S7-300/400 系列 PLC 设计了仿真软件 PLCSIM，但遗憾的是没有为 S7-200 系列 PLC 设计仿真软件。下面将介绍应用较广泛的仿真软件 S7-200 SIM 2.0。

（2）仿真软件 S7-200 SIM 2.0 的使用　S7-200 SIM 2.0 仿真软件的界面友好，使用非常简单，下面以如图 3-38 所示的程序的仿真为例介绍 S7-200 SIM 2.0 的使用。

① 在 Micro/WIN 软件中编译如图 3-38 所示的程序，再单击菜单栏中的“文件”→“导出”命令，并将导出的文件保存，文件的扩展名为默认的“.awl”（文件的全名保存为 123.awl）。

② 打开 S7-200 SIM 2.0 软件，单击菜单栏中的“配置”→“CPU 型号”命令，弹出“CPU Type”（CPU 型号）对话框，选定所需的 CPU，如图 3-39 所示，再单击“Accept”（确定）按钮即可。

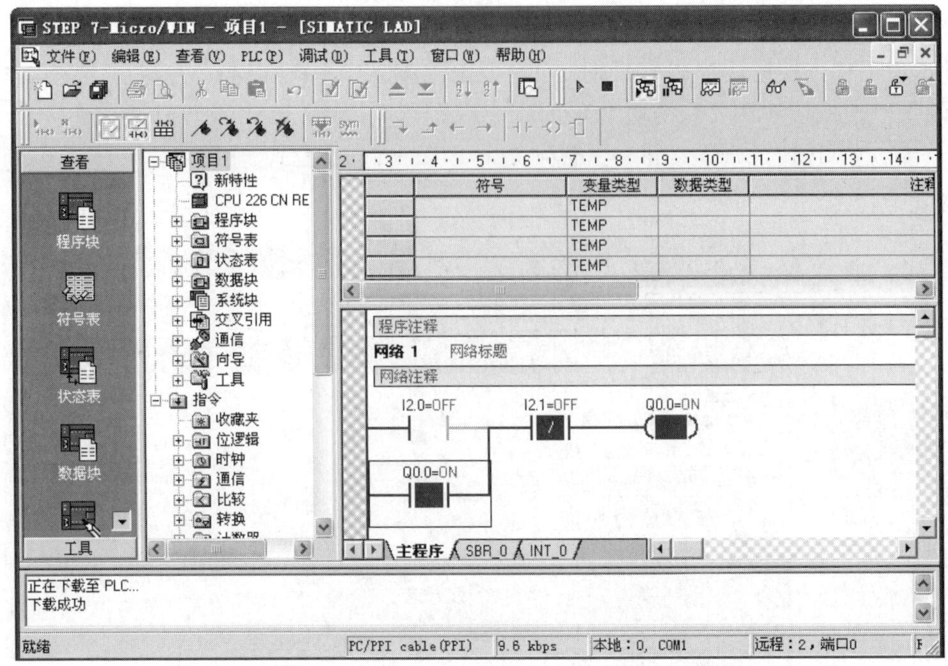

图 3-37 程序状态监控

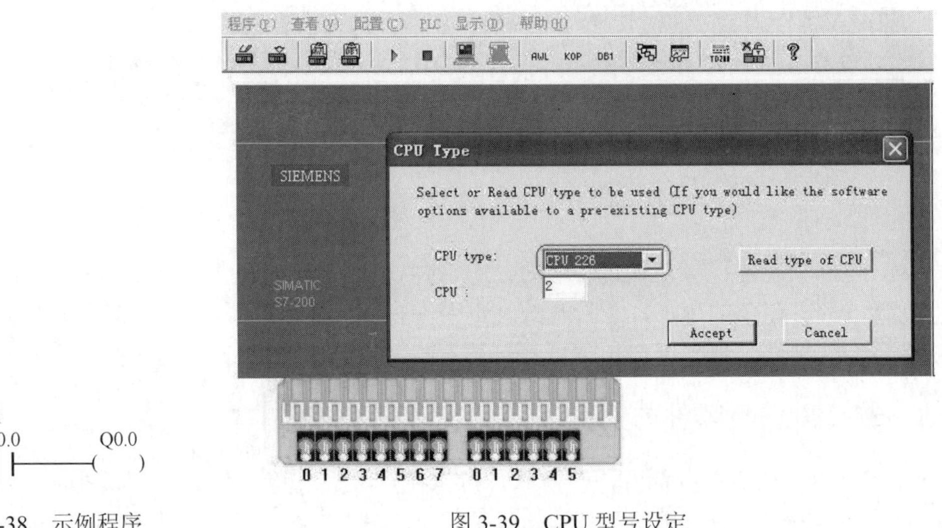

图 3-38 示例程序

图 3-39 CPU 型号设定

③ 装载程序。单击菜单栏中的“程序”→“装载程序”命令，弹出“装载程序”对话框，设置如图 3-40 所示，再单击“确定”按钮，弹出“打开”对话框，如图 3-41 所示，选中要装载的程序“123.awl”，最后单击“打开”按钮即可。此时，程序已经装载完成。

④ 开始仿真。单击工具栏上的“运行”按钮▶，运行指示灯亮，如图 3-42 所示，单击按钮“I0.0”，按钮向上合上，PLC 的输入点“I0.0”有输入，输入指示灯亮，同时输出点“Q0.0”输出，输出指示灯亮。

与 PLC 相比，仿真软件有省钱、方便等优势，但仿真软件毕竟不是真正的 PLC，它只具备 PLC 的部分功能，不能实现完全仿真。

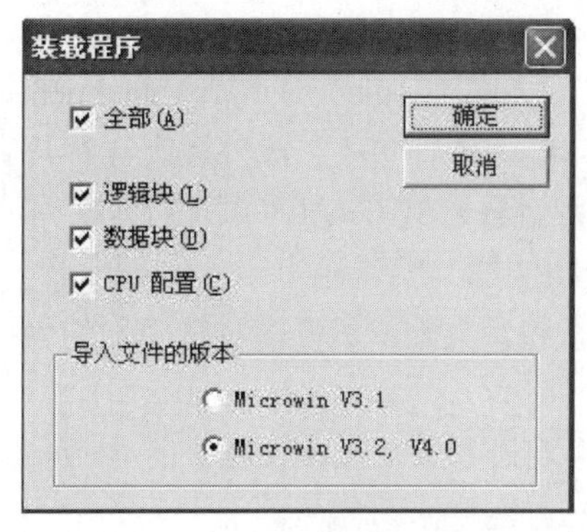

图 3-40 装载程序

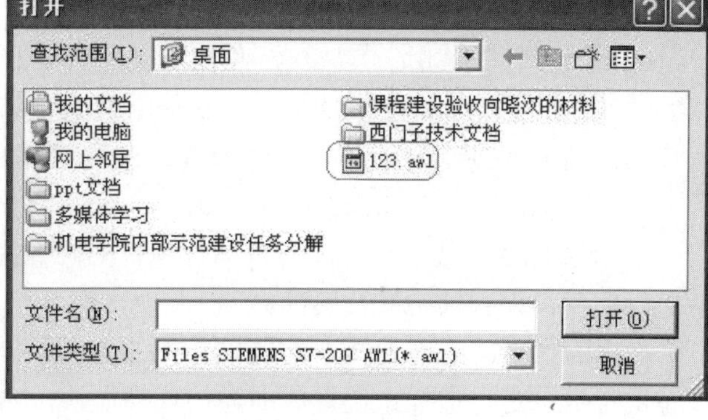

图 3-41 打开文件

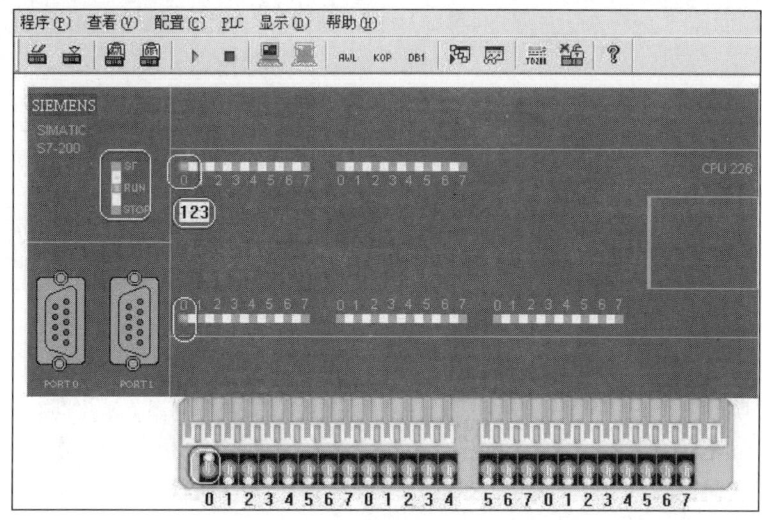

图 3-42 进行仿真

3.3 S7-300/400 编程软件 STEP 7 的使用

3.3.1 STEP 7 软件简介

（1）初识 STEP 7　STEP 7 是一种用于对 SIMATIC 可编程序逻辑控制器进行组态和编程的标准软件包。它是 SIMATIC 工业软件的一部分。STEP 7 标准软件包有下列各种版本：

① STEP 7-Micro/DOS 和 STEP 7-Micro/WIN。用于 SIMATIC S7-200 上的简化版单机应用程序。

② STEP 7。用于 SIMATIC S7-300 PLC/S7-400 PLC、SIMATIC M7-300/M7-400 以及 SIMATIC C7，标准 STEP 7 软件包提供一系列应用程序，具体如下。

a. SIMATIC 管理器。SIMATIC 管理器（SIMATIC Manager）可以集成管理一个自动化项目的所有数据，可以分布式地读/写各个项目的用户数据。其他的工具都可以在 SIMATIC 管理器中启动。

b. 符号编辑器。其可以管理所有的共享符号。

c. 诊断硬件。其功能可以提供可编程序控制器的状态概况。其中可以显示符号，指示每个模块是否正常。

d．编程语言。其用于 S7-300/400 PLC 的编程语言梯形图（Ladder Logic）、语句表（Statement List）和功能块图（Function Block Diagram）都集成在一个标准的软件包中。此外还有 4 种语言作为可选软件包使用，分别是 S7 SCL（结构化控制）编程语言、S7 Graph（顺序控制）编程语言、S7 Hi Graph（状态图）编程语言和 S7 CFC（连续功能图）编程语言。

e．硬件组态。其工具可以为自动化项目的硬件进行组态和参数配置。可以对机架上的硬件进行配置，设置其参数及属性。

f．网络组态。其工具用于组态通信网络连线，包括网络连接参数设置和网络中各个通信设备的参数设定，选择系统集成的通信或功能块，可以轻松实现数据的传送。

本书使用的软件是 STEP 7 V5.5 SP4。STEP 7 V5.5 SP4 的大部分界面已经汉化，非常适合对外语不熟悉的人员使用。STEP 7 具有使用简单、面向对象、直观的用户界面、组态取代编程、统一的数据库、超强的功能、编程语言符合 IEC 1131-3、基于 Windows 操作系统等特点。

使用 STEP 7 的基本软硬件条件是：一台西门子编程设备或者一台个人计算机、STEP 7 软件包和相应的许可证密匙，一台 S7-300/400 PLC 或者 S7-PLCSIM。

（2）安装 STEP 7 注意事项

① 安装 STEP 7 的操作系统可以是：Microsoft Windows 2000 或 Windows XP、Windows Server 2003（从 STEP 7 V5.4 SP3 开始，也支持 Windows Vista 32 Business 和 Ultimate 操作系统）。不支持 HOME 版操作系统。

② Window 7 操作系统不再支持 STEP 7 V5.4，Window 7 操作系统可安装 STEP 7 V5.5；最近推出的新模块，STEP7 V5.4 也不再支持，所以建议安装 STEP 7 V5.5 版本，因为西门子已经不对 STEP 7 V5.4 进行升级了。

③ 如果读者的系统是 32 位的 Window 7，那么安装仿真软件必须是 PLCSIM V5.4SP4 以上版本；读者的系统是 64 位 Window 7，那么安装仿真软件必须是 PLCSIM V5.4SP5 以上版本。

④ 安装 STEP 7 的基本硬件要求，包含下列各项的编程设备或 PC：

a．奔腾处理器（600 MHz）。

b．至少 512MB RAM。

c．彩色监视器、键盘和鼠标，Microsoft Windows 支持所有这些组件。

⑤ 最好关闭监控和杀毒软件。

⑥ 软件的存放目录（不是安装目录）中不能有汉字。例如将软件存放在“C:/软件/STEP 7”目录中就不能安装。

3.3.2 编程界面的 SIMATIC 管理器

在 STEP 7 中，用项目来管理一个自动化系统的硬件和软件。STEP 7 用 SIMATIC 管理器对项目进行集中管理，它可以方便地浏览 SIMATIC S7、C7 和 WinAC 的数据。因此，掌握项目创建的方法就非常重要。

（1）创建项目

① 使用向导创建项目　首先双击桌面上的“STEP 7”图标，进入 SIMATIC Manager 窗口，进入主菜单“文件”，选择“新建项目”向导，弹出标题为“STEP 7 向导：新建项目”的对话框，如图 3-43 所示。

单击“下一步”按钮，在新项目中选择 CPU 模块的型号为“CPU314C-2DP”，如图 3-44 所示。

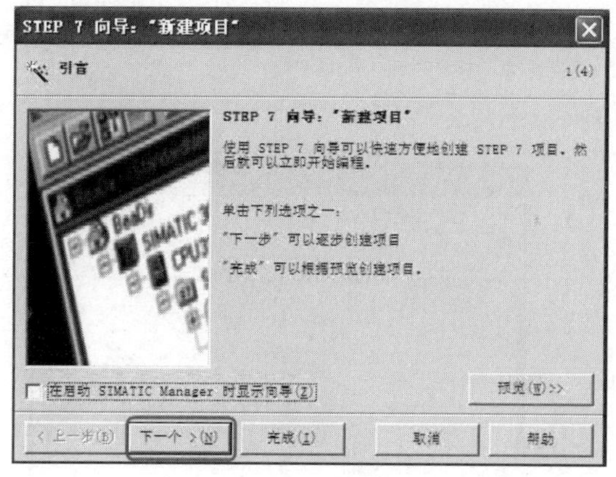

图 3-43 新建项目（1）

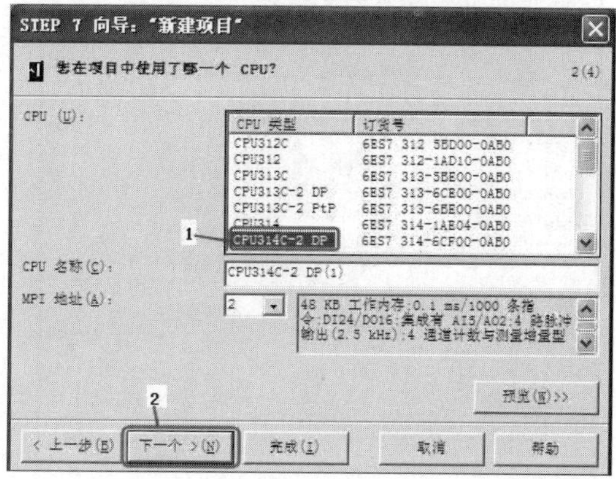

图 3-44 新建项目（2）

单击“下一步”按钮，选择需要生成的逻辑块，至少需要生成作为主程序的组织块 OB1 和编程语言 LAD（梯形图），如图 3-45 所示。

单击“下一步”按钮，输入项目的名称，单击“完成”按钮，生成项目，如图 3-46 所示。也可以单击工具栏上的按钮，新建项目。

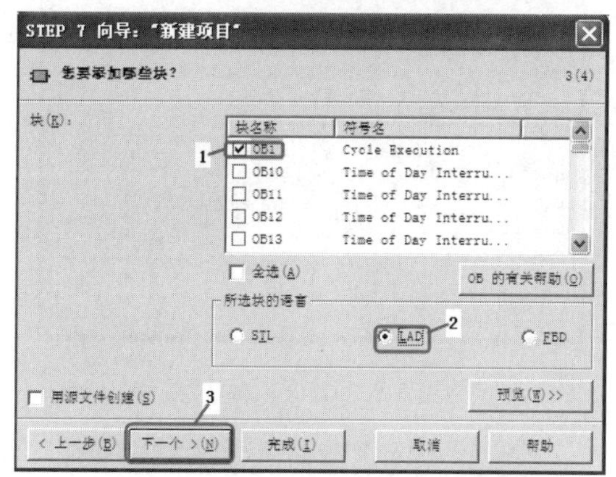

图 3-45 新建项目（3）

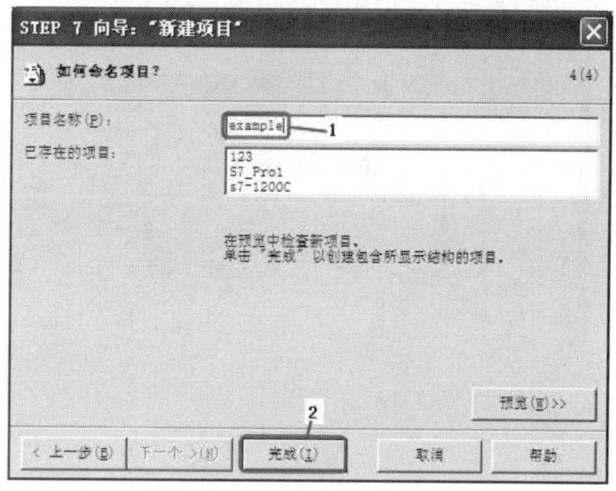

图 3-46 新建项目（4）

② 直接创建项目　进入主菜单“文件”，选择“新建”按钮，将出现如图 3-47 所示的对话框，在该对话框中分别输入“名称”、“存储位置”（路径）等内容，最后单击“确定”按钮，完成一个空项目的创建，如图 3-48 所示，这个项目中没有硬件、块等内容，需要组态硬件。

（2）编辑项目

① 打开已有的项目　要打开已有的项目，选择菜单栏的“文件”→“打开”，然后选择一个项目，单击“确定”按钮，打开已有的文件。例如要打开以上创建的“example”，界面如图 3-49 和图 3-50 所示。

也可以单击工具栏上的按钮，打开已有的项目。

② 复制项目　复制项目的步骤是：选中要复制的项目，在 SIMATIC 管理器中选择菜单命令“文件”→“另存为”，然后起一个新名称，单击“确定”按钮。例如要复制以上创建的

“example”，如图 3-51 和图 3-52 所示。

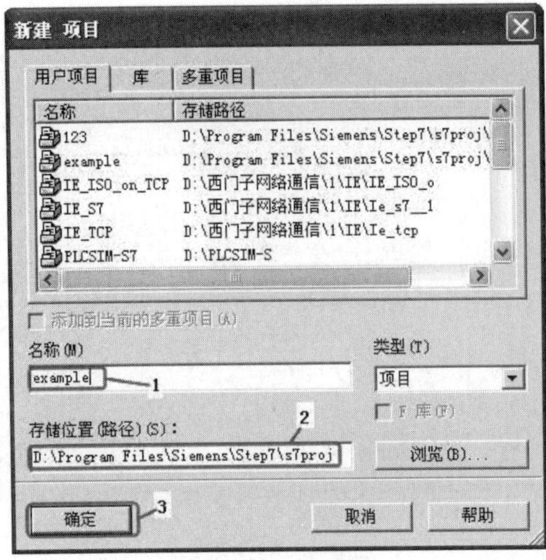

图 3-47　新建项目（5）

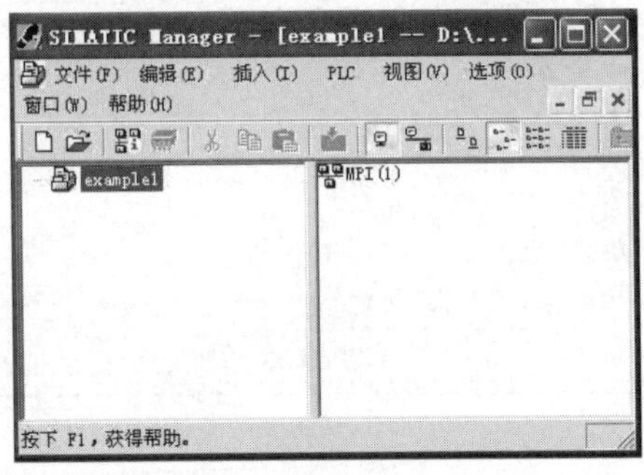

图 3-48　新建的项目（6）

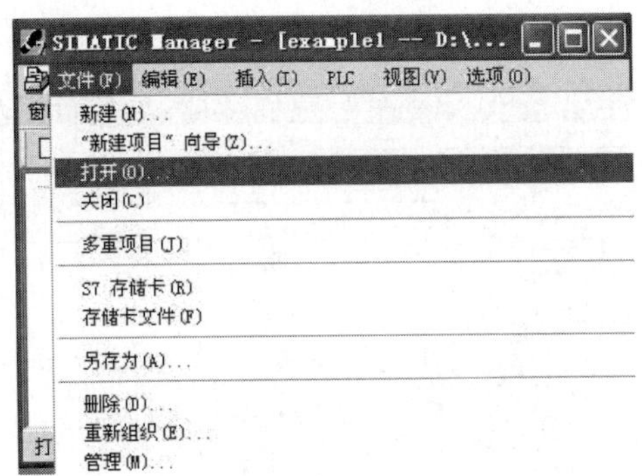

图 3-49　打开项目（1）

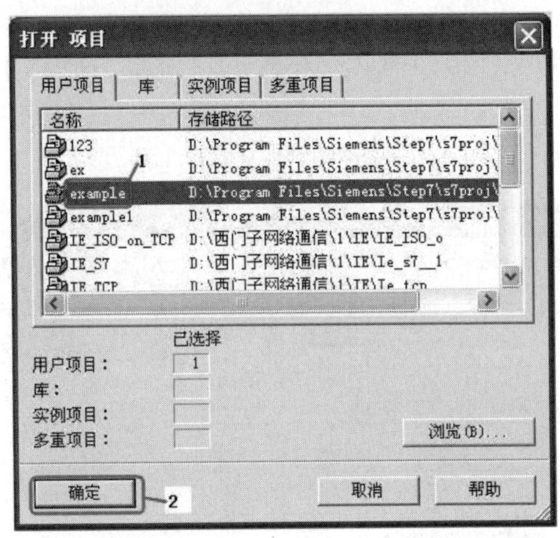

图 3-50　打开项目（2）

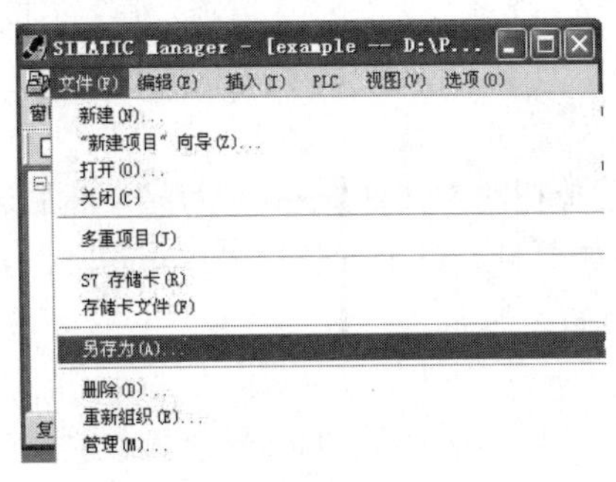

图 3-51　复制项目（1）

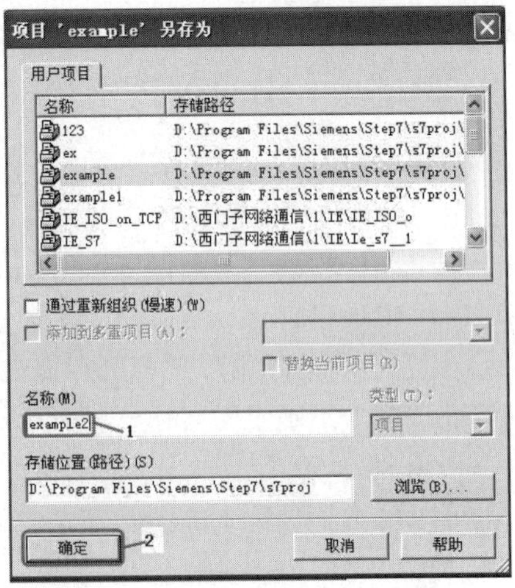

图 3-52　复制项目（2）

③ 删除项目　删除项目的步骤是：在 SIMATIC 管理器中选择菜单命令“文件”→“删除”，然后选择要删除的项目，单击“确定”按钮。删除后的文件不能在回收站中找到。例如要删除以上创建的“example2”，如图 3-53 和图 3-54 所示。

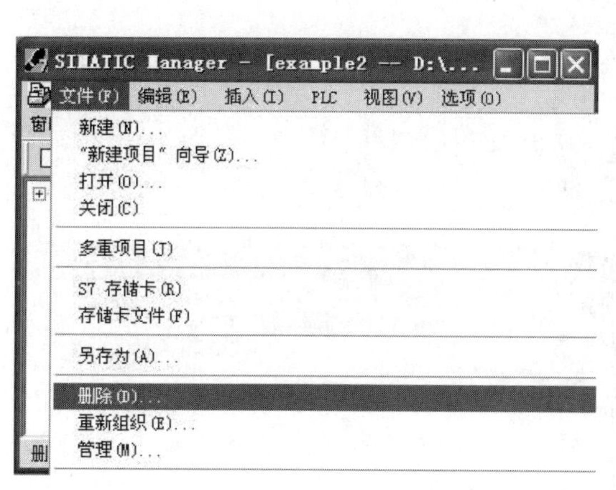

图 3-53　删除项目（1）

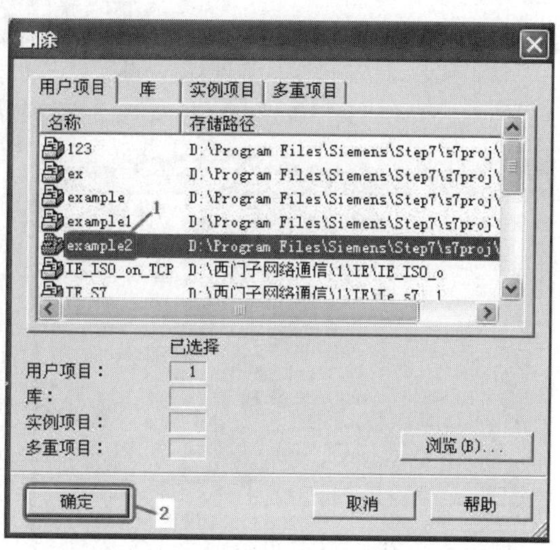

图 3-54　删除项目（2）

若要删除项目的一部分也比较容易，只要选中要删除的部分，单击鼠标右键，再单击“删除”菜单即可，例如要删除项目中的“块”，如图 3-55 所示。也可以选中要删除的部分，按下键盘上的“Delete”键。

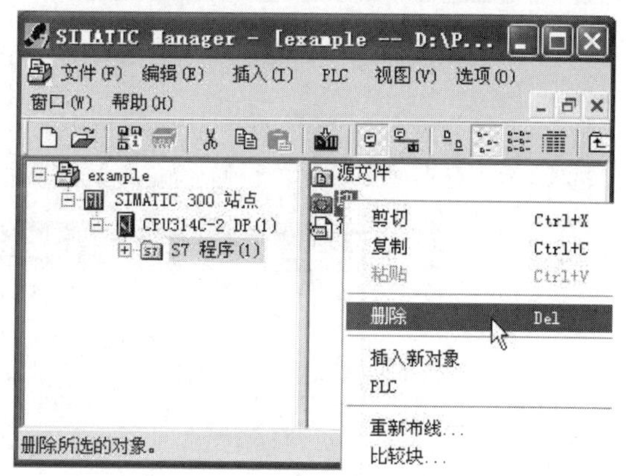

图 3-55　删除部分项目

3.3.3　硬件组态与参数设置

（1）硬件组态

① 硬件组态的任务和步骤　在 PLC 控制系统设计前期，应根据控制系统的要求以及系统的输入/输出信号的性质和点数确定 PLC 的硬件配置，如 CPU 模块与扩展模块的型号和数量等，是否需要通信处理器模块以及种类和型号，是否需要扩展机架等。在完成上述工作后，还需要在 STEP 7 中完成硬件配置工作。

硬件组态的主要工作是根据实际系统的硬件配置，在 STEP 7 中模拟真实的 PLC 硬件配置，将电源模块、CPU 模块、信号模块、通信模块等设备安装到模拟生成的相应机架上，生成一个与真实系统完全相同的系统，并对每个硬件组成模块进行参数设置和修改的过程。S7-300/400 PLC 的模块在出厂时已经设置默认的参数作为模块的运行参数，一般情况下，用户可以不对参数进行重新设置，这样加快了硬件组态过程。当用户确实需要修改模块的参数，需要设置网络通信等工作时，都需要硬件组态。

硬件组态的基本步骤是：生成站点→生成机架并在机架上放置模块→设置模块参数→保存参数并将它下载到 PLC 中。

② 硬件组态举例　以下创建一个项目“example2”，并对此项目进行组态。

a．打开软件 STEP 7。双击 SIMATIC Manager 图标，打开 STEP 7 软件。

b．新建项目。单击工具栏上的🗋按钮，弹出界面如图 3-56 所示，在“名称”中输入“example2”，单击“确定”按钮。

c．插入站点。选中管理器中的项目名称“example2”，再单击菜单栏中的“插入”→“站点”→“SIMATIC 300 站点”，如图 3-57 所示。

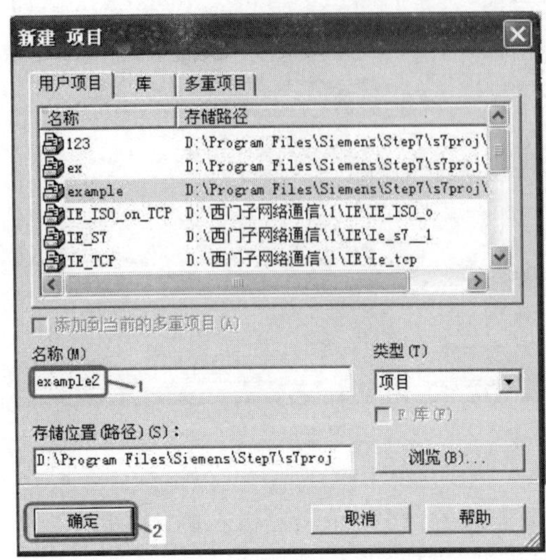

图 3-56　新建项目

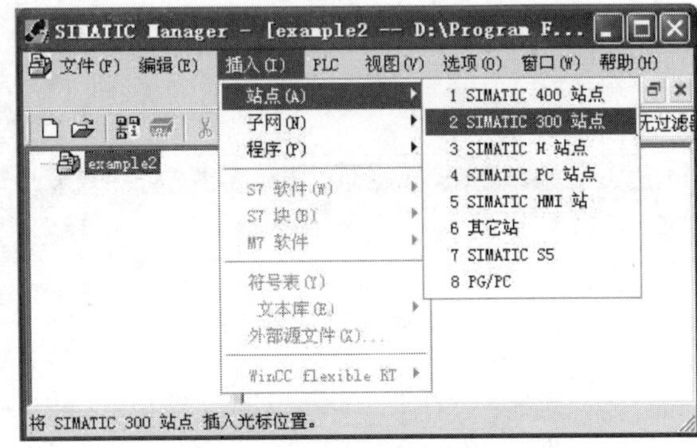

图 3-57　插入站点

d．启动硬件组态界面。单击项目名称“example2”左侧的“+”，选定“SIMATIC300（1）”→“双击硬件”，之后弹出硬件组态界面，如图 3-58 所示。

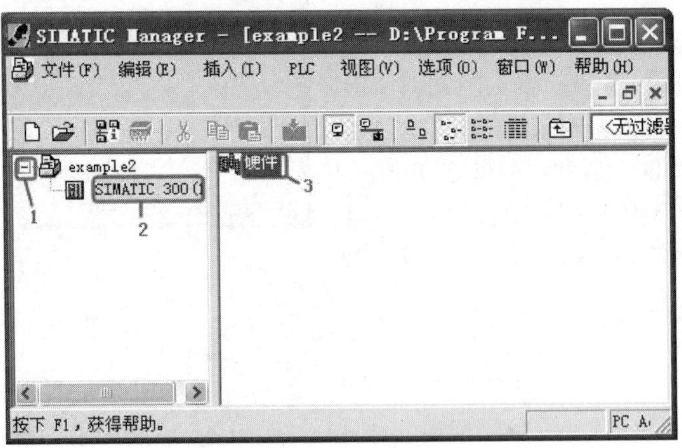

图 3-58　启动硬件组态

e．插入机架。在硬件组态界面中，双击机架“Rail”，机架自动弹出，如图 3-59 所示。

f．插入电源模块。在硬件组态界面中，先选中“1”处，再双击“PS 307 5A”，电源模块自动安装到 1 号槽位，如图 3-60 所示。也可以用鼠标的左键选中“PS 307 5A”，并按住不放，将电源模块拖至 1 号槽位。

g．插入 CPU 模块。在硬件组态界面中，用鼠标的左键选中“V2.6”，并按住不放，将

CPU 模块拖至 2 号槽位，如图 3-61 所示。也可以先选中“1”处，再双击“CPU 314-2 DP”下的“V2.6”，CPU 模块自动安装到 2 号槽位。

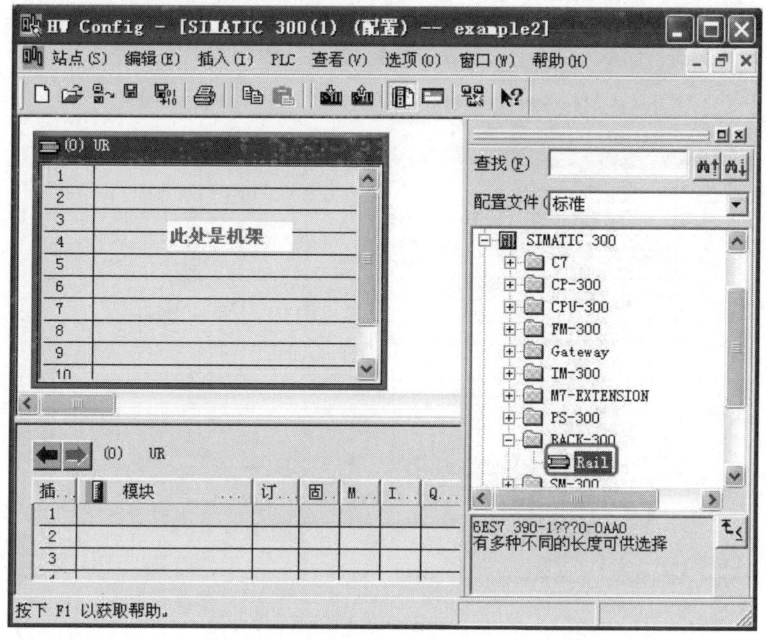

图 3-59　插入机架

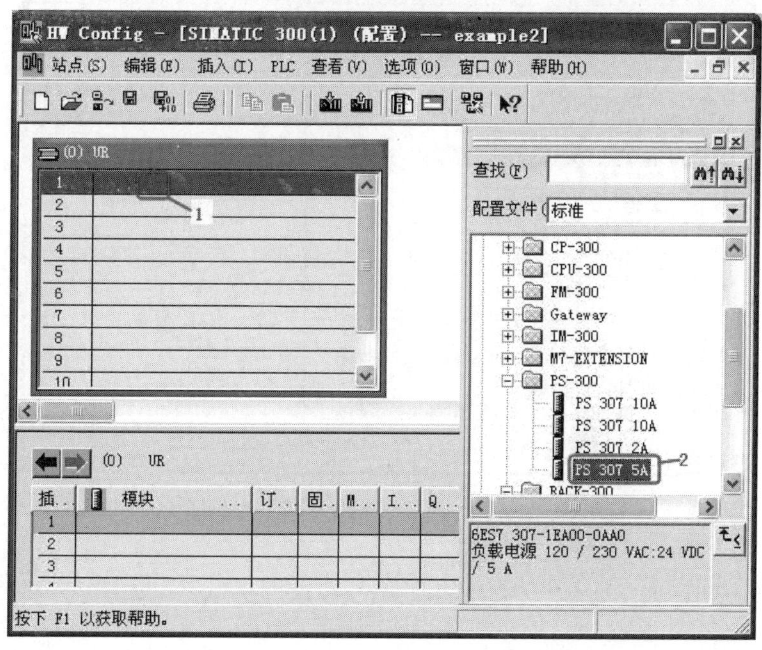

图 3-60　插入电源模块

h．保存和编译组态。至此一个简单的项目已经组态完成，只要单击工具栏上的“保存和编译”按钮即可，如图 3-62 所示。

（2）参数设置　利用 STEP 7 除了可以完成西门子 S7-300/400 PLC 的硬件组态外，还可以用来设置模块的参数。

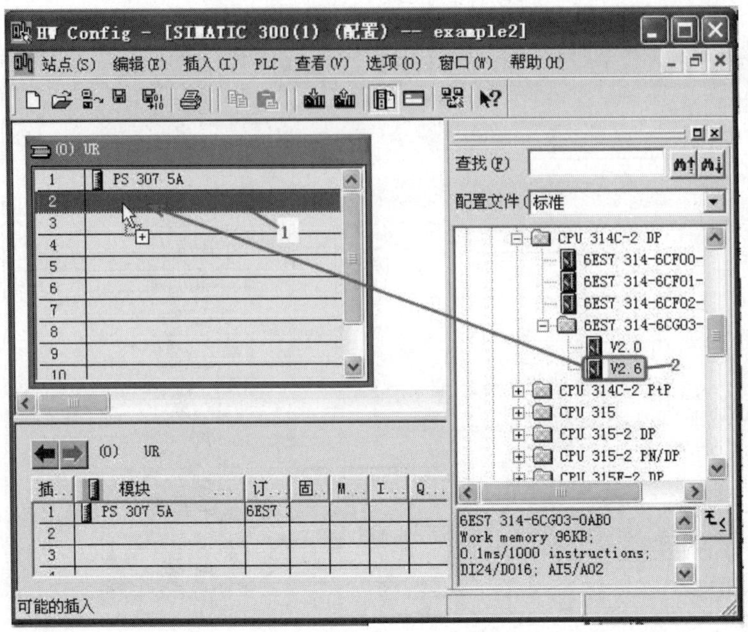

图 3-61 插入 CPU 模块（用拖放方法）

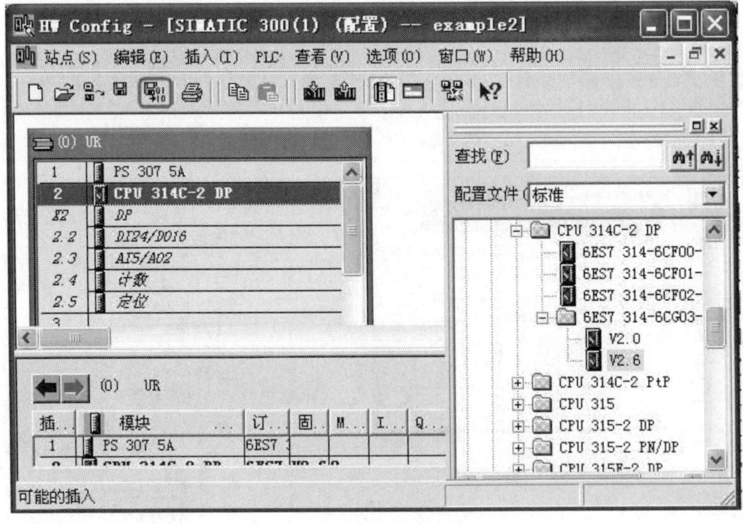

图 3-62 保存和编译组态

① CPU 参数的设置 打开 HW Config 硬件组态界面，双击 CPU 模块所在的行，便可弹出属性窗口，选择某一选项卡，便可对其相应的属性进行设置。

a. CPU 的启动参数设置。CPU 的启动性能参数可以在“属性”窗口中的“启动”选项卡中设置，如图 3-63 所示。

“启动”选项卡中“如果预先设置的组态与实际组态不相符合则启动”复选框，若选中这个，则方框中应该有“√”，则当模块没有插在组态时指定的槽位或者某个槽位实际插入的模块与组态的模块不相符合时，CPU 仍然会启动。若没有选中这个选项，则当出现上述情况时，CPU 将进入 STOP 状态。

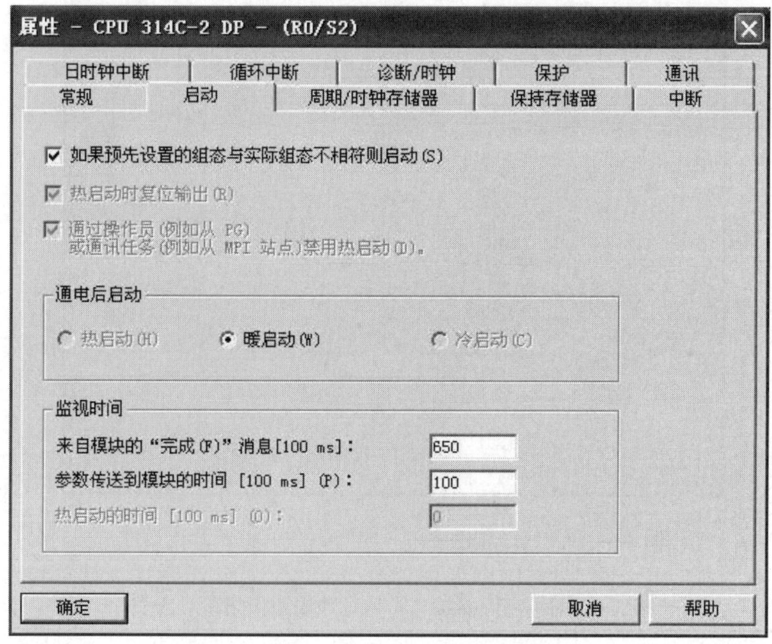

图 3-63 CPU 的属性窗口—启动参数设置

“热启动时复位输出”和“禁止操作员热启动”选项仅用于 S7-400 PLC，在 S7-300 PLC 中该选项是灰色的。

“通电后启动”用于设置电源接通后的启动选项，可以选择单选按钮“热启动”、“暖启动”和“冷启动”。CPU-318 和 CPU 417-4 具有冷启动方式。冷启动方式启动时，所有的过程映像区和标志存储器、定时器和计数器（无论是保持型还是非保持型）都将被清零，而且数据块的当前值被装载存储器的原始值覆盖。暖启动方式启动时，过程映像区和不保持的标志存储器、定时器及计数器被清零，保持的标志存储器、定时器和计数器以及数据块的当前值保持原状态。一般 S7-300 PLC 都采用此种启动方式。热启动方式启动时，所有数据（无论是保持型和非保持型）都将保持原状态，然后程序从断点处开始执行。只有 S7-400 PLC 具有热启动功能。

“监视时间”选项用于设置相关项目的监控时间。

“来自模块的完成消息”用于设置电源接通后，CPU 等待所有被组态的模块发出“完成信息”的时间。“参数传递到模块的时间”用于将参数传递到模块的最长时间。

b. 扫描周期/时钟存储器的参数设置。扫描周期/时钟存储器的参数通过“周期/时钟存储器”选项卡设置，如图 3-64 所示。

“扫描周期监视时间”选项用于设置循环扫描时间，以“毫秒”为单位，默认值为 150ms，当实际扫描时间大于设定值时，CPU 进入 STOP 模式。

时钟存储器用于设置时钟存储器的字节地址。S7-300/400 PLC 提供了一些不同频率的、占空比为 1∶1 的方波脉冲信号给用户程序使用，这些方波信号存储在一个字节的时钟存储器中，该字节默认为 MB0（此地址允许修改），需要将前面的复选框选中才能激活，该字节的每一位对应一种频率时钟脉冲信号，见表 3-1。

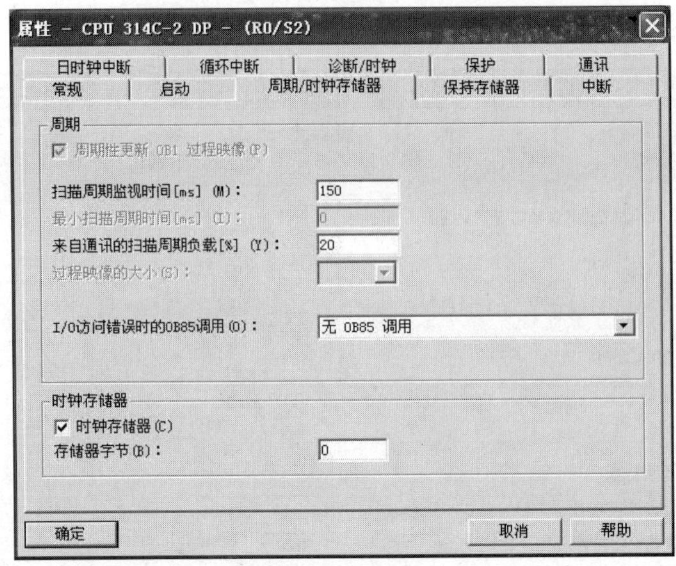

图 3-64 CPU 的属性窗口—周期/时钟存储器参数设置

表 3-1 时钟存储器位与时钟脉冲周期和频率对应表

位	位 7	位 6	位 5	位 4	位 3	位 2	位 1	位 0
周期/s	2	1.6	1	0.8	0.5	0.4	0.2	0.1
频率/Hz	0.5	0.625	1	1.25	2	2.5	5	10

例如，图 3-64 中的时钟存储器为 MB0，所以 M0.5 的频率为 1Hz，可以用在明暗闪烁频率为 1Hz 报警灯中。

c．系统诊断与时钟的参数设置。系统诊断与时钟的设置可以通过属性窗口的“诊断/时钟”选项卡设置，如图 3-65 所示。

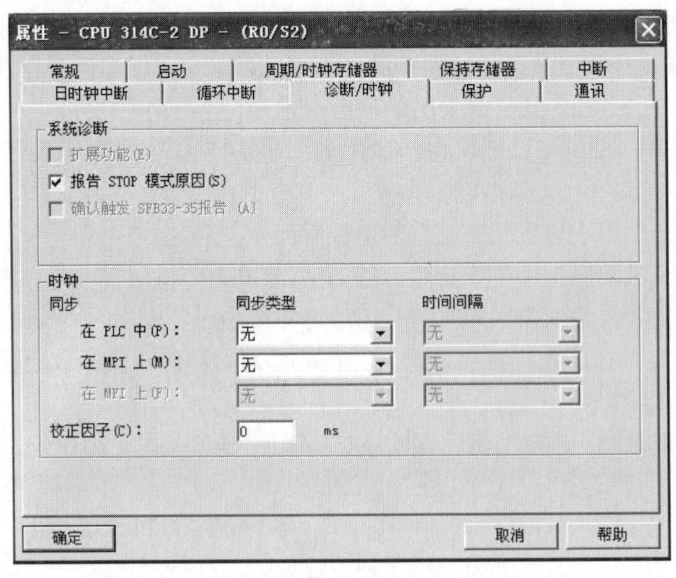

图 3-65 CPU 的属性窗口—诊断/时钟参数设置

通过系统诊断可以发现程序的错误、模块的故障以及传感器和执行器的故障等。故障诊断可以通过选择“报告 STOP 模式原因”等选项设置。

d．保持存储器的参数设置。保持存储器的参数可以通过属性窗口的“保持存储器”选项卡设置，如图 3-66 所示。

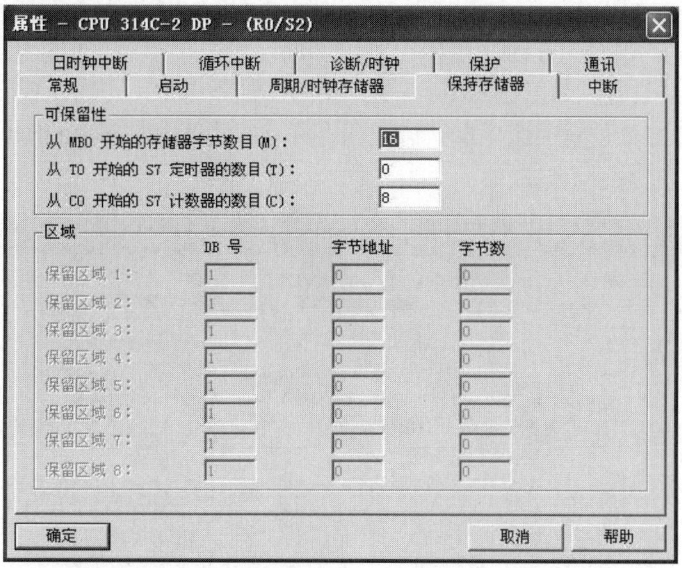

图 3-66 CPU 的属性窗口—保持存储器参数设置

所谓保持存储器就是电源掉电或 CPU 从 RUN 进入 STOP 模式后内容保持不变的存储区。安装了后备电池的 S7 系列 PLC，用户程序中的数据块总是保存在保持存储区，没有后备电池的 PLC 可以在数据块中设置保持区域。

图 3-66 中默认的保持存储区为 MB0～MB15，C0～C7。

e．口令保护和运行方式的设置。口令保护和运行方式可以通过属性窗口的“保护”选项卡设置，如图 3-67 所示。

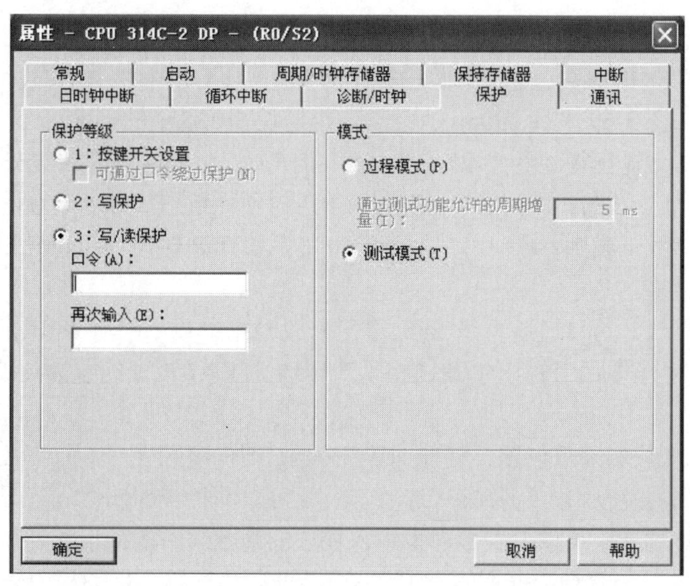

图 3-67 CPU 的属性窗口—口令保护和运行方式的设置

在 S7-300/400 PLC 中，使用口令保护功能可以保护 CPU 中的程序和数据，有效防止对控制过程进行的可能的人为干扰。设置完成后将其下载到 CPU 模块中。

“保护”选项卡中有 3 个保护级别：保护级别 1，不需要设置口令；保护级别 2，只能进行读操作，而不能进行写操作；保护级别 3，只有拥有授权，才能进行读/写操作。口令的设置很容易，在图 3-67 的“口令”方框中输入字母或者数字，单击“确定”按钮即可。

f. 中断参数的设置。如图 3-68 所示的“中断”选项卡中，可以设置硬件中断、时间延迟中断和异步错误中断的优先级。默认情况下，所有的硬件中断都由 OB40 来处理，用户可以通过设置优先级屏蔽中断。

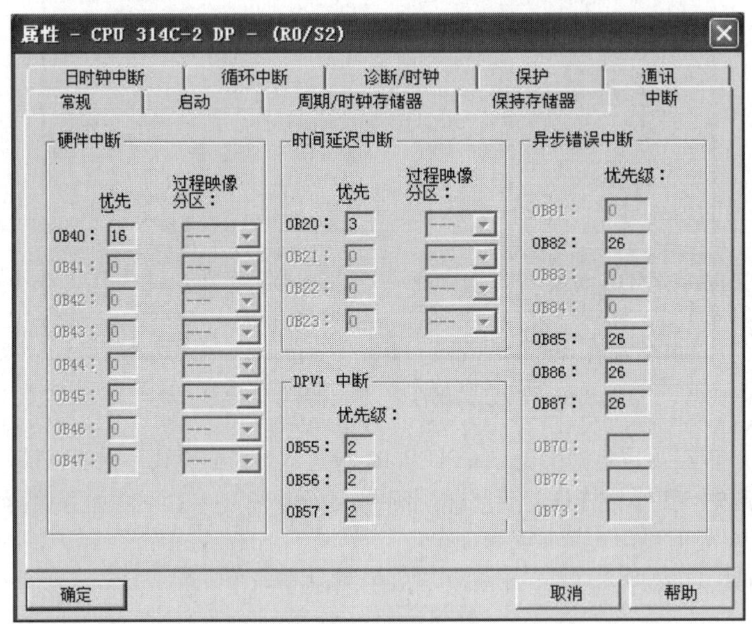

图 3-68 CPU 的属性窗口—中断参数的设置

g. 循环中断参数的设置。如图 3-69 所示的“循环中断”选项卡中，可以设置循环执行组织块 OB30～OB38 的参数，这些参数包括中断优先级、以毫秒为单位的执行时间间隔和相位偏移量。例如，图 3-69 中每 100ms 执行一次组织块 OB35 中的程序。

② 数字量输入/输出模块的参数设置 数字量输入/输出模块的参数分为动态参数和静态参数，在 CPU 处于 STOP 模式时，通过 STEP 7 的硬件组态，可以设置两种参数，参数设置完成后，应将参数下载到 CPU 中，这样当 CPU 从 STOP 转为 RUN 模式时，CPU 将参数自动传送到每个模块。

用户程序运行时，可以通过系统 SFC 调用修改动态参数。但当 CPU 从 RUN 模式进入 STOP 又返回 RUN 模式后，PLC 的 CPU 将重新传送 STEP 7 设置的参数到模块中，动态设置的参数丢失。

a. 数字输入模块的参数设置。打开 HW Config 硬件组态界面，双击数字量输入模块所在的行，便可弹出属性窗口，选择某一选项卡，便可对其相应的属性进行设置。

在“地址”选项卡中可以设置数字量输入模块的起始字节的地址。若要修改起始地址，先要把“系统默认”前的复选框上的“√”去掉，再在“开始”后的框中输入新的起始地址即可，最后单击“确定”按钮，如图 3-70 所示。

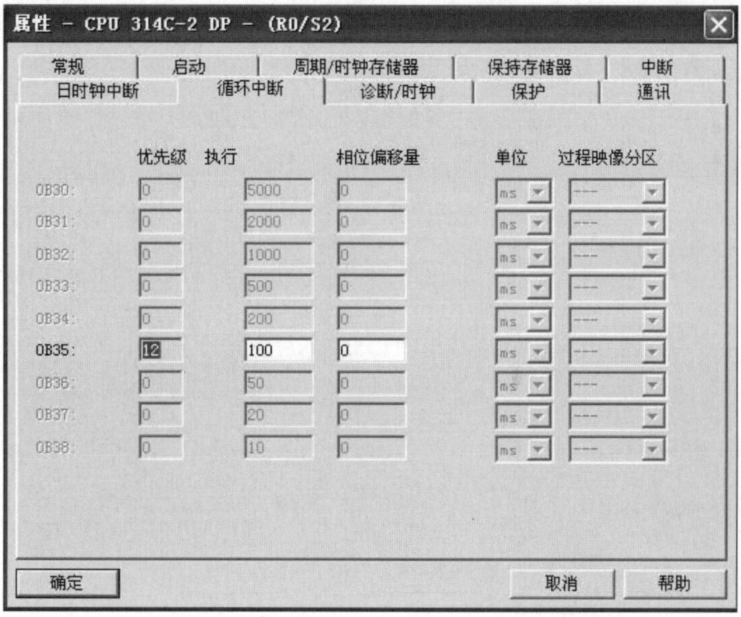

图 3-69　CPU 的属性窗口—循环中断参数的设置

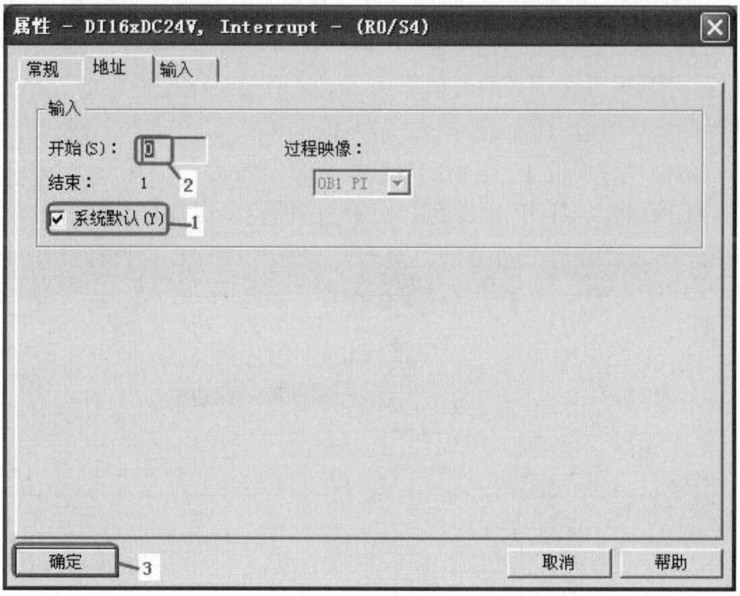

图 3-70　数字量输入模块—地址参数的设置

对于有中断功能的数字量输入模块，还有“输入”选项卡。可以通过复选框，选择是否允许产生“诊断中断”和“硬件中断”。如图 3-71 所示，先激活“硬件中断”，再激活输入点 0 和 1 位的“上升沿”，最后单击“确定”按钮，这样设置的含义是：当这个数字量输入模块的第 0 或者 1 位有上升沿时，触发硬件中断，CPU 将调用 OB40 进行处理。

b．数字输出模块的参数设置。在“地址”选项卡中可以设置数字量输出模块的输出起始地址，设置方法和数字量输入模块的类似。注意，重新设置的地址若已经占用，则修改是不成功的。

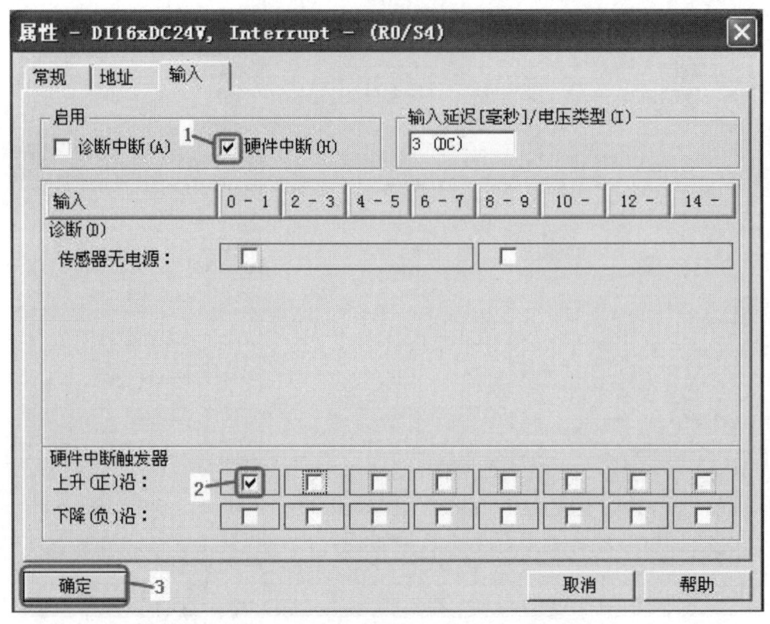

图 3-71　数字量输入模块—输入参数的设置

有些输出模块有诊断中断、输出替换值功能，可以在“输出”中设置。在该选项卡中单击复选框可以设置是否允许产生诊断中断。“对 CPU STOP 模式的响应”下拉列表可以选择 CPU 进入 STOP 模式时，模块对各输出点的处理方式。选择“保持前一个有效值”，则 CPU 进入 STOP 模式后，模块将保持最后的输出值；而选择“替换值”，CPU 进入 STOP 模式后，可以使各点输出一个固定值，该值由“替换值 1”选项的复选框决定。如图 3-72 所示，替换值的所有的复选框都激活，所以当 CPU 进入 STOP 模式后，所有选中的输出点都为“1”。

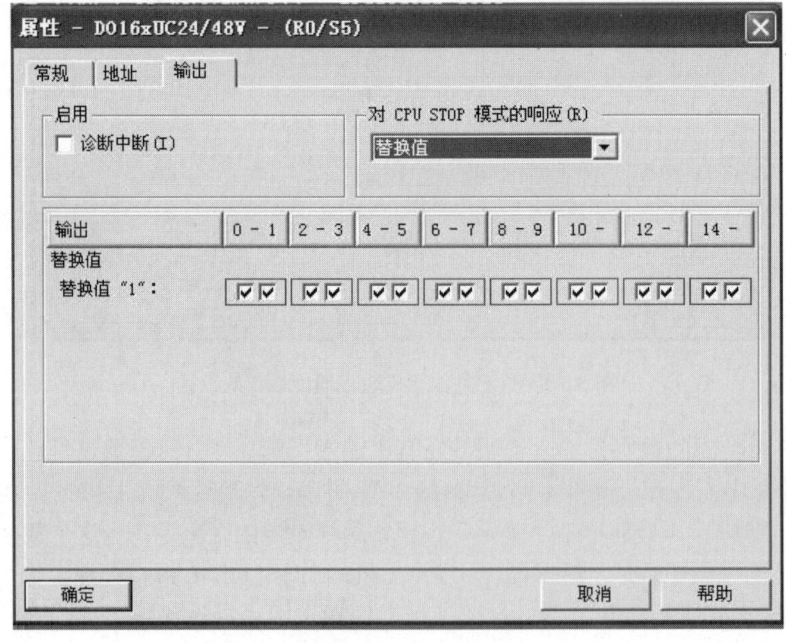

图 3-72　数字量输出模块—输出参数的设置

③ 模拟量输入/输出模块的参数设置

a. 模拟量输入模块的参数设置。模拟量输入模块的地址可以在“地址”选项卡中修改，方法与数字量模块的类似。模拟量模块“输入”选项卡如图 3-73 所示。

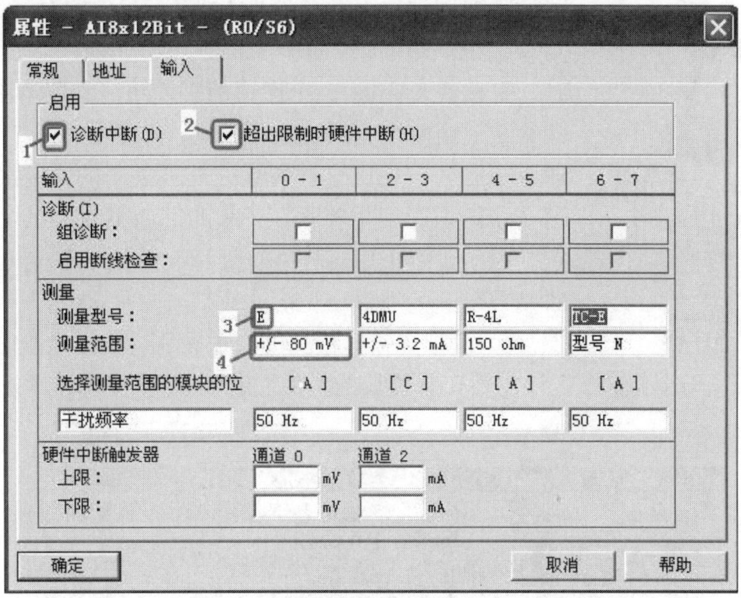

图 3-73 模拟量输入模块—输入参数的设置

如果已激活“诊断中断”复选框并发生诊断事件，则相应信息会输入到模块的诊断数据区。然后，模块会触发诊断中断，S7-CPU 会调用诊断中断模块 OB82（将在后面的章节讲解）。如果已激活“超出限制时硬件中断”复选框，输入值超出“上限值”和“下限值”定义的范围，模块会触发硬件中断。

在“输入”选项卡中，还可以对模块的每一个通道的测量类型和测量量程进行设置。单击通道组的“量程型号”输入框，在弹出的菜单中选择测量种类，其中“E”表示测量电压信号、“4DMU” 表示 4 线式传感器的电流信号测量、“2DMU”表示 2 线式传感器的电流信号测量、“R-4L”表示 4 导线式电阻测量、“RT”表示热敏电阻测量温度信号、“TC-I”表示热电偶测量温度，如图 3-74 所示。单击“测量范围”输入框，弹出测量范围菜单（供选择，仅以测量电压信号为例说明），若输入电压信号的范围是−5～+5V，则选择“+/−5V”选项，如图 3-75 所示。

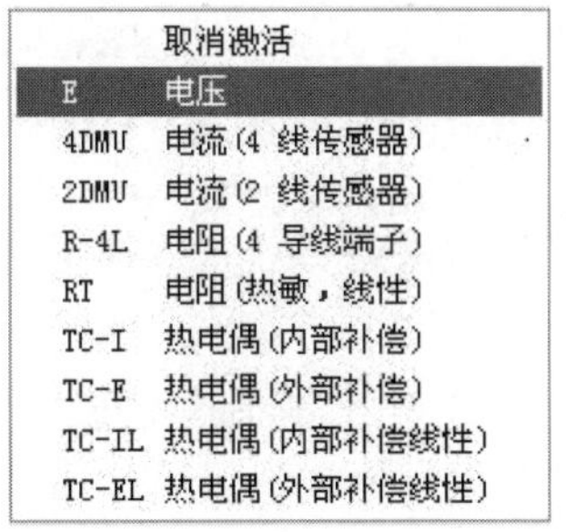

图 3-74 测量类型的设置

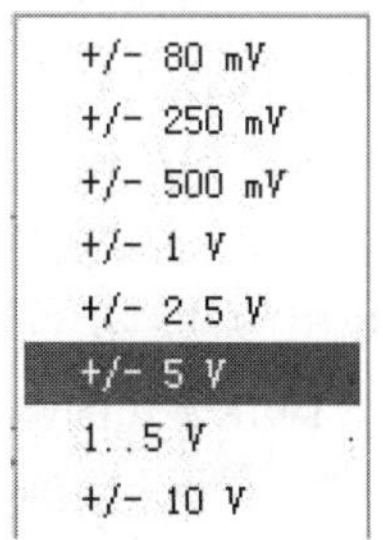

图 3-75 测量范围（电压）的设置

模拟量模块使用时，量程卡的设置非常重要，每个量程卡与2个通道关联。如图3-76所示的量程卡为“A”位置，这个位置是根据硬件组态结果设置的，第0和第1通道两个关联通道要求量程卡设置在“A”位置，因此读者要用螺丝刀撬开量程卡，将“A”位置对准量程卡上的“三角”标识。

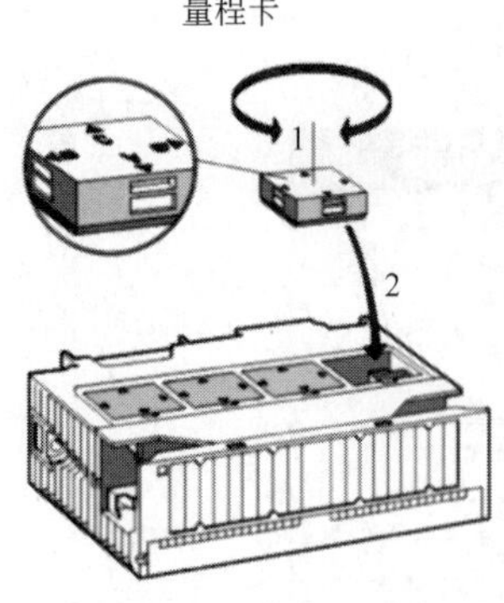

图3-76 量程卡的设置方法

关联在一起的2个通道都不使用，则取消激活。例如第6和第7通道两个关联通道不使用，则做如图3-77所示的处理，即取消激活，使用这种方法处理不使用的通道最简单，但注意这2个通道必须是关联在一起的，如第6和第7通道就是关联在一起的，可采用这种方法处理，而第5和第6通道就没有关联在一起，处理方法见前述章节。

b. 模拟量输出模块的参数设置。模拟量输出模块的地址可以在“地址”选项卡中修改，方法与数字量模块的类似。模拟量模块“输出”选项卡如图3-78所示。

属性 - AI8x12Bit - (R0/S4)

常规 | 地址 | 输入

启用

☐ 诊断中断(D)　☐ 超出限制时硬件中断(H)

输入	0 - 1	2 - 3	4 - 5	6 - 7
诊断(I)				
组诊断:	☐	☐	☐	☐
启用断线检查:	☐	☐	☐	☐
测量				
测量型号:	E	E	E	---
测量范围:	+/- 10 V	+/- 10 V	+/- 10 V	- - -
量程卡的位置:	[B]	[B]	[B]	
干扰频率	50 Hz	50 Hz	50 Hz	- - -
硬件中断触发器	通道 0	通道 2		
上限:				
下限:				

确定　取消　帮助

图3-77 取消激活

可以设置各个通道是否允许中断，含义与模拟量输入模块相同。

模拟量的“输出类型”有3种“电流”、“电压”和“取消”，只要单击通道“测量类型”的方框，在弹出的菜单中选取即可。“电流”的含义是：输出的模拟信号是电流信号；“电压”的含义是：输出的模拟信号是电压信号；“取消”的含义是：不使用此通道。

“输出”范围的含义是输出模拟信号的范围，选择的方法是只要单击通道“输出范围”的方框，在弹出的菜单中选取即可。

对CPU STOP模式的响应有3个选项，其中“OCV”的含义是不输出电流电压，“KLV”的含义是保持前一个输出的电流电压值，“SV”的含义是采用替代值。

（3）硬件的更新和GSD文件安装

① 硬件的更新　西门子的硬件更新比较快，每一个STEP 7版本都不可能包含未来的硬

件。从 STEP 7 V5.2 开始，STEP 7 提供了硬件更新功能。在组态硬件时，有时无法找到需要配置的硬件（一般以订货号为准），这就需要更新目录中的硬件。

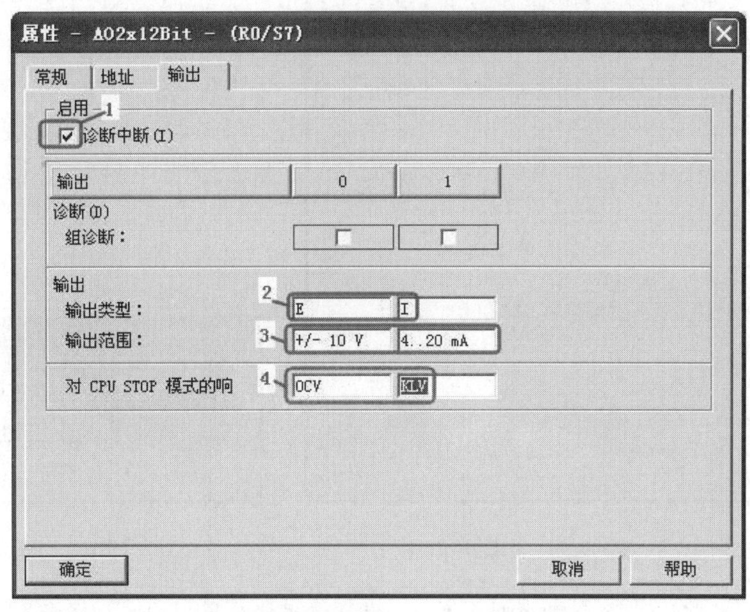

图 3-78　模拟量输出模块—输出参数的设置

硬件的更新有两种方法：一种是从磁盘上复制更新；另一种是从互联网上更新。从互联网上更新比较方便。方法如下：

首先打开 STEP 7 的硬件组态界面，单击菜单栏的“选项”→“安装 HW 更新”，如图 3-79 所示，弹出要求选择的更新的路径，如图 3-80 所示，选择“从 Internet 下载”更新，再单击“执行”按钮，自动搜索需要下载的硬件，如图 3-81 所示。

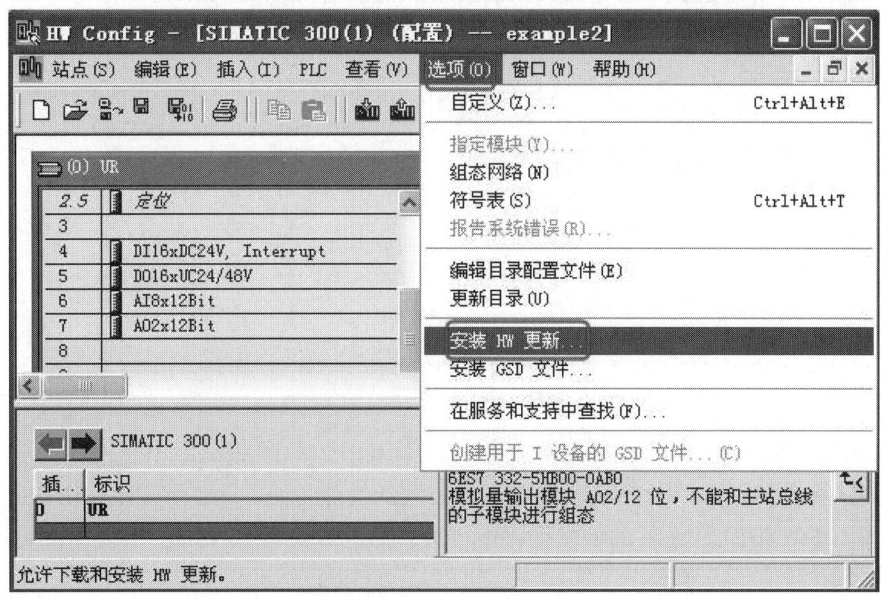

图 3-79　打开“硬件更新”的路径

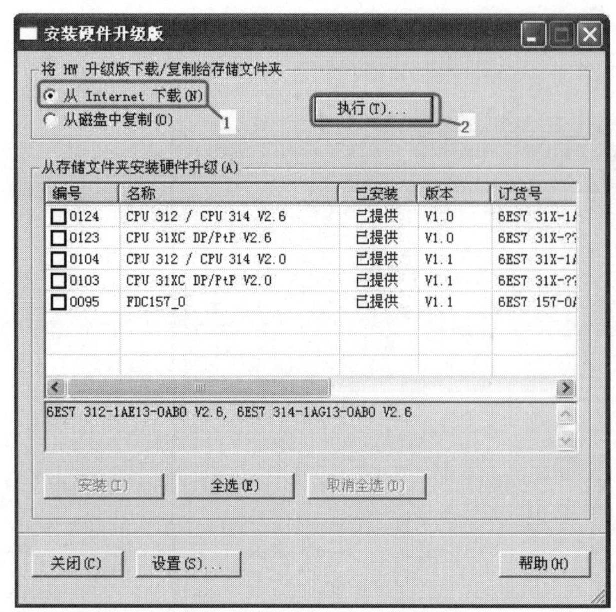

图 3-80 从 Internet 上更新

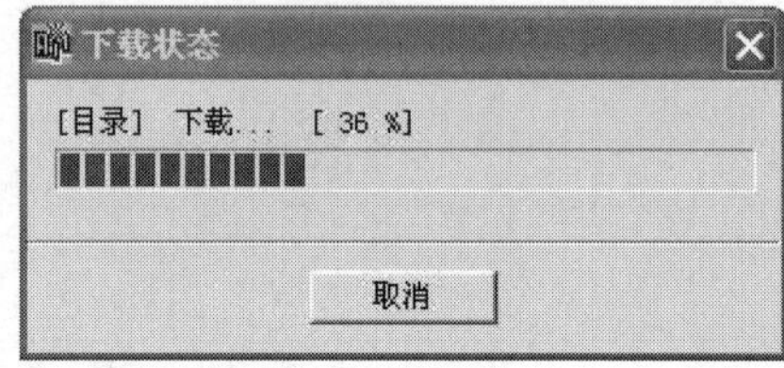

图 3-81 下载过程

搜索完毕后，弹出要求下载的硬件列表，选择需要下载的硬件，如图 3-82 所示，再单击“下载”按钮，下载完成后，自动弹出已经下载的硬件列表，如图 3-83 所示。选择需要安装的硬件并单击“安装”按钮，按照提示安装，安装时，STEP 7 要关闭。安装完成后重新打开 STEP 7，重新安装硬件就可以使用了。

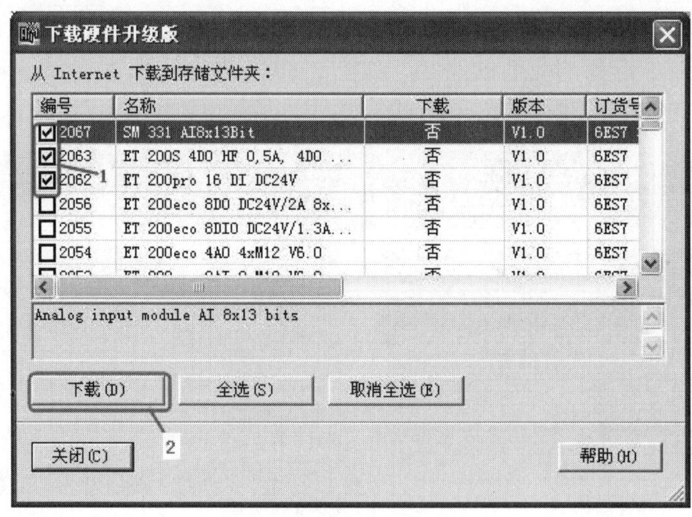

图 3-82 选择需要下载的硬件

② 安装 GSD 文件

a．GSD 文件简介 PROFIBUS 设备具有不同的性能特点，为达到 PROFIBUS 简单的即插即用配置，PROFIBUS 设备的特性均在电子设备数据库文件（GSD）中具体说明。标准化的 GSD 数据将通信扩大到操作员控制级。使用基于 GSD 的组态工具可将不同厂商生产的设备集成在同一总线系统中，既简单，又对用户友好。

b．安装 GSD 文件 例如，安装了 STEP 7 V5.5 是不能组态 EM 277 的（S7-300/400 PLC

与 S7-200 PLC 进行 PROFIBUS 通信需要组态此模块），因为 STEP 7 V5.5 中没有 SIEM089D.GSD 文件，因此必须安装此文件才能组态 EM 277 模块。安装 SIEM089D.GSD 文件的方法如下：

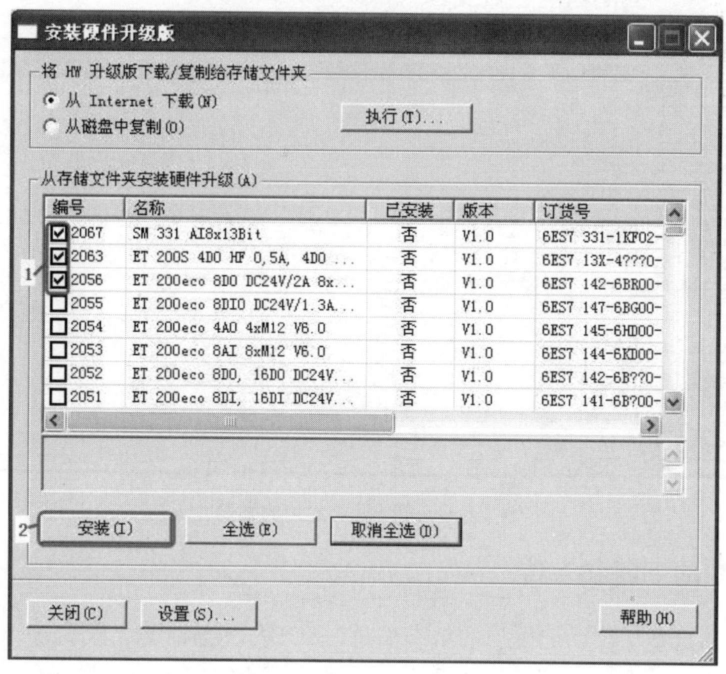

图 3-83　选择需要安装的硬件

首先打开 STEP 7 的硬件组态界面，单击菜单栏的“选项”→“安装 GSD 文件”，如图 3-84 所示，弹出要求选择的安装 GSD 文件的路径，如图 3-85 所示，先选择 GSD 文件存放的目录，本例为“D:\Software\GSD”，再选择要安装的 GSD 文件，本例为“SIEM089D.GSD”，最后单击“安装”按钮即可。

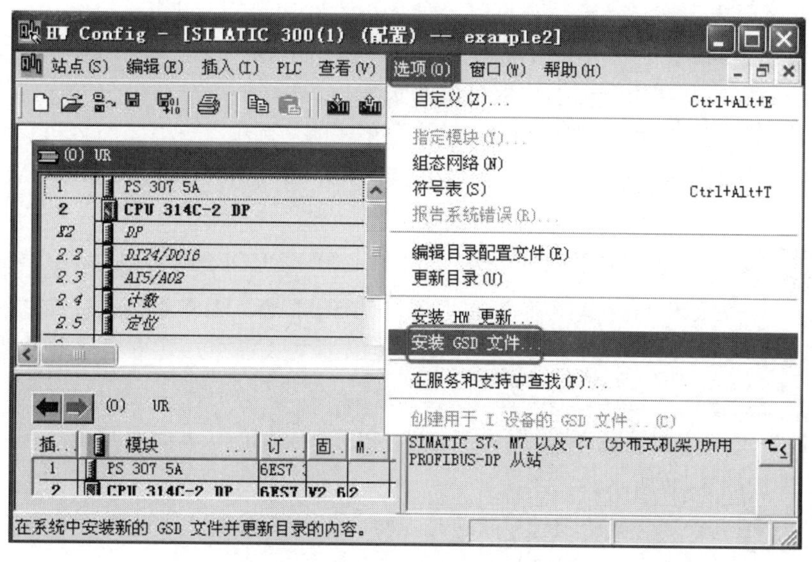

图 3-84　打开“安装 GSD 文件”的路径

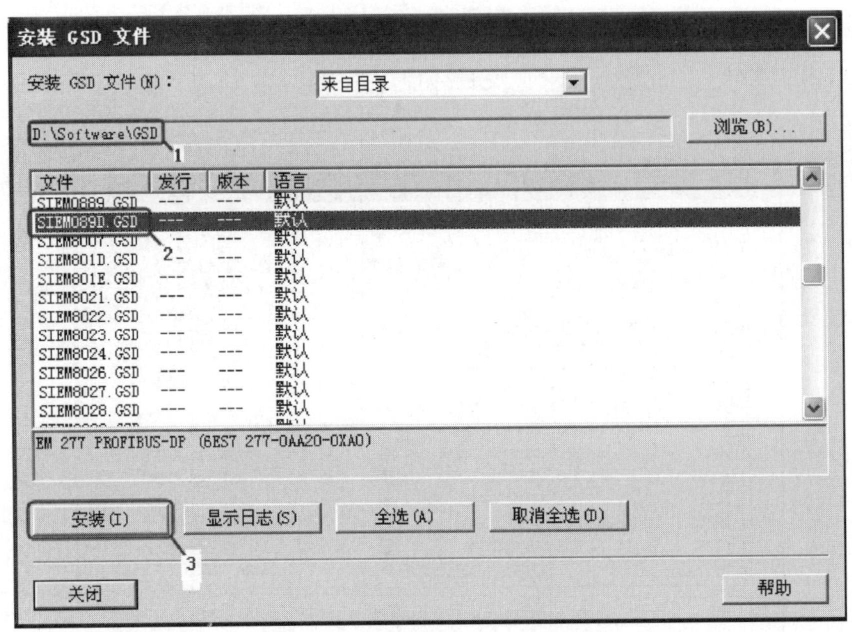

图 3-85 选择需要安装的硬件

3.3.4 STEP 7 的下载和上传

（1）下载 STEP 7 可以把用户的组态信息（SDB—系统数据）和程序下载到 CPU 中。下载的常用方法有：在项目管理器画面、在具体的程序或组态画面和离线/在线画面中进行下载。

在下载过程中，STEP 7 会提示用户处理相关信息，如：是否要删除模块中的系统数据，并离线系统数据替代，OB1 已经存在是否覆盖，是否停止 CPU 等，用户应该按照这些提示做出选择，完成下载任务。

当下载时把 CPU 面板的模式开关切换到“RUN”或“RUN-P”模式，下载信息包含硬件组态信息或网络组态信息等系统数据时，会提示需要切换到停止状态。

① 在项目管理器中下载 在管理器中下载既可以下载整个站，也可以只下载一部分，例如只下载一个块。下面先介绍下载整个站的步骤。

首先打开 STEP 7 的项目管理器界面，单击菜单栏的“选项”→“设置 PG/PC 接口”，如图 3-86 所示，弹出“设置 PG/PC 接口”界面，如图 3-87 所示，选择“PC Adapter(MPI)”，单击“属性”按钮。

【关键点】下载软硬件的方法很多，可以用 MPI、PROFIBUS、S7、ISO 和 TCP 等通信协议下载，可以采用 MPI 适配器、以太网和 CP5611 卡（还有 CP5613、CP5511 等）传输介质下载，本例仅使用 MPI 协议，用 MPI 适配器下载程序，还有很多其他下载程序的方法。

在“MPI”选项卡中，设置编程器（或者 PC）的地址，本例为“0”，设定传输率为“187.5Kbps”，如图 3-88 所示。

【关键点】编程器（或者 PC）的地址是唯一的，一般选用默认值“0”，传输率一般也选用默认值“187.5Kbps”。

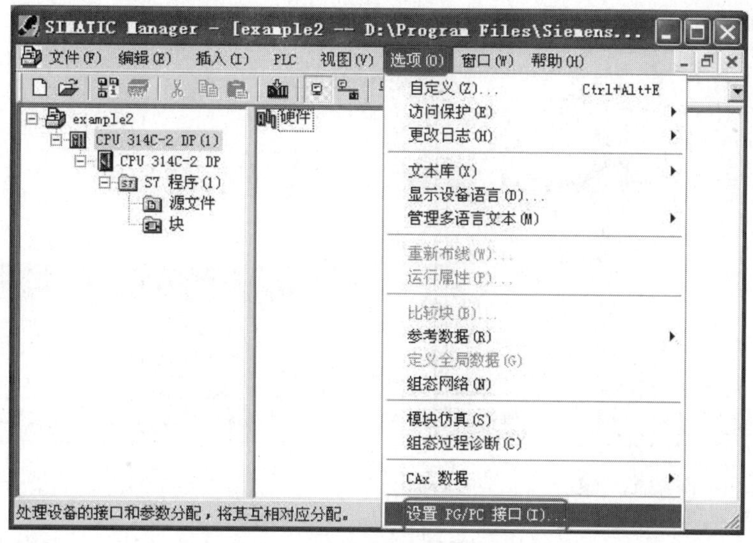

图 3-86 打开“设置 PG/PC 接口”界面

图 3-87 “设置 PG/PC 接口”界面

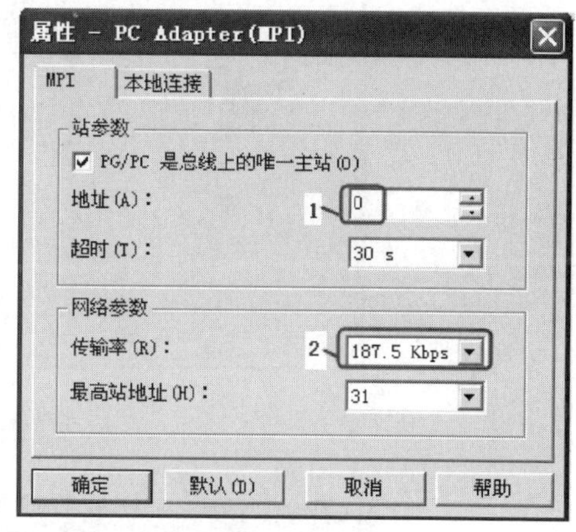

图 3-88 通信参数设置

在“本地连接”选项卡中，设置编程器（或者 PC）的通信接口，本例为“USB”，再单击“确定”按钮即可，如图 3-89 所示。

【关键点】 MPI 适配器一端与编程器相连，通常是 USB 接口或者 RS-232C 接口，另一端与 PLC 相连，通常是 RS-485 接口。若 MPI 适配器上有 USB 接口，如果是 STEP 7 V5.4（含）之前的版本，则必须在 STEP 7 中安装驱动程序，此程序可以在西门子的官方网站（http://www.ad.siemens.com.cn/）下载。

回到如图 3-88 所示的界面，单击“确定”按钮，弹出如图 3-90 所示界面，单击“确定”按钮。

【关键点】 若上一次使用的通信协议与本次相同，则不会弹出如图 3-90 所示的界面。

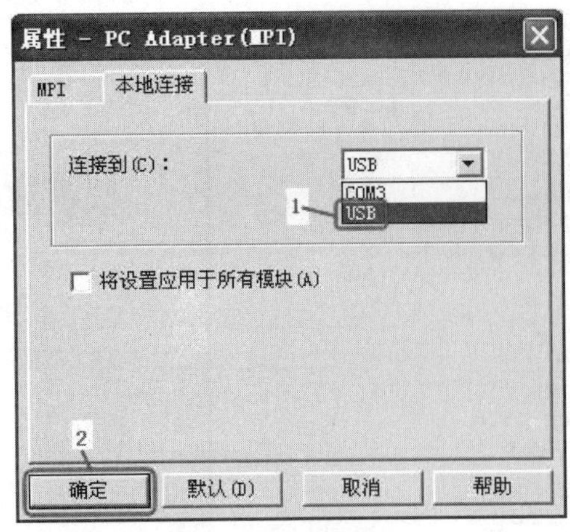

图 3-89 设置通信接口

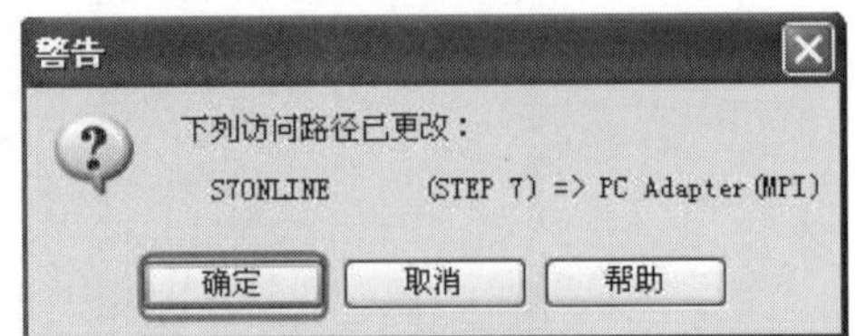

图 3-90 更改访问路径

先选取站点“S7-300”，再单击“下载”按钮，如图 3-91 所示，程序和硬件组态开始下载，若组态模块的信息和实际目标模块的信息不同时，弹出如图 3-92 所示界面，若订货号等有报警（即出现一个黄色三角形，三角形中有一个“!”），则必须重新组态。

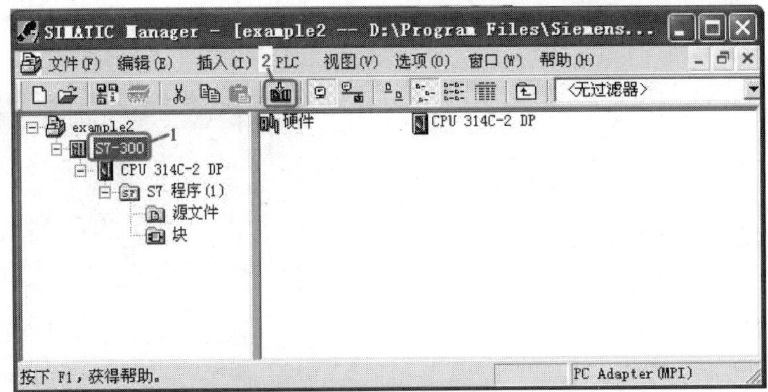

图 3-91 项目管理器画面

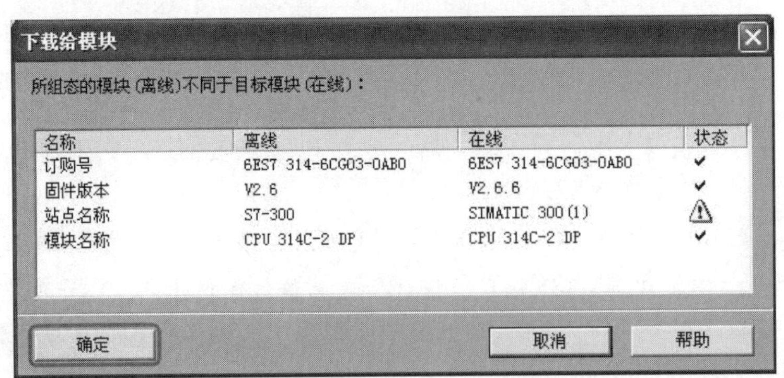

名称	离线	在线	状态
订购号	6ES7 314-6CG03-0AB0	6ES7 314-6CG03-0AB0	✔
固件版本	V2.6	V2.6.6	✔
站点名称	S7-300	SIMATIC 300(1)	⚠
模块名称	CPU 314C-2 DP	CPU 314C-2 DP	✔

图 3-92 组态模块的信息和实际目标模块的信息对照

如果 PLC 中已经有程序或者硬件组态，则会弹出如图 3-93 所示界面，含义为是否将 CPU 中的“OB1”用编程器中的替代（或者说覆盖），单击“全部”按钮，表示全部覆盖。当所有的程序下载完成后，弹出如图 3-94 所示界面，提示是否重新启动 CPU，单击“是”按钮，则重启 CPU。

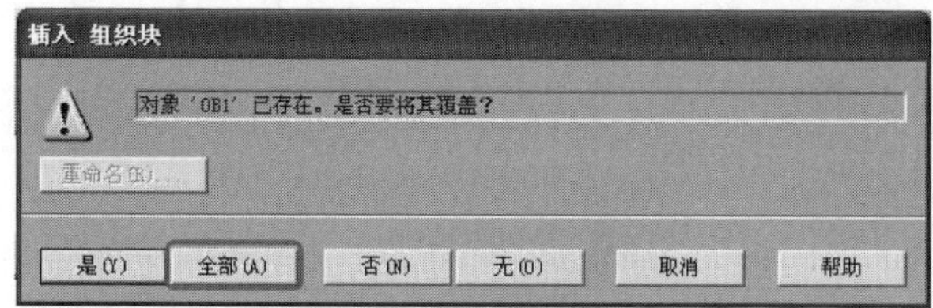

图 3-93　是否“覆盖 OB1”信息

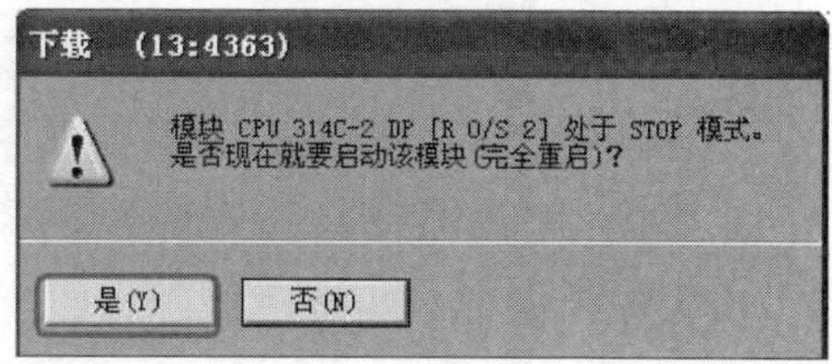

图 3-94　重启信息

② 在程序或者组态中下载　如果硬件组态已经下载到 CPU，则后续操作时，仅下载程序即可，没有必要每次下载时，都将硬件组态和程序全部下载。

首先打开 STEP 7 的程序编辑器界面，再单击“下载”按钮即可，如图 3-95 所示。

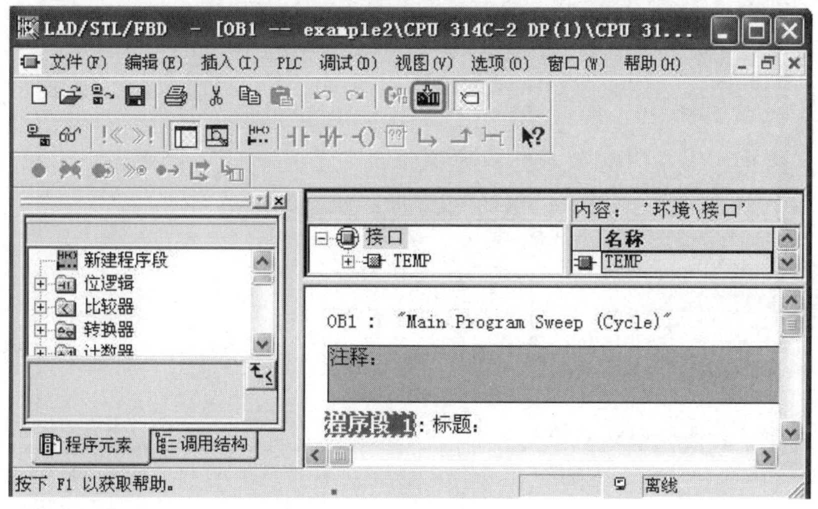

图 3-95　在“程序编辑器”中下载程序

【关键点】程序有语法错误是不能下载的。

如果硬件组态和程序已经下载到 CPU，只对硬件组态做了修改，没有必要每次下载时，都将硬件组态和程序全部下载，只下载硬件组态即可。

首先打开 STEP 7 的硬件组态界面，再单击“下载”按钮即可，如图 3-96 所示。

【关键点】硬件组态中有错误是不能下载的。

（2）上传　STEP 7 可以把 CPU 中的组态信息和程序上传到用户的项目中。上传常用的方法有在项目管理器界面、在硬件组态界面和在线/离线界面中进行上传。

① 在项目管理器中上传　在项目管理中新建一个空项目“Upload”，单击菜单栏“PLC”→“将站点上传到 PG”，如图 3-97 所示，弹出“选择节点地址”对话框，先选择目标站点为“本地”，单击“更新”按钮，如图 3-98 所示，单击“确定”按钮，上传开始，上传过程如图 3-99 所示。

【关键点】用这种方法上传的是站点，包括硬件组态信息和程序。

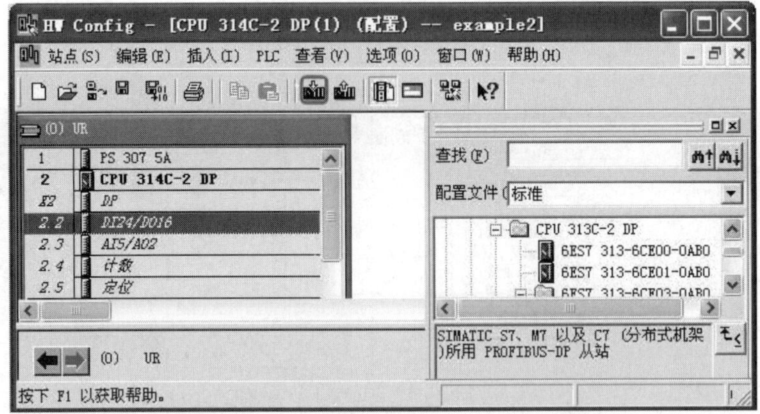

图 3-96 在“硬件组态界面”中硬件组态

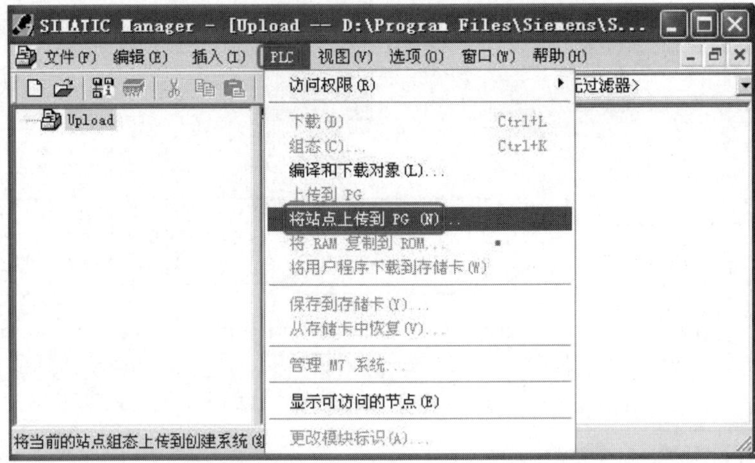

图 3-97 在项目管理中上传的路径

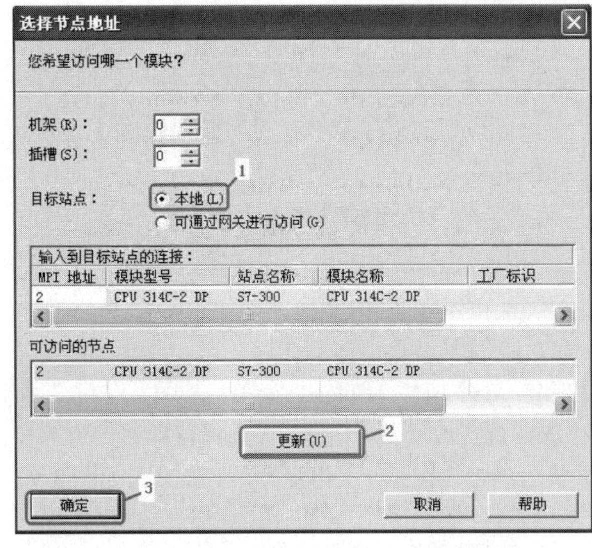

图 3-98 “选择节点地址”对话框

图 3-99 上传过程

② 在组态界面中上传　在组态界面中上传，先打开 STEP 7 的硬件组态界面，如图 3-100 所示，单击工具栏的“上传”按钮，弹出选择目标项目对话框，选择目标项目，本例为“Upload”，单击“确定”按钮，如图 3-101 所示，弹出“选择节点地址”对话框，先选择目标站点为“本地”，单击“更新”按钮，如图 3-102 所示，再单击“确定”按钮，上传开始，上传过程如图 3-99 所示。

【关键点】用这种方法上传的信息只有硬件组态信息。

图 3-100　上传

图 3-101　选择目标项目

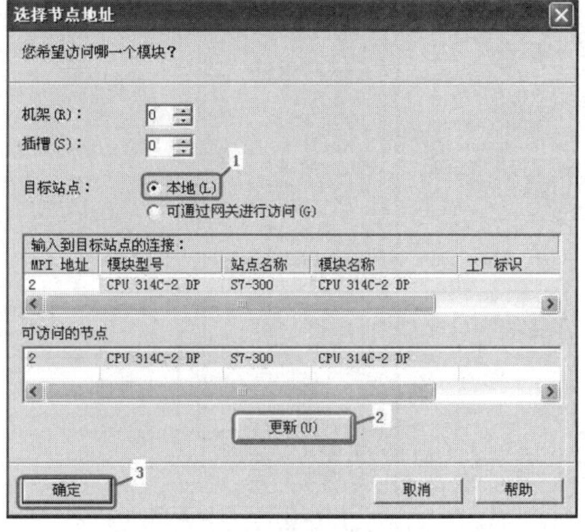

图 3-102　“选择节点地址”对话框

3.3.5　STEP 7 软件编程

不管什么 S7-300、400 PLC 项目，在硬件组态完成后即可编写程序，主程序编写在 OB1 组织块中，其他程序如时间循环中断程序可编写在 OB35 中。以下介绍一个最简单的程序的输入和编译过程。

（1）打开程序编译器。首先在管理器界面，选中并双击“OB1”组织块，打开程序编辑器界面，如图 3-103 所示。

（2）输入程序。选中如图 3-104 所示的“1”处，双击“常开触点”，常开触点自动跳到“1”处，再用同样的方法双击“线圈”-()，线圈跳到常开触点的后面，如图 3-105 所示。

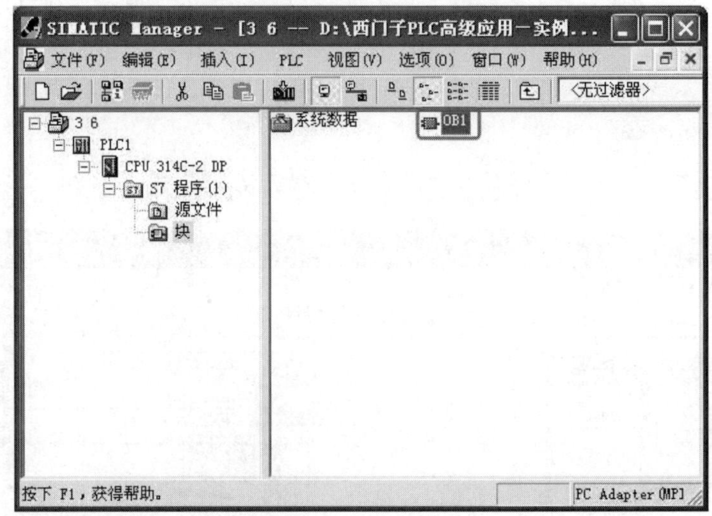

图 3-103　管理器界面

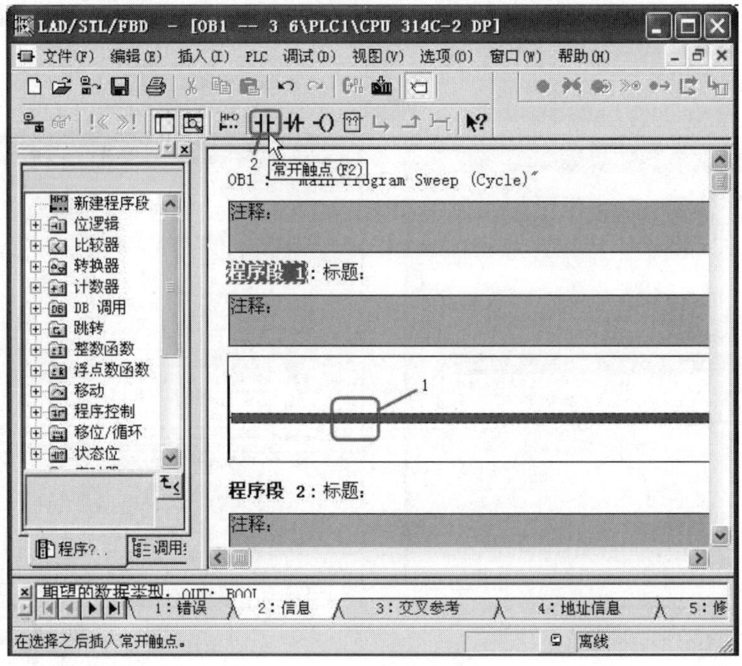

图 3-104　输入程序（1）

单击“常开触点”-||-上的红色“??.?”，弹出方框，在方框中输入“I0.0”，按“Enter”键即可。同理，输入“Q0.0”，按“Enter”键，如图 3-106 所示。

（3）保存程序。单击工具栏上的按钮即可。

3.3.6　用 STEP 7 建立一个完整的项目

以下创建一个项目，用一台 CPU 314C-2DP 控制一盏灯的开和关。

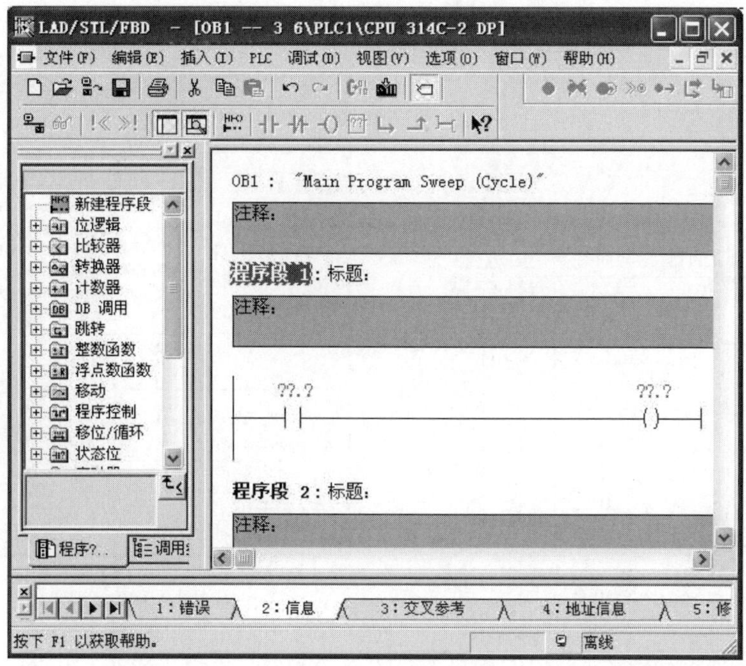

图 3-105　输入程序（2）

图 3-106　输入程序（3）

（1）先设计原理图，如图 3-107 所示，并按照原理图接线。

（2）打开软件 STEP 7，新建项目，并进行硬件组态。

① 打开软件 STEP 7。双击 SIMATIC Manager 图标，打开 STEP 7 软件。

② 新建项目。单击工具栏上的□按钮，弹出界面如图 3-108 所示，在“名称”中输入

“example”，单击“确定”按钮。

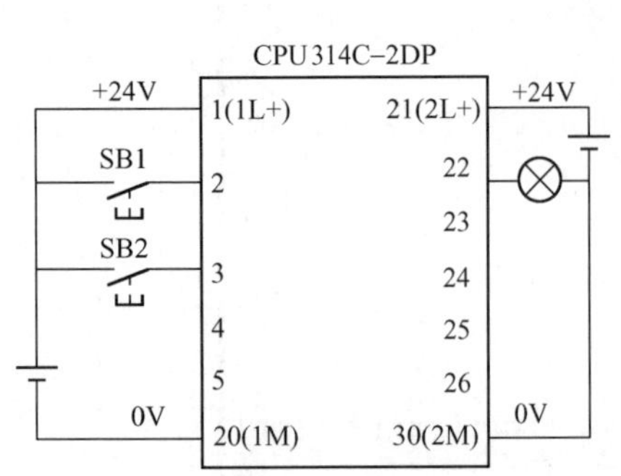

图 3-107 原理图

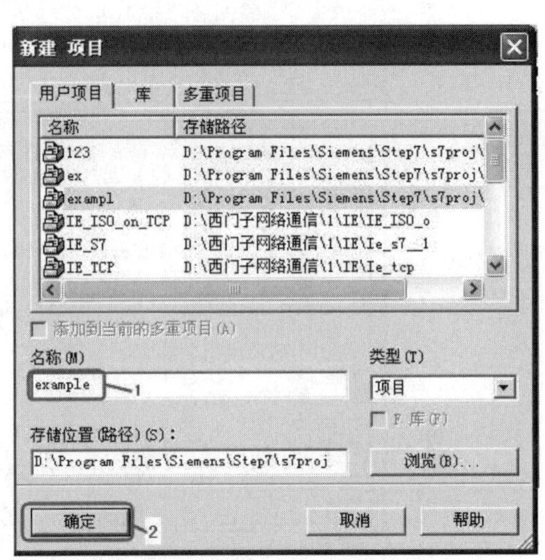

图 3-108 新建项目

③ 插入站点。选中管理器中的项目名称“example”，再单击菜单栏中的“插入”→“站点”→“SIMATIC 300 站点”，如图 3-109 所示。

④ 启动硬件组态界面。单击项目名称“example”左侧的“+”，选定“SIMATIC 300（1）”→“双击硬件”，之后弹出硬件组态界面，如图 3-110 所示。

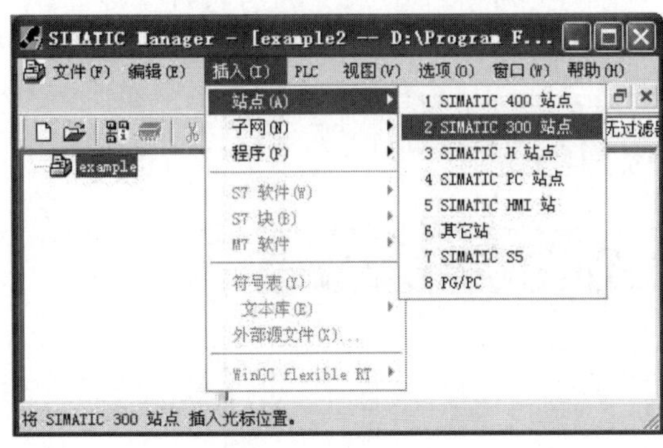

图 3-109 插入站点

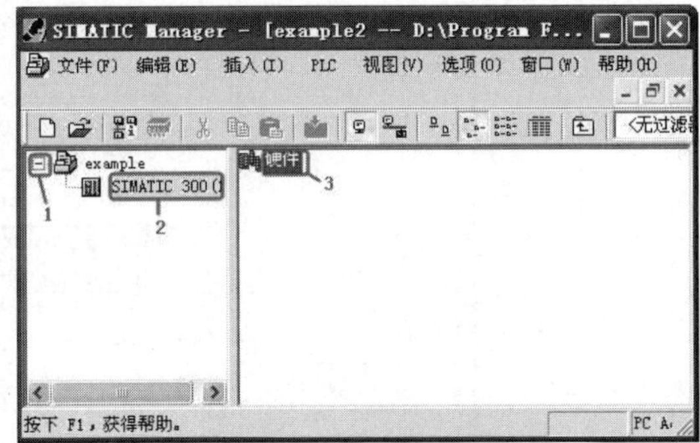

图 3-110 启动硬件组态界面

⑤ 插入机架。在硬件组态界面中，双击机架“Rail”，机架自动弹出，如图 3-111 所示。

⑥ 插入电源模块。在硬件组态界面中，先选中“1”处，再双击“PS 307 5A”，电源模块自动安装到 1 号槽位，如图 3-112 所示。也可以用鼠标的左键选中“PS 307 5A”，并按住不放，将电源模块拖至 1 号槽位。

⑦ 插入 CPU 模块。在硬件组态界面中，用鼠标的左键选中“V2.6”，并按住不放，将 CPU 模块拖至 2 号槽位，如图 3-113 所示。也可以先选中“1”处，再双击“CPU 314-2 DP”下的“V2.6”，CPU 模块自动安装到 2 号槽位。

⑧ 保存和编译组态。至此一个简单的项目已经组态完成，只要单击工具栏上的“保存和编译”按钮即可，如图 3-114 所示。

图 3-111 插入机架

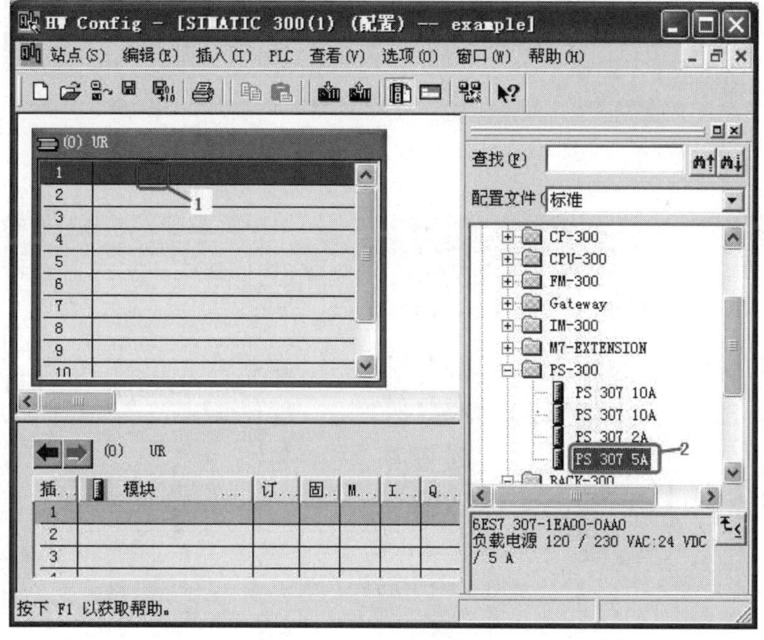

图 3-112 插入电源模块

（3）编写程序。打开程序编辑器，在编辑器中编写程序，如图 3-115 所示，再单击工具栏上的“保存”按钮，保存程序。

【关键点】CPU 314C-2DP 的集成数字 I/O 的默认起始地址是 IB124 和 QB124，当然这个地址是可以修改的，如修改成 IB0 和 QB0。

（4）载硬件组态和程序。先把 MPI 适配器将 CPU 314C-2DP 与编程器（PG）相连，再通电。

打开项目管理器，选中站点“SIMATIC 300 站点”，再单击工具栏上的“下载”按钮，如图 3-116 所示，整个站点（含程序和硬件组态）下载到 CPU 中。当合上按钮 SB1 时，灯亮；当合上按钮 SB2 时，灯灭。

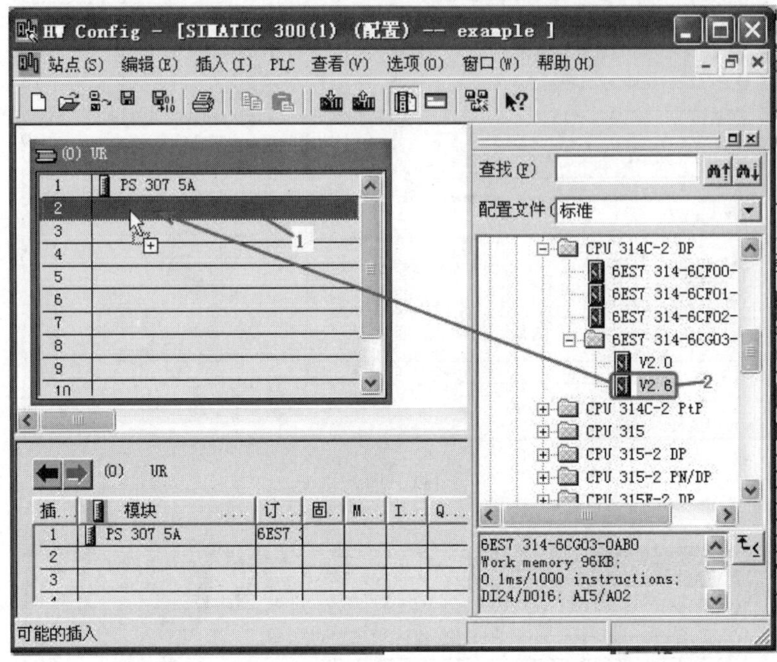

图 3-113　插入 CPU 模块（用拖放方法）

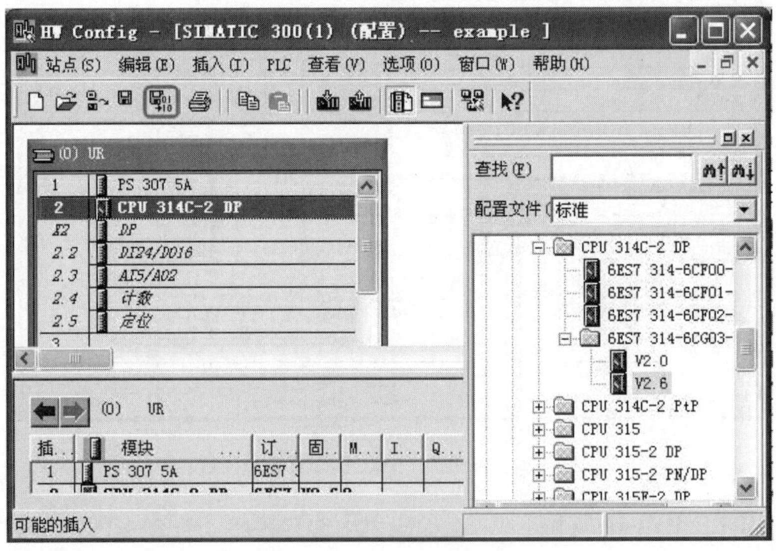

图 3-114　保存和编译组态

【关键点】CPU 314C-2DP 在通电状态时，不要直接拔插 MPI 适配器，这样操作可能会导致 CPU 的 MPI 接口烧毁，应该先断开 CPU 电源，再拔插 MPI 适配器。

【例 3-1】 某初学者把以上程序下载到一台已经使用过的 CPU 中，硬件组态和梯形图程序都正确，PLC 也是完好，但 CPU 的“SF”亮，处于“STOP”状态，请分析原因，并解决此问题。

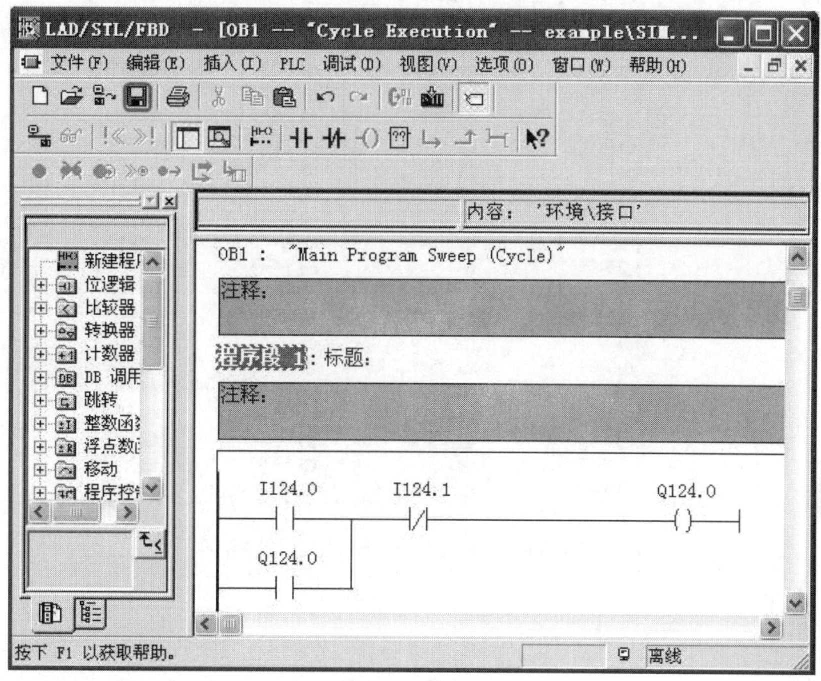

图 3-115 程序

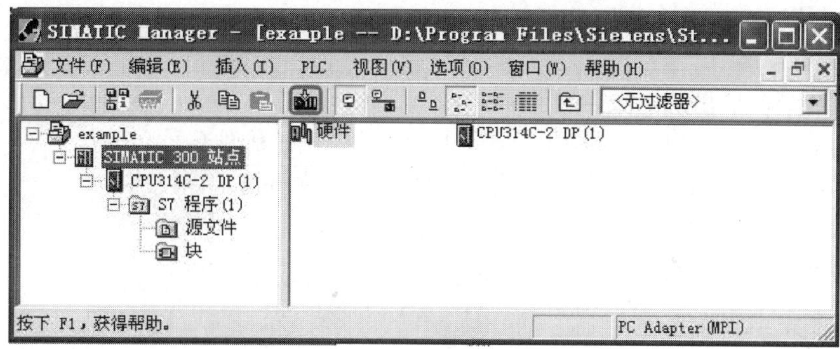

图 3-116 站点下载

【解】 最可能的原因是：已经使用过的 CPU 的 MMC 卡中的程序与新下载的程序冲突。解决方法如下：

① 保持 CPU 和计算机处于联通状态，在“SIMATIC Manager”界面，选中“块”，单击此界面下的“在线”按钮，弹出如图 3-117 所示的界面。

② 选中并删除“FB1”和“DB1”，因为“FB1”和“DB1”是以前下载的程序，与本次的程序冲突。而“OB1”是本次编写的程序，不用删除。此外，如“SFB0”和“SFB1”等是系统功能块，也不用删除。

掌握这个操作很重要。

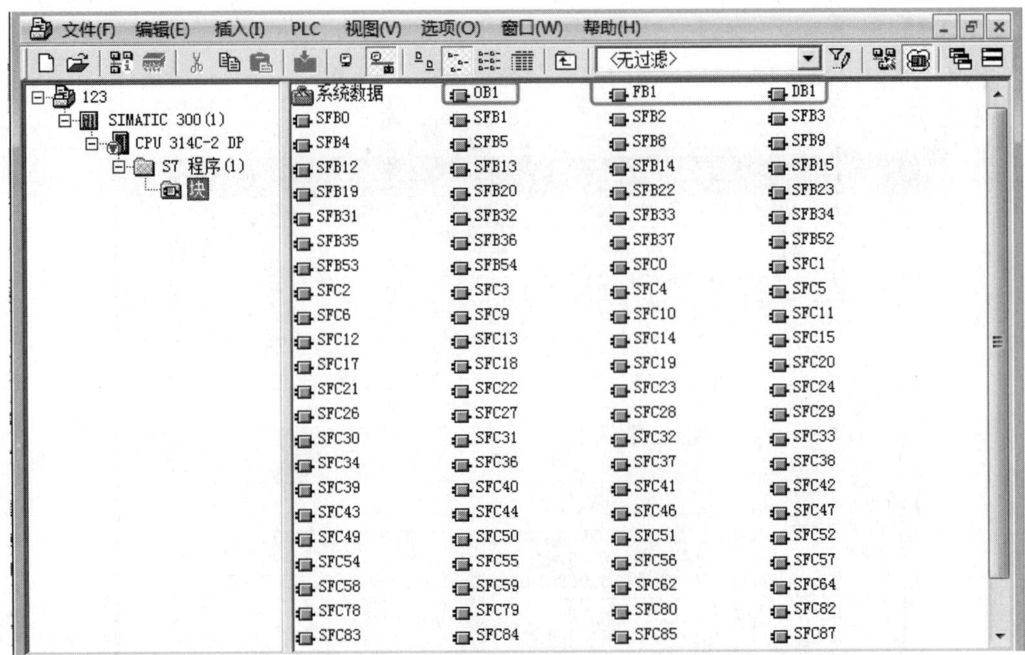

图 3-117 MMC 于 STEP 7 在线连接

重点难点总结

（1）重点

① 掌握程序的编译、下载、调试和运行的全过程。

② 掌握使用在线帮助。

③ 用 STEP 7 建立一个完整的项目。

（2）难点

① 通信不成功时解决方案的选择。

② 学会安装 STEP 7 软件，熟悉安装 STEP 7 软件的软硬件条件。

③ 掌握 S7-300/400 PLC 的硬件组态、硬件的更新和安装 GDS 文件。

④ 掌握上传和下载项目。

⑤ 理解模块参数的含义，并会设置模块参数。

第4章

西门子 PLC 的指令系统

本章主要介绍 S7-200/300/400 的数据类型、地址分配；S7-200/300/400 的指令系统；本章内容多，但非常重要。虽然后续章节涉及 S7-200 SMART 和 S7-1200，但其指令系统与 S7-200/300/400 的指令系统比较类似，因此未详细讲解。

4.1 西门子 PLC 的编程基础知识

4.1.1 数据的存储类型

（1）数制

① 二进制　二进制数的 1 位（bit）只能取 0 和 1 两个不同的值，可以用来表示开关量的两种不同的状态，例如触点的断开和接通、线圈的通电和断电、灯的亮和灭等。在梯形图中，如果该位是 1 可以表示常开触点的闭合和线圈的得电，反之，该位是 0 可以表示常开触点的断开和线圈的断电。二进制用 2#表示，例如 2#1001 1101 1001 1101 就是 16 位二进制常数。十进制的运算规则是逢 10 进 1，二进制的运算规则是逢 2 进 1。

② 十六进制　十六进制的 16 个数字是 0～9 和 A～F（对应于十进制中的 10～15），每个十六进制数字可用 4 位二进制表示，例如 16#A 用二进制表示为 2#1010。B#16#、W#16#、DW#16#分别表示十六进制的字节、字和双字。十六进制的运算规则是逢 16 进 1。掌握二进制和十六进制之间的转化对于学习西门子 PLC 来说是十分重要的。

【关键点】每个字节是 8 位，即用 8 个二进制位表示，也可以用 2 个十六进制位表示。

③ BCD 码　BCD 码用 4 位二进制数（或者 1 位十六进制数）表示一位十进制数，例如一位十进制数 9 的 BCD 码是 1001。4 位二进制有 16 种组合，但 BCD 码只用到前 10 个，而后 6 个（1010~1111）没有在 BCD 码中使用。十进制的数字转换成 BCD 码是很容易的，例如十进制数 366 转换成十六进制 BCD 码则是 W#16#0366。

【关键点】十进制数 366 转换成十六进制数是 W#16#16E，这是要特别注意的。

BCD 码的最高 4 位二进制数用来表示符号，16 位 BCD 码字的范围是−999～+999。32 位 BCD 码双字的范围是−9999999～+9999999。不同数制的数的表示方法见表 4-1。

表 4-1　不同数制的数的表示方法

十进制	十六进制	二进制	BCD 码	十进制	十六进制	二进制	BCD 码
0	0	0000	00000000	5	5	0101	00000101
1	1	0001	00000001	6	6	0110	00000110
2	2	0010	00000010	7	7	0111	00000111
3	3	0011	00000011	8	8	1000	00001000
4	4	0100	00000100	9	9	1001	00001001

续表

十进制	十六进制	二进制	BCD 码	十进制	十六进制	二进制	BCD 码
10	A	1010	00010000	13	D	1101	00010011
11	B	1011	00010001	14	E	1110	00010100
12	C	1100	00010010	15	F	1111	00010101

（2）数据的长度和类型　S7-200 将信息存于不同的存储器单元，每个单元都有唯一的地址。可以明确指出要存取的存储器地址。这就允许用户程序直接存取这个信息。表 4-2 列出了不同长度的数据所能表示的十进制数值范围。

表 4-2　不同长度的数据表示的十进制范围

数据类型	数据长度	取值范围
字节（Byte）	8 位（1 字节）	0～255
字（word）	16 位（2 字节）	0～65 535
位（bit）	1 位	0、1
整数（int）	16 位（2 字节）	0～65 535（无符号），–32 768～32 767（有符号）
双精度整数（dint）	32 位（4 字节）	0～4 294 967 295（无符号） –2 147 483 648～2 147 483 647（有符号）
双字（dword）	32 位（4 字节）	0～4 294 967 295
实数（real）	32 位（4 字节）	1.175 495E-38～3.402 823E+38（正数） –1.175 495E-38～–3.402 823E+38（负数）
字符串（string）	8 位（1 字节）	

（3）常数　在 S7-200 的许多指令中都用到常数，常数有多种表示方法，如二进制、十进制和十六进制等。在表述二进制和十六进制时，要在数据前分别加“2#”或“16#”，格式如下：

二进制常数：2#1100；十六进制常数：16#234B1。其他的数据表述方法举例如下：

ASCII 码：“HELLOW”；实数：−3.141 592 6；十进制数：234。

几种错误的表示方法：八进制的“33”表示成“8#33”，十进制的“33”表示成“10＃33”，“2”用二进制表示成“2#2”，这些错误读者要避免。

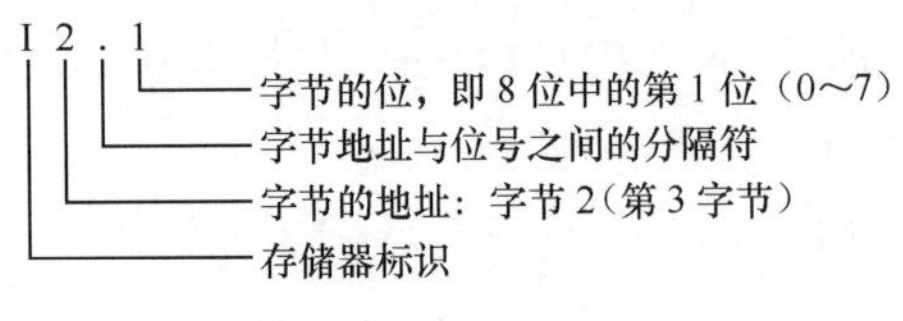

图 4-1　位寻址的例子

若要存取存储区的某一位，则必须指定地址，包括存储器标识符、字节地址和位号。图 4-1 是一个位寻址的例子。其中，存储器区、字节地址（I 代表输入，2 代表字节 2）和位地址之间用点号（.）隔开。

【例 4-1】 如图 4-2 所示，如果 MD0=1FH，那么，MB0、MB1、MB2 和 MB3 的数值是多少？

【解】 因为一个双字包含 4 个字节，一个字节包含 2 个十六进制位，所以 MD0=16#1F=16#0000001F，根据图 4-2 可知，MB0=0，MB1=0，MB2=0，MB3=16#1F。因 MB0=0，所以 M0.0=0，因 MB3=16#1F=2#00011111，所以 M3.0=1。这点不同于三菱 PLC，注意区分。

【例 4-2】 如图 4-3 所示的梯形图是某同学编写的，请检查有无错误。

【解】 这个程序的逻辑是正确的，但这个程序在实际运行时并不能完成数据采集。网路

1 是启停控制，当 V0.0 常开触头闭合后开始采集数据，而且 A/D 转换的结果存放在 VW0 中，VW0 包含 2 个字节 VB0 和 VB1，而 VB0 包含 8 个位，即 V0.0~V0.7。只要采集的数据经过 A/D 转换，造成 V0.0 位为 0，整个数据采集过程自动停止。初学者很容易犯类似的错误。读者将 V0.0 改为 V2.0 即可，只要避开 VW0 中包含的 16 个位（V0.0~V0.7 和 V1.0~V1.7）都可行。

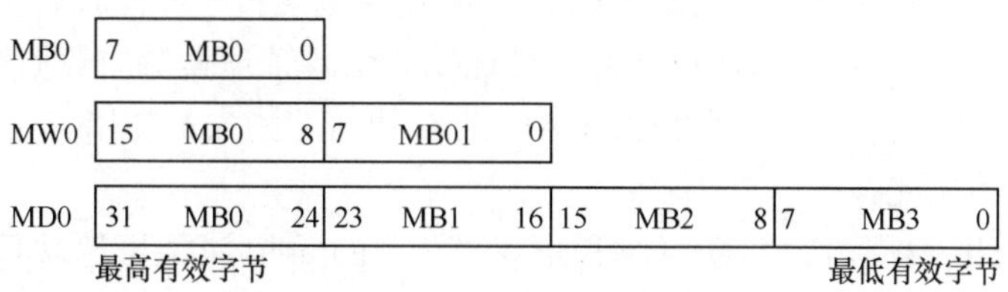

图 4-2 字节、字和双字的起始地址

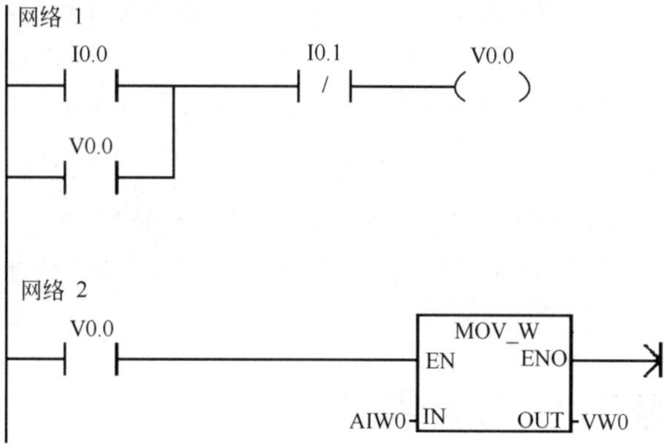

图 4-3 梯形图

4.1.2 编程语言

（1）PLC 编程语言的国际标准 IEC 61131 是 PLC 的国际标准，1992～1995 年发布了 IEC 61131 标准中的 1～4 部分，我国在 1995 年 11 月发布了 GB/T 15969-1/2/3/4(等同于 IEC 61131-1/2/3/4)。

IEC 61131-3 广泛地应用于 PLC、DCS 和工控机、“软件 PLC”、数控系统、RTU 等产品。其定义了 5 种编程语言，分别是指令表（Instruction List，IL）、结构文本（Structured Text，ST）、梯形图（Ladder Diagram，LD）、功能块图（Function Block Diagram，FBD）和顺序功能图（Sequential Function Chart，SFC）。

（2）STEP 7 中的编程语言 STEP 7 中有梯形图、语句表和功能块图 3 种基本编程语言，可以相互转换。通过安装软件包，还有其他的编程语言，以下简要介绍。

① 顺序功能图（SFC） STEP 7 中为 S7 Graph，它不是 STEP 7 的标准配置，需要安装软件包，S7 Graph 是针对顺序控制系统进行编程的图形编程语言，特别适合顺序控制程序编写。

② 梯形图（LAD） 梯形图直观易懂，适合于数字量逻辑控制。用一个假想的“能流”（Power Flow）从左向右流动，这一方向与执行用户程序时的逻辑运算的顺序是一致的。梯形图适合于熟悉继电器电路的人员使用。设计复杂的触点电路时最好用梯形图。其应用最为广泛。

③ 语句表（STL） 语句表的功能比梯形图或功能块图的功能强。语句表可供熟悉用汇编语言编程的用户使用。语句表输入快，可以在每条语句后面加上注释。设计高级应用程序时建议使用语句表。

④ 功能块图（FBD） “LOGO!”系列微型 PLC 使用功能块图编程。功能块图适合于熟悉数字电路的人员使用。

⑤ 结构文本（ST） STEP 7 的 S7 SCL（结构化控制语言）符合 EN 61131-3 标准。SCL 适合于复杂的公式计算、复杂的计算任务和最优化算法或管理大量的数据等。S7 SCL 编程语言适合于熟悉高级编程语言（例如 PASCAL 或 C 语言）的人员使用。它不是 STEP 7 的标准配置，需要安装软件包。

⑥ S7 HiGraph 编程语言 图形编程语言 S7 HiGraph 属于可选软件包，它用状态图（Stategraphs）来描述异步、非顺序过程的编程语言。HiGraph 适合于异步非顺序过程的编程。

⑦ S7 CFC 编程语言 可选软件包 CFC（Continuous Function Chart，连续功能图）用图形方式连接程序库中以块的形式提供的各种功能。CFC 适合于连续过程控制的编程。它不是 STEP 7 的标准配置，需要安装软件包。

【关键点】对于 S7-200 和 S7-1200 系列 PLC，在编程软件中，如果程序块没有错误，并且被正确地划分为网络，梯形图、功能块图和语句表之间可以相互转换。但对于 S7-300/400 系列 PLC，并不是所有的指令表都能转化成梯形图，但有的指令表不能转换成梯形图，梯形图都可以转化成指令表，可见指令表的功能要强于梯形图。所以使用 S7-300/400 系列 PLC 的实际工程中，指令表使用比较广泛。

4.2 S7-200 系列 PLC 的指令系统

4.2.1 S7-200 的元件的功能与地址分配

（1）输入过程映像寄存器 I 输入过程映像寄存器与输入端相连，它是专门用来接收 PLC 外部开关信号的元件。在每次扫描周期的开始，CPU 对物理输入点进行采样，并将采样值写入输入过程映像寄存器中。可以按位、字节、字或双字来存取输入过程映像寄存器中的数据，输入寄存器等效电路如图 4-4 所示。

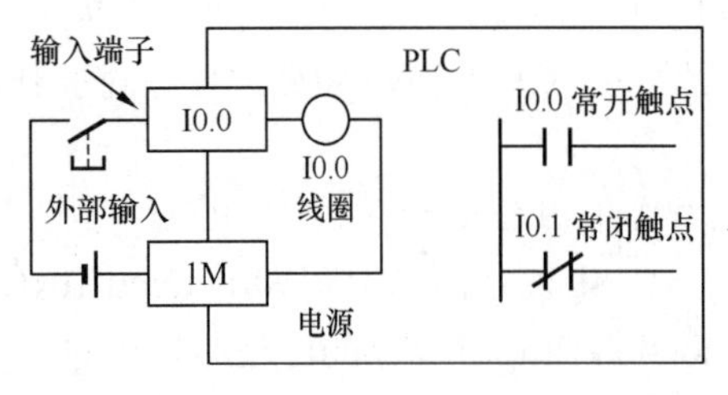

图 4-4 输入过程映像寄存器 I0.0 的等效电路

位格式：I[字节地址].[位地址]，如 I0.0。

字节、字或双字格式：I[长度][起始字节地址]，如 IB0、IW0、ID0。

（2）输出过程映像寄存器 Q 输出过程映像寄存器用来将 PLC 内部信号输出传送给外部负载（用户输出设备）。输出过程映像寄存器线圈由 PLC 内部程序的指令驱动，其线圈状态传送给输出单元，再由输出单元对应的硬触点来驱动外部负载，输出寄存器等效电路如图 4-5 所示。在每次扫描周期的结尾，CPU 将输出过程映像寄存器中的数值复制到物理输出点上。可以按位、字节、字或双字来存取输出过程映像寄存器。

位格式：Q[字节地址].[位地址]，如 Q1.1。

字节、字或双字格式：Q[长度][起始字节地址]，如 QB5、QW5、QD5。

（3）变量存储器V 可以用V存储器存储程序执行过程中控制逻辑操作的中间结果，也可以用它来保存与工序或任务相关的其他数据，变量存储器不能直接驱动外部负载。它可以按位、字节、字或双字来存取V存储区中的数据。

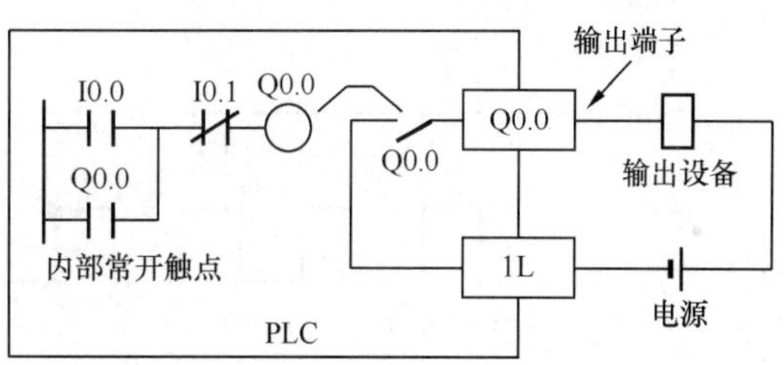

图4-5 输出过程映像寄存器Q0.0的等效电路

位格式：V[字节地址].[位地址]，如V10.2。

字节、字或双字格式：V[长度][起始字节地址]，如VB100、VW100、VD100。

（4）位存储器M 位存储器是PLC中数量较多的一种继电器，一般的辅助继电器与继电器控制系统中的中间继电器相似。位存储器不能直接驱动外部负载，负载只能由输出过程映像寄存器的外部触点驱动。位存储器的常开与常闭触点在PLC内部编程时可无限次使用。可以用位存储区作为控制继电器来存储中间操作状态和控制信息，并且可以按位、字节、字或双字来存取位存储区：

位格式：M[字节地址].[位地址]，如M2.7。

字节、字或双字格式：M[长度][起始字节地址]，如MB10、MW10、MD10。

注意：有的用户习惯使用M区作为中间地址，但S7-200 CPU中M区地址空间很小，只有32个字节，往往不够用。而S7-200 CPU中提供了大量的V区存储空间，即用户数据空间。V存储区相对很大，其用法与M区相似。

（5）特殊存储器SM SM位为CPU与用户程序之间传递信息提供了一种手段。可以用这些位选择和控制S7-200 CPU的一些特殊功能。例如，首次扫描标志位（SM0.1）、按照固定频率开关的标志位或者显示数学运算或操作指令状态的标志位，并且可以按位、字节、字或双字来存取SM位。

位格式：SM[字节地址].[位地址]，如SM0.1。

节、字或者双字格式：SM[长度][起始字节地址]，如SMB86、SMW22、SMD42。

特殊寄存器的范围为SM0～SM549，全部掌握是比较困难的，使用特殊寄存器请参考S7-200系统手册，常用的特殊寄存器见表4-3。

表4-3 特殊存储器字节SMB0（SM0.0～SM0.7）

SM位	描述
SM0.0	该位始终为1
SM0.1	该位在首次扫描时为1，用途之一是调用初始化子程序
SM0.2	若保持数据丢失，则该位在一个扫描周期中为1。该位可用做错误存储器位，或用来调用特殊启动顺序功能
SM0.3	开机后进入运行（RUN）方式，该位将被置1个扫描周期，该位可用做在启动操作之前给设备提供一个预热时间
SM0.4	该位提供一个时钟脉冲，30s为1，30s为0，周期为1min，它提供了一个简单易用的延时或1min的时钟脉冲
SM0.5	该位提供一个时钟脉冲，0.5s为1，0.5s为0，周期为1s。它提供了一个简单易用的延时或1s的时钟脉冲
SM0.6	该位为扫描时钟，本次扫描时置1，下次扫描时置0。可用做扫描计数器的输入
SM0.7	该位指示CPU工作方式开关的位置（0为TERM位置，1为RUN位置）。当开关在RUN位置时，用该位可使自由端口通信方式有效，那么当切换至TERM位置时，同编程设备的正常通信也会有效

SM0.0、SM0.1、SM0.5的功能用时序图描述如图4-6所示。

【例4-3】图4-7所示的梯形图中，Q0.0控制一盏灯，请分析当系统上电后灯的明暗情况。

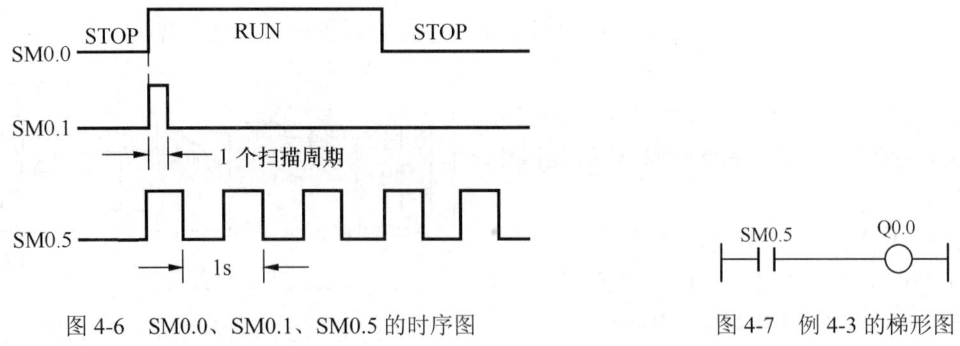

图 4-6 SM0.0、SM0.1、SM0.5 的时序图

图 4-7 例 4-3 的梯形图

【解】 因为 SM0.5 是周期为 1s 的脉冲信号，所以灯亮 0.5s，然后暗 0.5s，以 1s 为周期闪烁。SM0.5 常用于报警灯的闪烁。

(6) 局部存储器 L S7-200 有 64B 的局部存储器，其中 60B 可以用做临时存储器或者为子程序传递参数。如果用梯形图或功能块图编程，STEP 7-Micro/WIN 保留这些局部存储器的最后 4B。局部存储器和变量存储器 V 很相似，其区别为：变量存储器是全局有效的，而局部存储器只在局部有效。全局是指同一个存储器可以被任何程序存取（包括主程序、子程序和中断服务程序），局部是指存储器区和特定的程序相关联。S7-200 给主程序分配 64B 的局部存储器，给每一级子程序嵌套分配 64B 的局部存储器，同样给中断服务程序分配 64B 的局部存储器。

子程序不能访问分配给主程序、中断服务程序或者其他子程序的局部存储器。同样，中断服务程序也不能访问分配给主程序或子程序的局部存储器。S7-200 PLC 根据需要分配局部存储器。也就是说，当主程序执行时，分配给子程序或中断服务程序的局部存储器是不存在的。当发生中断或者调用一个子程序时，需要分配局部存储器。新的局部存储器地址可能会覆盖另一个子程序或中断服务程序的局部存储器地址。

局部存储器在分配时 PLC 不进行初始化，初值可能是任意的。当在子程序调用中传递参数时，在被调用子程序的局部存储器中，由 CPU 替换其被传递的参数的值。局部存储器在参数传递过程中不传递值，在分配时不被初始化，可能包含任意数值。L 可以作为地址指针。

位格式：L[字节地址].[位地址]，如 L0.0。

字节、字或双字格式：L[长度] [起始字节地址]，如 LB33。下面的程序中，LD10 作为地址指针。

```
LD     SM0.0
MOVD &VB0, LD10      //将 V 区的起始地址装载到指针中
```

(7) 模拟量输入映像寄存器 AI S7-200 将模拟量值（如温度或电压）转换成 1 个字长（16 位）的数字量。可以用区域标识符（AI）、数据长度（W）及字节的起始地址来存取这些值。因为模拟输入量为 1 个字长，并且从偶数位字节（如 0、2、4）开始，所以必须用偶数字节地址（如 AIW0、AIW2、AIW4）来存取这些值，如 AIW1 是错误的数据。模拟量输入值为只读数据。

格式：AIW[起始字节地址]，如 AIW0。以下为通道 0 模拟量输入的程序。

```
LD     SM0.0
MOVW   AIW0, MW10     //将通道 0 模拟量输入量转换为数字量后存入 MW10 中
```

(8) 模拟量输出映像寄存器 AQ S7-200 把 1 个字长的数字值按比例转换为电流或电压

信号。可以用区域标识符（AQ）、数据长度（W）及字节的起始地址来改变这些值。因为模拟量为一个字长，且从偶数字节（如0，2，4）开始，所以必须用偶数字节地址（如AQW0、AQW2、AQW4）来改变这些值。模拟量输出值时只写数据。

格式：AQW[起始字节地址]，如AQW0。以下为通道0模拟量输出的程序。

```
LD     SM0.0
MOVW   1234, AQW0     //将数字量1234转换成模拟量（如电压）从通道0输出
```

（9）定时器T　在S7-200 CPU中，定时器可用于时间累计，其分辨率（时基增量）分为1ms、10ms和100ms三种。定时器有以下两个变量。

- 当前值：16位有符号整数，存储定时器所累计的时间。
- 定时器位：按照当前值和预置值的比较结果置位或者复位（预置值是定时器指令的一部分）。

可以用定时器地址来存取这两种形式的定时器数据。究竟使用哪种形式取决于所使用的指令：如果使用位操作指令，则是存取定时器位；如果使用字操作指令，则是存取定时器当前值。存取格式为：T[定时器号]，如T37。

S7-200系列中定时器可分为接通延时定时器、有记忆的接通延时定时器和断开延时定时器三种。它们是通过对一定周期的时钟脉冲进行累计而实现定时的，时钟脉冲的周期（分辨率）有1ms、10ms、100ms三种，当计数达到设定值时触点动作。

（10）计数器存储区C　在S7-200 CPU中，计数器可以用于累计其输入端脉冲电平由低到高的次数。CPU提供了三种类型的计数器；一种只能增加计数；一种只能减少计数；另外一种既可以增加计数，又可以减少计数。计数器有以下两种形式。

- 当前值：16位有符号整数，存储累计值。
- 计数器位：按照当前值和预置值的比较结果置位或者复位（预置值是计数器指令的一部分）。

可以用计数器地址来存取这两种形式的计数器数据。究竟使用哪种形式取决于所使用的指令：如果使用位操作指令，则是存取计数器位；如果使用字操作指令，则是存取计数器当前值。存取格式为：C[计数器号]，如C24。

（11）高速计数器HC　高速计数器用于对高速事件计数，它独立于CPU的扫描周期。高速计数器有一个32位的有符号整数计数值（或当前值）。若要存取高速计数器中的值，则应给出高速计数器的地址，即存储器类型（HC）加上计数器号（如HC0）。高速计数器的当前值是只读数据，仅可以作为双字（32位）来寻址。

格式：HC[高速计数器号]，如HC1。

（12）累加器AC　累加器是可以像存储器一样使用的读写设备。例如，可以用它来向子程序传递参数，也可以从子程序返回参数，以及用来存储计算的中间结果。S7-200提供4个32位累加器（AC0、AC1、AC2和AC3），并且可以按字节、字或双字的形式来存取累加器中的数值。

被访问的数据长度取决于存取累加器时所使用的指令。当以字节或者字的形式存取累加器时，使用的是数值的低8位或低16位。当以双字的形式存取累加器时，使用全部32位。

格式：AC[累加器号]，如AC0。以下为将常数18移入AC0中的程序。

```
LD     SM0.0
MOVB   18，AC0     //将常数18移入AC0
```

（13）顺控继电器存储 S 顺控继电器位（S）用于组织机器操作或者进入等效程序段的步骤。SCR 提供控制程序的逻辑分段。可以按位、字节、字或双字来存取 S 位。

位：S[字节地址].[位地址]，如 S3.1。

字节、字或者双字：S[长度][起始字节地址]。

4.2.2 位逻辑指令

基本逻辑指令是指构成基本逻辑运算功能指令的集合，包括基本位操作、置位/复位、边沿触发、逻辑栈、定时和计数等逻辑指令。现将 S7-200 系列 PLC 的逻辑指令按用途分类介绍如下。

（1）基本位操作指令

① 装载及线圈驱动指令。

LD（Load）：常开触点逻辑运算开始。

LDN（Load Not）：常闭触点逻辑运算开始。

=（Out）：线圈驱动。

图 4-8 所示梯形图及语句表表示上述三条指令的用法。

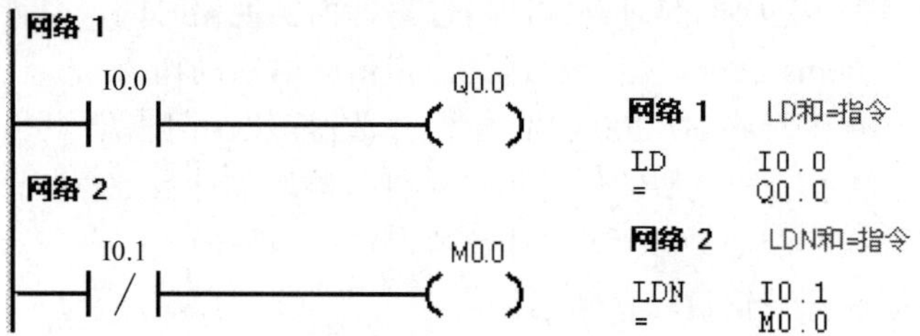

图 4-8 LD、LDN、= 指令应用举例

装载及线圈驱动指令使用说明：

LD（Load）：装载指令，对应梯形图从左侧母线开始，连接常开触点。

LDN（Load Not）：装载指令，对应梯形图从左侧母线开始，连接常闭触点。

=（Out）：线圈输出指令，可用于输出过程映像寄存器、辅助继电器和定时器及计数器等。

LD、LDN 的操作数：I，Q，M，SM，T，C，S。

=的操作数：Q，M，SM，T，C，S，I。

图 4-8 中梯形图的含义解释：当网络 1 中的常开触点 I0.0 接通，则线圈 Q0.0 得电，当网络 2 中的常闭触点 I0.1 接通，则线圈 M0.0 得电。此梯形图的含义与以前学过的电气控制中的电气图类似。

② 触点串联指令。图 4-9 所示梯形图及指令表表示了上述两条指令的用法。

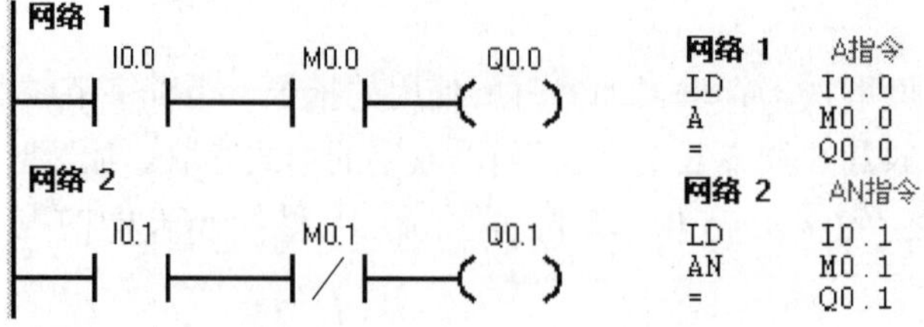

图 4-9 A、AN 指令应用举例

A（And）：常开触点串联。

AN（And Not）：常闭触点串联。

触点串联指令使用说明：

A、AN：与操作指令，是单个触点串联指令，可连续使用。

A、AN 的操作数：I，Q，M，SM，T，C，S。

图 4-9 中梯形图的含义解释：当网络 1 中的常开触点 I0.0、M0.0 同时接通，则线圈 Q0.0 得电，常开触点 I0.0、M0.0 都不接通，或者只有一个接通，线圈 Q0.0 不得电，常开触点 I0.0、M0.0 是串联（与）关系。当网络 2 中的常开触点 I0.1、常闭触点 M0.1 同时接通，则线圈 Q0.1 得电，常开触点 I0.1 和常闭触点 M0.1 是串联（与非）关系。

③ 触点并联指令。

O（Or）：常开触点并联。

ON（Or Not）：常闭触点并联。

图 4-10 所示梯形图及指令表表示了上述两条指令的用法。

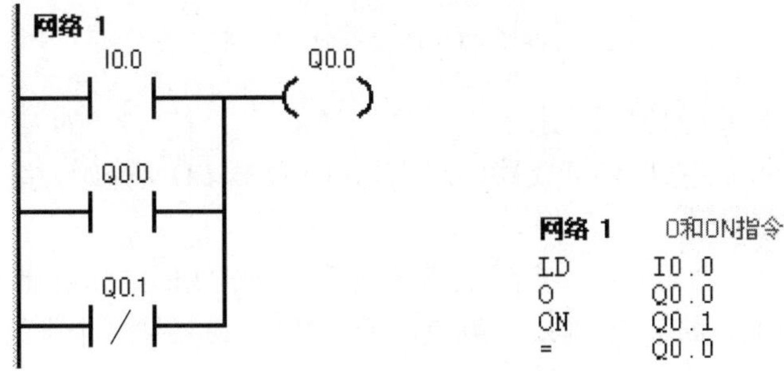

网络 1　O和ON指令

```
LD    I0.0
O     Q0.0
ON    Q0.1
=     Q0.0
```

图 4-10　O、ON 指令应用举例

O、ON：或操作指令，是单个触点并联指令，可连续使用。

O、ON 的操作数：I，Q，M，SM，T，C，S。

图 4-10 中梯形图的含义解释：当网络 1 中的常开触点 I0.0、Q0.0，常闭触点 Q0.1 有一个或者多个接通，则线圈 Q0.0 得电，常开触点 I0.0、Q0.0 和常闭触点 Q0.1 是并联（或、或非）关系。

④ 并联电路块的串联指令。

ALD（And Load）：并联电路块的串联连接。

图 4-11 表示了 ALD 指令的用法。

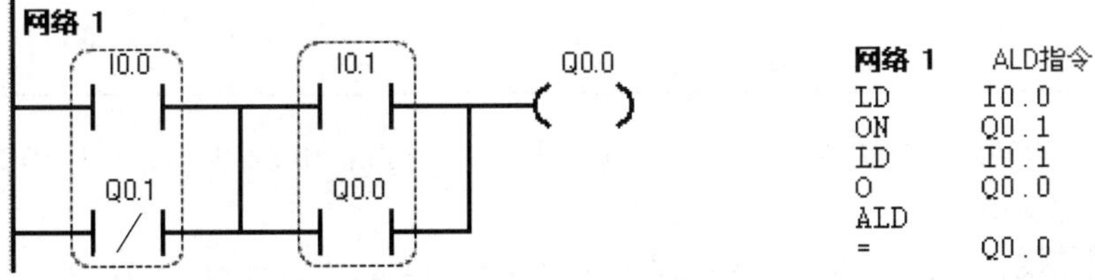

网络 1　ALD指令

```
LD    I0.0
ON    Q0.1
LD    I0.1
O     Q0.0
ALD
=     Q0.0
```

图 4-11　ALD 指令应用举例

并联电路块的串联指令使用说明：

a．并联电路块与前面电路串联时，使用 ALD 指令。电路块的起点用 LD 或 LDN 指令，并联电路块结束后，使用 ALD 指令与前面电路块串联。

b．ALD 无操作数。

图 4-11 中梯形图的含义解释：实际上就是把第一个虚线框中的触点 I0.0 和触点 Q0.1 并联，再将第二个虚线框中的触点 I0.1 和触点 Q0.0 并联，最后把两个虚线框中并联后的结果串联。

⑤ 电路块的并联指令。

OLD（Or Load）：串联电路块的并联连接。

图 4-12 表示了 OLD 指令的用法。

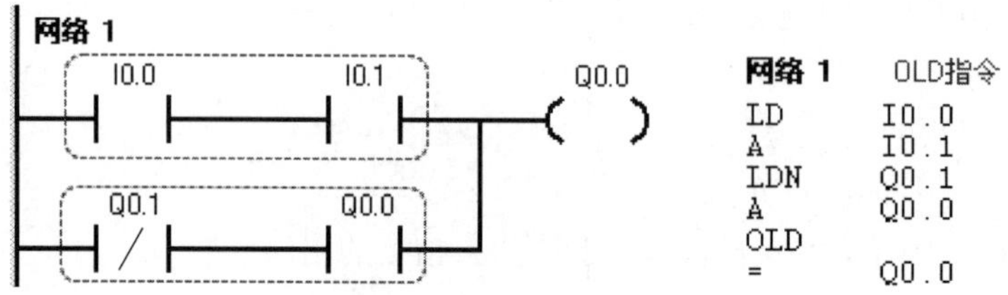

图 4-12　OLD 指令应用举例

串联电路块的并联指令使用说明：

a．串联电路块并联连接时，其支路的起点均以 LD 或 LDN 开始，终点以 OLD 结束。

b．OLD 无操作数。

图 4-12 中梯形图的含义解释：实际上就是把第一个虚线框中的触点 I0.0 和触点 I0.1 串联，再将第二个虚线框中的触点 Q0.1 和触点 Q0.0 串联，最后把两个虚线框中串联后的结果并联。

（2）置位/复位指令　普通线圈获得能量流时，线圈通电（存储器位置 1），能量流不能到达时，线圈断电（存储器位置 0）。置位/复位指令将线圈设计成置位线圈和复位线圈两大部分。置位线圈受到脉冲前沿触发时，线圈通电锁存（存储器位置 1），复位线圈受到脉冲前沿触发时，线圈断电锁存（存储器位置 0），下次置位、复位操作信号到来前，线圈状态保持不变（自锁）。置位/复位指令格式见表 4-4。

表 4-4　置位/复位指令格式

LAD	STL	功　能
S_BIT ——(S) N	S　S_BIT，N	从起始位（S_BIT）开始的 N 个元件置 1 并保持
S_BIT ——(R) N	R　S_BIT，N	从起始位（S_BIT）开始的 N 个元件清 0 并保持

R、S 指令的使用如图 4-13 所示，当 PLC 上电时，Q0.0 和 Q0.1 都通电，当 I0.1 接通时，Q0.0 和 Q0.1 都断电。

【关键点】 编程时，置位、复位线圈之间间隔的网络个数可以任意设置，置位、复位线圈通常成对使用，也可单独使用。

（3）RS 触发器指令　RS 触发器具有置位与复位的双重功能，RS 触发器是复位优先，当置位（S）和复位（R）同时为真时，输出为假。而 SR 触发器是置位优先触发器，当置位（S）

和复位（R）同时为真时，输出为真。

（4）边沿触发指令　边沿触发是指用边沿触发信号产生一个机器周期的扫描脉冲，通常用做脉冲整形。边沿触发指令分为正跳变（上升沿）触发和负跳变（下降沿）触发两大类。正跳变触发指输入脉冲的上升沿使触点闭合（ON）一个扫描周期。负跳变触发指输入脉冲的下降沿使触点闭合（ON）一个扫描周期。边沿触发指令格式见表 4-5。

表 4-5　边沿触发指令格式

LAD	STL	功　能
─┤P├─	EU	正跳变，无操作元件
─┤N├─	ED	负跳变，无操作元件

【例 4-4】 如图 4-14 所示的程序，若 I0.0 上电一段时间后再断开，请画出 I0.0、Q0.0、Q0.1 和 Q0.2 的时序图。

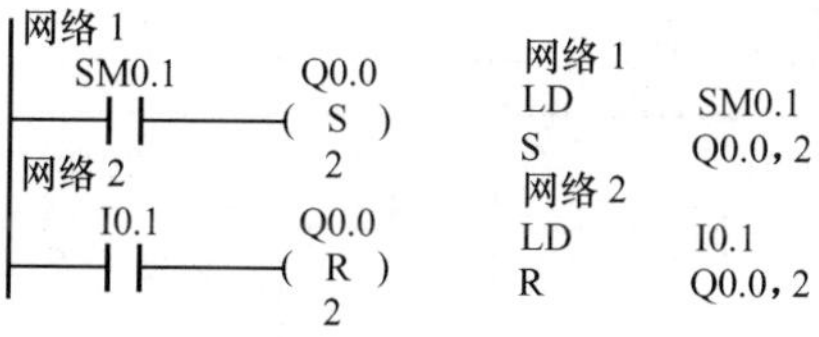

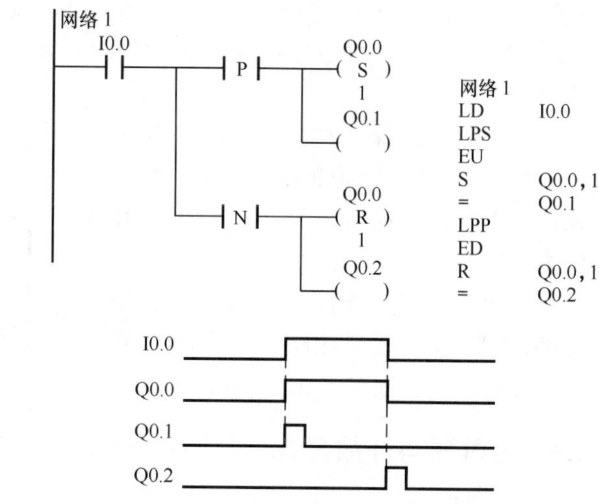


```
网络 1
LD    SM0.1
S     Q0.0, 2
网络 2
LD    I0.1
R     Q0.0, 2
```

图 4-13　R、S 指令的使用

图 4-14　边沿触发指令应用示例

【解】 如图 4-14 所示，在 I0.0 的上升沿，触点（EU）产生一个扫描周期的时钟脉冲，驱动输出线圈 Q0.1 通电一个扫描周期，Q0.0 通电，使输出线圈 Q0.0 置位并保持。

在 I0.0 的下降沿，触点（ED）产生一个扫描周期的时钟脉冲，驱动输出线圈 Q0.2 通电一个扫描周期，使输出线圈 Q0.0 复位并保持。

【例 4-5】 设计一个程序，实现用一个单按钮控制一盏灯的亮和灭，即按奇数次按钮灯亮，按偶数次按钮灯灭。

【解】 较为简洁的方法是用 SR 或者 RS 指令编写程序，先用 SR 指令，程序如图 4-15 所示。当第一次压下 I0.0 按钮时，Q0.0 置位，当第二次压下 I0.0 按钮时，Q0.0 复位，灯灭。

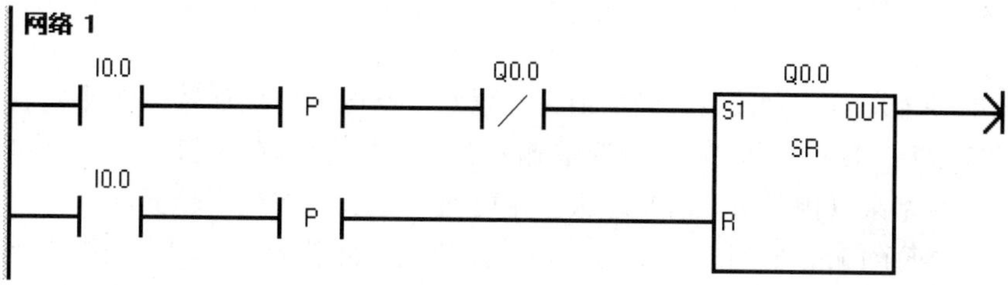

图 4-15　SR 触发指令应用举例

【例 4-6】 设计一个程序，实现用一个单按钮控制一盏灯的亮和灭，即按奇数次按钮灯亮，按偶数次按钮灯灭。

【解】 梯形图如图 4-16 所示，当第一次压下按钮时，Q0.0 线圈得电（灯亮），Q0.0 常开触点闭合，当第二次压下按钮时，S 和 R1 端子同时高电平，因为复位优先，所以 Q0.0 线圈断电（灯灭）。

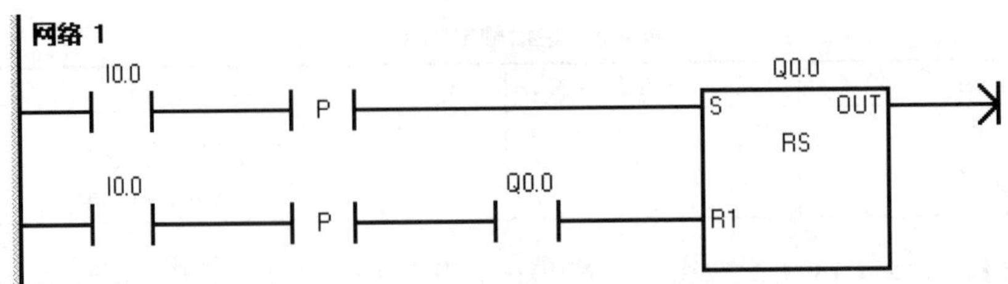

图 4-16 RS 触发指令应用举例

【例 4-7】 设计一个程序，实现用一个单按钮控制一盏灯的亮和灭，即按奇数次按钮灯亮，按偶数次按钮灯灭。

【解】 当 I0.0 第一次合上时，V0.0 接通一个扫描周期，使得 Q0.0 线圈得电一个扫描周期，当下一次扫描周期到达，Q0.0 常开触点闭合自锁，灯亮。

当 I0.0 第二次合上时，V0.0 接通一个扫描周期，切断 Q0.0 的常闭触点和 V0.0 的常闭触点，使得灯灭。梯形图如图 4-17 所示。

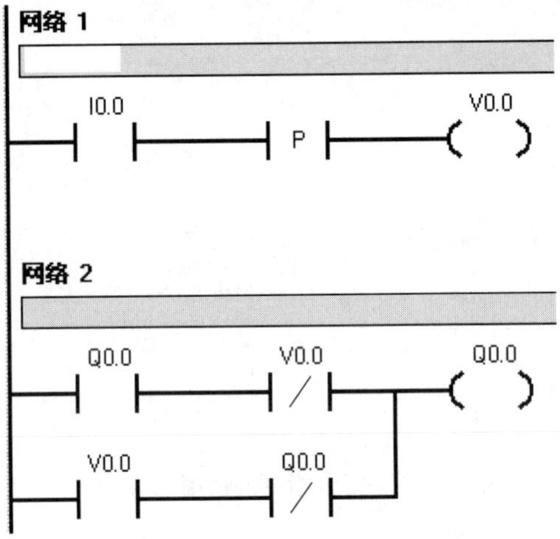

图 4-17 梯形图

4.2.3 定时器与计数器指令

（1）定时器指令 S7-200 PLC 的定时器为增量型定时器，用于实现时间控制，可以按照工作方式和时间基准分类。

① 工作方式 按照工作方式，定时器可分为通电延时型（TON）、有记忆的通电延时型或保持型（TONR）、断电延时型（TOF）三种类型。

② 时间基准 按照时间基准（简称时基），定时器可分为 1ms、10ms、100ms 三种类型，时间基准不同，定时精度、定时范围和定时器的刷新方式也不同。

定时器的工作原理是定时器的使能端输入有效后，当前值寄存器对 PLC 内部的时基脉冲增 1 计数，最小计时单位为时基脉冲的宽度。故时间基准代表着定时器的定时精度（分辨率）。

定时器的使能端输入有效后，当前值寄存器对时基脉冲递增计数，当计数值大于或等于定时器的预置值后，状态位置 1。从定时器输入有效到状态位置 1 经过的时间称为定时时间。定时时间等于时基乘以预置值，时基越大，定时时间越长，但精度越低。

1ms 定时器每隔 1ms 刷新一次，与扫描周期和程序处理无关。因而当扫描周期较长时，定时器在一个周期内可能被多次刷新，其当前值在一个扫描周期内不一定保持一致。

10ms 定时器在每个扫描周期开始时自动刷新。由于每个扫描周期只刷新一次，故在每次程序处理期间，其当前值为常数。

100ms 定时器在定时器指令执行时被刷新，下一条执行的指令即可使用刷新后的结果，使用方便可靠。但应当注意，如果定时器的指令不是每个周期都执行（条件跳转时），定时器就不能及时刷新，可能会导致出错。

CPU 22X PLC 的 256 个定时器分属 TON（TOF）和 TONR 工作方式，以及 3 种时基标准（TON 和 TOF 共享同一组定时器，不能重复使用）。其详细分类方法见表 4-6。

表 4-6 定时器工作方式及类型

工作方式	时间基准/ms	最大定时时间/s	定时器型号
TONR	1	32.767	T0，T64
	10	327.67	T1～T4，T65～T68
	100	3276.7	T5～T31，T69～T95
TON/TOF	1	32.767	T32，T96
	10	327.67	T33～T36，T97～T100
	100	3276.7	T37～T63，T101～T255

③ 工作原理分析　下面分别叙述 TON、TONR、TOF 3 种类型定时器的使用方法。这 3 类定时器均有使能输入端 IN 和预置值输入端 PT。PT 预置值的数据类型为 INT，最大预置值是 32767。

④ 通电延时型定时器（TON）　使能端（IN）输入有效时，定时器开始计时，当前值从 0 开始递增，大于或等于预置值（PT）时，定时器输出状态位置 1。使能端输入无效（断开）时，定时器复位（当前值清 0，输出状态位置 0）。通电延时型定时器指令和参数见表 4-7。

表 4-7 通电延时型定时器指令和参数

LAD	参数	数据类型	说明	存储区
Txxx IN TON PT PT ???ms	T xxx	WORD	表示要启动的定时器号	T32，T96，T33～T36，T97～T100，T37～T63，T101～T255
	PT	INT	定时器时间值	I，Q，M，D，L，T，S，SM，AI，T，C，AC，常数，*VD，*LD，*AC
	IN	BOOL	使能	I, Q, M, SM, T, C, V, S, L

【例 4-8】 已知梯形图和 I0.1 时序如图 4-18 所示，请画出 Q0.0 的时序图。

【解】 当接通 I0.1，延时 3s 后，Q0.0 得电。

【例 4-9】 电动机的软启动器应用如图 4-19 所示，启动时软启动器接入主回路，启动完成后（3s），启动器从主回路中移出，请编写梯形图程序。

【解】 当接通 I0.0，Q0.0 得电，软启动器接入主回路，延时 3s 后，Q0.1 得电，软启动器移出主回路。软启动器梯形图如图 4-20 所示。

⑤ 有记忆的通电延时型定时器（TONR）　使能端输入有效时，定时器开始计时，当前值递增，当前值大于或等于预置值时，输出状态位置 1。使能端输入无效时，当前值保持（记忆），使能端再次接通有效时，在原记忆值的基础上递增计时。有记忆通电延时型定时器采用线圈的复位指令进行复位操作，当复位线圈有效时，定时器当前值清 0，输出状态位置 0。有

记忆的通电延时型定时器指令和参数见表 4-8。

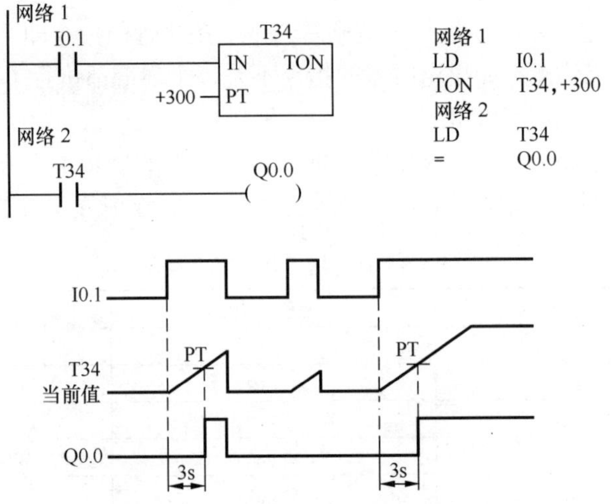

图 4-18 通电延时型定时器应用示例

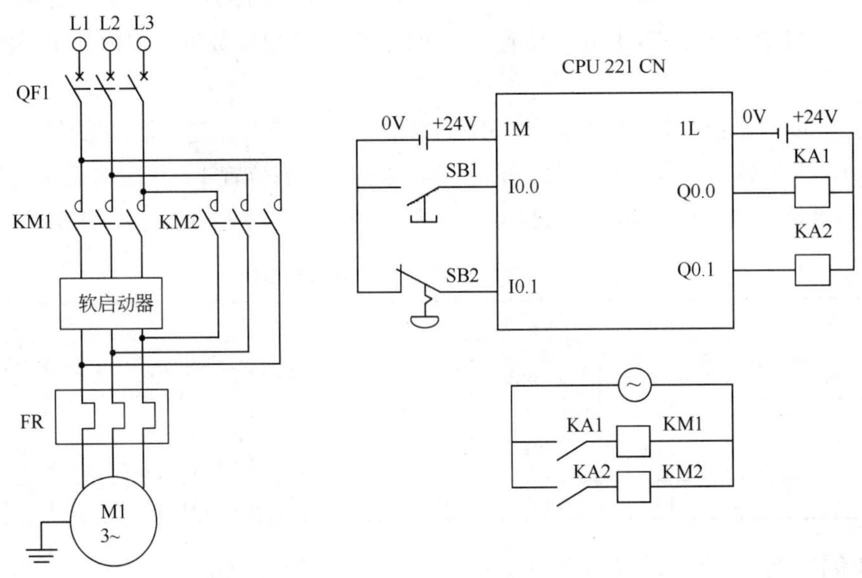

图 4-19 软启动器电气原理图

【例 4-10】 已知梯形图以及 I0.0 和 I0.1 的时序如图 4-21 所示，请画出/Q0.0 的时序图。

【解】 当接通 I0.0，延时 1s 后，Q0.0 得电；I0.0 断电后，Q0.0 仍然保持得电，当 I0.1 接通时，定时器复位，Q0.0 断电。

【关键点】 有记忆的通电延时型定时器的线圈带电后，必须复位才能断电。

⑥ 断电延时型定时器（TOF） 使能端输入有效时，定时器输出状态位立即置 1，当前值清 0。使能端断开时，开始计时，当前值从 0 递增，当前值达到预置值时，定时器状态位复位置 0，并停止计时，当前值保持。断电延时型定时器指令和参数见表 4-9。

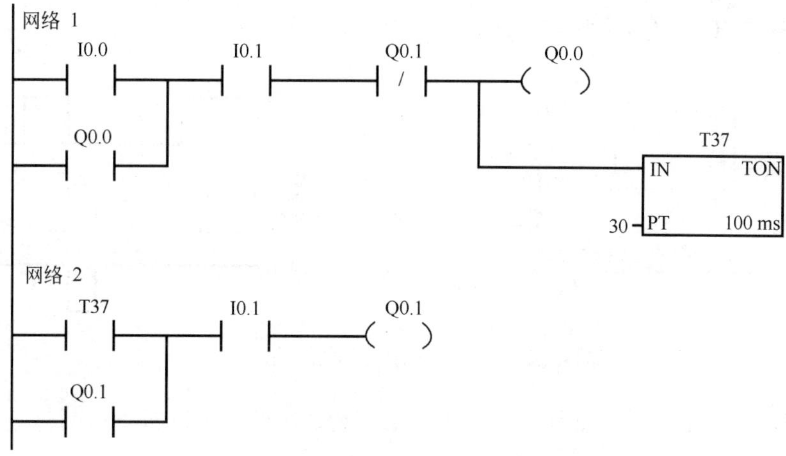

图 4-20　软启动器梯形图

表 4-8　有记忆的通电延时型定时器指令和参数

LAD	参　数	数 据 类 型	说　明	存 储 区
Txxx IN　TONR PT　PT　???ms	T xxx	WORD	表示要启动的定时器号	T0，T64，T1～T4，T65～T68，T5～T31，T69～T95
	PT	INT	定时器时间值	I，Q，M，D，L，T，S，SM，AI，T，C，AC，常数，*VD，*LD，*AC
	IN	BOOL	使能	I, Q, M, SM, T, C, V, S, L

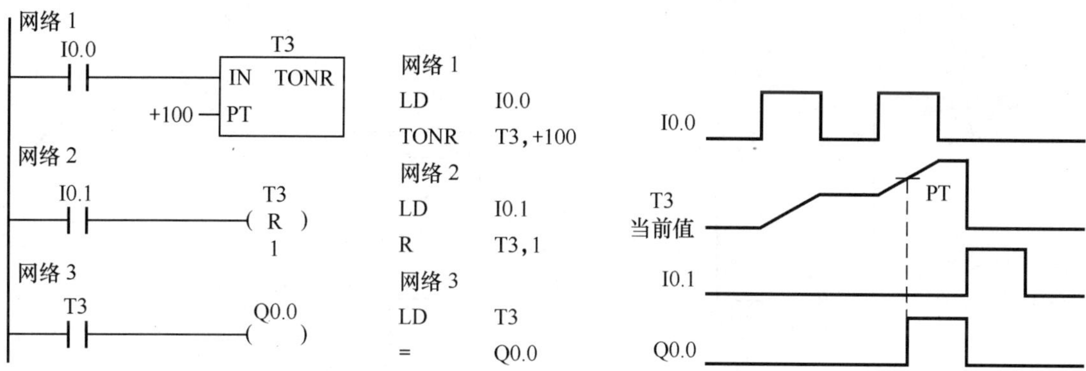

图 4-21　有记忆的通电型延时定时器应用示例

表 4-9　断电延时型定时器指令和参数

LAD	参数	数据类型	说明	存储区
Txxx IN　TOF PT　PT　???ms	T xxx	WORD	表示要启动的定时器号	T32，T96，T33～T36，T97～T100，T37～T63，T101～T255
	PT	INT	定时器时间值	I，Q，M，D，L，T，S，SM，AI，T，C，AC，常数，*VD，*LD，*AC
	IN	BOOL	使能	I, Q, M, SM, T, C, V, S, L

【例 4-11】 已知梯形图以及 I0.0 的时序如图 4-22 所示，请画出 Q0.0 的时序图。

【解】 当接通 I0.0，Q0.0 得电；I0.0 断电 5s 后，Q0.0 也失电。

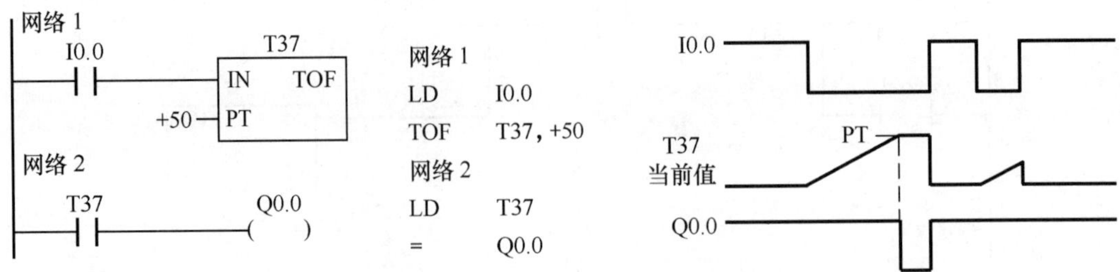

图 4-22 断电延时型定时器应用示例

【例 4-12】 某车库中有一盏灯，当人离开车库后，按下停止按钮，5s 后灯熄灭，请编写程序。

【解】 当接通 SB1 按钮，灯 HL1 亮；按下 SB2 按钮 5s 后，灯 HL1 灭。接线图如图 4-23 所示，梯形图如图 4-24 所示。

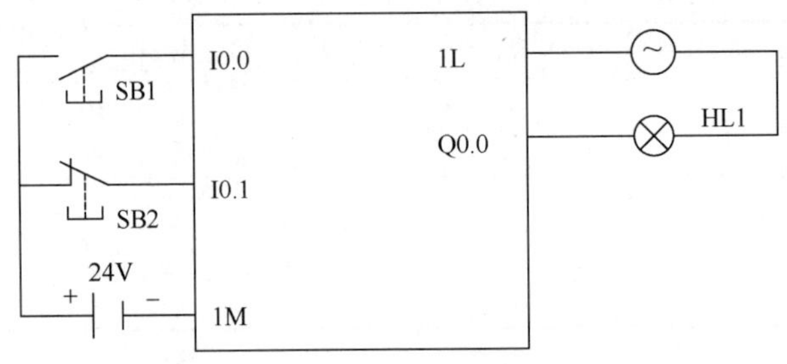

图 4-23 接线图

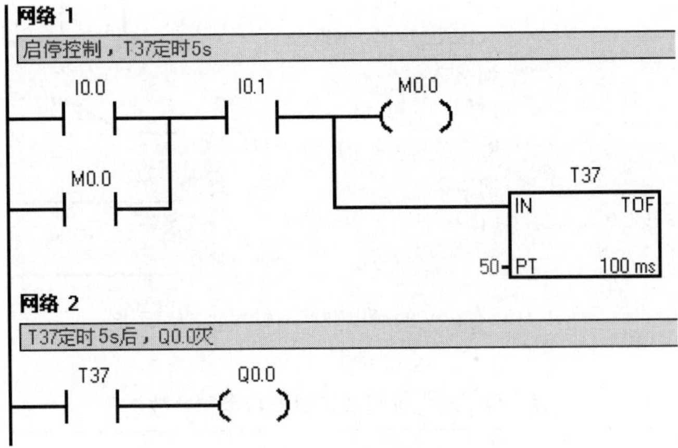

图 4-24 梯形图

【例 4-13】 鼓风机系统一般有引风机和鼓风机两级构成。当按下启动按钮之后，引风机先工作，工作 5s 后，鼓风机工作。按下停止按钮之后，鼓风机先停止工作，5s 之后，引风机才停止工作。

【解】 ① PLC 的 I/O 分配见表 4-10。

表 4-10 PLC 的 I/O 分配表

输　　入			输　　出		
名　　称	符　号	输 入 点	名　　称	符　号	输 出 点
开始按钮	SB1	I0.0	鼓风机	KA1	Q0.0
停止按钮	SB2	I0.1	引风机	KA2	Q0.1

② 控制系统的接线。鼓风机控制系统的接线比较简单，如图 4-25 所示。

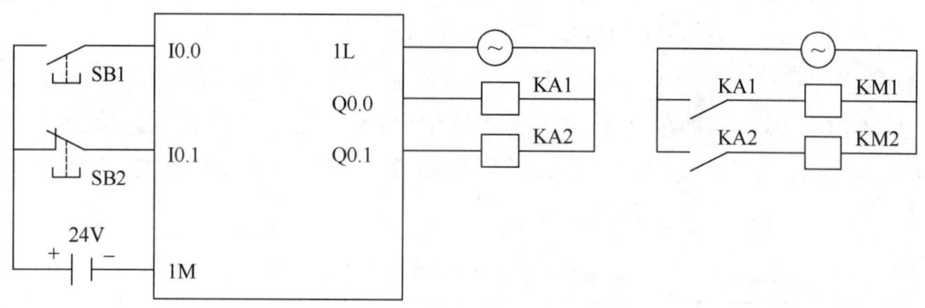

图 4-25　PLC 接线图

③ 编写程序。引风机在按下停止按钮后还要运行 5s，容易想到要使用 TOF 定时器；鼓风机在引风机工作 5s 后才开始工作，因而容易想到用 TON 定时器，不难设计梯形图，如图 4-26 所示。

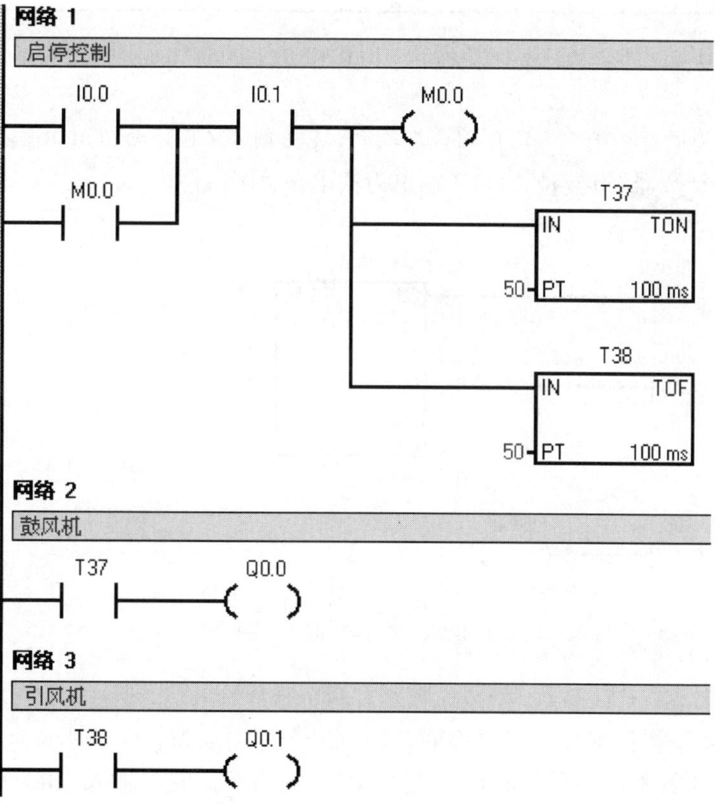

图 4-26　梯形图

（2）计数器指令　计数器利用输入脉冲上升沿累计脉冲个数，S7-200 PLC 有递增计数（CTU）、增/减计数（CTUD）、递减计数（CTD）共三类计数指令。有的资料上将“增计数器”称为“加计数器”。计数器的使用方法和基本结构与定时器基本相同，主要由预置值寄存器、当前值寄存器和状态位等组成。

在梯形图指令符号中，CU 表示增 1 计数脉冲输入端，CD 表示减 1 计数脉冲输入端，R 表示复位脉冲输入端，LD 表示减计数器复位脉冲输入端，PV 表示预置值输入端，数据类型为 INT，预置值最大为 32767。计数器的范围为 C0～C255。

下面分别叙述 CTU、CTUD、CTD 三种类型计数器的使用方法。

① 增计数器（CTU）　当 CU 端的输入上升沿脉冲时，计数器的当前值增 1，当前值保存在 Cxxx（如 C0）中。当前值大于或等于预置值（PV）时，计数器状态位置 1。复位输入（R）有效时，计数器状态位复位，当前计数器值清 0。当计数值达到最大（32767）时，计数器停止计数。增计数器指令和参数见表 4-11。

表 4-11　增计数器指令和参数

LAD	参　数	数据类型	说　明	存储区
Cxxx CU　CTU R PV　PV	C xxx	常数	要启动的计数器号	C0～C255
	CU	BOOL	加计数输入	I, Q, M, SM, T, C, V, S, L
	R	BOOL	复位	
	PV	INT	预置值	V, I, Q, M, SM, L, AI, AC, T, C, 常数, *VD, *AC, *LD, S

【例 4-14】 已知梯形图如图 4-27 所示，I0.0 和 I0.1 的时序如图 4-28 所示，请画出 Q0.0 的时序图。

【解】 CTU 为增计数器，当 I0.0 闭合 2 次时，常开触点 C0 闭合，Q0.0 输出为高电平“1”。当 I0.1 闭合时，计数器 C0 复位，Q0.0 输出为低电平“0”。

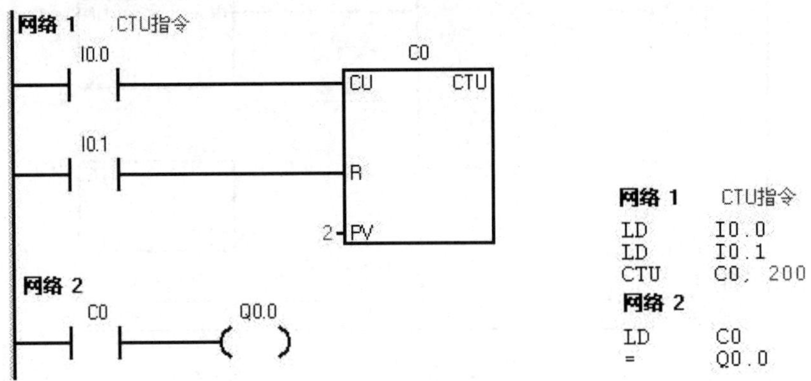

图 4-27　增计数器指令举例

② 增/减计数器（CTUD）　增/减计数器有两个脉冲输入端，其中，CU 用于递增计数，CD 用于递减计数，执行增/减计数指令时，CU/CD 端的计数脉冲上升沿进行增 1/减 1 计数。当前值大于或等于计数器的预置值时，计数器状态位置位。复位输入（R）有效时，计数器状态位复位，当前值清 0。增/减计数器指令和参数见表 4-12。

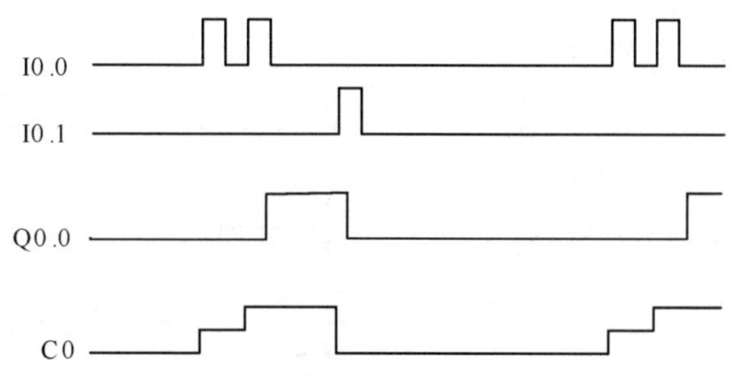

图 4-28 增计数器指令举例时序图

表 4-12 增/减计数器指令和参数

LAD	参数	数据类型	说明	存储区
Cxxx CU CTUD CD R PV PV	C xxx	常数	要启动的计数器号	C0～C255
	CU	BOOL	加计数输入	I, Q, M, SM, T, C, V, S, L
	CD	BOOL	减计数输入	
	R	BOOL	复位	
	PV	INT	预置值	V, I, Q, M, SM, LW, AI, AC, T, C, 常数, *VD, *AC, *LD, S

③ 减计数器（CTD） 复位输入（LD）有效时，计数器把预置值（PV）装入当前值寄存器，计数器状态位复位。在 CD 端的每个输入脉冲上升沿，减计数器的当前值从预置值开始递减计数，当前值等于 0 时，计数器状态位置位，并停止计数。减计数器指令和参数见表 4-13。

表 4-13 减计数器指令和参数

LAD	参数	数据类型	说明	存储区
Cxxx CD CTD LD PV PV	C xxx	常数	要启动的计数器号	C0～C255
	CD	BOOL	减计数输入	I, Q, M, SM, T, C, V, S, L
	LD	BOOL	预置值（PV）载入当前值	
	PV	INT	预置值	V, I, Q, M, SM, L, AI, AC, T, C, 常数, *VD, *AC, *LD, S

【例 4-15】 已知梯形图以及 I1.0 和 I2.0 的时序如图 4-29 所示，请画出 Q0.0 的时序图。

【解】 利用减计数器输入端的通断情况，分析 Q0.0 的状态。当 I2.0 接通时，计数器状态位复位，预置值 3 被装入当前值寄存器；当 I1.0 接通 3 次时，当前值等于 0，Q0.0 上电；当前值等于 0 时，尽管 I1.0 接通，当前值仍然等于 0。当 I2.0 接通期间，I1.0 接通，当前值不变。

（3）基本指令的应用实例 在编写 PLC 程序时，基本逻辑指令是最为常用的，下面用几个例子说明用基本指令编写程序的方法。

【例 4-16】 用 PLC 来控制电动机的正转、停止、反转（用 3 个按钮），不允许在电动机运行过程中改变旋转方向。无论电动机是正转还是反转，均为 Y-△启动，从 Y 到△的延时时间为 1s，Y 和△不能同时导通。

【解】 ① PLC 的 I/O 分配 PLC 的 I/O 分配见表 4-14。

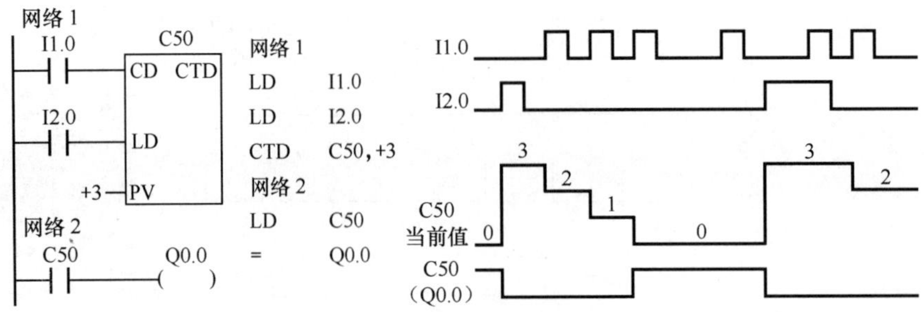

图 4-29 减计数器应用举例

表 4-14 PLC 的 I/O 分配表

输 入			输 出		
名 称	符 号	输入点	名 称	符 号	输出点
正转按钮	SB1	I0.0	正转	KA1	Q0.0
反转按钮	SB2	I0.1	反转	KA2	Q0.1
停止按钮	SB3	I0.2	星形启动	KA3	Q0.2
			三角形运行	KA4	Q0.3

② 系统的接线图 系统的接线图如图 4-30 所示。

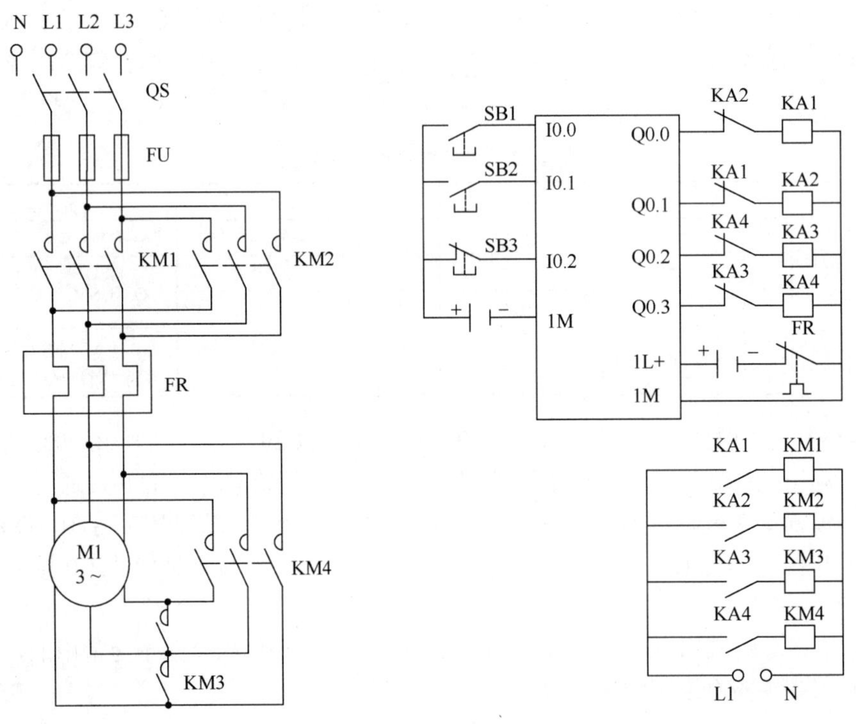

图 4-30 系统接线图

③ 编写程序 梯形图如图 4-31 所示。

【例 4-17】 某十字路口的交通灯如图 4-32 所示。其中，R、Y、G 分别代表红、黄、绿的交通灯。要完成如下功能：

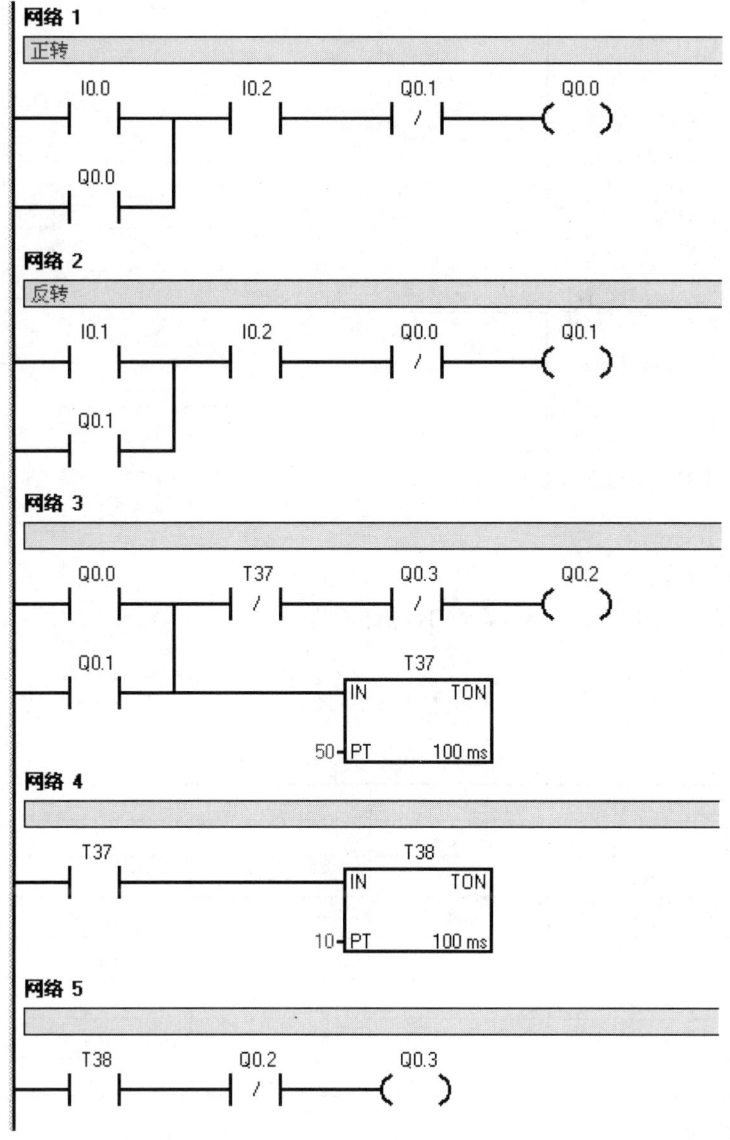

图 4-31 梯形图

① 设置启动按钮、停止按钮。正常启动情况下，东西向绿灯亮 30s，转东西绿灯以 0.5s 闪烁 4s，转东西黄灯亮 3s，转南北向绿灯亮 30s，转南北绿灯以 0.5s 闪烁 4s，转南北黄灯亮 3s，再转东西绿灯亮 30s，以此类推。

② 在东西向绿灯时，南北向应显示红灯。同理，南北绿灯时，东西向应显示红灯。

【解】 ① 绘制时序图 由于十字交通灯的逻辑比较复杂，为了方便编写程序，可先根据题意绘制时序图，如图 4-33 所示。

把不同颜色的灯的亮灭情况罗列出来，具体如下：

a．东西方向：

$T<30s$，绿灯亮，$30s \leqslant T < 34s$ 绿灯闪烁；

$34s \leqslant T < 37s$ 黄灯亮；

37s ≤ T ≤ 74s，红灯亮。

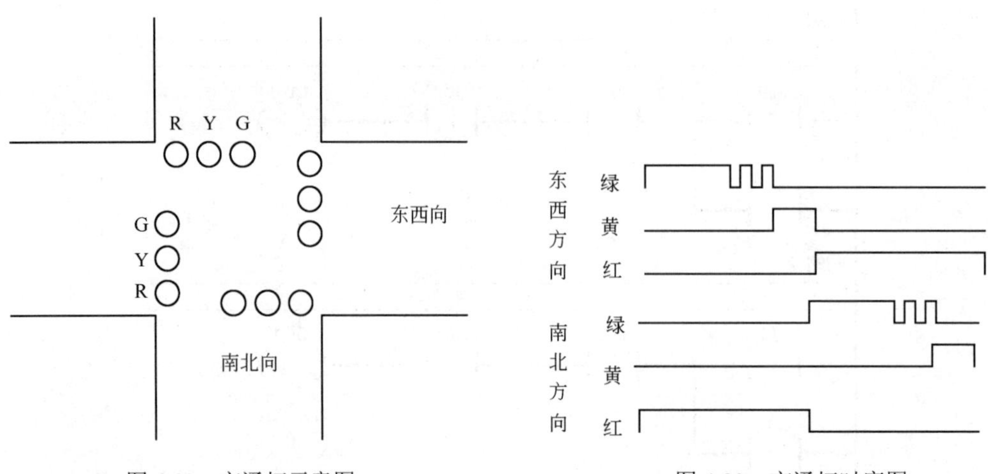

图 4-32 交通灯示意图　　图 4-33 交通灯时序图

b．南北方向：

T < 37s，红灯亮；

37s ≤ T < 67s，绿灯亮，67s ≤ T < 71s 绿灯闪烁；

71s ≤ T ≤ 74s 黄灯亮。

② PLC 的 I/O 分配　PLC 的 I/O 分配见表 4-15。

表 4-15　PLC 的 I/O 分配表

输　入			输　出		
名　称	符　号	输 入 点	名　称	符　号	输 出 点
开始按钮	SB1	I0.0	绿灯（东西）	HL1	Q0.0
停止按钮	SB2	I0.1	黄灯（东西）	HL2	Q0.1
			红灯（东西）	HL3	Q0.2
			绿灯（南北）	HL4	Q0.3
			黄灯（南北）	HL5	Q0.4
			红灯（南北）	HL6	Q0.5

③ 控制系统的接线　交通灯控制系统的接线比较简单，如图 4-34 所示。

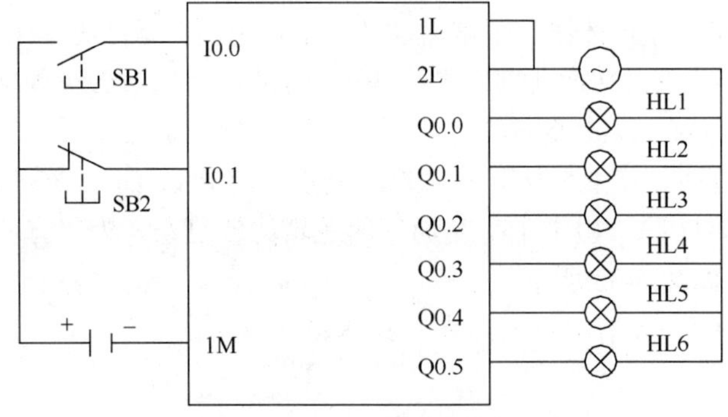

图 4-34　PLC 接线图

④ 编写程序 交通灯控制系统的梯形图程序如图 4-35 所示。

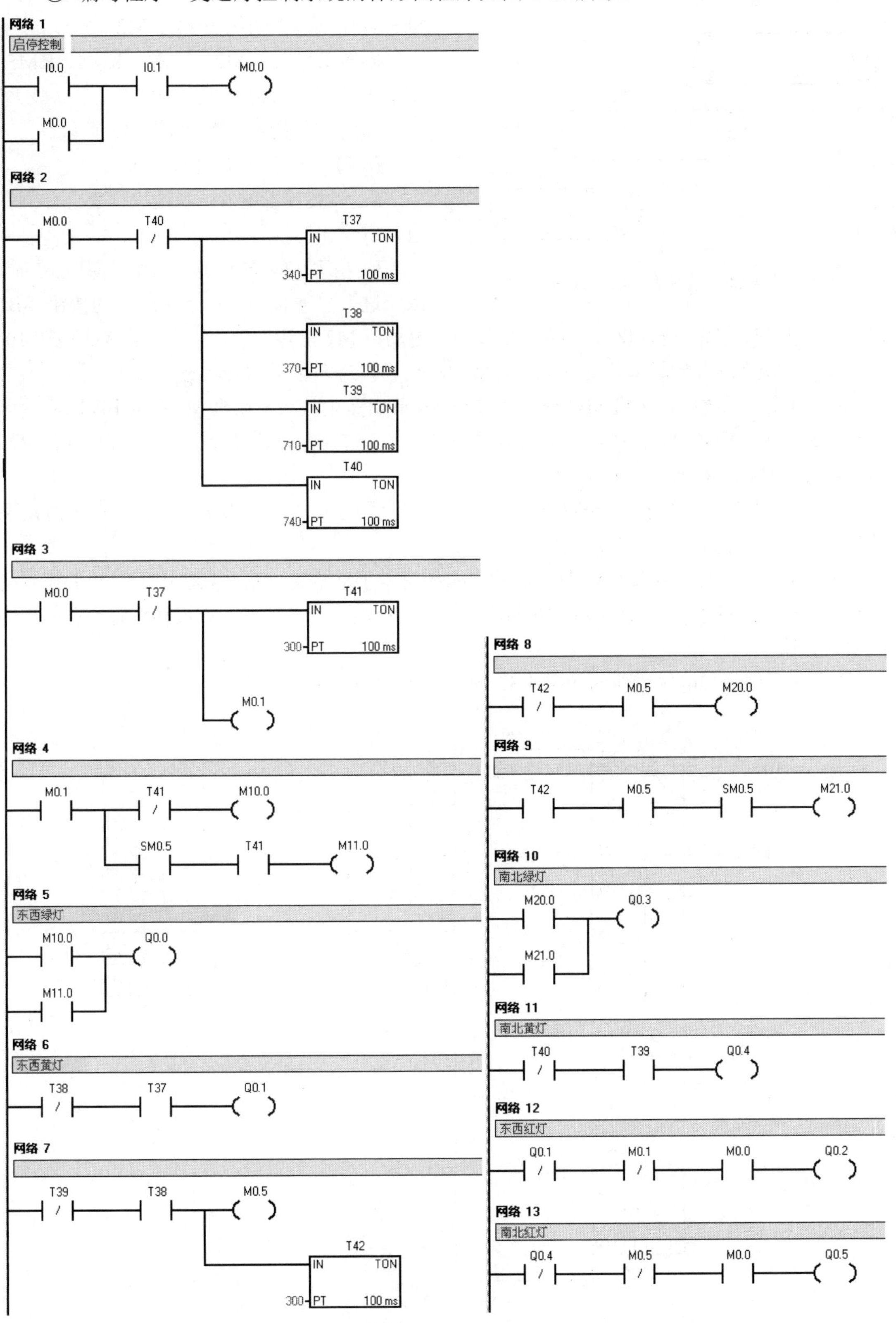

图 4-35 交通灯梯形图（基本指令）

【例 4-18】 现有一套三级输送机，用于实现物料的传输，每一级输送机由一台交流电动机进行控制，电动机为 Ml、M2、M3，分别由接触器 KM1、KM2、KM3、KM4、KM5、KM6 控制电动机的正反转运行。

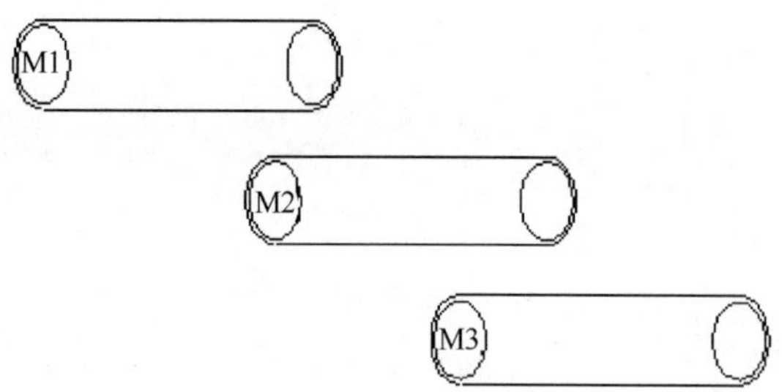

图 4-36 系统的结构示意图

系统的结构示意图如图 4-36 所示。

【解】 ① 控制任务描述

a. 当装置上电时，系统进行复位，所有电动机停止运行。

b. 当手/自动转换开关 SA1 打到左边时，系统进入自动状态。按下系统启动按钮 SB1 时，电动机 M1 首先正转启动，运转 10s 以后，电动机 M2 正转启动，当电动机 M2 运转 10s 以后，电动机 M3 开始转动，此时系统完成启动过程，进入正常运转状态。

c. 当按下系统停止按钮 SB2 时，电动机 Ml 首先停止，当电动机 Ml 停止 10s 以后，电动机 M2 停止，当 M2 停止 10s 以后，电动机 M3 停止。系统在启动过程中按下停止按钮 SB2，电动机按启动的顺序反向停止运行。

d. 当系统按下急停按钮 SB9 时，三台电动机立即停止工作，直到急停按钮取消时，系统恢复到当前状态。

e. 当手/自动转换开关 SA1 打到右边时系统进入手动状态，系统只能由手动开关控制电动机的运行。通过手动开关(SB3～SB8)，操作者能控制三台电动机的正反转运行，实现货物的手动传输。

② 编写程序 电气原理图如图 4-37 所示，梯形图如图 4-38 所示。

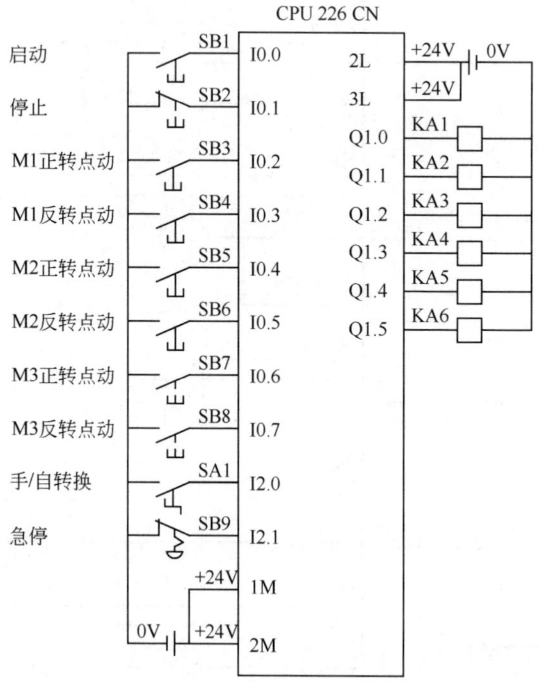

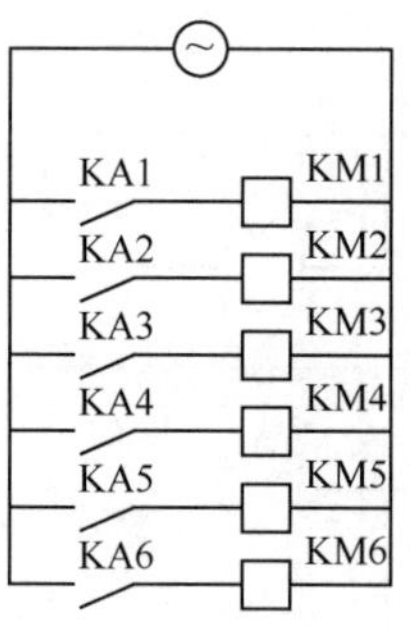

图 4-37 电气原理图

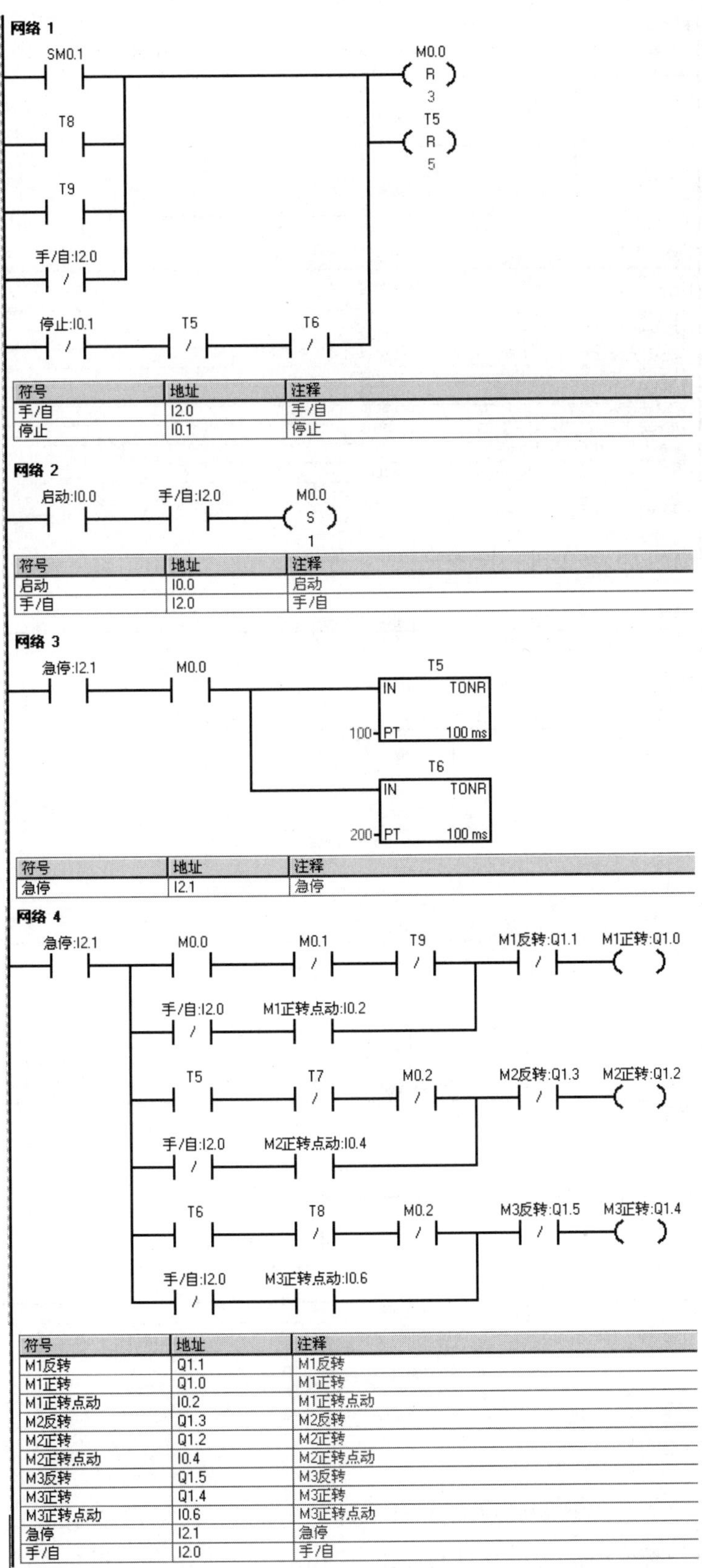

符号	地址	注释
手/自	I2.0	手/自
停止	I0.1	停止

符号	地址	注释
启动	I0.0	启动
手/自	I2.0	手/自

符号	地址	注释
急停	I2.1	急停

符号	地址	注释
M1反转	Q1.1	M1反转
M1正转	Q1.0	M1正转
M1正转点动	I0.2	M1正转点动
M2反转	Q1.3	M2反转
M2正转	Q1.2	M2正转
M2正转点动	I0.4	M2正转点动
M3反转	Q1.5	M3反转
M3正转	Q1.4	M3正转
M3正转点动	I0.6	M3正转点动
急停	I2.1	急停
手/自	I2.0	手/自

图 4-38

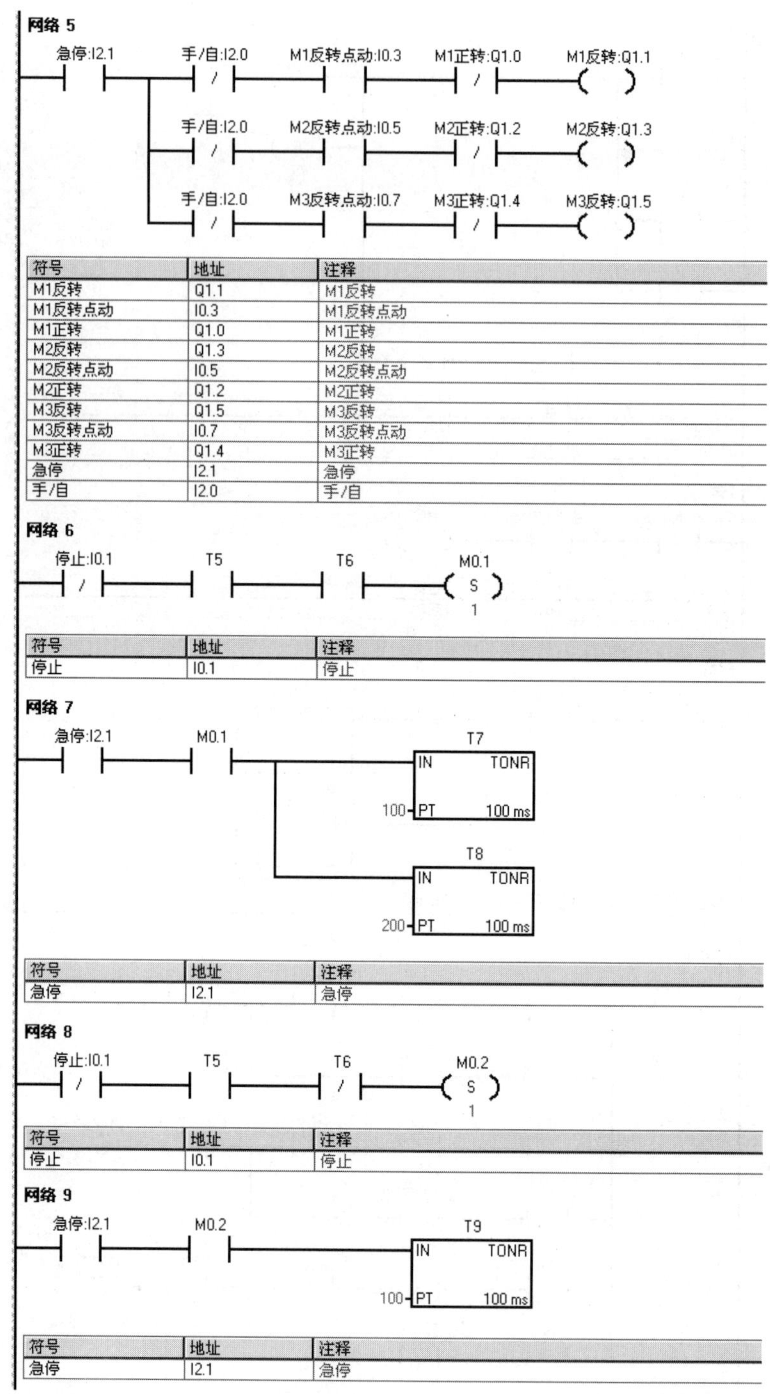

图 4-38　梯形图

4.2.4　功能指令

为了满足用户的一些特殊要求，20 世纪 80 年代开始，众多 PLC 制造商就在小型机上加入了功能指令（或称应用指令）。这些功能指令的出现，大大拓宽了 PLC 的应用范围。S7-200 系列 PLC 的功能指令极其丰富，主要包括算术运算、数据处理、逻辑运算、高速处理、PID、中断、实时时钟和通信指令。PLC在处理模拟量时，一般要进行数据处理。

（1）比较指令　STEP 7提供了丰富的比较指令，可以满足用户的多种需要。STEP 7中的比较指令可以对下列数据类型的数值进行比较。

① 两个字节的比较（每个字节为8位）；

② 两个字符串的比较（每个字符串为8位）；

③ 两个整数的比较（每个整数为16位）；

④ 两个双整数的比较（每个双整数为32位）；

⑤ 两个实数的比较（每个实数为32位）。

【关键点】一个整数和一个双整数是不能直接进行比较的，因为它们之间的数据类型不同。一般先将整数转换成双整数，再对两个双整数进行比较。

比较指令有等于（EQ）、不等于（NQ）、大于（GT）、小于（LQ）、大于或等于（GE）和小于或等于（LE）。比较指令对输入IN1和IN2进行比较。

比较指令是将两个操作数按指定的条件作比较，比较条件满足时，触点闭合，否则断开。比较指令为上、下限控制等提供了极大的方便。在梯形图中，比较指令可以装入，也可以串、并联。

① 等于比较指令　等于指令有字节等于比较指令、整数等于比较指令、双整数等于比较指令、符号等于比较指令和实数等于比较指令五种。整数等于比较指令和参数见表4-16。

表4-16　整数等于比较指令和参数

LAD	参　数	数据类型	说　　明	存　储　区
IN1 ─┤==I├─ IN2	IN1	INT	比较的第一个数值	I, Q, M, S, SM, T, C, V, L, AI, AC, 常数, *VD, *LD,*AC
	IN2	INT	比较的第二个数值	

用一个例子来说明整数等于比较指令，梯形图和指令表如图4-39所示。当I0.0闭合时，激活比较指令，MW0中的整数和MW2中的整数比较，若两者相等，则Q0.0输出为“1”，若两者不相等，则Q0.0输出为“0”。在I0.0不闭合时，Q0.0的输出为“0”。IN1和IN2可以为常数。

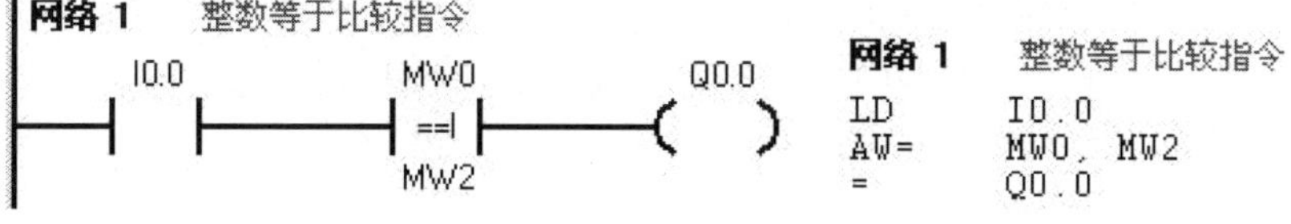

图4-39　整数等于比较指令举例

图4-39中，若无常开触点I0.0，则每次扫描时都要进行整数比较运算。

双整数等于比较指令和实数等于比较指令的使用方法与整数等于比较指令类似，只不过IN1和IN2的参数类型分别为双整数和实数。

② 不等于比较指令　不等于比较指令有字节不等于比较指令、整数不等于比较指令、双整数不等于比较指令、符号不等于比较指令和实数不等于比较指令五种。整数不等于比较指令和参数见表4-17。

表 4-17 整数不等于比较指令和参数

LAD	参 数	数据类型	说 明	存 储 区
IN1 ─┤<>I├─ IN2	IN1	INT	比较的第一个数值	I, Q, M, S, SM, T, C, V, L, AI, AC, 常数, *VD, *LD,*AC
	IN2	INT	比较的第二个数值	

用一个例子来说明整数不等于比较指令，梯形图和指令表如图 4-40 所示。当 I0.0 闭合时，激活比较指令，MW0 中的整数和 MW2 中的整数比较，若两者不相等，则 Q0.0 输出为“1”，若两者相等，则 Q0.0 输出为“0”。在 I0.0 不闭合时，Q0.0 的输出为“0”。IN1 和 IN2 可以为常数。

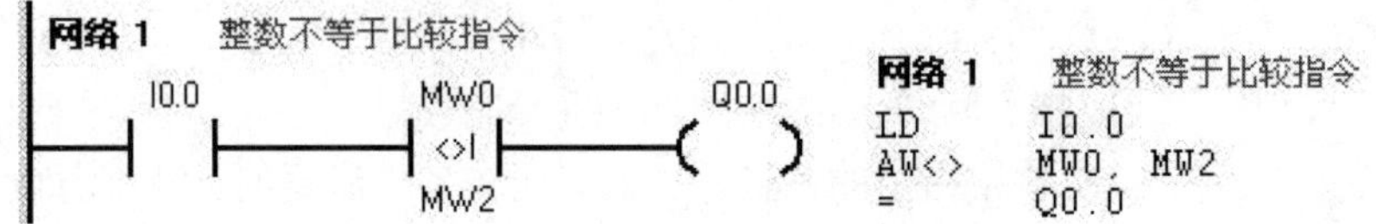

图 4-40 整数不等于比较指令举例

双整数不等于比较指令和实数不等于比较指令的使用方法与整数不等于比较指令类似，只不过 IN1 和 IN2 的参数类型分别为双整数和实数。使用比较指令的前提是数据类型必须相同。

③ 小于比较指令 小于比较指令有字节小于比较指令、整数小于比较指令、双整数小于比较指令和实数小于比较指令四种。双整数小于比较指令和参数见表 4-18。

表 4-18 双整数小于比较指令和参数

LAD	参 数	数据类型	说 明	存 储 区
IN1 ─┤<D├─ IN2	IN1	DINT	比较的第一个数值	I, Q, M, S, SM, V, L, HC, AC, 常数, *VD, *LD, *AC
	IN2	DINT	比较的第二个数值	

用一个例子来说明双整数小于比较指令，梯形图和指令表如图 4-41 所示。当 I0.0 闭合时，激活双整数小于比较指令，MD0 中的双整数和 MD4 中的双整数比较，若前者小于后者，则 Q0.0 输出为“1”，否则，则 Q0.0 输出为“0”。在 I0.0 不闭合时，Q0.0 的输出为“0”。IN1 和 IN2 可以为常数。

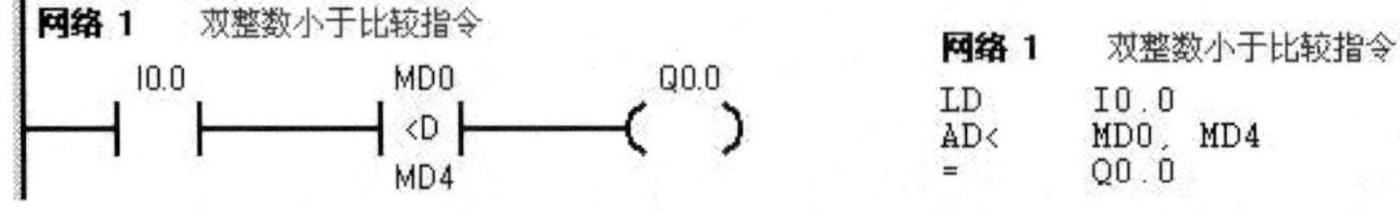

图 4-41 双整数小于比较指令举例

整数小于比较指令和实数小于比较指令的使用方法与双整数小于比较指令类似，只不过 IN1 和 IN2 的参数类型分别为整数和实数。使用比较指令的前提是数据类型必须相同。

④ 大于等于比较指令 大于等于比较指令有字节大于等于比较指令、整数大于等于比较指令、双整数大于等于比较指令和实数大于等于比较指令四种。实数大于等于比较指令和

参数见表 4-19。

表 4-19 实数大于等于比较指令和参数

LAD	参 数	数据类型	说 明	存 储 区
IN1 —| >=R |— IN2	IN1	REAL	比较的第一个数值	I, Q, M, S, SM, V, L, AC, 常数, *VD, *LD, *AC
	IN2	REAL	比较的第二个数值	

用一个例子来说明实数大于等于比较指令，梯形图和指令表如图 4-42 所示。当 I0.0 闭合时，激活比较指令，MD0 中的实数和 MD4 中的实数比较，若前者大于或者等于后者，则 Q0.0 输出为“1”，否则，Q0.0 输出为“0”。在 I0.0 不闭合时，Q0.0 的输出为“0”。IN1 和 IN2 可以为常数。

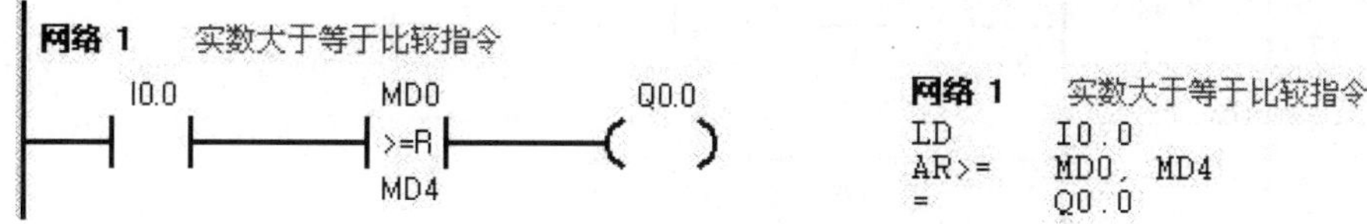

图 4-42 实数大于等于比较指令举例

整数大于等于比较指令和双整数大于等于比较指令的使用方法与实数大于等于比较指令类似，只不过 IN1 和 IN2 的参数类型分别为整数和双整数。使用比较指令的前提是数据类型必须相同。

小于等于比较指令和小于比较指令类似，大于比较指令和大于等于比较指令类似，在此不再讲述小于等于比较指令和大于比较指令。

【例 4-19】 题目为例 4-17，用比较指令编写交通灯程序。

前面用基本指令编写了交通灯的程序，相对比较复杂，初学者不易掌握，但对照例 4-17 的时序图，用比较指令编写程序就非常容易了，程序如图 4-43 所示。

（2）数据处理指令　数据处理指令包括数据传送指令、交换/字节填充指令及移位指令等。数据传送指令非常有用，特别在数据初始化、数据运算和通信时经常用到。

① 数据传送指令　数据传送指令有字节、字、双字和实数的单个数据传送指令，还有以字节、字、双字为单位的数据块传送指令，用以实现各存储器单元之间的数据传送和复制。

单个数据传送指令一次完成一个字节、字或双字的传送。以下仅以字节传送指令为例说明传送指令的使用方法，字节传送指令格式见表 4-20。

当使能端输入 EN 有效时，将输入端 IN 中的字节传送至 OUT 指定的存储器单元输出。输出端 ENO 的状态和使能端 EN 的状态相同。

【例 4-20】 VB0 中的数据为 20，程序如图 4-44 所示，试分析运行结果。

【解】 当 I0.0 闭合时，执行字节传送指令，VB0 和 VB1 中的数据都为 20，同时 Q0.0 输出高电平；当 I0.0 闭合后断开，VB0 和 VB1 中的数据都仍为 20，但 Q0.0 输出低电平。

字、双字和实数传送指令的使用方法与字节传送指令类似，在此不再说明。

【关键点】 读者若将输出 VB1 改成 VW1，则程序出错。因为字节传送的操作数不能为字。

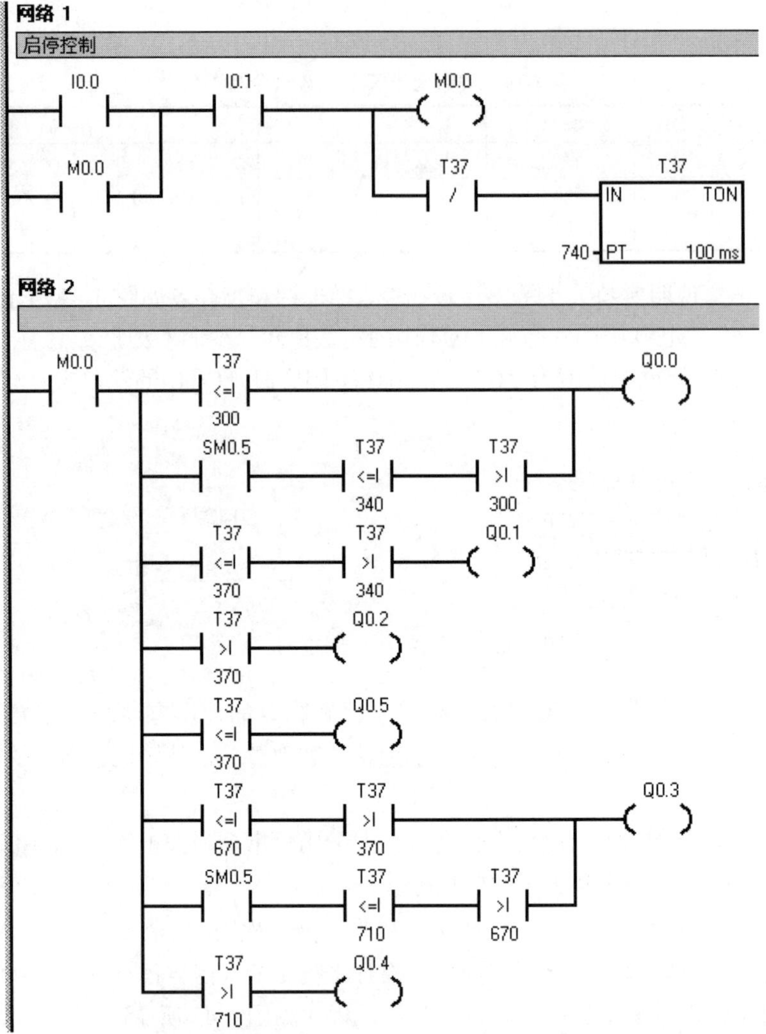

图 4-43　交通灯程序（比较指令）

表 4-20　字节传送指令格式

LAD	参　数	数据类型	说　明	存　储　区
MOV_B EN ENO IN OUT	EN	BOOL	允许输入	V, I, Q, M, S, SM, L
	ENO	BOOL	允许输出	
	OUT	BYTE	目的地地址	V, I, Q, M, S, SM, L, AC, *VD, *LD, *AC, 常数（OUT 中无常数）
	IN	BYTE	源数据	

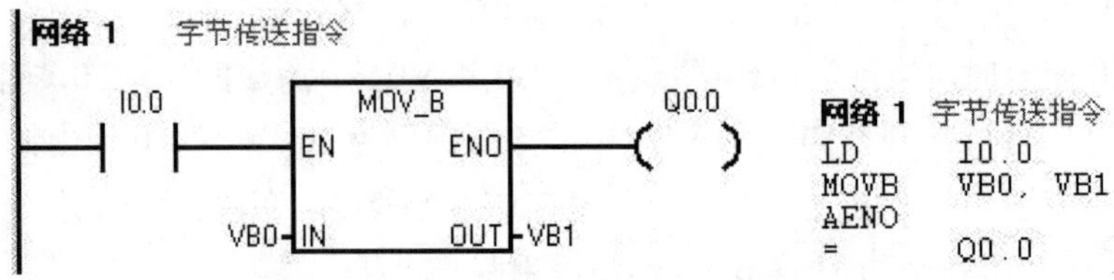

图 4-44　字节传送指令应用举例

② 数据块传送指令（BLKMOV） 数据块传送指令一次完成 *N* 个数据的成组传送，它是一个效率很高的指令，应用很方便，有时，使用一条数据块传送指令可以取代多条传送指令，其指令格式见表4-21。

表4-21 数据块的传送指令格式

LAD	参 数	数据类型	说 明	存 储 区
BLKMOV_B EN ENO IN OUT N	EN	BOOL	允许输入	V, I, Q, M, S, SM, L
	ENO	BOOL	允许输出	
	N	BYTE	要移动的字节数	V, I, Q, M, S, SM, L, AC, 常数, *VD, *AC, *LD
	OUT	BYTE	目的地首地址	V, I, Q, M, S, SM, L, AC, *VD, *LD, *AC, 常数（OUT中无常数）
	IN	BYTE	源数据首地址	

【例4-21】 如图4-45所示的电动机Y-△启动的电气原理图，请编写程序。

【解】 前10s，Q0.0和Q0.1线圈得电，星形启动，从第10~11s只有Q0.0得电，从11s开始，Q0.0和Q0.2线圈得电，电动机为三角形运行。程序如图4-46所示。这种方法编写程序很简单，但浪费了宝贵的输出点资源。请读者改进此程序。

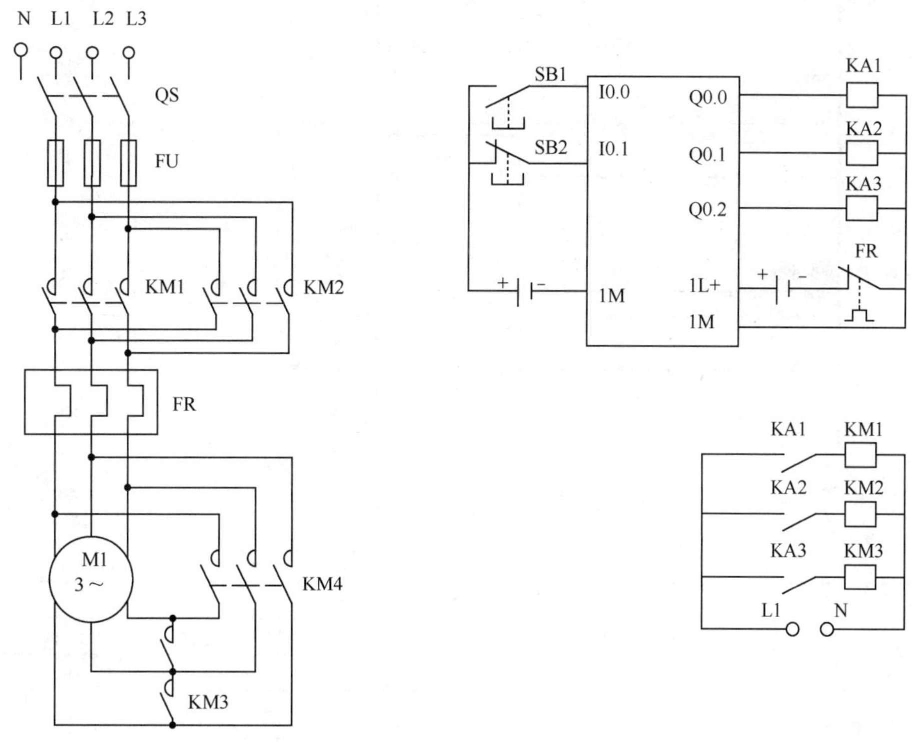

图4-45 原理图

（3）移位与循环指令 STEP 7- Micro/ WIN提供的移位指令能将存储器的内容逐位向左或者向右移动。移动的位数由 *N* 决定。向左移 *N* 位相当于累加器的内容乘 2^N，向右移相当于累加器的内容除以 2^N。移位指令在逻辑控制中使用也很方便。移位与循环指令见表4-22。

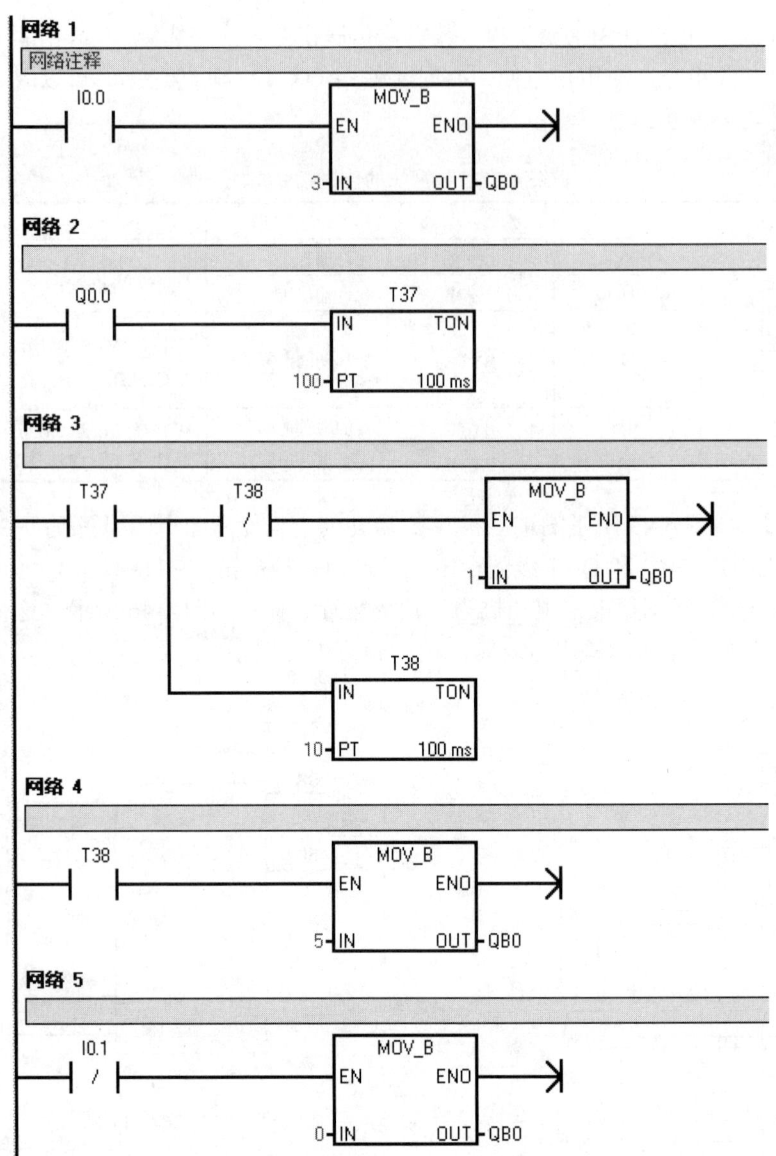

图 4-46 电动机 Y-△启动程序

表 4-22 移位与循环指令汇总

名 称	语 句 表	梯 形 图	描 述
字节左移	SLB	SHL_B	字节逐位左移，空出的位添 0
字左移	SLW	SHL_W	字逐位左移，空出的位添 0
双字左移	SLD	SHL_DW	双字逐位左移，空出的位添 0
字节右移	SRB	SHR_B	字节逐位右移，空出的位添 0
字右移	SRW	SHR_W	字逐位右移，空出的位添 0
双字右移	SRD	SHR_DW	双字逐位右移，空出的位添 0
字节循环左移	RLB	ROL_B	字节循环左移
字循环左移	RLW	ROL_W	字循环左移
双字循环左移	RLD	ROL_DW	双字循环左移
字节循环右移	RRB	ROR_B	字节循环右移

续表

名　称	语 句 表	梯 形 图	描　述
字循环右移	RRW	ROR_W	字循环右移
双字循环右移	RRD	ROR_DW	双字循环右移
移位寄存器	SHRB	SHRB	将DATA数值移入移位寄存器

① 字左移（SHL_W） 当字左移指令（SHL_W）的EN位为高电平“1”时，执行移位指令，将IN端指定的内容左移N端指定的位数，然后写入OUT端指定的目的地址中。如果移位数目（*N*）大于或等于16，则数值最多被移位16次。最后一次移出的位保存在SM1.1中。字左移指令（SHL_W）和参数见表4-23。

表4-23 字左移指令（SHL_W）和参数

LAD	参　数	数据类型	说　明	存 储 区
SHL_W（EN ENO / IN OUT / N）	EN	BOOL	允许输入	I、Q、M、D、L
	ENO	BOOL	允许输出	
	N	BYTE	移动的位数	V, I, Q, M, S, SM, L, AC, 常数, *VD, *LD, *AC
	IN	WORD	移位对象	V, I, Q, M, S, SM, L, T, C, AC, *VD, *LD, *AC , AI和常数(OUT无)
	OUT	WORD	移动操作结果	

【例4-22】 梯形图和指令表如图4-47所示。假设，IN中的字MW0为2#1001 1101 1111 1011，当I0.0闭合时，OUT端的MW0中的数是多少？

【解】 当I0.0闭合时，激活左移指令，IN中的字存储在MW0中的数为2#1001 1101 1111 1011，向左移4位后，OUT端的MW0中的数是2#1101 1111 1011 0000，字左移指令示意图如图4-48所示。

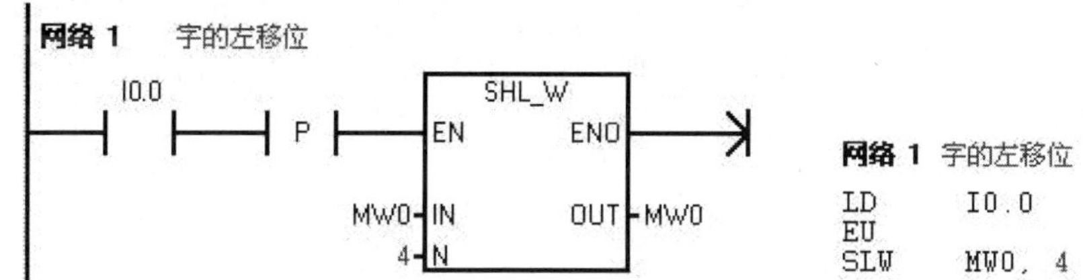

图4-47　字左移指令应用举例

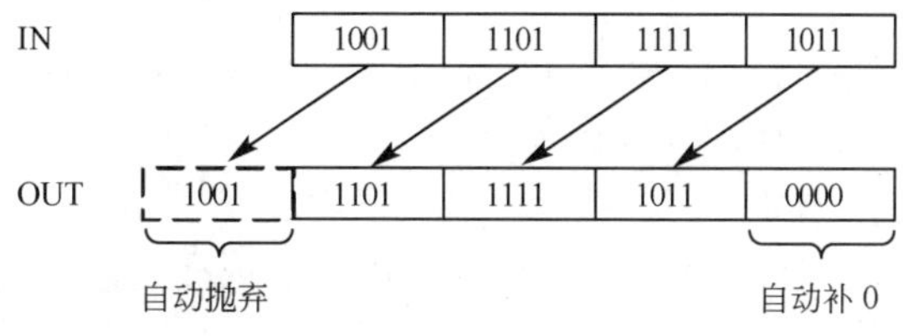

图4-48　字左移指令示意图

【关键点】图4-47中的程序有一个上升沿，这样I0.0每闭合一次，左移4位，若没有上升沿，那么闭合一次，可能左移很多次。这点读者要特别注意。

② 字右移（SHR_W） 当字右移指令（SHR_W）的EN位为高电平“1”时，将执行移

位指令，将 IN 端指定的内容右移 N 端指定的位数，然后写入 OUT 端指定的目的地址中。如果移位数目（N）大于或等于 16，则数值最多被移位 16 次。最后一次移出的位保存在 SM1.1 中。字右移指令（SHR_W）和参数见表 4-24。

表 4-24 字右移指令（SHR_W）和参数

LAD	参 数	数据类型	说 明	存储区
SHR_W EN ENO IN OUT N	EN	BOOL	允许输入	I、Q、M、S、L、V
	ENO	BOOL	允许输出	
	N	BYTE	移动的位数	V, I, Q, M, S, SM, L, AC, 常数, *VD, *LD, *AC
	IN	WORD	移位对象	V, I, Q, M, S, SM, L, T, C, AC, *VD, *LD, *AC , AI 和常数(OUT 无)
	OUT	WORD	移动操作结果	

【例 4-23】 梯形图和指令表如图 4-49 所示。假设 IN 中的字 MW0 为 2#1001 1101 1111 1011，当 I0.0 闭合时，OUT 端的 MW0 中的数是多少？

【解】 当 I0.0 闭合时，激活右移指令，IN 中的字存储在 MW0 中，假设这个数为 2#1001 1101 1111 1011，向右移 4 位后，OUT 端的 MW0 中的数是 2#0000 1001 1101 1111，字右移指令示意图如图 4-50 所示。

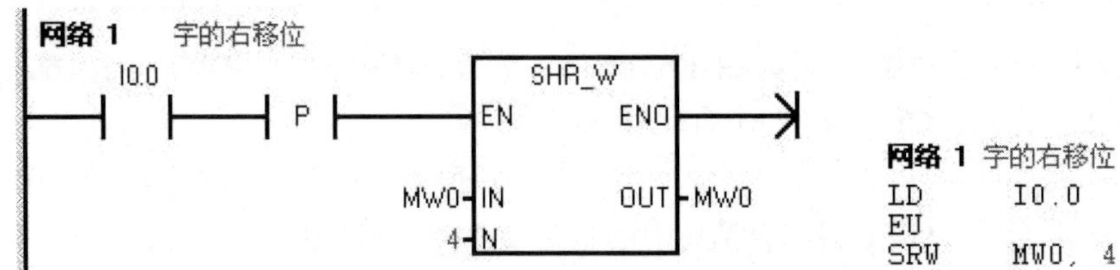

图 4-49 字右移指令应用举例

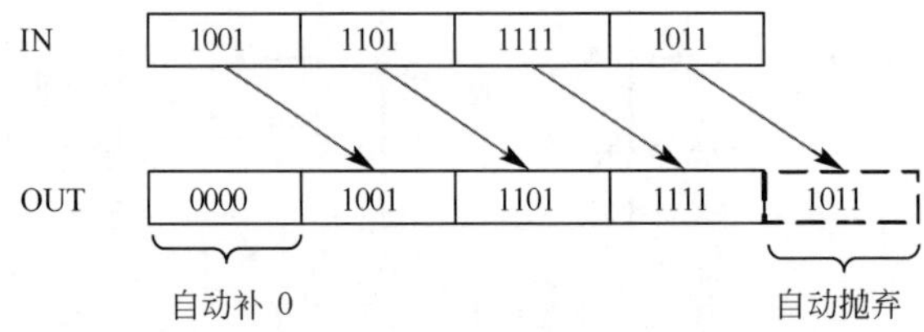

图 4-50 字右移指令示意图

【例 4-24】 设计一段程序，使 S7-200 的 Q0.0～Q0.7 的指示灯实现功能为：单个指示灯以 1s 的周期依次点亮，然后熄灭，并周而复始运行。

【解】 程序如图 4-51 所示。

字节的左移位、字节的右移位、双字的左移位、双字的右移位和字的移位指令类似，在此不再赘述。

③ 双字循环左移（ROL_DW） 当双字循环左移（ROL_DW）的 EN 位为高电平“1”时，将执行双字循环左移指令，将 IN 端指令的内容循环左移 N 端指定的位数，然后写入 OUT 端指令的目的地址中。如果移位数目（N）大于或等于 32，执行旋转之前在移动位数（N）上执行模数 32 操作。从而使位数在 0～31 之间，例如当 N=34 时，通过模运算，实际移位为 2。双字循环左移（ROL_DW）和参数见表 4-25。

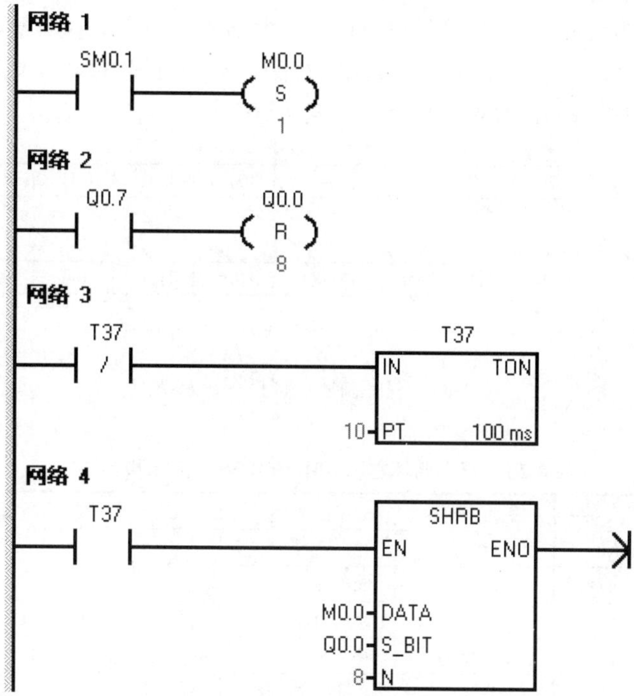

图 4-51 程序

表 4-25 双字循环左移（ROL_DW）指令和参数

LAD	参数	数据类型	说明	存储区
ROL_DW EN ENO IN OUT N	EN	BOOL	允许输入	I、Q、M、S、L、V
	ENO	BOOL	允许输出	
	N	BYTE	移动的位数	V, I, Q, M, S, SM, L, AC, 常数, *VD, *LD, *AC
	IN	DWORD	移位对象	V, I, Q, M, S, SM, L, AC, *VD, *LD, *AC, HC 和常数(OUT 无)
	OUT	DWORD	移动操作结果	

【例 4-25】 梯形图和指令表如图 4-52 所示。假设，IN 中的字 MD0 为 2#1001 1101 1111 1011 1001 1101 1111 1011，当 I0.0 闭合时，OUT 端的 MD0 中的数是多少？

【解】 当 I0.0 闭合时，激活双字循环左移指令，IN 中的双字存储在 MD0 中，除最高 4 位外，其余各位向左移 4 位后，双字的最高 4 位，循环到双字的最低 4 位，结果是 OUT 端的 MD0 中的数是 2#1101 1111 1011 1001 1101 1111 1011 1001，其示意图如图 4-53 所示。

```
网络 1 双字的左循环
LD      I0.0
EU
RLD     MD0, 4
```

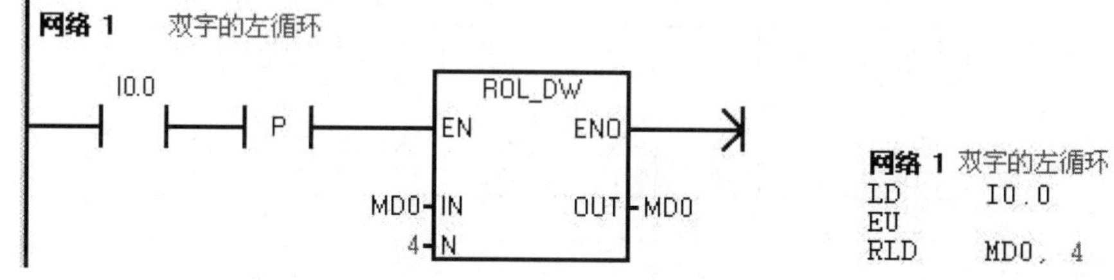

图 4-52 双字循环左移指令应用举例

④ 双字循环右移（ROR_DW） 当双字循环右移（ROR_DW）的 EN 位为高电平“1”时，将执行双字循环右移指令，将 IN 端指令的内容向右循环移动 N 端指定的位数，然后写

入 OUT 端指令的目的地址中。如果移位数目（N）大于或等于 32，执行旋转之前在移动位数（N）上执行模数 32 操作。从而使位数在 0～31 之间，例如当 N=34 时，通过模运算，实际移位为 2。双字循环右移（ROR_DW）和参数见表 4-26。

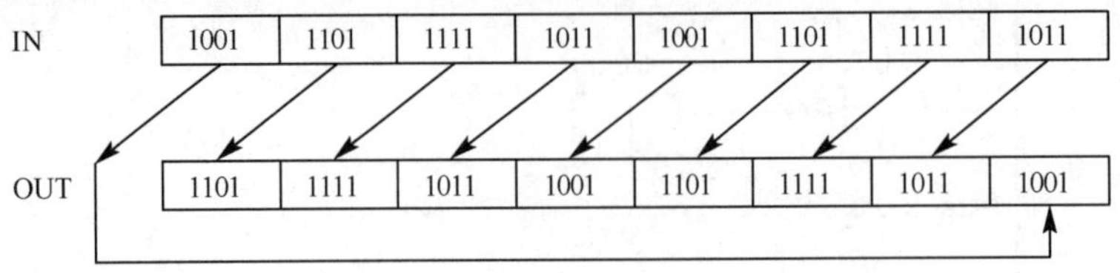

图 4-53 双字循环左移指令示意图

表 4-26 双字循环右移（ROR_DW）指令和参数

LAD	参 数	数据类型	说 明	存 储 区
ROR_DW EN ENO IN OUT N	EN	BOOL	允许输入	I、Q、M、S、L、V
	ENO	BOOL	允许输出	
	N	BYTE	移动的位数	V, I, Q, M, S, SM, L, AC, 常数, *VD, *LD, *AC
	IN	DWORD	移位对象	V, I, Q, M, S, SM, L, AC, *VD, *LD, *AC, HC 和常数(OUT 无)
	OUT	DWORD	移动操作结果	

【例 4-26】 梯形图和指令表如图 4-54 所示。假设 IN 中的字 MD0 为 2#1001 1101 1111 1011 1001 1101 1111 1011，当 I0.0 闭合时，OUT 端的 MD0 中的数是多少？

【解】 当 I0.0 闭合时，激活双字循环右移指令，IN 中的双字存储在 MD0 中，这个数为 2#1001 1101 1111 1011 1001 1101 1111 1011，除最低 4 位外，其余各位向右移 4 位后，双字的最低 4 位，循环到双字的最高 4 位，结果是 OUT 端的 MD0 中的数是 2#1011 1001 1101 1111 1011 1001 1101 1111，其示意图如图 4-55 所示。

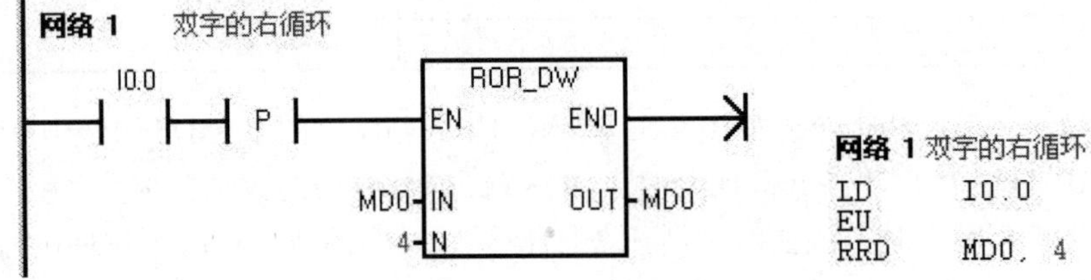

图 4-54 双字循环右移指令应用举例

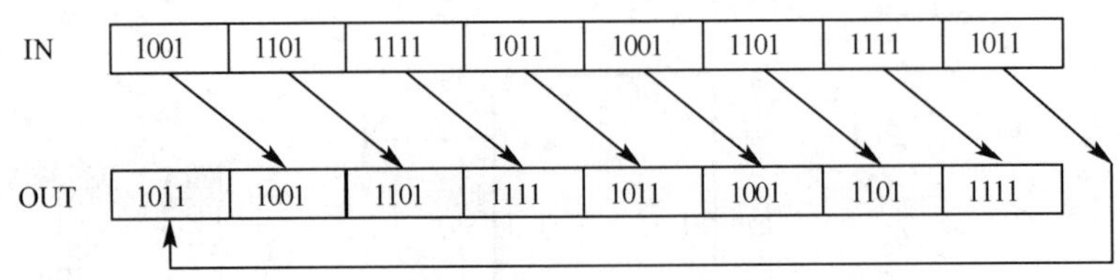

图 4-55 双字循环右移指令示意图

字节的左循环、字节的右循环、字的左循环、字的右循环和双字的循环指令类似，在此不再赘述。

（4）算术运算指令

① 整数算术运算指令 S7-200 的整数算术运算分为加法运算、减法运算、乘法运算和除法运算，其中每种运算方式又有整数型和双整数型两种。

a．整数加（ADD_I） 当允许输入端 EN 为高电平时，输入端 IN1 和 IN2 中的整数相加，结果送入 OUT 中。IN1 和 IN2 中的数可以是常数。整数加的表达式是：IN1＋IN2＝OUT。整数加（ADD_I）指令和参数见表 4-27。

表 4-27 整数加（ADD_I）指令和参数

LAD	参数	数据类型	说明	存储区
ADD_I EN ENO IN1 IN2 OUT	EN	BOOL	允许输入	V, I, Q, M, S, SM, L
	ENO	BOOL	允许输出	
	IN1	INT	相加的第 1 个值	V, I, Q, M, S, SM, T, C, AC, L, AI, 常数, *VD, *LD, *AC
	IN2	INT	相加的第 2 个值	
	OUT	INT	和	V, I, Q, M, S, SM, T, C, AC, L, *VD, *LD, *AC

【例 4-27】 梯形图和指令表如图 4-56 所示。MW0 中的整数为 11，MW2 中的整数为 21，则当 I0.0 闭合时，整数相加，结果 MW4 中的数是多少？

【解】 当 I0.0 闭合时，激活整数加指令，IN1 中的整数存储在 MW0 中，这个数为 11，IN2 中的整数存储在 MW2 中，这个数为 21，整数相加的结果存储在 OUT 端的 MW4 中的数是 32。由于没有超出计算范围，故 Q0.0 输出为“1”。假设 IN1 中的整数为 9999，IN2 中的整数为 30000，则超过整数相加的范围。由于超出计算范围，故 Q0.0 输出为“0”。

【关键点】整数相加未超出范围时，若 I0.0 闭合，则 Q0.0 输出为高电平，否则 Q0.0 输出为低电平。

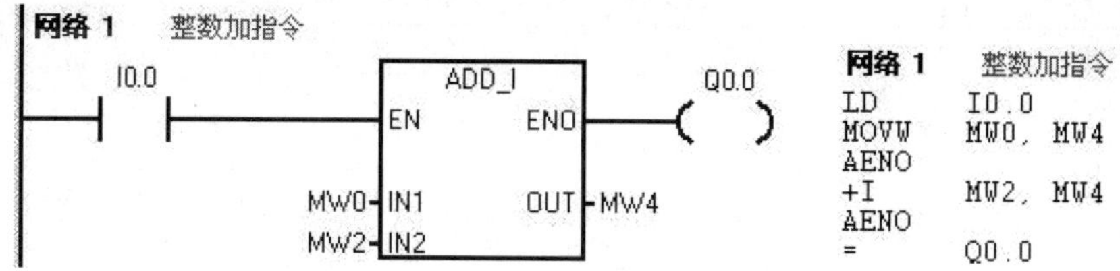

图 4-56 整数加（ADD_I）指令应用举例

双整数加（ADD_DI）指令与整数加（ADD_I）类似，只不过其数据类型为双整数，在此不再赘述。

b．双整数减（SUB_DI） 当允许输入端 EN 为高电平时，输入端 IN1 和 IN2 中的双整数相减，结果送入 OUT 中。IN1 和 IN2 中的数可以是常数。双整数减的表达式是：IN1－IN2=OUT。

双整数减（SUB_DI）指令和参数见表 4-28。

【例 4-28】 梯形图和指令表如图 4-57 所示，IN1 中的双整数存储在 MD0 中，数值为 22，IN2 中的双整数存储在 MD4 中，数值为 11，当 I0.0 闭合时，双整数相减的结果存储在 OUT 端的 MD4 中，其结果是多少？

【解】 当 I0.0 闭合时，激活双整数减指令，IN1 中的双整数存储在 MD0 中，假设这个数为 22，IN2 中的双整数存储在 MD4 中，假设这个数为 11，双整数相减的结果存储在 OUT

端的 MD4 中的数是 11。由于没有超出计算范围，故 Q0.0 输出为“1”。

表 4-28 双整数减（SUB_DI）指令和参数

LAD	参数	数据类型	说明	存储区
SUB_DI EN ENO IN1 IN2 OUT	EN	BOOL	允许输入	V, I, Q, M, S, SM, L
	ENO	BOOL	允许输出	
	IN1	DINT	被减数	V, I, Q, M, SM, S, L, AC, HC, 常数, *VD, *LD, *AC
	IN2	DINT	减数	
	OUT	DINT	差	V, I, Q, M, SM, S, L, AC, *VD, *LD, *AC

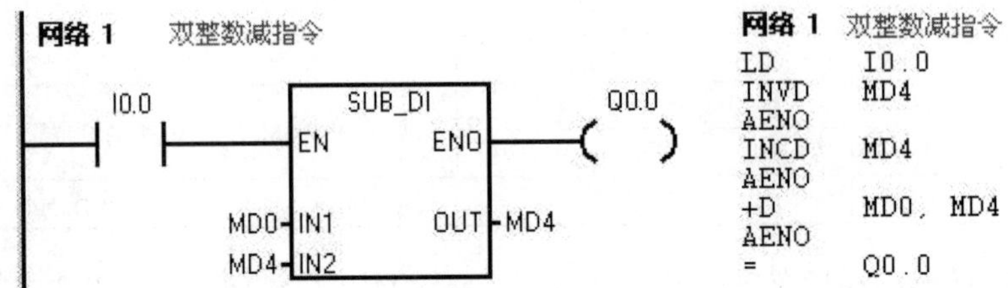

图 4-57 双整数减（SUB_DI）指令应用举例

整数减（SUB_I）指令与双整数减（SUB_DI）类似，只不过其数据类型为整数，在此不再赘述。

c. 整数乘（MUL_I） 当允许输入端 EN 为高电平时，输入端 IN1 和 IN2 中的整数相乘，结果送入 OUT 中。IN1 和 IN2 中的数可以是常数。整数乘的表达式是：IN1×IN2＝OUT。整数乘（MUL_I）指令和参数见表 4-29。

表 4-29 整数乘（MUL_I）指令和参数

LAD	参数	数据类型	说明	存储区
MUL_I EN ENO IN1 IN2 OUT	EN	BOOL	允许输入	V, I, Q, M, S, SM, L
	ENO	BOOL	允许输出	
	IN1	INT	相乘的第 1 个值	V, I, Q, M, S, SM, T, C, L, AC, AI, 常数, *VD, *LD, *AC
	IN2	INT	相乘的第 2 个值	
	OUT	INT	相乘的结果（积）	V, I, Q, M, S, SM, L, T, C, AC, *VD, *LD, *AC

【例 4-29】 梯形图和指令表如图 4-58 所示。IN1 中的整数存储在 MW0 中，数值为 11，IN2 中的整数存储在 MW2 中，数值为 11，当 I0.0 闭合时，整数相乘的结果存储在 OUT 端的 MW4 中，其结果是多少？

【解】 当 I0.0 闭合时，激活整数乘指令，OUT =IN1×IN2，整数相乘的结果存储在 OUT 端的 MW4 中，结果是 121。由于没有超出计算范围，故 Q0.0 输出为“1”。

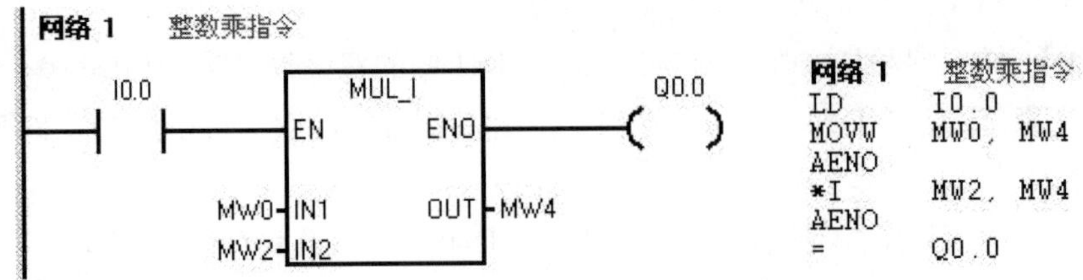

图 4-58 整数乘（MUL_I）指令应用举例

两个整数相乘得双整数的乘积指令（MUL），其两个乘数都是整数，乘积为双整数，注意 MUL 和 MUL_I 的区别。

双整数乘（MUL_DI）指令与整数乘（MUL_I）类似，只不过双整数乘数据类型为双整数，在此不再赘述。

d. 双整数除（DIV_DI） 当允许输入端 EN 为高电平时，输入端 IN1 中的双整数除以 IN2 中的双整数，结果为双整数，送入 OUT 中，不保留余数。IN1 和 IN2 中的数可以是常数。双整数除（DIV_DI）指令和参数见表 4-30。

表 4-30 双整数除（DIV_DI）指令和参数

LAD	参　数	数据类型	说　明	存储区
DIV_DI EN ENO IN1 IN2 OUT	EN	BOOL	允许输入	V, I, Q, M, S, SM, L
	ENO	BOOL	允许输出	
	IN1	DINT	被除数	V, I, Q, M, SM, S, L, HC, AC, 常数, *VD, *LD, *AC
	IN2	DINT	除数	
	OUT	DINT	除法的双整数结果（商）	V, I, Q, M, SM, S, L, AC, *VD, *LD, *AC

【例 4-30】 梯形图和指令表如图 4-59 所示。IN1 中的双整数存储在 MD0 中，数值为 11，IN2 中的双整数存储在 MD4 中，数值为 2，当 I0.0 闭合时，双整数相除的结果存储在 OUT 端的 MD8 中，其结果是多少？

【解】 当 I0.0 闭合时，激活双整数除指令，IN1 中的双整数存储在 MD0 中，数值为 11，IN2 中的双整数存储在 MD4 中，数值为 2，双整数相除的结果存储在 OUT 端的 MD8 中的数是 5，不产生余数。由于没有超出计算范围，故 Q0.0 输出为“1”。

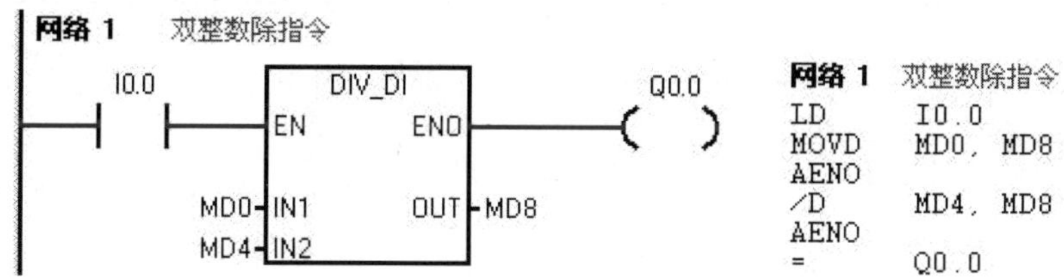

图 4-59 双整数除（DIV_DI）指令应用举例

【关键点】 双整数除法不产生余数。

整数除（DIV_I）指令与双整数除（DIV_DI）类似，只不过其数据类型为整数，在此不再赘述。整数相除得商和余数指令（DIV），其除数和被除数都是整数，输出 OUT 为双整数，其中高位是一个 16 位余数，其低位是一个 16 位商，注意 DIV 和 DIV_I 的区别。

【例 4-31】 用模拟电位器调节定时器 T37 的设定值为 5~20s，设计此程序。

【解】 CPU 221 和 CPU 222 有一个模拟电位器，其他 CPU 有 2 个模拟电位器。CPU 将电位器的位置转换 0~255 的数值，然后存入 SM28 和 SM29 中，分别对应电位器 0 和电位器 1 的值。电位器的位置用小螺丝刀调整。

由于设定时间的范围是 5~20s，电位器上对应的数字是 0~255，设读出的数字为 X，则 100ms 定时器（单位是 0.1ms）的设定值为：

$$(200-50)\times X/255/50=150\times X/255+50$$

为了保证精度，要先乘法后除法，梯形图如图 4-60 所示。

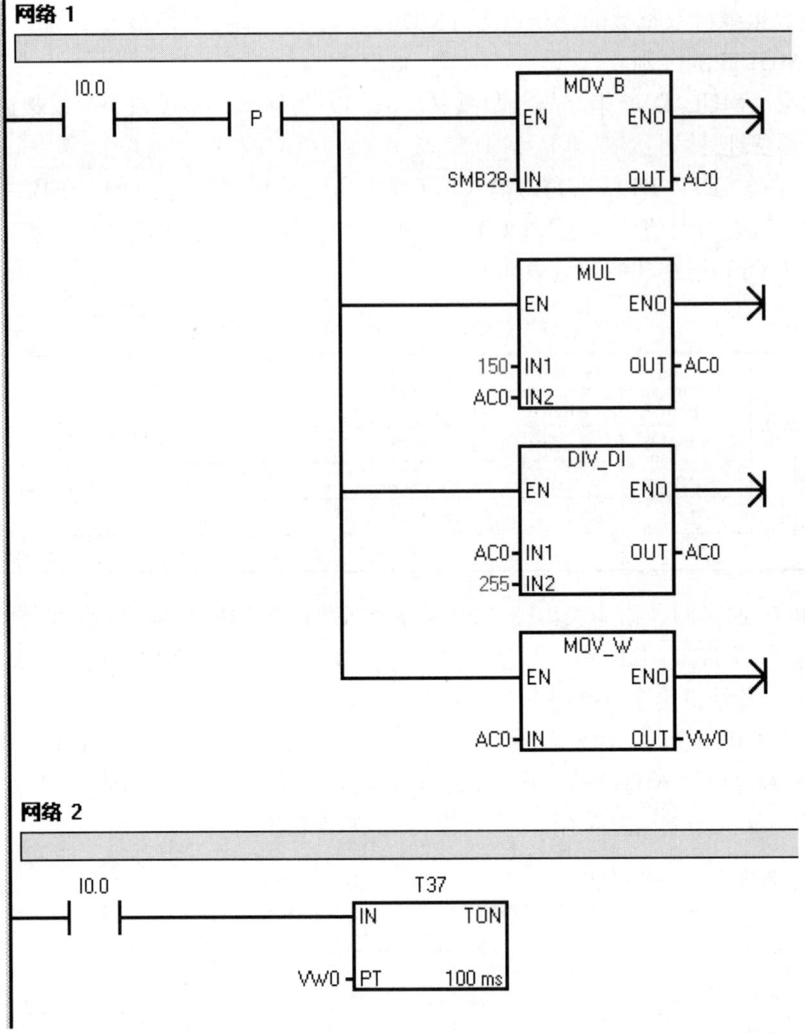

图 4-60 梯形图

e．递增/递减运算指令 递增/递减运算指令在输入端（IN）上加 1 或减 1，并将结果置入 OUT。递增/递减指令的操作数类型为字节、字和双字。字递增的指令格式见表 4-31。

表 4-31 字递增运算指令格式

LAD	参 数	数据类型	说 明	存 储 区
INC_W（EN ENO / IN OUT）	EN	BOOL	允许输入	V, I, Q, M, S, SM, L
	ENO	BOOL	允许输出	
	IN	INT	将要递增 1 的数	V, I, Q, M, S, SM, AC, AI, L, T, C, 常数, *VD, *LD, *AC
	OUT	INT	递增 1 后的结果	V, I, Q, M, S, SM, L, AC, T, C, *VD, *LD, *AC

• 字节递增/字节递减运算（INC_B/DEC_B）。

使能端输入有效时，将一个字节的无符号数 IN 增 1/减 1，并将结果送至 OUT 指定的存储器单元输出。

• 双字递增/双字递减运算（INC_DW/DEC_DW）。

使能端输入有效时，将双字长的符号数 IN 增 1/减 1，并将结果送至 OUT 指定的存储器单元输出。

【例 4-32】 有一个电炉，加热功率有 1000W、2000W 和 3000W 三个挡次，电炉有 1000W 和 2000W 两种电加热丝。要求用一个按钮选择三个加热挡，当按一次按钮时，1000W 电阻丝加热，即第一挡；当按两次按钮时，2000W 电阻丝加热，即第二挡；当按三次按钮时，1000W 和 2000W 电阻丝同时加热，即第三挡；当按四次按钮时停止加热，请编写程序。

【解】 程序如图 4-61 所示。

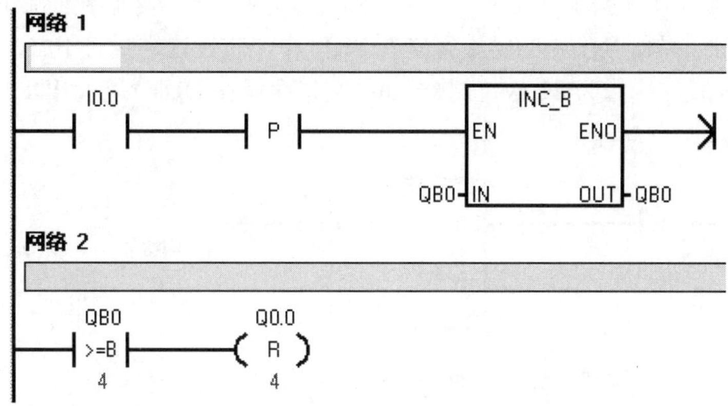

图 4-61 程序

【关键点】此题经过改进后可以节省输出点，请读者完成。

② 浮点数运算指令 浮点数函数有浮点算术运算函数、三角函数、对数函数、幂运算函数和 PID 等。浮点算术函数又分为加法运算、减法运算、乘法运算和除法运算函数。浮点数运算函数见表 4-32。

表 4-32 浮点数运算函数

语 句 表	梯 形 图	描 述
+R	ADD_R	将两个 32 位实数相加，并产生一个 32 位实数结果（OUT）
−R	SUB_R	将两个 32 位实数相减，并产生一个 32 位实数结果（OUT）
*R	MUL_R	将两个 32 位实数相乘，并产生一个 32 位实数结果（OUT）
/R	DIV_R	将两个 32 位实数相除，并产生一个 32 位实数商
SQRT	SQRT	求浮点数的平方根
EXP	EXP	求浮点数的自然指数
LN	LN	求浮点数的自然对数
SIN	SIN	求浮点数的正弦函数
COS	COS	求浮点数的余弦函数
TAN	TAN	求浮点数的正切函数
PID	PID	PID 运算

a. 实数加（ADD_R）。当允许输入端 EN 为高电平时，输入端 IN1 和 IN2 中的实数相加，结果送入 OUT 中。IN1 和 IN2 中的数可以是常数。实数加的表达式是：IN1＋IN2＝OUT。实数加（ADD_R）指令和参数见表 4-33。

表 4-33 实数加（ADD_R）指令和参数

LAD	参数	数据类型	说明	存储区
ADD_R EN ENO IN1 IN2 OUT	EN	BOOL	允许输入	V, I, Q, M, S, SM, L
	ENO	BOOL	允许输出	
	IN1	REAL	相加的第 1 个值	V, I, Q, M, S, SM, L, AC, 常数, *VD, *LD, *AC
	IN2	REAL	相加的第 2 个值	
	OUT	REAL	相加的结果（和）	V, I, Q, M, S, SM, L, AC, *VD, *LD, *AC

用一个例子来说明实数加（ADD_R）指令，梯形图和指令表如图 4-62 所示。当 I0.0 闭合时，激活实数加指令，IN1 中的实数存储在 MD0 中，假设这个数为 10.1，IN2 中的实数存储在 MD4 中，假设这个数为 21.1，实数相加的结果存储在 OUT 端的 MD8 中的数是 31.2。

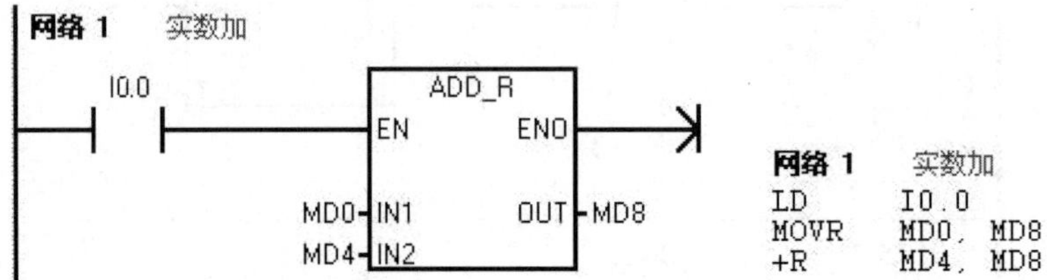

图 4-62 实数加（ADD_R）指令应用举例

b．实数减（SUB_R）、实数乘（MUL_R）和实数除（DIV_R）的使用方法与前面的指令用法类似，在此不再赘述。

MUL_DI/DIV_DI 和 MUL_R/DIV_R 的输入都是 32 位，输出的结果也是 32 位，但前者的输入和输出是双整数，属于双整数运算，而后者输入和输出的是实数，属于浮点运算，简单地说，后者的输入和输入数据中有小数点，而前者没有，后者的运算速度要慢得多。

值得注意的是，乘/除运算对特殊标志位 SM1.0（零标志位）、SM1.1（溢出标志位）、SM1.2（负数标志位）、SM1.3（被 0 除标志位）会产生影响。若 SM1.1 在乘法运算中被置 1，表明结果溢出，则其他标志位状态均置 0，无输出。若 SM1.3 在除法运算中被置 1，说明除数为 0，则其他标志位状态保持不变，原操作数也不变。

【关键点】浮点数的算术指令的输入端可以是常数，必须是带有小数点的常数，如 5.0，不能为 5，否则会出错。

③ 转换指令 转换指令是将一种数据格式转换成另外一种格式进行存储。例如，要让一个整型数据和双整型数据进行算术运算，一般要将整型数据转换成双整型数据。STEP 7-Micro/WIN 的转换指令见表 4-34。

表 4-34 转换指令

STL	LAD	说 明
BTI	B_I	将字节数值（IN）转换成整数值，并将结果置入 OUT 指定的变量中
ITB	I_B	将字值（IN）转换成字节值，并将结果置入 OUT 指定的变量中
ITD	I_DI	将整数值（IN）转换成双整数值，并将结果置入 OUT 指定的变量中
ITS	I_S	将整数字 IN 转换为长度为 8 个字符的 ASCII 字符串
DTI	DI_I	双整数值（IN）转换成整数值，并将结果置入 OUT 指定的变量中
DTR	DI_R	将 32 位带符号整数 IN 转换成 32 位实数，并将结果置入 OUT 指定的变量中
DTS	DI_S	将双整数 IN 转换为长度为 12 个字符的 ASCII 字符串

续表

STL	LAD	说　明
BTI	BCD_I	将二进制编码的十进制值 IN 转换成整数值，并将结果载入 OUT 指定的变量中
ITB	I_BCD	将输入整数值 IN 转换成二进制编码的十进制数，并将结果载入 OUT 指定的变量中
RND	ROUND	将实值（IN）转换成双整数值，并将结果置入 OUT 指定的变量中
TRUNC	TRUNC	将 32 位实数（IN）转换成 32 位双整数，并将结果的整数部分置入 OUT 指定的变量中
RTS	R_S	将实数值 IN 转换为 ASCII 字符串
ITA	ITA	将整数字（IN）转换成 ASCII 字符数组
DTA	DTA	将双字（IN）转换成 ASCII 字符数组
RTA	RTA	将实数值（IN）转换成 ASCII 字符
ATH	ATH	指令将从 IN 开始的 ASCII 字符号码（LEN）转换成从 OUT 开始的十六进制数字
HTA	HTA	将从 IN 开始的 ASCII 字符号码（LEN）转换成从 OUT 开始的十六进制数字
STI	S_I	将字符串数值 IN 转换为存储在 OUT 中的整数值，从偏移量 INDX 位置开始
STD	S_DI	将字符串值 IN 转换为存储在 OUT 中的双整数值，从偏移量 INDX 位置开始
STR	S_R	将字符串值 IN 转换为存储在 OUT 中的实数值，从偏移量 INDX 位置开始
DECO	DECO	设置输出字（OUT）中与用输入字节（IN）最低"半字节"（4 位）表示的位数相对应的位
ENCO	ENCO	将输入字（IN）最低位的位数写入输出字节（OUT）的最低"半字节"（4 个位）中
SEG	SEG	生成照明七段显示段的位格式

a．整数转换成双整数（ITD）　整数转换成双整数指令是将 IN 端指定的内容以整数的格式读入，然后将其转换为双整数码格式输出到 OUT 端。整数转换成 BCD 指令和参数见表 4-35。

表 4-35　整数转换成双整数指令和参数

LAD	参　数	数 据 类 型	说　明	存 储 区
I_DI EN　ENO IN　OUT	EN	BOOL	使能（允许输入）	V, I, Q, M, S, SM, L
	ENO	BOOL	允许输出	
	IN	INT	输入的整数	V, I, Q, M, S, SM, L, T, C, AI, AC, 常数, *VD, *LD, *AC
	OUT	DINT	整数转化成的 BCD 数	V, I, Q, M, S, SM, L, AC, *VD, *LD, *AC

【例 4-33】 梯形图和指令表如图 4-63 所示。IN 中的整数存储在 MW0 中（用十六进制表示为 16＃0016），当 I0.0 闭合时，转换完成后 OUT 端的 MD2 中的双整数是多少？

【解】 当 I0.0 闭合时，激活整数转换成双整数指令，IN 中的整数存储在 MW0 中（用十六进制表示为 16#0016），转换完成后 OUT 端的 MD2 中的双整数是 16#0000 0016。但要注意，MW2=16#0000，而 MW4=16#0016。

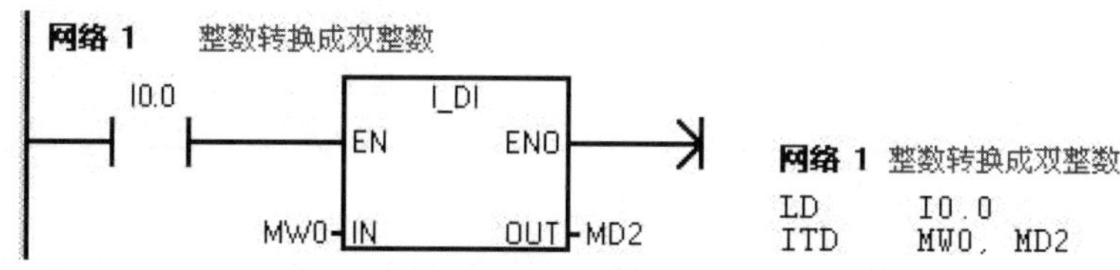

图 4-63　整数转换成双整数指令应用举例

b．双整数转换成实数（DTR）　双整数转换成实数指令是将 IN 端指定的内容以双整数的格式读入，然后将其转换为实数格式输出到 OUT 端。实数格式在后续算术计算中是很常用的，如 3.14 就是实数形式。双整数转换成实数指令和参数见表 4-36。

表 4-36 双整数转换成实数指令和参数

LAD	参 数	数据类型	说 明	存 储 区
DI_R EN ENO IN OUT	EN	BOOL	使能（允许输入）	V, I, Q, M, S, SM, L
	ENO	BOOL	允许输出	
	IN	DINT	输入的双整数	V, I, Q, M, S, SM, L, HC, AC, 常数, *VD, *AC, *LD
	OUT	REAL	双整数转化成的实数	V, I, Q, M, S, SM, L, AC, *VD, *LD, *AC

【例 4-34】 梯形图和指令表如图 4-64 所示。IN 中的双整数存储在 MD0 中（用十进制表示为 16），转换完成后 OUT 端的 MD4 中的实数是多少？

【解】 当 I0.0 闭合时，激活双整数转换成实数指令，IN 中的双整数存储在 MD0 中（用十进制表示为 16），转换完成后 OUT 端的 MD4 中的实数是 16.0。一个实数要用 4 个字节存储。

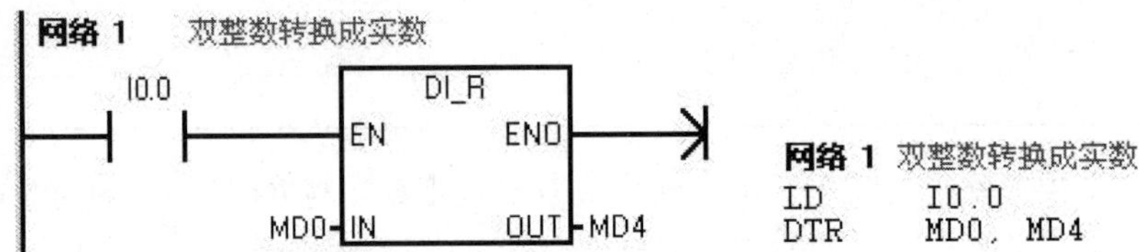

图 4-64 双整数转换成实数指令应用举例

【关键点】 应用 I_DI 转换指令后，数值的大小并未改变，但有时转换是必须的，因为只有相同的数据类型，才可以进行数学运算，例如要将一个整数和双整数相加，则比较保险的做法是先将整数转化成双整数，再做双整数加法。

DI_I 是双整数转换成整数的指令，并将结果存入 OUT 指定的变量中。若双整数太大，则会溢出。

DI_R 是双整数转换成实数的指令，并将结果存入 OUT 指定的变量中。

c. 实数四舍五入为双整数（ROUND） ROUND 指令是将实数进行四舍五入取整后转换成双整数的格式。实数四舍五入为双整数指令和参数见表 4-37。

表 4-37 实数四舍五入为双整数指令和参数

LAD	参 数	数据类型	说 明	存 储 区
ROUND EN ENO IN OUT	EN	BOOL	允许输入	V, I, Q, M, S, SM, L
	ENO	BOOL	允许输出	
	IN	REAL	实数（浮点型）	V, I, Q, M, S, SM, L, AC, 常数, *VD, *LD, *AC
	OUT	DINT	四舍五入后为双整数	V, I, Q, M, S, SM, L, AC, *VD, *LD, *AC

【例 4-35】 梯形图和指令表如图 4-65 所示。IN 中的实数存储在 MD0 中，假设这个实数为 3.14，进行四舍五入运算后 OUT 端的 MD4 中的双整数是多少？假设这个实数为 3.88，进行四舍五入运算后 OUT 端的 MD4 中的双整数是多少？

【解】 当 I0.0 闭合时，激活实数四舍五入指令，IN 中的实数存储在 MD0 中，假设这个实数为 3.14，进行四舍五入运算后 OUT 端的 MD4 中的双整数是 3，假设这个实数为 3.88，进行四舍五入运算后 OUT 端的 MD4 中的双整数是 4。

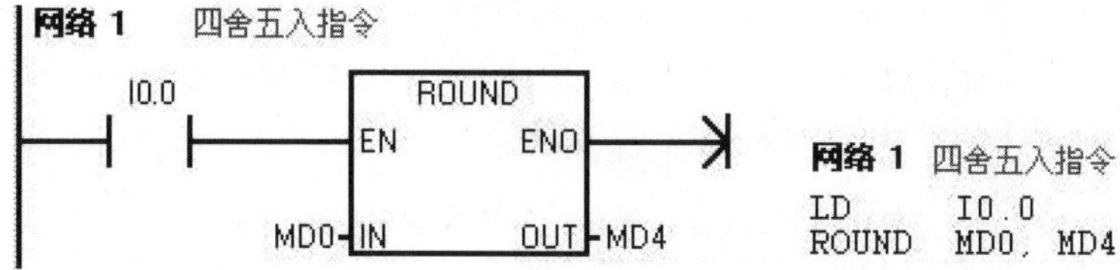

图 4-65 实数四舍五入为双整数指令应用举例

【关键点】ROUND 是四舍五入指令，而 TRUNC 是取整指令，将输入的 32 位实数转换成整数，只有整数部分保留，舍去小数部分，结果为双整数，并将结果存入 OUT 指定的变量中。例如输入是 32.2，执行 ROUND 或者 TRUNC 指令，结果转换成 32。而输入是 32.5，执行 TRUNC 指令，结果转换成 32；执行 ROUND 指令，结果转换成 33。请注意区分。

【例 4-36】 将英寸转换成厘米，已知单位为英寸的长度保存在 VW0 中，数据类型为整数，英寸和厘米的转换单位为 2.54，保存在 VD12 中，数据类型为实数，要将最终单位厘米的结果保存在 VD20 中，且结果为整数。编写程序实现这一功能。

【解】 要将单位为英寸的长度转化成单位为厘米的长度，必须要用到实数乘法，因此乘数必须为实数，而已知的英寸长度是整数，所以先要将整数转换成双整数，再将双整数转换成实数，最后将乘积取整就得到结果。程序如图 4-66 所示。

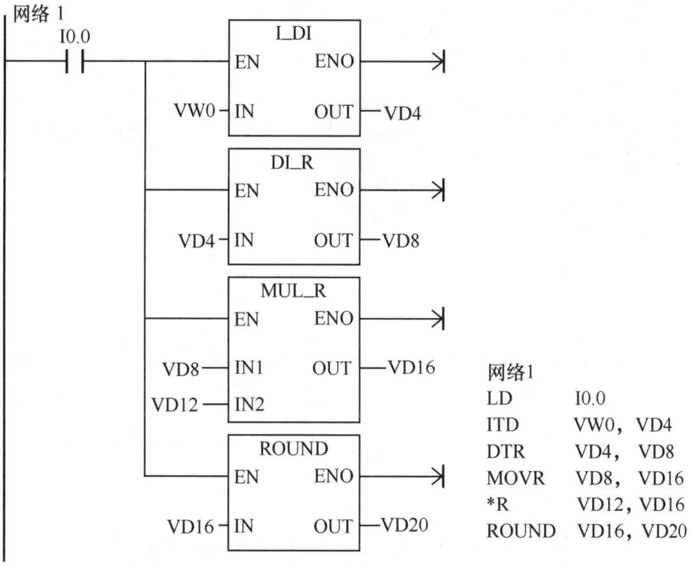

```
网络1
LD      I0.0
ITD     VW0, VD4
DTR     VD4, VD8
MOVR    VD8, VD16
*R      VD12, VD16
ROUND   VD16, VD20
```

图 4-66 例 4-36 的程序

4.2.5 S7-200 PLC 的程序控制指令及其应用

程序控制指令包含跳转指令、循环指令、子程序指令、中断指令和顺控继电器指令。程序控制指令用于程序执行流程的控制。对于一个扫描周期而言，跳转指令可以使程序出现跳跃以实现程序段的选择；子程序指令可调用某些子程序，增强程序的结构化，使程序的可读性增强，使程序更加简洁；中断指令则是用于中断信号引起的子程序调用；顺控继电器指令可形成状态程序段中各状态的激活及隔离。

（1）跳转指令　跳转指令（JMP）和跳转地址标号（LBL）配合实现程序的跳转。使能端输入有效时，程序跳转到指定标号 n 处（同一程序内），跳转标号 n=0～255；使能端输入无效时，程序顺序执行。跳转指令格式见表 4-38。

表 4-38　跳转、循环、子程序调用指令格式

LAD	STL	功　能
n ——(JMP)	JMP　　n	跳转指令
n ——[LBL]	LBL　　n	跳转标号

跳转指令的使用要注意如下几点。

① 允许多条跳转指令使用同一标号，但不允许一个跳转指令对应两个标号，同一个指令中不能有两个相同的标号。

② 跳转指令具有程序选择功能，类似于 BASIC 语言的 GOTO 指令。

③ 主程序、子程序和中断服务程序中都可以使用跳转指令，SCR 程序段中也可以使用跳转指令，但要特别注意。

④ 若跳转指令中使用上升沿或者下降沿脉冲指令时，跳转只执行一个周期，但若使用 SM0.0 作为跳转条件，跳转则称为无条件跳转。

跳转指令程序示例如图 4-67 所示。

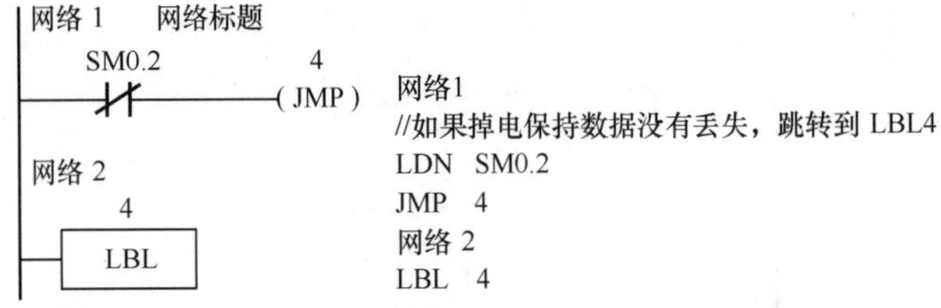

图 4-67　跳转指令程序示例

（2）循环指令　循环指令（FOR-NEXT）用于一段程序的重复循环执行，由 FOR 指令和 NEXT 指令构成程序的循环体，FOR 标记循环的开始，NEXT 为循环体的结束指令，见表 4-39。FOR 指令为指令和格式，主要参数有使能输入 EN、当前值计数器 INDX、循环次数初始值 INIT 和循环计数终值 FINAL。

表 4-39　跳转、循环、子程序调用指令格式

LAD	STL	功　能
FOR EN　ENO INDX INIT FINAL	FOR　　IN1，IN2，IN3	循环开始
——(NEXT)	NEXT	循环返回

当使能输入 EN 有效时，循环体开始执行，执行到 NEXT 指令时返回。每执行一次循环体，当前计数器 INDX 增 1，达到终值 FINAL 时，循环结束。FINAL 为 10，使能输入有效时，执行循环体，同时 INDX 从 1 开始计数，每执行一次循环体，INDX 当前值加 1，执行到 10 次时，当前值也变为 11，循环结束。

使用循环指令时要注意如下事项。

① 使能输入无效时，循环体程序不执行。

② FOR 指令和 NEXT 指令必须成对使用。

③ 循环可以嵌套，最多为 8 层。

【例 4-37】 如图 4-68 所示的程序，问单击 2 次按钮 I0.0 后，VW0 和 VB10 中的数值是多少？

【解】 单击 2 次按钮，执行 2 次循环程序，VB10 执行 20 次加 1 运算，所以 VB10 结果为 20。执行 1 次或者 2 次循环程序，VW0 中的值都为 11。

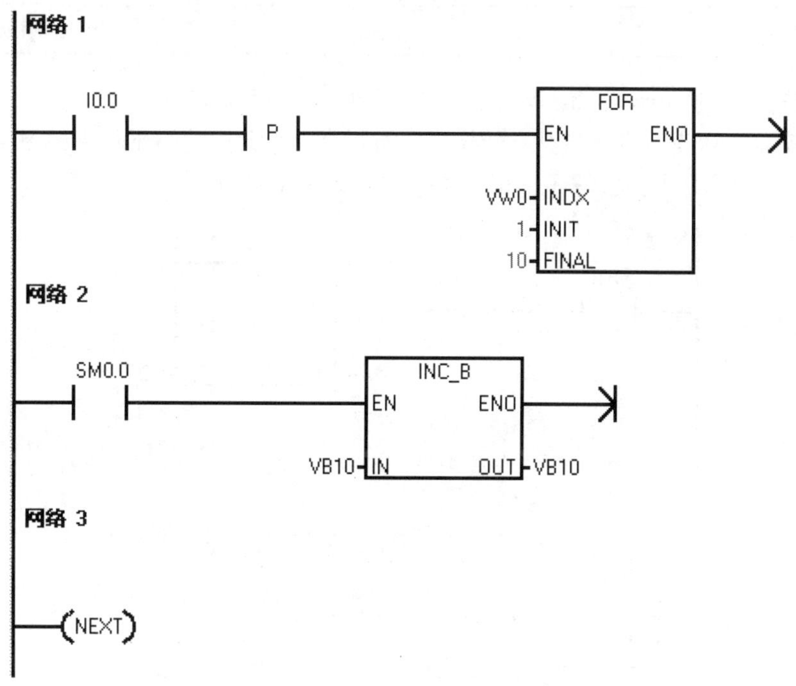

图 4-68 循环指令应用举例

【关键点】 I0.0 后面要有一个上升沿 “P”（或者 “N”），否则压下一次按钮，运行 INC 指令的次数是不确定数，一般远多于程序中的 10 次。

（3）子程序调用指令 子程序有子程序调用和子程序返回两大类指令，子程序返回又分为条件返回和无条件返回。子程序调用指令（CALL）用在主程序或其他调用子程序的程序中，子程序的无条件返回指令在子程序的最后网络段。子程序结束时，程序执行应返回原调用指令（CALL）的下一条指令处。

新建子程序的方法是：在编程软件的程序数据窗口的下方有主程序（OB1）、子程序（SBR_0）、中断服务程序（INT0）的标签，单击子程序标签即可进入 SBR_0 子程序显示区，也可以通过指令树的项目进入子程序 SBR_0 显示区。新建一个子程序时，可以用菜单栏中的“编辑”→“插入”命令增加一个子程序，子程序编号 n 从 0 开始自动向上生成。新建子程序较为简洁的方法是在程序编辑器中的空白处单击鼠标右键，再选择“插入”→“子程序”命令即可，如图 4-69 所示。

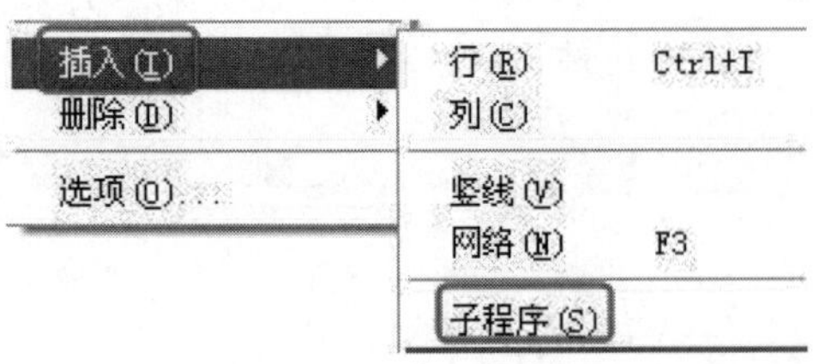

图 4-69 插入“子程序”命令

通常将具有特定功能并且将能多次使用的程序段作为子程序。子程序可以多次被调用，也可以嵌套（最多 8 层）。子程序的调用和返回指令的格式见表 4-40。

表 4-40 跳转、循环、子程序调用指令格式

LAD	STL	功　　能
SBR_0 EN	CALL SBR0	子程序调用
—(RET)	CRET	子程序条件返回

【例 4-38】 编写一段程序将 VW0 中的数转换成实数存入 VD2 中。

【解】 S7-200 中没有直接将整数转换成实数指令，因此先编写子程序如图 4-70 所示，注意先要设置参数表。再在主程序中调用子程序，如图 4-71 所示。

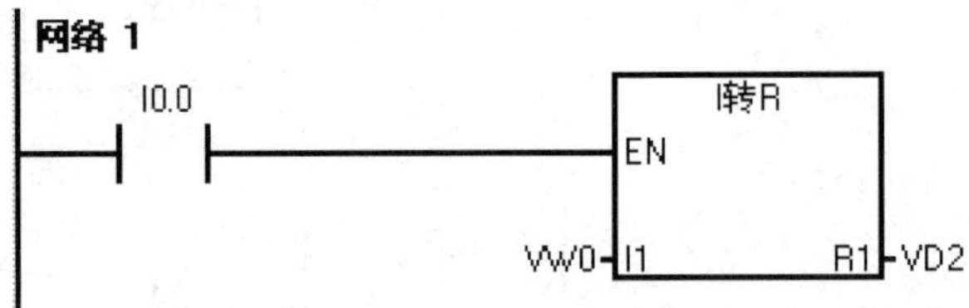

图 4-70 主程序

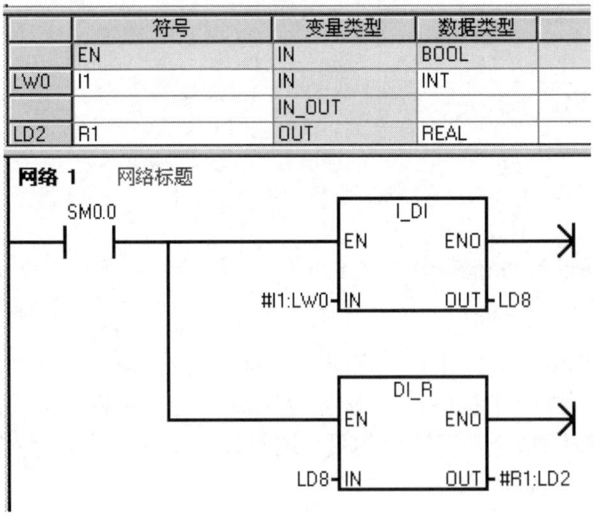

	符号	变量类型	数据类型
	EN	IN	BOOL
LW0	I1	IN	INT
		IN_OUT	
LD2	R1	OUT	REAL

网络 1 网络标题

SM0.0　I_DI　EN　ENO　#I1:LW0 - IN　OUT - LD8

DI_R　EN　ENO　LD8 - IN　OUT - #R1:LD2

图 4-71 子程序

（4）中断指令　中断是计算机特有的工作方式，即在主程序的执行过程中中断主程序，而执行中断子程序。中断子程序是为某些特定的控制功能而设定的。与子程序不同，中断是为随机发生的且必须立即响应事件安排的任务，其响应时间应小于机器周期。引发中断的信号称为中断源，S7-200有34个中断源，见表4-41。

表4-41　S7-200的34种中断源

序号	中断描述	CPU 221 CPU 222	CPU 224	CPU 226 224XP	序号	中断描述	CPU 221 CPU 222	CPU 224	CPU 226 224 XP
0	上升沿，I0.0	√	√	√	17	HSC2输入方向改变		√	√
1	下降沿，I0.0	√	√	√	18	HSC2外部复位		√	√
2	上升沿，I0.1	√	√	√	19	PTO 0完成中断	√	√	√
3	下降沿，I0.1	√	√	√	20	PTO 1完成中断	√	√	√
4	上升沿，I0.2	√	√	√	21	定时器T32 CT=PT中断	√	√	√
5	下降沿，I0.2	√	√	√	22	定时器T96 CT=PT中断	√	√	√
6	上升沿，I0.3	√	√	√	23	端口0：接收信息完成	√	√	√
7	下降沿，I0.3	√	√	√	24	端口1：接收信息完成			√
8	端口0：接收字符	√	√	√	25	端口1：接收字符			√
9	端口0：发送完成	√	√	√	26	端口1：发送完成			√
10	定时中断0 SMB34	√	√	√	27	HSC0输入方向改变	√	√	√
11	定时中断1 SMB35	√	√	√	28	HSC0外部复位	√	√	√
12	HSC0 CV=PV	√	√	√	29	HSC4 CV=PV	√	√	√
13	HSC1 CV=PV		√	√	30	HSC4输入方向改变	√	√	√
14	HSC1输入方向改变		√	√	31	HSC4外部复位	√	√	√
15	HSC外部复位		√	√	32	HSC3 CV=PV	√	√	√
16	HSC2 CV=PV		√	√	33	HSC5 CV=PV	√	√	√

注：“√”表明对应的CPU有相应的中断功能。

① 中断的分类　S7-200的34种中断事件可分为三大类，即I/O口中断、通信口中断和时基中断。

a. I/O口中断　I/O口中断包括上升沿和下降沿中断、高速计数器中断和脉冲串输出中断。S7-200可以利用I0.0~I0.3都有上升沿和下降沿这一特性产生中断事件。

b. 通信口中断　通信口中断包括端口0（Port0）和端口1（Port1）接收和发送中断。PLC的串行通信口可由程序控制，这种模式称为自由口通信模式，在这种模式下通信，接收和发送中断可以简化程序。

c. 时基中断　时基中断包括定时中断及定时器T32/96中断。定时中断可以反复执行，定时中断是非常有用的。

② 中断指令　中断指令共有6条，包括中断连接、中断分离、清除中断事件、中断禁止、中断允许和中断条件返回，见表4-42。

表4-42　中断指令

LAD	STL	功　能
ATCH EN　ENO INT EVNT	ATCH，INT，EVNT	中断连接

续表

LAD	STL	功　能
DTCH EN ENO EVNT	DTCH，EVNT	中断分离
CLR_EVNT EN ENO EVNT	CENT，EVNT	清除中断事件
—(DISI)	DISI	中断禁止
—(ENI)	ENI	中断允许
—(RETI)	RETI	中断条件返回

图 4-72 所示为中断指令程序示例，每隔 100ms VD0 中的数值增加 1。

③ 使用中断注意事项

a．一个事件只能连接一个中断程序，而多个中断事件可以调用同一个中断程序，但一个中断事件不可能在同一时间建立多个中断程序。

b．在中断子程序中不能使用 DISI、ENI、HDFE、FOR-NEXT 和 END 等指令。

c．程序中有多个中断子程序时，要分别编号。在建立中断程序时，系统会自动编号，也可以更改编号。

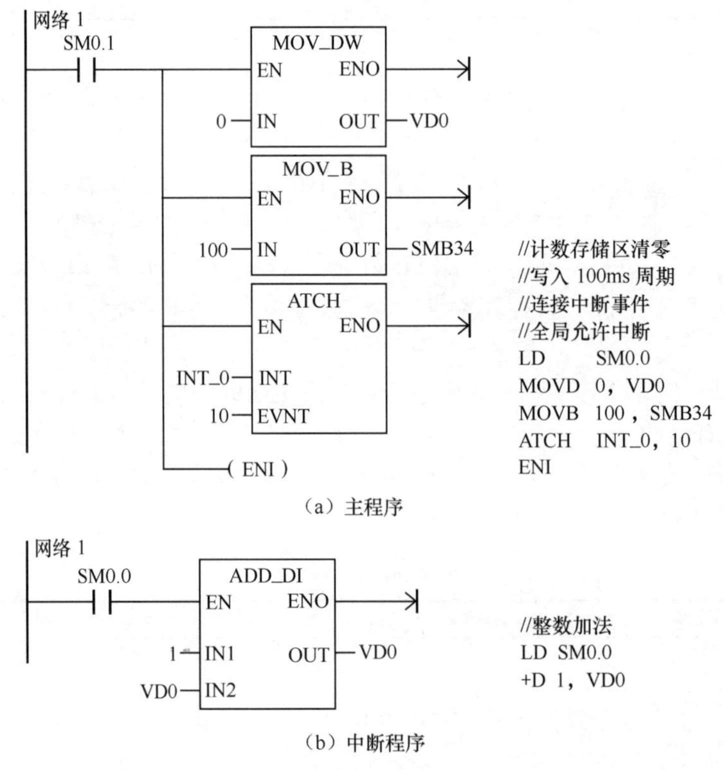

图 4-72　中断指令程序示例

【例4-39】 记录一台设备损坏（设备损坏时接通I0.0）的时间，请用PLC实现此功能。

【解】 程序如图4-73所示。

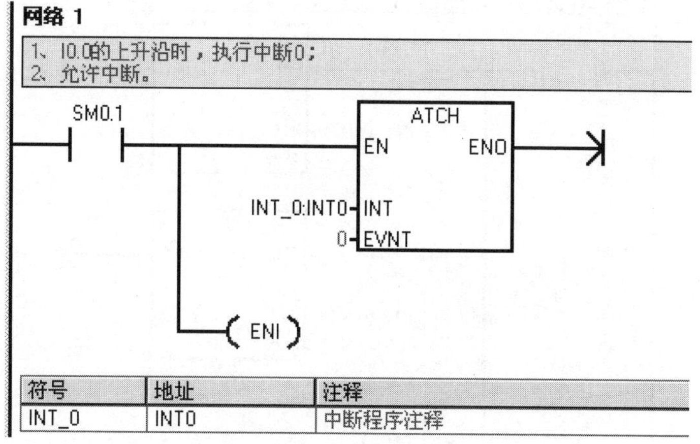

（a）主程序

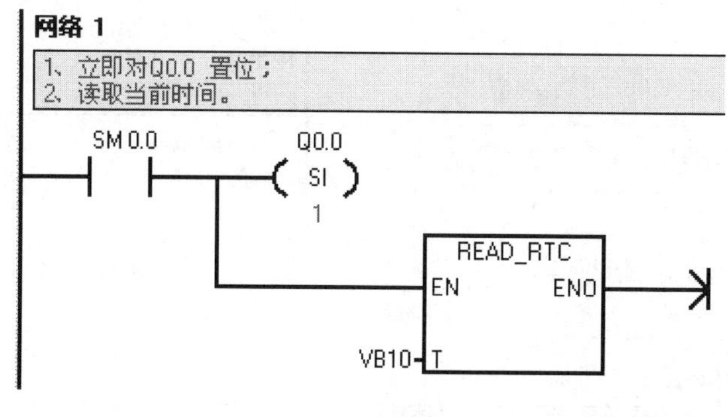

（b）中断程序

图4-73 中断指令程序

【例4-40】 在I0.0的上升沿，通过中断使Q0.0立即置位，在I0.0的下降沿，通过中断使Q0.0立即复位。

【解】 图4-74所示为梯形图。

【例4-41】 用定时中断0，设计一段程序，实现周期为2s的精确定时。

【解】 SMB34是存放定时中断0的定时长短的特殊寄存器，其最大定时时间是255ms，2s就是8次250 ms的延时。图4-75所示为梯形图。

（5）顺控继电器指令（SCR） 顺控继电器指令又称SCR，S7-200系列PLC有三条顺控继电器指令，指令格式和功能描述见表4-43。

顺控继电器指令编程时应注意：

① 不能把S位用于不同的程序中。例如S0.2已经在主程序中使用了，就不能在子程序中使用。

② 顺控继电器指令SCR只对状态元件S有效。

③ 不能在SCR段中使用FOR、NEXT和END指令。

网络 1

1、I0.0的上升沿时，执行中断0；
2、I0.0的下降沿时，执行中断1；
3、允许中断。

SM0.1
ATCH
EN ENO
INT_0:INT0 INT
0 EVNT
ATCH
EN ENO
INT_1:INT1 INT
1 EVNT
ENI

（a）主程序

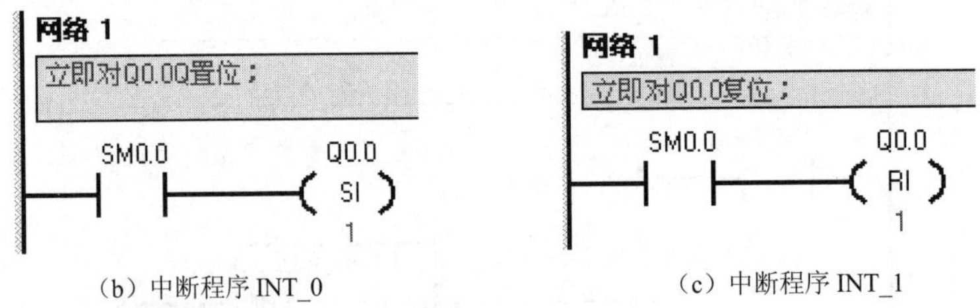

（b）中断程序 INT_0　　（c）中断程序 INT_1

图 4-74　梯形图

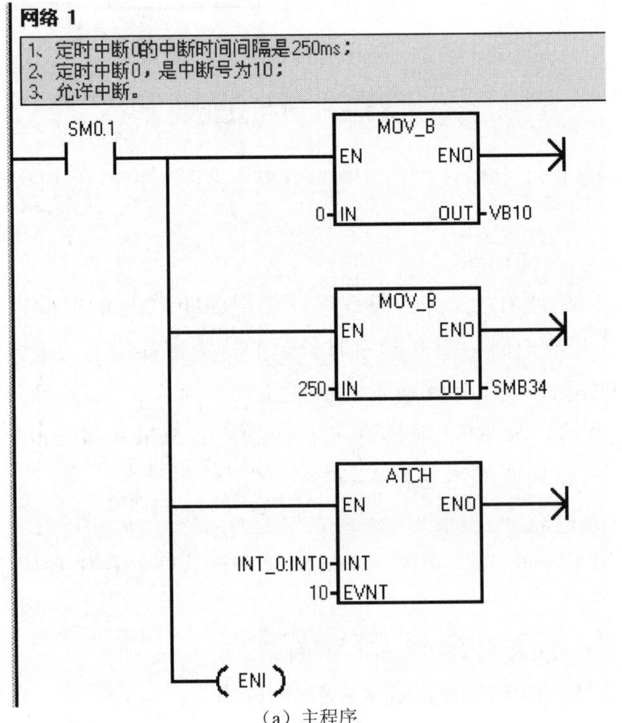

（a）主程序

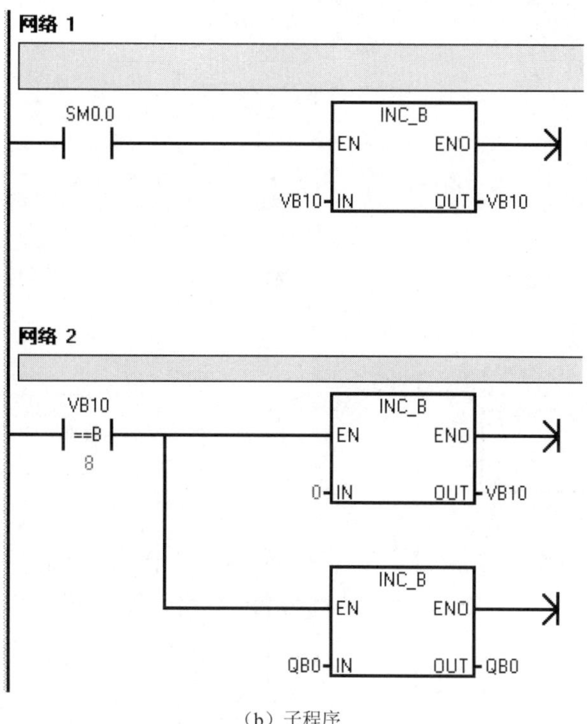

（b）子程序

图 4-75 梯形图

表 4-43 顺控继电器指令

LAD	STL	功　能
n ├ SCR	SCR, n	装载顺控继电器指令，将 S 位的值装载到 SCR 和逻辑堆栈中，实际是步指令的开始
n ─(SCRT)	SCRT, n	使当前激活的 S 位复位，使下一个将要执行的程序段 S 置位，实际上是步转移指令
├(SCRE)	SCRE	退出一个激活的程序段，实际上是步的结束指令

④ 在 SCR 之间不能有跳入和跳出，也就是不能使用 JMP 和 LBL 指令。但注意，可以在 SCR 程序段附近和 SCR 程序段内可以使用跳转指令。

【例 4-42】 用 PLC 控制一盏灯亮 0.3s 后熄灭，再控制另一盏灯亮 0.3s 后熄灭，周而复始重复以上过程，要求根据图 4-76 所示的功能图，使用顺控继电器指令编写程序。

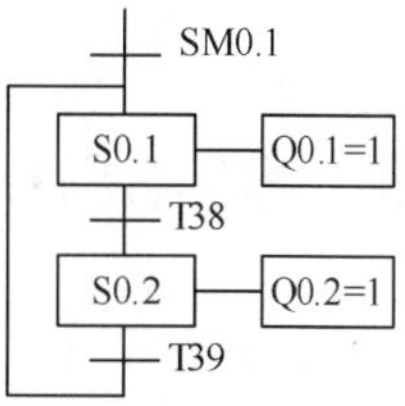

SM0.1
S0.1　Q0.1=1
T38
S0.2　Q0.2=1
T39

图 4-76 功能图

【解】 在已知功能图的情况下，用顺控指令编写程序是很容易的，程序如图 4-77 所示。

（6）程序控制指令的应用

【例 4-43】 某系统测量温度，当温度超过一定数值（保存在 VW10 中）时，报警灯以 1s 为周期闪光，警铃鸣叫，使用 S7-200 PLC 和模块 EM 231 编写此程序。

【解】 温度是一个变化较慢的量，可每 100ms 从模块 EM 231 的通道 0 中采样 1 次，并将数值保存在 VW0 中。梯形图如图 4-78 所示。

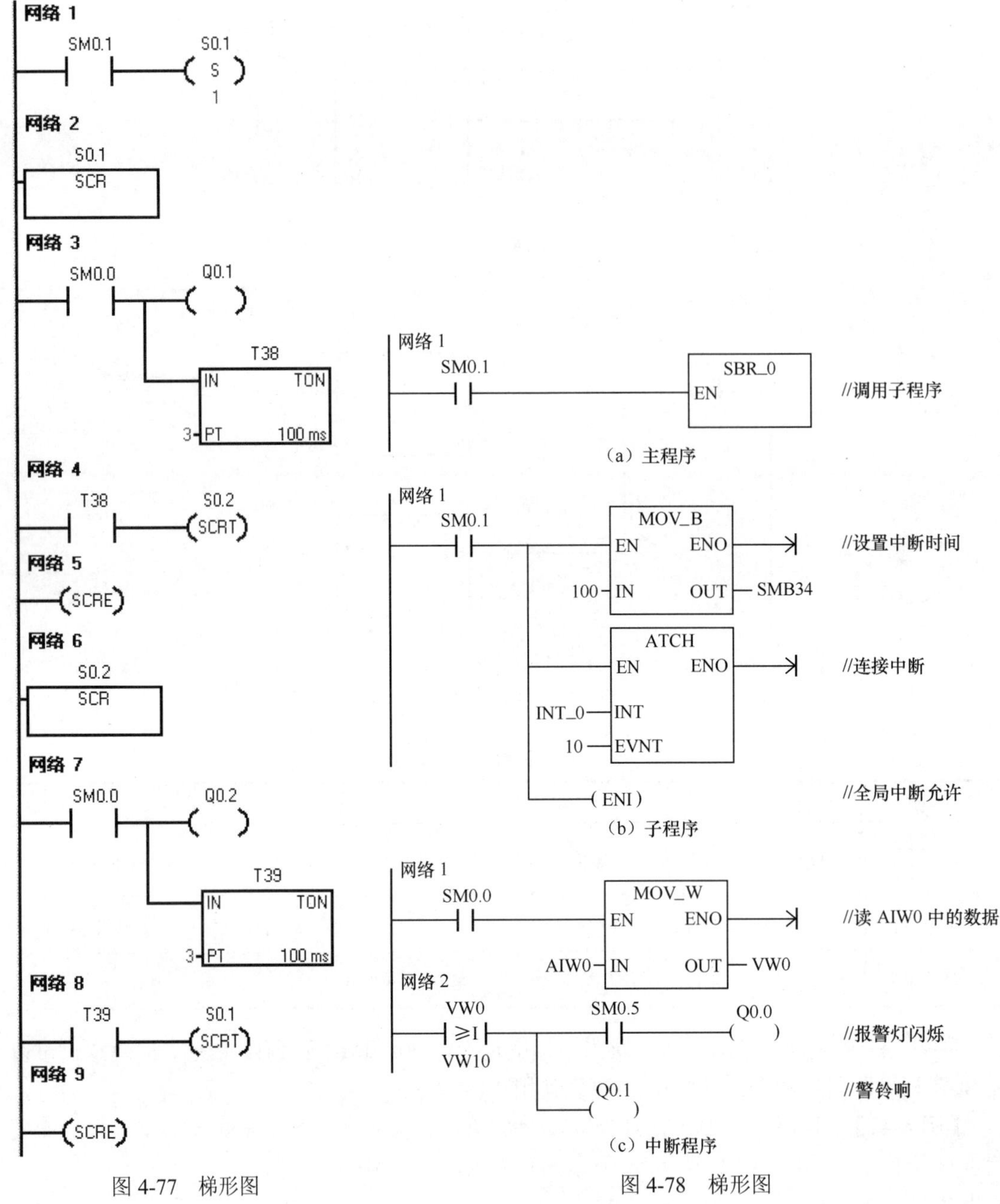

图 4-77 梯形图　　　　图 4-78 梯形图

4.3 S7-300/400 系列 PLC 的指令系统

S7-300/400 系列 PLC 的指令系统与 S7-200 有较多的类似之处，因此类似的指令将不再赘述，本节只介绍用法差异较大的指令。

4.3.1 S7-300/400 编程元件与数据类型

（1）编程元件 S7-300/400 PLC 内部有许多编程元件。编程元件通常指的是硬件，是 PLC 内部具有一定功能的器件总称，这些器件由电子电路和寄存器及存储单元等组成。例如，输入继电器由输入电路和输入映像寄存器构成，输出继电器由输出电路和输出存储映像寄存器构成。定时器和计数器等由特定功能的寄存器构成。为了把这种继电器与传统的电气控制电路中的继电器区分开来，有时也称之为软继电器。这些软继电器的存储区及功能见表 4-44。

表 4-44　存储区及功能

地址存储区	范　围	S7 符号	举　例	功 能 描 述
过程映像输入区	输入（位）	I	I0.0	扫描周期期间，CPU 从模块读取输入，并记录该区域中的值
	输入（字节）	IB	IB0	
	输入（字）	IW	IW0	
	输入（双字）	ID	ID0	
过程映像输出区	输出（位）	Q	Q 0.0	扫描周期期间，程序计算输出值并将它放入此区域，扫描结束时，CPU 发送计算输出值到输出模块
	输出（字节）	Q B	Q B0	
	输出（字）	Q W	Q W0	
	输出（双字）	Q D	Q D0	
位存储器	存储器（位）	M	M 0.0	用于存储程序的中间计算结果
	存储器（字节）	M B	M B0	
	存储器（字）	M W	M W0	
	存储器（双字）	M D	M D0	
定时器	定时器（T）	T	T3	为定时器提供存储空间
计数器	计数器（C）	C	C0	为计数器提供存储空间
共享数据块	数据（位）	DBX	DBX 0.0	数据块用“OPN DB”打开，数据块包含的信息，可以被所有的逻辑块定义为通用（共享 DB）
	数据（字节）	DBB	DBB0	
	数据（字）	DBW	DBW0	
	数据（双字）	DBD	DBD0	
背景数据块	数据（位）	DIX	DIX 0.0	数据块用“OPN DI”打开，数据块包含的信息，可以分配给特定的 FB 或者 SFB 逻辑块定义为背景数据块
	数据（字节）	DIB	DIB0	
	数据（字）	DIW	DIW0	
	数据（双字）	DID	DID0	
本地数据区	本地数据（位）	L	L 0.0	当块被执行时，此区域包含块的临时数据
	本地数据（字节）	LB	L B0	
	本地数据（字）	LW	LW0	
	本地数据（双字）	L D	LD0	
外部设备输入区	外部设备输入字节	PIB	PIB0	外围设备输入区允许直接访问中央和分布式的输入模块
	外部设备输入字	PIW	PIW0	
	外部设备输入双字	PID	PID0	
外部设备输出区	外部设备输出字节	PQ B	PQ B0	外围设备输出区允许直接访问中央和分布式的输入模块
	外部设备输出字	PQ W	PQ W0	
	外部设备输出双字	PQ D	PQ D0	
程序		FC/FB/ SFB/SFC	FC1/FB1/ SFB1/SFC2	FC 分用户、标准和系统功能 FB 分用户、标准和系统功能块

（2）数据类型　数据是程序处理和控制的对象，在程序运行过程中，数据是通过变量来存储和传递的。变量有两个要素：名称和数据类型。对程序块或者数据块的变量声明时，都

要包括这两个要素。

数据的类型决定了数据的属性，例如数据长度和取值范围等。STEP 7 中的数据类型分为3 大类：基本数据类型、复杂数据类型和参数数据类型。

① 基本数据类型　基本数据类型是根据 IEC 1131-3（国际电工委员会指定的 PLC 编程语言标准）来定义的，每个基本数据类型具有固定的长度且不超过 32 位。

基本数据类型有 12 种，每一种数据类型都具备关键字、数据长度、取值范围和常数表等格式属性。STEP 7 的基本数据类型见表 4-45。

表 4-45　STEP 7 的基本数据类型

关　键　字	长度（位）	取值范围/格式示例	说　明
Bool	1	True 或 False（1 或 0）	布尔变量
Byte	8	B#16#0~ B#16#FF	单字节数
Word	16	十六进制：W#16#0～W#16#FFFF	字（双字节）
Dword	32	十六进制：（W#16#0～W#16#FFFF_FFFF）	双字（四字节）
Char	8	“a”、“B” 等	ASCII 字符
Int	16	−32768～32767	16 位有符号整数
DInt	32	-L#2147483648~ L#2147483647	32 位有符号整数
Real	32	−3.402823E38～−1.175495E-38 +1.175495E-38～+3.402823E-38	IEEE 浮点数
S5Time	16	S5T＃0H_0M_0S_0MS~ S5T＃2H_46M_30S_0MS	SIMATIC 时间格式
Time	32	-T＃24D_20H_31M_23S_648MS~ T＃24D_20H_31M_23S_648MS	IEC 时间格式
Date	16	D#1990-1-1～D#2168-12-31	IEC 日期格式
Time_Of_Day	32	TOD#0:0:0～TOD#23:59:59.999	24 小时时间格式

【关键点】常数可以用二进制、十进制和十六进制表示。为了阅读方便，当用二进制和十六进制表示时，可以在每 4 位之间加下划线，例如 W#16#FFFF_FFFF 和 W#16#FFFFFFFF 实际是相等的。

② 复杂数据类型　复杂数据类型是一种由其他数据类型组合而成的，或者长度超过 32 位的数据类型，STEP 7 中的复杂数据类型共有 7 类。

a．Date_And_Time（日期时间类型）。其长度为 64 位（8 个字节），此数据类型以二进制编码的十进制的格式保存。取值范围是 DT#1990-1-1-0:0:0.0~ DT#2089-12-31-59:59.999。

b．STRING（字符串）。其长度最多有 254 个字符的组（数据类型 CHAR）。为字符串保留的标准区域是 256 个字节长。这是保存 254 个字符和 2 个字节的标题所需要的空间。可以通过定义即将存储在字符串中的字符数目来减少字符串所需要的存储空间（例如：string[9]'Siemens'）。

c．ARRAY（数组类型）。定义一个数据类型（基本或复杂）的多维组群。例如：“ARRAY [1..2,1..3] OF INT” 定义 2 × 3 的整数数组。使用下标（“[2,2]”）访问数组中存储的数据。最多可以定义 6 维数组。下标可以是任何整数（−32768～32767）。

d．STRUCT（结构类型）。该类型是由不同数据类型组成的复合型数据，通常用来定义一组相关数据。例如电动机的一组数据可以按照如下方式定义：

Motor: STRUCT

Speed: INT

Current: REAL

END_STRUCT

e. UDT（用户自定义数据类型）。UDT 是由不同数据类型组成的复合型数据，与 STRUCT 不同的是，UDT 是一个模板，可以用来定义其他的变量。它在 STEP 7 中以块的形式存储，称为 UDT 块。在 S7 的项目管理器中，先选中“块”，再单击菜单栏的“插入”→“S7 块”→“数据类型”，如图 4-79 所示，弹出数据类型对话框便可定义新的数据类型。

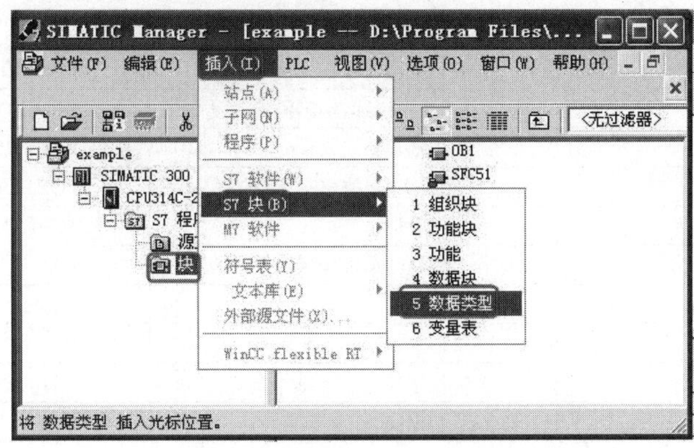

图 4-79 定义 UDT 块的路径

f. FB 和 SFB（功能块类型）。确定分配的实例数据块的结构，并允许在一个实例 DB 中传送数个 FB 调用的实例数据，在后面章节会重点讲解。

③ 参数数据类型 参数数据类型是一种用于 FC 或者 FB 的参数的数据类型。参数数据类型主要包括以下几种：

Timer，Counter：定时器和计数器类型。

BLOCK_FB，BLOCK_FC，BLOCK_DB，BLOCK_SDB：块类型。

Pointer：6 字节指针类型，传递 DB 块号和数据地址。

Any：10 字节指针数据类型，传递 DB 块号、数据地址、数据数量以及数据类型。

使用这些参数类型，可以把定时器、计数器、程序块、数据块以及一些不确定类型和长度的数据通过参数传递给 FC 和 FB。参数类型为程序提供了很强的灵活性，可以实现更通用的控制功能。

【例 4-44】 请指出以下数据的含义，L#58、S5T#58S、58、C#58、T#58S、P#M0.0 BYTE 10。

【解】 ① L#58：双整数 58；

② S5T#58S：S5 和 S7 定时器中的定时时间 58s；

③ 58：整数 58；

④ C#58：计数器中的预置值为 58；

⑤ T#58S：IEC 定时器中定时时间 58s；

⑥ P#M0.0 BYTE 10：从 MB0 开始的 10 个字节。

【关键点】 掌握【例 4-44】中的数据表示方法至关重要，无论是编写程序还是阅读程序都是必须要掌握的。

4.3.2 寻址方式

（1）绝对寻址　要访问一个变量，必须要找到它在存储空间的位置，这个过程就是寻址（Addressing）。在 STEP 7 中，使用地址如 I/O 信号、位内存、计数器、定时器、数据块和功能块都可以通过绝对寻址和符号寻址来访问。

绝对地址是由一个关键字和一个地址数据组成的。STEP 7 中常用的绝对地址关键字见表 4-46。

表 4-46　绝对地址关键字

关　键　字	说　　明	举　　例
I/IB/IW/ID	过程映像区输入信号	I0.0、IB1、IW2 和 ID2
Q/QB/QW/QD	过程映像区输出信号	Q0.0、QB1、QW2 和 QD2
PIB/PIW/PID	外部设备输入	PIB1、PIW2 和 PID2
PQB/PQW/PQD	外部设备输出	PQB1、PQW2 和 PQD2
M/MB/MW/MD	位存储区	M0.0、MB1、MW2 和 MD2
L/LB/LW/LD	本地数据堆栈区	L0.0、LB1、LW2 和 LD2
T	定时器	T3
C	计数器	C5
FC/FB/SFC/SFB	程序块	FC1/FB2/SFC3/SFB1
DB	数据块	DB1

（2）符号寻址　为变量指定符号名可以简化程序的编写和调试，增加程序的可读性。STEP 7 可以自动将符号地址转化成所需的绝对地址。访问 ARRAY、STRUCT、数据块、本地数据、逻辑块以及用户数据类型（UDT）时，优先选用符号寻址。使用符号寻址前，必须先将符号分配给绝对地址，才能以符号的形式应用它们。

STEP 7 中的符号分为全局符号和局域符号。全局符号是在整个 STEP 7 中可以使用的符号，而局域符号是在某个块中可以使用的符号。全局符号和局域符号的对比见表 4-47。

表 4-47　全局符号和局域符号的对比

项　　目	全 局 符 号	局 域 符 号
有效范围	在整个程序中有效，可以被所有的块使用，在所有的块中的含义是一样的，整个用户程序中是唯一的	只在定义的块中有效，相同的符号在不同的块中，可用于不同的目的
允许使用的字符	字母、数字及特殊字符，除 0x00，0xFF 及引号外的强调号；如用特殊符号，则必须在引号内	字母 数字 下划线（_）
使用独享	可以为下列对象定义全局变量： • I/O 信号（如 I、IB、Q、QB、QD 等） • 外部设备 I/O 信号（如 PIB、PQB、PQD 等） • 存储位（如 M、MB、MW、MD 等） • 定时器（T） • 计数器（C） • 程序块（FC/FB/SFC/SFB） • 数据块（DB） • 用户定义数据类型（UDT） • 变量表（VAT）	可以为下列对象定义局域变量： • 块参数 • 块的静态数据 • 块的临时数据
定义位置	符号表	程序块的变量声明区

【例 4-45】 将如图 4-80 所示的绝对寻址的启停控制梯形图换成符号寻址梯形图。

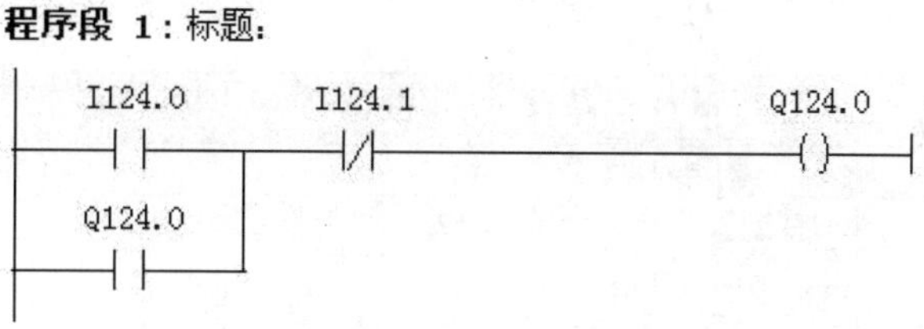

程序段 1：标题：
I124.0
I124.1
Q124.0
Q124.0

图 4-80 绝对寻址的梯形图

【解】 打开 STEP 7 的项目管理器，先选中“S7 程序（1）”，再双击“符号”，如图 4-81 所示，弹出符号编辑器界面，输入如图 4-82 所示的信息，最后单击工具栏的“保存”按钮，将输入的符号分配给相应的地址，例如“启动”分配给地址“I124.0”。再打开程序编辑器，符号寻址的梯形图如图 4-83 所示。

SIMATIC Manager - [example -- D:\Program Files\...
文件(F) 编辑(E) 插入(I) PLC 视图(V) 选项(O) 窗口(W) 帮助(H)
<无过滤器>
example
SIMATIC 300 站点
CPU314C-2 DP(1)
S7 程序(1)
源文件
块
1
源文件
符号
2
块
按下 F1，获得帮助。
PC Adapter

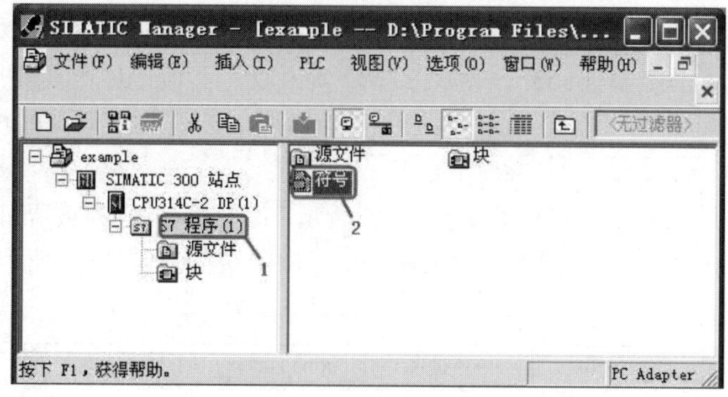

图 4-81 项目管理器界面

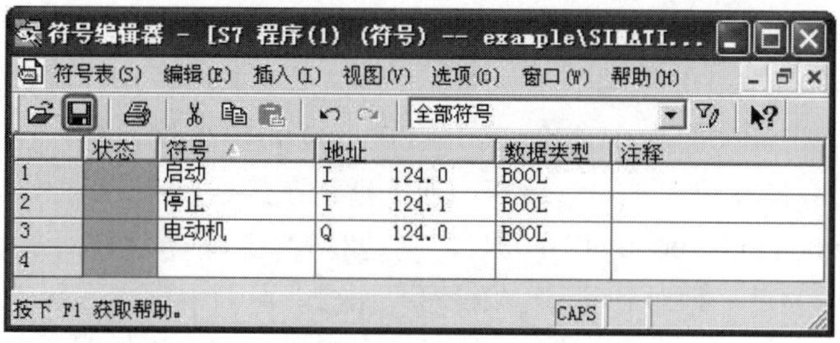

符号编辑器 - [S7 程序(1) (符号) -- example\SIMATI...
符号表(S) 编辑(E) 插入(I) 视图(V) 选项(O) 窗口(W) 帮助(H)
全部符号
状态 符号 地址 数据类型 注释
1 启动 I 124.0 BOOL
2 停止 I 124.1 BOOL
3 电动机 Q 124.0 BOOL
4
按下 F1 获取帮助。
CAPS

图 4-82 符号编辑器界面

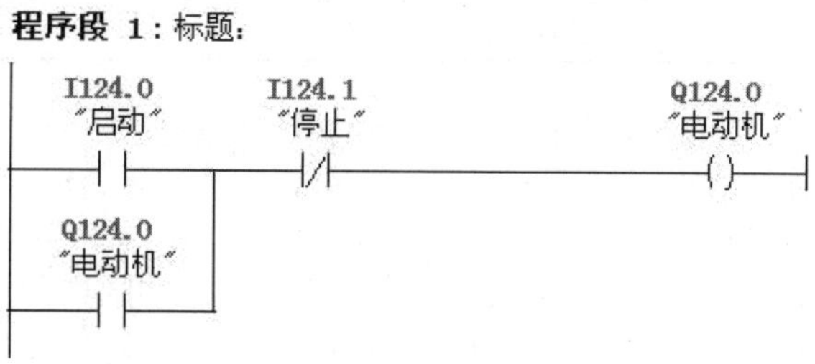

程序段 1：标题：
I124.0
"启动"
I124.1
"停止"
Q124.0
"电动机"
Q124.0
"电动机"

图 4-83 符号寻址的梯形图

如图 4-84 所示，功能块的 IN（输入引脚）上的“Sw_On”和“Sw_Off”数据类型为 Bool，是局域变量，其有效范围仅在 FB1 功能块中。

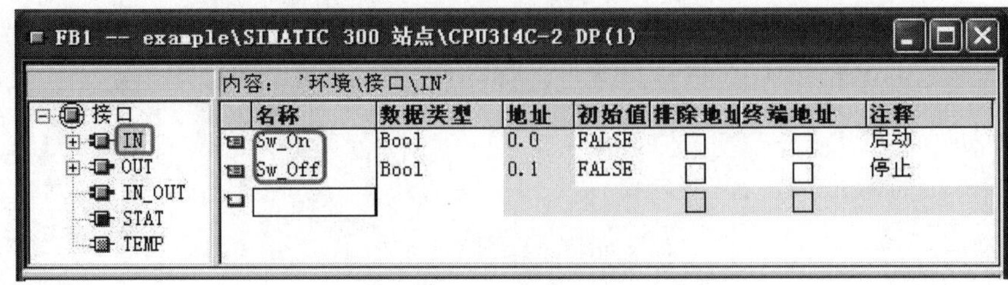

图 4-84　局域变量

（3）间接寻址

① 存储器间接寻址　在存储器间接寻址指令中，给出一个地址指针的存储器，该存储器的内容是操作数所在存储单元的地址。在循环程序中经常用到存储器间接寻址。

地址指针可以是字或双字，定时器（T）、计数器（C）、数据块（DB）、功能块（FB）和功能（FC）的编号范围小于 65535，使用字指针就可以。其他地址则要使用双字指针，如果要用双字格式的指针访问一个字、字节或双字存储器，必须保证指针的位编号为 0，例如 P#Q20.0。

存储器间接寻址的双字指针格式如图 4-85 所示，其中 0～2 位为被寻址地址中的位编号，3～18 位为寻址字节编号。只有 M、L、DB、PI 存储区域的双字节才能做地址指针。

31　　24	23　　16	15　　8	7　　0
0000 0000	0000 0bbb	bbbb bbbb	bbbb bxxx

图 4-85　存储器间接寻址的双字指针格式

存储器间接寻址应用如下：

L QB[DBD 10] //将输出字节装入累加器 1，输出字节的地址指针在数据双字 DBD10 中，如果 DBD10 的值为 2#0000 0000 0000 0000 0000 0000 0010 0000，装入的是 QB4

A M[LD 4]//对存储器位作“与”运算，地址指针在数据双字 LD4 中，如果 LD4 的值为 2#0000 0000 0000 0000 0000 0000 0010 0011，则是对 M4.3 进行操作

② 寄存器间接寻址　地址寄存器 AR1 和 AR2，它们中的内容加上偏移量形成地址指针，指向数值所在的存储单元。寄存器间接寻址中双字指针格式如图 4-86 所示。

31　　24	23　　16	15　　8	7　　0
x000 0rrr	0000 0bbb	bbbb bbbb	bbbb bxxx

图 4-86　寄存器间接寻址的双字指针格式

其中第 0～2 位（xxx）为被寻址地址中位的编号（0～7），第 3～18 位为被寻址地址的字节的编号（0～65535），第 24～26 位（rrr）为被寻址地址的区域标识号，第 31 位 x = 0 为区域内的间接寻址，第 31 位 x = 1 为区域间的间接寻址。寄存器间接寻址的区域标识位见表 4-48。

表 4-48 寄存器间接寻址的区域标识位

区域标识符	存 储 区	位 26～24
P	外设输入/输出	000
I	输入过程映像	001
Q	输出过程映像	010
M	位存储区	011
DBX	共享数据块	100
DIX	背景数据块	101
L	块的局域数据	111

STEP 7 中有两种格式的寄存器间接寻址方式，分别是区域内的间接寻址和区域间的间接寻址。当 31 位为 0 时，为区域内的间接寻址；当 31 位为 1 时，为区域间的间接寻址。

第一种地址指针格式存储区的类型在指令中给出，例如 LDBB[AR1, P#6.0]。在某一存储区内寻址。第 24～26 位（rrr）应为 0。

第二种地址指针格式的第 24～26 位还包含存储区域标识符 rrr，区域间寄存器间接寻址。

如果要用寄存器指针访问一个字节、字或双字，必须保证指针中的位地址编号为 0。

指针常数＃P5.0 对应的二进制数为 2＃0000 0000 0000 0000 0000 0000 0010 1000。

下面是区内间接寻址的例子：

```
L P#5.0              //将间接寻址的指针装入累加器 1
LAR1                 //将累加器 1 中的内容送到地址寄存器 1
A M[AR1, P#2.3]      //AR1 中的 P#5.0 加偏移量 P#2.3，实际上是对 M7.3 进行操作
= Q[AR1, P#0.2]      //逻辑运算的结果送 Q5.2
L DBW[AR1, P#18.0]   //将 DBW23 装入累加器 1
```

下面是区域间间接寻址的例子：

```
L P#M6.0             //将存储器位 M6.0 的双字指针装入累加器 1
LAR1                 //将累加器 1 中的内容送到地址寄存器 1
T W[AR1, P#50.0] //将累加器 1 的内容传送到存储器字 MW56
```

P#M6.0 对应的二进制数为 2#1000 0011 0000 0000 0000 0000 0011 0000。因为地址指针 P#M6.0 中已经包含有区域信息，使用间接寻址的指令 T W[AR1, P#50]中没有必要再用地址标识符 M。

4.3.3 CPU 中的寄存器

（1）累加器（ACCCx） 32 位累加器是用于处理字节、字、双字的寄存器，是执行语句表指令的关键部件。S7-300 有 2 个累加器（ACCC1 和 ACCC2），S7-400 有 4 个累加器（ACCC1～ACCC4）。几乎所有的语句表的操作都是在累加器中进行的。因此需要用转载指令把操作数送入累加器，在累加器中进行运算和数据处理后，用传送指令把 ACCU1 中的运算结果传送到某个存储单元。

（2）地址寄存器 2 个 32 位的地址寄存器 AR1 和 AR2 作为指针，用于寄存器间接寻址。

（3）数据块寄存器 32 位的数据块寄存器 DB 和 DI 的高 16 位分别用来保存打开的共享数据块和背景数据块的编号，低 16 位用于保存打开数据块的字节长度。

（4）状态字 状态字是一个 16 位的寄存器，只使用了其中的 9 位，状态字用于存储 CPU 执行后的状态或结果和出错信息。状态字的结构如图 4-87 所示。理解状态字对阅读和编写语句表程序非常重要。

15～9	8	7	6	5	4	3	2	1	0
未用	BR	CC1	CC0	OV	OS	OR	STA	RLO	/FC

图 4-87 状态字的结构

① 首次检测位/FC 状态字的第 0 位是首次检测位，该位的状态 0 表示一个梯形逻辑程序的开始，或指令为逻辑串的第一条指令。在逻辑串指令执行过程中该位为 1，输出指令或与 RLO 有关的跳转指令将该位清零，表示一个逻辑串的结束。

② 逻辑运算结果 RLO 状态字的第 1 位 RLO 是逻辑运算结果。该位用于存储执行位逻辑指令或者比较指令的结果。当 RLO 的状态位为 1 时，表示有能流到梯形图的运算点处，为 0 则表示没有能流到该点。如图 4-88 所示的梯形图，可以看到 A 点有能流（实线），而 B 点没有能流（虚线）。

③ 状态位 STA 状态字的第 2 位 STA 是状态位。执行为逻辑指令时，STA 与指令位变量的值一致。可以通过逻辑状态位了解位逻辑指令的状态位。

④ 或位 状态字的第 3 位 OR 是或位。在先逻辑“与”后逻辑“或”的逻辑运算中，OR 位暂存逻辑“与”（串联）的运算结果，以便进行后面的逻辑“或”运算（并联）。输出指令将 OR 位复位，编程时不直接使用 OR 位。

在图 4-88 中梯形图对应的逻辑代数表达式为：$I0.0 \cdot I0.1 + I0.2 \cdot \overline{I0.3} = Q0.0$，表达式中的“·”表示逻辑“与”，“+”表示逻辑“或”，I0.3 上面的水平线表示“非”运算，等号“=”表示将逻辑运算的结果赋值给 Q0.0。图 4-88 和图 4-89 的运算状态完全相同，只不过图 4-88 是梯形图，而图 4-89 左侧是指令表。指令表中的 A 和 AN 分别表示串联的常开触点和串联的常闭触点，O 表示两个串联电路的并联，等号表示赋值。图 4-89 右边方框中是程序运行时的程序状态结果，其中 STATUS WORD 是状态字。

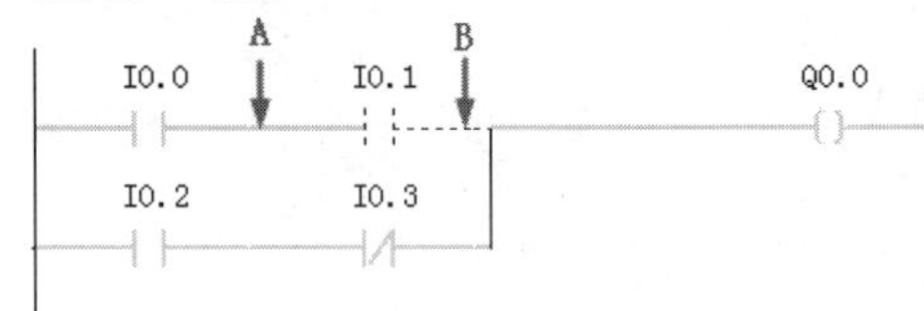

图 4-88 梯形图

程序段 1：标题：

```
A    I    0.0
A    I    0.1
O
A    I    0.2
AN   I    0.3
=    Q    0.0
```

RLO	STA	STANDARD	STATUS WORD
1	1	0	0_0000_0111
0	0	0	0_0000_0001
0	1	0	0_0000_0100
1	1	0	0_0000_0111
1	0	0	0_0000_0011
1	1	0	0_0000_0110

图 4-89 语句表程序状态监控

可以看出，当执行最后一条指令后，状态字变成“1_0000_0110”，状态字的第 0 位为“0”，也就是/FC 为 0，当执行其他指令操作时，/FC 为 1,即在执行完“与”运算和开始下一条“与”运算时，/FC 为 0。

从梯形图可以看出 STA 表示的是各条指令中布尔变量的值，例如第 5 条指令的 STA 位为 0，表示 I0.3 为 0 状态。

还可以看出 RLO 是逻辑运算的结果，例如执行完第二条指令后，RLO 为 0，原因在于 I0.1 是常开触点，而且没有闭合而造成，如果把 I0.1 闭合则 RLO 随之改变成 1。从梯形图 4-88 中还可看出，B 点的运算结果保存在 OR 位中。

⑤ 溢出位 OV　状态字的第 5 位 OV 是溢出位。如果算数运算或逻辑运算指令执行出错（例如溢出，除数为零等），溢出位被置 1。如果后面影响该位的指令的执行没有出错，该位清零。

⑥ 溢出状态保持位 OS　状态字的第 4 位 OS 是溢出存储位。OV 位被置 1 时，OS 位也被置 1。OV 位被后面的指令清零后，OS 位仍然保持不变，所以它保存了 OV 位，用于保存前面的指令是否发生过错误。只有 JOS 指令（OS 为 1 时跳转）、块调用指令和块结束指令才能复位 OS 位。

如图 4-90 所示，L 指令将 1100 分别装载到累加器 1 和累加器 2 中，“*I”是整数乘法指令，运算结果为 1210000，超过了 16 位整数乘法的范围 32767，因此产生溢出，状态字的第 4 和 5 位为 1。在实际工程编程中 OS 位较少应用。

程序段 1：标题：

```
L     1100
L     1100
*I
```

RLO	STA	STANDARD	STATUS WORD
0	1	1100	0_0000_0100
0	1	1100	0_0000_0100
0	1	1210000	0_1011_0100

图 4-90　语句表程序状态监控

⑦ 条件码 2(CC1)和条件码 1(CC0)　状态字的 7 位和第 1 位称为条件码 1（CC1）和条件码 0（CC0）。这两位综合起来使用，表示累加器 1 中执行的数学运算或字逻辑运算结果与 0 的大小关系，比较指令的执行结果见表 4-49 和表 4-50。移位和循环移位指令移出的位用 CC1 保存。用户程序一般不直接使用条件码。

表 4-49　算术运算后的 CC1 和 CC0

CC1	CC0	算术运算无溢出	整数算术运算有溢出	浮点数算术运算有溢出
0	0	=0	整数相加下溢出（负数值过小）	正数或负数绝对值过小
0	1	<0	整数相乘下溢出，加减法上溢出（正数过大）	负数绝对值过大
1	0	>0	乘法上溢出，加减法下溢出	正数上溢出
1	1	—	除法或者 MOD 指令的除数为 0	非法浮点数

表 4-50　指令执行后的 CC1 和 CC0

CC1	CC0	算术运算无溢出	移位和循环指令	字逻辑指令
0	0	累加器 2=累加器 1	移出位为 0	结果为 0
0	1	累加器 2<累加器 1	—	—
1	0	累加器 2>累加器 1	移出位为 1	结果不为 0
1	1	非法浮点数	—	—

执行完图 4-90 所示的乘法指令“*I”后，CC1 和 CC0 分别为 1 和 0，表示乘法运算上溢出。

⑧ 二进制结果位 BR　状态字的 7 位为二进制结果位 BR。在梯形图中，用方框图表示某些指令、功能（FC）和功能块（FB）。如图 4-91 所示，I0.0 常开触点接通时，能流流到整数除法指令 DIV_I 的数字量输入端 EN，该指令执行，能流用绿色实线表示。

如果指令执行出错（例如除数为 0），能流就在出现错误的除法指令终止，如图 4-92 所示，他的 ENO 端没有能流流出。ENO 可以作为下一个方框的 EN 输入，也就是几个方框可以串联，只有前一个方框正确执行，与它连接的后面的程序才能被执行。EN 和 ENO 的操作数均为能流，数据类型为布尔型（BOOL）。

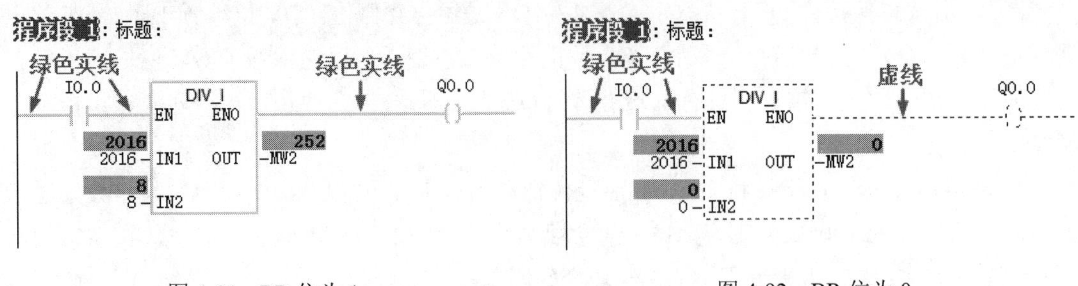

图 4-91　BR 位为 1　　　　图 4-92　BR 位为 0

用语句表编写的 FB（功能块）和 FC（功能）程序中，必须对 BR 进行管理，当 FB 和 FC 执行无错误时，使 RLO 为 1，并存入 BR，反之将 0 存入 BR 中。可以用 SAVE 指令将 RLO 存入 BR。下面的程序是图 4-90 对应的指令表。

```
      A       I      0.0
      JNB     _001              //如果 I0.0=0，则跳转到_001 处
      L       2016              //将 2016 装入累加器 1 的低字节
      L       8                 //将累加器 1 的数据传送到累加器 2，将 8 装入累加器 1
      /I                        //将 2016 除以 8
      T       MW     2          //结果在累加器 1 中，传送到 MW2
      AN      OV                //如果运算没有出错
      SAVE                      //把 RLO 保存到 BR，就是梯形图中 ENO 状态
      CLR                       //清除 RLO
_001:A        BR
      =       Q      0.0        //用 BR 控制 Q0.0
```

（5）数据块寄存器　DB 和 DI 寄存器分别用来保存打开的共享数据块和背景数据块的编号。

4.3.4　位逻辑指令

位逻辑指令用于二进制数的逻辑运算。位逻辑运算的结果简称为 RLO。

位逻辑指令是最常用的指令之一，主要有与指令、与非指令、或指令、或非指令、置位指令、复位指令和输出指令等。

（1）触点与线圈

① A（And）：与指令表示串联的常开触点，检测信号 1，与 And 关联。

② O（Or）：或指令表示并联的常开触点，检测信号 1，与 Or 关联。

③ AN（And Not）：与非指令表示串联的常闭触点，检测信号 0，与 And Not 关联。

④ ON（Or Not）：或非指令表示并联的常闭触点，检测信号 0，与 Or Not 关联。

输出指令“=”将操作结果 RLO 赋值给地址位，与线圈相对应。

与、与非及输出指令示例如图 4-93 所示，图中左侧是梯形图，右侧是与梯形图对应的指

令表。当常开触点 I0.0 和常闭触点 I0.2 都接通时，输出线圈 Q0.0 得电（Q0.0=1），Q0.0=1 实际上就是运算结果 RLO 的数值，I0.0 和 I0.2 是串联关系。

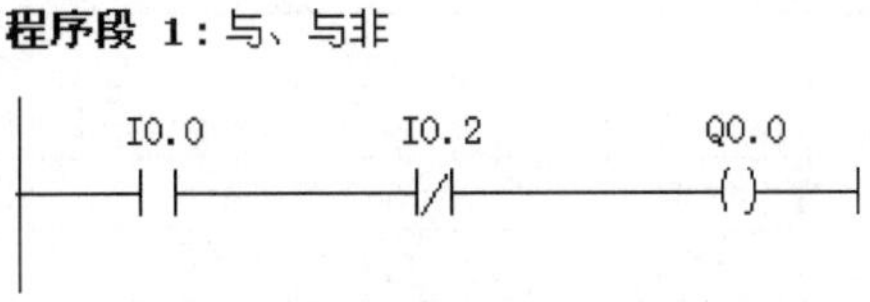

程序段 1：与、与非

```
程序段 1：与、与非
A    I    0.0
AN   I    0.2
=    Q    0.0
```

图 4-93　与、与非及输出指令示例

或、或非及输出指令示例如图 4-94 所示，当常开触点 I0.0、常开触点 Q0.0 和常闭触点 M0.0 有一个接通时，输出线圈 Q0.0 得电（Q0.0=1），I0.0、Q0.0 和 M0.0 是并联关系。

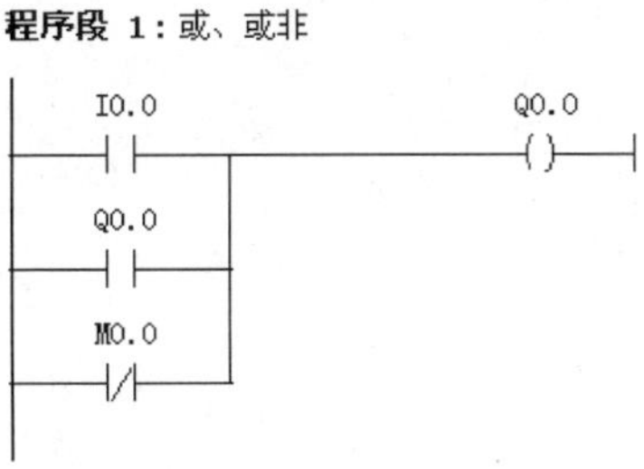

程序段 1：或、或非

```
程序段1：或、或非
O    I    0.0
O    Q    0.0
ON   M    0.0
=    Q    0.0
```

图 4-94　或、或非及输出指令示例

【例 4-46】 CPU 上电运行后，对 MB0～MB3 清零复位，请设计梯形图。

【解】 S7-300/400 内部虽然无上电闭合一个扫描周期的特殊寄存器，但有 2 个方法可解决此问题，方法 1 为编写程序实现该功能，如图 4-95 所示；另一种解法要用到 OB100，将在后续章节讲解。

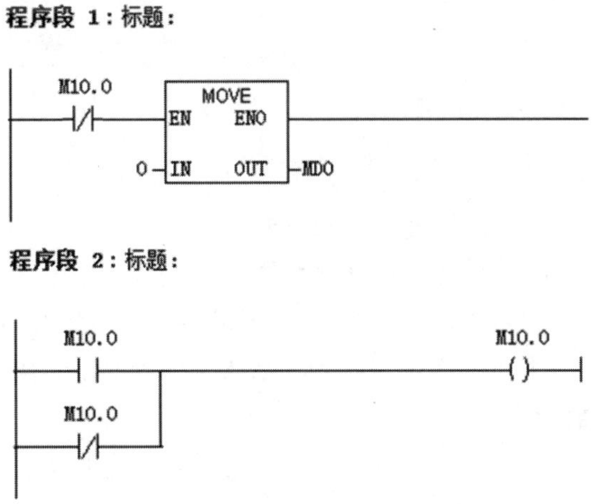

程序段 1：标题：

程序段 2：标题：

图 4-95　梯形图

（2）对 RLO 的直接操作指令　这类指令可直接对逻辑操作结果 RLO 进行操作，改变状态字中 RLO 的状态。对 RLO 的直接操作指令见表 4-51。

取反触点示例如图 4-96 所示，当 I0.0 为 1 时 Q0.0 为 0，反之当 I0.0 为 0 时 Q0.0 为 1。

（3）电路块的串联和并联　与 S7-200 PLC 不同，S7-300/400 PLC 的电路块没有专用的指令。如图 4-97 所示的并联块，实际就是把两个虚线框当作两个块，再将两个块做或运算。

如图 4-98 所示的串联块，实际就是把两个虚线框当作两个块，再将两个块做与运算。

表 4-51　对 RLO 的直接操作指令

梯形图指令	STL 指令	功 能 说 明	说　　明
—|NOT|—	NOT	取反 RLO	在逻辑串中，对当前 RLO 取反
	SET	置位 RLO	将 RLO 置 1
	CLR	复位 RLO	将 RLO 清零
—（SAVE）	SAVE	保存 RLO	将 RLO 保存到状态字的 BR 位

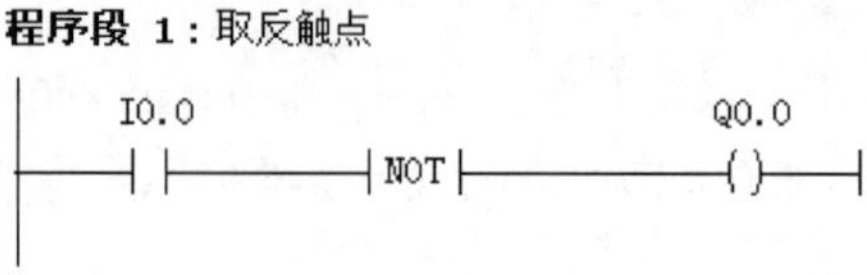

程序段 1：取反触点

I0.0　　NOT　　Q0.0

程序段1：取反触点

```
A    I    0.0
NOT
=    Q    0.0
```

图 4-96　取反触点示例

程序段 1：并联块

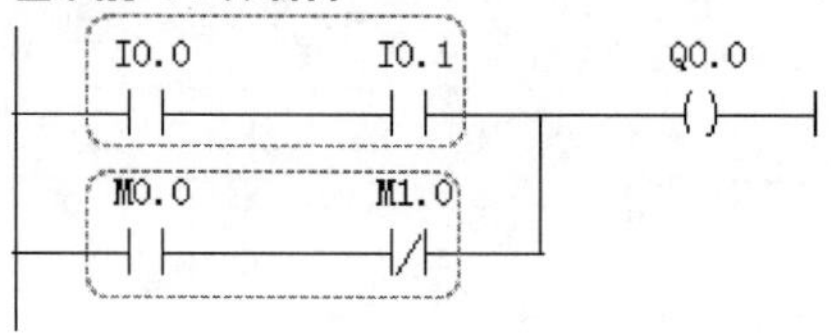


```
A    I    0.0
A    I    0.1
O
A    M    0.0
AN   M    1.0
=    Q    0.0
```

图 4-97　并联块示例

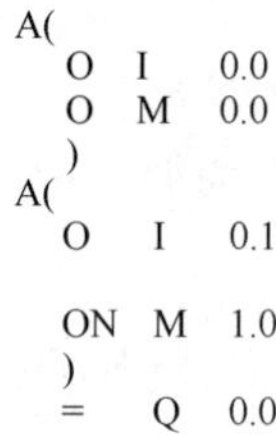

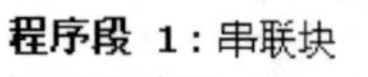

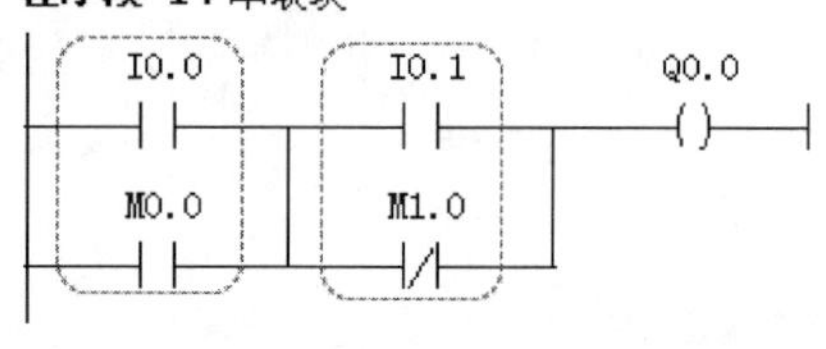

图 4-98　串联块示例

（4）复位与置位指令

① S：置位指令将指定的地址位置位（变为 1，并保持）。

② R：复位指令将指定的地址位复位（变为 0，并保持）。

如图 4-99 所示为置位/复位指令应用例子，当 I0.0 为 1，Q0.0 为 1，之后，即使 I0.0 为 0，Q0.0 保持为 1，直到 I0.1 为 1 时，Q0.0 变为 0。这两条指令非常有用。

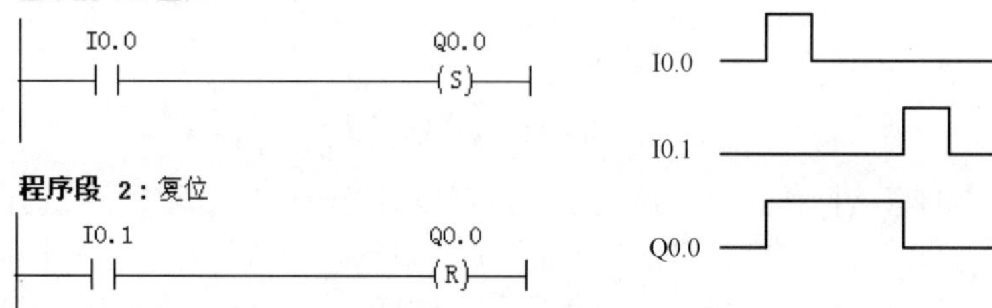

图 4-99　置位/复位指令示例

【关键点】置位/复位指令不一定要成对使用。

【例 4-47】 用置位/复位指令编写“正转—停—反转”的梯形图，其中 I0.0 是正转按钮、I0.1 是反转按钮、I0.2 是停止按钮、Q0.0 是正转输出、Q0.1 是反转输出。

【解】 梯形图和指令表如图 4-100 所示，可见使用置位/复位指令后，不需要用自锁，程序变得更加简洁。

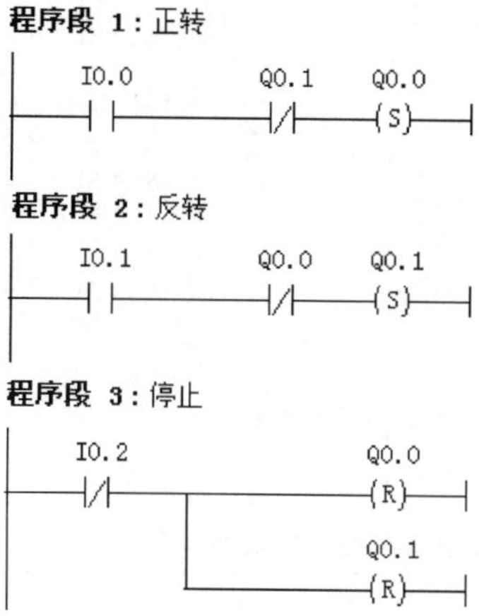

程序段 1：正转

I0.0　Q0.1　Q0.0 (S)

程序段 2：反转

I0.1　Q0.0　Q0.1 (S)

程序段 3：停止

I0.2　Q0.0 (R)　Q0.1 (R)

```
程序段1：正转
   A    I   0.0
   AN   Q   0.1
   S    Q   0.0
程序段2：反转
   A    I   0.1
   AN   Q   0.0
   S    Q   0.1
程序段3：停止
   AN   I   0.2
   R    Q   0.0
   R    Q   0.1
```

图 4-100 “正转—停—反转”梯形图

【例 4-48】 CPU 上电运行后，对 M0.0 置位，并一直保持为 1，请设计梯形图。

【解】 S7-300/400 无上电运行后一直闭合特殊寄存器，设计梯形图如图 4-101 所示。

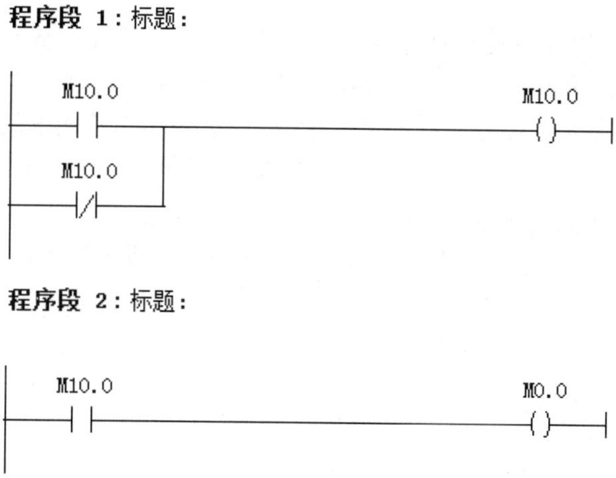

程序段 1：标题：

M10.0　M10.0　M10.0 ( )

程序段 2：标题：

M10.0　M0.0 ( )

图 4-101 梯形图

（5）RS /SR 双稳态触发器

① RS：置位优先型 RS 双稳态触发器。如果 R 输入端的信号状态为“1”，S 输入端的信号状态为“0”，则复位 RS（置位优先型 RS 双稳态触发器）。否则，如果 R 输入端的信号状态为“0”，S 输入端的信号状态为“1”，则置位触发器。如果两个输入端的 RLO 状态均为“1”，则指令的执行顺序是最重要的。RS 触发器先在指定地址执行复位指令，然后执行置位指令，以使该地址在执行余下的程序扫描过程中保持置位状态。RS /SR 双

稳态触发器示例如图 4-102 所示，用一个表格表示这个例子的输入与输出的对应关系，见表 4-52。

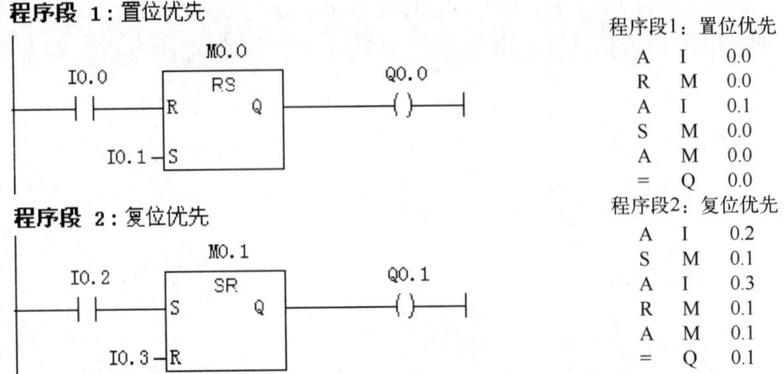

图 4-102 RS /SR 双稳态触发器示例

表 4-52 RS /SR 双稳态触发器输入与输出的对应关系

置位优先 RS				复位优先 SR			
输入状态		输出状态	说明	输入状态		输出状态	说明
I0.0	I0.1	Q0.0	当各个状态断开后，输出状态保持	I0.2	I0.3	Q0.1	当各个状态断开后，输出状态保持
1	0	0		1	0	1	
0	1	1		0	1	0	
1	1	1		1	1	0	

② SR：复位优先型 SR 双稳态触发器。如果 S 输入端的信号状态为“1”，R 输入端的信号状态为“0”，则置位 SR （复位优先型 SR 双稳态触发器）。否则，如果 S 输入端的信号状态为“0”，R 输入端的信号状态为“1”，则复位触发器。如果两个输入端的 RLO 状态均为“1”，则指令的执行顺序是最重要的。SR 触发器先在指定地址执行置位指令，然后执行复位指令，以使该地址在执行余下的程序扫描过程中保持复位状态。

【例 4-49】 用 SR 双稳态触发器指令编写“正转—停—反转”的梯形图，其中 I0.0 是正转按钮、I0.1 是反转按钮、I0.2 是停止按钮、Q0.0 是正转输出、Q0.1 是反转输出。

【解】 先设计其接线图如图 4-103 所示。

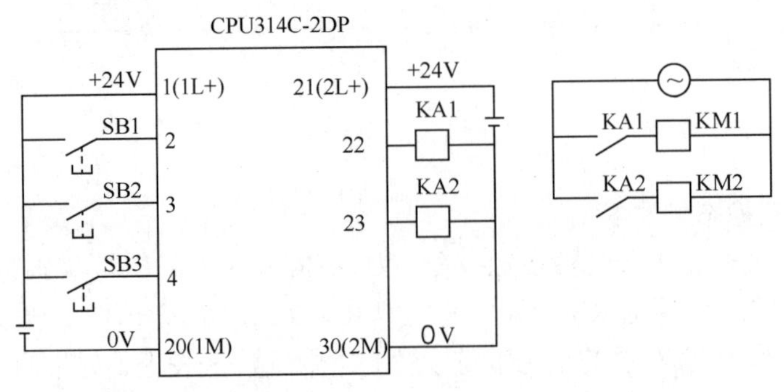

图 4-103 I/O 接线图

梯形图和指令表如图 4-104 所示，可见使用 SR 双稳态触发器指令后，不需要用自锁，程序变得更加简洁。当按下按钮 I0.2 后，由于复位优先，电动机无论正转或者反转都会停下，当复位按钮未按下，且电动机处于停止状态时，按下 I0.0 按钮电动机正转，按下 I0.1 按钮电动机反转。

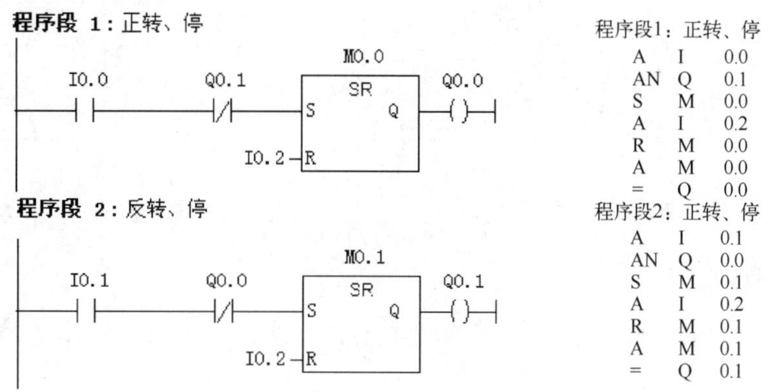

图 4-104 “正转—停—反转”梯形图

（6）边沿检测指令　边沿检测指令有负跳沿检测指令（下降沿检测）和正跳沿检测（上升沿检测）指令。

负跳沿检测指令 FN 检测 RLO 从 1 跳转到 0 时的下降沿，并保持 RLO=1 一个扫描周期。每个扫描周期期间，都会将 RLO 位的信号状态与上一个周期获取的状态比较，以判断是否改变。

下降沿示例的梯形图和指令表如图 4-105 所示，由如图 4-106 所示的时序图可知：当按钮 I0.0 按下后弹起时，产生一个下降沿，输出 O0.0 得电一个扫描周期，这个时间是很短的，肉眼是分辨不出来的，因此若 Q0.0 控制的是一盏灯，肉眼不能分辨出灯已经亮了一个扫描周期。

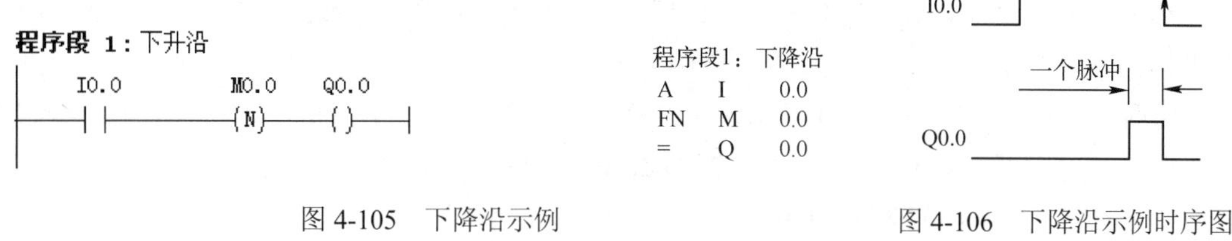

图 4-105　下降沿示例　　图 4-106　下降沿示例时序图

正跳沿检测指令 FP 检测 RLO 从 0 跳转到 1 时的上升沿，并保持 RLO=1 一个扫描周期。每个扫描周期期间，都会将 RLO 位的信号状态与上一个周期获取的状态比较，以判断是否改变。

上升沿示例的梯形图和指令表如图 4-108 所示，由如图 4-107 所示的时序图可知：当按钮 I0.0 按下时，产生一个上升沿，输出 O0.0 得电一个扫描周期，无论按钮闭合多长的时间，输出 Q0.0 只得电一个扫描周期。

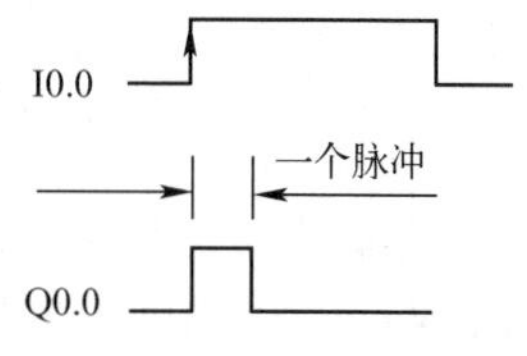

图 4-107　上升沿示例时序图

【例 4-50】 边沿检测指令应用梯形图如图 4-109 所示，请分析程序实现的什么功能？

【解】 当 I0.0 压下时，产生上升沿，触点产生一个扫描周期的时钟脉冲，使输出线圈 Q0.0 置位，并保持。当 I0.0 松开时，产生下降沿，触点产生一个扫描周期的时钟脉冲，使输出线圈 Q0.0 复位，并保持。所以这段程序实现“点动”控制功能。

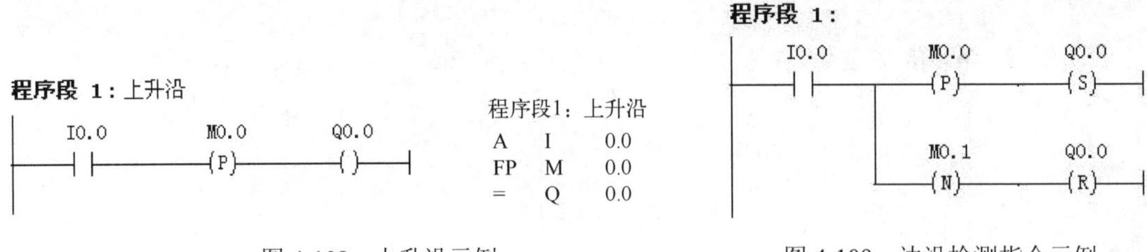

图 4-108 上升沿示例　　图 4-109 边沿检测指令示例

4.3.5 定时器与计数器指令

S7-300/400 与 S7-200 的定时器和计数器的使用方法类似，但也有其自身特色，且功能更加强大。

（1）定时器 STEP 7 的定时器指令相当于继电器接触器控制系统的时间继电器的功能。定时器的数量随 CPU 的类型不同，从 32 个到 512 个不等，一般而言足够用户使用。

① 定时器的种类 STEP 7 的定时器指令较为丰富，除了常用的接通延时定时器（SD）和断开延时定时器（SF）以外，还有脉冲定时器（SP）、扩展脉冲定时器（SE）和保持型接通延时定时器（SS）共 5 类。

② 定时器的使用 定时器有其存储区域，每个定时器有一个 16 位的字和一个二进制的值。定时器的字存放当前定时值。二进制的值表示定时器的接点状态。

a．启动和停止定时器 在梯形图中，定时器的 S 端子可以使能定时器，而定时器的 R 端子可以复位定时器。

b．设定时器的定时时间 STEP 7 中的定时时间由时基和定时值组成，定时时间为时基和定时值的乘积，例如定时值为 1000，时基为 0.01s，那么定时时间就是 10s，很多 PLC 的定时都是采用这种方式。定时器开始工作后 ，定时值不断递减，递减至零，表示时间到，定时器会相应动作。

定时器字的格式如图 4-110 所示，其中第 12 和 13 位（即 m 和 n）是定时器的时基代码，时基代码的含义见表 4-53。定时的时间值以 3 位 BCD 码格式存放，位于 0～11（即 a~l），范围为 0～999。第 14 位和 15 位不用。

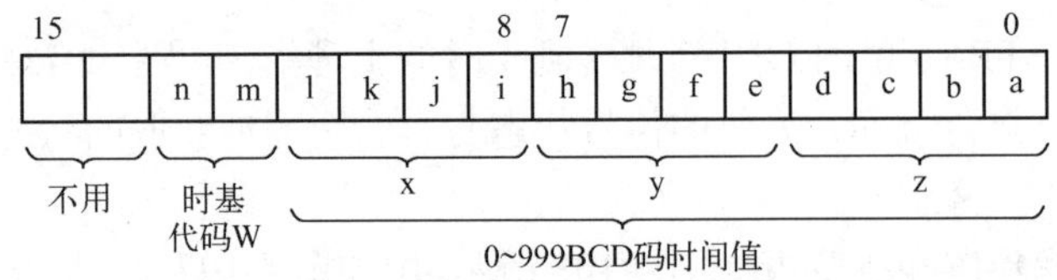

图 4-110 定时器字的格式

定时时间有两种表达方式，十六进制数表示和 S5 时间格式表示。前者的格式为：W#16#wxyz，其中 w 是时间基准代码，xyz 是 BCD 码的时间值。例如时间表述为：W#16#1222，则定时时间为 222×0.1s=22.2s。

表 4-53 时基与定时范围对应表

时基二进制代码	时 基	分辨率/s	定 时 范 围
00	10ms	0.01	10ms~9s_990ms
01	100ms	0.1	100ms~1m_39s_900ms
10	1s	1	1s~16m_39s
11	10s	10	10s~2h_46m_30s

S5 时间格式为：S5T#aH_bM_cS_dMS，其中 a 表示小时，b 表示分钟，c 表示秒钟，d 表示毫秒，含义比较明显。例如 S5T#1H_2M_3S 表示定时时间为 1 小时 2 分 3 秒。这里的时基是 PLC 自动选定的。

③ 接通延时定时器（SD） 接通延时定时器（SD）相当于继电器接触器控制系统中的通电延时时间继电器。通电延时继电器的工作原理是：线圈通电，触点延时一段时间后动作。SD 指令是当逻辑位接通时，定时器开始定时，计时过程中，定时器的输出为“0”，定时时间到，输出为“1”，整个过程中逻辑位要接通，只要逻辑位断开，则输出为“0”。接通延时定时器最为常用。接通延时定时器的线圈指令和参数见表 4-54。

表 4-54 接通延时定时器线圈指令和参数

LAD	参 数	数 据 类 型	存 储 区	说 明
T no.	T no.	TIMER	T	表示要启动的定时器号
—(SD)	时间值	S5TIME	I、Q、M、D、L	定时器时间值

用一个例子来说明 SD 线圈指令的使用，梯形图和指令表如图 4-111 所示，对应的时序图如图 4-112 所示。当 I0.0 闭合时，定时器 T0 开始定时，定时 1s 后（I0.0 一直闭合），Q0.0 输出高电平“1”，若 I0.0 的闭合时间不足 1s，Q0.0 输出为“0”，若 I0.0 断开，Q0.0 输出为“0”。无论什么情况下，只要复位输入端起作用，本例为 I0.1 闭合，则定时器复位，Q0.0 输出为“0”。

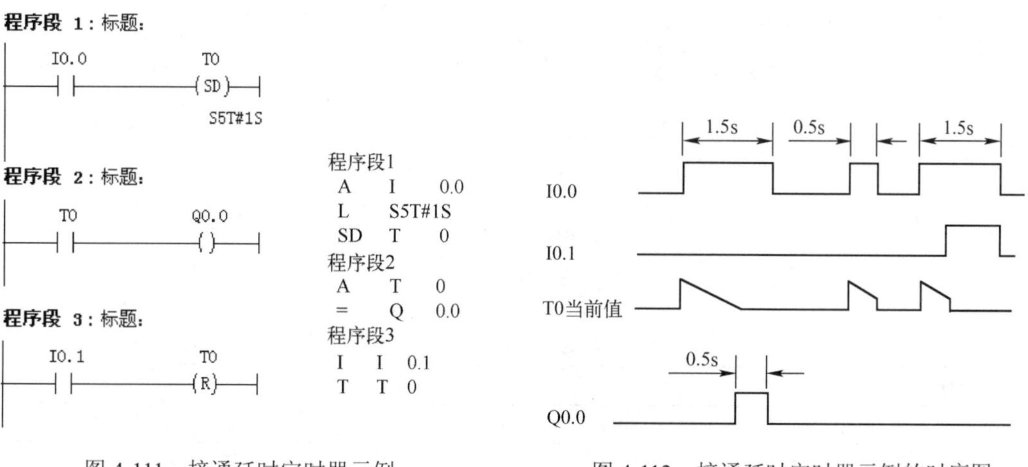

图 4-111 接通延时定时器示例

图 4-112 接通延时定时器示例的时序图

STEP 7 除了提供接通延时定时器线圈指令外，还提供更加复杂的方框指令来实现相应的定时功能。接通延时定时器方框指令和参数见表 4-55。

表 4-55 接通延时定时器方框指令和参数

LAD	参数	数据类型	说明	存储区
T no. S_ODT S Q TV BI R BCD	T no.	TIMER	要启动的定时器号，如 T0	T
	S	BOOL	启动输入端	I，Q，M，D，L
	TV	S5TIME	定时时间（S5TIME 格式）	
	R	BOOL	复位输入端	
	Q	BOOL	定时器的状态	
	BI	WORD	当前时间（整数格式）	
	BCD	WORD	当前时间（BCD 码格式）	

【例 4-51】 用 S7-300 控制一盏灯的闪烁，闪烁频率为 1Hz，要求用接通延时定时器，请设计梯形图。

【解】 梯形图如图 4-113 所示。这个梯形图比较简单，但初学者往往不易理解。控制过程是：当 I0.0 合上，定时器 T0 定时 0.5s 后，Q0.0 控制的灯亮，与此同时定时器 T1 启动定时，0.5s 后，T1 的常闭触点断开切断 T0，进而 T0 的常开触点切断 T1 和 Q0.0，灯灭；此时 T1 的常闭触点闭合 T0 又开始定时，如此周而复始，Q0.0 控制灯闪烁。另一种解法如图 4-114 所示。

程序段 1：标题：

I0.0 T1 T0 (SD) S5T#500MS

程序段 2：标题：

T0 T1 (SD) S5T#500MS

Q0.0 ( )

图 4-113 梯形图

④ 断开延时定时器（SF） 断开延时定时器（SF）相当于继电器控制系统的断电延时时间继电器，是定时器指令中唯一一个由下降沿启动的定时器指令。断开延时定时器的线圈指令和参数见表 4-56。

程序段 1：标题：

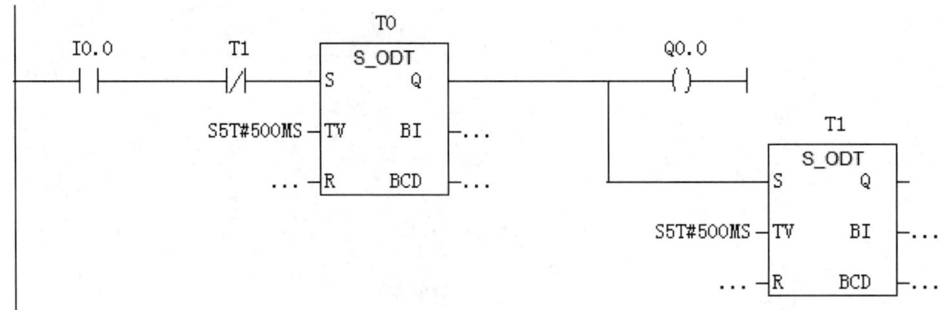

图 4-114 梯形图

表 4-56 断开延时定时器线圈指令和参数

LAD	参数	数据类型	存储区	说明
T no.	T no.	TIMER	T	表示要启动的定时器号
—(SF)	时间值	S5TIME	I、Q、M、D、L	定时器时间值

用一个例子来说明 SF 线圈指令的使用，梯形图和指令表如图 4-115 所示，对应的时序图如图 4-116 所示。当 I0.0 闭合时，Q0.0 输出高电平“1”，当 I0.0 断开时产生一个下降沿，定时器 T0 开始定时，定时 1s 后（无论 I0.0 是否闭合），定时时间到，Q0.0 输出为低电平“0”。

任何时候复位有效时，定时器 T0 定时停止，Q0.0 输出为低电平“0”。

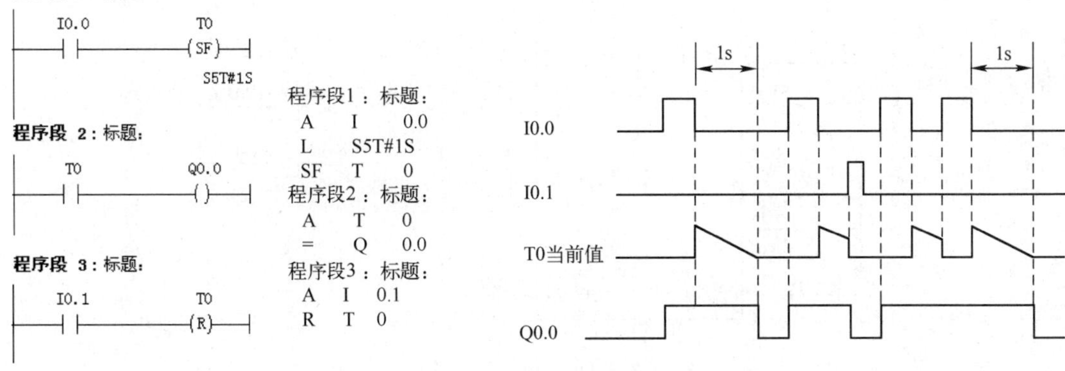

图 4-115　断开延时定时器示例　　　图 4-116　断开延时定时器示例的时序图

STEP 7 除了提供断开延时定时器线圈指令外，还提供更加复杂的方框指令来实现相应的定时功能。断开延时定时器方框指令和参数见表 4-57。

表 4-57　断开延时定时器方框指令和参数

LAD	参　数	数据类型	说　明	存储区
T no. S_OFFDT S　Q TV　BI R　BCD	T no.	TIMER	要启动的定时器号，如 T0	T
	S	BOOL	启动输入端	I，Q，M，D，L
	TV	S5TIME	定时时间（S5TIME 格式）	
	R	BOOL	复位输入端	
	Q	BOOL	定时器的状态	
	BI	WORD	当前时间（整数格式）	
	BCD	WORD	当前时间（BCD 码格式）	

【例 4-52】 鼓风机系统一般有引风机和鼓风机两级构成。当按下启动按钮之后，引风机先工作，工作 5s 后，鼓风机工作。按下停止按钮之后，鼓风机先停止工作，5s 之后，引风机才停止工作，请编写程序。

【解】 ① PLC 的 I/O 分配见表 4-58。

表 4-58　PLC 的 I/O 分配表

输　入			输　出		
名　称	符　号	输入点	名　称	符　号	输出点
开始按钮	SB1	I0.0	鼓风机	KA1	Q0.0
停止按钮	SB2	I0.1	引风机	KA2	Q0.1

② 控制系统的接线。鼓风机控制系统的接线比较简单，如图 4-117 所示。

③ 编写程序。引风机在按下停止按钮后还要运行 5s，容易想到要使用 SF 定时器；鼓风机在引风机工作 5s 后才开始工作，因而容易想到用 SD 定时器，不难设计梯形图，如图 4-118 所示。

（2）计数器　计数器的功能是完成计数功能，可以实现加法计数和减法计数，计数范围是 0～999，计数器有 3 种类型：加计数器（S_CU）、减计数器（S_CD）和加减计数器（S_CUD）。

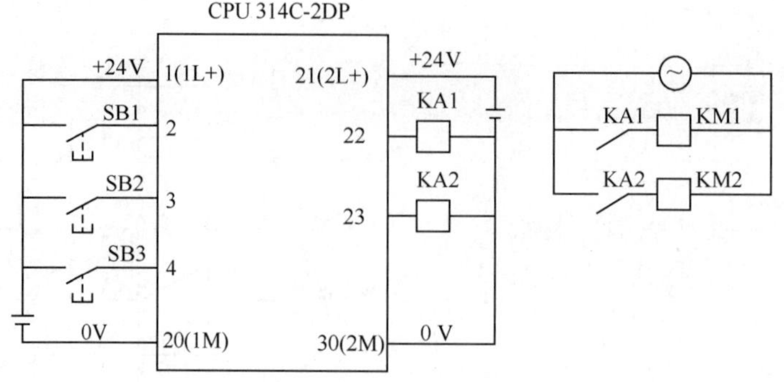

图 4-117 PLC 接线图

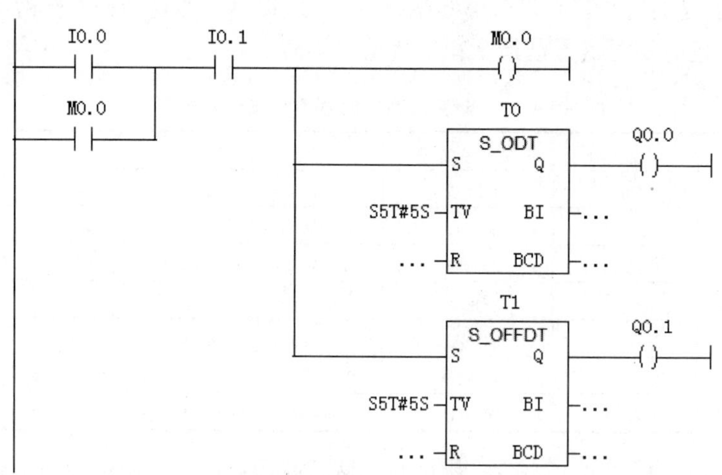

图 4-118 鼓风机控制梯形图

① 计数器的存储区 在 CPU 的存储区中，为计数器保留有存储区。该存储区为每个计数器地址保留一个 16 位的字。计数器的存储格式如图 4-119 所示，其中 BCD 码格式的计数值占用字的 0～11 位，共 12 位，而 12～15 位不使用；二进制格式的计数值占用字的 0～9 位，共 10 位，而 10～15 位不使用。梯形图指令支持 256 个计数器。

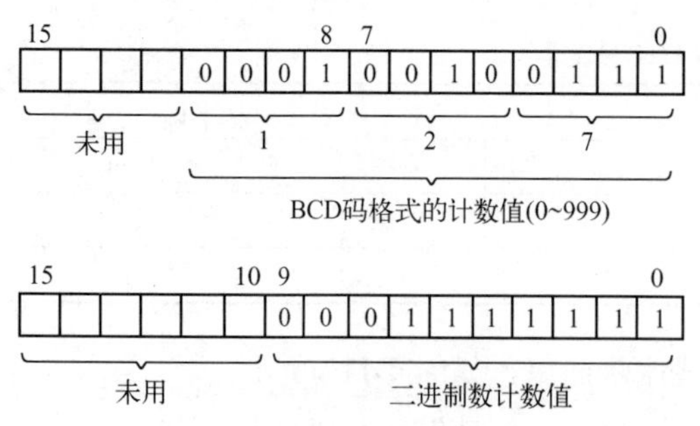

图 4-119 计数器字的格式

② 加计数器（S_CU） 加计数器（S_CU）在计数初始值预置输入端 S 上有上升沿时，PV 装入预置值，输入端 CU 每检测到一次上升沿，当前计数值 CV 加 1（前提是 CV 小于 999）；当前计数值大于 0 时，Q 输出为高电平“1”；当 R 端子的状态为“1”时，计数器复位，当前计数值 CV 为“0”，输出也为“0”。加计数器指令和参数见表 4-59。

表 4-59 加计数器指令和参数

LAD	参 数	数据类型	说 明	存 储 区
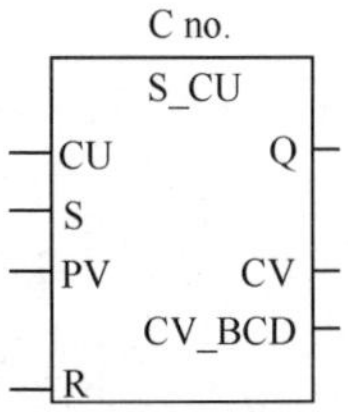 C no. S_CU CU Q S PV CV CV_BCD R	C no.	COUNTER	要启动的计数器号，如 C0	C
	CU	BOOL	加计数输入	I，Q，M，D，L
	S	BOOL	计数初始值预置输入端	
	PV	WORD	初始值的 BCD 码	
	R	BOOL	复位输入端	
	Q	BOOL	计数器的状态输出	
	CV	WORD	当前计数值（整数格式）	
	CV_BCD	WORD	当前计数值（BCD 码格式）	

【例 4-53】 设计一个程序，实现用一个单按钮控制一盏灯的亮和灭，即按奇数次压下按钮时，灯亮，按偶数次压下按钮时，灯灭。

【解】 当 I0.0 第一次合上时，M0.0 接通一个扫描周期，使得 Q0.0 线圈得电一个扫描周期，当下一次扫描周期到达，Q0.0 常开触点闭合自锁，灯亮。

当 I0.0 第二次合上时，M0.0 接通一个扫描周期，C0 计数为 2，Q0.0 线圈断电，使得灯灭，同时计数器复位。梯形图如图 4-120 所示。

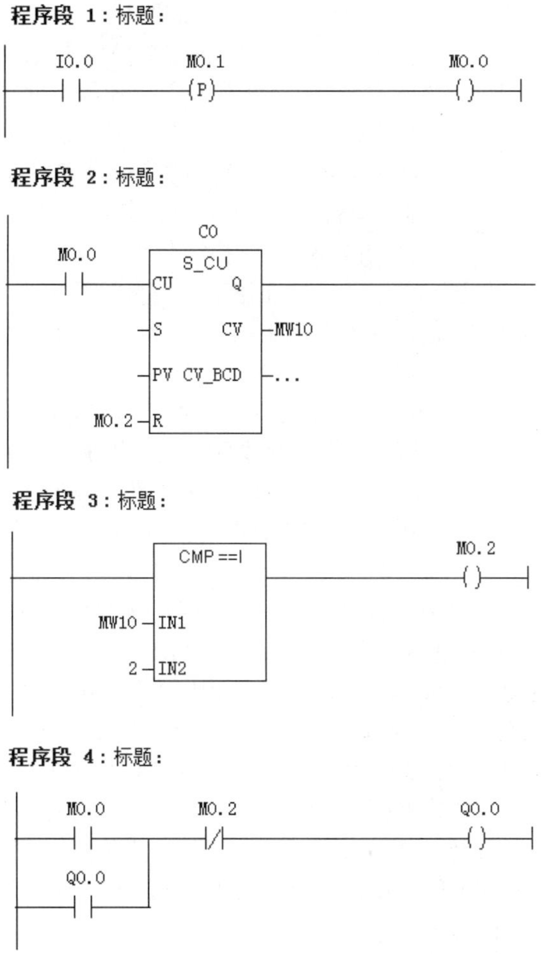

图 4-120 梯形图

【关键点】S7-200 PLC 的增计数器（如 C0），当计数值到预置值时，C0 的常开触点闭合，常闭触点断开，S7-300 PLC 的计数器无此功能。

减计数器（S_CD）和加减计数器（S_CUD）的使用方法不做赘述。

4.3.6 其他常用指令

（1）装载与传送指令　装载 L 和传送指令 T 用于存储器之间或者存储区和过程输入、输出之间交换数据。装载和传送指令需要累加器的参与。

装载（Load，L）指令将源操作数装入累加器 1，而累加器 1 原有的数据移入累加器 2。装入指令可以对字节（8 位）、字（16 位）、双字（32 位）数据并行操作。

传送（Transfer，T）指令将累加器 1 中的内容写入目的存储区中，累加器 1 的内容不变。

① 立即寻址的装载与传送指令　立即寻址的操作数直接在指令中，下面是使用立即寻址的例子。

```
L   -38                       //将 16 位十进制常数-38 装入累加器 1 的低字 ACCU1-L
L   L#5                       //将 32 位常数 5 装入累加器 1
L   2#0001_1001_1110_0010     //将 16 位二进制常数装入累加器 1 的低字 ACCU1-L
L   25.38                     //将 32 位浮点数常数（25.38）装入累加器 1
L ‘ABCD’                      //将 4 个字符装入累加器 1
L   TOD#12:30:3.0             //将 32 位实时时间常数装入累加器 1
L   D#2004-2-3                //将 16 位日期常数装入累加器 1 的低字 ACCU1-L
L   C#50                      //将 16 位计数器常数装入累加器 1 的低字 ACCU1-L
L   T#1M20S                   //将 16 位定时器常数装入累加器 1 的低字 ACCU1-L
L   S5T#2S                    //将 16 位定时器常数装入累加器 1 的低字 ACCU1-L
L   P#M5.6                    //将指向 M5.6 的指针装入累加器 1
```

② 直接寻址的装载与传送指令　直接寻址在指令中直接给出存储器或寄存器的区域、长度和位置，例如用 MW200 指定位存储区中的字，地址为 200。下面是直接寻址的程序实例：

```
A   I0.0                      //输入位 I0.0 的“与”（AND）操作
L   MB10                      //将 8 位存储器字节装入累加器 1 最低的字节 ACCU1-LL
L   DIW15                     //将 16 位背景数据字装入累加器 1 的低字 ACCU1-L
L   LD22                      //将 32 位局域数据双字装入累加器 1
T   QB10                      //将 ACCU1-LL 中的数据传送到过程映像输出字节 QB10
T   MW14                      //将 ACCU1-L 中的数据传送到存储器字 MW14
T   DBD2                      //将 ACCU1 中的数据传送到数据双字 DBD2
```

③ 存储器间接寻址　在存储器间接寻址指令中，给出一个作地址指针的存储器，该存储器的内容是操作数所在存储单元的地址。在循环程序中经常使用存储器间接寻址。

地址指针可以是字或双字，如定时器（T）、计数器（C）、数据块（DB）、功能块（FB）和功能（FC）的编号范围小于 65535，使用字指针。其他地址则要使用双字指针，如果要用双字格式的指针访问一个字、字节或双字存储器，必须保证指针的位编号为 0，例如 P#Q20.0。

L　QB[DBD 10]　//将输出字节装入累加器 1，输出字节的地址指针在数据双字 DBD10 中，如果 DBD10 的值为 2＃0000 0000 0000 0000 0000 0000 0010 0000，装入的是 QB4

A　M[LD 4]　//对存储器位作“与”运算，地址指针在数据双字 LD4 中，如果 LD4 的值为 2＃0000 0000 0000 0000 0000 0000 0010 0011，则是对 M4.3 进行操作

④ 寄存器间接寻址 地址寄存器 AR1 和 AR2 的内容加上偏移量形成地址指针，指向数值所在的存储单元。其中第 0～2 位（xxx）为被寻址地址中位的编号（0～7），第 3～18 位为被寻址地址的字节编号（0～65535）。第 24～26 位（rrr）为被寻址地址的区域标识号，第 31 位 x = 0 为区域内的间接寻址，第 31 位 x = 1 为区域间的间接寻址。

第一种地址指针格式存储区的类型在指令中给出，例如 LDBB[AR1, P#6.0]。在某一存储区内寻址。第 24～26 位（rrr）应为 0。

第二种地址指针格式的第 24～26 位还包含存储区域标识符 rrr，区域间寄存器间接寻址。

如果要用寄存器指针访问一个字节、字或双字，必须保证指针中的位地址编号为 0。

指针常数＃P5.0 对应的二进制数为 2＃0000 0000 0000 0000 00000000 0010 1000。下面是区内间接寻址的例子：

```
L   P#5.0               //将间接寻址的指针装入累加器 1
LAR1                    //将累加器 1 中的内容送到地址寄存器 1
A   M[AR1, P#2.3]       //AR1 中的 P#5.0 加偏移量 P#2.3, 实际上是对 M7.3 进行操作
=   Q[AR1, P#0.2]       //逻辑运算的结果送 Q5.2
L   DBW[AR1, P#18.0]    //将 DBW23 装入累加器 1
```

下面是区域间间接寻址的例子：

```
L   P#M6.0              //将存储器位 M6.0 的双字指针装入累加器 1
LAR1                    //将累加器 1 中的内容送到地址寄存器 1
T   W[AR1, P#50.0]      //将累加器 1 中的内容传送到存储器字 MW56
```

P#M6.0 对应的二进制数为 2#1000 0011 0000 0000 0000 0000 0011 0000。因为地址指针 P#M6.0 中已经包含有区域信息，使用间接寻址的指令 T W[AR1, P#50]中没有必要再用地址标识符 M。

⑤ 装载时间值或计数值

```
L    T5                 //将定时器 T5 中的二进制时间值装入累加器 1 的低字中
LC   T5                 //将定时器 T5 中的 BCD 码格式的时间值装入累加器 1 低字中
L    C3                 //将计数器 C3 中的二进制计数值装入累加器 1 的低字中
LC   C16                //将计数器 C16 中的 BCD 码格式的值装入累加器 1 的低字中
```

⑥ 地址寄存器的装载与传送指令 可以不经过累加器 1，与地址寄存器 AR1 和 AR2 交换数据。下面是应用实例：

```
LAR1   DBD20            //将数据双字 DBD20 中的指针装入 AR1
LAR2   LD180            //将局域数据双字 LD180 中的指针装入 AR2
LAR1   P#M10.2          //将带存储区标识符的 32 位指针常数装入 AR1
LAR2   P#24.0           //将不带存储区标识符 32 位指针常数装入 AR2
TAR1   DBD20            //AR1 中的内容传送到数据双字 DBD20
TAR2   MD24             //AR2 中的内容传送到存储器双字 MD24
```

⑦ 装载与传送指令（MOVE） 对于初学者掌握指令表装载（L）与传送（T）是有些难度的，若读者先从梯形图中的传送指令学起，则容易理解，特别是对梯形图比较熟悉的读者更是如此。

当允许输入端的状态为“1”时，启动此指令，将 IN 端的数值输送到 OUT 端的目的地地址中，IN 和 OUT 有相同的信号状态，装载与传送指令（MOVE）的指令及参数见表 4-60。

表 4-60 装载与传送指令（MOVE）指令及参数

LAD	参数	数据类型	说明	存储区
MOVE EN ENO IN OUT	EN	BOOL	允许输入	I，Q，M，D，L
	ENO	BOOL	允许输出	
	OUT	所有长度为 8、16 或 32 位的基本数据类型	目的地地址	
	IN		源数据源	

用一个例子来说明装载与传送指令（MOVE）的使用，梯形图如图 4-121 所示，当 I0.0 闭合，MW20 中的数值（假设为 8），传送到目的地地址 MW22 中，结果是 MW20 和 MW22 中的数值都是 8。Q0.0 的状态与 I0.0 相同，也就是说，I0.0 闭合时，Q0.0 为“1”；I0.0 断开时，Q0.0 为“0”。

将图 4-121 所示的梯形图转化成指令表如下：

```
      A     I     0.0
      JNB   _001              //如果 I1.0 = 0，则跳转到标号_001 处
      L     MW    20          //MW20 的值装入累加器 1 的低字
      T     MW    22          //累加器 1 低字的内容传送到 MW22
      SET                     //将 RLO 置为 1
      SAVE                    //将 RLO 保存到 BR 位
      CLR                     //将 RLO 置为 0
_001: A     BR                //状态字
      =     Q     0.0
```

【例 4-54】 用传送指令，设计一个梯形图将存储区 MB0~MB3 的数据清除。

【解】 MB0~MB3 实际上就是 MD0，因此用一条传送指令即可，梯形图如图 4-122 所示。

【关键点】 传送指令的输入端的数据类型可以是常数、字节、整数、双整数和实数，使用非常灵活。

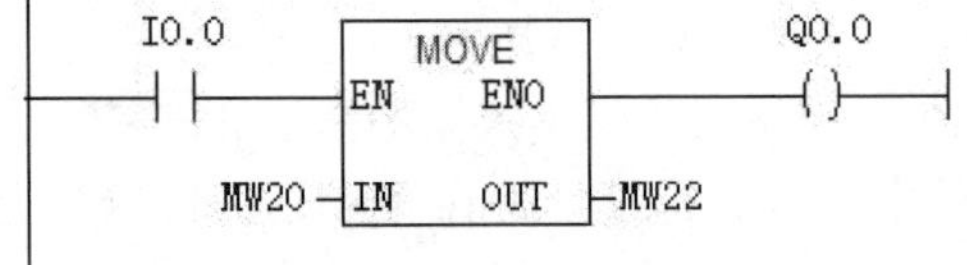

图 4-121 装载与传送梯形图指令示例

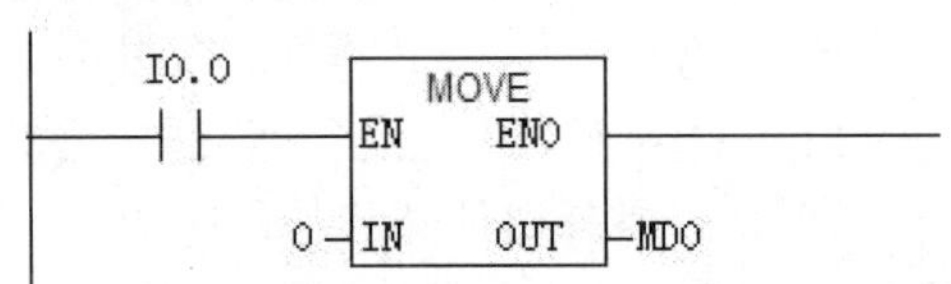

图 4-122 梯形图

（2）控制指令 控制指令包括逻辑控制指令和程序控制指令。逻辑控制指令是指逻辑块中的跳转和循环指令。在没有执行跳转和循环指令之前，各语句按照先后顺序执行，也就是线性扫描。而逻辑控制指令终止了线性扫描，跳转到地址标号（Label）所指的地址，程序再次开始线性扫描。逻辑控制指令没有参数，只有一个地址标号，地址标号的作用如下：

① 逻辑转移指令的地址是一个地址标号。

地址标号最多由 4 个字母组成，第一个字符是字母，后面的字符可以是字母或者字符。

② 目的地址标号必须从一个网络开始。

跳转指令有几种形式，即无条件跳转、多分支跳转指令、与 RLO 和 BR 有关的跳转指令、与信号状态有关的跳转指令、与条件码 CC0 和 CC1 有关的跳转指令。逻辑控制指令见表 4-61。

表 4-61 逻辑控制指令

指 令	状态位触点指令	说 明
JU	—	无条件跳转
JL	—	多分支跳转
JC	—	RLO=1 时跳转
JCN	—	RLO=0 时跳转
JCB	—	RLO=1 且 BR＝1 时跳转
JNB	—	RLO=0 且 BR＝1 时跳转
JBI	BR	BR=1 时跳转
JNBI	—	BR=0 时跳转
JO	OV	OV=1 时跳转
JOS	OS	OS=1 时跳转
JZ	＝＝0	运算结果为 0 时跳转
JN	<>0	运算结果非 0 时跳转
JP	>0	运算结果为正时跳转
JM	<0	运算结果为负时跳转
JPZ	>=0	运算结果大于等于 0 时跳转
JMZ	<=0	运算结果小于等于 0 时跳转
JUO	UO	指令出错时跳转
LOOP	—	循环指令

跳转指令：当逻辑位为“1”时，在块内执行跳转到标号处。跳转指令有两种使用情况：无条件跳转和条件跳转。当梯形图中的左母线与指令间没有其他梯形图元素时执行的是无条件跳转，示例如图 4-123 所示。

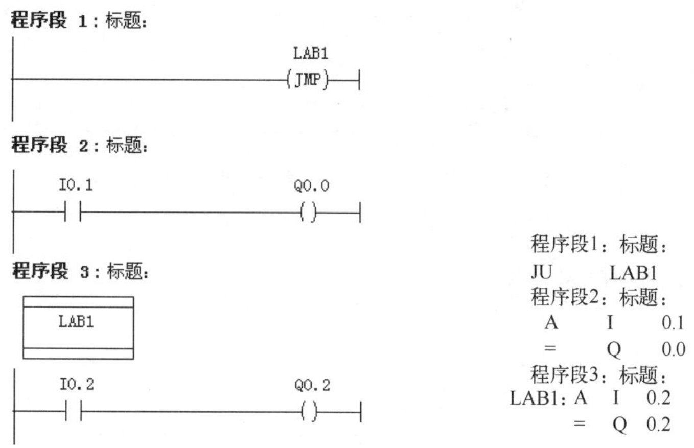

图 4-123 无条件跳转指令示例

当前逻辑运算的 RLO 为“1”时，执行的是条件跳转，示例如图 4-124 所示。当 I0.0 闭合时，执行条件跳转指令，跳转到标号 LAB1 处（本例为程序段 3），此时无论 I0.1 是否闭合，Q0.0 都为低电平；而当 I0.0 断开时，不执行跳转指令，程序按照顺序执行，I0.1 闭合，Q0.0 为高电平，I0.1 断开，Q0.0 为低电平。

【例 4-55】 求和 $\sum_{i=0}^{100} i$，请设计梯形图。

【解】 梯形图如图 4-125 所示。很显然要用跳转指令构造一个循环累加程序，当累加到 100 为止，运算结果保存在 MW8 中为 16#13BA（十进制为 5050）。

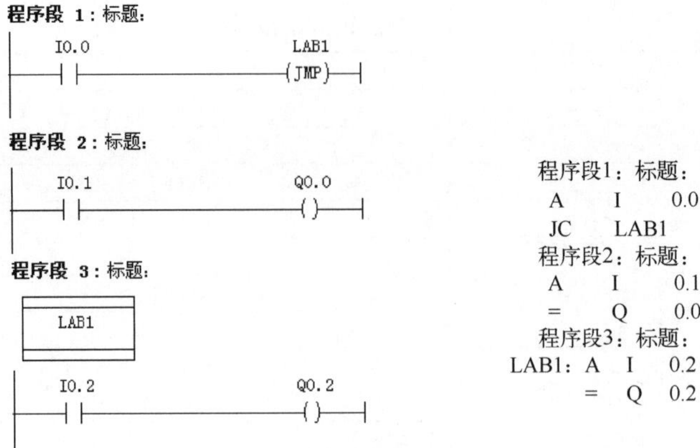

图 4-124 条件跳转指令示例

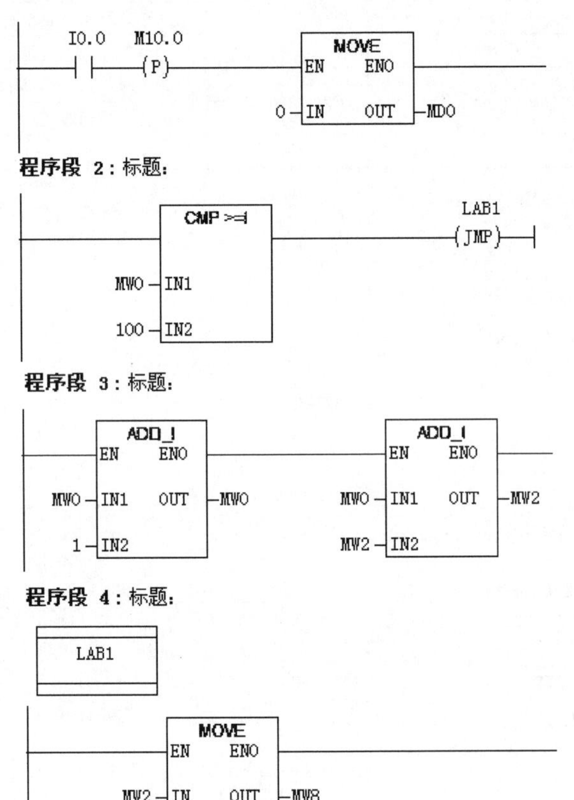

图 4-125 梯形图

S7-300/400 系列 PLC 的比较指令、转换指令、移位与循环指令和算术运算指令与 S7-200 系列 PLC 的使用方法几乎一样，因此在此不做赘述。

4.4 S7-300/400 PLC 的程序结构

功能、功能块和组织是 S7-300/400/1200/1500 特有的，而 S7-200 和 S7-200 SMART 没有。

4.4.1 功能、功能块和数据块

（1）概述 在操作系统中包含了用户程序和系统程序，操作系统已经固化在 CPU 中，它提供 CPU 运行和调试的机制。CPU 的操作系统是按照事件驱动扫描用户程序的。用户程序写在不同的块中，CPU 按照执行的条件成立与否执行相应的程序块或者访问对应的数据块。用户程序则是为了完成特定的控制任务，是由用户编写的程序。用户程序通常包括组织块（OB）、功能块（FB）、功能（FC）和数据块（DB）。系统块包括系统功能（SFC）、系统功能块（SFB）和系统数据块（SDB）。

（2）功能（FC）

① 功能（FC）简介

a. 功能（FC）是用户编写的程序块。功能是一种“不带内存”的逻辑块。属于 FC 的临时变量保存在本地数据堆栈中。执行 FC 时，该数据将丢失。为永久保存该数据，功能也可使用共享数据块。由于 FC 本身没有内存，因此必须始终给它指定实际参数。不能给 FC 的本地数据分配初始值。

b. FC 里有一个局域变量表和块参数。局域变量表里有：IN（输入参数）、OUT（输出参数）、IN_OUT（输入/输出参数）、TEMP（临时数据）、RETURN（返回值 RET_VAL）。IN（输入参数）将数据传递到被调用的块中进行处理。OUT（输出参数）是将结果传递到调用的块中。IN_OUT（输入/输出参数）将数据传递到被调用的块中，在被调用的块中处理数据后，再将被调用的块中发送的结果存储在相同的变量中。TEMP（临时数据）是块的本地数据，并且在处理块时将其存储在本地数据堆栈。关闭并完成处理后，临时数据就变得不再可访问。RETURN 包含返回值 RET_VAL。

② 功能（FC）的应用 功能（FC）类似于 VB 语言中的子程序，用户可以将具有相同控制过程的程序编写在 FC 中，然后在主程序 OB1 中调用。功能的应用并不复杂，先建立一个项目，再在 SIMATIC 管理器界面中选中“块”，接着单击菜单栏的 “插入”→“S7 块”→“功能”，即可插入一个空的功能。以下用两个例题讲解功能（FC）的应用。

【例 4-56】 用功能实现电动机的启停控制。

【解】 a. 先新建一个项目，本例为“启停控制”。选中“块”，接着单击菜单栏的“插入”→“S7 块”→“功能”，即可插入一个空的功能，如图 4-126 所示。

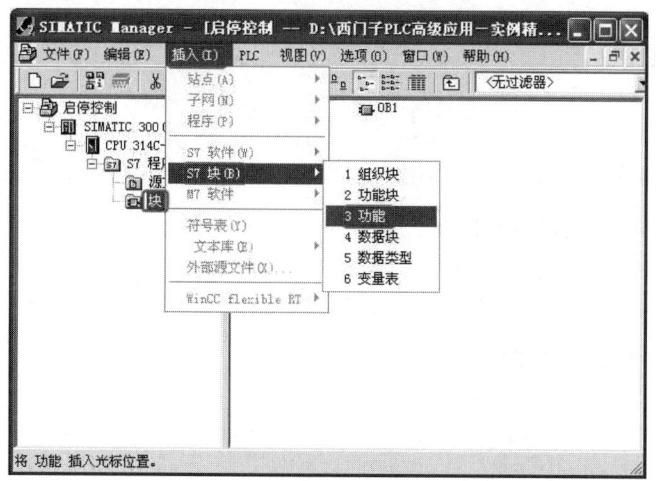

图 4-126 插入功能

b．如图 4-127 所示，在“属性－功能”界面中，输入功能的名称，再单击“确定”按钮。再双击“FC1”，打开功能，如图 4-128 所示。

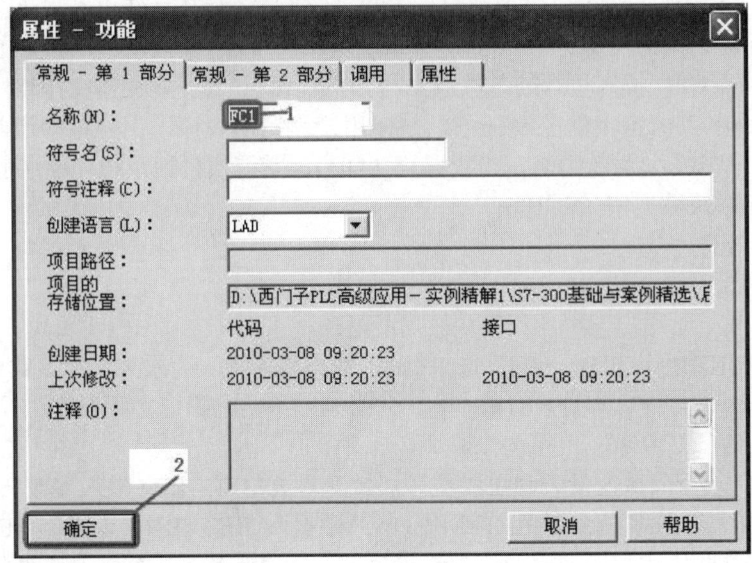

图 4-127　“属性－功能”界面

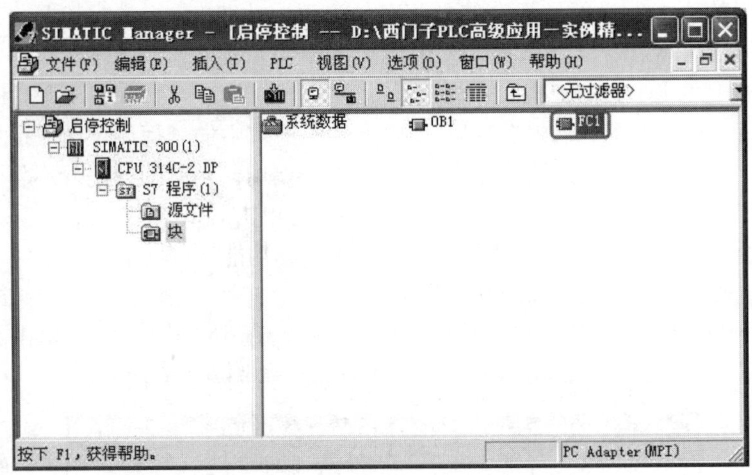

图 4-128　打开功能

c．在“程序编辑器”中输入如图 4-129 所示的程序，此程序能实现启停控制，再保存程序。

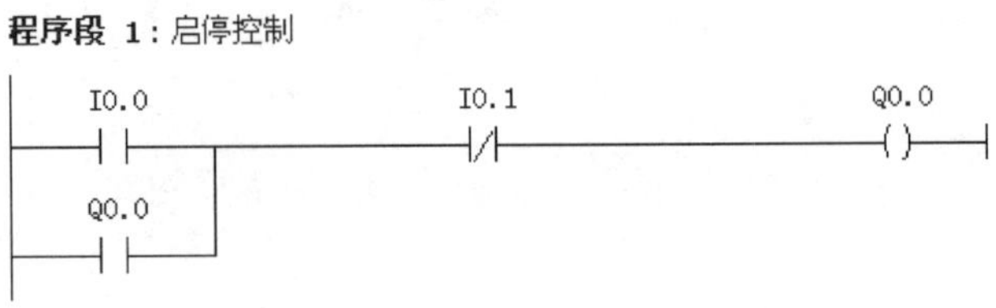

程序段 1：启停控制

I0.0
I0.1
Q0.0
Q0.0

图 4-129　功能中的程序

d．在 SIMATIC 管理器界面，双击“OB1”，打开主程序块“OB1”，如图 4-130 所示。

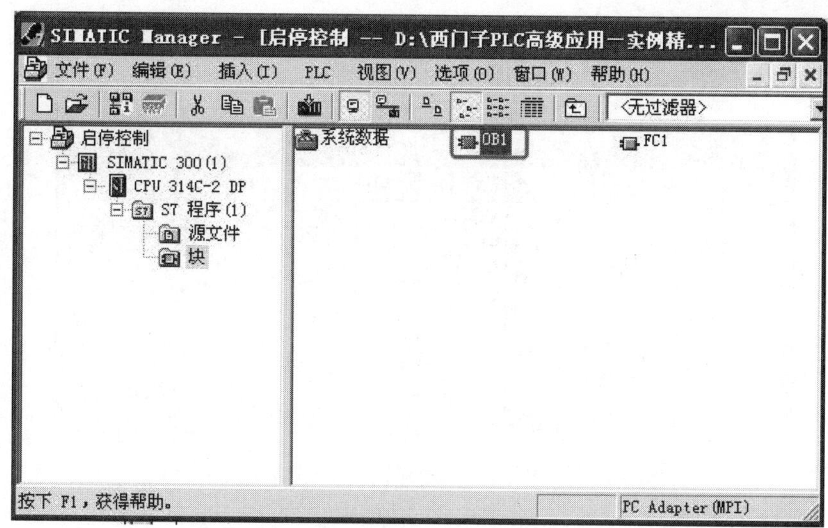

图 4-130　打开主程序块

e．将功能“FC1”拖入程序段 1，如图 4-131 所示。如果将整个工程下载到 PLC 中，就可以实现“启停控制”。

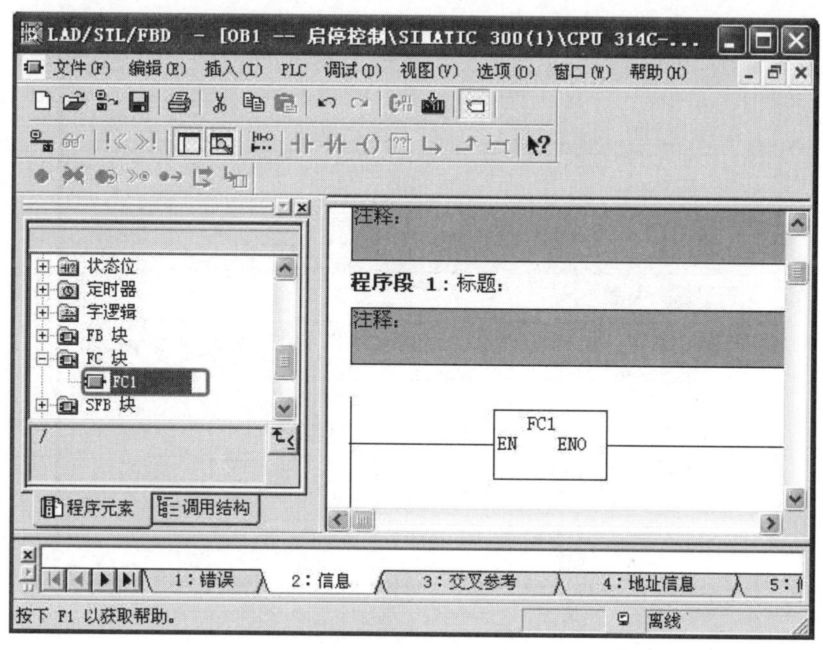

图 4-131　在主程序中调用功能

在例 4-56 中，只能用 I0.0 实现启动，而用 I0.1 实现停止，这种功能调用方式是绝对调用，在工程中较为常用，本例也可用相对调用实现，详见例 4-57。

【例 4-57】 用功能实现电动机的启停控制。

【解】 本例的 a、b 步与例 4-56 相同，在此不再重复。

c．在 SIMATIC 管理器中，双击功能块“FC1”，打开功能，弹出“程序编辑器”界面，先选中 IN（输入参数）新建参数“Start”和“Sto”，数据类型为“BOOL”，如图 4-132 所示。

再选中 OUT（输出参数），新建参数“Motor”，数据类型为“BOOL”，如图 4-133 所示。最后在程序段 1 中输入程序，如图 4-133 所示，注意参数前都要加“#”。

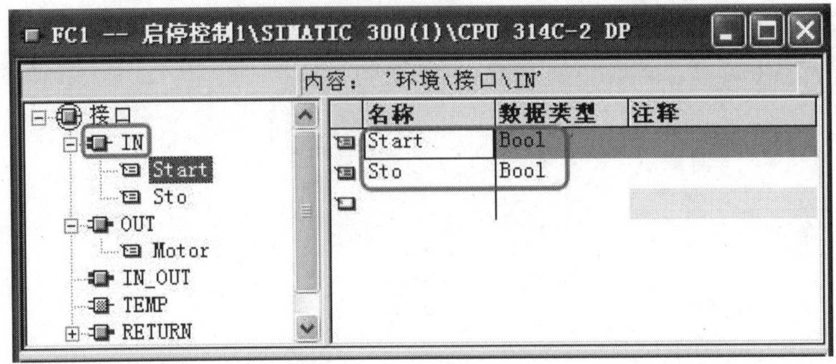

图 4-132 新建输入参数

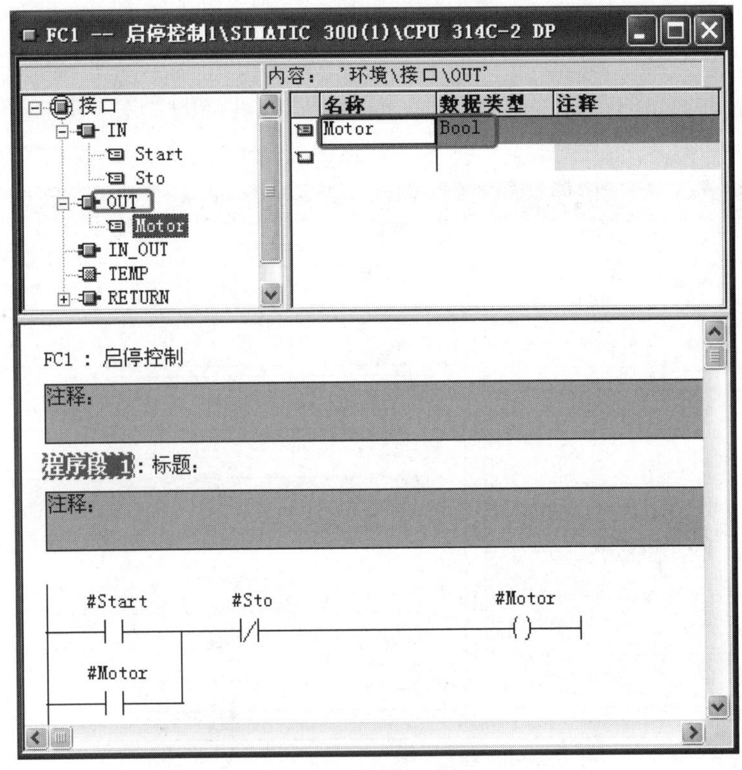

图 4-133 在主程序中调用功能

d. 在 SIMATIC 管理器界面，双击“OB1”，打开主程序块“OB1”，将功能“FC1”拖入程序段 1，如图 4-134 所示。如果将整个项目下载到 PLC 中，就可以实现“启停控制”。这个程序的功能“FC1”的调用比较灵活，与例 4-56 不同，启动只能是 I0.0，停止只能是 I0.1，在编写程序时，可以灵活应用。

4.4.2 共享数据块（DB）及其应用

（1）共享数据块（DB）简介 共享数据块（DB）与逻辑块不同，数据块不包含 STEP 7

指令。它们用来存储用户数据，即数据块包含用户程序使用的变量数据。共享数据块则用来存储可由所有其他块访问的用户数据。共享数据块（DB）的应用非常广泛。

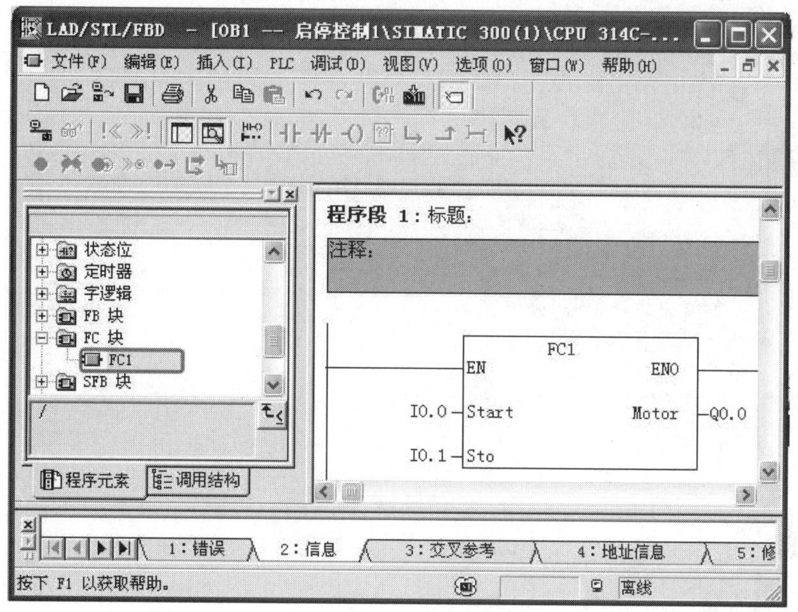

图 4-134 调用功能

（2）共享数据块（DB）应用 以下用1个例题来说明数据块的应用。

【例 4-58】 用数据块实现电动机的启停控制。

【解】 ① 先新建一个项目，本例为“数据块应用”，选中“块”，接着单击菜单栏的“插入”→“S7 块”→“数据块”，即可插入一个空的数据块，如图 4-135 所示。

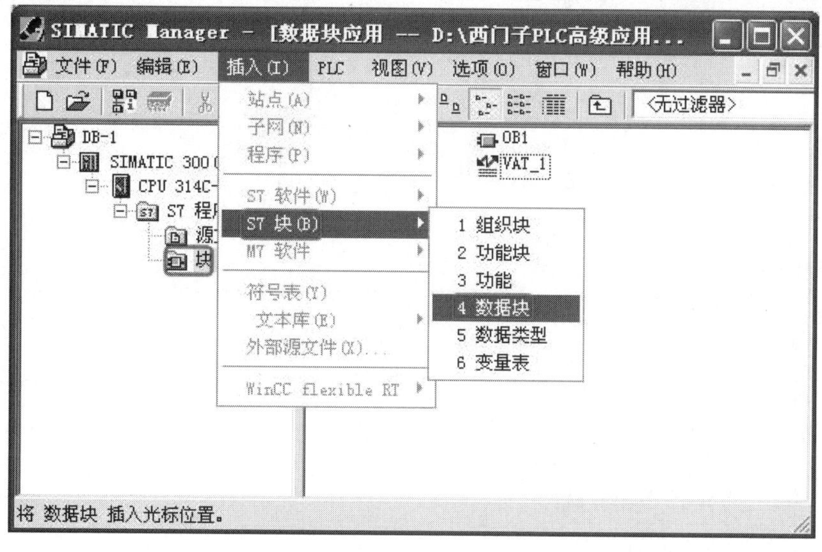

图 4-135 插入数据块

② 如图 4-136 所示，在“属性－数据块”界面中，输入数据块的名称，再单击“确定”按钮即可。

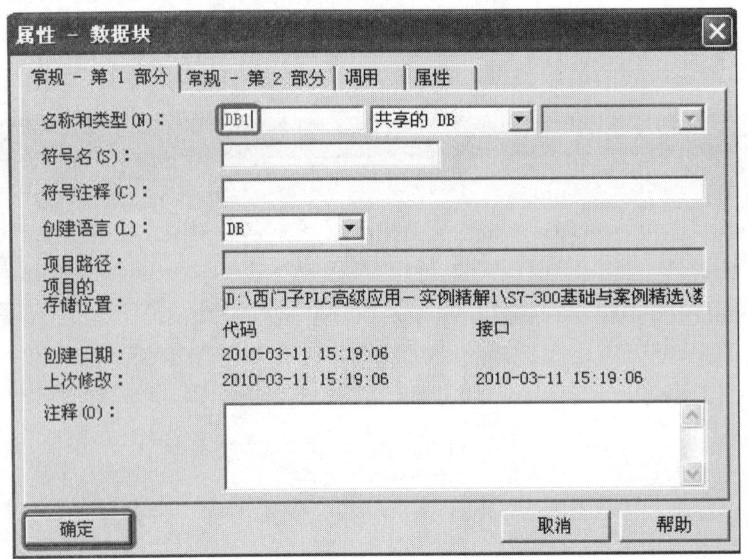

图 4-136 “属性－数据块”界面

③ 在 SIMATIC 管理器界面选中“块”，单击菜单栏的 “插入”→“S7 块”→“变量表”，即可插入一个空的变量表，如图 4-137 所示。

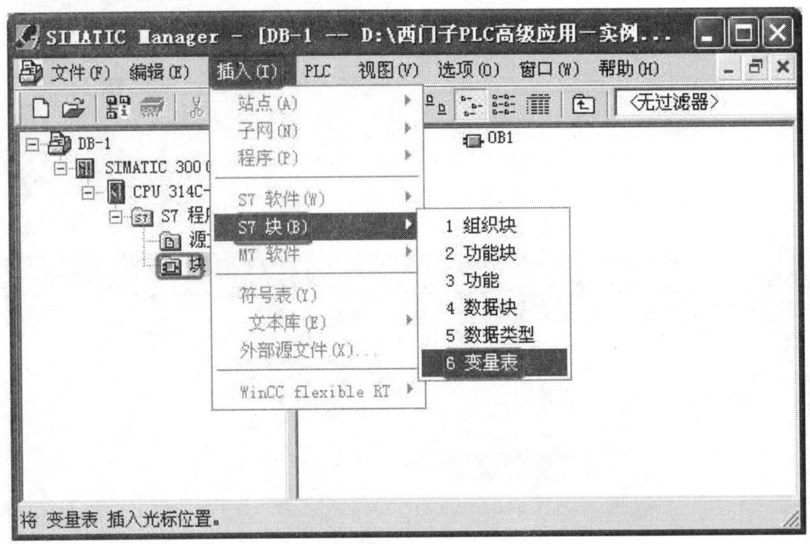

图 4-137 插入变量表

④ 在“程序编辑器”中输入如图 4-138 所示的程序，此程序能实现启停控制，保存程序。

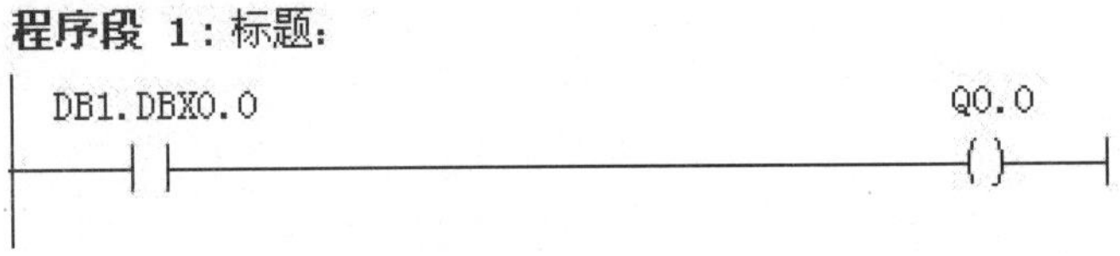

程序段 1：标题:

DB1.DBX0.0

Q0.0

图 4-138 数据块中的程序

⑤ 在 SIMATIC 管理器界面，双击变量表“VAT_1”，打开变量表，并输入“1”处的地址、显示格式和修改数值，如图 4-139 所示。再将整个项目下载到 CPU 中，当单击“监视参数”和“修改变量”按钮时，Q0.0 闭合，可以控制电动机运行，当把“true”修改成“false”时，电动机停止运行。

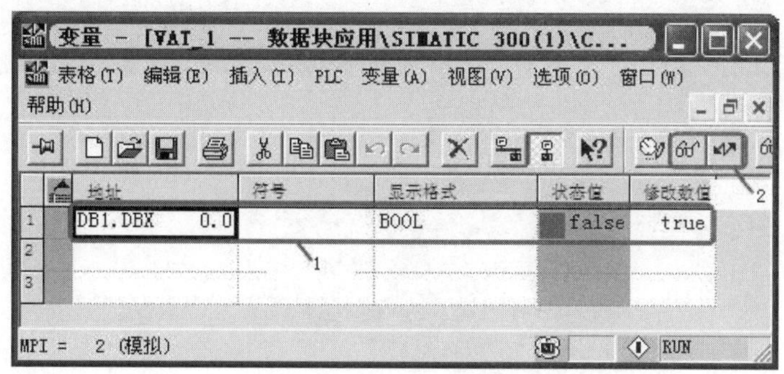

图 4-139 监控参数

【关键点】数据块的使用比较灵活，除了上述的 BOOL 数据类型，还有其他数据类型，如 DB1.DBB0 表示字节，DB1.DBW0 表示字，DB1.DBD0 表示双字，在后续章节会用到。

（3）功能块（FB） 功能块（FB）属于编程者自己编程的块。功能块是一种“带内存”的块。分配数据块作为其内存（实例数据块）。传送到 FB 的参数和静态变量保存在实例 DB 中。临时变量则保存在本地数据堆栈中。执行完 FB 时，不会丢失实例 DB 中保存的数据。但执行完 FB 时，会丢失保存在本地数据堆栈中的数据。

以下用一个例题来说明功能块的应用。

【例 4-59】 用功能块实现对一台电动机的星-三角启动控制。

【解】 星三角启动电气原理图如图 4-140 所示。注意停止按钮接常闭触点。

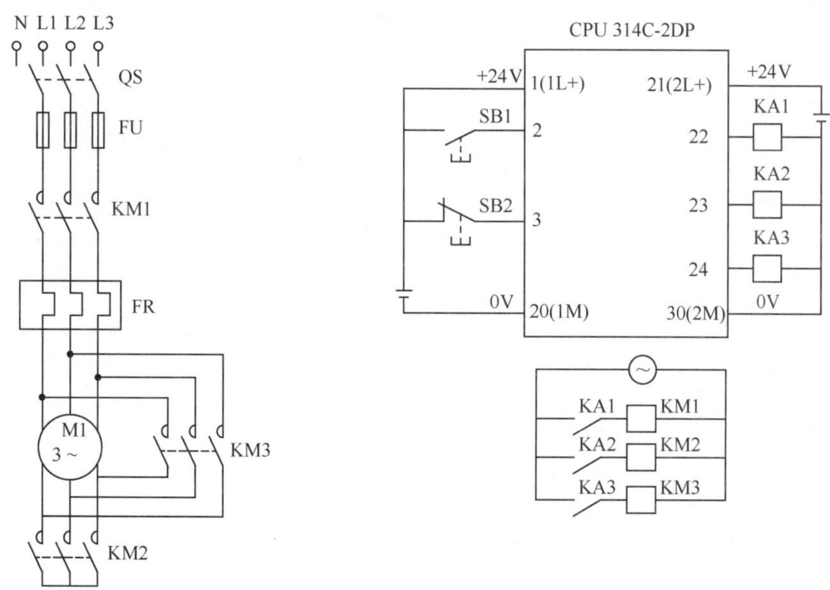

图 4-140 电气原理图

星三角启动的工程创建如下：

① 先新建一个项目，本例为“启停控制”，选中“块”，单击菜单栏的 “插入”→“S7块”→“功能块”，即可插入一个空的功能块，如图 4-141 所示。

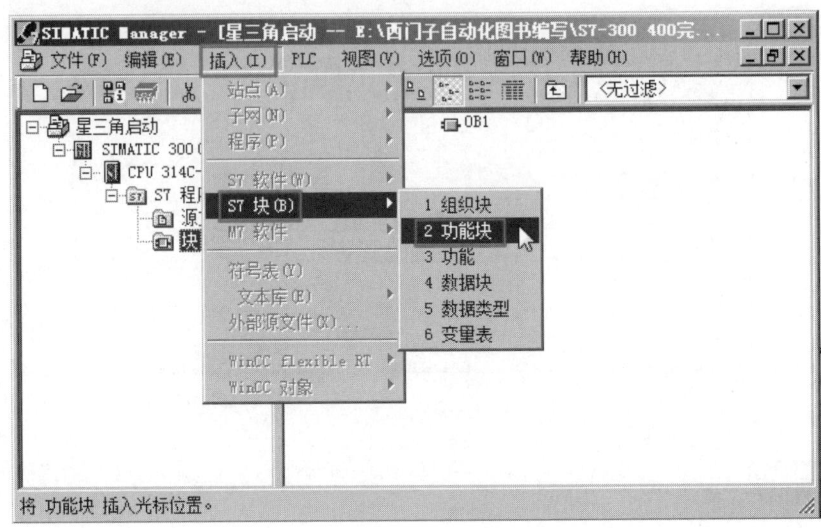

图 4-141 插入功能块

② 如图 4-142 所示，在“属性－功能块”界面中，输入功能块的名称，再单击“确定”按钮。再双击“FB1”，打开功能块，如图 4-143 所示。

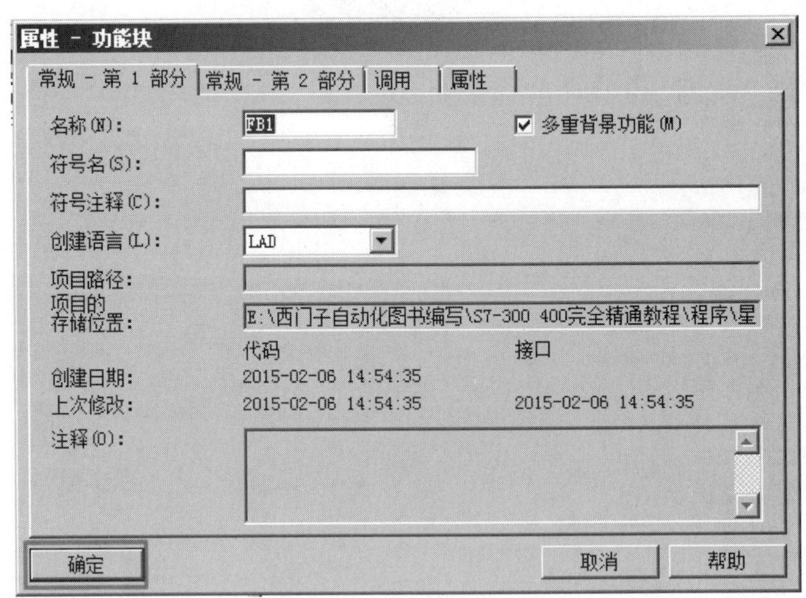

图 4-142 “属性－功能块”界面

③ 在接口“IN”中，新建 4 个变量，如图 4-144 所示，注意变量的类型。注释内容可以空缺，注释的内容支持汉字字符。

④ 在接口“OUT”中，新建 3 个变量，如图 4-145 所示。

⑤ 在接口“STAT”中，新建 2 个静态变量，如图 4-146 所示，注意变量的类型，同时

注意初始值不能为 0，否则没有星三角启动效果。

SIMATIC Manager - [星三角启动 -- E:\西门子自动化图书编写\S7-300 400完...
文件(F) 编辑(E) 插入(I) PLC 视图(V) 选项(O) 窗口(W) 帮助(H)
<无过滤>
星三角启动
SIMATIC 300(1)
CPU 314C-2 DP
S7 程序(1)
源文件
块
系统数据
OB1
FB1
按下 F1，获得帮助。
PC Adapter(MPI)

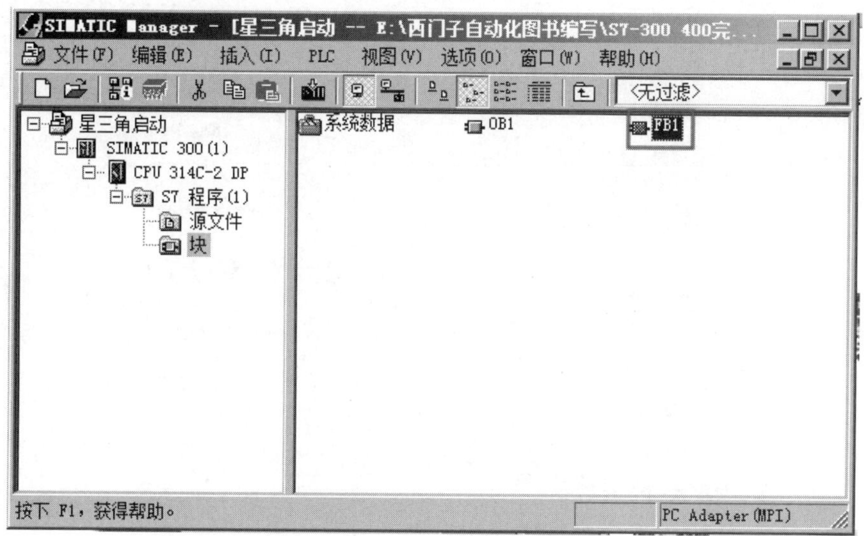

图 4-143　打开功能块

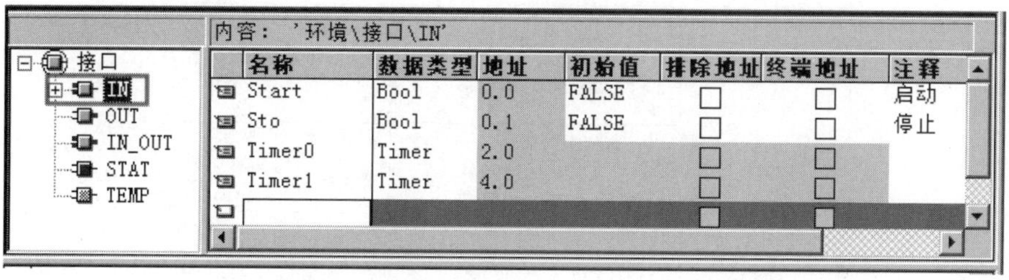

内容：'环境\接口\IN'
接口
IN
OUT
IN_OUT
STAT
TEMP
名称 数据类型 地址 初始值 排除地址 终端地址 注释
Start Bool 0.0 FALSE 启动
Sto Bool 0.1 FALSE 停止
Timer0 Timer 2.0
Timer1 Timer 4.0

图 4-144　在接口“IN”中，新建 4 个变量

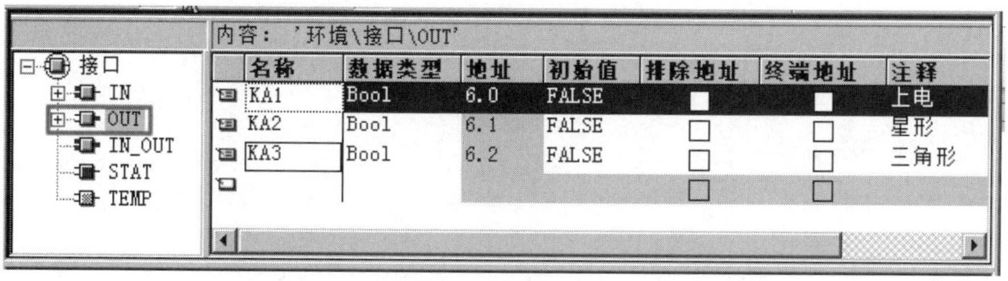

内容：'环境\接口\OUT'
接口
IN
OUT
IN_OUT
STAT
TEMP
名称 数据类型 地址 初始值 排除地址 终端地址 注释
KA1 Bool 6.0 FALSE 上电
KA2 Bool 6.1 FALSE 星形
KA3 Bool 6.2 FALSE 三角形

图 4-145　在接口“OUT”中，新建 3 个变量

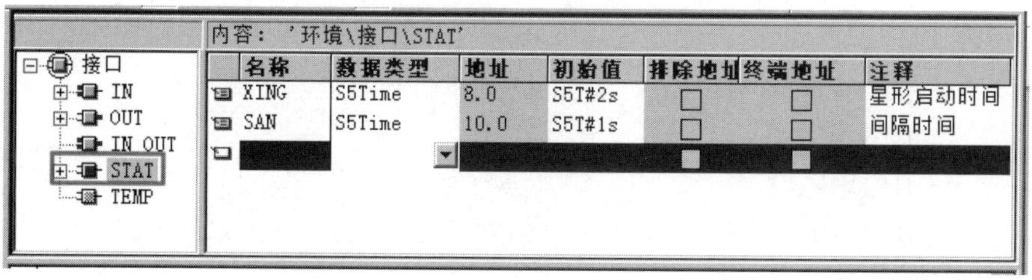

内容：'环境\接口\STAT'
接口
IN
OUT
IN_OUT
STAT
TEMP
名称 数据类型 地址 初始值 排除地址 终端地址 注释
XING S5Time 8.0 S5T#2s 星形启动时间
SAN S5Time 10.0 S5T#1s 间隔时间

图 4-146　在接口“STAT”中，新建 2 个静态变量

⑥ 在 FB1 的程序编辑区编写程序，如图 4-147 所示。

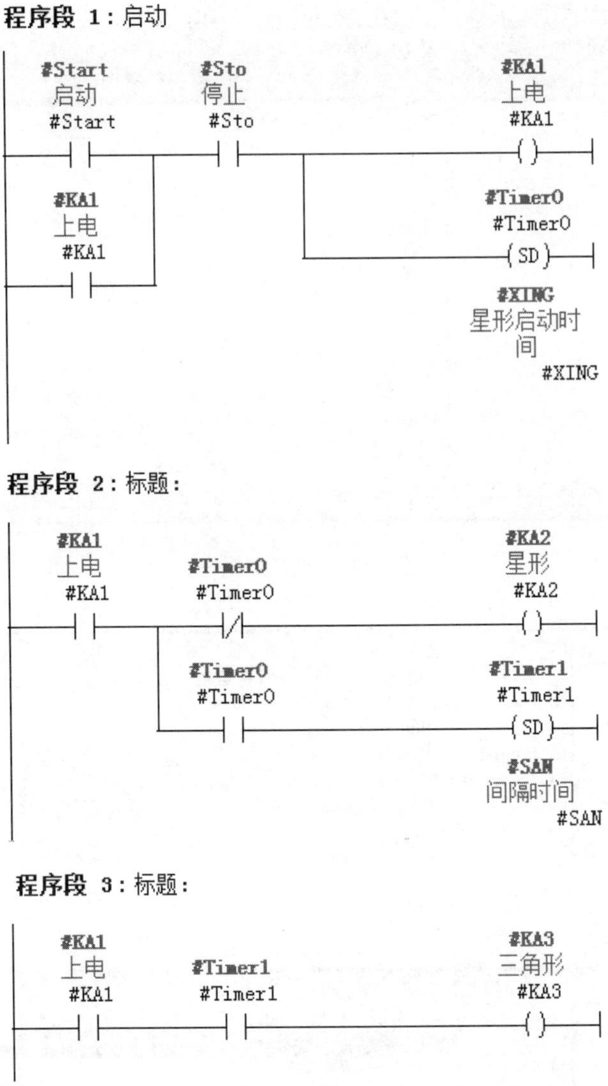

程序段 1：启动

#Start
启动
#Start

#Sto
停止
#Sto

#KA1
上电
#KA1

#KA1
上电
#KA1

#Timer0
#Timer0
SD
#XING
星形启动时间
#XING

程序段 2：标题：

#KA1
上电
#KA1

#Timer0
#Timer0

#KA2
星形
#KA2

#Timer0
#Timer0

#Timer1
#Timer1
SD
#SAN
间隔时间
#SAN

程序段 3：标题：

#KA1
上电
#KA1

#Timer1
#Timer1

#KA3
三角形
#KA3

图 4-147 FB1 中的程序

⑦ 在 SIMATIC 管理器界面中，双击“OB1”，打开主程序块“OB1”，如图 4-148 所示。

⑧ 将功能“FB1”拖入程序段 1，在 FB1 上输入数据块 DB1，如果这个数据块不存在，那么 STEP 7 将提示建立它，如图 4-149 所示。将整个项目下载到 PLC 中，就可以实现“电动机星三角启动控制”功能。

背景数据块 DB1 如图 4-150 所示。其地址（即第一列）含义如下：

0.0：表示 DB1.DBX0.0；

0.1：表示 DB1.DBX0.1；

2.0：表示 DB1.DBW2，并非表示 DB1.DBX2.0，“DB1.DBX2.0”是这个“字”的起始地址，这点读者要特别注意；

4.0：表示 DB1.DBW4，并非表示 DB1.DBX4.0。

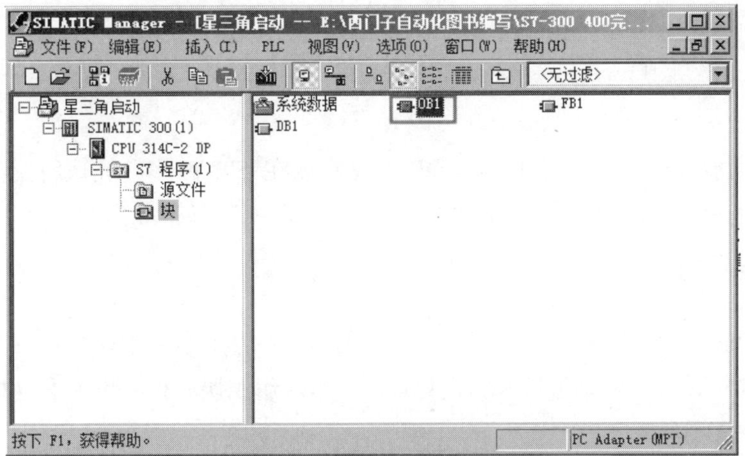

图 4-148 打开主程序块

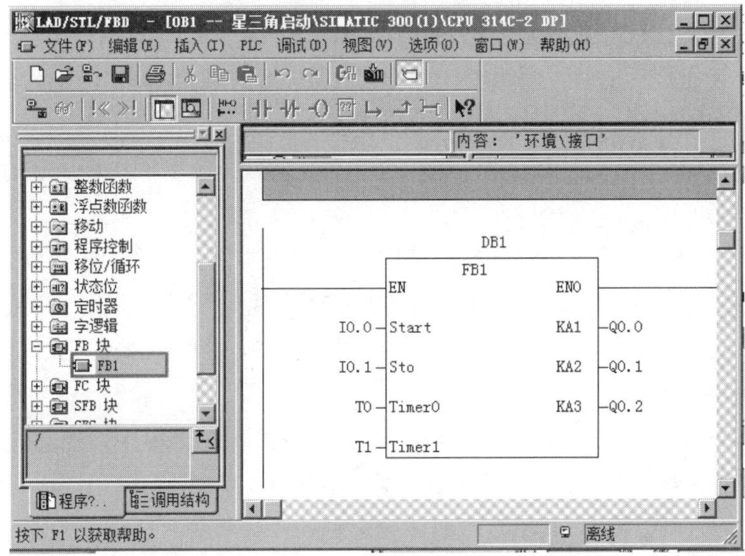

图 4-149 调用功能块

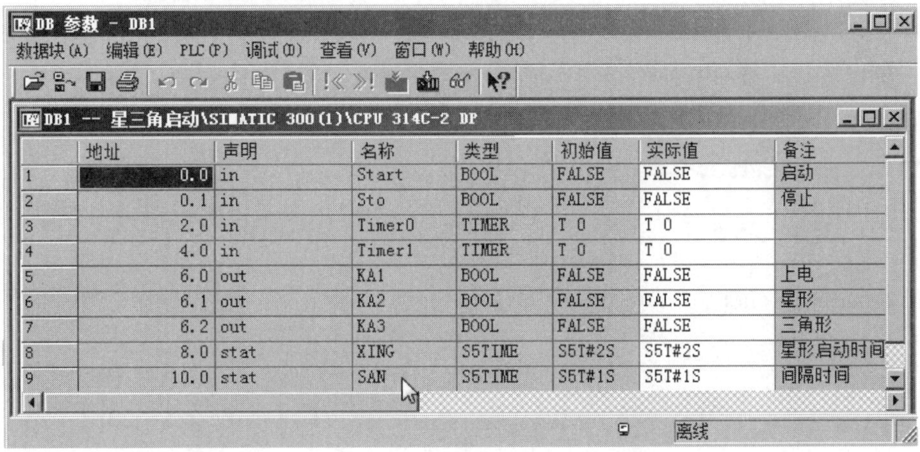

DB 参数 - DB1

数据块(A) 编辑(E) PLC(P) 调试(D) 查看(V) 窗口(W) 帮助(H)

DB1 -- 星三角启动\SIMATIC 300(1)\CPU 314C-2 DP

	地址	声明	名称	类型	初始值	实际值	备注
1	0.0	in	Start	BOOL	FALSE	FALSE	启动
2	0.1	in	Sto	BOOL	FALSE	FALSE	停止
3	2.0	in	Timer0	TIMER	T 0	T 0	
4	4.0	in	Timer1	TIMER	T 0	T 0	
5	6.0	out	KA1	BOOL	FALSE	FALSE	上电
6	6.1	out	KA2	BOOL	FALSE	FALSE	星形
7	6.2	out	KA3	BOOL	FALSE	FALSE	三角形
8	8.0	stat	XING	S5TIME	S5T#2S	S5T#2S	星形启动时间
9	10.0	stat	SAN	S5TIME	S5T#1S	S5T#1S	间隔时间

离线

图 4-150 背景数据块 DB1

【关键点】显而易见，功能块和功能的使用方法大致相同。功能块需要背景数据块，而功能没有背景数据块；功能块有静态变量，而功能没有静态变量。以上两点是功能块和功能最明显的不同之处。

（4）系统功能（SFC） 系统功能（SFC）是集成在 STEP 中，完成特定的功能。STEP 中有丰富的系统功能，供读者在编写程序时调用，在后续章节经常会用到。

4.4.3 组织块（OB）

组织块（OB）是操作系统与用户程序之间的接口。组织块由操作系统调用，控制循环中断驱动的程序执行、PLC 启动特性和错误处理。可以对组织块进行编程来确定 CPU 特性。

（1）中断的概述

① 中断过程 中断处理用来实现对特殊内部事件或外部事件的快速响应。CPU 检测到中断请求时，立即响应中断，调用中断源对应的中断程序（OB）。执行完中断程序后，返回被中断的程序。例如在执行主程序 OB1 块时，时间中断块 OB10 可以中断主程序块 OB1 正在执行的程序，转而执行中断程序块 OB10 中的程序，当中断程序块中的程序执行完成后，再转到主程序块 OB1 中，从断点处执行主程序。

中断源就是能向 PLC 发出中断请求的中断事件，例如日期时间中断、延时中断、循环中断和编程错误引起的中断。

② 中断的优先级 执行一个组织块 OB 的调用可以中断另一个 OB 的执行。一个 OB 是否允许另一个 OB 中断取决于其优先级。OB 共有 29 个优先级，1 最低，29 最高。高优先级的 OB 可以中断低优先级的 OB。例如 OB10 的优先级是 2，而 OB1 的优先级是 1，所以 OB10 可以中断 OB1。背景 OB 的优先级最低。

优先级的顺序（后面的比前面的优先级高）：背景循环、主程序扫描循环、日期时间中断、时间延时中断、循环中断、硬件中断、多处理器中断、I/O 冗余错误、异步故障（OB80～OB87）、启动和 CPU 冗余，背景循环的优先级最低。

③ 对中断的控制 日期时间中断和延时中断有专用的允许处理中断和禁止中断的系统功能（SFC）。SFC 39“DIS_INT”用来禁止所有的中断、某些优先级范围的中断或指定的某个中断。SFC 40“EN_INT”用来激活（使能）新的中断和异步错误处理。如果用户希望忽略中断，可以下载一个只有块结束指令 BEU 的空 OB。

SFC 41“DIS_AIRT”延迟处理比当前优先级高的中断和异步错误。SFC 42“EN_ AIRT”允许立即处理被 SFC 41 暂时禁止的中断和异步错误。

④ 组织块的分类 组织块只能由操作系统启动，它由变量声明表和用户编写的控制程序组成。

a．启动组织块 OB100～OB102。

b．循环执行的组织块。

c．定期执行的组织块。

d．事件驱动的组织块。

延时中断、硬件中断、异步错误中断是 OB80～OB87，同步错误中断是 OB121 和 OB122。

组织块的类型和优先级见表 4-62。

表 4-62 组织块的类型和优先级

中断类型	组织块	优先级（默认）	启动事件
主程序扫描	OB1	1	用于循环程序处理的组织块（OB1）
时间中断	OB10～OB17	2	时间中断组织块（OB10～OB17）
延时中断	OB20	3	延时中断组织块（OB20～OB23）
	OB21	4	
	OB22	5	
	OB23	6	
循环中断	OB30	7	循环中断组织块（OB30～OB38）
	OB31	8	
	OB32	9	
	OB33	10	
	OB34	11	
	OB35	12	
	OB36	13	
	OB37	14	
	OB38	15	
硬件中断	OB40	16	硬件中断组织块（OB40～OB47）
	OB41	17	
	OB42	18	
	OB43	19	
	OB44	20	
	OB45	21	
	OB46	22	
	OB47	23	
DPV1 中断	OB 55	2	编程 DPV1 设备
	OB 56	2	
	OB 57	2	
多值计算中断	OB60 多值计算	25	多值计算-多个 CPU 的同步操作
同步循环中断	OB 61	25	组态 PROFIBUS DP 上的快速和等长过程响应时间
	OB 62	25	
	OB 63	25	
	OB 64	25	
冗余错误	OB70 I/O 冗余错误（仅在 H 系统中）	25	错误处理组织块（OB70～OB87 / OB121～OB122）
	OB72 CPU 冗余错误（仅在 H 系统中）	28	
异步错误	OB80 时间错误	25，在启动程序中出现异步错误 OB，那么为 28	错误处理组织块（OB70～OB87 / OB121～OB122）
	OB81 电源错误		
	OB82 诊断错误		
	OB83 插入/删除模块中断		
	OB84 CPU 硬件故障		

续表

中 断 类 型	组　织　块	优先级（默认）	启动事件
异步错误	OB 85 程序周期错误		
	OB86 机架故障		
	OB87 通信错误		
后台循环	OB90	29	后台组织块（OB90）
启动	OB100 暖重启动	27	启动组织块（OB100/OB101/OB102）
	OB101 热重启动	27	
	OB102 冷重启动	27	
同步错误	OB121 编程错误	引起错误的 OB 的优先级	错误处理组织块（OB70～OB87 / OB121～OB122）
	OB122 访问错误		

不是所有的中断组织块都能被 CPU 使用，不同类型的 CPU 可以调用的组织块一般不同，例如有的型号 CPU 314C-2DP 的循环中断仅能调用组织块 OB35，而不能调用 OB30～OB34 和 OB36～OB38 组织块。

（2）主程序（OB1）　主程序（OB1）在前述章节经常用到，读者应不会陌生。CPU 的操作系统定期执行 OB1。当操作系统完成启动后，将启动执行 OB1。在 OB1 中可以调用功能（FC）、系统功能（SFC）、功能块（FB）和系统功能块（SFB）。

执行 OB1 后，操作系统发送全局数据。重新启动 OB1 之前，操作系统将过程映像输出表写入输出模块中，更新过程映像输入表以及接收 CPU 的任何全局数据。

（3）日期时钟中断组织块及其应用　CPU 可以使用的日期时间中断 OB 的个数与 CPU 的型号有关，例如 CPU 314C-2DP 只能用 OB10。

① 指令简介　日期时钟中断组织块可以在某一特定的日期和时间执行一次，也可以从设定的日期时间开始，周期性地重复执行，例如每分钟、每小时、每天、每年执行一次。可以用 SFC28～SFC31 设置、取消、激活和查询日期时间中断。SFC28～SFC31 的参数见表 4-63。

表 4-63　SFC28～SFC31 的参数表

参　　数	声　明	数 据 类 型	存 储 区 间	参 数 说 明
OB_NR	INPUT	INT	I、Q、M、D、L、常数	OB 的编号
SDT	INPUT	DT	D、L、常数	启动日期和时间：将忽略指定的启动时间的秒和毫秒值 ，并将其设置为 0
PERIOD	INPUT	WORD	I、Q、M、D、L、常数	从启动点 SDT 开始的周期： W#16#0000 = 一次 W#16#0201 = 每分钟 W#16#0401 = 每小时 W#16#1001 = 每日 W#16#1202 = 每周 W#16#1401 = 每月 W#16#1801 = 每年 W#16#2001 = 月末
RET_VAL	OUTPUT	INT	I、Q、M、D、L	如果出错，则 RET_VAL 的实际参数将包含错误代码
STATUS	OUTPUT	WORD	I、Q、M、D、L	时间中断的状态

② 日期时钟中断组织块的应用　以下用一个例题说明日期时钟中断组织块的应用。

【例 4-60】 从 2010 年 3 月 18 日 16 时起，每 1 小时中断一次，并将中断次数记录在一个存储器中。

【解】 一般有两种解法：

第一种解法比较简单，先打开 CPU 的属性界面，在“日期时钟中断”选项卡中，选择“激活”→“每小时”→“2010-3-18”→“16:00”，单击“确定”按钮，如图 4-151 所示。这个步骤的含义是：激活组织块 OB10 的中断功能，从 2010 年 3 月 18 日 16 时起，每小时中断一次，再将组态完成的硬件下载到 CPU 中。

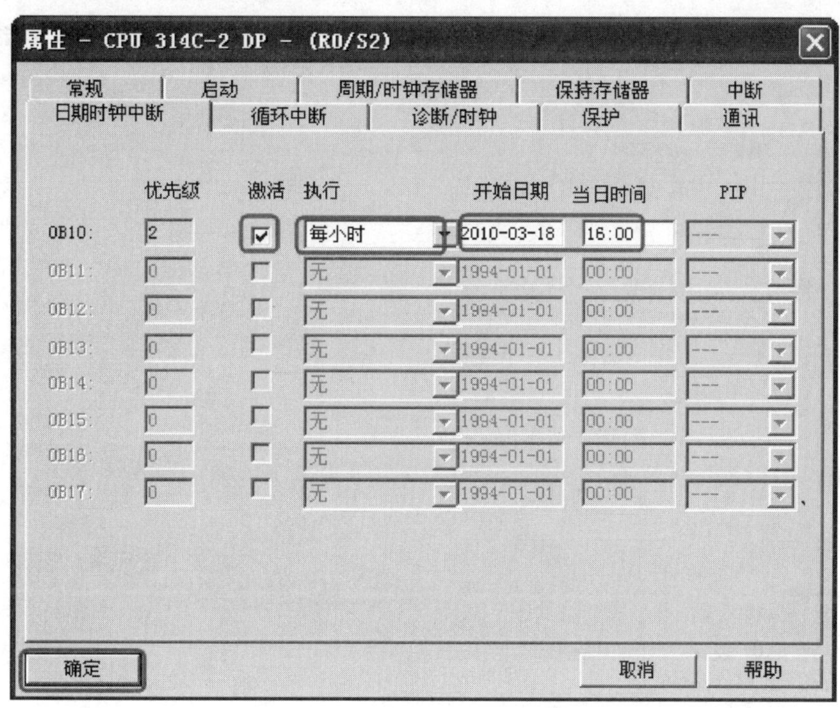

图 4-151　设置和激活日期时钟中断

【关键点】初学者在使用此方法时，很容易忘记勾选“激活”或者不把组态的信息下载到 CPU 中去，请读者避免这样的失误。

打开 OB10，在程序编辑器中，输入程序如图 4-153 所示，运行的结果是从 2010 年 3 月 18 日 16 时起，每小时 MW2 中的数值增加 1，也就是记录了中断的次数。

第二种解法，主程序在 OB1 中，如图 4-152 所示，中断程序在 OB10 中，如图 4-153 所示。

（4）循环中断组织块及其应用　CPU 可以使用的循环中断 OB 的个数与 CPU 的型号有关。所谓循环中断就是经过一段固定的时间间隔中断用户程序。

① 循环中断指令　循环中断组织块是很常用的，STEP 7 中有 9 个循环中断组织块（OB30~OB38）。指令 SFC39～SFC42 来激活循环中断、禁止循环中断、禁用报警中断和启用报警中断。指令 SFC39～SFC42 的参数见表 4-64。

程序段 1：将日期和时间合并

FC3
Date and TOD to DT
"D_TOD_DT"
EN ENO
D#2010-3-18 — IN1 RET_VAL — #OB1_DATE_TIME
TOD#16:0:0.0 — IN2

程序段 2：I0.0闭合时，先设置时间中断OB10，为每小时中断一次；再激活时间中断

I0.0
SFC28
Set Time-of-Day Interrupt
"SET_TINT"
EN ENO
10 — OB_NR RET_VAL — MW0
#OB1_DATE_TIME — SDT
W#16#401 — PERIOD

SFC30
Activate Time-of-Day Interrupt
"ACT_TINT"
EN ENO
10 — OB_NR RET_VAL — MW12

程序段 3：取消时间中断

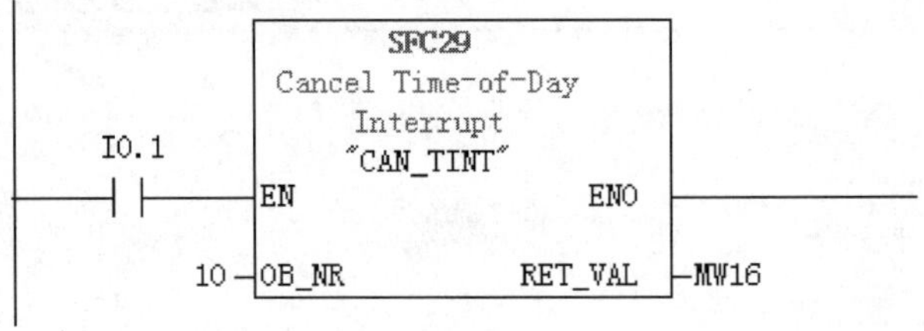

图 4-152　OB1 中的程序

程序段 1：标题：

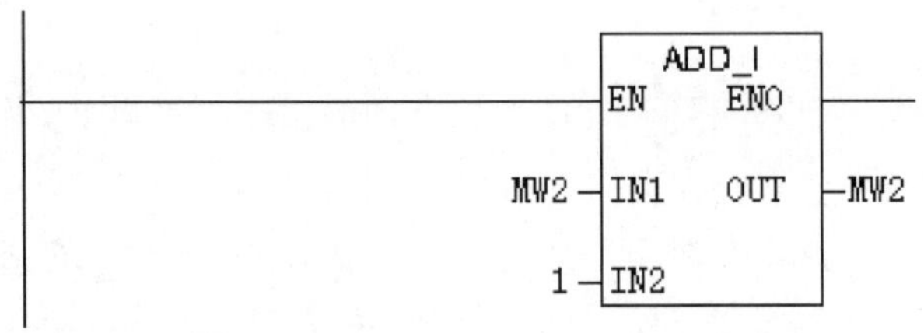

图 4-153　OB10 中的程序

表 4-64 SFC39～SFC42 的参数表

参　数	声　明	数据类型	存储区间	参数说明
OB_NR	INPUT	INT	I、Q、M、D、L、常数	OB 的编号
MODE	INPUT	BYTE	I、Q、M、D、L、常数	指定禁用哪些中断和异步错误
RET_VAL	OUTPUT	INT	I、Q、M、D、L	如果出错，则 RET_VAL 的实际参数将包含错误代码

参数 MODE 指定禁用哪些中断和异步错误，含义比较复杂，MODE=0 表示激活所有的中断和异步错误，MODE=1 表示禁用所有新发生的和属于指定中断等级的事件，MODE=2 表示禁用所有新发生的指定中断。具体可参考相关手册。

② 循环中断组织块的应用

【例 4-61】 每隔 100ms 时间，CPU 314C-2DP 采集一次通道 0 上的数据。

【解】 很显然要使用循环组织块，有两种解法。

第一种解法比较简单，先打开 CPU 的属性界面，在"循环中断"选项卡中，将组织块 OB35 的执行时间定为"100ms"，单击"确定"按钮，如图 4-154 所示。这个步骤的含义是：设置组织块 OB35 的循环中断时间是 100ms，再将组态完成的硬件下载到 CPU 中。

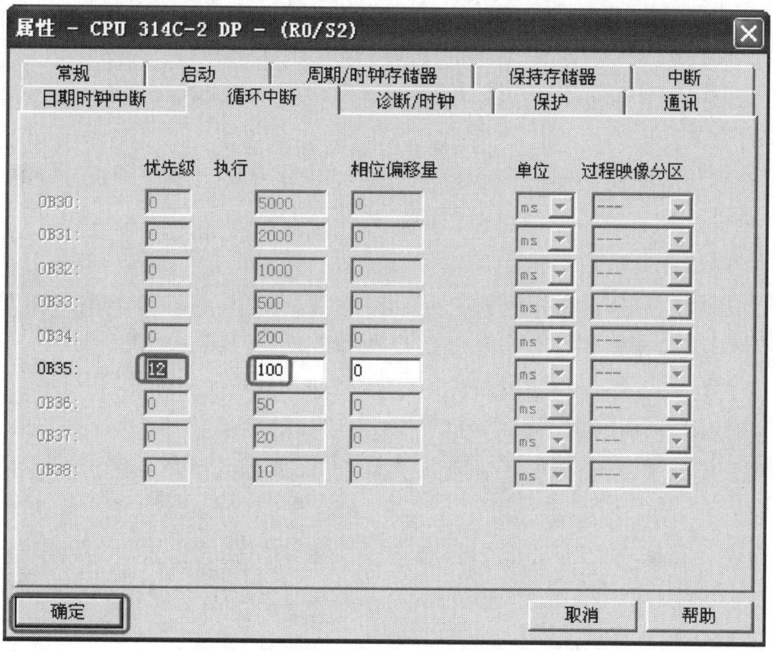

图 4-154 设置循环中断

打开 OB35，在程序编辑器中，输入程序如图 4-156 所示，运行的结果是每 100ms 将通道 0 的采集到模拟量转化成数字量送到 MW0 中。

第二种解法，主程序在 OB1 中，如图 4-155 所示，中断程序在 OB35 中，如图 4-156 所示。

（5）硬件中断组织块及其应用　硬件中断组织块（OB40～OB47）用于快速响应信号模块（SM 输入/输出模块）、通信处理器（CP）和功能模块（FM）的信号变化。

程序段 1：激活循环中断，组织块为OB35

I0.0
"EN_IRT"
EN ENO
B#16#2 MODE RET_VAL MW6
35 OB_NR

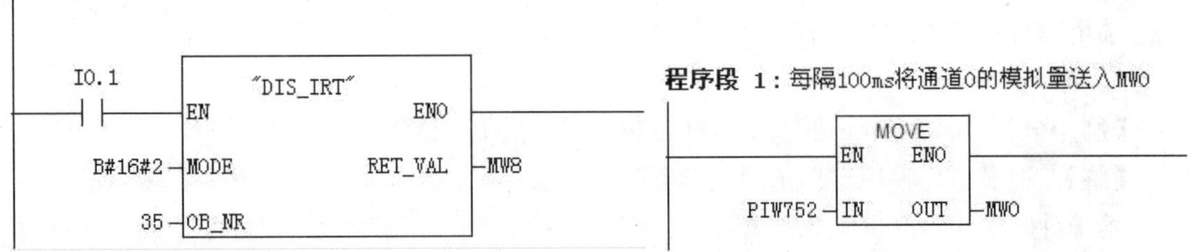

图 4-155 OB1 中的程序　　　图 4-156 OB35 中的程序

硬件中断被模块触发后，操作系统将自动识别是哪一个槽的模块和模块中哪一个通道产生的硬件中断。硬件中断 OB 执行完后，将发送通道确认信号。

如果正在处理某一中断事件，又出现了同一模块同一通道产生的完全相同的中断事件，新的中断事件将丢失。

如果正在处理某一中断信号时同一模块中其他通道或其他模块产生了中断事件，当前已激活的硬件中断执行完后，再处理暂存的中断。

（6）错误组织块及其应用

① 错误处理概述　S7-300/400 PLC 具有很强的错误（或称故障）检测和处理能力。PLC 内部的功能性错误或编程错误，而不是外部设备的故障。CPU 检测到错误后，操作系统调用对应的组织块，用户可以在组织块中编程，对发生的错误采取相应的措施。对于大多数错误，如果没有给组织块编程，出现错误时 CPU 将进入 STOP 模式。

② 错误的分类　被 S7 CPU 检测到并且用户可以通过组织块对其进行处理的错误分为两个基本类型：

a. 异步错误。它是与 PLC 的硬件或操作系统密切相关的错误，与程序执行无关，后果严重。异步错误 OB 具有最高等级的优先级，其他 OB 不能中断它们。同时有多个相同优先级的异步错误 OB 出现，将按出现的顺序处理。

b. 同步错误（OB121 和 OB122）。它是与程序执行有关的错误，其 OB 的优先级与出现错误时被中断的块的优先级相同，即同步错误 OB 中的程序可以访问块被中断时累加器和状态寄存器中的内容。对错误进行处理后，可以将处理结果返回被中断的块。

③ 时间错误处理组织块（OB80）　OB 执行时出现故障，S7-300 PLC CPU 的操作系统调用 OB80。这样的故障包括循环时间超出、执行 OB 时应答故障、向前移动时间以至于跃过了 OB 的启动的时间、CLR 后恢复 RUN 方式。

如果当循环中断 OB 仍在执行前一次调用时，该 OB 块的启动事件发生，操作系统调用 OB80。如果 OB80 未编程，CPU 变为 STOP 方式，可以使用 SFC39～SFC42 封锁或延时，或再使用时间故障 OB。

如果在同一个扫描周期中由于扫描时间超出 OB80 被调用两次，CPU 就变为 STOP 方式，可以通过在程序中适当的位置调用 SFC43 “RE_TRIGR” 来避免这种情况。

④ 电源故障处理组织块（OB81） 与电源（仅对 S7-400 PLC）或后备电池有关的故障事件发生时，S7-300 PLC CPU 的操作系统调用 OB81。如果 OB81 未编程，CPU 并不转换为 STOP 方式。可以使用 SFC39～SFC42 来禁用、延时或再使用电源故障（OB81）。

⑤ 诊断中断处理组织块（OB82） 如果模块具有诊断能力又能使诊断中断，当它检测到错误时，它输出一个诊断中断请求给 CPU，以及错误消失时，操作系统都会调用 OB82。当一个诊断中断被触发时，有问题的模块自动地在诊断中断 OB 的启动信息和诊断缓冲区中存入 4 个字节的诊断数据和模块的起始地址。可以用 SFC39～SFC42 来禁用、延时或再使用诊断中断（OB82），表 4-65 描述了诊断中断 OB82 的临时变量。

表 4-65 OB82 的变量声明表

变　量	类　型	描　述
OB82_EV_CLASS	BYTE	事件级别和标识：B#16#38，离去事件；B#16#39，到来事件
OB82_FLT_ID	BYTE	故障代码
OB82_PRIORITY	BYTE	优先级：可通过 SETP 7 选择（硬件组态）
OB82_OB_NUMBR	BYTE	OB 号
OB82_RESERVED_1	BYTE	备用
OB82_IO_FLAG	BYTE	输入模板：B#16#54；输出模板：B#16#55
OB82_MDL_ADDR	WORD	故障发生处模板的逻辑起始地址
OB82_MDL_DEFECT	BOOL	模板故障
OB82_INT_FAULT	BOOL	内部故障
OB82_EXT_FAULT	BOOL	外部故障
OB82_PNT_INFO	BOOL	通道故障
OB82_EXT_VOLTAGE	BOOL	外部电压故障
OB82_FLD_CONNCTR	BOOL	前连接器未插入
OB82_NO_CONFIG	BOOL	模板未组态
OB82_CONFIG_ERR	BOOL	模板参数不正确
OB82_MDL_TYPE	BYTE	位 0～3：模板级别；位 4：通道信息存在；位 5：用户信息存在；位 6：来自替代的诊断中断；位 7：备用
OB82_SUB_MDL_ERR	BOOL	子模板丢失或有故障
OB82_COMM_FAULT	BOOL	通信问题
OB82_MDL_STOP	BOOL	操作方式（0：RUN，1：STOP）
OB82_WTCH_DOG_FLT	BOOL	看门狗定时器响应
OB82_RESERVED_2	BOOL	备用
OB82_RACK_FLT	BOOL	扩展机架故障
OB82_PROC_FLT	BOOL	处理器故障
OB82_EPROM_FLT	BOOL	EPROM 故障
OB82_RAM_FLT	BOOL	RAM 故障
OB82_ADU_FLT	BOOL	ADC/DAC 故障
OB82_FUSE_FLT	BOOL	熔断器熔断
OB82_HW_INTR_FLT	BOOL	硬件中断丢失
OB82_RESERVED_3	BOOL	备用
OB82_DATE_TIME	DATE_AND_TIME	OB 被调用时的日期和时间

在编写 OB82 的程序时，要从 OB82 的启动信息中获得与出现的错误有关的更确切的诊断信息，例如是哪一个通道出错，出现的是哪种错误。使用 SFC51“RDSYSST”也可以读出模块的诊断数据，用 SFC52“WR_USMSG”可以将这些信息存入诊断缓冲区。

⑥ 优先级错误处理组织块（OB85） 在以下情况下将会触发优先级错误中断：

a．产生了一个中断事件，但是对应的 OB 块没有下载到 CPU。

b．访问一个系统功能块的背景数据块时出错。

c．刷新过程映像表时，I/O 访问出错，模块不存在或有故障。

⑦ 通信错误组织块（OB87） 在使用通信功能块或全局数据（GD）通信进行数据交换时，如果出现下列通信错误，操作系统将调用 OB87，有如下情况：

a．接收全局数据时，检测到不正确的帧标识符（ID）。

b．全局数据通信的状态信息数据块不存在或太短。

c．接收到非法的全局数据包编号。

如果用于全局数据通信状态信息的数据块丢失，需要用 OB87 生成该数据块将它下载到 CPU。可以使用 SFC39～SFC42 封锁或延时并使能通信错误 OB。

⑧ 同步错误组织块 同步错误是与执行用户程序有关的错误，OB121 用于对程序错误的处理，OB122 用于处理模块访问错误。

同步错误 OB 的优先级与检测到出错的块的优先级一致。

同步错误可以用 SFC 36“MASK_FLT”来屏蔽，用错误过滤器中的一位用来表示某种同步错误是否被屏蔽。错误过滤器分为程序错误过滤器和访问错误过滤器，分别占一个双字。屏蔽后的错误过滤器可以读出。

可以用 SFC 38“READ_ERR”读出已经发生的被屏蔽的错误。

a．编程错误组织块（OB121）。当有关程序处理的故障事件发生时，CPU 操作系统调用 OB121，OB121 与被中断的块在同一优先级中执行，表 4-66 描述了编程错误 OB121 的临时变量。

表 4-66 OB121 的变量声明表

变 量	类 型	描 述
OB121_EV_CLASS	BYTE	事件级别和标识
OB121_SW_FLT	BYTE	故障代码
OB121_PRIORITY	BYTE	优先级=出现故障的 OB 优先级
OB121_OB_NUMBR	BYTE	OB 号
OB121_BLK_TYPE	BYTE	出现故障块的类型（在 S7-300 PLC 时无有效值在这里记录）
OB121_RESERVED_1	BYTE	备用
OB121_FLT_REG	WORD	故障源（根据代码）。如：转换故障发生的寄存器；不正确的地址（读/写故障）；不正确的定时器/计数器/块号码；不正确的存储器区
OB121_BLK_NUM	WORD	引起故障的 MC7 命令的块号码（S7-300 PLC 无效）
OB121_PRG_ADDR	WORD	引起故障的 MC7 命令的块号码（S7-300 PLC 无效）
OB121_DATE_TIME	DATE_AND_TIME	OB 被调用时的日期和时间

OB121 程序在 CPU 执行错误时执行，此错误不包括用户程序的逻辑错误和功能错误等，例如当 CPU 调用一个未下载到 CPU 中的程序块，CPU 会调用 OB121，通过临时变量“OB121_BLK_TYPE”可以得出出现错误的程序块。使用 STEP 7 不能实时监控程序的运行，

可以用“变量表（Variable Table）”监控实时数据的变化。

打开事先已经插入的 OB121 编写程序，如图 4-157 所示。

在项目树的“块”中，插入 FC1，打开 FC1 编写程序，如图 4-158 所示。

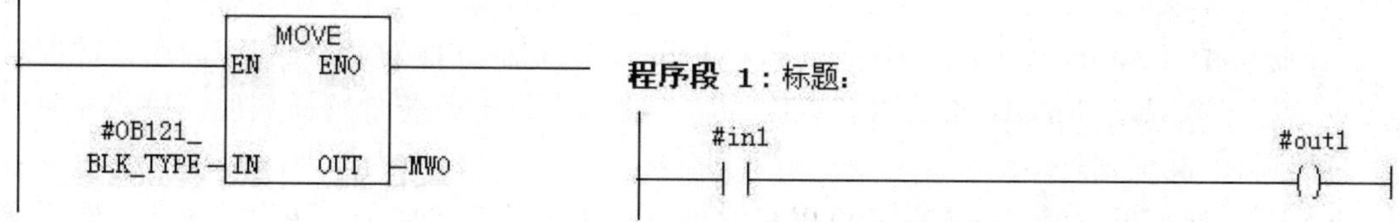

图 4-157　OB121 中编写的程序

图 4-158　FC1 中编写的程序

然后打开 OB1 编写程序，如图 4-159 所示。

程序段 1：标题：

M10.0　FC1　EN　ENO

M20.0　in1　out1　M20.1

图 4-159　OB1 中编写的程序

先将硬件和 OB1 下载到 CPU 中，此时 CPU 能正常运行。在“块”中插入“变量表（Variable Table）”，然后打开，填入 MW0 和 M10.0，并单击“监控”按钮，程序运行正常。将 M10.0 置为“true”后，CPU 就报错停机，查看 CPU 的诊断缓冲区信息，发现为编程错误，若将 OB121 也下载到 CPU 中，再将 M10.0 置为“true”，CPU 会报错但不停机，MW0 为“W#16#88”，“W#16#88”表示为 OB 程序错误，检查发现 FC1 未下载。下载 FC1 后，在将 M10.0 置为“true”，这时 CPU 不会再报错，程序也不会再调用 OB121。

b．I/O 访问错误组织块（OB122）。当对于模块的数据访问出现故障时 CPU 的操作系统调用 OB122，OB122 与被中断的块在同一优先级中执行，表 4-67 描述了 I/O 访问错误 OB122 的临时变量。

表 4-67　OB122 的变量声明表

变　量	类　型	描　述
OB122_EV_CLASS	BYTE	事件级别和标识
OB122_SW_FLT	BYTE	故障代码
OB122_PRIORITY	BYTE	优先级=出现故障的 OB 的优先级
OB122_OB_NUMBR	BYTE	OB 号
OB122_BLK_TYPE	BYTE	出现故障块的类型（在 S7-300 PLC 时无有效值在这里记录）
OB122_MEM_AREA	BYTE	存储器区和访问类型：位 7～4，访问类型-0、位访问-1、字节访问-2、字访问-3；位 3～0，存储器区-0、I/O 区-1、过程映像输入或输出-2
OB122_MEM_ADDR	WORD	出现故障的存储器地址
OB122_BLK_NUM	WORD	引起故障的 MC7 命令的块号码（S7-300 PLC 无效）
OB122_PRG_ADDR	WORD	引起故障的 MC7 命令的块号码（S7-300 PLC 无效）
OB122_DATE_TIME	DATE_AND_TIME	OB 被调用时的日期和时间

（7）背景组织块 CPU 可以保证设置的最小扫描循环时间，如果它比实际的扫描循环时间长，在循环程序结束后 CPU 处于空闲的时间内可以执行背景组织块（OB90）。背景 OB 的优先级为 29（最低）。OB90 中的程序是对时间要求不严格的程序。

（8）启动组织块及其应用

① CPU 模块的启动方式

a．暖启动（Warm Restart）。S7-300 PLC CPU（不包括 CPU 318）只有暖启动。过程映像数据以及非保持的 M/T/C 被清除。有保持功能的 M/T/C/DB 将保留原数值。模式开关由 STOP 扳到 RUN 位置。

b．热启动（Hot Restart 仅 S7-400 PLC 有）。在 RUN 状态时如果电源突然丢失，然后又重新上电，从上次 RUN 模式结束时程序中断之处继续执行，不对计数器等复位。

c．冷启动（Cold Restart，CPU 417 和 CPU 417H）。冷启动时，过程数据区的 I、Q、M、T、C、DB 等被复位为零。模式开关扳到 MRES 位置。

② 启动组织块（OB100～OB102） 在暖启动、热启动或冷启动时，操作系统分别调用 OB100、OB101 或 OB102。

【例 4-62】 编写一段初始化程序，将 CPU 314-2DP 的 MB0～MB3 单元清零。

【解】 一般初始化程序在 CPU 一启动后就运行，CPU 314-2DP 只有暖启动方式，所以只能使用 OB100 组织块。MB0～MB3 实际上就是 MD0，其程序如图 4-160 所示。

程序段 1：标题：

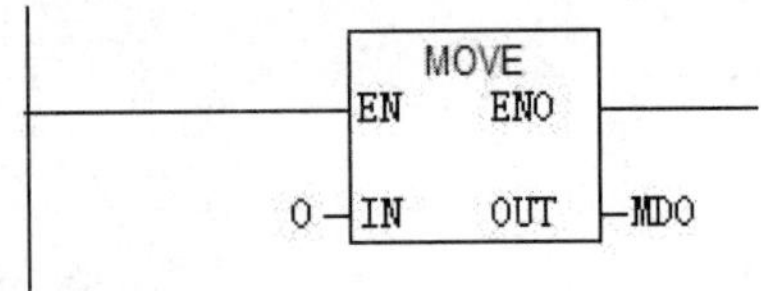

图 4-160 OB100 中编写的程序

4.5 S7-300/400 实例

至此，读者已经对 S7-300/400 PLC 的软硬件已经有一定的了解，本节内容将列举一个简单的例子，供读者模仿学习。

【例 4-63】 有一个控制系统，控制器是 CPU 314C-2DP，压力传感器测量油压力，油压力的范围是 0～10MPa，当油压力高于 8MPa 时报警，请设计此系统。

【解】 CPU 314C-2DP 集成了模拟量输入/输出和数字量输入/输出，其接线如图 4-161 所示，模拟量输入的端子 2 和 4 分别与传感器的电压信号+和电压信号－相连，传感器的电源在图中未表示。

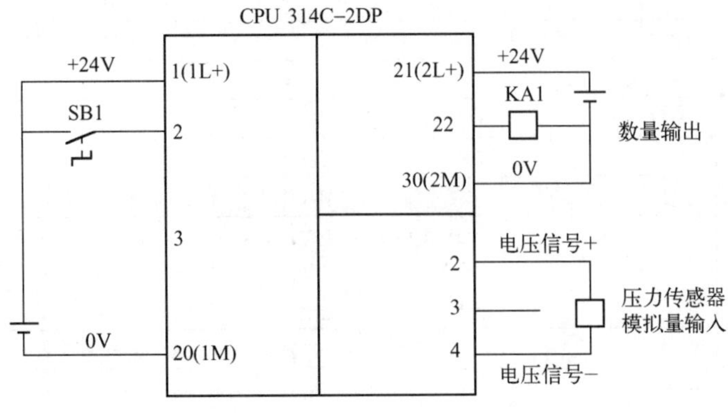

图 4-161 接线图

数值转换（FC105）SCALE 功能接收一个整型值（IN），并将其转换为以工程单位表示的介于下限和上限（LO_LIM 和 HI_LIM）之间的实型值。将结果写入 OUT。SCALE 功能使用以下等式：

$$OUT = \frac{IN - K1}{K2 - K1}(HI\_LIM - LO\_LIM) + LO\_LIM$$

常数 K1 和 K2 根据输入值是 BIPOLAR（双极性）还是 UNIPOLAR（单极性）设置。为 BIPOLAR 时，假定输入整型值介于−27648 与 27648 之间，因此 K1= −27648.0，K2=+27648.0。为 UNIPOLAR 时，假定输入整型值介于 0 和 27648 之间，因此 K1=0.0，K2= +27648.0。

本例是单极性，故 K1=0.0，K2= +27648.0。上极限 HI_LIM 为 10 和下极限 LO_LIM 为 0。模拟量采集并转换到 PIW256 中，这个数值的范围是 0～27648，经过数值转化后，MW14（OUT）中的数值为 0～10，是油压力。当然这个题目也可以不用转换函数 FC105，直接用数学函数，但要麻烦得多。

梯形图如图 4-162 和图 4-163 所示。

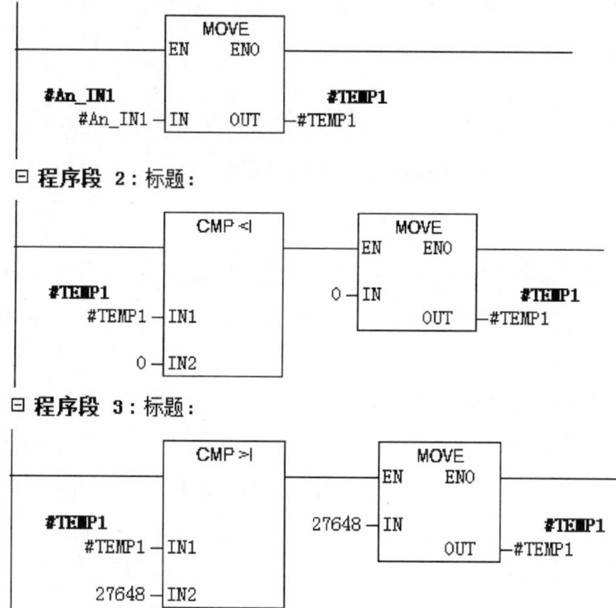

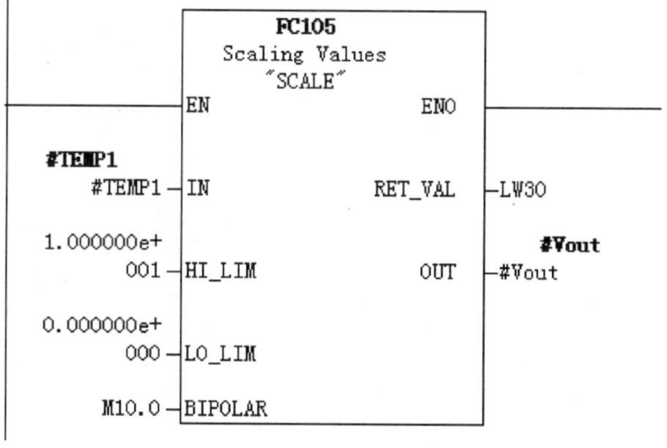

图 4-162 FC1 中的程序

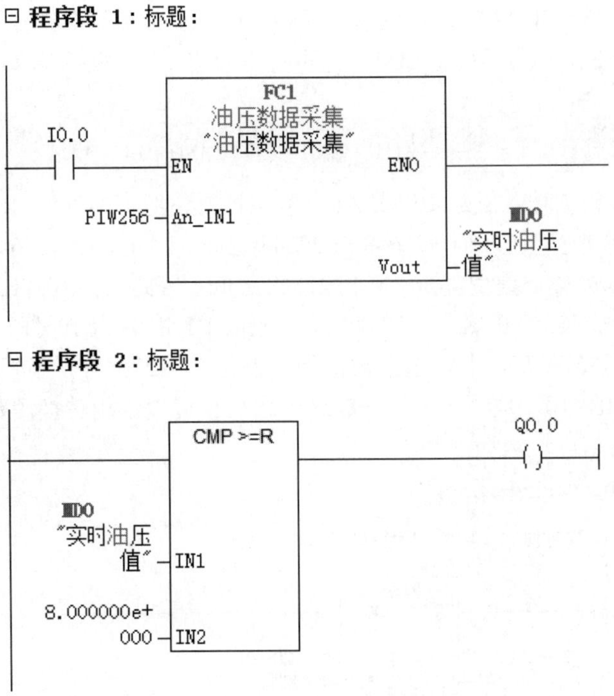

⊟ 程序段 1：标题：

FC1
油压数据采集
"油压数据采集"
I0.0
EN ENO
PIW256 An_IN1
MD0
"实时油压值"
Vout

⊟ 程序段 2：标题：

CMP >=R
Q0.0
MD0
"实时油压值" IN1
8.000000e+000 IN2

图 4-163　OB35 中的程序

重点难点总结

本章的内容比较多，重难点内容多，读者必须掌握的内容有以下几点：

（1）数据类型。这是学习任何 PLC 都必须掌握的内容，S7-300/400 PLC 的数据类型多，应用灵活。

（2）指令。S7-200/300/400 PLC 的指令多，但大部分指令还是比较容易学会的，对照 STEP 的帮助，一般的读者可以学会，定时器指令、移位指令和装载指令都较难，必须掌握。

（3）功能、功能块、系统功能、系统功能块和数据块的应用很灵活，也是难点，需要读者掌握。

（4）组织和中断。计算机系统都有中断，中断对任何计算机系统都是难点和重点，S7-200/300/400 PLC 的中断组织多、比较复杂，是学习重点和难点。

第5章 逻辑控制编程的编写方法与调试

本章介绍顺序功能图的画法、梯形图的禁忌以及如何根据顺序功能图用基本指令、功能指令、复位/置位指令和顺控指令四种方法编写逻辑控制的梯形图，并用实例进行说明。最后讲解了程序的调试方法。

5.1 顺序功能图

5.1.1 顺序功能图的画法

功能图（SFC）是描述控制系统的控制过程、功能和特征的一种图解表示方法。它具有简单、直观等特点，不涉及控制功能的具体技术，是一种通用的语言，是 IEC（国际电工委员会）首选的编程语言，近年来在 PLC 的编程中已经得到了普及与推广。

功能图的基本思想是：设计者按照生产要求，将被控设备的一个工作周期划分成若干个工作阶段（简称“步”），并明确表示每一步要执行的输出，“步”与“步”之间通过指定的条件进行转换，在程序中，只要通过正确连接进行“步”与“步”之间的转换，就可以完成被控设备的全部动作。

PLC 执行功能图程序的基本过程是：根据转换条件选择工作“步”，进行“步”的逻辑处理。组成功能图程序的基本要素是步、转换条件和有向连线，如图 5-1 所示。

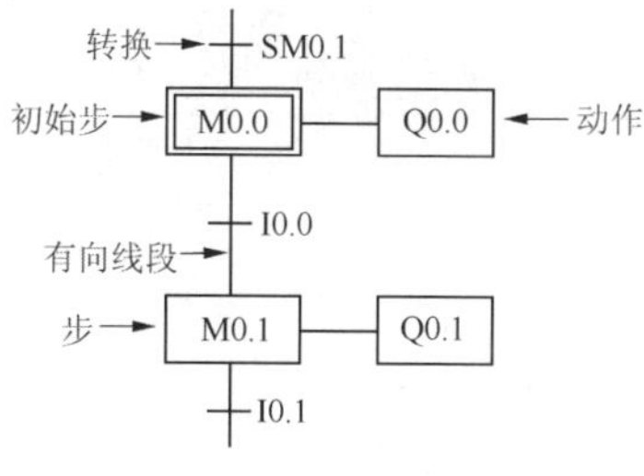

图 5-1 功能图

（1）步 一个顺序控制过程可分为若干个阶段，也称为步或状态。系统初始状态对应的步称为初始步，初始步一般用双线框表示。在每一步中施控系统要发出某些“命令”，而被控系统要完成某些“动作”，“命令”和“动作”都称为动作。当系统处于某一工作阶段时，则该步处于激活状态，称为活动步。

（2）转换条件 使系统由当前步进入下一步的信号称为转换条件。顺序控制设计法用转换条件控制代表各步的编程元件，让它们的状态按一定的顺序变化，然后用代表各步的编程元件去控制输出。不同状态的"转换条件"可以不同，也可以相同，当"转换条件"各不相同时，在功能图程序中每次只能选择其中一种工作状态（称为"选择分支"），当"转换条件"都相同时，在功能图程序中每次可以选择多个工作状态（称为"选择并行分支"）。只有满足条件状态，才能进行逻辑处理与输出，因此，"转换条件"是功能图程序选择工作状态（步）的"开关"。

（3）有向连线　步与步之间的连接线就是"有向连线"，"有向连线"决定了状态的转换方向与转换途径。在有向连线上有短线，表示转换条件。当条件满足时，转换得以实现，即上一步的动作结束而下一步的动作开始，因而不会出现动作重叠。步与步之间必须要有转换条件。

图 5-1 中的双框为初始步，M0.0 和 M0.1 是步名，I0.0、I0.1 为转换条件，Q0.0、Q0.1 为动作。当 M0.0 有效时，输出指令驱动 Q0.0。有向连线的箭头省略未画。

（4）功能图的结构分类　根据步与步之间的进展情况，功能图分为以下几种结构。

① 单一顺序　单一顺序动作是一个接一个地完成，完成每步只连接一个转移，每个转移只连接一个步，如图 5-2（a）所示。根据功能图很容易写出代数逻辑表达式，代数逻辑表达式和梯形图有对应关系，由代数逻辑表达式可写出梯形图，如图 5-2（b）所示。

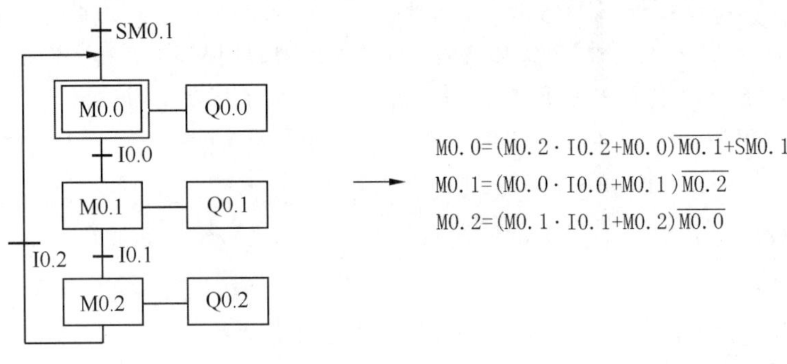

（a）

网络 1
M0.2　I0.2　M0.1　M0.0
SM0.1　Q0.0
M0.0
网络 2
M0.0　I0.0　M0.2　M0.1
M0.1　Q0.1
网络 3
M0.1　I0.1　M0.0　M0.2
M0.2　Q0.2

（b）

图 5-2　单一顺序

② 选择顺序　选择顺序是指某一步后有若干个单一顺序等待选择，称为分支，一般只允许选择进入一个顺序，转换条件只能标在水平线之下。选择顺序的结束称为合并，用一条水平线表示，水平线以下不允许有转换条件，如图 5-3 所示。

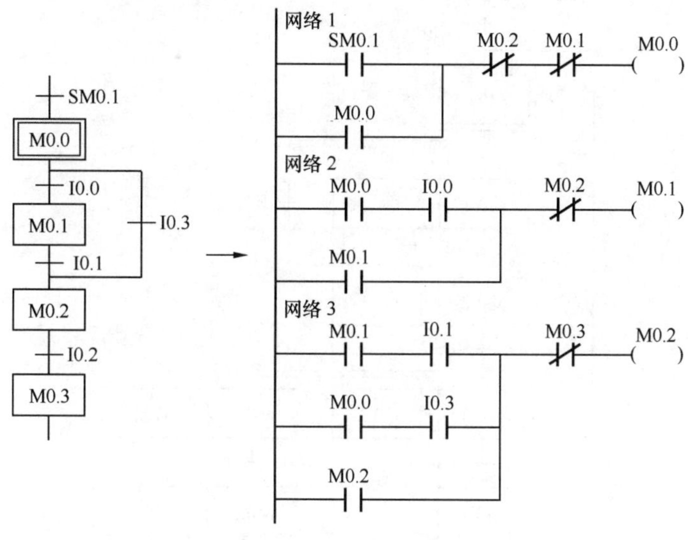

图 5-3　选择顺序

③ 并行顺序　并行顺序是指在某一转换条件下同时启停若干个顺序，也就是说转换条件实现导致几个分支同时激活。并行顺序的开始和结束都用双水平线表示，如图 5-4 所示。

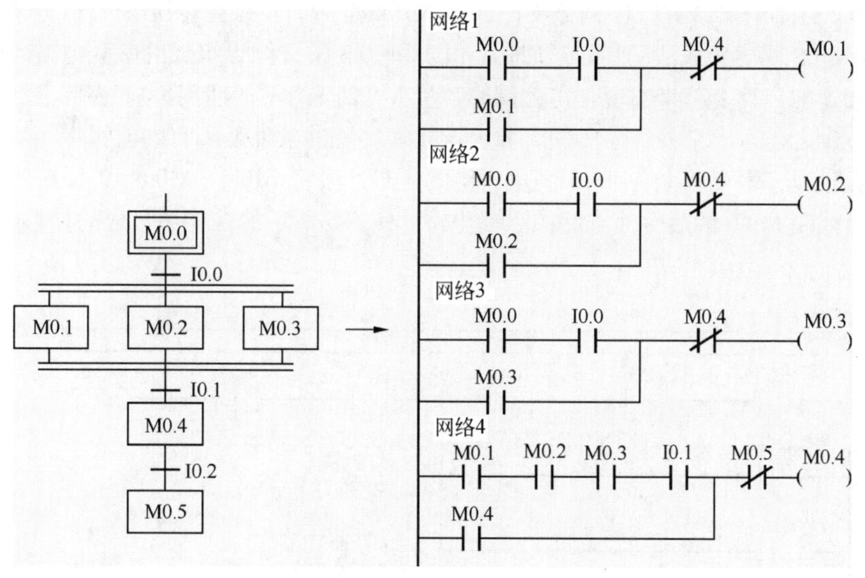

图 5-4　并行顺序

④ 选择序列和并行序列的综合　如图 5-5 所示，步 M0.0 之后有一个选择序列的分支，设 M0.0 为活动步，当它的后续步 M0.1 或 M0.2 变为活动步时，M0.0 变为不活动步，即 M0.0 为 0 状态，所以应将 M0.1 和 M0.2 的常闭触点与 M0.0 的线圈串联。

步 M0.2 之前有一个选择序列合并，当步 M0.1 为活动步（即 M0.1 为 1 状态），并且转换条件 I0.1 满足，或者步 M0.0 为活动步，并且转换条件 I0.2 满足，步 M0.2 变为活动步，所以该步的存储器 M0.2 的启保停电路的启动条件为 M0.1 • I0.1+M0.0 • I0.2，对应的启动电路由两条并联支路组成。

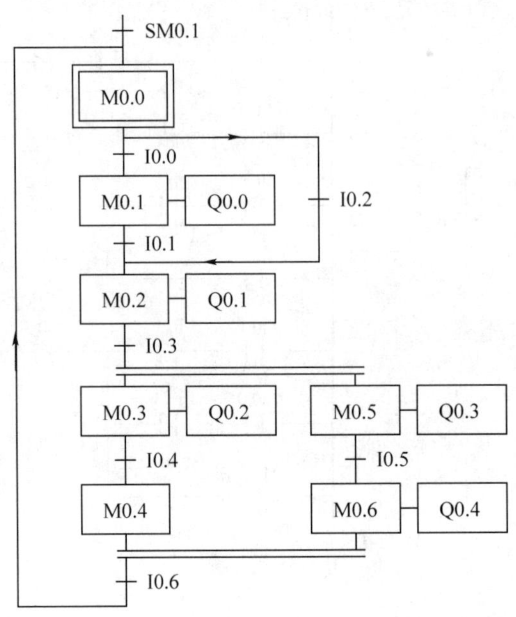

图 5-5　选择序列和并行序列功能图

步 M0.2 之后有一个并行序列分支，当步 M0.2 是活动步并且转换条件 I0.3 满足时，步 M0.3 和步 M0.5 同时变成活动步，这时用 M0.2 和 I0.3 常开触点组成的串联电路，分别作为 M0.3 和 M0.5 的启动电路来实现，与此同时，步 M0.2 变为不活动步。

步 M0.0 之前有一个并行序列的合并，该转换实现的条件是所有的前级步（即 M0.4 和 M0.6）都是活动步和转换条件 I0.6 满足。由此可知，应将 M0.4、M0.6 和 I0.6 的常开触点串联，作为控制 M0.0 的启保停电路的启动电路。图 5-5 所示的功能图对应的梯形图如图 5-6 所示。

网络 1

M0.4 M0.6 I0.6 M0.1 M0.2 M0.0

SM0.1

M0.0

网络 2

M0.0 I0.0 M0.2 M0.1

M0.1 Q0.0

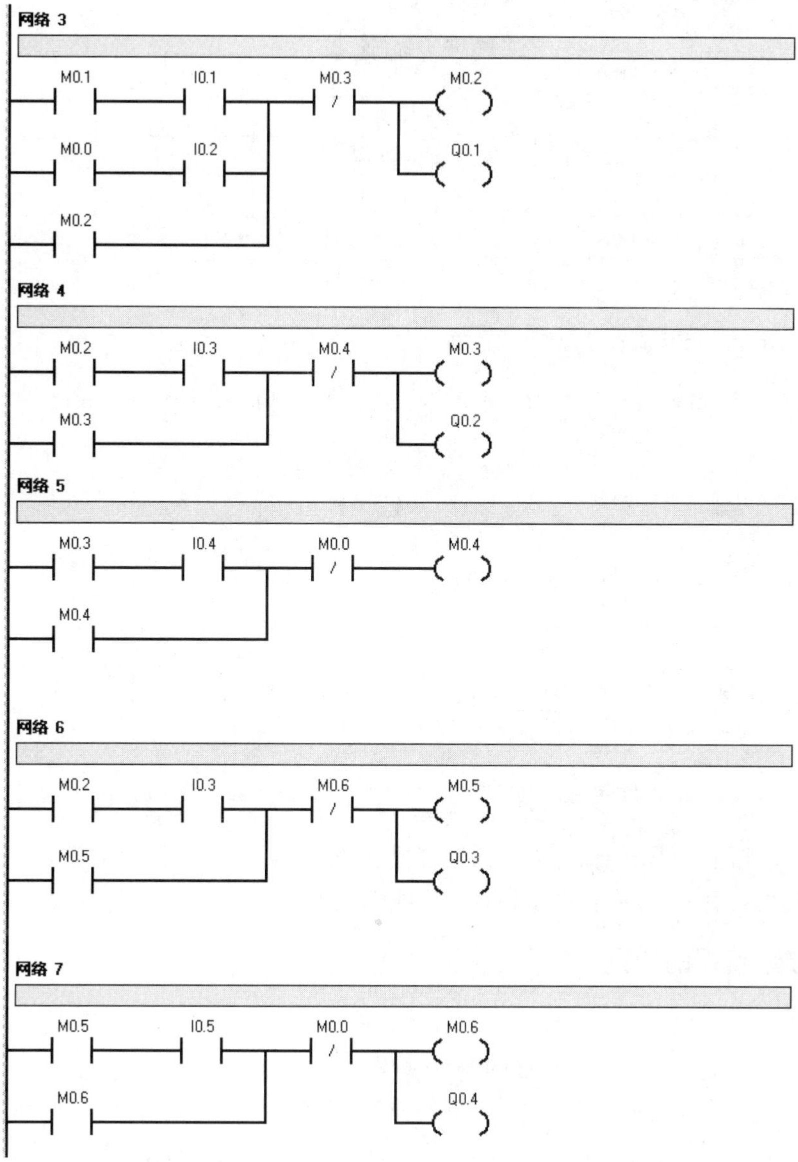

图 5-6 梯形图

（5）功能图设计的注意点

① 状态之间要有转换条件，如图 5-7 中，状态之间缺少“转换条件”是不正确的，应改成如图 5-8 所示的功能图。必要时转换条件可以简化，应将图 5-9 简化成图 5-10。

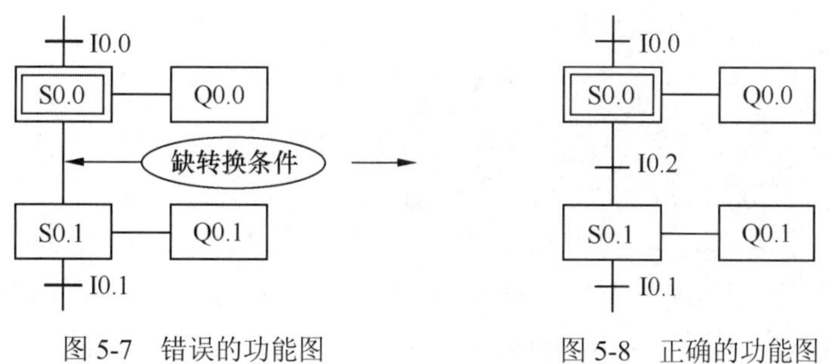

图 5-7 错误的功能图　　图 5-8 正确的功能图

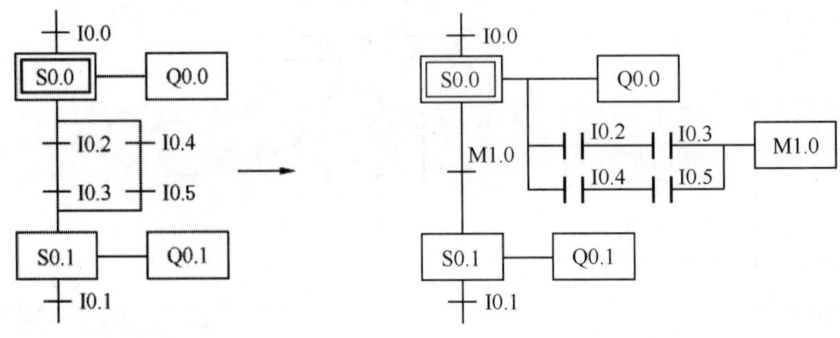

图 5-9　简化前的功能图　　　　图 5-10　简化后的功能图

② 转换条件之间不能有分支，例如，图 5-11 应该改成如图 5-12 所示的合并后的功能图，合并转换条件。

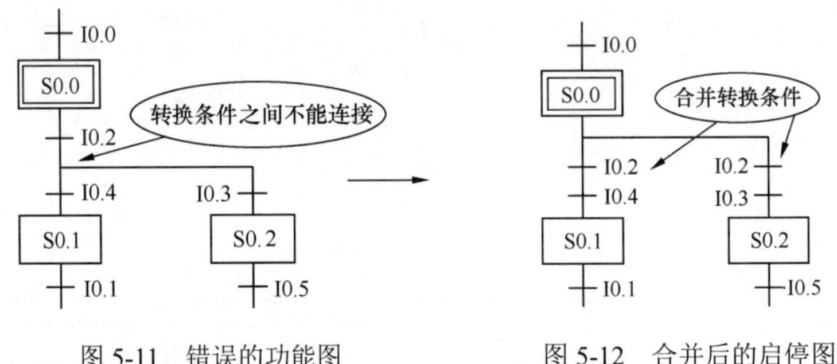

图 5-11　错误的功能图　　　　图 5-12　合并后的启停图

③ 顺序功能图中的初始步对应于系统等待启动的初始状态，初始步是必不可少的。

④ 顺序功能图中一般应有由步和有向连线组成的闭环。

5.1.2　梯形图编程的原则

尽管梯形图与继电器电路图在结构形式、元件符号及逻辑控制功能等方面相类似，但它们又有许多不同之处，梯形图有自己的编程规则。

（1）每一逻辑行总是起于左母线，然后是触点的连接，最后终止于线圈或右母线（右母线可以不画出）。这仅仅是一般原则，S7-200 PLC 的左母线与线圈之间一定要有触点，而线圈与右母线之间则不能有任何触点，如图 5-13 所示。但西门子 S7-300 的与左母线相连的不一定是触点，而且其线圈不一定与右母线相连。

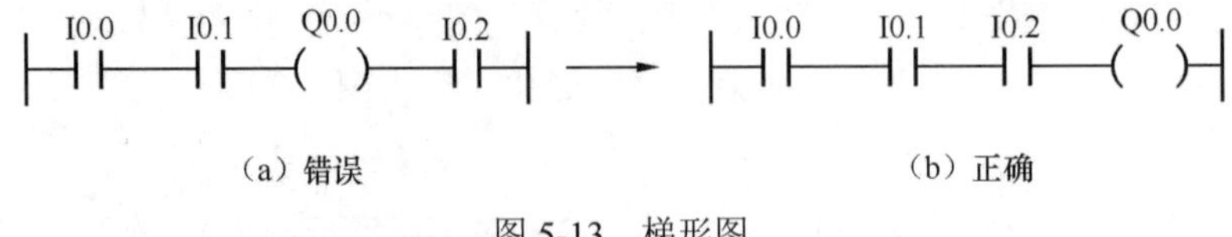

（a）错误　　　　（b）正确

图 5-13　梯形图

（2）无论选用哪种机型的 PLC，所用元件的编号必须在该机型的有效范围内。例如 S7-200 系列的 PLC 的辅助继电器默认状态下没有 M100.0，若使用就会出错，而 S7-300 则有 M100.0。

（3）梯形图中的触点可以任意串联或并联，但继电器线圈只能并联而不能串联。

（4）触点的使用次数不受限制，例如，只要需要，辅助继电器触点 M0.0 可以在梯形图中出现无限制的次数，而实物继电器的触点一般少于 8 对，只能用有限次。

（5）在梯形图中同一线圈只能出现一次。如果在程序中，同一线圈使用了两次或多次，称为“双线圈输出”。对于“双线圈输出”，有些 PLC 将其视为语法错误，绝对不允许；有些 PLC 则将前面的输出视为无效，只有最后一次输出有效（如西门子 PLC）；而有些 PLC 在含有跳转指令或步进指令的梯形图中允许双线圈输出。

（6）对于不可编程梯形图必须经过等效变换，变成可编程梯形图，如图 5-14 所示。

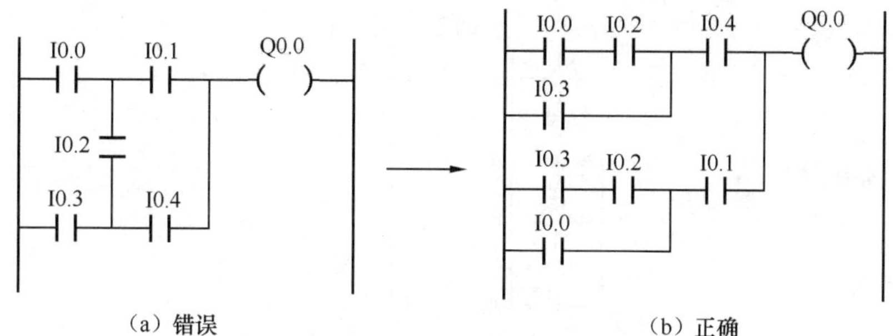

（a）错误　　（b）正确

图 5-14　梯形图

（7）有几个串联电路相并联时，应将串联触点多的回路放在上方，归纳为“多上少下”的原则，如图 5-15（a）所示。在有几个并联电路相串联时，应将并联触点多的回路放在左方，归纳为“多左少右”原则，如图 5-16（a）所示。这样所编制的程序简洁明了，语句较少。但要注意图 5-15（a）和图 5-16（a）的梯形图逻辑是正确的。

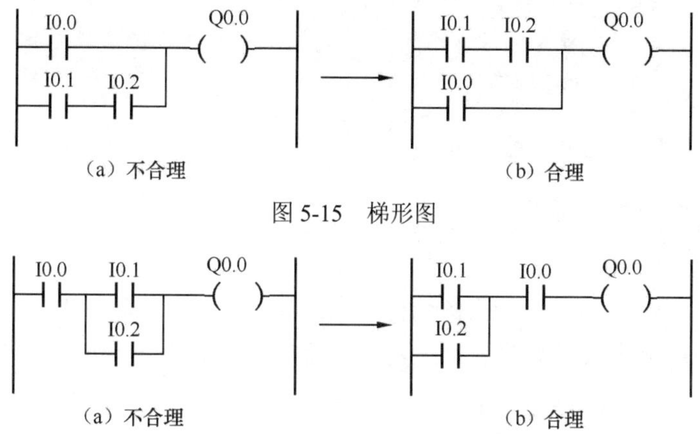

（a）不合理　　（b）合理

图 5-15　梯形图

（a）不合理　　（b）合理

图 5-16　梯形图

（8）PLC 的输入端所连的电气元件通常使用常开触点，即使与 PLC 对应的继电器-接触器系统原来使用的是常闭触点，改为 PLC 控制时也应转换为常开触点。如图 5-17 所示为继电器-接触器系统控制的电动机的启/停控制，图 5-18 所示为电动机的启/停控制的梯形图，图 5-19 所示为电动机启/停控制的接线图。可以看出：继电器-接触器系统原来使用常闭触点 SB1 和 FR，改用 PLC 控制时，则在 PLC 的输入端变成了常开触点。

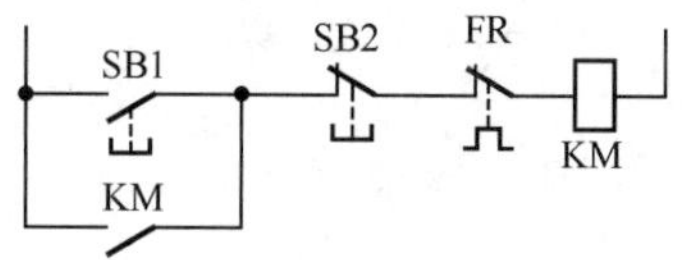

图 5-17　电动机启/停控制图

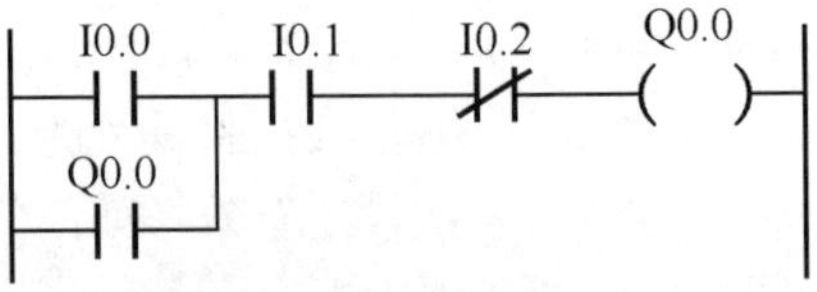

图 5-18 电动机启/停控制的梯形图

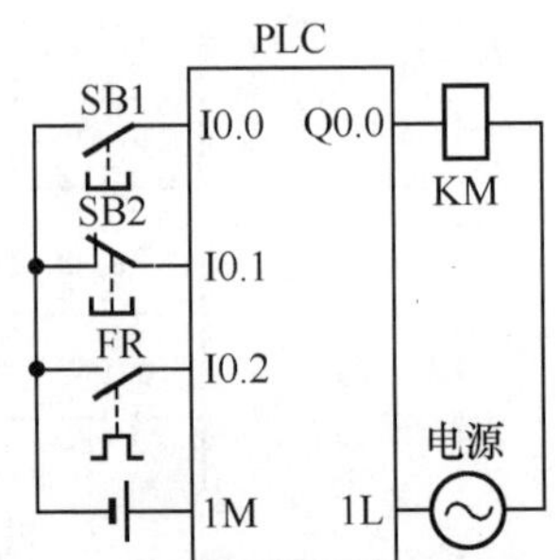

图 5-19 电动机的启/停控制的接线图

【关键点】 图 5-18 的梯形图中 I0.2 用常闭触点，否则控制逻辑不正确。停止按钮应为常闭触头输入，但梯形图中 I0.1 要用常开触点。在接线图中，对于急停按钮必须使用常闭触点，若一定要使用常开触点，从逻辑上讲是可行的，但在某些情况下，有可能急停按钮不起作用而造成事故，这是读者要特别注意的。另外，一般不推荐将热继电器的常开触点接在 PLC 的输入端，因为这样做占用了宝贵的输入点，最好将热继电器的常闭触点接在 PLC 的输出端，与 KM 的线圈串联。

5.1.3 流程图设计法

对于比较复杂的逻辑控制，用经验设计法就不合适，适合用流程图设计法。流程图设计法无疑是应用较为广泛的设计方法。流程图就是顺序功能图，流程图设计法就是先根据系统的控制要求画出流程图，再根据流程图画梯形图，梯形图可以是基本指令梯形图，也可以是顺控指令梯形图和功能指令梯形图。因此，设计流程图是整个设计过程的关键，也是难点。

（1）启保停设计方法的基本步骤

① 绘制出顺序功能图　要使用“启保停”设计方法设计梯形图时，先要根据控制要求绘制出顺序功能图，其中顺序功能图的绘制在前面章节中已经详细讲解，在此不再重复。

② 写出存储器位的布尔代数式　对应于顺序功能图中的每一个存储器位都可以写出如图 5-20 所示的布尔代数式。图中等号右边的 M_i 为第 i 个存储器位的状态，等号右边的 M_i 为第 i 个存储器位的常开触头，X_i 为第 i 个工步所对应的转换信号，M_{i-1} 为第 $i-1$ 个存储器位的常开触头，M_{i+1} 为第 $i+1$ 个存储器位的常闭触头。

$$M_i=\left(X_iM_{i-1}+M_i\right)\overline{M}_{i+1}$$

图 5-20 存储器位的布尔代数式

③ 写出执行元件的逻辑函数式　执行元件为顺序功能图中的储存器位所对应的动作。

一个步通常对应一个动作，输出和对应步的储存器位的线圈并联或者在输出线圈前串接一个对应步的储存器位的常开触头。当功能图中有多个步对应同一动作时，其输出可用这几个步对应的储存器位的“或”来表示，如图 5-21 所示。

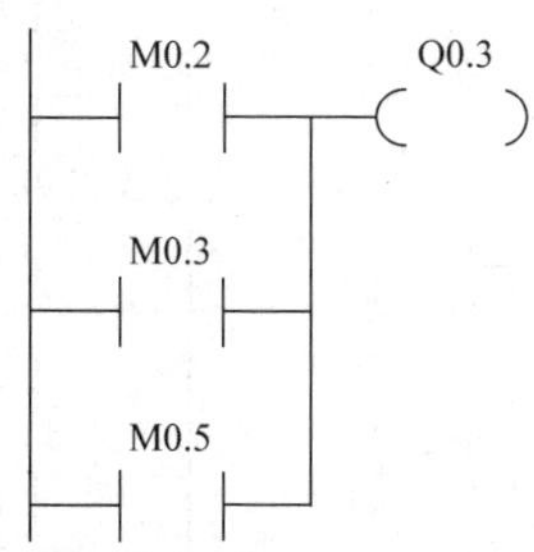

图 5-21 多个步对应同一动作时的梯形图

④ 设计梯形图 在完成前 3 个步骤的基础上，可以顺利设计出梯形图。

（2）利用基本指令编写梯形图指令 用基本指令编写梯形图指令是最容易被想到的方法，不需要了解较多的指令。采用这种方法编写程序的过程是：先根据控制要求设计正确的功能图，再根据功能图写出正确的布尔表达式，最后根据布尔表达式画基本指令梯形图。以下用一个例子讲解利用基本指令编写梯形图指令的方法。

【例 5-1】 步进电动机是一种将电脉冲信号转换为电动机旋转角度的执行机构。当步进驱动器接收到一个脉冲时，就驱动步进电动机按照设定的方向旋转一个固定的角度（称为步距角）。因此步进电动机是按照固定的角度一步一步转动的。因此可以通过脉冲数量控制步进电动机的运行角度，并通过相应的装置，控制运动的过程。对于四相八拍步进电动机。其控制要求为：

① 按下启动按钮，定子磁极 A 通电，1s 后 A、B 同时通电；再过 1s，B 通电，同时 A 失电；再过 1s，B、C 同时通电…，以此类推，其通电过程如图 5-22 所示。

② 有 2 种工作模式。工作模式 1 时，按下“停止”按钮，完成一个工作循环后，停止工作；工作模式 2 时，具有锁相功能，当压下“停止”按钮后，停止在通电的绕组上，下次压下“启动”按钮时，从上次停止的线圈开始通断电工作。

③ 无论何种工作模式，只要压下“急停”按钮，系统所有线圈立即断电。

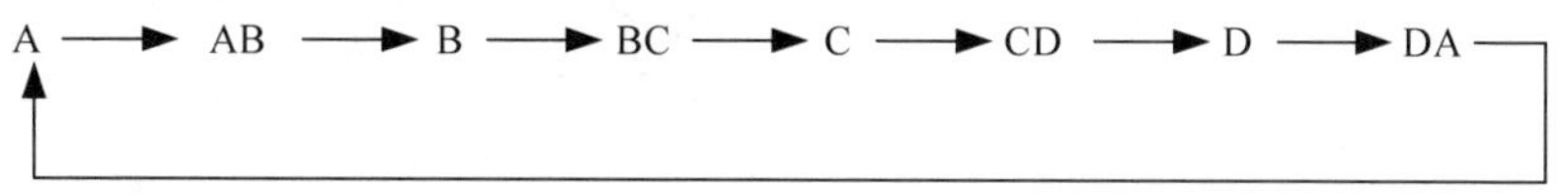

图 5-22 通电过程图

【解】 接线图如图 5-23 所示，根据题意很容易画出功能图，如图 5-24 所示。根据功能图编写梯形图程序如图 5-25 和图 5-26 所示。

（3）利用功能指令编写逻辑控制程序 西门子的功能指令有许多特殊功能，其中移位指令和循环指令非常适合用于顺序控制，用这些指令编写程序简洁而且可读性强。以下用一个例子讲解利用功能指令编写逻辑控制程序。

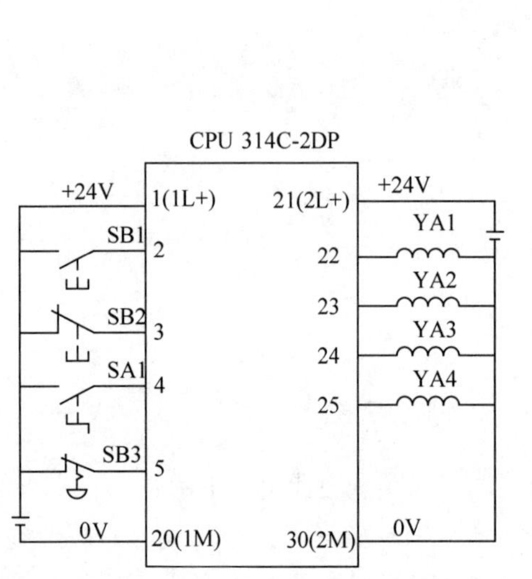

CPU 314C-2DP
+24V
1(1L+)
21(2L+)
+24V
SB1
2
SB2
3
SA1
4
SB3
5
0V
20(1M)
30(2M)
0V
22
23
24
25
YA1
YA2
YA3
YA4

图 5-23 接线图

I0.0
M0.0
Q0.0;T0
A得电
T0
M0.1
Q0.0;Q0.1;T1
AB得电
T1
M0.2
Q0.1;T2
B得电
T2
M0.3
Q0.1;Q0.2;T3
BC得电
T3
M0.4
Q0.2;T4
C得电
T4
M0.5
Q0.2;Q0.3;T5
CD得电
T5
M0.6
Q0.3;T6
D得电
T6
M0.7
Q0.3;Q0.0;T7
DA得电
T7

图 5-24 功能图

程序段 1：标题：

MOVE
EN
ENO
0
IN
OUT
MW0

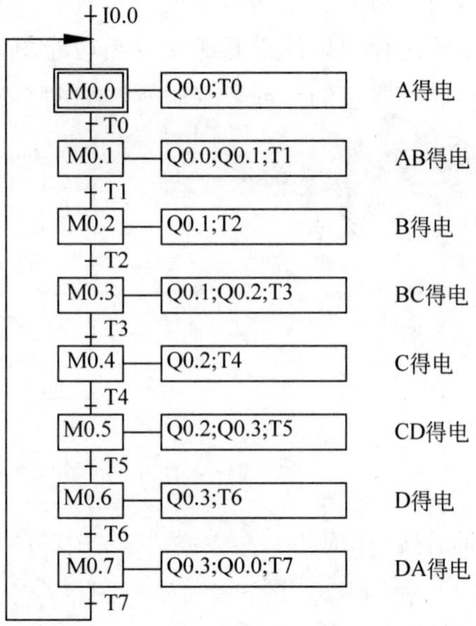

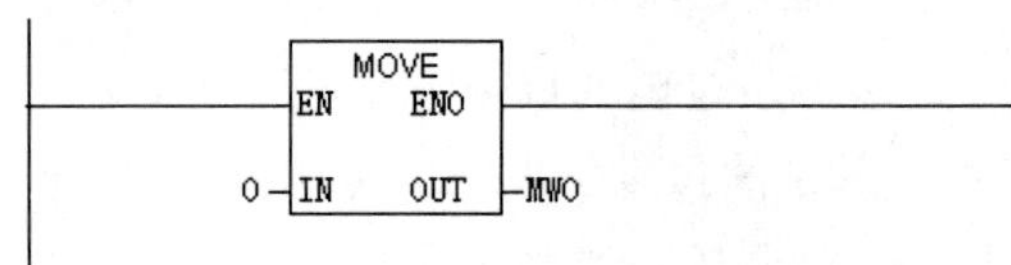

图 5-25 OB100 中的程序

程序段 1：模式1

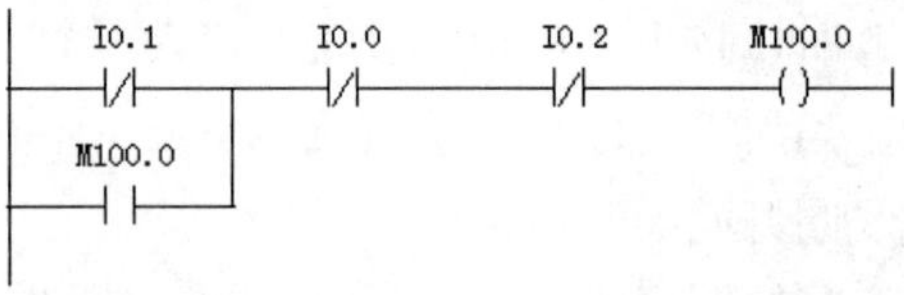

I0.1
I0.0
I0.2
M100.0
M100.0

程序段 2：模式2

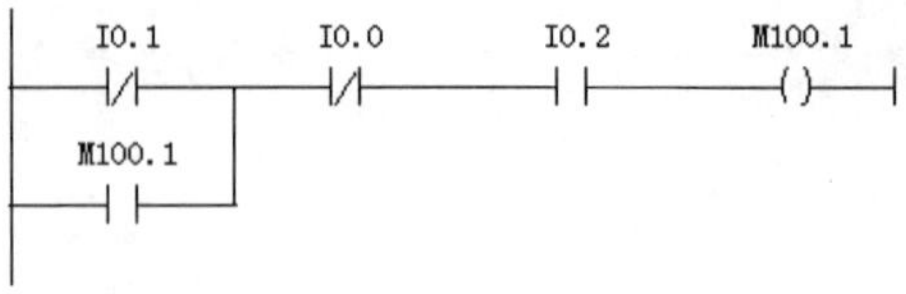

I0.1
I0.0
I0.2
M100.1
M100.1

程序段 3：急停和模式转换

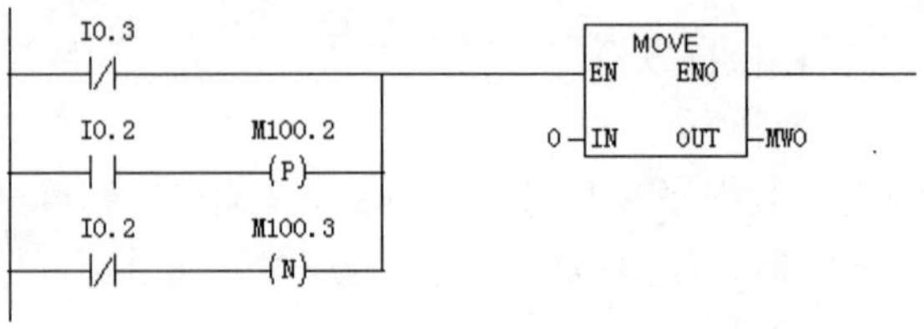

I0.3
I0.2
M100.2
P
I0.2
M100.3
N
MOVE
EN
ENO
0
IN
OUT
MW0

程序段 4：标题：

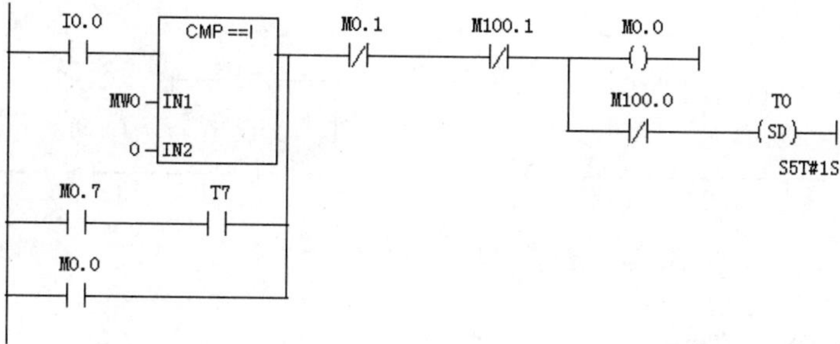

程序段 5：标题：

M0.0　T0　M0.2　M0.1
M0.1　M100.0　T1
SD
S5T#1S

程序段 6：标题：

M0.1　T1　M0.3　M0.2
M0.2　M100.0　T2
SD
S5T#1S

程序段 7：标题：

M0.2　T2　M0.4　M0.3
M0.3　M100.0　T3
SD
S5T#1S

程序段 8：标题：

M0.3　T3　M0.5　M0.4
M0.4　M100.0　T4
SD
S5T#1S

程序段 9：标题：

M0.4　T4　M0.6　M0.5
M0.5　M100.0　T5
SD
S5T#1S

图 5-26

程序段 10：标题：

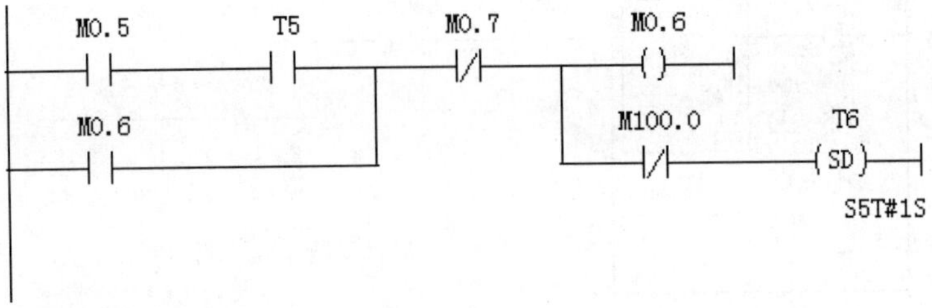

M0.5 T5 M0.7 M0.6
M0.6
M100.0 T6
SD
S5T#1S

程序段 11：标题：

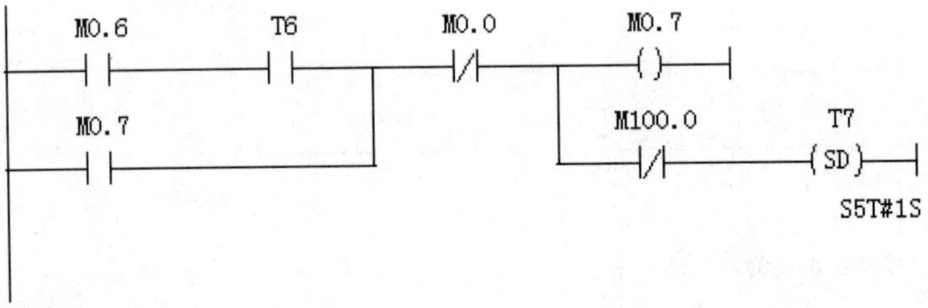

M0.6 T6 M0.0 M0.7
M0.7
M100.0 T7
SD
S5T#1S

程序段 12：标题：

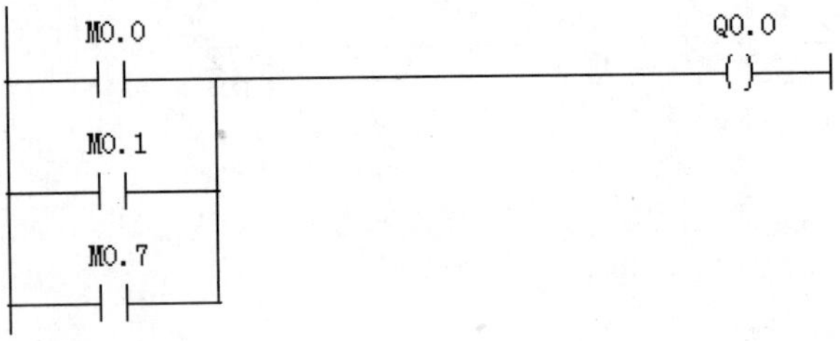

M0.0 Q0.0
M0.1
M0.7

程序段 13：标题：

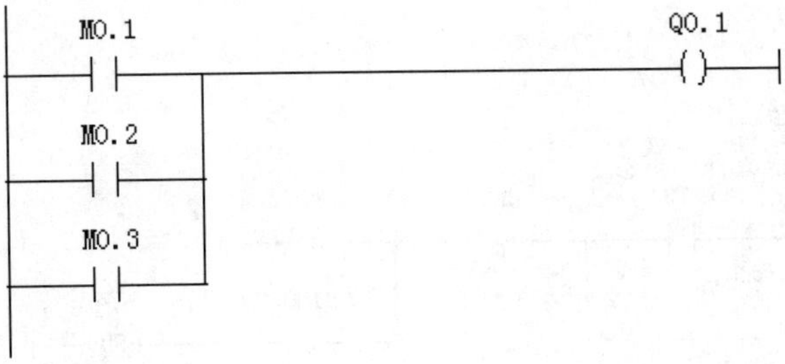

M0.1 Q0.1
M0.2
M0.3

程序段 14：标题：

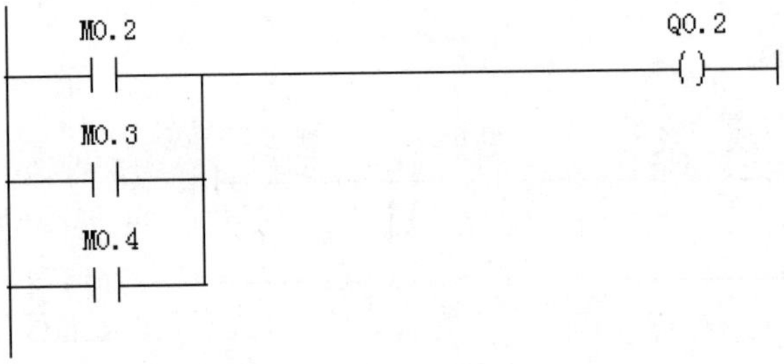

M0.2 Q0.2
M0.3
M0.4

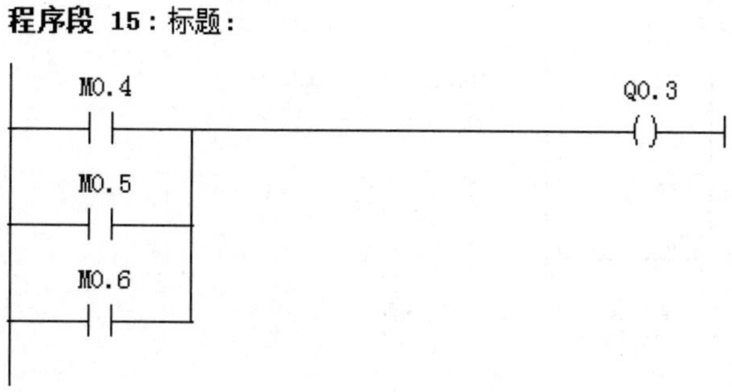

程序段 15：标题：

M0.4 M0.5 M0.6 Q0.3

图 5-26 OB1 中的程序

【例 5-2】 用功能指令编写例 5-1 的程序。

【解】 梯形图如图 5-27 和图 5-28 所示。

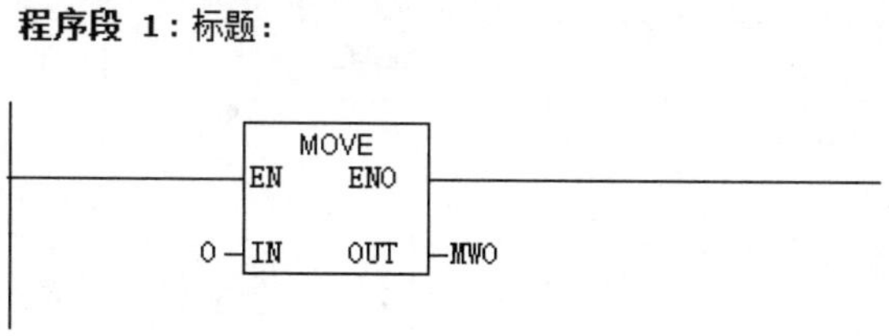

程序段 1：标题：

MOVE EN ENO 0 IN OUT MW0

图 5-27 OB100 中的程序

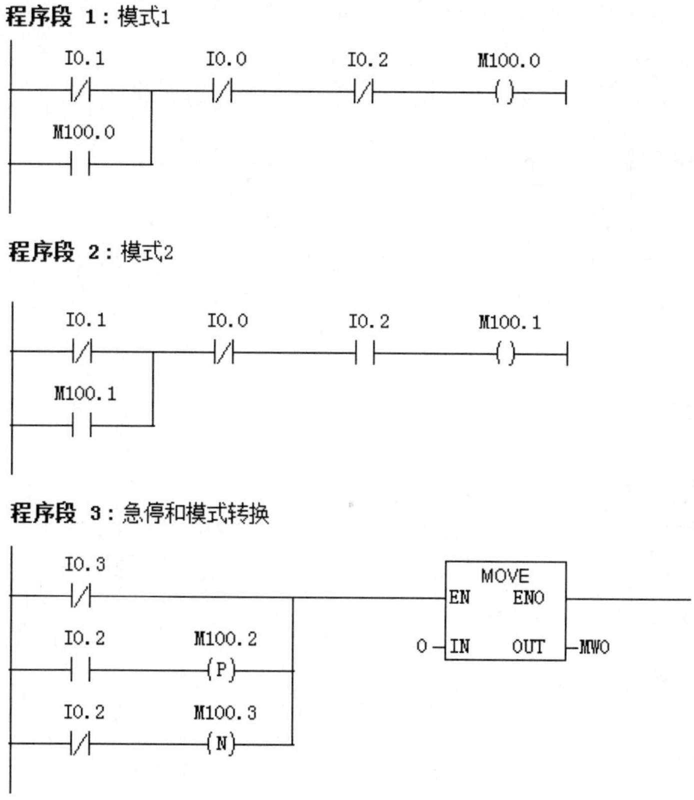

程序段 1：模式1

I0.1 I0.0 I0.2 M100.0 M100.0

程序段 2：模式2

I0.1 I0.0 I0.2 M100.1 M100.1

程序段 3：急停和模式转换

I0.3 I0.2 M100.2 P I0.2 M100.3 N MOVE EN ENO 0 IN OUT MW0

图 5-28

程序段 4：标题：

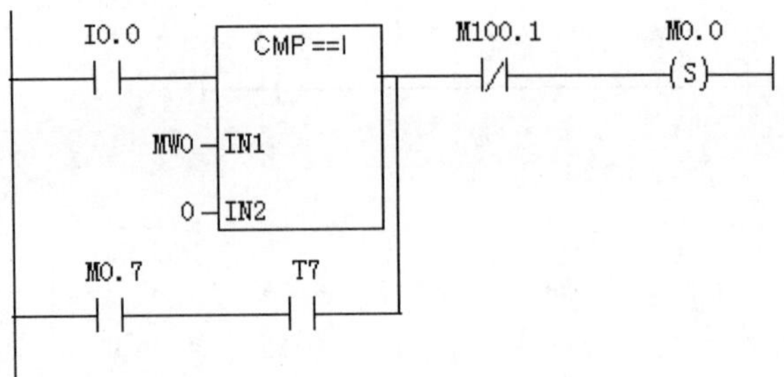

程序段 5：标题：

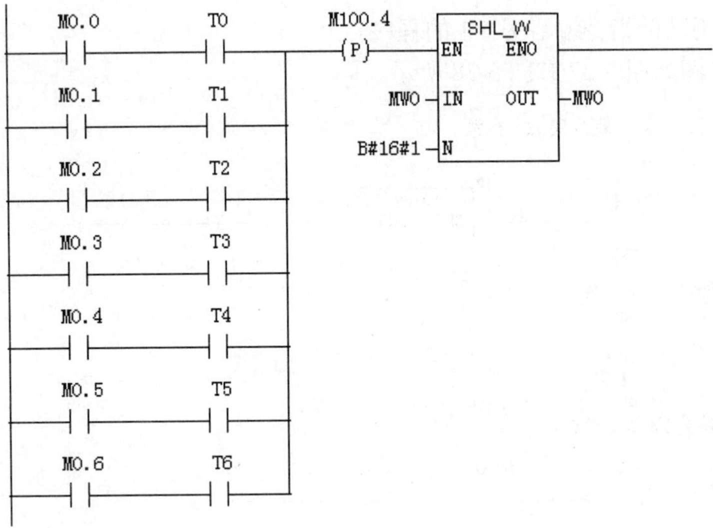

程序段 6：标题：

M0.0 M100.0 T0
SD
S5T#1S

程序段 7：标题：

M0.1 M100.0 T1
SD
S5T#1S

程序段 8：标题：

M0.2 M100.0 T2
SD
S5T#1S

程序段 9：标题：

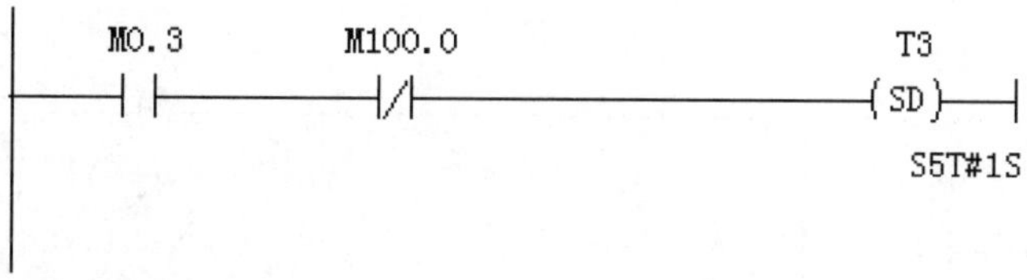

M0.3 M100.0 T3
(SD)
S5T#1S

程序段 10：标题：

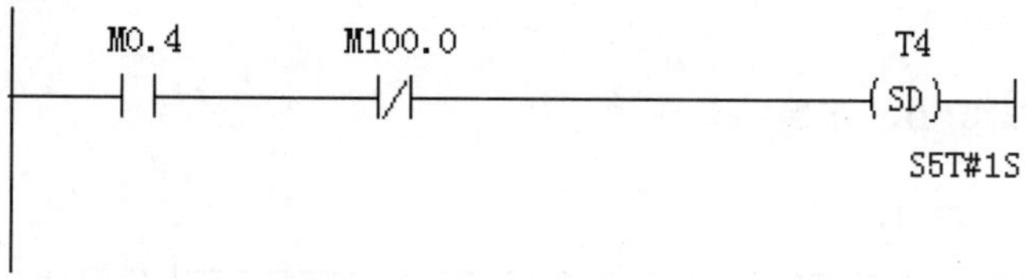

M0.4 M100.0 T4
(SD)
S5T#1S

程序段 11：标题：

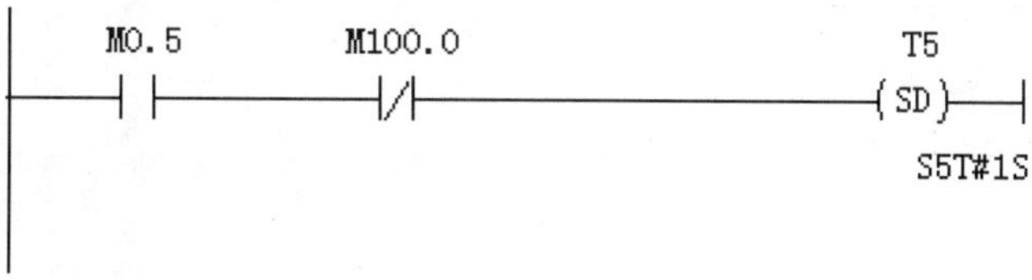

M0.5 M100.0 T5
(SD)
S5T#1S

程序段 12：标题：

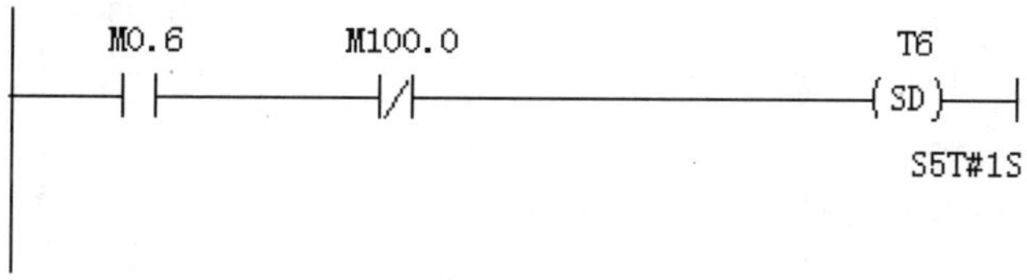

M0.6 M100.0 T6
(SD)
S5T#1S

程序段 13：标题：

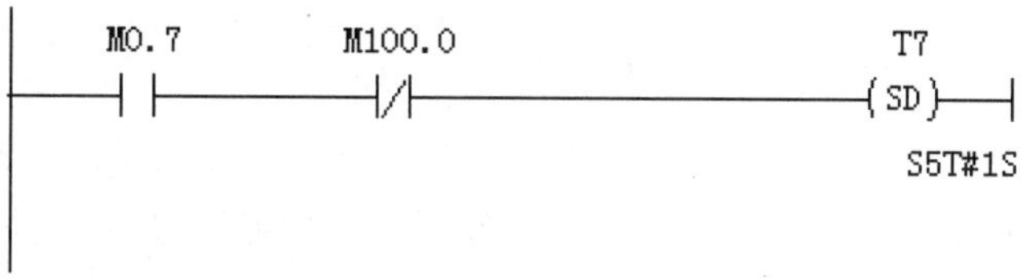

M0.7 M100.0 T7
(SD)
S5T#1S

程序段 14：标题：

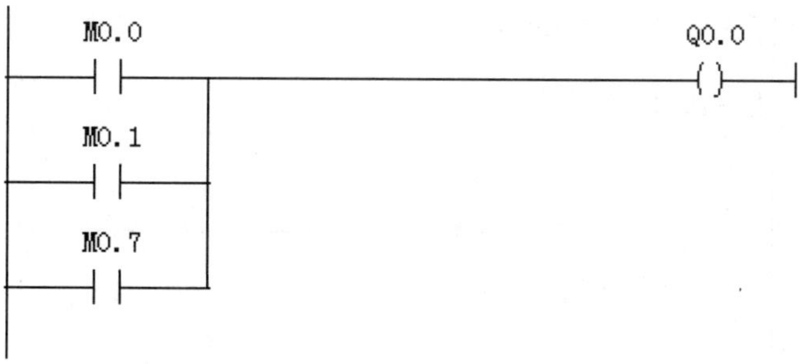

M0.0 Q0.0
( )
M0.1
M0.7

图 5-28

程序段 15：标题：

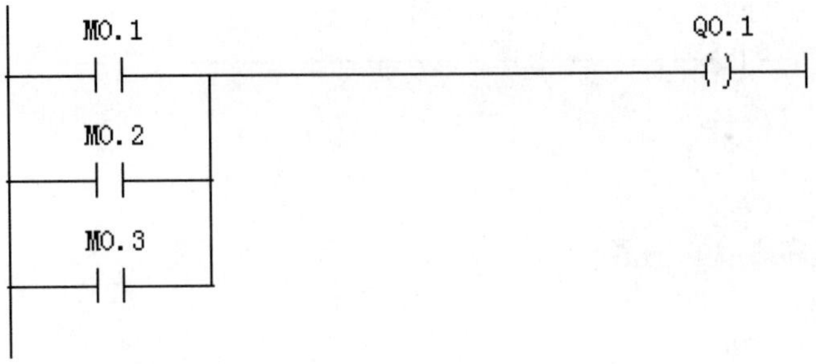

M0.1 Q0.1
M0.2
M0.3

程序段 16：标题：

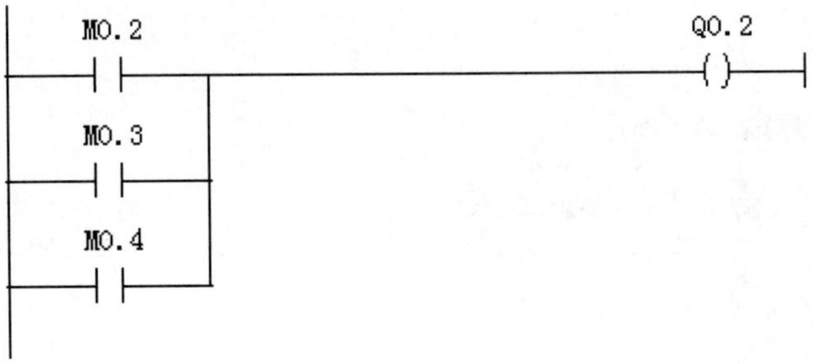

M0.2 Q0.2
M0.3
M0.4

程序段 17：标题：

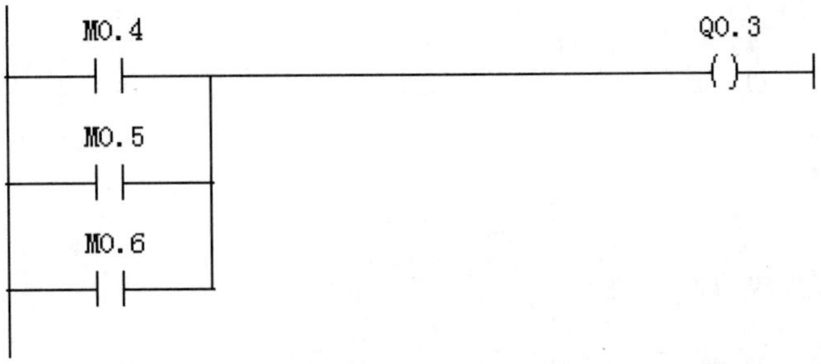

M0.4 Q0.3
M0.5
M0.6

图 5-28 OB1 中的程序

（4）利用复位和置位指令编写逻辑控制程序 复位和置位指令是常用指令，用复位和置位指令编写程序简洁而且可读性强。以下用一个例子讲解利用复位和置位指令编写逻辑控制程序。

【例 5-3】 用复位和置位指令编写例 5-1 的程序。

【解】 梯形图如图 5-29 和图 5-30 所示。

程序段 1：标题：

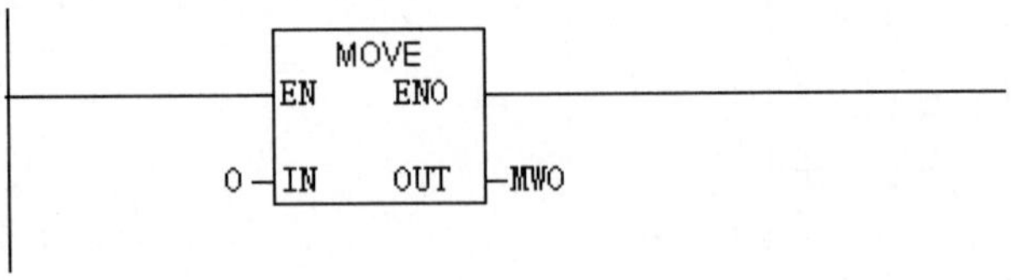

MOVE
EN ENO
0 IN OUT MW0

图 5-29 OB100 中的程序

程序段 1：模式1

程序段 2：模式2

程序段 3：急停和模式切换

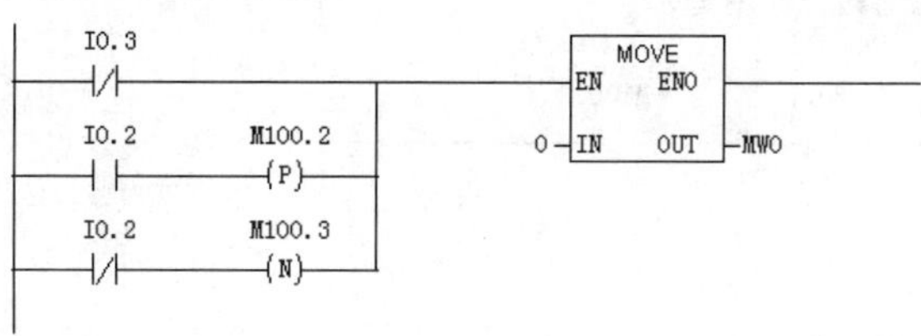

程序段 4：标题：

程序段 5：标题：

程序段 6：标题：

程序段 7：标题：

程序段 8：标题：

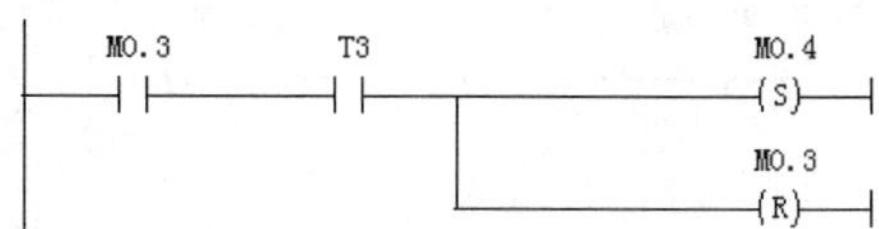

图 5-30

程序段 12：标题：

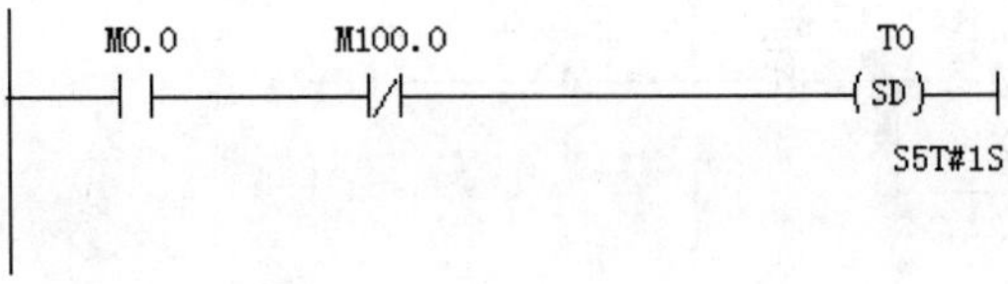

M0.0 M100.0 T0 (SD) S5T#1S

程序段 13：标题：

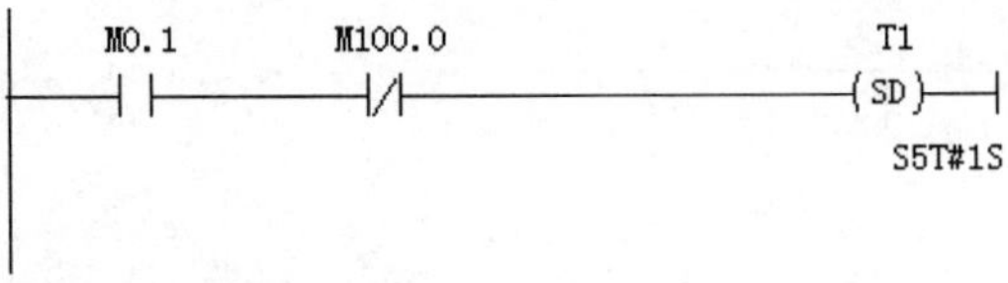

M0.1 M100.0 T1 (SD) S5T#1S

程序段 14：标题：

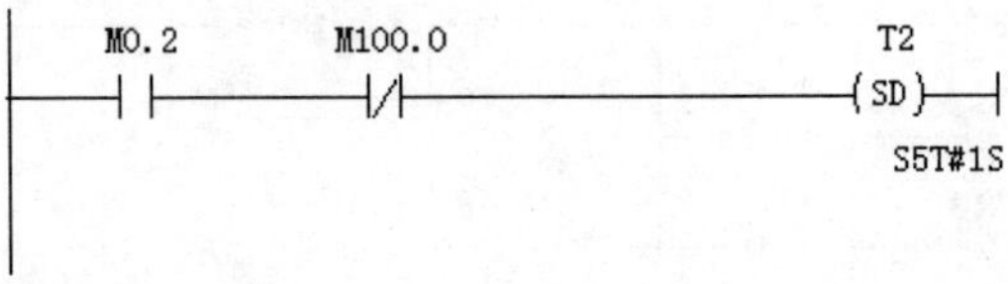

M0.2 M100.0 T2 (SD) S5T#1S

程序段 15：标题：

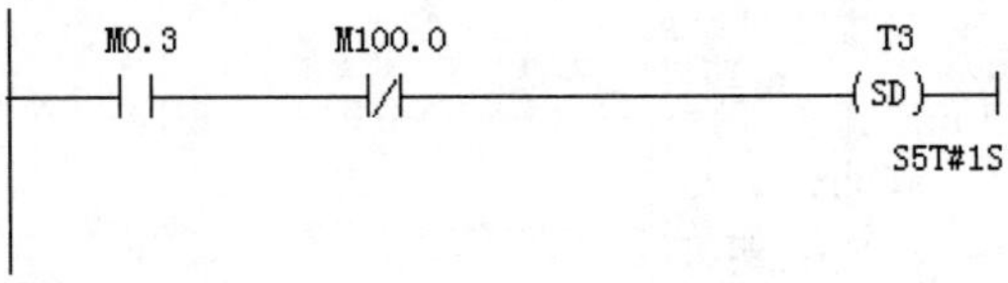

M0.3 M100.0 T3 (SD) S5T#1S

程序段 16：标题：

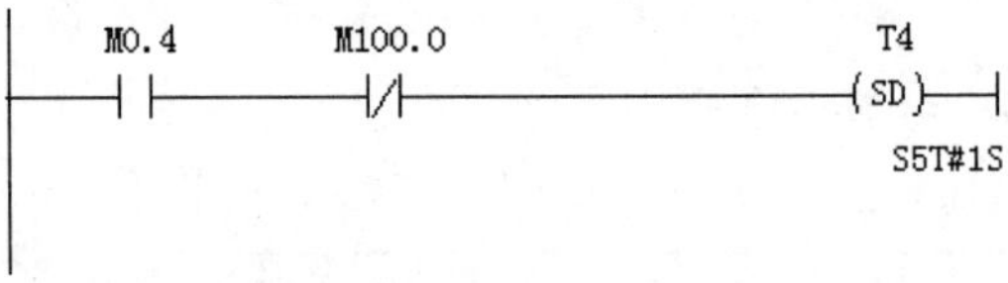

M0.4 M100.0 T4 (SD) S5T#1S

程序段 17：标题：

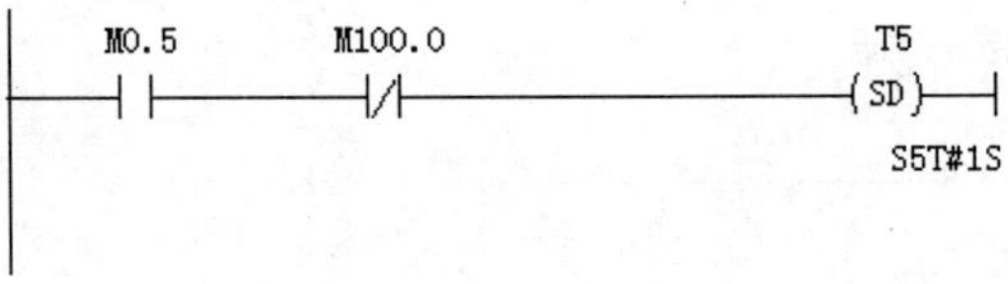

M0.5 M100.0 T5 (SD) S5T#1S

程序段 18：标题：

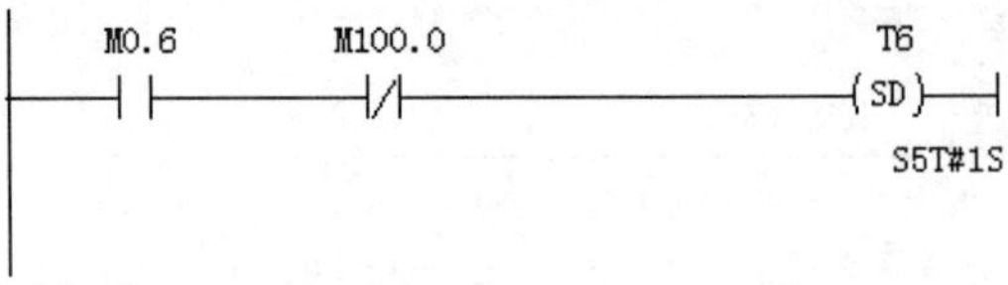

M0.6 M100.0 T6 (SD) S5T#1S

程序段 19：标题：

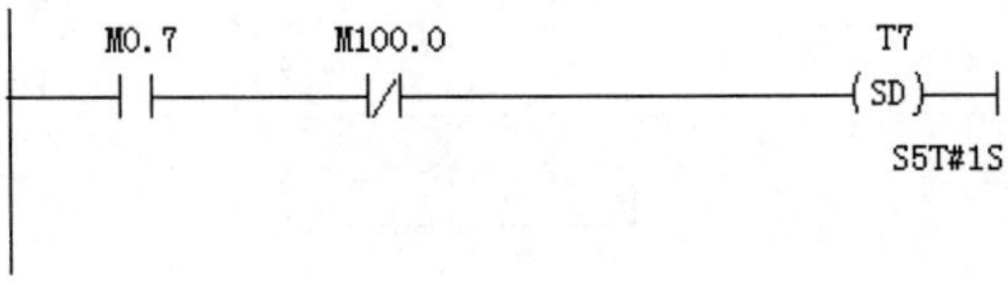

M0.7 M100.0 T7 (SD) S5T#1S

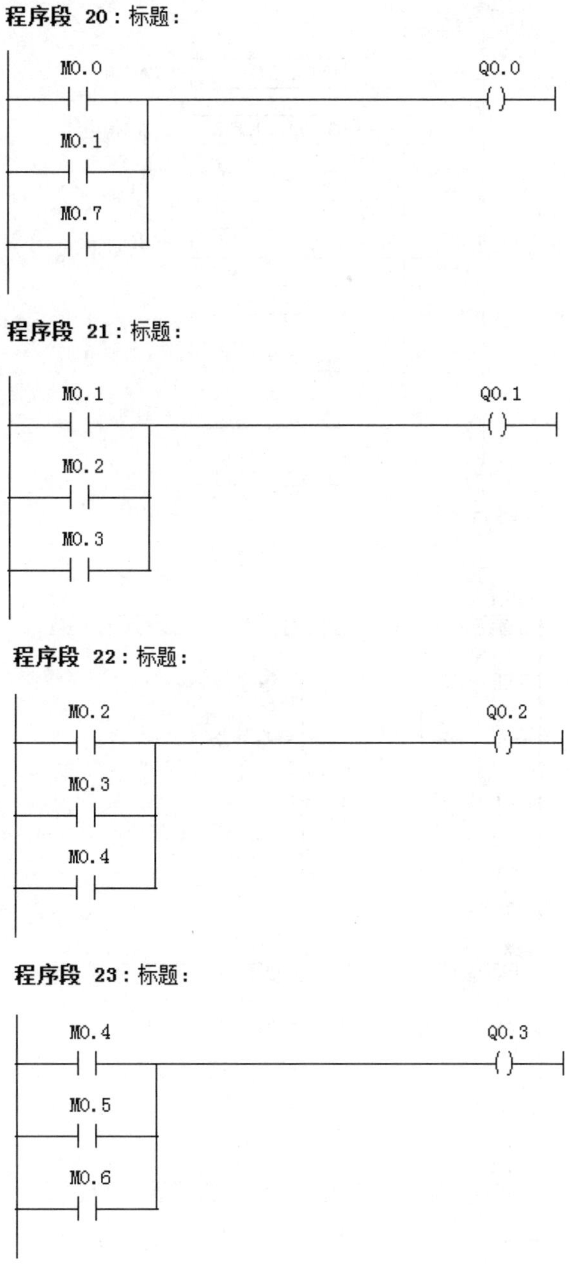

程序段 20：标题：

M0.0 Q0.0
M0.1
M0.7

程序段 21：标题：

M0.1 Q0.1
M0.2
M0.3

程序段 22：标题：

M0.2 Q0.2
M0.3
M0.4

程序段 23：标题：

M0.4 Q0.3
M0.5
M0.6

图 5-30　OB1 中的程序

（5）利用顺控指令编写逻辑控制程序　功能图和顺控指令梯形图有一一对应关系，利用顺控指令编写逻辑控制程序有固定的模式，顺控指令是专门为逻辑控制设计的指令，利用顺控指令编写逻辑控制程序是非常合适的。以下用一个例子讲解利用顺控指令编写逻辑控制程序。

【例 5-4】 用顺控指令编写例 5-1 的程序。

【解】 本例用 S7-200 机型，功能图如图 5-31 所示，梯形图如图 5-32 所示。

I0.0
S0.0
Q0.0;T37
A得电
T37
S0.1
Q0.0;Q0.1;T38
AB得电
T38
S0.2
Q0.1;T39
B得电
T39
S0.3
Q0.1;Q0.2;T40
BC得电
T40
S0.4
Q0.2;T41
C得电
T41
S0.5
Q0.2;Q0.3;T42
CD得电
T42
S0.6
Q0.3;T43
D得电
T43
S0.7
Q0.3;Q0.0;T44
DA得电
T44

图 5-31 功能图

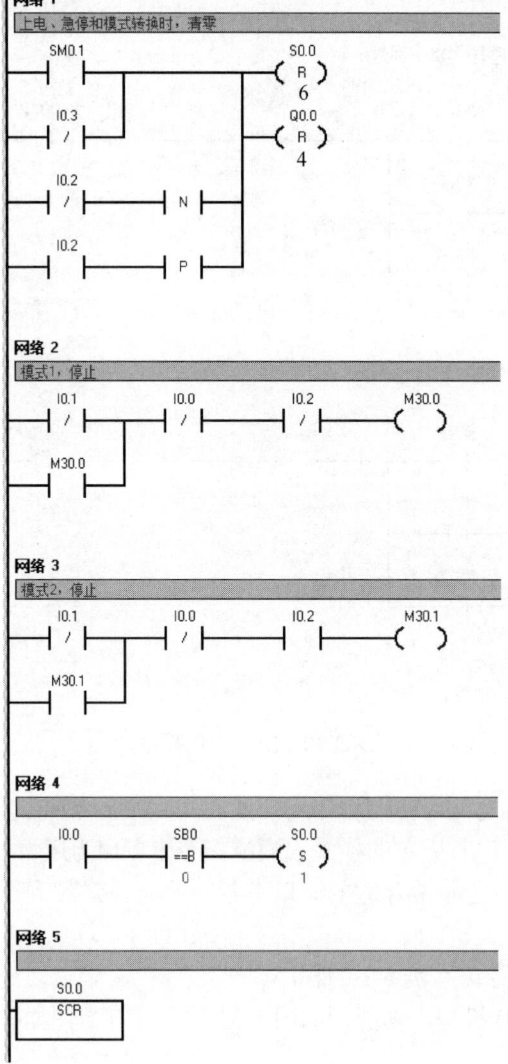
网络 1
上电、急停和模式转换时，清零
SM0.1
S0.0
R
6
I0.3
Q0.0
R
4
I0.2
N
I0.2
P
网络 2
模式1，停止
I0.1
I0.0
I0.2
M30.0
M30.0
网络 3
模式2，停止
I0.1
I0.0
I0.2
M30.1
M30.1
网络 4
I0.0
SB0
==B
0
S0.0
S
1
网络 5
S0.0
SCR

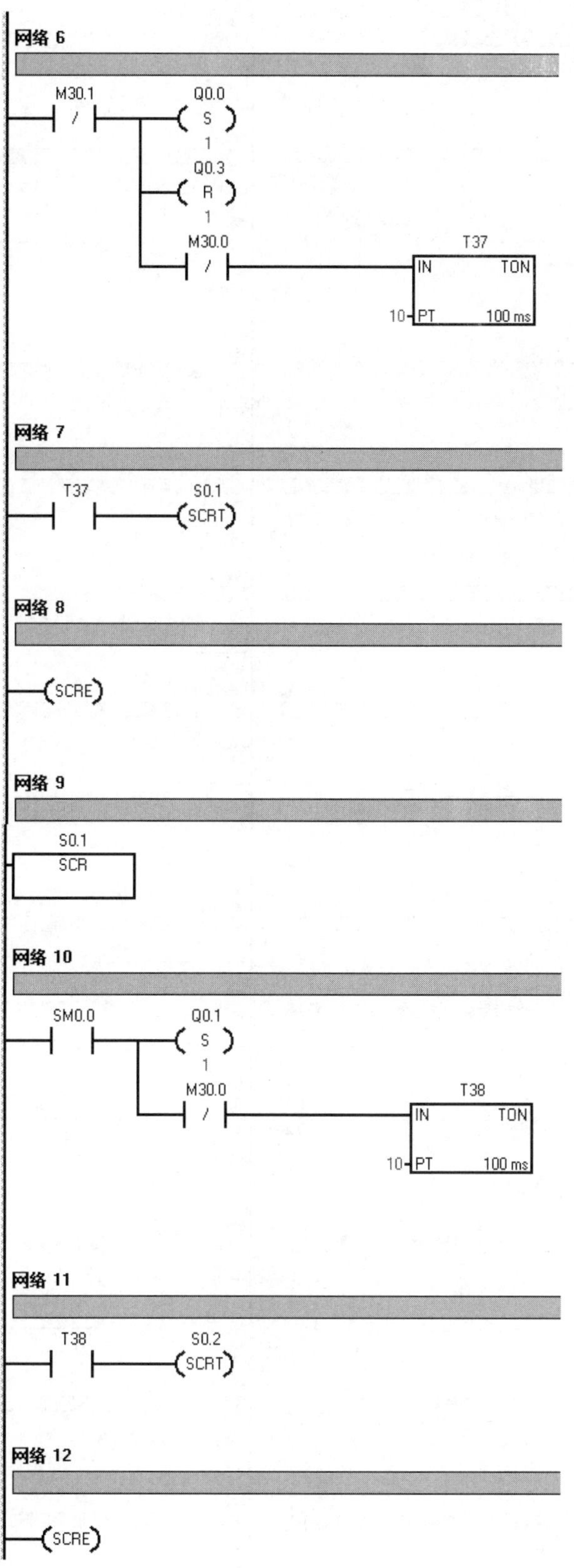
网络 6
M30.1
Q0.0
S
1
Q0.3
R
1
M30.0
T37
IN
TON
10
PT
100 ms
网络 7
T37
S0.1
SCRT
网络 8
SCRE
网络 9
S0.1
SCR
网络 10
SM0.0
Q0.1
S
1
M30.0
T38
IN
TON
10
PT
100 ms
网络 11
T38
S0.2
SCRT
网络 12
SCRE

图 5-32

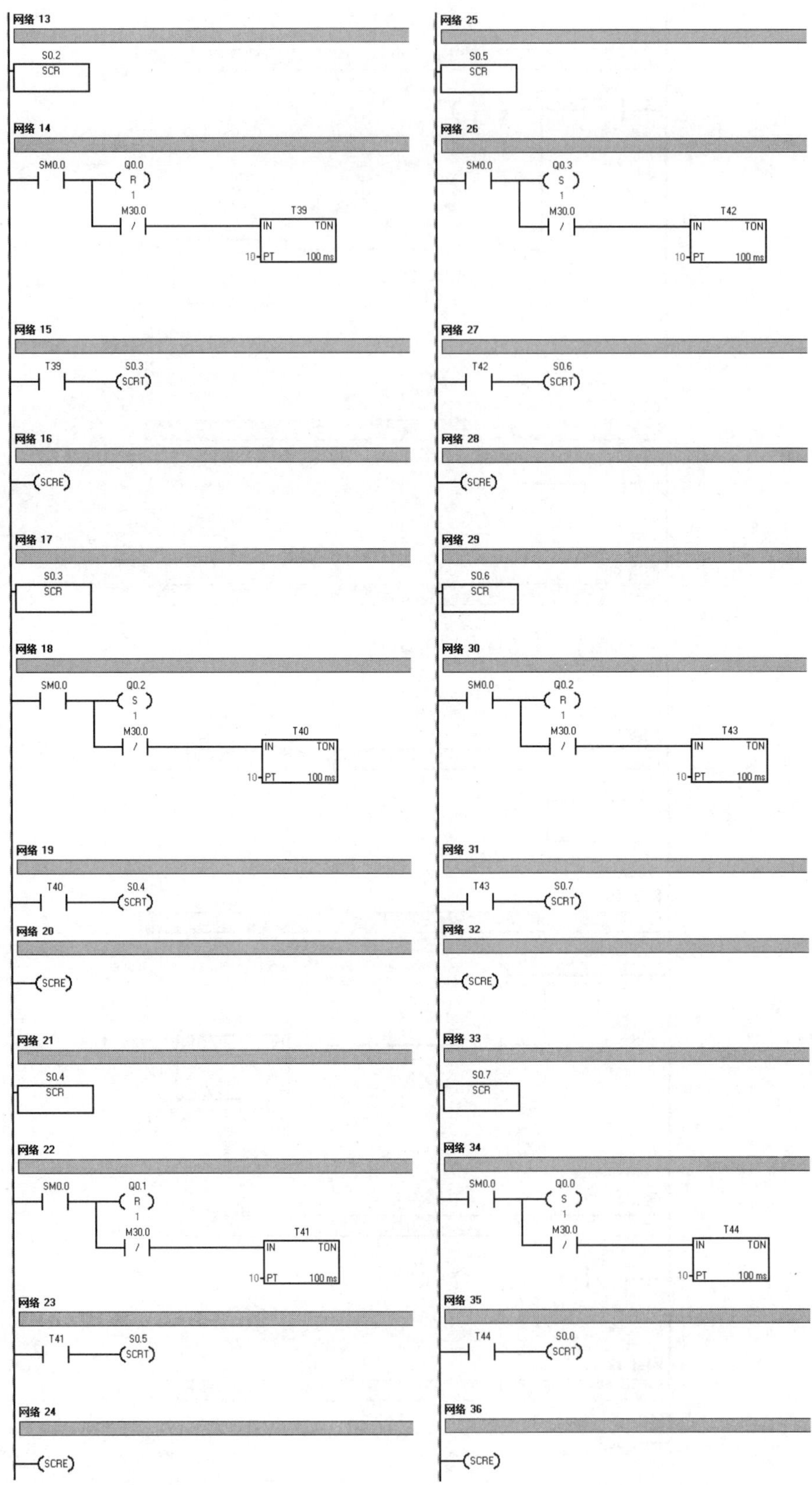
网络 13
S0.2
SCR
网络 14
SM0.0
Q0.0
R
1
M30.0
T39
IN TON
10 PT 100 ms
网络 15
T39
S0.3
SCRT
网络 16
SCRE
网络 17
S0.3
SCR
网络 18
SM0.0
Q0.2
S
1
M30.0
T40
IN TON
10 PT 100 ms
网络 19
T40
S0.4
SCRT
网络 20
SCRE
网络 21
S0.4
SCR
网络 22
SM0.0
Q0.1
R
1
M30.0
T41
IN TON
10 PT 100 ms
网络 23
T41
S0.5
SCRT
网络 24
SCRE
网络 25
S0.5
SCR
网络 26
SM0.0
Q0.3
S
1
M30.0
T42
IN TON
10 PT 100 ms
网络 27
T42
S0.6
SCRT
网络 28
SCRE
网络 29
S0.6
SCR
网络 30
SM0.0
Q0.2
R
1
M30.0
T43
IN TON
10 PT 100 ms
网络 31
T43
S0.7
SCRT
网络 32
SCRE
网络 33
S0.7
SCR
网络 34
SM0.0
Q0.0
S
1
M30.0
T44
IN TON
10 PT 100 ms
网络 35
T44
S0.0
SCRT
网络 36
SCRE

图 5-32 梯形图

至此，同一个顺序控制的问题使用了基本指令、顺控指令（有的 PLC 称为步进梯形图指令）、功能指令和复位/置位指令四种解决方案编写程序。四种解决方案的编程都有各自的几乎固定的步骤，但有一步是相同的，那就是首先都要画流程图。四种解决方案没有优劣之分，读者可以根据自己的实际情况选用。

5.2 应用实例

5.2.1 液体混合的 PLC 控制

【例 5-5】 两种液体混合的示意图如图 5-33 所示。具体的控制要求为：

① 初始状态容器是空的，电磁阀 YA1、YA2、YA3、搅拌机 M 和电炉 H 的状态均为 OFF（即“0”状态），液面传感器 SQ1、SQ2、SQ3 的状态均为 OFF；

② 按下启动按钮 SB1 时，开始下列操作：电磁阀 YA1 得电，开始注入液体 A，至液面高度为 SQ2，停止注入液体 A，同时开启电磁阀 YA2 开始注入液体 B，当液面高度至 SQ1 时，停止注入液体 B；

③ 停止注入液体后开启电炉 H，加热时间为 5 s；

④ 5s 后，开启搅拌机同时加热搅拌 10s；

⑤ 10s 后，停止加热，继续搅拌 15s；

⑥ 15s 后，停止搅拌同时放出混合液体 C，当液面高度降至 SQ3 后，等待 2s 以后停止放出，同时开启电磁阀 YA1，开始注入液体 A 进入下一混合过程；

⑦ 停止操作：按下停止按钮 SB2 后，在当前操作完成后停止，回到初始状态。

请画出接线图，并编写 PLC 控制程序。

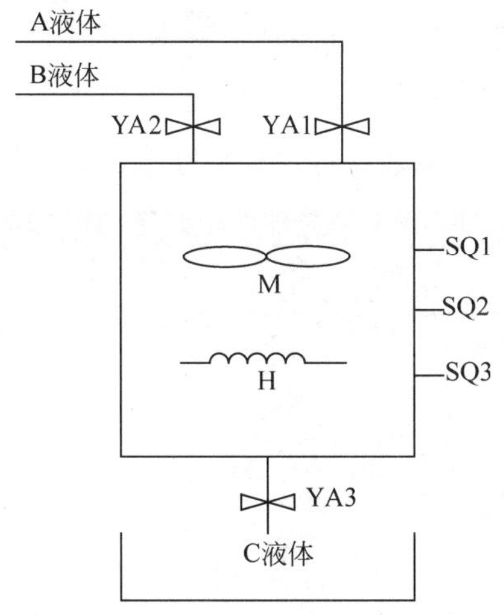

图 5-33 液体混合的示意图

【解】 （1）软硬件的配置

① 1 套 STEP 7 V5.5；

② 1 台 CPU 314C-2DP；

③ 1 根 PC/MPI 电缆（或者 CP5621 卡）；

④ 液体混合装置。

控制系统的 I/O 分配表见表 5-1，接线图如图 5-34 所示。

表 5-1 I/O 分配表

序 号	输入信号	地 址	序 号	输出信号	地 址
1	启动按钮 SB1	I0.0	1	电磁阀 YA1	Q0.0
2	停止按钮 SB2	I0.1	2	电磁阀 YA2	Q0.1
3	液位开关 SQ1	I0.2	3	电磁阀 YA3	Q0.2
4	液位开关 SQ2	I0.3	4	搅拌机（KA1）	Q0.3
5	液位开关 SQ3	I0.4	5	加热电炉（KA2）	Q0.4

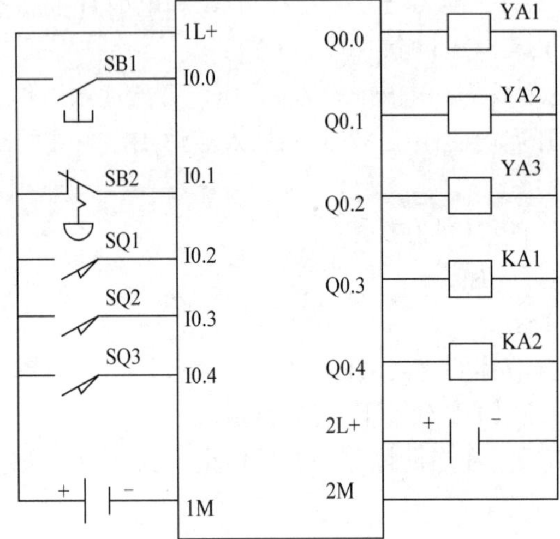

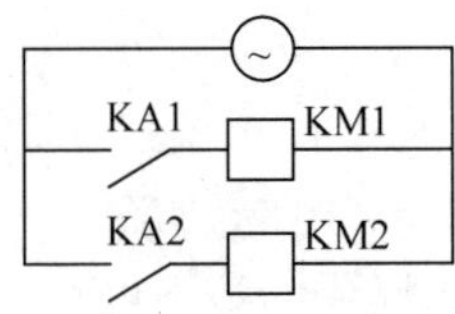

图 5-34 接线图

（2）硬件组态

① 新建项目，并插入站点。新建项目，命名为“混合液体”，插入站点，如图 5-35 所示。

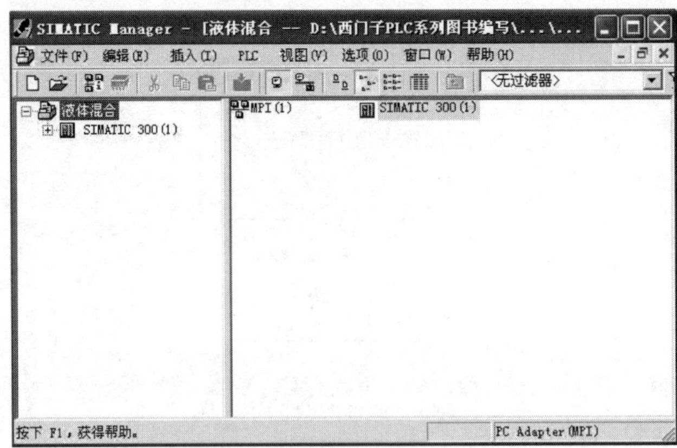

图 5-35 新建项目，并插入站点

② 插入硬件。打开硬件组态界面，先插入导轨，再插入电源“PS 307 2A”，最后插入“CPU 314C-2DP”，如图 5-36 所示。

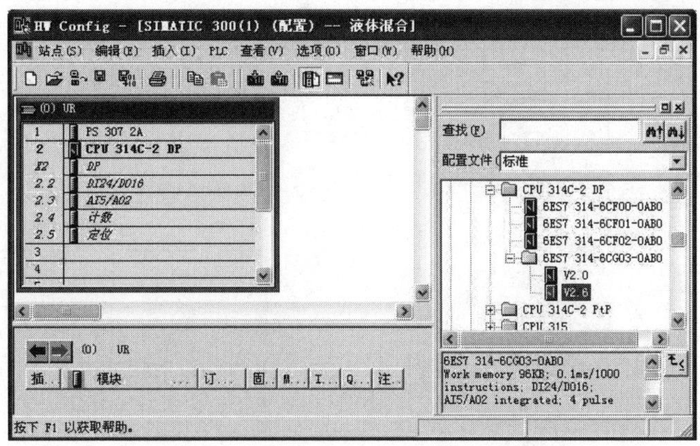

图 5-36 插入硬件

（3） 编写程序 先根据题意画出流程图如图 5-37 所示，再根据流程图编写程序如图 5-38、图 5-39 所示。

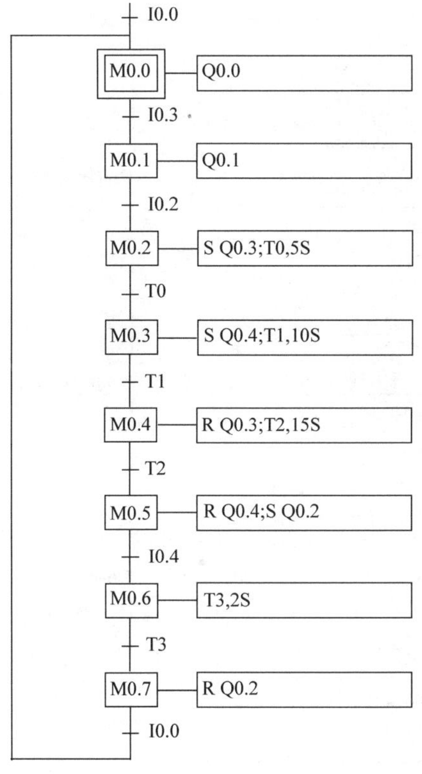

图 5-37 流程图

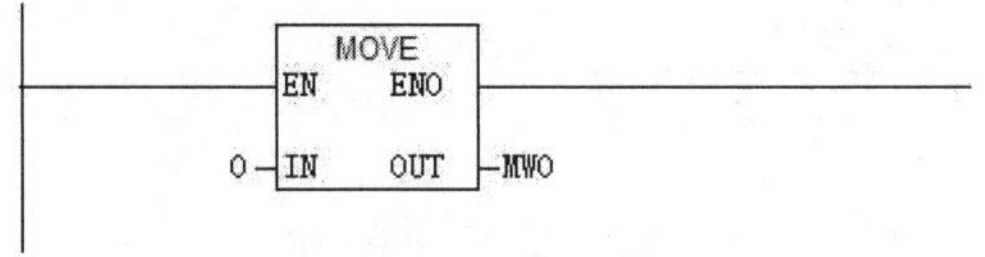

图 5-38 程序（OB100 中）

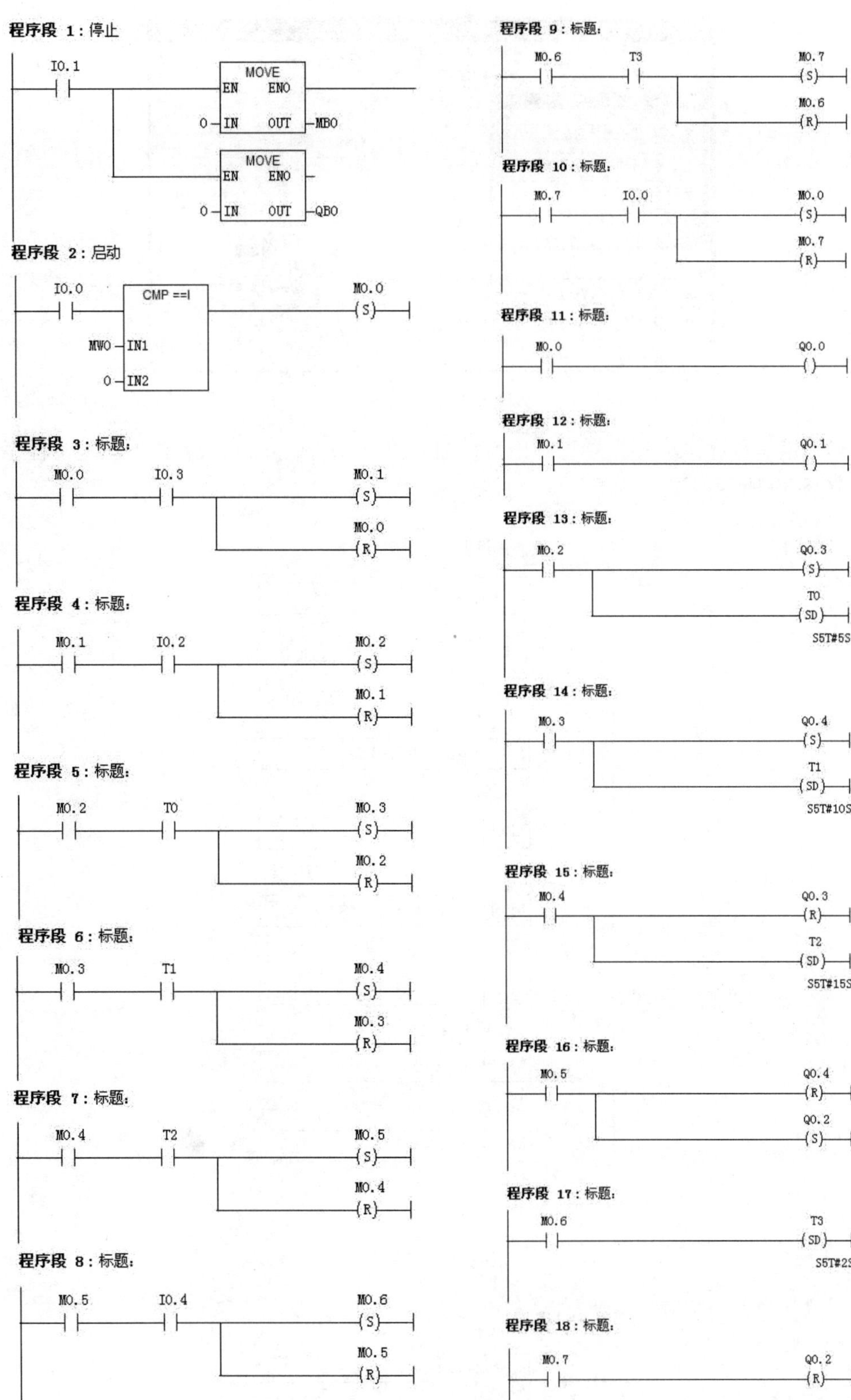
程序段 1：停止
I0.1
MOVE
EN ENO
0 IN OUT MB0
MOVE
EN ENO
0 IN OUT QB0
程序段 2：启动
I0.0
CMP ==I
MW0 IN1
0 IN2
M0.0
S
程序段 3：标题：
M0.0 I0.3 M0.1 S
M0.0 R
程序段 4：标题：
M0.1 I0.2 M0.2 S
M0.1 R
程序段 5：标题：
M0.2 T0 M0.3 S
M0.2 R
程序段 6：标题：
M0.3 T1 M0.4 S
M0.3 R
程序段 7：标题：
M0.4 T2 M0.5 S
M0.4 R
程序段 8：标题：
M0.5 I0.4 M0.6 S
M0.5 R
程序段 9：标题：
M0.6 T3 M0.7 S
M0.6 R
程序段 10：标题：
M0.7 I0.0 M0.0 S
M0.7 R
程序段 11：标题：
M0.0 Q0.0
程序段 12：标题：
M0.1 Q0.1
程序段 13：标题：
M0.2 Q0.3 S
T0 SD
S5T#5S
程序段 14：标题：
M0.3 Q0.4 S
T1 SD
S5T#10S
程序段 15：标题：
M0.4 Q0.3 R
T2 SD
S5T#15S
程序段 16：标题：
M0.5 Q0.4 R
Q0.2 S
程序段 17：标题：
M0.6 T3 SD
S5T#2S
程序段 18：标题：
M0.7 Q0.2 R

图 5-39 程序（OB1 中）

5.2.2 全自动洗衣机的 PLC 控制

【例 5-6】 家用全自动洗衣机的控制器是专用控制器，也可以 PLC 控制。其控制过程如下：

当合上启动按钮 SB1 时，进水阀开启→水位到正转 2s→停 0.4s→反转 2.4s→停 0.4s，如此循环 12min，这个过程实际上就是第一次洗涤；接着排水阀动作 7s→正转脱水 3min→脱水停等待 10s→排水阀复位 4s，这个过程实际上就是第一次脱水，这个过程重复 3 次。请设计控制系统，并编写控制程序。

【解】 （1）设计原理图　本系统的控制器选用 CPU 1214C（DC/DC/DC），由于单相电动机的换向频繁，故采用固态继电器换向，同理，对应的 PLC 的输出采用晶体管输出，而不宜采用继电器输出形式的 PLC。原理图如图 5-40 所示，I/O 分配表见表 5-2。

表 5-2　I/O 分配表

输　入			输　出		
名 称	符 号	输入点	名 称	符 号	输出点
开始按钮	SB1	I0.0	进水阀	YA1	Q0.0
停止按钮	SB2	I0.1	排水阀	YA2	Q0.1
水位开关	SQ1	I0.2	正转		Q0.2
			反转		Q0.3

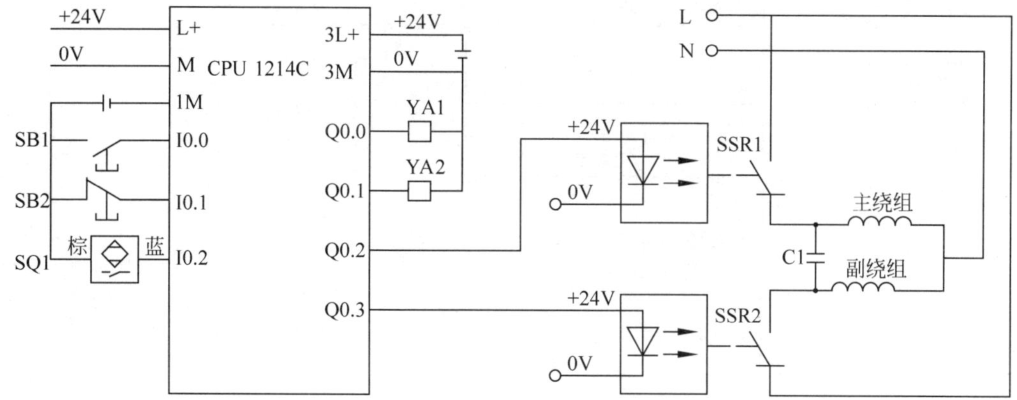

图 5-40　原理图

（2）软硬件配置

① 1 套 STEP 7-Basic V13；

② 1 台 CPU 1214C；

③ 1 根网线；

④ 1 台控制对象。

（3）编写程序　先根据控制要求画出流程图，如图 5-41 所示，再根据流程图编写程序图 5-42 所示。

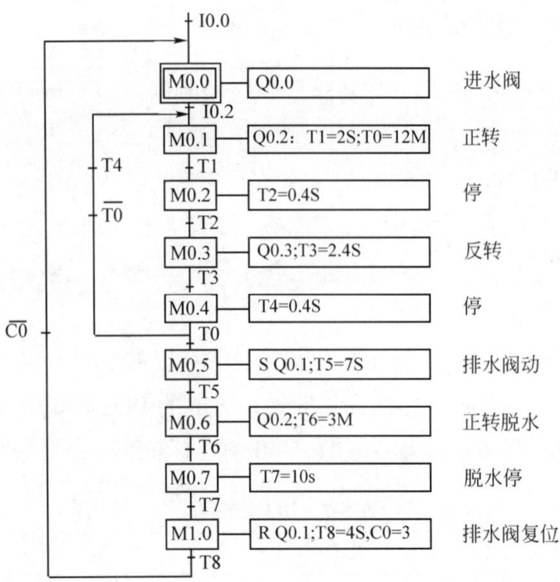
I0.0
M0.0
Q0.0
进水阀
I0.2
M0.1
Q0.2：T1=2S;T0=12M
正转
T4
T1
M0.2
T2=0.4S
停
T0
T2
M0.3
Q0.3;T3=2.4S
反转
T3
M0.4
T4=0.4S
停
C0
T0
M0.5
S Q0.1;T5=7S
排水阀动
T5
M0.6
Q0.2;T6=3M
正转脱水
T6
M0.7
T7=10s
脱水停
T7
M1.0
R Q0.1;T8=4S,C0=3
排水阀复位
T8

图 5-41 流程图

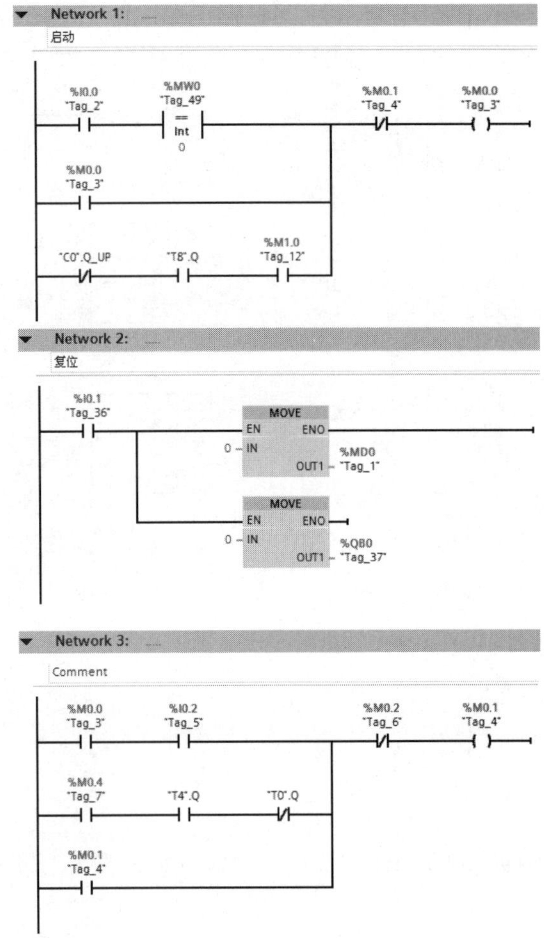
Network 1:
启动
%I0.0 "Tag_2"
%MW0 "Tag_49" == Int 0
%M0.1 "Tag_4"
%M0.0 "Tag_3"
%M0.0 "Tag_3"
"C0".Q_UP
"T8".Q
%M1.0 "Tag_12"
Network 2:
复位
%I0.1 "Tag_36"
MOVE
EN ENO
0 IN
OUT1 %MD0 "Tag_1"
MOVE
EN ENO
0 IN
OUT1 %QB0 "Tag_37"
Network 3:
Comment
%M0.0 "Tag_3"
%I0.2 "Tag_5"
%M0.2 "Tag_6"
%M0.1 "Tag_4"
%M0.4 "Tag_7"
"T4".Q
"T0".Q
%M0.1 "Tag_4"

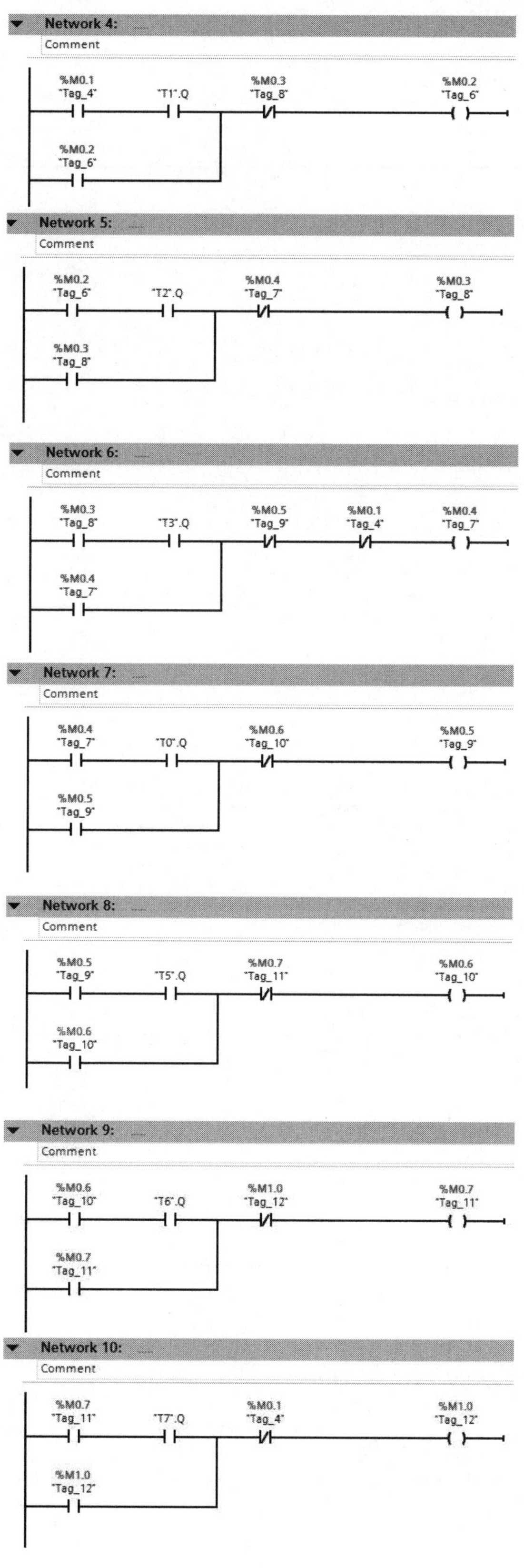
Network 4:
Comment
%M0.1 "Tag_4"
"T1".Q
%M0.3 "Tag_8"
%M0.2 "Tag_6"
%M0.2 "Tag_6"
Network 5:
Comment
%M0.2 "Tag_6"
"T2".Q
%M0.4 "Tag_7"
%M0.3 "Tag_8"
%M0.3 "Tag_8"
Network 6:
Comment
%M0.3 "Tag_8"
"T3".Q
%M0.5 "Tag_9"
%M0.1 "Tag_4"
%M0.4 "Tag_7"
%M0.4 "Tag_7"
Network 7:
Comment
%M0.4 "Tag_7"
"T0".Q
%M0.6 "Tag_10"
%M0.5 "Tag_9"
%M0.5 "Tag_9"
Network 8:
Comment
%M0.5 "Tag_9"
"T5".Q
%M0.7 "Tag_11"
%M0.6 "Tag_10"
%M0.6 "Tag_10"
Network 9:
Comment
%M0.6 "Tag_10"
"T6".Q
%M1.0 "Tag_12"
%M0.7 "Tag_11"
%M0.7 "Tag_11"
Network 10:
Comment
%M0.7 "Tag_11"
"T7".Q
%M0.1 "Tag_4"
%M1.0 "Tag_12"
%M1.0 "Tag_12"
图 5-42

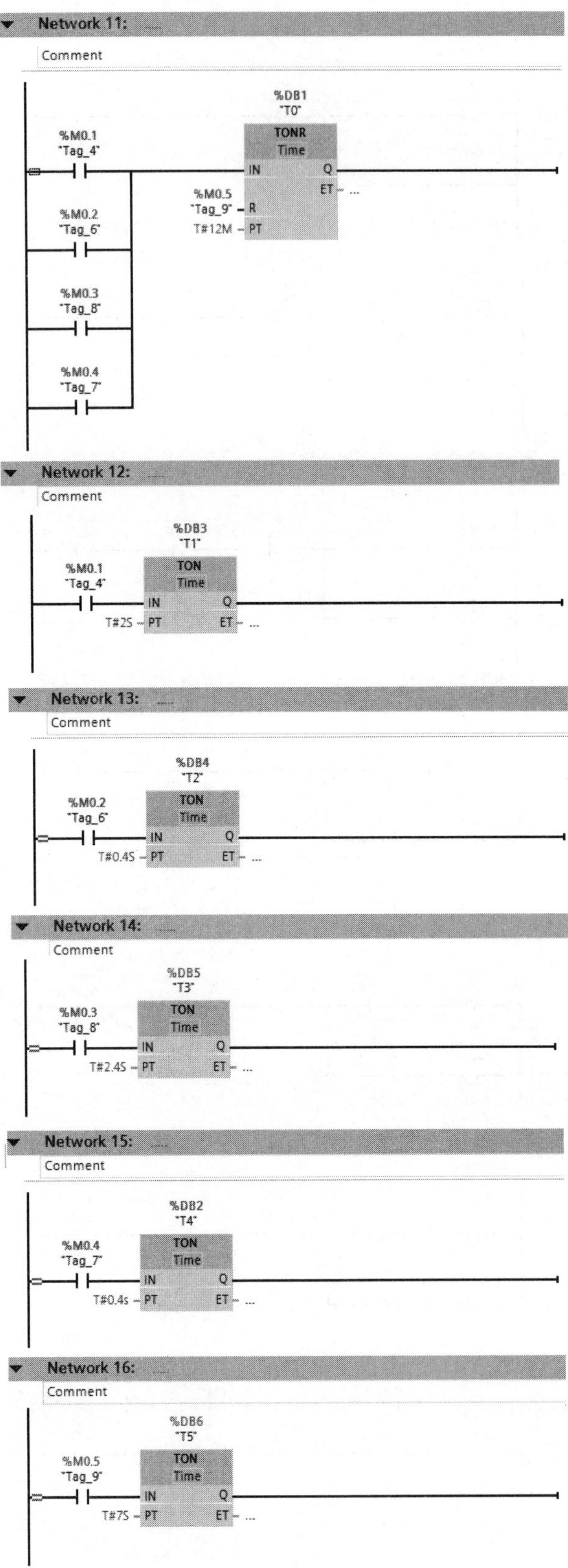
Network 11: ....
Comment
%DB1
"T0"
TONR
Time
%M0.1
"Tag_4"
IN
Q
ET
%M0.5
"Tag_9"
R
T#12M
PT
%M0.2
"Tag_6"
%M0.3
"Tag_8"
%M0.4
"Tag_7"
Network 12: ....
Comment
%DB3
"T1"
TON
Time
%M0.1
"Tag_4"
IN
Q
T#2S
PT
ET
Network 13: ....
Comment
%DB4
"T2"
TON
Time
%M0.2
"Tag_6"
IN
Q
T#0.4S
PT
ET
Network 14: ....
Comment
%DB5
"T3"
TON
Time
%M0.3
"Tag_8"
IN
Q
T#2.4S
PT
ET
Network 15: ....
Comment
%DB2
"T4"
TON
Time
%M0.4
"Tag_7"
IN
Q
T#0.4s
PT
ET
Network 16: ....
Comment
%DB6
"T5"
TON
Time
%M0.5
"Tag_9"
IN
Q
T#7S
PT
ET

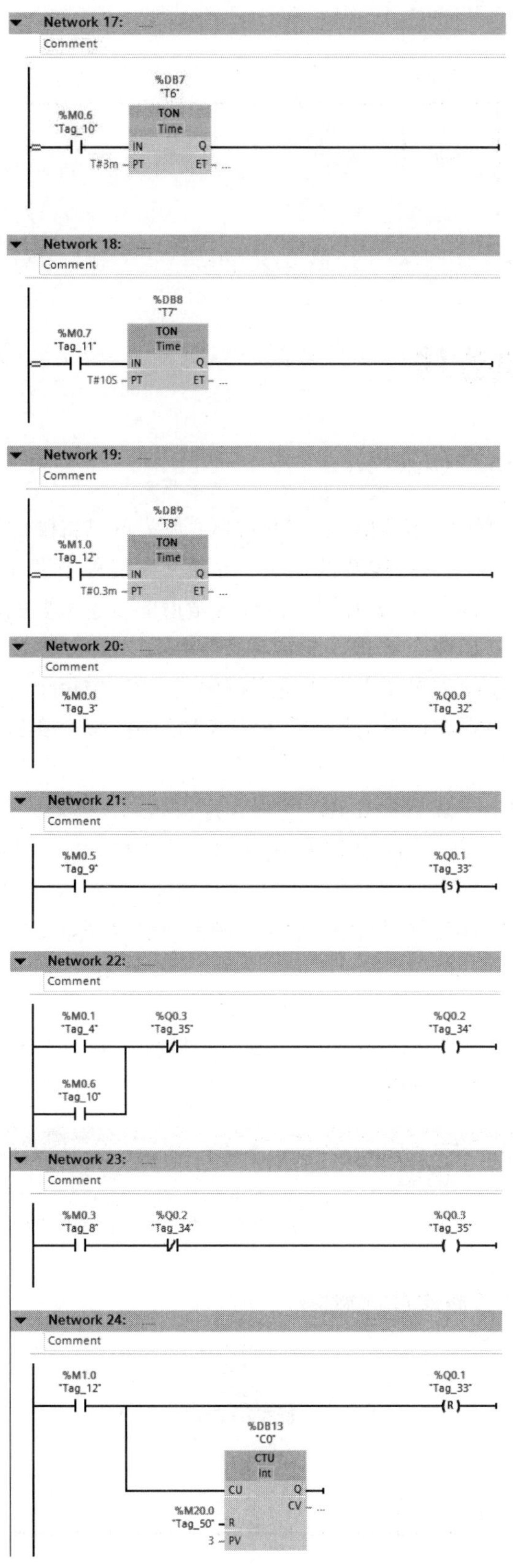
Network 17:
Comment
%DB7
"T6"
%M0.6
"Tag_10"
TON
Time
IN
Q
T#3m
PT
ET
Network 18:
Comment
%DB8
"T7"
%M0.7
"Tag_11"
TON
Time
IN
Q
T#10S
PT
ET
Network 19:
Comment
%DB9
"T8"
%M1.0
"Tag_12"
TON
Time
IN
Q
T#0.3m
PT
ET
Network 20:
Comment
%M0.0
"Tag_3"
%Q0.0
"Tag_32"
Network 21:
Comment
%M0.5
"Tag_9"
%Q0.1
"Tag_33"
S
Network 22:
Comment
%M0.1
"Tag_4"
%Q0.3
"Tag_35"
%Q0.2
"Tag_34"
%M0.6
"Tag_10"
Network 23:
Comment
%M0.3
"Tag_8"
%Q0.2
"Tag_34"
%Q0.3
"Tag_35"
Network 24:
Comment
%M1.0
"Tag_12"
%Q0.1
"Tag_33"
R
%DB13
"C0"
CTU
Int
CU
Q
CV
%M20.0
"Tag_50"
R
3
PV

图 5-42

图 5-42 程序

5.3 程序的调试方法

5.3.1 用变量监控表进行调试

（1）变量表的功能 变量表和 PLC 建立在线联系后，可以将硬件组态和程序下载到 PLC 中。用户可以通过 STEP 7 进行在线调试程序，寻找并发现程序设计中的问题。变量表上可以显示用户指定的变量，它可以用于监视和修改变量值的一个重要的调试工具。变量表有如下功能：

① 监视变量，可以在编程设备上显示用户程序或 CPU 中每个变量值的当前值。

② 修改变量，可以将固定值赋给用户程序或 CPU 中的每个变量，使用程序状态测试时进行一次数值修改。

③ 使用外部设备输出并激活修改值，允许在停机状态下将固定值赋给 CPU 的 I/O。

④ 强制变量，可以为用户程序或 CPU 中的每个变量赋予一个固定值，这个值是不能被用户程序覆盖的。

用户可以显示或者赋值的变量包括：输入、输出、位存储、定时器、计数器、数据块的内容和 I/O。

（2）建立变量表 如图 5-43 所示，在 SIMATIC 管理器界面中，先选中“块”，再单击菜单栏中的“插入”→“S7 块”→“变量表”，弹出“属性－变量”界面，如图 5-44 所示，默认变量表为“VAL_1”，单击“确定”按钮便可生成变量表。

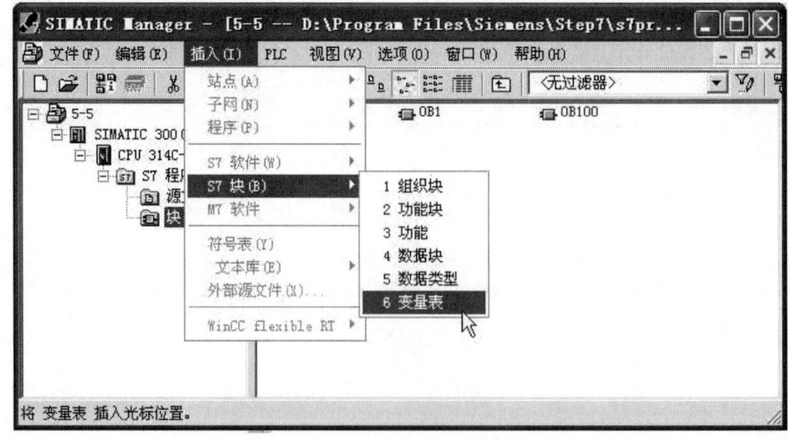

图 5-43 建立变量表

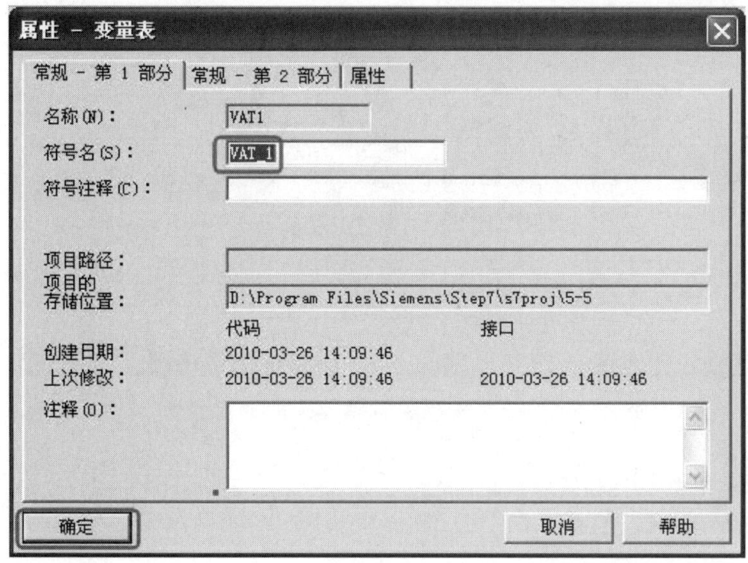

图 5-44 属性—变量表

在 SIMATIC 管理器界面中，双击“VAT_1”，弹出变量表界面，此时的变量表是空白的，并没有变量，如图 5-45 所示。

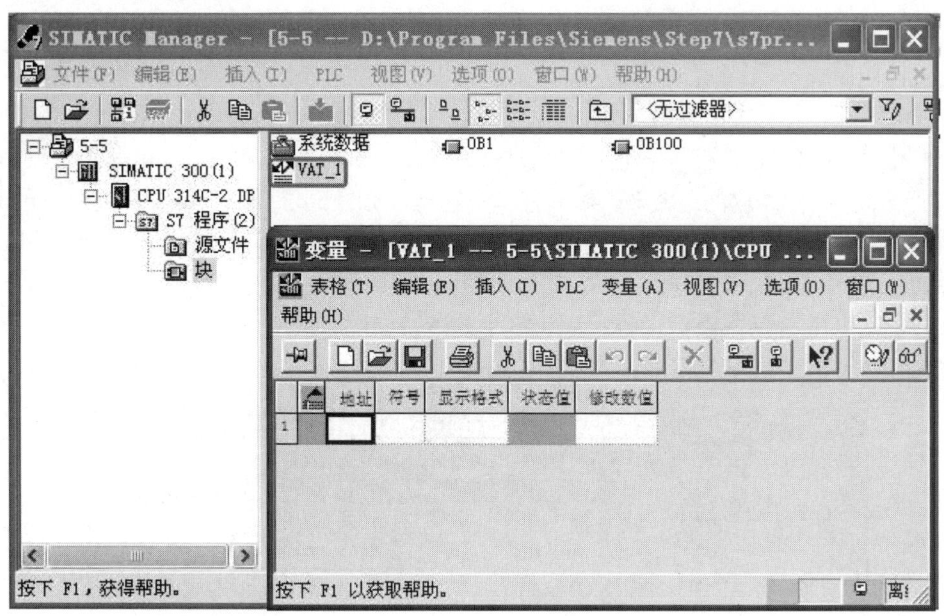

图 5-45 打开变量表

（3）利用变量表调试程序

① 输入变量 每个变量表中有 5 个栏，分别显示变量的 5 个属性：地址、符号、显示格式、状态值和修改值。一个变量表最多有 1024 行，每行最多可有 255 个字符。

用户可以通过在“符号”栏输入符号，或在“地址”栏输入地址来插入变量，如果在符号表中已经定义地址相应的符号，则符号栏或者地址会自动输入，如图 5-46 所示。

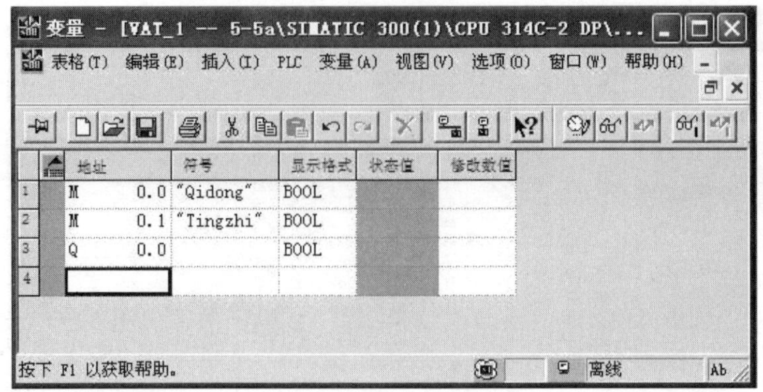

图 5-46 输入变量

② 监视和修改变量 例如要调试的程序如图 5-47 所示，将整个项目下载到 CPU 中，注意：变量表不能下载到 CPU 中。

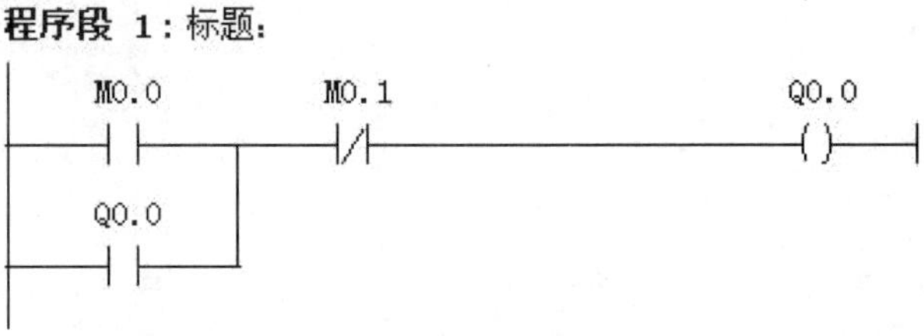

程序段 1：标题：

M0.0 M0.1 Q0.0

Q0.0

图 5-47 程序

a. 变量表与 CPU 的连接 先建立变量表与 CPU 的连接，共有几种方法。单击菜单“PLC”→“连接到”来定义与 CPU 的连接。子菜单有三个选项，如图 5-48 所示，第一个是组态的 CPU，其作用与单击工具栏中的作用相同，用于建立被激活的变量表与 CPU 的连接。第二个是直接 CPU，其作用与单击工具栏中的作用相同，用于直接连接 CPU（与编程设备用编程电缆连接的 CPU）之间的在线的连接。第三个是可访问的 CPU，在打开的对话框中，用户可以选择与哪个 CPU 建立连接。

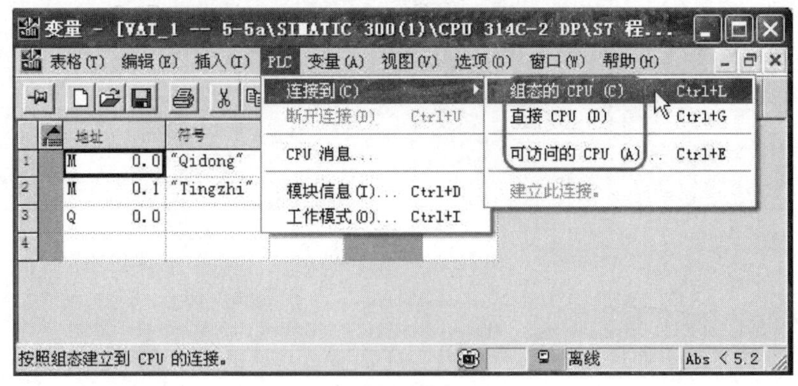

图 5-48 变量表与 CPU 的连接

使用菜单命令“PLC”→“断开连接”可以断开变量表与 CPU 的连接。

b. 变量表的监视 单击工具栏中的“监视变量”按钮，或者使用菜单中的“变量”→

“监视”，便可监视程序中的变量的情况，如图 5-49 所示，三个变量的状态都有显示。

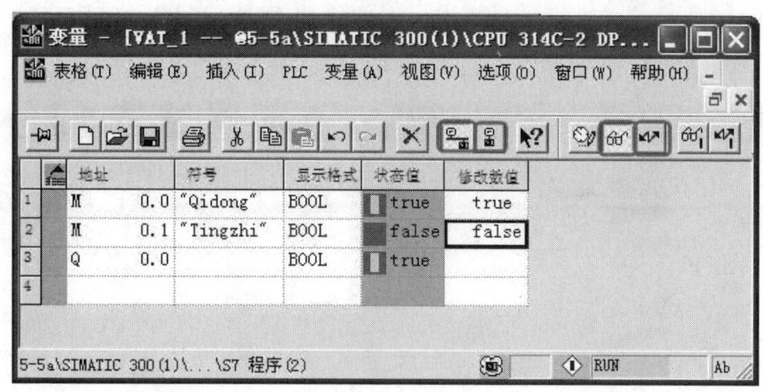

图 5-49 变量表的监视和修改

c．变量表的修改 当变量表处于监视状态时，在参数“M0.0”的“修改数值”栏中输入“true”（1 也可以），再单击“修改变量”按钮，可以看到参数“M0.0”为“true”，由于程序运行使得参数“Q0.0”也为“true”。当然也可以使用菜单中的“变量”→“修改”，来修改参数的数值。

③ 强制变量 强制变量可以给用户一个固定值，它独立于程序运行，不会被执行的用户程序改变或者覆盖。强制的优点在于可以在不用改变程序代码，也可以不改变硬件连线的情况下，强行改变输入和输出状态。

强制变量的方法是先选中要强制变量将要修改的数值，再使用菜单中的“变量”→“强制”即可。停止强制的方法是使用菜单中的“变量”→“停止强制”。

5.3.2 使用 PLCSIM 软件进行调试（对于 S7-300/400）

（1）S7-PLCSIM 简介 西门子为 S7-300/400 系列 PLC 设计了一款可选仿真软件包 PLC Simulation（本书简称 S7-PLCSIM），此仿真软件包可以在计算机或者编程设备中模拟可编程序控制器运行和测试程序，它不能脱离 STEP 7 独立运行。如果 STEP 7 中已经安装仿真软件包，工具栏中的“仿真开关”按钮是亮色的，否则是灰色的，只有“仿真开关”按钮是亮色才可以用于仿真。

S7-PLCSIM 提供了简单的用户界面，用于监视和修改在程序中使用各种参数（如开关量输入和开关量输出）。当程序由 S7-PLCSIM 处理时，也可以在 STEP 7 软件中使用各种软件功能，如使用变量表监视、修改变量和断点测试功能。

（2）S7-PLCSIM 应用 S7-PLCSIM 仿真软件使用比较简单，以下用一个简单的例子介绍其使用方法。

【例 5-7】 将如图 5-50 所示的程序用 S7-PLCSIM 进行仿真。

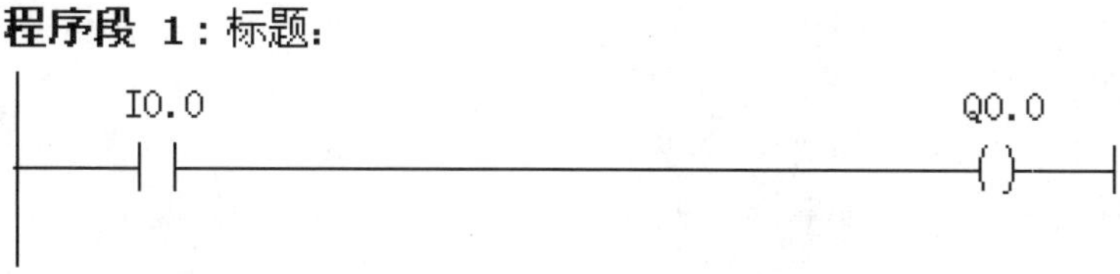

程序段 1：标题：

I0.0 Q0.0

图 5-50 用于仿真的程序

【解】 具体步骤如下：

① 先新建一个项目，并进行硬件组态，在组织块 OB1 中输入如图 5-51 所示的程序，保存项目。

图 5-51 开启仿真

② 开启仿真。在 SIMATIC 管理器界面中单击工具栏上的“仿真开关”，如图 5-51 所示。

③ 下载程序。先选定“SIMATIC 300(1)”，再单击工具栏的“下载”按钮，将硬件组态和程序下载到仿真器中，如图 5-52 所示。

图 5-52 下载程序

④ 进行仿真。先选择“RUN”，也就是将仿真器置于运行状态，再将 I0.0 上划上“√”，也就是将 I0.0 置于“ON”，这时，Q0.0 也显示为“ON”；当去掉 I0.0 上 “√”，也就是将 I0.0 置于“OFF”，这时，Q0.0 上的“√”消失，即显示为“OFF”，如图 5-53 所示。

⑤ 监视运行。打开程序编辑器，在工具栏中单击“监视”按钮，可以看到：若仿真器上的 I0.0 和 Q0.0 都是“ON”，则程序编辑器界面上的 I0.0 和 Q0.0 也都是“ON”，如图 5-54 所示。这个简单的例子的仿真效果与下载程序到 PLC 中效果基本相同，相比之下前者实施要

容易得多。

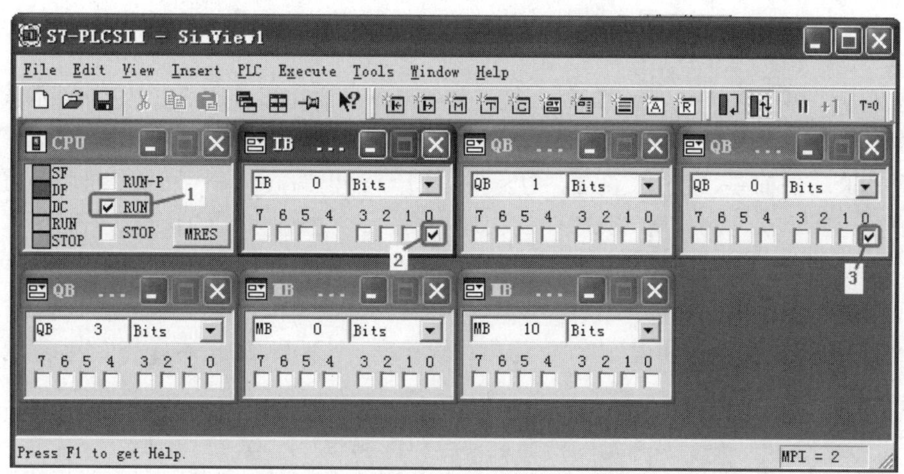

图 5-53 进行仿真

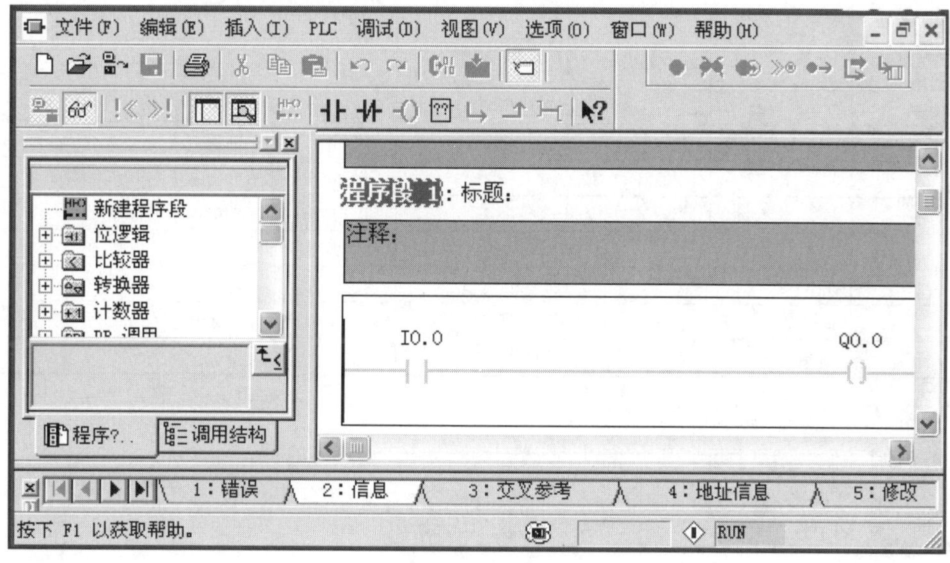

图 5-54 监视运行

（3）S7-PLCSIM 与真实 PLC 的差别 S7-PLCSIM 提供了方便、强大的仿真模拟功能。与真实的 PLC 相比，它的灵活性高，提供了许多 PLC 硬件无法实现的功能，使用也更加方便。但是仿真软件毕竟不能完全取代真实的硬件，不可能实现完全仿真。用户利用 S7-PLCSIM 进行仿真时，还应该了解它与真实 PLC 的差别。

① S7-PLCSIM 上有些功能在真实 PLC 上无法实现。

② S7-PLCSIM 与“实际”的自动化系统还有一些不同。

5.4 故障诊断

S7-300/400 具有非常强大的故障诊断功能，通过 STEP 7 编程软件可以获得大量的硬件故障与编程错误的信息，使用户能迅速地查找到故障，以下将详细讲解。

5.4.1 使用状态和出错 LED 进行故障诊断

可以利用 CPU 面板上的指示灯进行初步的诊断，同时可以使用 STEP 7 软件的诊断功能进行诊断，快速查找故障原因。

这种诊断方法简单、方便、直观，但是某些 LED 给出的故障信号可能很笼统，需要进一步使用其他诊断方法，例如用 STEP 7 的快速视图、诊断视图和模块信息进行诊断，才能获得具体、准确的诊断信息。如果控制系统的分布范围很宽，查看所有设备的 LED 也很费时费事。

（1）使用 S7-300 状态和出错 LED 进行故障诊断　S7-300 的指示灯与 CPU 状态关系见表 5-3。

表 5-3　S7-300 的指示灯与 CPU 状态关系

LED 状态（空白表示与此无关）					含　义
SF	5V DC	FRCE	RUN	STOP	
关	关	关	关	关	CPU 无电源
关	开		关	开	CPU 处于 STOP 模式，正常状态
开	开		关	开	CPU 因错处于 STOP 模式
	开		关	闪烁(0.5Hz)	CPU 请求存储器复位
	开		关	闪烁(2Hz)	CPU 正在执行存储器复位
	开		闪烁(2Hz)	开	CPU 正在处于启动状态
	开		闪烁(0.5Hz)	开	CPU 被编程设备的断电命令暂停
开	开				硬件或者软件错误
		开			启用“强制”功能
		闪烁(2Hz)			激活了节点闪烁测试
闪烁	闪烁	闪烁	闪烁	闪烁	CPU

① SF 红色时可能的软件错误

a．启用和触发了日期中断，但未装载日期中断组织块 OB10；

b．用了 SFC32 触发延时中断，但是未装载延时中断组织块 OB20；

c．触发了硬件中断，但是未装载组织块 OB40；

d．调用了太多的 OB 块，超出了循环时间（默认为 150ms）；

e．编程错误。未加载块，定时器等的编号错误；

f．I/O 访问错误。

② SF 红色时可能的硬件错误

a．系统正常运行时，卸下或者插入模块（S7300 不支持热插拔）；

b．系统正常运行时，在 DP 总线上接入或者取下分布式模块；

c．系统正常运行时，在 PROFINET 总线上接入或者取下分布式模块；

d．MMC 卡故障；

e．模块松动时，导致不能识别硬件。

③ BF 常亮时的故障及其解决方案

a．总线故障；

b. DP 接口故障；

c. 多个站点有不同的波特率；

d. 总线短路。

④ BF 闪亮时的故障及其解决方案

a. 主站可能的错误：组态错误、连接站有故障、无法访问至少一个从站。要检查从站是否连接到主站，总线是否有断开。

b. 从站可能的错误：总线连接器是否连接正确，总线是否断路。

（2）使用 S7-400 状态和出错 LED 进行故障诊断　S7-400 的指示灯与 CPU 状态关系见表 5-4。

表 5-4　S7-400 的指示灯与 CPU 状态关系

序　号	指 示 灯	颜　色	说　　明
1	INTF	红色	内部故障，例如程序运行超时
2	EXTF	红色	外部故障，例如电源或者模块故障
3	FRCE	黄色	输入、输出有强制
4	RUN	绿色	运行模式
5	STOP	黄色	停止模式
6	CRST	黄色	完全复位
7	BUS1F	红色	1 号通信口（MPI/DP）的总线故障
8	BUS2F	红色	2 号通信口（DP）的总线故障
9	BUS5F	红色	PROFINET 接口的总线故障，组态了 PROFINET I/O 系统但未进行连接
10	IFM1F	红色	存储器子模块 1 故障
11	IFM2F	红色	存储器子模块 2 故障

注：CPU 41X-3 有 IFM1F，CPU 41X-4 有 IFM2F，CPU 41X-3PN/DP 有 BUS5F。

① INTF 红色可能的故障

a. 超时错误（超过最大的循环时间）。出错时一般调用 OB80。

b. CPU 硬件错误。如 MPI 接口故障、分布式 I/O 故障时，或者故障消失时，调用 OB84 模块。

c. 通信错误。当接收全局数据时，检测到错误的标识符（ID）、帧长度错误、数据块不存在等，调用 OB87。

d. 有编程错误时，调用 OB121。

e. 块的调用嵌套深度过大。调用 OB88。

② EXTF 红色可能的故障

a. I/O 访问错误，可能是模块故障，或者 CPU 不能识别 I/O 地址。调用 OB122。

b. 电源故障的出现或者消失。备用电池失效或者未安装，24V 电源故障。

c. 插入或者拔出模块。S7-400 允许带电热插拔，但要调用 OB83。

d. 优先级错误；

e. 机架/站故障。扩展机架故障或者远程 I/O 故障。调用 OB86。

（3）用 DP 从站的 LED（以 IM153-2 为例）进行故障诊断　DP 从站的 LED（IM153-2）在工程中很常用，DP 从站的 LED 及其含义见表 5-5。

表 5-5 IM153-2 的指示灯与 CPU 状态关系

序号	指示灯	颜色	说明
1	ON	绿色	供电正常
2	SF	红色	组织错误
3	BF	红色	DP 故障
4	ACT	黄色	冗余模式中的主动模式

各灯的状态的含义见表 5-6。

表 5-6 IM153-2 的指示灯状态组合含义

SF	BF	ACT	ON	含义	措施
灭	灭	灭	灭	IM153-2 没有通电，或者模块故障	接通电源或者更换模块
无关	无关	无关	亮	IM153-2 通电，运行状态	
亮	灭	灭	灭	模块通电后，正在复位	
亮	亮	亮	亮	通电后正在硬件测试	
亮	0.5Hz 闪亮	灭	灭	外部故障，使用了不适合操作系统的 MMC 卡	换 MMC 卡
亮	0.5Hz 闪亮	灭	灭	内部故障，写入更新文件时的错误	重新更新。可能存储器损坏
无关	闪烁	灭	亮	模块为正确组态，主站和从站之间没有数据交换，可能地址不正确，总线错误	检查组态和参数，电缆长度，中断电阻，波特率等
无关	亮	灭	亮	DP 主站和模块无连接。总线通信已中断	检查总线连接器是否安装正确，电缆是否连接断开。断开 24V 电源，重新接通
亮	闪烁	灭	亮	组态的 ET200 与实际的 ET200 不一致	更改组态，重新下载
亮	灭	灭	亮	无效的 DP 地址	检查 DP 地址
无关	灭	亮	亮	IM153-2 正在与 DP 主站和 ET200 的 I/O 交换数据	
无关	灭	灭	亮	电压已经供给 IM153-2	
0.5Hz 闪亮	灭	灭	亮	在冗余模式，IM153-2 是被动模块	
闪烁	闪烁	闪烁	闪烁	当前运行模式的 IM153-2 与冗余 IM153-2 不兼容	

5.4.2 用 STEP 7 快速视图进行故障诊断

S7-300/400 具有非常强大的故障诊断功能，通过 STEP 7 编程软件可以获得大量的硬件故障与编程错误的信息，使用户能迅速地查找到故障。

这里的诊断是指 S7-300/400 内部集成的错误识别和记录功能，错误信息在 CPU 的诊断缓冲区内。有错误或事件发生时，标有日期和时间的信息被保存到诊断缓冲区，时间保存到系统的状态表中，如果用户已对有关的错误处理组织块编程，CPU 将调用该组织块。

(1) 故障诊断的基本方法 在 SIMATIC 管理器中用菜单命令“查看（View）”→“在线（Online）”打开在线窗口。打开所有的站，查看是否有 CPU 显示了指示错误或故障的诊断符号。

诊断符号用来形象直观地表示模块的运行模式和模块的故障状态，如图 5-55 所示。如果模块有诊断信息，在模块符号上将会增加一个诊断符号，或者模块符号的对比度降低。

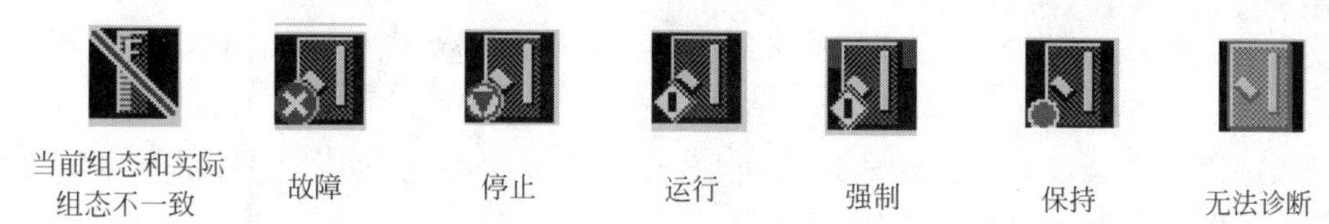

图 5-55　诊断符号

诊断符号“当前组态与实际组态不匹配”表示被组态的模块不存在，或者插入了与组态的模块的型号不同的模块。

诊断符号“无法诊断”表示无线上连接，或该模块不支持模块诊断信息，例如电源模块或子模块。

“强制”符号表示在该模块上有变量被强制，即在模块的用户程序中有变量被赋予一个固定值，该数据值不能被程序改变。“强制”符号可以与其他符号组合在一起显示，如图 5-55 中“强制与运行”符号。

从在线的 SIMATIC 管理器的窗口、在线的硬件诊断功能打开的快速窗口和在线的硬件组态窗口（诊断窗口），都可以观察到诊断符号。

通过观察诊断符号，可以判断 CPU 模块的运行模式，是否有强制变量，CPU 模块和功能模块（FM）是否有故障。

打开在线窗口，在 SIMATIC 管理器中执行菜单命令“PLC”→“诊断/设置”→“硬件诊断”，将打开硬件诊断快速浏览窗口。在该窗口中显示 PLC 的状态，看到诊断功能的模块的硬件故障，双击故障模块可以获得详细的故障信息。

（2）利用 CPU 诊断缓冲区进行详细故障诊断　建立与 PLC 的在线连接后，在 SIMATIC 管理器中选择要检查的站，执行菜单命令“PLC”→“诊断/设置”→“模块信息”，如图 5-56 所示，将打开模块信息窗口，显示该站中 CPU 的信息。在快速窗口中使用“模块信息”。

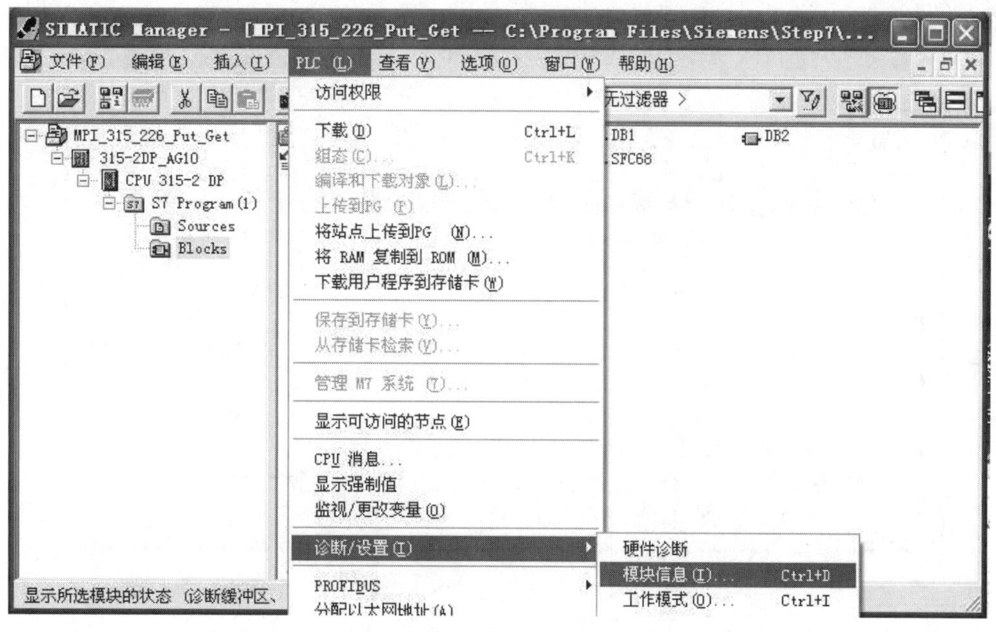

图 5-56　打开 CPU 诊断缓冲区

在模块信息窗口中的诊断缓冲区（Diagnostic Buffer）选项中，给出了 CPU 中发生的事件一览表，选中“事件”窗口中某一行的某一事件，下面灰色的“关于事件的详细资料”窗口将显示所选事件的详细信息，如图 5-57 所示。使用诊断缓冲区可以对系统的错误进行分析，查找停机的原因，并对出现的诊断时间分类。

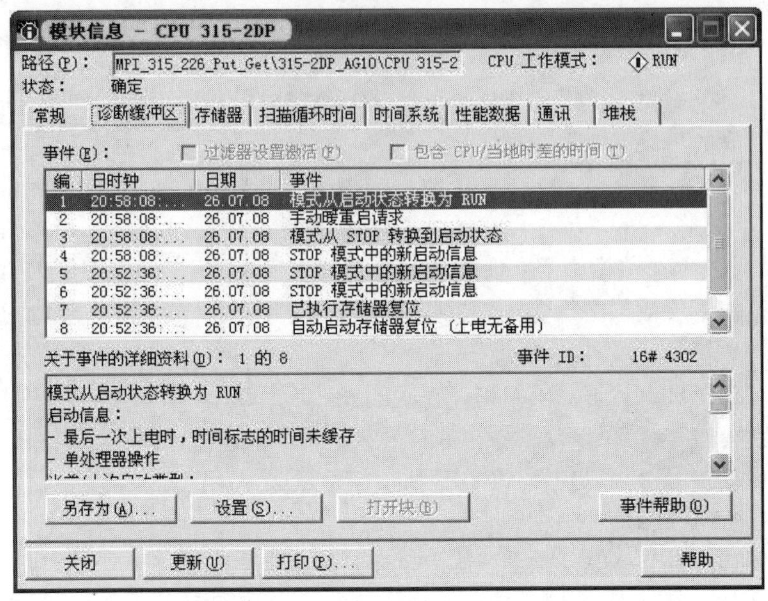

图 5-57　CPU 模块的在线模块信息窗口

（3）用 STEP 7 快速视图进行故障诊断的举例

① 存储卡故障　在 SIMATIC Manager 界面，单击“PLC” → “诊断/设置” → “硬件诊断”，如图 5-58 所示。

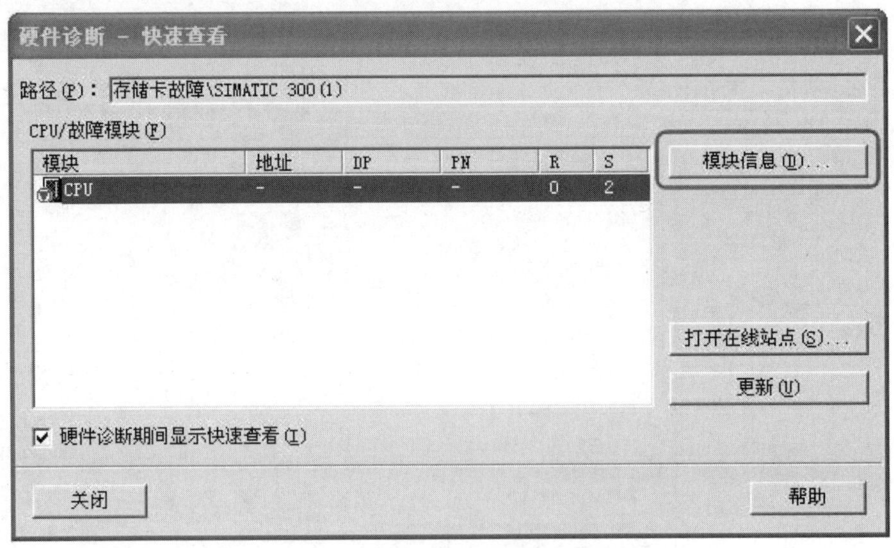

图 5-58　硬件诊断-快速查看

在硬件诊断界面，单击“模块信息”按钮，弹出如图 5-59 所示界面，显示模块是正常的。

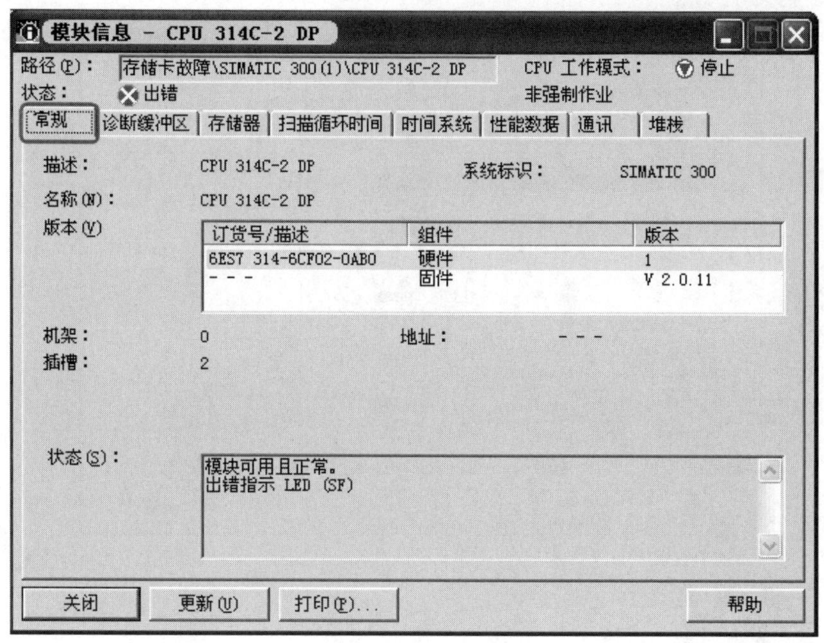

图 5-59　模块信息-常规

在“诊断缓冲区”选项卡中，可以看到是编程错误，经过仔细核对编程正确，而实际是存储卡故障，如图 5-60 所示。换新的存储卡后，重新下载程序后正常，如果 MMC 卡没有插好，也会显示此故障。

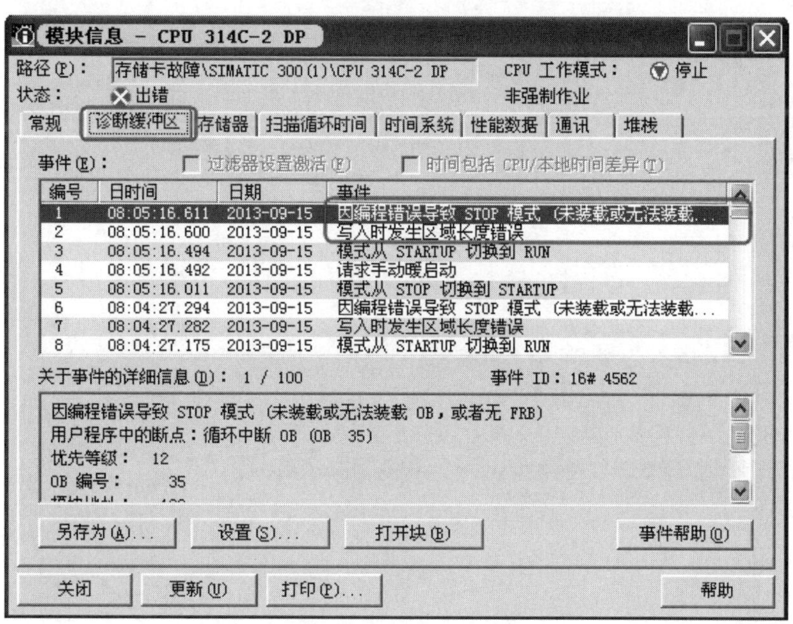

图 5-60　模块信息-诊断缓冲区

② 未装载 FC　在“诊断缓冲区”选项卡中，可以看到是编程错误，存储卡正常，缓冲区明确指出未装载 FC，如图 5-61 所示。

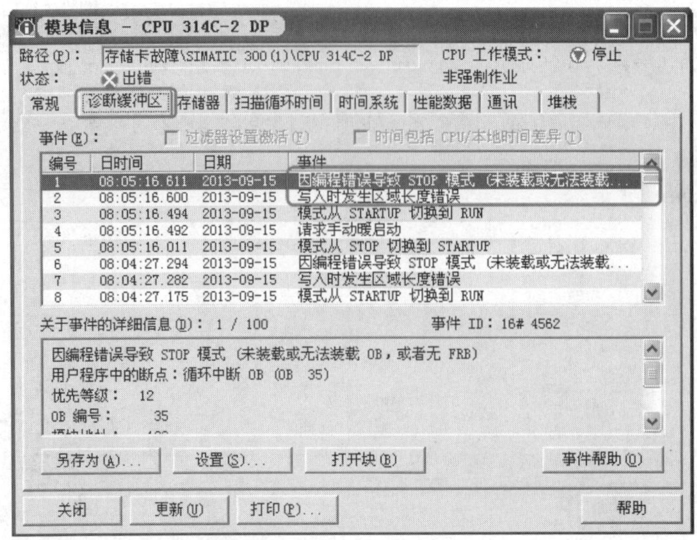

图 5-61 模块信息-诊断缓冲区

经过仔细核对，操作者编写如图 5-62 所示的梯形图程序，的确未下载功能 FC1，但在主程序中又调用了 FC1，因而出错。

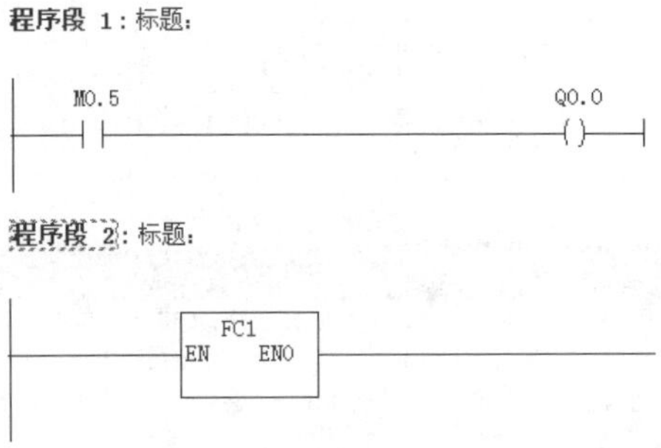

程序段 1：标题：

M0.5 Q0.0

程序段 2：标题：

FC1
EN ENO

图 5-62 梯形图

③ PROFIBUS 从站断电 在 SIMATIC Manager 界面，单击“PLC”→“诊断/设置”→“硬件诊断”。可以看到 DP 从站上有个红色斜线，这可能是掉站的标志，如图 5-63 所示。

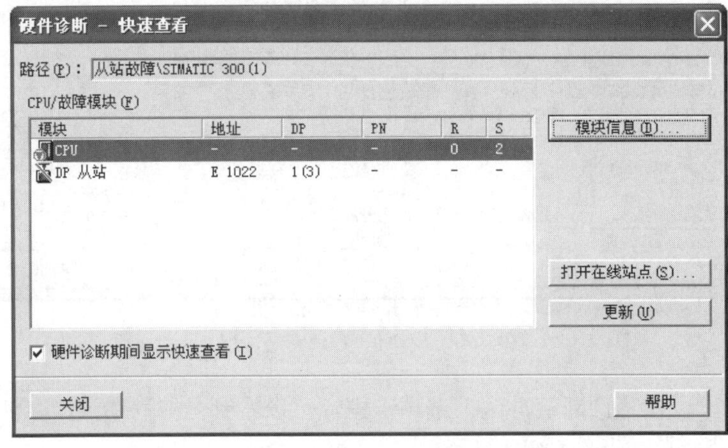

图 5-63 硬件诊断-快速查看

查看“诊断缓冲区”，可以看到分布式 I/O 故障，即从站出故障，如图 5-64 所示。

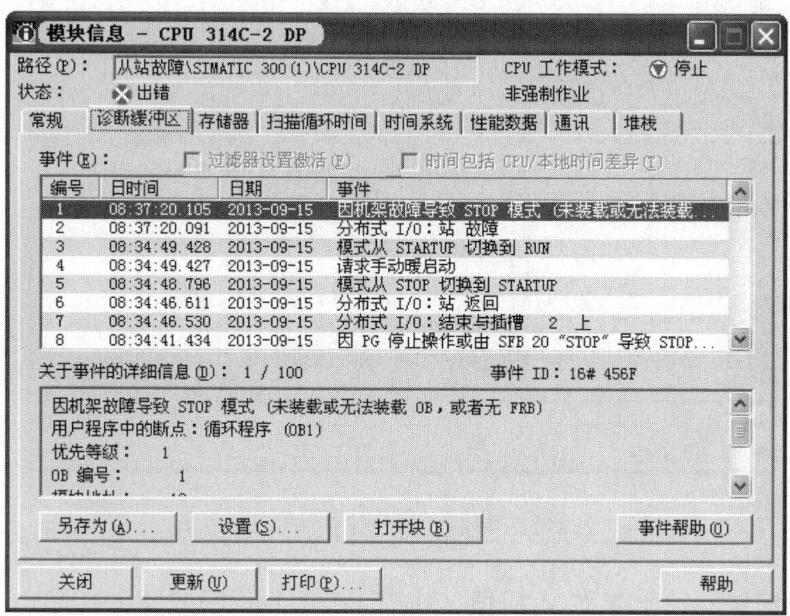

图 5-64 模块信息-诊断缓冲区

查看“DP 从站诊断”，可以看到的确是从站不能访问总线，如图 5-65 所示。

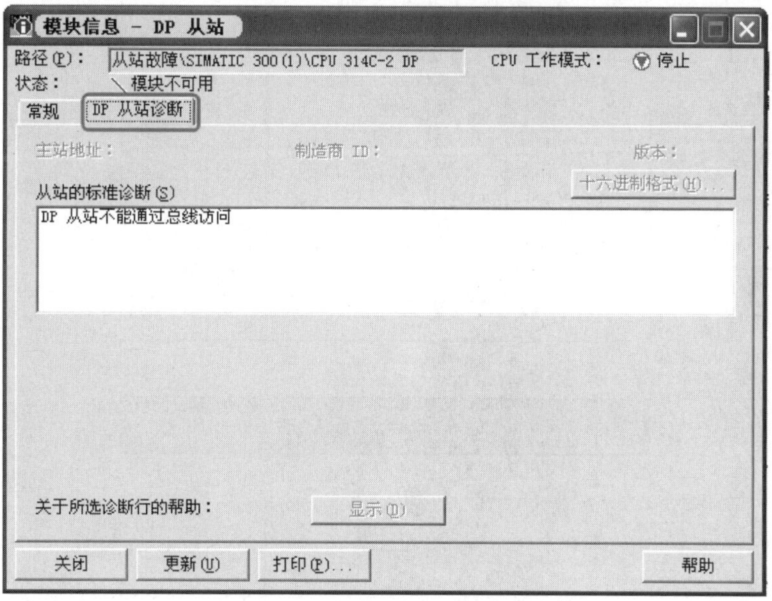

图 5-65 模块信息-DP 从站

也可以在硬件组态界面中查看故障站点。方法如下：

在 SIMATIC 管理器中单击“在线”按钮，再双击“硬件”打开硬件组态界面，即可诊断，如图 5-66 所示。也可以在硬件组态界面中直接单击“在线”按钮。很明显 3 号站出现故障。

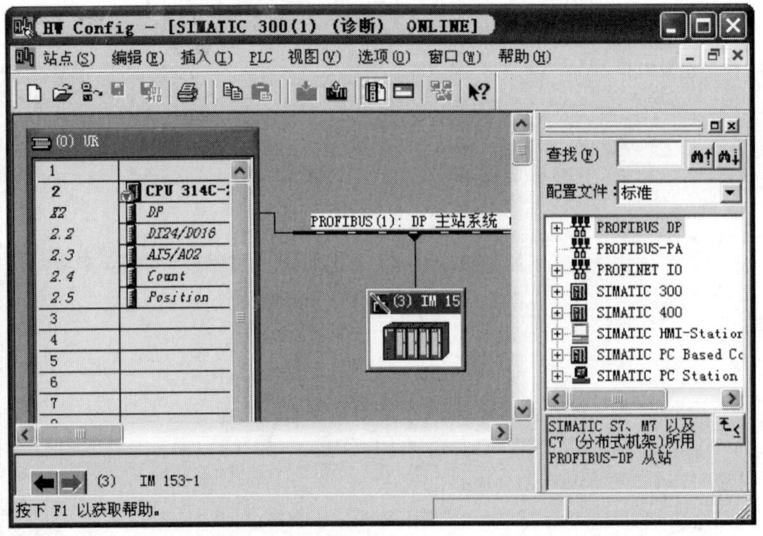

图 5-66 硬件组态界面中查看故障站点

5.4.3 用通信块的输出参数/返回值（RET_VAL）诊断故障

利用输出参数诊断故障的方法比较简单，以下用一个例子介绍。

【例 5-8】 S7-300 的 PROFIBUS-DP 出现错误，其监控程序如图 5-67 所示，请诊断此系统的故障。

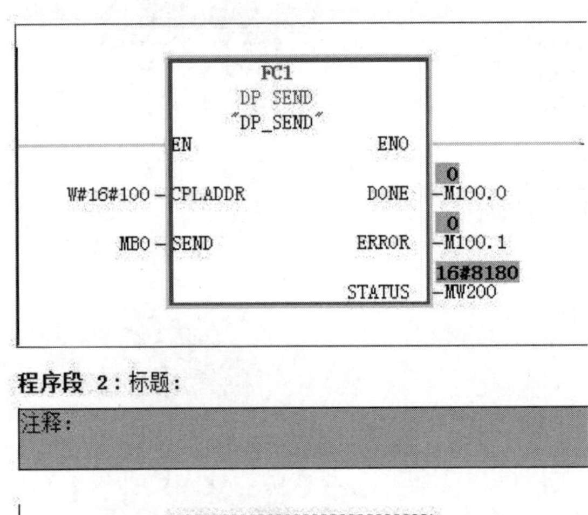

图 5-67 梯形图

【解】（1）监控程序，发现发送块 FC1 的 ERROR=0，可见发送时正常的，而接收块 FC2 的 ERROR=1，接收不正常。这是很容易看到的。

（2）再查看帮助，发送块 FC1 的 STATUS=16#8180，其含义是激活数据传送，进一步说明发送正常。接收块 FC2 的 STATUS=16#8184，其含义是系统错误或非法参数类型，进一步说明接收不正常。

（3）能发送，不能接收，基本排除硬件错误。但故障并没有找出来，此时结合前面的“诊断视图”分析，打开“诊断缓冲区”。可以看到：写入发生区域长度错误，在“MB300”处，如图 5-68 所示。

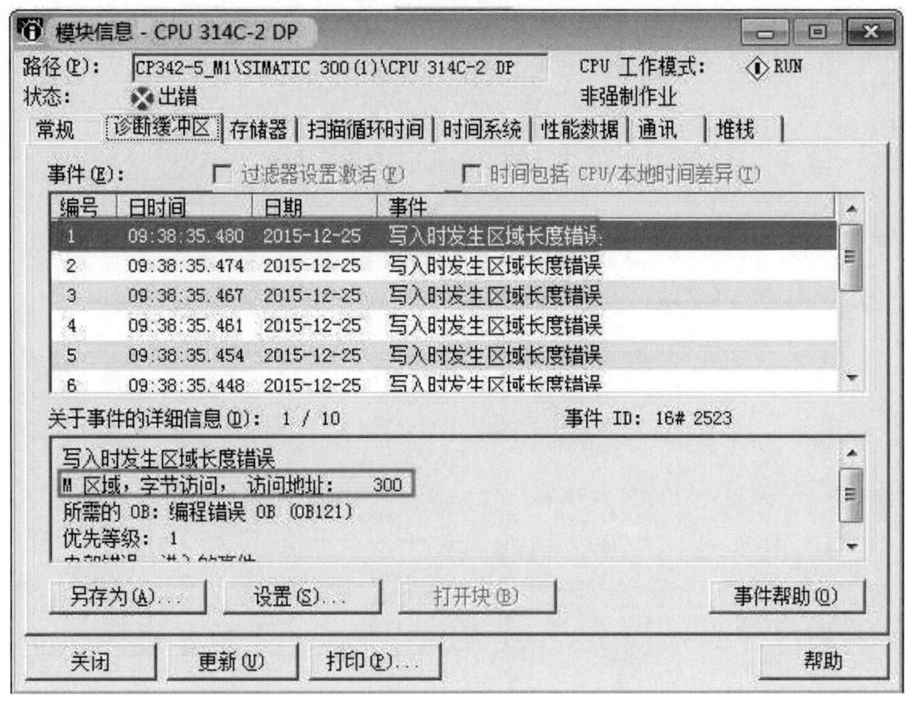

图 5-68 诊断缓冲区

重点难点总结

（1）要学会设计功能图，这是非常重要的。因为比较复杂的程序都要根据功能图编写，因此如果不能根据工程的要求设计出功能图，是很难编写正确的程序的。

（2）程序的编写方法，同一个顺序控制的问题使用了基本指令、复位和置位指令、顺控指令和功能指令四种解决方案编写程序。四种解决方案的编程都有各自的几乎固定的步骤，但有一步是相同的，那就是首先都要画功能图。四种解决方案没有优劣之分，读者可以根据自己的实际情况选用。相对而言，用置位/复位指令编写程序更加容易被初学者掌握。

（3）在没有硬件的情况下，验证 S7-200/300/400 程序正确性最好的办法是用仿真软件。

第 2 篇

精　通　篇

PLC 在过程控制中的应用

本章介绍 PID 的基本原理以及西门子 S7-200/300/1200 系列 PLC 在电炉温度控制中的应用。

6.1 PID 控制简介

6.1.1 PID 控制原理简介

在过程控制中，按偏差的比例（P）、积分（I）和微分（D）进行控制的 PID 控制器（也称 PID 调节器）是应用最广泛的一种自动控制器。它具有原理简单，易于实现，适用面广，控制参数相互独立，参数选定比较简单，调整方便等优点；而且在理论上可以证明，对于过程控制的典型对象——“一阶滞后＋纯滞后”与“二阶滞后＋纯滞后”的控制对象，PID 控制器是一种最优控制。PID 调节规律是连续系统动态品质校正的一种有效方法，它的参数整定方式简便，结构改变灵活（如可为 PI 调节、PD 调节等）。长期以来，PID 控制器被广大科技人员及现场操作人员所采用，并积累了大量的经验。

PID 控制器就是根据系统的误差，利用比例、积分、微分计算出控制量来进行控制。当被控对象的结构和参数不能完全掌握，或得不到精确的数学模型时、控制理论的其他技术难以采用时，系统控制器的结构和参数必须依靠经验和现场调试来确定，这时应用 PID 控制技术最为方便。即当我们不完全了解一个系统和被控对象，或不能通过有效的测量手段来获得系统参数时，最适合采用 PID 控制技术。

（1）比例（P）控制　比例控制是一种最简单、最常用的控制方式，如放大器、减速器和弹簧等。比例控制器能立即成比例地响应输入的变化量。但仅有比例控制时，系统输出存在稳态误差（Steady-state Error）。

（2）积分（I）控制　在积分控制中，控制器的输出量是输入量对时间积累。对一个自动控制系统，如果在进入稳态后存在稳态误差，则称这个控制系统是有稳态误差的或简称有差系统（System with Steady-state Error）。为了消除稳态误差，在控制器中必须引入“积分项”。积分项对误差的运算取决于时间的积分，随着时间的增加，积分项会增大。所以即便误差很小，积分项也会随着时间的增加而加大，它推动控制器的输出增大，使稳态误差进一步减小，直到等于零。因此，采用比例+积分(PI)控制器，可以使系统在进入稳态后无稳态误差。

（3）微分（D）控制　在微分控制中，控制器的输出与输入误差信号的微分（即误差的变化率）成正比关系。 自动控制系统在克服误差的调节过程中可能会出现振荡甚至失稳。其原因是由于存在有较大的惯性组件（环节）或有滞后(Delay)组件，具有抑制误差的作用，其变化总是落后于误差的变化。解决的办法是使抑制误差的作用的变化“超前”，即在误差接近零时，抑制误差的作用就应该是零。这就是说，在控制器中仅引入“比例”项往往是不够的，比例项的作用仅是放大误差的幅值，因而需要增加的是“微分项”，它能预测误差变化的趋势，这样，具有比例+微分的控制器就能够提前使抑制误差的控制作用等于零，甚至为负值，从而避免被控量的严重超调。所以对有较大惯性或滞后的被控对象，比例+微分(PD)控制器能改善系统在调节过程中的动态特性。

（4）闭环控制系统特点　控制系统一般包括开环控制系统和闭环控制系统。开环控制系统(Open-loop Control System)是指被控对象的输出(被控制量)对控制器(Controller)的输出没有影响，在这种控制系统中，不依赖将被控制量反送回来以形成任何闭环回路。闭环控制系统(Closed-loop Control System)的特点是系统被控对象的输出(被控制量)会反送回来影响控制器的输出，形成一个或多个闭环。闭环控制系统有正反馈和负反馈，若反馈信号与系统给定值信号相反，则称为负反馈(Negative Feedback)；若极性相同，则称为正反馈。一般闭环控制系统均采用负反馈，又称负反馈控制系统。可见，闭环控制系统性能远优于开环控制系统。

（5）PID 控制器的参数整定　PID 控制器的参数整定是控制系统设计的核心内容。它是根据被控过程的特性，确定 PID 控制器的比例系数、积分时间和微分时间的大小。PID 控制器参数整定的方法很多，概括起来有如下两大类：

一是理论计算整定法。它主要依据系统的数学模型，经过理论计算确定控制器参数。这种方法所得到的计算数据未必可以直接使用，还必须通过工程实际进行调整和修改。

二是工程整定法。它主要依赖于工程经验，直接在控制系统的试验中进行，且方法简单、易于掌握，在工程实际中被广泛采用。PID 控制器参数的工程整定方法，主要有临界比例法、反应曲线法和衰减法。这三种方法各有其特点，其共同点都是通过试验，然后按照工程经验公式对控制器参数进行整定。但无论采用哪一种方法所得到的控制器参数，都需要在实际运行中进行最后的调整与完善。

现在一般采用的是临界比例法。利用该方法进行 PID 控制器参数的整定步骤如下：

① 首先预选择一个足够短的采样周期让系统工作；

② 仅加入比例控制环节，直到系统对输入的阶跃响应出现临界振荡，记下这时的比例放大系数和临界振荡周期；

③ 在一定的控制度下通过公式计算得到 PID 控制器的参数。

（6）PID 控制器的主要优点　PID 控制器成为应用最广泛的控制器，它具有以下优点：

① PID 算法蕴涵了动态控制过程中过去、现在、将来的主要信息，而且其配置几乎最优。其中，比例（P）代表了当前的信息，起纠正偏差的作用，使过程反应迅速。微分（D）在信号变化时有超前控制作用，代表将来的信息。在过程开始时强迫过程进行，过程结束时减小超调，克服振荡，提高系统的稳定性，加快系统的过渡过程。积分（I）代表了过去积累的信息，它能消除静差，改善系统的静态特性。此三种作用配合得当，可使动态过程快速、平稳、准确，收到良好的效果。

② PID 控制适应性好，有较强的鲁棒性，对各种工业应用场合，都可在不同的程度上应用。特别适于“一阶惯性环节+纯滞后”和“二阶惯性环节+纯滞后”的过程控制对象。

③ PID 算法简单明了，各个控制参数相对较为独立，参数的选定较为简单，形成了完整

的设计和参数调整方法，很容易为工程技术人员所掌握。

④ PID 控制根据不同的要求，针对自身的缺陷进行了不少改进，形成了一系列改进的PID 算法。例如，为了克服微分带来的高频干扰的滤波 PID 控制，为克服大偏差时出现饱和超调的 PID 积分分离控制，为补偿控制对象非线性因素的可变增益 PID 控制等。这些改进算法在一些应用场合取得了很好的效果。同时当今智能控制理论的发展，又形成了许多智能 PID 控制方法。

（7）PID 的算法 PID 控制器调节输出，保证偏差（e）为零，使系统达到稳定状态，偏差是给定值（SP）和过程变量（PV）的差。PID 控制的原理基于以下公式：

$$M(t)=K_{\mathrm{C}}e+K_{\mathrm{C}}\int_0^1 e\mathrm{d}t+M_{\mathrm{initial}}+K_{\mathrm{C}}\times\frac{\mathrm{d}e}{\mathrm{d}t} \tag{6-1}$$

式中，$M(t)$ 是 PID 回路的输出；K_{C} 是 PID 回路的增益；e 是 PID 回路的偏差（给定值与过程变量的差）；M_{initial} 是 PID 回路输出的初始值。

由于以上的算式是连续量，必须将连续量离散化才能在计算机中运算，离散处理后的算式如下：

$$M_{\mathrm{n}}=K_{\mathrm{C}}e_{\mathrm{n}}+K_{\mathrm{I}}\sum_{1}^{n}e_{\mathrm{x}}+M_{\mathrm{initial}}+K_{\mathrm{D}}(e_{\mathrm{n}}-e_{\mathrm{n-1}}) \tag{6-2}$$

式中，M_{n} 是在采样时刻 n，PID 回路的输出的计算值；K_{C} 是 PID 回路的增益；K_{I} 是积分项的比例常数；K_{D} 是微分项的比例常数；e_{n} 是采样时刻 n 的回路的偏差值；$e_{\mathrm{n-1}}$ 是采样时刻 $n-1$ 的回路的偏差值；e_{x} 是采样时刻 x 的回路的偏差值；M_{initial} 是 PID 回路输出的初始值。

再对以上算式进行改进和简化，得出如下计算 PID 输出的算式：

$$M_{\mathrm{n}}=MP_{\mathrm{n}}+MI_{\mathrm{n}}+MD_{\mathrm{n}} \tag{6-3}$$

式中，M_{n} 是第 n 采样时刻的计算值；MP_{n} 是第 n 采样时刻的比例项值；MI_{n} 是第 n 采样时刻的积分项的值；MD_{n} 是第 n 采样时刻微分项的值。

$$MP_{\mathrm{n}}=K_{\mathrm{C}}(SP_{\mathrm{n}}-PV_{\mathrm{n}}) \tag{6-4}$$

式中，MP_{n} 是第 n 采样时刻的比例项值；K_{C} 是增益；SP_{n} 是第 n 次采样时刻的给定值；PV_{n} 是第 n 次采样时刻的过程变量值。很明显，比例项 MP_{n} 数值的大小和增益 K_{C} 成正比，增益 K_{C} 增加可以直接导致比例项 MP_{n} 的快速增加，从而直接导致 M_{n} 增加。

$$MI_{\mathrm{n}}=K_{\mathrm{C}}\times T_{\mathrm{S}}/T_{\mathrm{I}}\times(SP_{\mathrm{n}}-PV_{\mathrm{n}})+MX \tag{6-5}$$

式中，K_{C} 是增益；T_{S} 是回路的采样时间；T_{I} 是积分时间；SP_{n} 是第 n 次采样时刻的给定值；PV_{n} 是第 n 次采样时刻的过程变量值；MX 是第 $n-1$ 时刻的积分项（也称为积分前项）。很明显，积分项 MI_{n} 数值的大小随着积分时间 T_{I} 的减小而增加，T_{I} 的减小可以直接导致积分项 MI_{n} 数值的增加，从而直接导致 M_{n} 增加。

$$MD_{\mathrm{n}}=K_{\mathrm{C}}(PV_{\mathrm{n-1}}-PV_{\mathrm{n}})T_{\mathrm{D}}/T_{\mathrm{S}} \tag{6-6}$$

式中，K_{C} 是增益；T_{S} 是回路的采样时间；T_{D} 是微分时间；PV_{n} 是第 n 次采样时刻的过程变量值；$PV_{\mathrm{n-1}}$ 是第 $n-1$ 次采样时刻的过程变量。很明显，微分项 MD_{n} 数值的大小随着微分时间 T_{D} 的增加而增加，T_{D} 的增加可以直接导致积分项 MD_{n} 数值的增加，从而直接导致 M_{n} 增加。

【关键点】公式(6-3)~公式(6-6)是非常重要的。根据这几个公式，读者必须建立一个概念：增益K_C增加可以直接导致比例项MP_n的快速增加，T_I的减小可以直接导致积分项MI_n数值的增加，微分项MD_n数值的大小随着微分时间T_D的增加而增加，从而直接导致M_n增加。理解了这一点，对于正确调节P、I、D三个参数是至关重要的。

6.1.2 PID 控制器的参数整定

PID 控制器的参数整定是控制系统设计的核心内容。它是根据被控过程的特性，确定 PID 控制器的比例系数、积分时间和微分时间的大小。PID 控制器参数整定的方法很多，概括起来有如下两大类：

一是理论计算整定法。它主要依据系统的数学模型，经过理论计算确定控制器参数。这种方法所得到的计算数据未必可以直接使用，还必须通过工程实际进行调整和修改。

二是工程整定法。它主要依赖于工程经验，直接在控制系统的试验中进行，且方法简单、易于掌握，在工程实际中被广泛采用。PID 控制器参数的工程整定方法主要有临界比例法、反应曲线法和衰减法。这三种方法各有其特点，其共同点都是通过试验，然后按照工程经验公式对控制器参数进行整定。但无论采用哪一种方法所得到的控制器参数，都需要在实际运行中进行最后的调整与完善。

（1）整定的方法和步骤　现在一般采用的是临界比例法。利用该方法进行 PID 控制器参数的整定步骤如下：

① 首先预选择一个足够短的采样周期让系统工作；

② 仅加入比例控制环节，直到系统对输入的阶跃响应出现临界振荡，记下这时的比例放大系数和临界振荡周期；

③ 在一定的控制度下通过公式计算得到 PID 控制器的参数。

（2）PID 参数的经验值　在实际调试中，只能先大致设定一个经验值，然后根据调节效果修改，常见系统的经验值如下：

① 对于温度系统：*P*（%）20~60，*I*（分）3~10，*D*（分）0.5~3。

② 对于流量系统：*P*（%）40~100，*I*（分）0.1~1。

③ 对于压力系统：*P*（%）30~70，*I*（分）0.4~3。

④ 对于液位系统：*P*（%）20~80，*I*（分）1~5。

（3）PID 参数的整定实例　PID 参数的整定对于初学者来说并不容易，不少初学者看到 PID 的曲线往往不知道是什么含义，当然也就不知道如何下手调节了，以下用几个简单的例子进行介绍。

【例 6-1】 某系统的电炉在进行 PID 参数整定，其输出曲线如图 6-1 所示，设定值和测量值重合（55℃），所以有人认为 PID 参数整定成功，请读者分析，并给出自己的见解。

【解】 在 PID 参数整定时，分析曲线图是必不可少的，测量值和设定值基本重合这是基本要求，并非说明 PID 参数整定就一定合理。

分析 PID 运算结果的曲线是至关重要的，如图 6-1 所示，PID 运算结果的曲线虽然很平滑，但过于平坦，这样电炉在运行过程中，其抗干扰能力弱，也就是说，当负载对热量需要稳定时，温度能保持稳定，但当负载热量变化大时，测量值和设定值就未必处于重合状态了。

这种 PID 运算结果的曲线过于平坦说明 *P* 过小。

将 *P* 的数值设定为 30.0，如图 6-2 所示，整定就比较合理了。

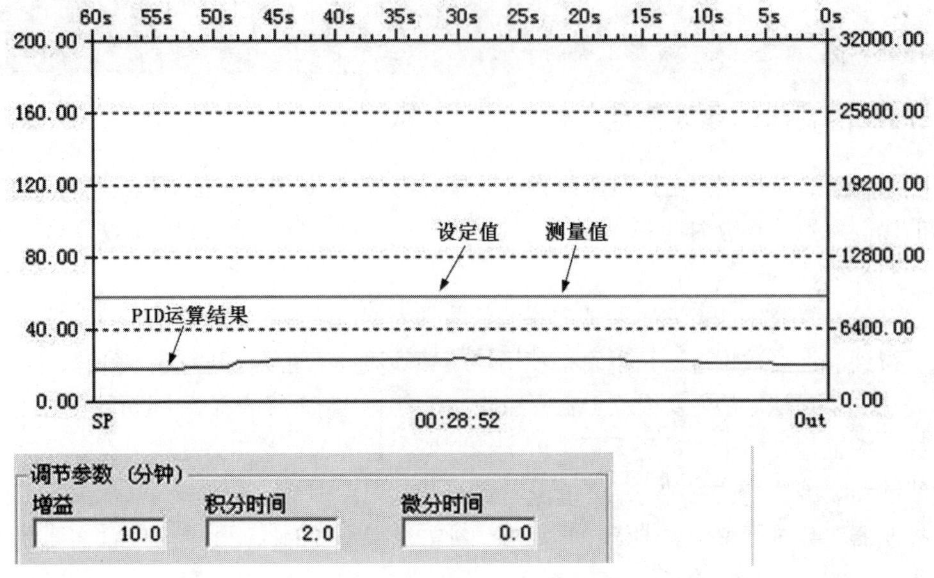

图 6-1　PID 曲线图（1）

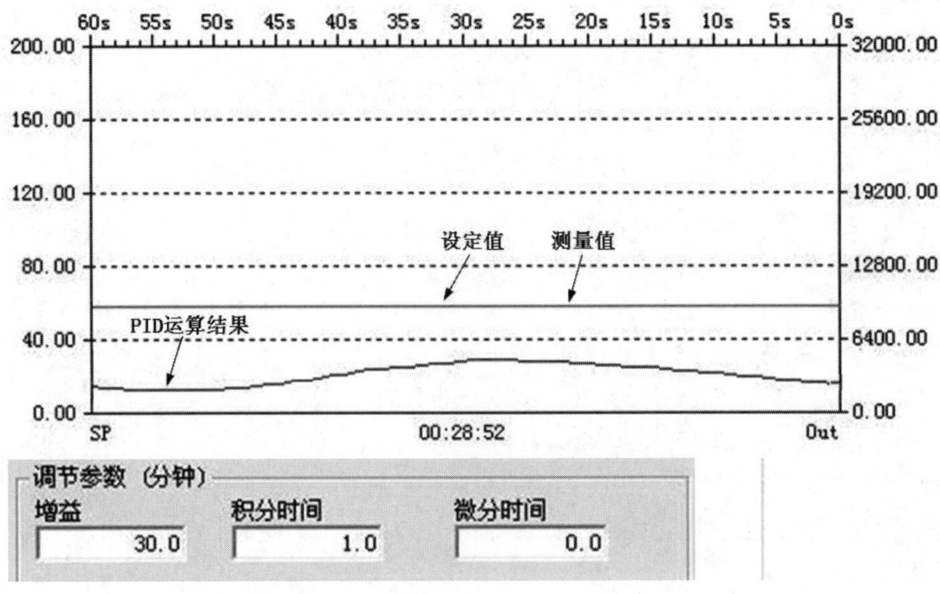

图 6-2　PID 曲线图（2）

【例 6-2】 某系统的电炉在进行 PID 参数整定，其输出曲线如图 6-3 所示，设定值和测量值重合（55℃），所以有人认为 PID 参数整定成功，请读者分析，并给出自己的见解。

【解】 如图 6-3 所示，虽然测量值和设定值基本重合，但 PID 参数整定不合理。

这是因为 PID 运算结果的曲线已经超出了设定的范围，实际就是超调，说明比例环节 *P* 过大。

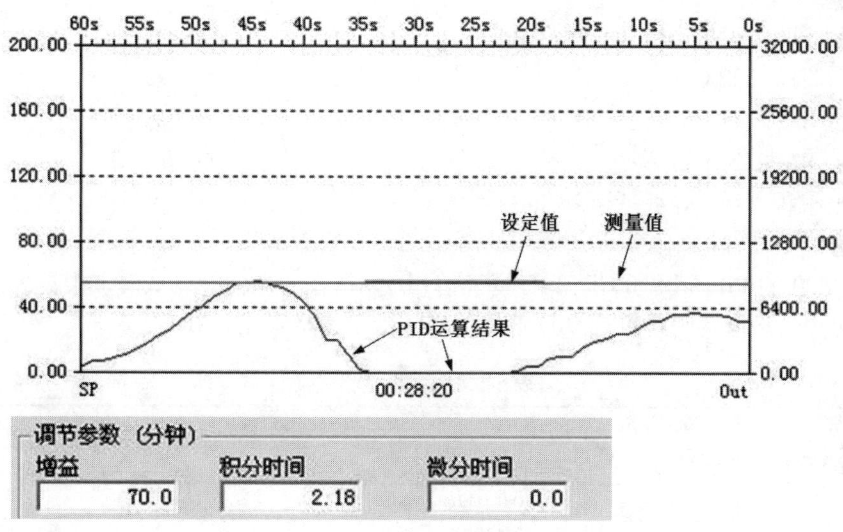

图 6-3 PID 曲线图

6.2 利用 PID 指令编写过程控制程序

下面介绍电炉的温度控制。

（1）利用 S7-200 进行电炉的温度控制 S7-200 有 PID 指令，可以比较方便地进行 PID 控制。以下用 S7-200 对电炉的温度控制讲解 PID 控制。

【例 6-3】 有一台电炉要求炉温控制在一定的范围。电炉的工作原理如下：

当设定电炉温度后，S7-200 经过 PID 运算后由模拟量输出模块 EM 232 输出一个电压信号送到控制板，控制板根据电压信号（弱电信号）的大小控制电热丝的加热电压（强电）的大小（甚至断开），温度传感器测量电炉的温度，温度信号经过控制板的处理后输入到模拟量输入模块 EM 231，再送到 S7-200 进行 PID 运算，如此循环。整个系统的硬件配置如图 6-4 所示。请编写控制程序。

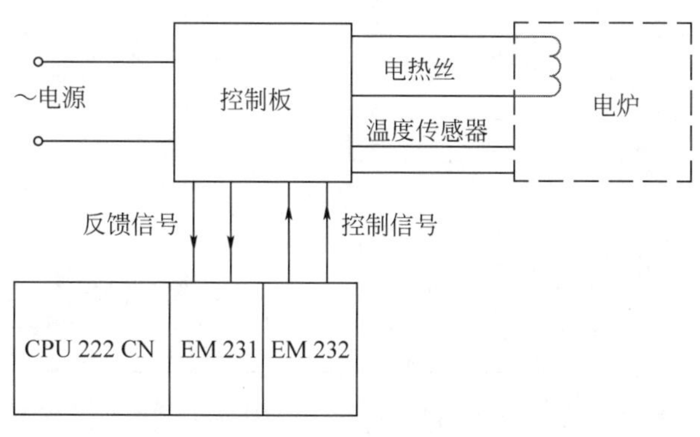

图 6-4 硬件配置图

【解】 ① 主要软硬件配置

a．1 套 STEP 7-Micro/WIN V4.0 SP9；

b．1 台 CPU 222 CN；

c．1 台 EM 231；

d．1 台 EM 232；

e．1 根编程电缆；

f．1 台电炉（含控制板）。

② S7-200 的 PID 指令介绍　PID 回路（PID）指令，当使能有效时，根据表格(TBL)中的输入和配置信息指定回路执行 PID 计算。PID 指令的格式见表 6-1。

表 6-1　PID 指令格式

LAD	输入/输出	含　义	数据类型
PID（EN、ENO、TBL、LOOP）	EN	使能	BOOL
	TBL	参数表的起始地址	BYTE
	LOOP	回路号，常数范围 0～7	BYTE

PID 指令使用注意事项：

a．程序中最多可以使用 8 条 PID 指令，回路号为 0～7，不能重复使用。

b．PID 指令不对参数表输入值进行范围检查。必须保证过程变量，必须保证过程变量和给定值积分项前值和过程变量前值在 0.0～1.0 之间。

c．使 ENO＝0 的错误条件：0006（间接寻址），SM1.1（溢出，参数表起始地址或指令中指定的 PID 回路指令号操作数超出范围）。

在工业生产过程中，模拟信号 PID（由比例、积分和微分构成的闭合回路）调节是常见的控制方法。运行 PID 控制指令，S7-200 将根据参数表中输入测量值、控制设定值及 PID 参数，进行 PID 运算，求得输出控制值。参数表中有 9 个参数，全部是 32 位的实数，共占用 36 个字节。PID 控制回路的参数见表 6-2。

表 6-2　PID 控制回路参数

偏移地址	参　数	数据格式	参数类型	描　述
0	过程变量 PV_n	REAL	输入/输出	必须在 0.0～1.0 之间
4	给定值 SP_n	REAL	输入	必须在 0.0～1.0 之间
8	输出值 M_n	REAL	输入	必须在 0.0～1.0 之间
12	增益 K_C	REAL	输入	增益是比例常数，可正可负
16	采样时间 T_S	REAL	输入	单位为秒，必须是正数
20	积分时间 T_I	REAL	输入	单位为分钟，必须是正数
24	微分时间 T_D	REAL	输入	单位为分钟，必须是正数
28	上一次积分值 M_X	REAL	输入/输出	必须在 0.0～1.0 之间
32	上一次过程变量 PV_{n-1}	REAL	输入/输出	最后一次 PID 运算过程变量值
36～79	保留自整定变量			

如果 PID 指令的参数表（TBL）的起始地址是 VB100，由于过程变量（PV_n）偏移是 0，因此其参数的存放地址是 VD100，同理增益 K_C 的存放地址是 VD112。

③ 程序编写

a．编写程序前，先要填写 PID 指令的参数表，参数见表 6-3。

表 6-3　电炉温度控制的 PID 参数

地　址	参　数	描　述
VD100	过程变量 PV_n	温度经过 A/D 转换后的标准化数值
VD104	给定值 SP_n	0.335（最高温度为 1，调节到 0.335）
VD108	输出值 M_n	PID 回路输出值
VD112	增益 K_C	0.15
VD116	采样时间 T_S	35
VD120	积分时间 T_I	30
VD124	微分时间 T_D	0
VD128	上一次积分值 M_X	根据 PID 运算结果更新
VD132	上一次过程变量 PV_{n-1}	最后一次 PID 运算过程变量值

b．设计电气原理图。根据 I/O 分配表和题意，设计原理图如图 6-5 所示。

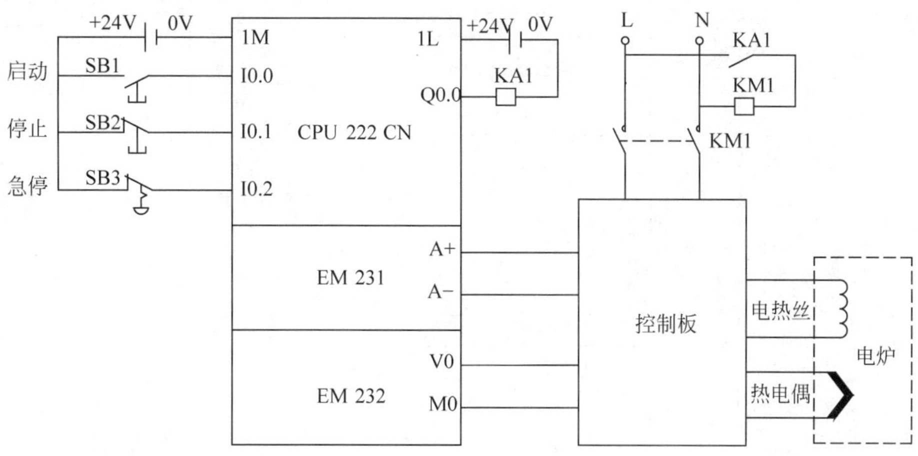

图 6-5　原理图

c．再编写 PLC 控制程序，程序如图 6-6 所示。

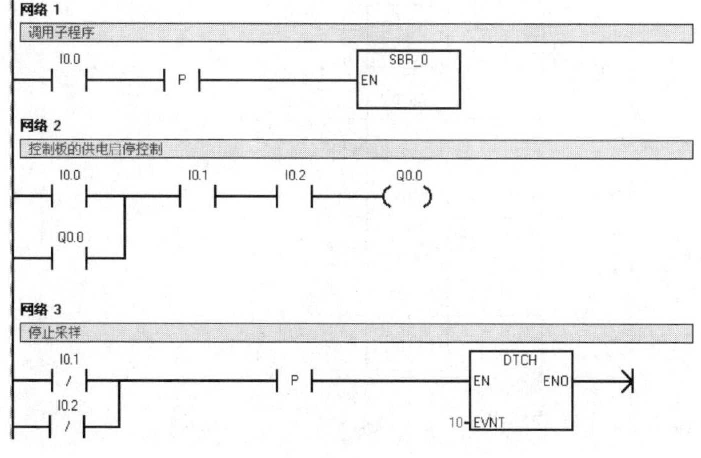

（a）主程序

图 6-6

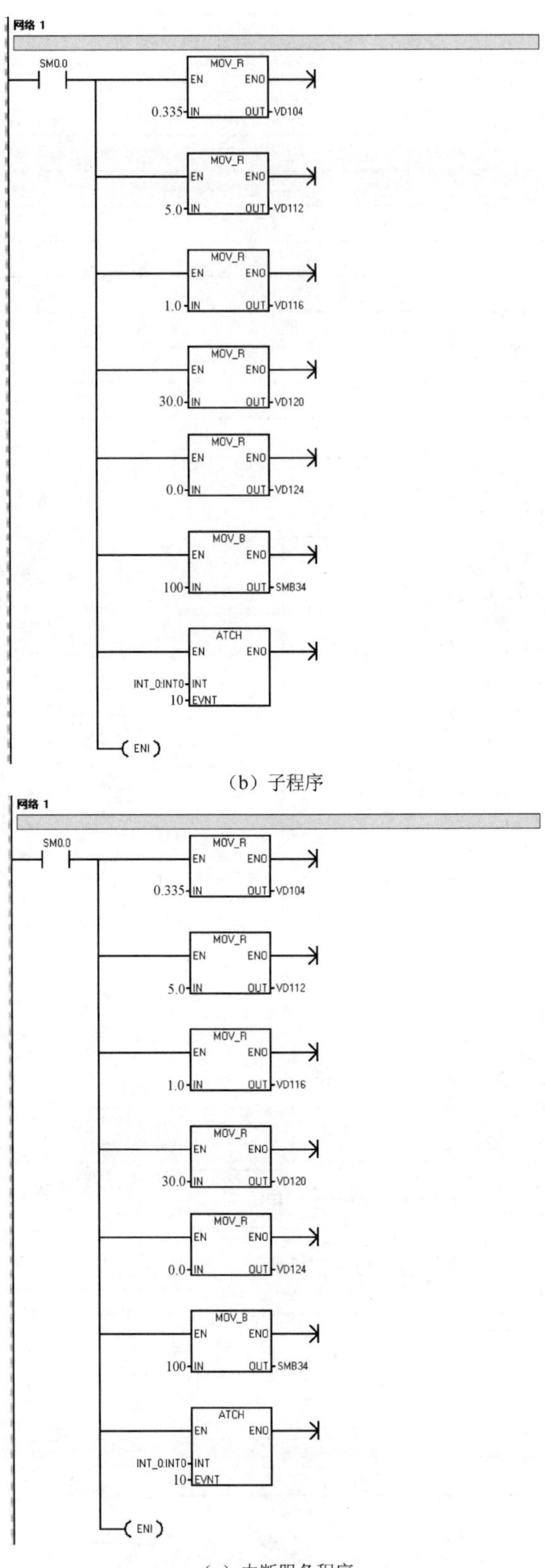

（b）子程序

（c）中断服务程序

图 6-6 PID 控制程序

【关键点】编写此程序首先要理解PID的参数表各个参数的含义，其次是要理解数据类型的转换。

④ 用指令向导编写PID控制程序　若读者对控制过程了解得比较清楚，用以上的方法编写PID控制程序是可行的，但显然比较麻烦，初学者不容易理解，所幸西门子公司提供了指令向导，读者利用指令向导就比较容易编写PID控制程序。以下将介绍这一方法。

a．打开指令向导，选定PID。选中菜单栏的“工具”，单击其子菜单项“指令向导”，弹出如图6-7所示的界面，选定“PID”选项，单击“下一步”按钮。

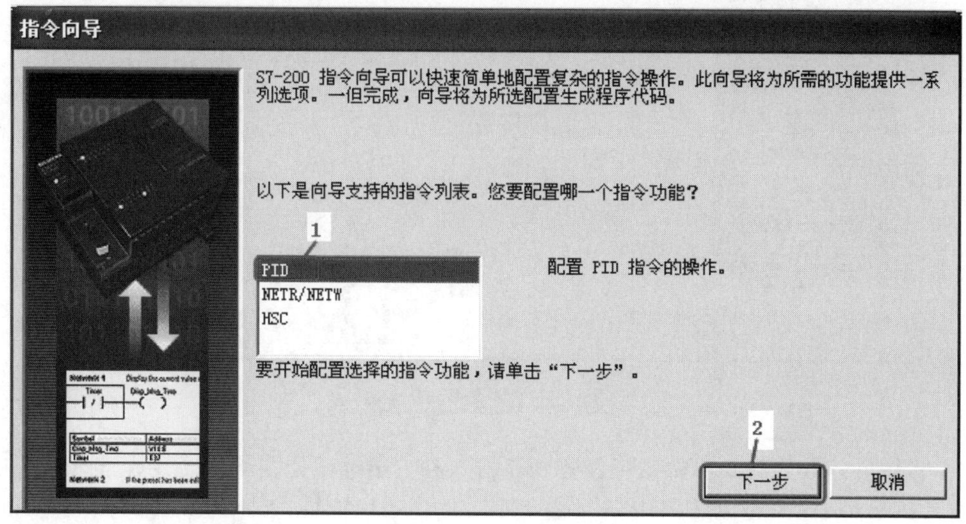

图6-7　硬件配置图

b．指定回路号码。指定回路号码如图6-8所示，本例选定回路号码为0，单击“下一步”按钮。

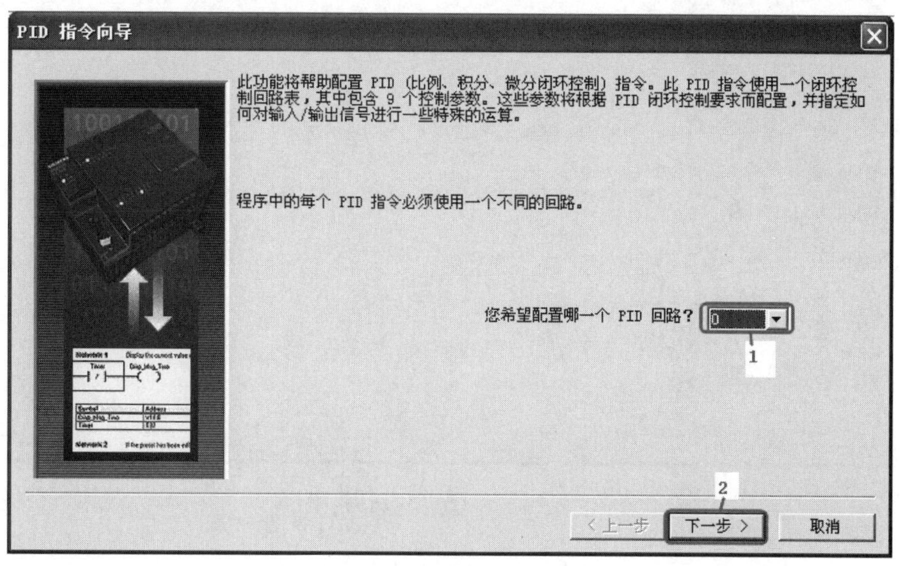

图6-8　指定回路号码

c. 设置回路参数。设置回路参数如图 6-9 所示，本例将比例参数设定为 0.05，采样时间为 35s，积分时间设定 30min，微分时间设定为 0，实际就是不使用微分项“D”，使用 PI 调节器，最后单击“下一步”按钮。

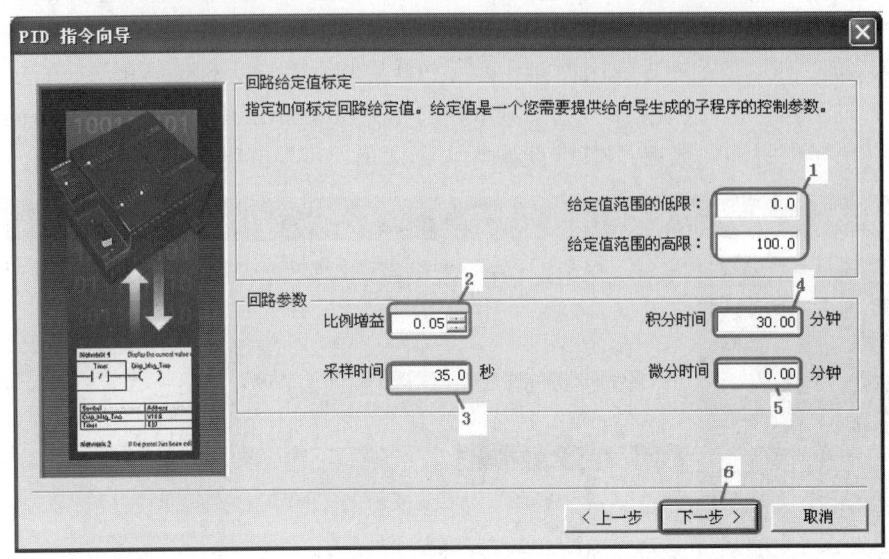

图 6-9 设置回路参数

d. 设置回路输入和输出选项。设置回路输入和输出选项如图 6-10 所示，标定项中选择“单极性”，过程变量中的参数不变，输出类型中选择“模拟量”（因为本例为 EM232 输出），单击“下一步”按钮。

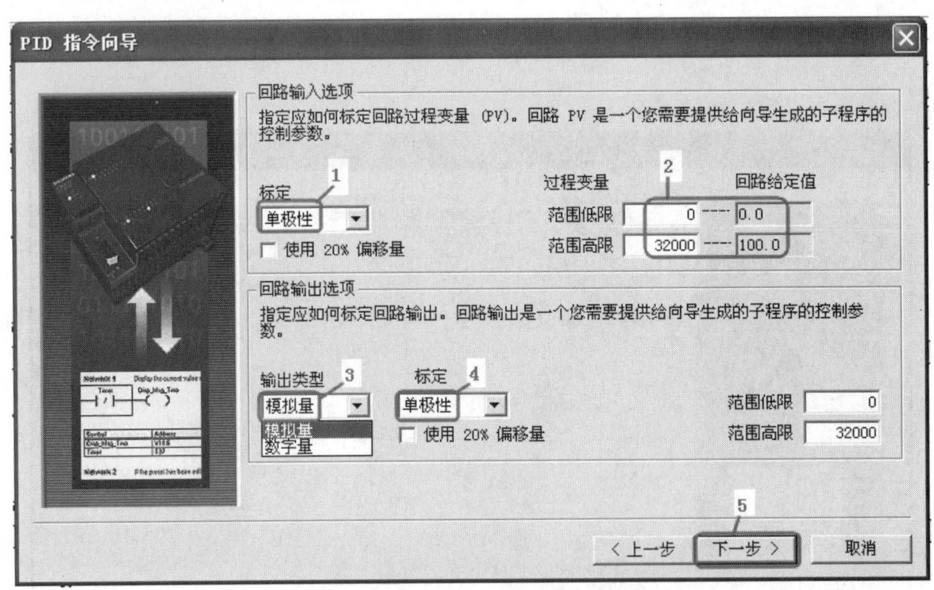

图 6-10 设置回路输入和输出选项

e. 设置回路报警选项。设置回路报警选项如图 6-11 所示，本例没有设置报警，单击“下一步”按钮。

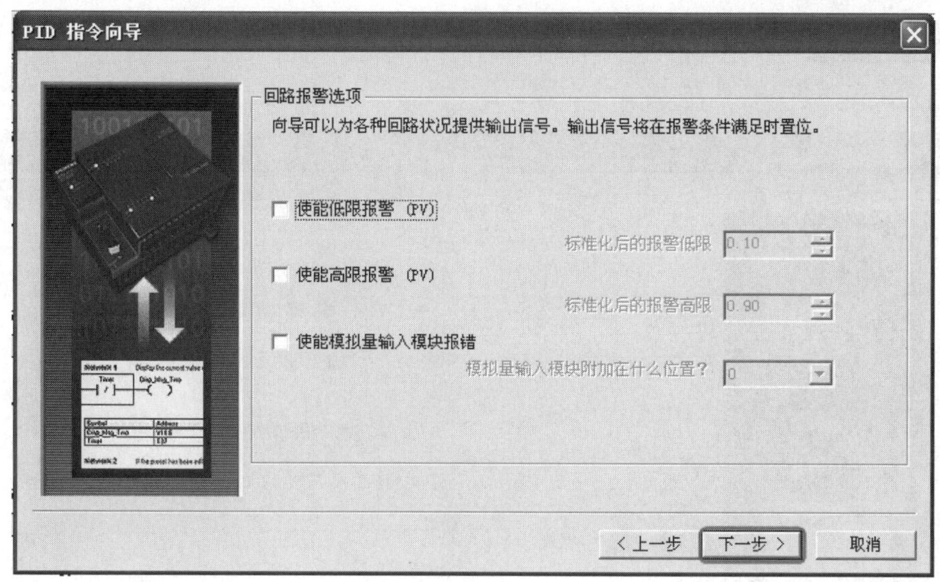

图 6-11 设置回路报警选项

f. 为计算指定存储区。为计算指定存储区如图 6-12 所示，PID 指令使用 V 存储区中的一个 36 个字节的参数表，存储用于控制回路操作的参数。PID 计算还要求一个“暂存区”，用于存储临时结果。先单击“建议地址”按钮，再单击“下一步”按钮，地址自动分配，当然地址也可以由读者分配。

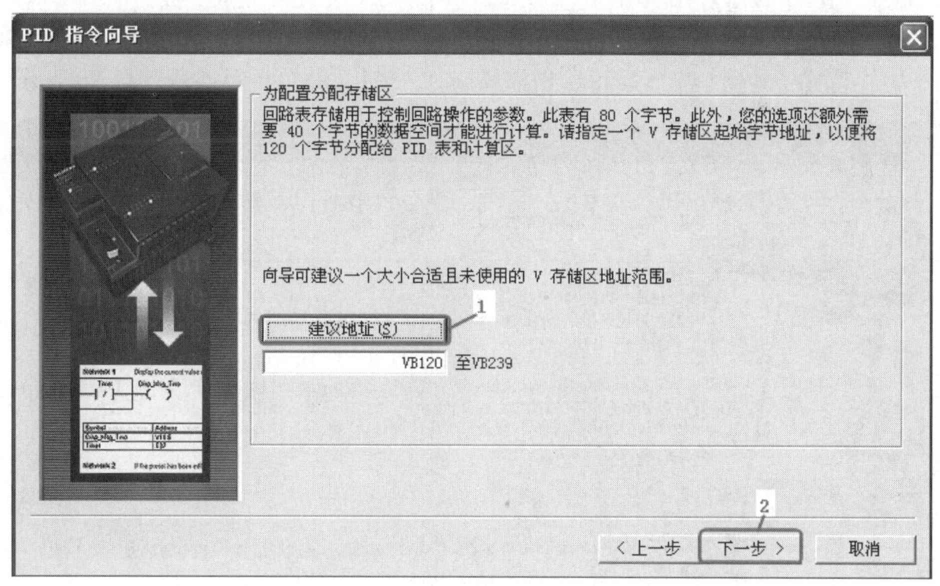

图 6-12 为计算指定存储区

g. 指定子程序和中断程序。指定子程序和中断程序如图 6-13 所示，本例使用默认子程序名，只要单击“下一步”按钮即可。如果项目包含一个激活 PID 配置，已经建立的中断程序名被设为只读。因为项目中的所有配置共享一个公用中断程序，项目中增加的任何新配置不得改变公用中断程序的名称。

【关键点】本例的中断程序 PID_EXE 使用了定时中断 0，所以读者若还要使用定时中断，则只能使用定时中断 1。

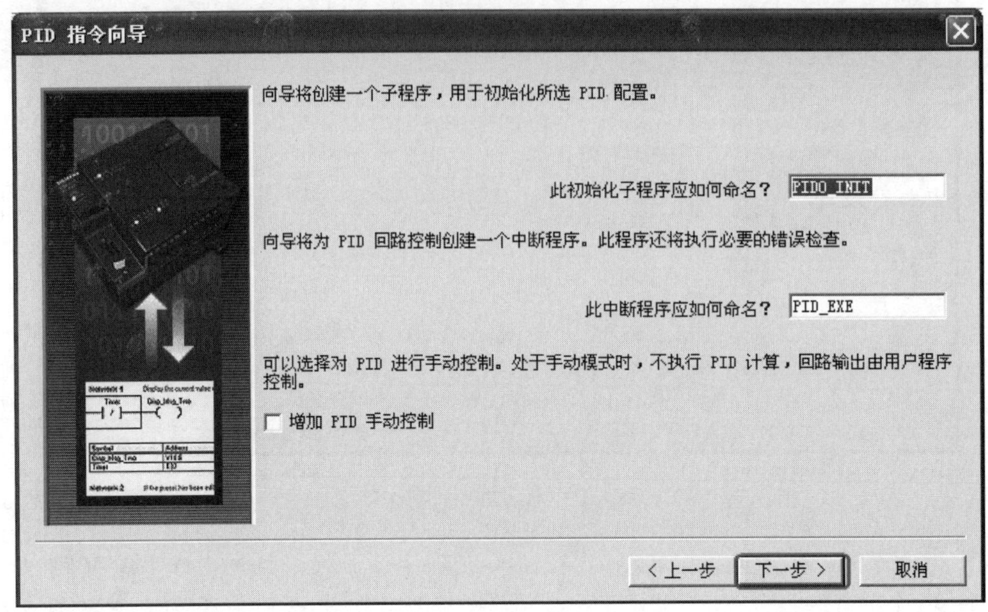

图 6-13 指定子程序和中断程序

h．生成 PID 代码。生成 PID 代码如图 6-14 所示，单击“完成”按钮，S7-200 指令向导将为指定的配置生成程序代码和数据块代码。由向导建立的子程序和中断程序成为项目的一部分。要在程序中使用该配置，每次扫描周期时，使用 SM0.0 从主程序块调用该子程序。

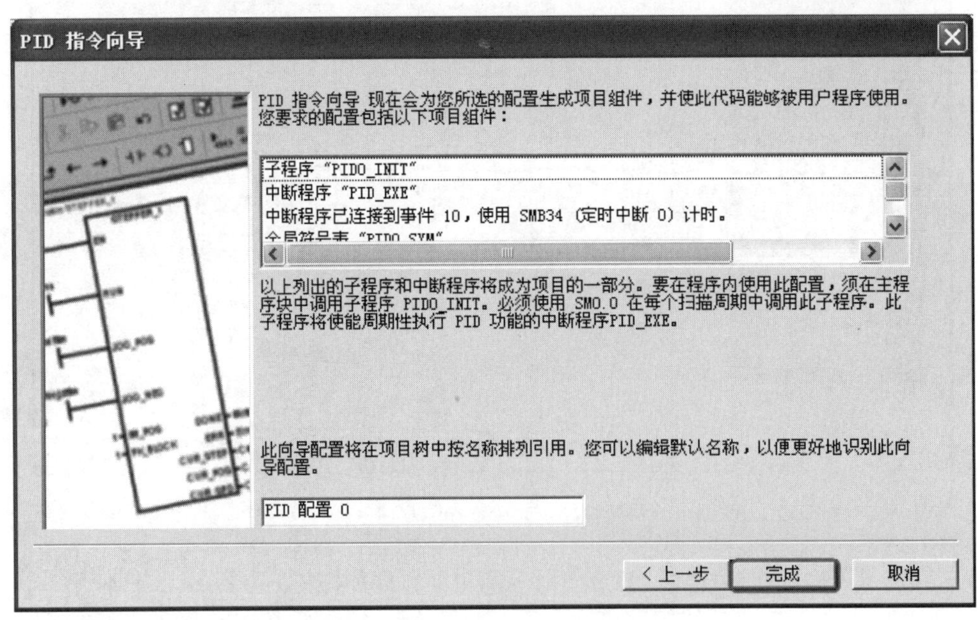

图 6-14 生成 PID 代码

i．编写程序，如图 6-15 所示。

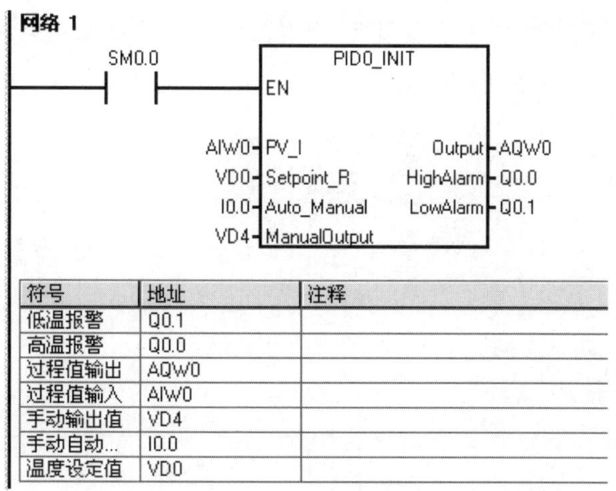

符号	地址	注释
低温报警	Q0.1	
高温报警	Q0.0	
过程值输出	AQW0	
过程值输入	AIW0	
手动输出值	VD4	
手动自动...	I0.0	
温度设定值	VD0	

图 6-15　程序

j．PID 的自整定。

• 打开 PID 调节控制面板。单击“工具”→“PID 调节控制面板”， PID 调节控制面板如图 6-16 所示。PID 调节控制面板只能在使用指令向导生成的 PID 程序中使用。

从图 6-16 可以看出当过程值（传感器测量数值）比给定值（即设定值，本例为 60.0℃）相差较大时，输出值很大，随着过程值接近给定值时，输出值减小，并在一定的范围内波动。

• 选择手动调节模式。在“增益”（*P*）、“积分时间”（*I*）和“微分时间”（*D*）中输入参数，并单击“更新 PLC 参数”按钮，这样 *P*、*I*、*D* 三个参数就写入到 PLC 中。调试完成后可以看到如图 6-17 所示的画面，过程值和给定值基本重合（此图的给定值为 33.5℃）。

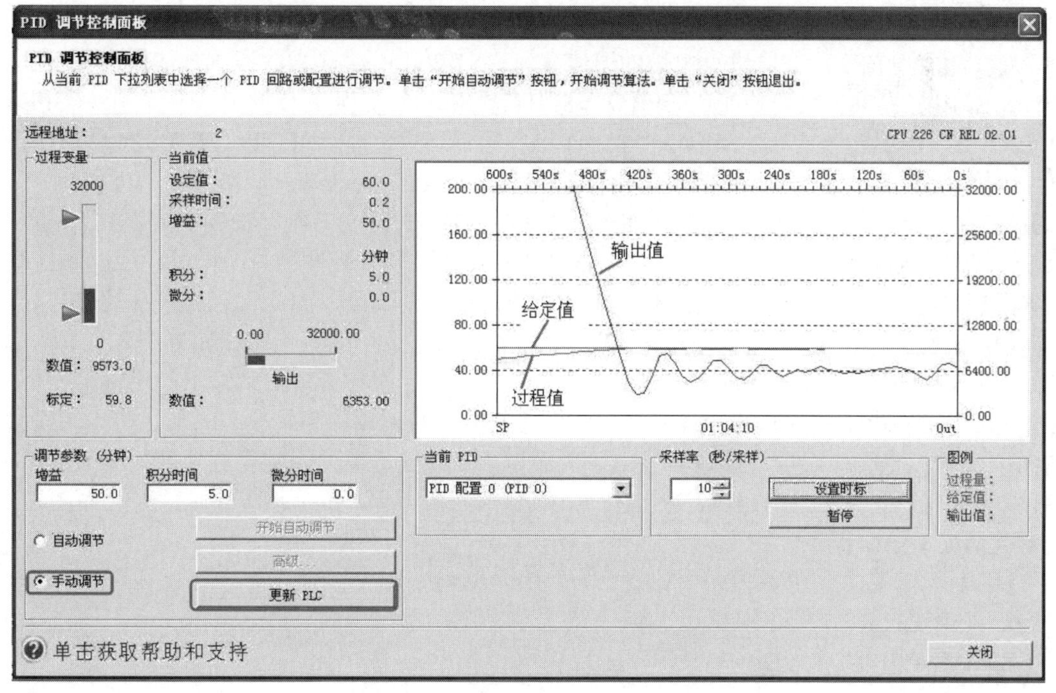

图 6-16　PID 调节控制面板(1)

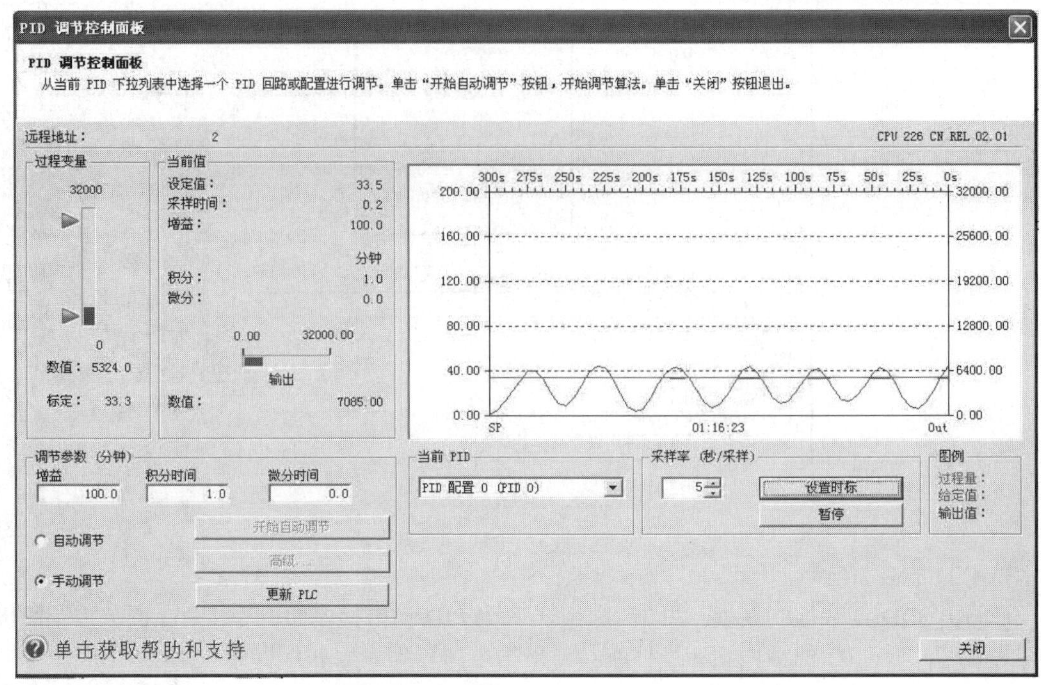

图 6-17　PID 调节控制面板（2）

【关键点】为了保证 PID 自整定的成功，在启动 PID 自整定前，需要调节 PID 参数，使 PID 调节器基本稳定，输出、反馈变化平缓，并且使反馈比较接近给定；设定合适的给定值，使 PID 调节器的输出远离趋势图的上下坐标轴，以免 PID 自整定开始后输出值的变化范围受限制。

（2）利用 S7-300 CPU 进行电炉的温度控制　S7-300 提供有 PID 控制功能块来实现 PID 控制。STEP7 提供了系统功能块 SFB41、SFB42、SFB43 实现 PID 闭环控制，其中 SFB41“CONT_C”用于连续控制，SFB42“CONT_S”用于步进控制，SFB43“PULSEGEN”用于脉冲宽度调制，它们位于文件夹“库→Standard Library→PID Controller”中。位于文件夹“库→Standard Library→PID Controller”的 FB41、FB41、FB43 与 SFB41、SFB42、SFB43 兼容，FB58、FB59 则用于 PID 温度控制。它们是系统固化的纯软件控制器，运行过程中循环扫描、计算所需的全部数据存储在分配给 FB 或 SFB 的背景数据块里，因此可以无限次调用。

【例 6-4】 有一台电炉要求炉温控制在一定的范围。电炉的工作原理如下：

当设定电炉温度后，CPU 314C-2DP 经过 PID 运算后由自带模拟量输出模块输出一个电压信号送到控制板，控制板根据电压信号（弱电信号）的大小控制电热丝的加热电压（强电）的大小（甚至断开），温度传感器测量电炉的温度，温度信号经过控制板的处理后输入到模拟量输入模块，再送到 CPU 314C-2DP 进行 PID 运算，如此循环。整个系统的硬件配置如图 6-18 所示。请编写控制程序。

【解】 ① 主要软硬件配置

a. 1 套 STEP 7 V5.5 SP4；

b. 1 台 CPU 314C-2DP；

c. 1 根 PC/MPI 电缆；

d. 1 台电炉（含控制板）。

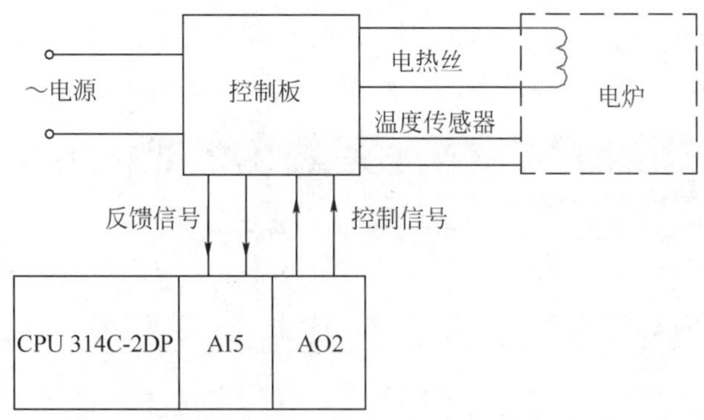

图 6-18 硬件配置图

② 硬件组态

a．新建项目，并插入站点。新建项目，命名为“2-2”，插入站点“SIMATIC 300（1）”，再在“块”里插入组织块“OB35”、“OB100”和参数表“VAT_1”，如图 6-19 所示。

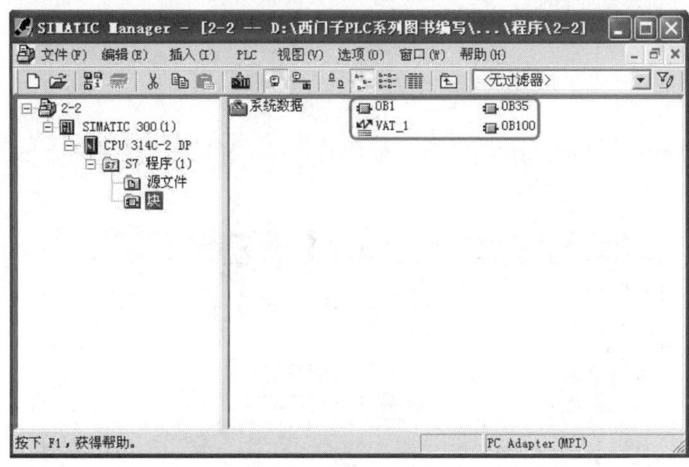

图 6-19 新建项目并插入站点

b．更改地址。双击“1”处的“DI24/DO16”，将数字量输入/输出的起始地址修改成从 0 开始，双击“1”处的“AI5/AO2”，将模拟量输入/输出的起始地址修改成从 3 开始，如图 6-20 所示。

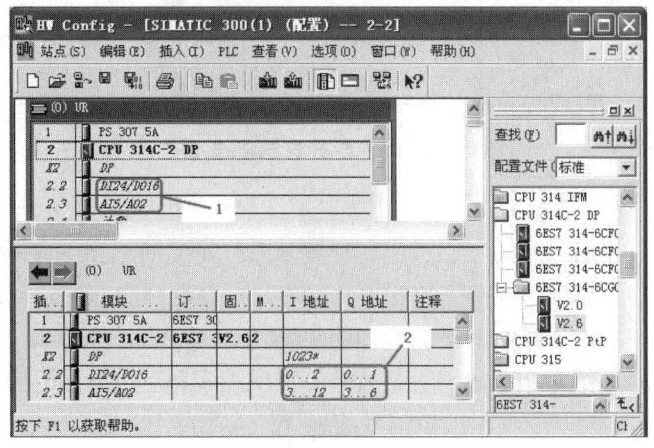

图 6-20 更改地址

c．设置模拟输入量测量范围。先选定输入选项卡，再选定“温度单位”为“摄氏度”，选择测量范围为“-10～10V”，最后单击“确定”按钮，如图6-21所示。

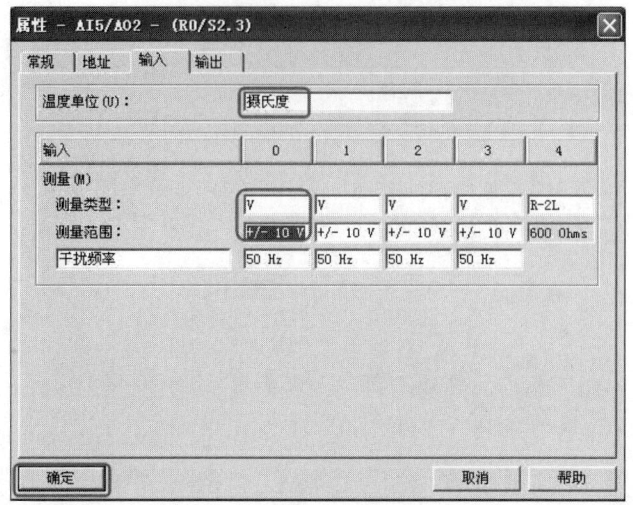

图6-21 设置模拟输入量测量范围

d．设置模拟输出量测量范围。先选定输出选项卡，再选择输出电压范围为“0～10V”，单击“确定”按钮，如图6-22所示。

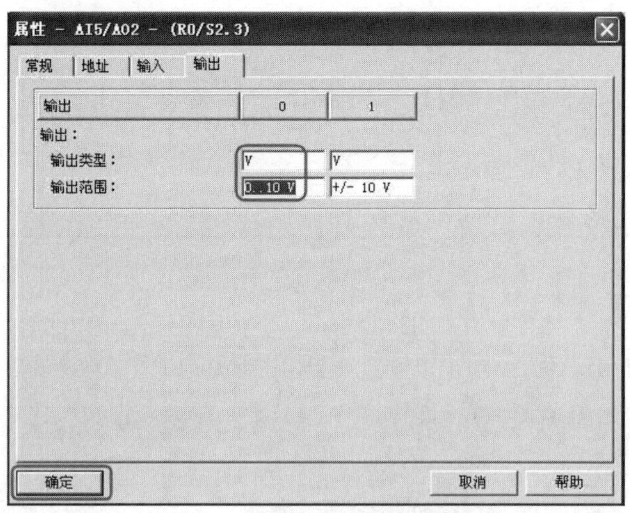

图6-22 设置模拟输出量测量范围

③ 相关指令介绍

a．FB41指令。FB41 “CONT_C”（连续控制器）在SIMATIC S7可编程逻辑控制器上使用，通过持续的输入和输出变量来控制工艺过程。在参数分配期间，可以通过激活或取消激活PID控制器的子功能使控制器适应过程的需要。

可以使用该控制器作为PID固定设定值控制器或在多循环控制中作为层叠、混料或比例控制器。该控制器的功能基于使用模拟信号的采样控制器的PID控制算法，必要时可以通过加入脉冲发生器阶段进行扩展，为使用成比例执行机构的两个或三个步骤控制器生成脉冲持续时间调制输出信号。但要注意只有在以固定时间间隔调用块时，在控制块中计算的值才是正确的。为此，应该在周期性中断OB (OB30～OB38)中调用控制块。在CYCLE参数中输入采样时间FB41指令的主要参数见表6-4。

表6-4 FB41指令参数

LAD	输入/输出	含　义	数 据 类 型
FB41 EN — ENO COM_RST — LMN MAN_ON — LMN_PER PVPER_ON — QLMN_HLM P_SEL — QLMN_LLM I_SEL — LMN_P INT_HOLD — LMN_I I_ITL_ON — LMN_D D_SEL — PV CYCLE — ER SP_INT PV_IN PV_PER MAN GAIN TI TD TM_LAG DEADB_W LMN_HLM LMN_LLM PV_FAC PV_OFF LMN_FAC LMN_OFF I_ITLVAL DISV	EN	使能	BOOL
	COM_RST	为1时，重新启动PID，复位PID内部参数	BOOL
	MAN_ON	为1时控制循环中断，直接将MAN的值送到LMN	BOOL
	PVPER_ON	为1时，使用I/O输入的过程变量	BOOL
	P_SEL	为1时，打开比例P操作	BOOL
	I_SEL	为1时，打开积分I操作	BOOL
	INT_HOLD	为1时，积分输出被冻结	BOOL
	I_ITL_ON	为1时，I_ITLVAL作为积分初值	BOOL
	D_SEL	为1时，打开微分D操作	BOOL
	CYCLE	采样时间	TIME
	SP_INT	PID给定值	REAL
	PV_IN	浮点格式过程变量输入	REAL
	PV_PER	I/O格式过程变量输入	WORD
	MAN	手动值	REAL
	GAIN	比例增益，用于设置控制器的增益	REAL
	TI	积分时间输入，积分响应时间	TIME
	TD	微分时间输入，微分响应时间	TIME
	TM_LAG	微分操作的延时时间输入	TIME
	DEADB_W	死区宽度	REAL
	LMN_HLM	控制器输出上限	REAL
	LMN_LLM	控制器输出下限	REAL
	PV_FAC	输入过程变量的比例因子	REAL
	PV_OFF	输入过程变量的偏移量	REAL
	LMN_FAC	输出过程变量的比例因子	REAL
	LMN_OFF	输出过程变量的偏移量	REAL
	I_ITLVAL	积分操作的初始值	REAL
	DISV	允许扰动量，一般不设置	REAL
	LMN	浮点格式的PID输出值	REAL
	LMN_PER	I/O格式的PID输出值	WORD
	QLMN_HLM	PID输出值超出上限	BOOL
	QLMN_LLM	PID输出值超出下限	BOOL
	LMN_P	PID输出值中的比例成分	REAL
	LMN_I	PID输出值中的积分成分	REAL
	LMN_D	PID输出值中的微分成分	REAL
	PV	格式化的过程变量输出	REAL
	ER	死区处理后的误差输出	REAL

b. FC105 指令。SCALE 功能接收一个整型值（IN），并将其转换为以工程单位表示的介于下限和上限（LO_LIM 和 HI_LIM）之间的实型值。将结果写入 OUT。SCALE 功能使用以下等式：

$$OUT=(FLOAT\times IN-K1)/(K2-K1)\times(HI\_LIM-LO\_LIM)+LO\_LIM$$

常数 K1 和 K2 根据输入值是 BIPOLAR（双极性）还是 UNIPOLAR（单极性）设置。BIPOLAR 的含义是假定输入整型值介于−27648～27648 之间，则 K1 =−27648.0，K2 = +27648.0。UNIPOLAR 的含义是假定输入整型值介于 0～27648 之间，则 K1 = 0.0，K2 = +27648.0。FC105 指令参数见表 6-5。

表 6-5 FC105 指令参数

LAD	输入/输出	含　义	数据类型
"SCALE" EN　ENO IN　RET_VAL HI_LIM　OUT LO_LIM BIPOLAR	EN	使能，信号状态为 1 时激活该功能	BOOL
	HI_LIM	常数，工程单位表示的上限值	REAL
	LO_LIM	常数，工程单位表示的下限值	REAL
	BIPOLAR	为 1 时，表示输入值为双极性。信号状态 0 表示输入值为单极性	BOOL
	IN	要转换的输入值	INT
	OUT	转换的结果	REAL
	RET_VAL	如果该指令的执行没有错误，将返回值 W#16#0000。对于 W#16#0000 以外的其他值，参见"错误信息"	WORD

c. FC106 指令。UNSCALE 功能指令将一个从低限 LO_LIM 到高限 HI_LIM 工程单位的数值转换成一个整数值，将结果写入 OUT 中。这个指令满足如下公式：

$$OUT = (IN-LO\_LIM)/(HI\_LIM-LO\_LIM)\times(K2-K1)+K1$$

常数 K1 和 K2 根据输入值是 BIPOLAR（双极性）还是 UNIPOLAR（单极性）设置。BIPOLAR 的含义是假定输出整型值介于−27648～27648 之间，则 K1 =−27648.0，K2 = +27648.0。UNIPOLAR 的含义是假定输出整型值介于 0～27648 之间，则 K1 = 0.0，K2 = +27648.0。FC106 指令参数见表 6-6。

表 6-6 FC106 指令参数

LAD	输入/输出	含　义	数 据 类 型
"UNSCALE" EN　ENO IN　RET_VAL OUT HI_LIM LO_LIM BIPOLAR	EN	使能，信号状态为 1 时激活该功能	BOOL
	HI_LIM	常数，工程单位表示的上限值	REAL
	LO_LIM	常数，工程单位表示的下限值	REAL
	BIPOLAR	为 1 时，表示输入值为双极性。信号状态 0 表示输入值为单极性	BOOL
	IN	要转换的输入值	REAL
	OUT	转换的结果	INT
	RET_VAL	如果该指令的执行没有错误，将返回值 W#16#0000。对于 W#16#0000 以外的其他值，参见"错误信息"	WORD

④ 编写程序　OB1 中的程序如图 6-23 所示；OB100 中的程序如图 6-24 所示，目的是重启 PID；OB35 中的程序如图 6-25 所示，每 0.1s 作一次 PID 运算。电炉的温度范围为 0～380℃。

Network 1：MD10为实际温度值

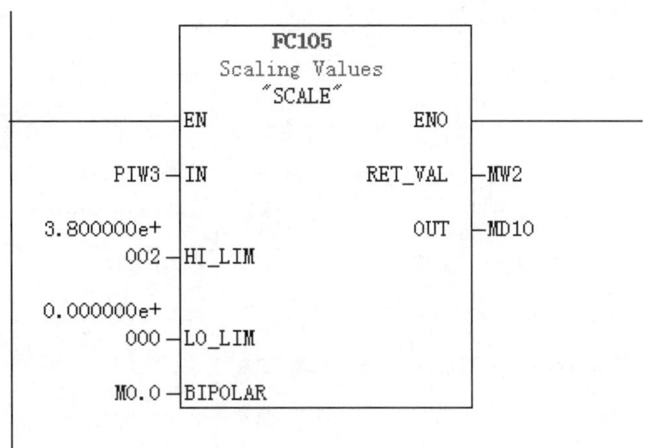

Network 2：DB1.DBD10范围是0~1.0

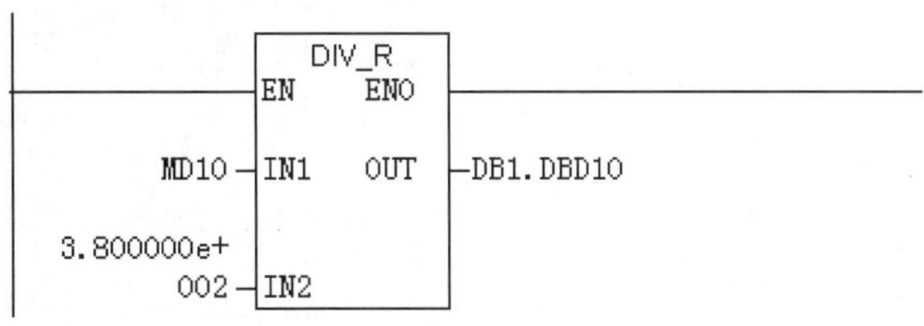

Network 3：Title:

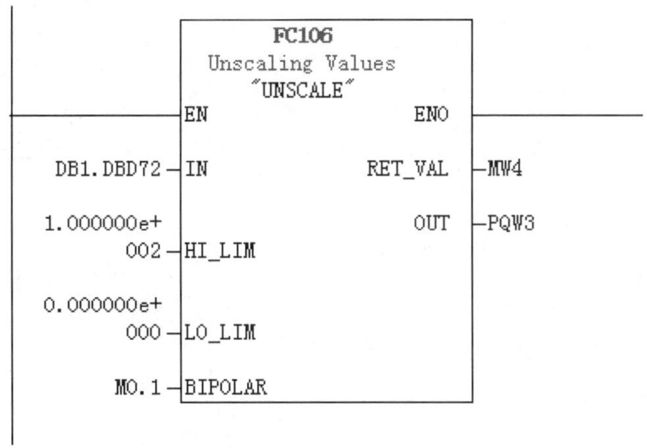

图 6-23　OB1 中的程序

程序段 1：重启PID

```
S     DB1.DBX     0.0
```

程序段 2：标题：

```
R     DB1.DBX     0.0
```

图 6-24　OB100 中的程序

【关键点】S7-300的程序中有的指令表是不能转换成梯形图的，因此在同一个程序中可能出现指令表和梯形图并存的情况，但这种情况在S7-200中是不会出现的。

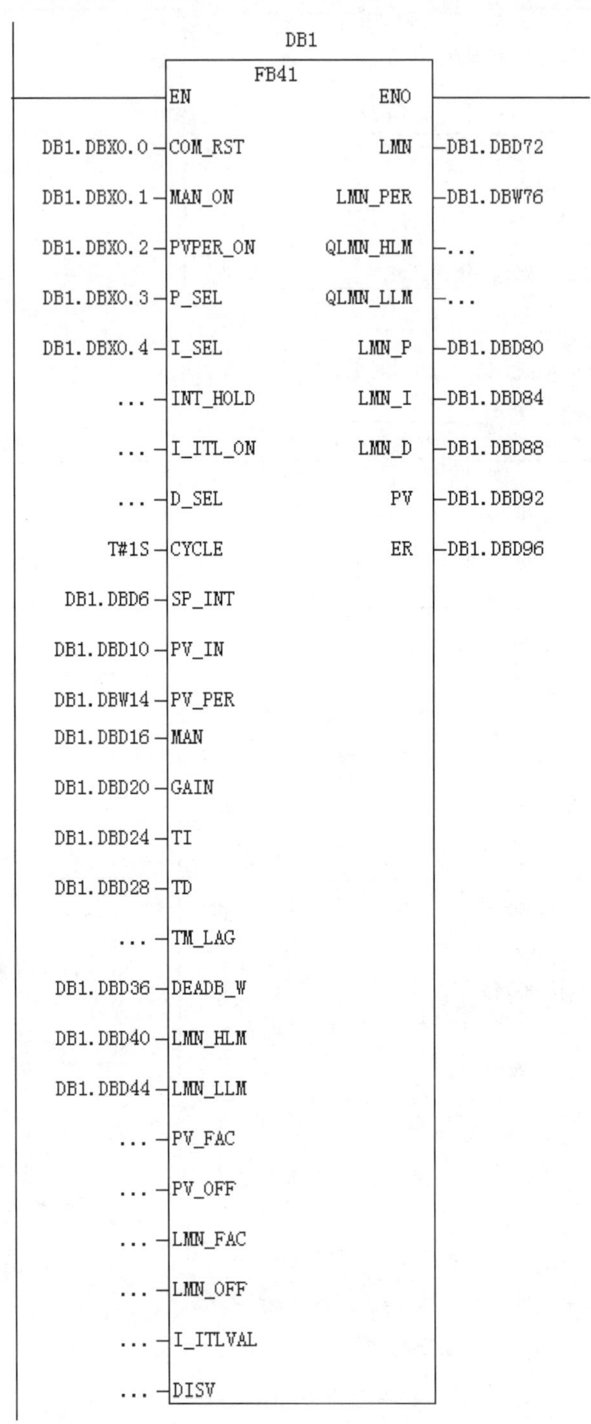

图6-25 OB35中的程序

DB1 中的各个参数如图 6-26 所示。

	Address	Declaration	Name	Type	Initial value	Actual value	Comment
1	0.0	in	COM_RST	BOOL	FALSE	FALSE	complete restart
2	0.1	in	MAN_ON	BOOL	TRUE	TRUE	manual value on
3	0.2	in	PVPER_ON	BOOL	FALSE	FALSE	process variable peripherie on
4	0.3	in	P_SEL	BOOL	TRUE	TRUE	proportional action on
5	0.4	in	I_SEL	BOOL	TRUE	TRUE	integral action on
6	0.5	in	INT_HOLD	BOOL	FALSE	FALSE	integral action hold
7	0.6	in	I_ITL_ON	BOOL	FALSE	FALSE	initialization of the integral action
8	0.7	in	D_SEL	BOOL	FALSE	FALSE	derivative action on
9	2.0	in	CYCLE	TIME	T#1S	T#1S	sample time
10	6.0	in	SP_INT	REAL	0.000000e+000	0.000000e+000	internal setpoint
11	10.0	in	PV_IN	REAL	0.000000e+000	0.000000e+000	process variable in
12	14.0	in	PV_PER	WORD	W#16#0	W#16#0	process variable peripherie
13	16.0	in	MAN	REAL	0.000000e+000	0.000000e+000	manual value
14	20.0	in	GAIN	REAL	2.000000e+000	2.000000e+000	proportional gain
15	24.0	in	TI	TIME	T#20S	T#20S	reset time
16	28.0	in	TD	TIME	T#10S	T#10S	derivative time
17	32.0	in	TM_LAG	TIME	T#2S	T#2S	time lag of the derivative action
18	36.0	in	DEADB_W	REAL	0.000000e+000	0.000000e+000	dead band width
19	40.0	in	LMN_HLM	REAL	1.000000e+002	1.000000e+002	manipulated value high limit
20	44.0	in	LMN_LLM	REAL	0.000000e+000	0.000000e+000	manipulated value low limit
21	48.0	in	PV_FAC	REAL	1.000000e+000	1.000000e+000	process variable factor
22	52.0	in	PV_OFF	REAL	0.000000e+000	0.000000e+000	process variable offset
23	56.0	in	LMN_FAC	REAL	1.000000e+000	1.000000e+000	manipulated value factor
24	60.0	in	LMN_OFF	REAL	0.000000e+000	0.000000e+000	manipulated value offset
25	64.0	in	I_ITLVAL	REAL	0.000000e+000	0.000000e+000	initialization value of the integral actio
26	68.0	in	DISV	REAL	0.000000e+000	0.000000e+000	disturbance variable
27	72.0	out	LMN	REAL	0.000000e+000	0.000000e+000	manipulated value
28	76.0	out	LMN_PER	WORD	W#16#0	W#16#0	manipulated value peripherie
29	78.0	out	QLMN_HLM	BOOL	FALSE	FALSE	high limit of manipulated value reached
30	78.1	out	QLMN_LLM	BOOL	FALSE	FALSE	low limit of manipulated value reached
31	80.0	out	LMN_P	REAL	0.000000e+000	0.000000e+000	proportionality component
32	84.0	out	LMN_I	REAL	0.000000e+000	0.000000e+000	integral component
33	88.0	out	LMN_D	REAL	0.000000e+000	0.000000e+000	derivative component
34	92.0	out	PV	REAL	0.000000e+000	0.000000e+000	process variable
35	96.0	out	ER	REAL	0.000000e+000	0.000000e+000	error signal
36	100.0	stat	sInvAlt	REAL	0.000000e+000	0.000000e+000	
37	104.0	stat	sIant...	REAL	0.000000e+000	0.000000e+000	
38	108.0	stat	sRestInt	REAL	0.000000e+000	0.000000e+000	
39	112.0	stat	sRestDif	REAL	0.000000e+000	0.000000e+000	
40	116.0	stat	sRueck	REAL	0.000000e+000	0.000000e+000	
41	120.0	stat	sLmn	REAL	0.000000e+000	0.000000e+000	
42	124.0	stat	sbArw...	BOOL	FALSE	FALSE	
43	124.1	stat	sbArw...	BOOL	FALSE	FALSE	
44	124.2	stat	sbILimOn	BOOL	TRUE	TRUE	

图 6-26 DB1 中的各个参数

（3）利用 S7-1200 对电炉进行温度控制

【例 6-5】 有一台电炉要求炉温控制在一定的范围。电炉的工作原理如下：

当设定电炉温度后，S7-1200 经过 PID 运算后由模拟量输出模块 SM 1232 输出一个电压信号送到控制板，控制板根据电压信号（弱电信号）的大小控制电热丝的加热电压（强电）的大小（甚至断开），温度传感器测量电炉的温度，温度信号经过控制板的处理后输入到模拟量输入模块 SM 1231，再送到 S7-1200 进行 PID 运算，如此循环。整个系统的硬件配置如图 6-27 所示。请编写控制程序。

【解】 ① 主要软硬件配置

a．1 套 PORTAL V13；

b．1 台 CPU 1214C；

c．1 台 SM 1231；

d. 1台SM 1232；
e. 1根网线；
f. 1台电炉（含控制板）。

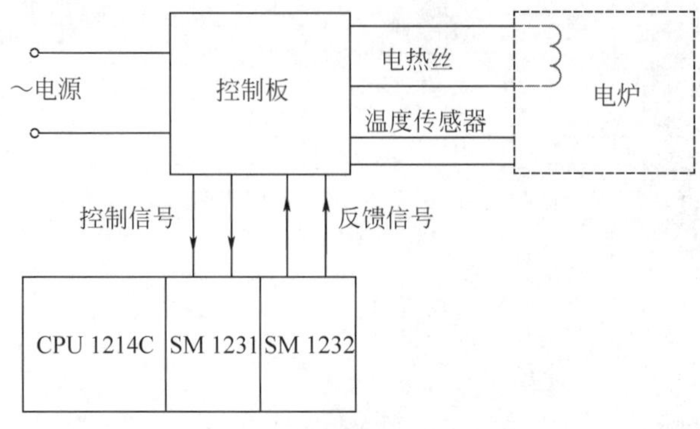

图6-27 硬件配置图

② 硬件组态

a. 新建项目。新建项目，并命名为“PID”，如图6-28所示。

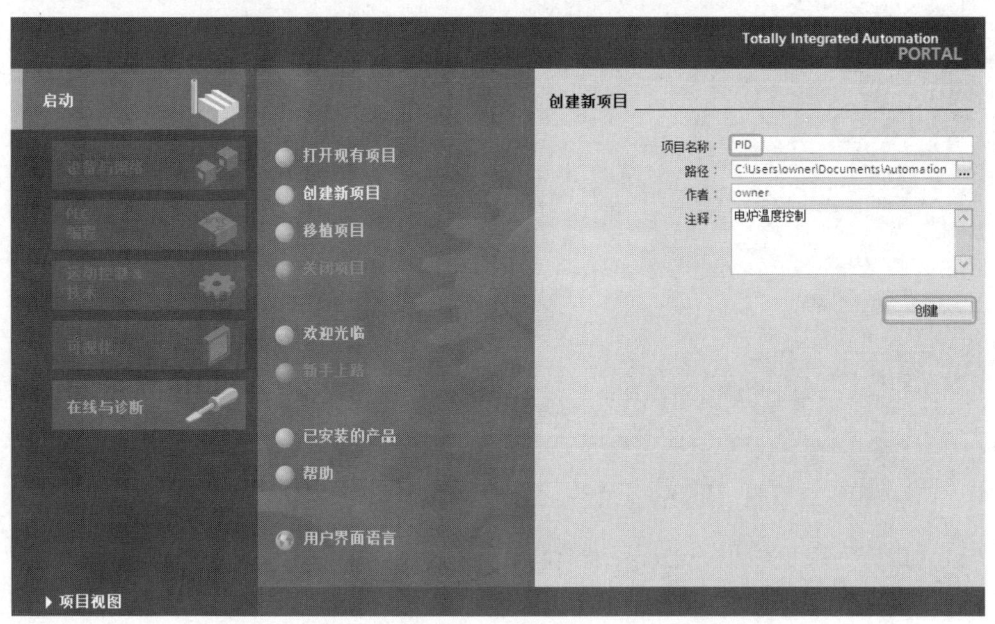

图6-28 新建项目

b. 硬件组态。如图6-29所示，先选中“设备与网络”，再选中“添加新设备”，最后展开“CPU 1214C”，双击所要组态的CPU型号。用同样的方法组态模拟量模块SM 1231和SM 1232，如图6-30所示。

③ 参数组态

a. 添加循环中断组织块。选择“项目树”→“程序块”→“添加新块”，双击“Add new block”选项，弹出如图6-31所示的界面。先选定“组织块”，再选中“Cyclic interrupt”（循环中断），最后单击“确定”按钮即可。

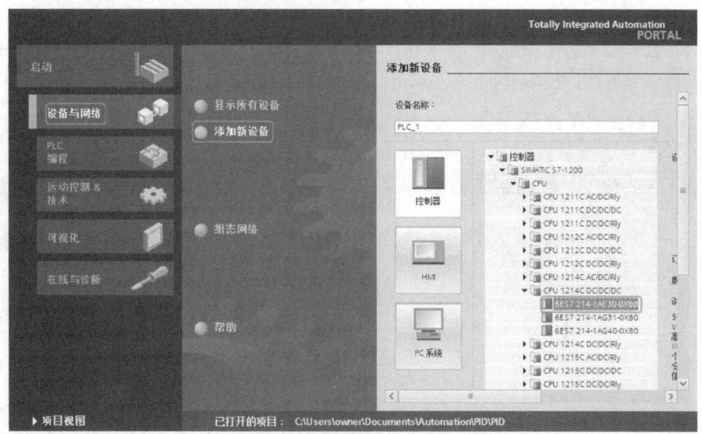

图 6-29　CPU 组态

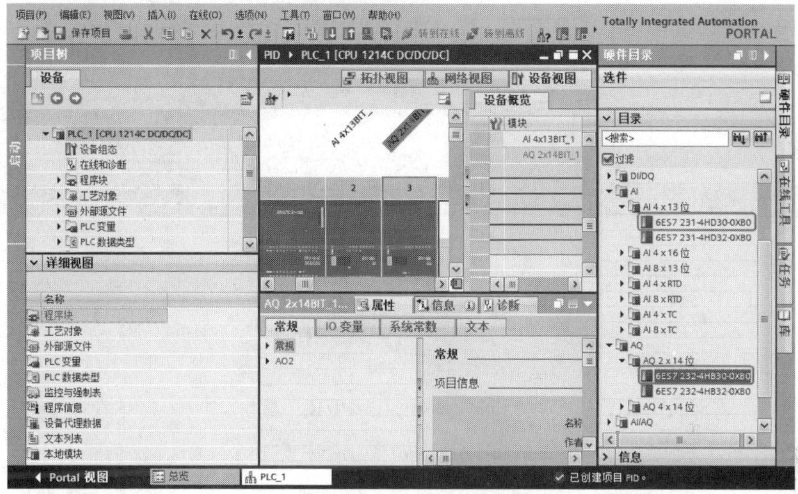

图 6-30　模拟量模块组态

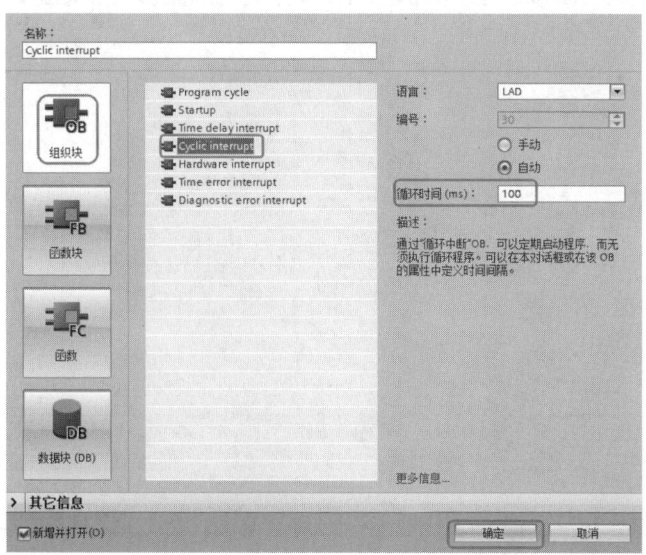

图 6-31　添加循环中断组织块

选择“指令”→“工艺”→“PID”→“PID_Compact”选项，将“PID_Compact”指令块拖入循环中断块中，如图6-32所示。此时，弹出数据块对话框，单击“确定”按钮即可。

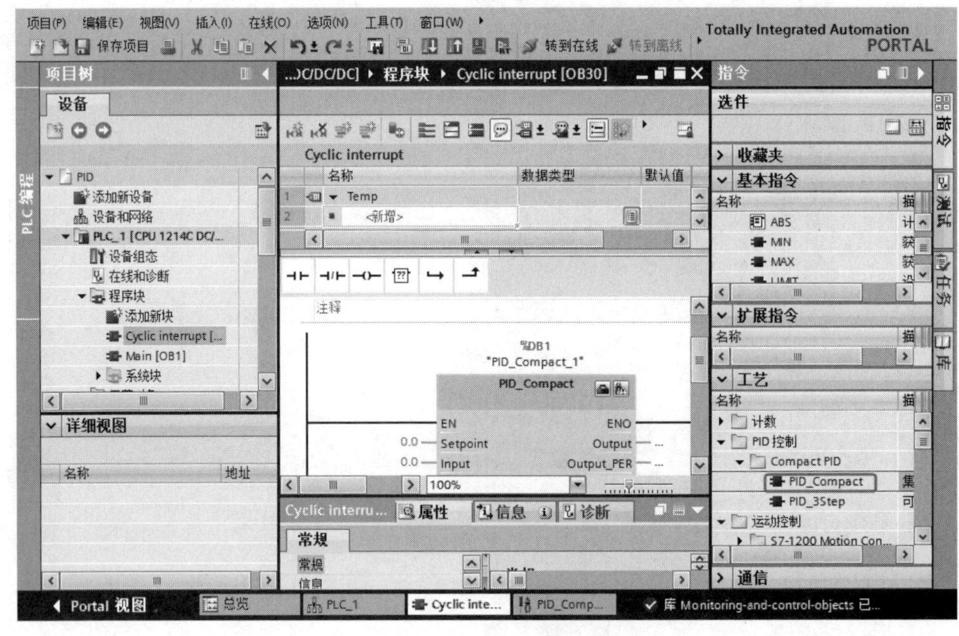

图6-32　定义指令块的背景数据块

b．基本参数组态。如图6-33所示，展开左侧的目录树，双击“组态”弹出三项参数，分别是基本参数、反馈值量程化和高级参数。

选择控制器类型为“温度”，输入值为“Input_PER（模拟量）”（模拟量整数反馈），输出值为“Output_PER（模拟量）”（整数输出），如图6-34所示。

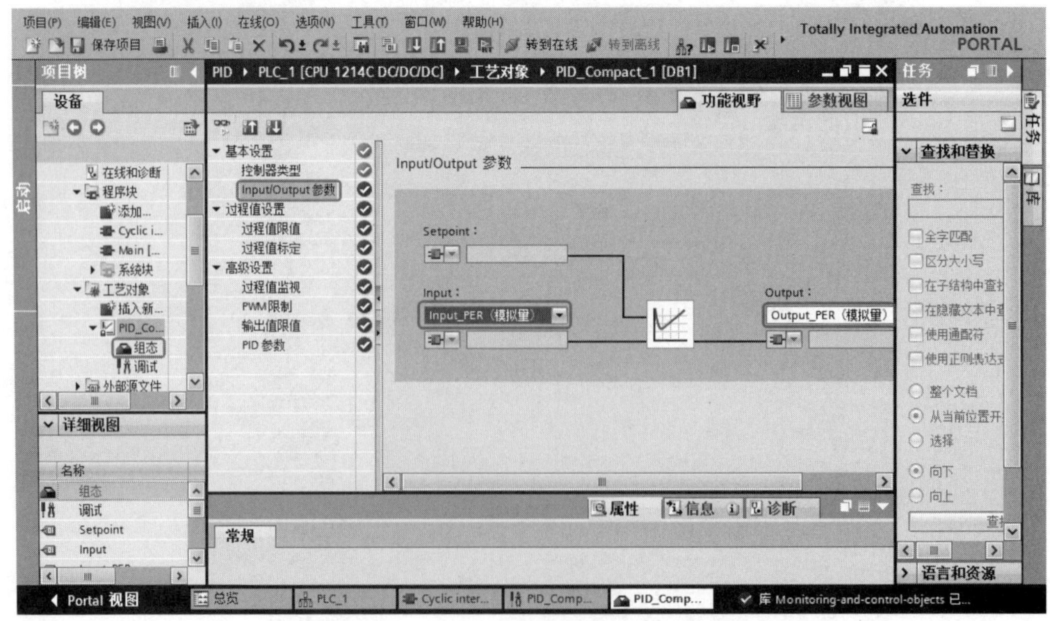

图6-33　参数路径

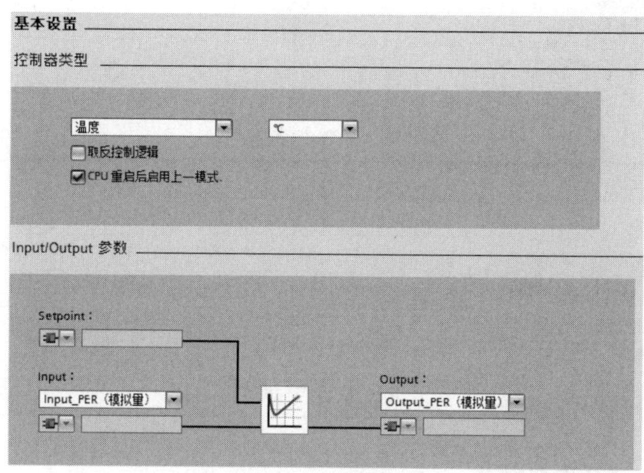

图6-34 基本设置

c．过程值标定。模拟量输入经过AD转换后最大值为27648.0，这个数值对应的温度是100℃，如图6-35所示。

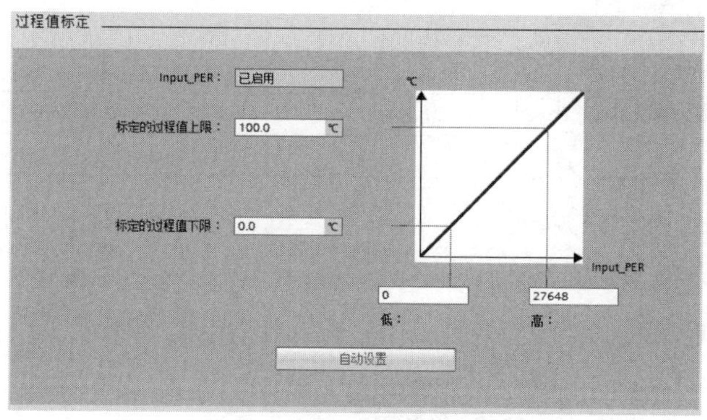

图6-35 过程值标定组态

d．高级设置。勾选“启用手动输入”，手动输入P、I、D参数和采样时间，如图6-36所示。

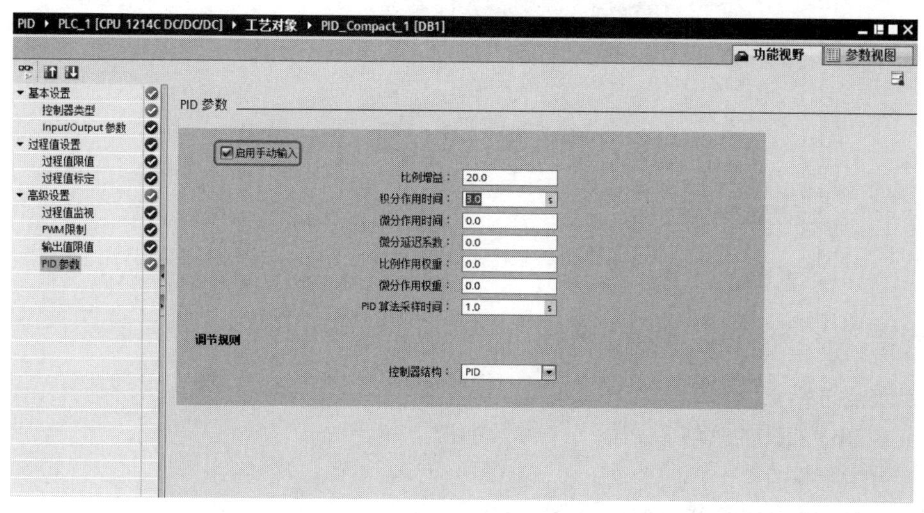

图6-36 手动设置PID参数

④ 编写程序

a．指令介绍。PID 参数分为输入参数和输出参数，其含义见表 6-7。

表 6-7 PID 指令参数

LAD	输入/输出	含 义	数据类型
	Setpoint	自动模式下的给定值	REAL
	Input	实数类型反馈	REAL
	Input_PER	整数类型反馈	WORD
	ManualEnable	0 到 1，上升沿，手动模式 1 到 0，下降模式，自动模式	BOOL
	ManualValve	手动模式下的输出	REAL
	Reset	复位控制器与错误	REAL
	ScaledInput	当前输入值	REAL
	Output	实数类型输出	REAL
	Output_PER	整数类型输出	WORD
	Output_PWM	PWM 输出	BOOL
	SetpointLimit_H	当反馈值高于高限时设置	BOOL
	SetpointLimit_L	当反馈值低于低限时设置	BOOL
	InputWarning_H	当反馈值高于高限报警时设置	BOOL
	InputWarning_L	当反馈值低于低限报警时设置	BOOL
	State	控制器状态	INT

b．编写程序。梯形图程序如图 6-37 所示。当 I0.0 闭合时，处于“手动”加热状态，加热到 MD4 中设定的数值为止，这种用法在调试时常用。

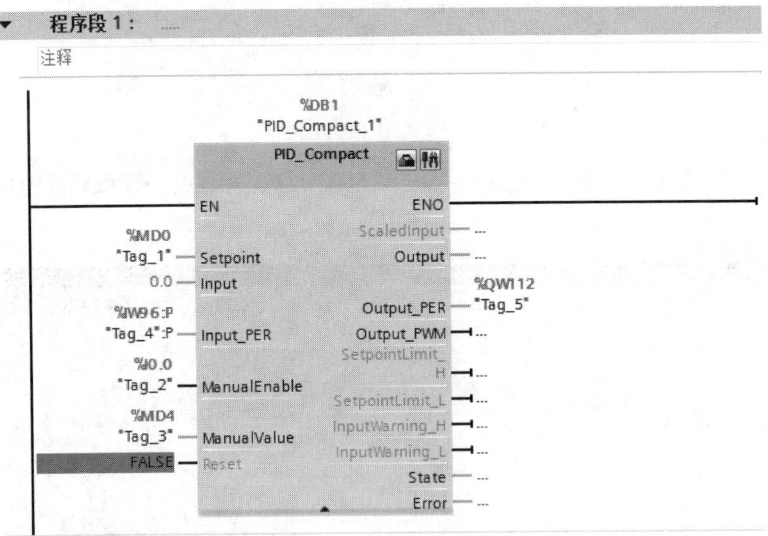

图 6-37 OB30 中的程序

重点难点总结

（1）对 PID 概念的理解和 PID 三个参数的调节。

（2）PID 指令的各参数的含义。

（3）高速计数器的应用，要注意特殊存储器的含义。

第7章 PLC 在运动控制中的应用

本章介绍 S7-200/S7-300/S7-1200 系列 PLC 的高速输出点直接对步进电动机和伺服电动机进行运动控制，S7-200 和 S7-300 系列 PLC 及其位置控制模块对步进电动机和伺服电动机进行运动控制，S7-300 系列 PLC 利用现场总线对伺服电动机进行运动控制。读者可以根据实际情况对程序和硬件配置进行移植。

7.1 PLC 控制步进电动机

7.1.1 步进电动机简介

步进电动机是一种将电脉冲转化为角位移的执行机构。一般电动机是连续旋转的，而步进电动机的转动是一步一步进行的。每输入一个脉冲电信号，步进电动机就转动一个角度。通过改变脉冲频率和数量，即可实现调速和控制转动的角位移大小，具有较高的定位精度，转动、停止、反转反应灵敏、可靠，在开环数控系统中得到了广泛的应用。

（1）步进电动机的分类

步进电动机可分为：永磁式步进电动机、反应式步进电动机和混合式步进电动机。

（2）步进电动机的重要参数

① 步距角　它表示控制系统每发一个步进脉冲信号电动机所转动的角度。电动机出厂时给出了一个步距角的值，这个步距角可以称之为“电动机固有步距角”，它不一定是电动机实际工作时的真正步距角，真正的步距角和驱动器有关。

② 相数　步进电动机的相数是指电动机内部的线圈组数，目前常用的有二相、三相、四相、五相等步进电动机。电动机相数不同，其步距角也不同，一般二相电动机的步距角为 0.9°/1.8°、三相的为 0.75°/1.5°、五相的为 0.36°/0.72°。在没有细分驱动器时，用户主要靠选择不同相数的步进电动机来满足自己步距角的要求。如果使用细分驱动器，则“相数”将变得没有意义，用户只需在驱动器上改变细分数，就可以改变步距角。

③ 保持转矩（Holding Torque）　保持转矩是指步进电动机通电但没有转动时，定子锁住转子的力矩。它是步进电动机最重要的参数之一，通常步进电动机在低速时的力矩接近保持转矩。因为步进电动机的输出力矩随速度的增大而不断衰减，输出功率也随速度的增大而变化，所以保持转矩就成为了衡量步进电动机最重要的参数之一。比如，当人们说 2N·m 的步进电动机，在没有特殊说明的情况下是指保持转矩为 2N·m 的步进电动机。

④ 钳制转矩（Detent Torque）　钳制转矩是指步进电动机没有通电的情况下，定子锁住转子的力矩。因反应式步进电动机的转子不是永磁材料，所以它没有钳制转矩。

（3）步进电动机主要有以下特点

① 一般步进电动机的精度为步进角的3%~5%，且不累积。

② 步进电动机外表允许的最高温度取决于不同电动机磁性材料的退磁点。步进电动机温度过高时，会使电动机的磁性材料退磁，从而导致力矩下降乃至于失步，因此电动机外表允许的最高温度应取决于不同电动机磁性材料的退磁点；一般来讲，磁性材料的退磁点都在130℃以上，有的甚至高达200℃以上，所以步进电动机外表温度在80～90℃完全正常。

③ 步进电动机的力矩会随转速的升高而下降。当步进电动机转动时，电动机各相绕组的电感将形成一个反向电动势；频率越高，反向电动势越大。在它的作用下，电动机随频率（或速度）的增大而相电流减小，从而导致力矩下降。

④ 步进电动机低速时可以正常运转，但若高于一定速度就无法启动，并伴有啸叫声。步进电动机有一个技术参数：空载启动频率，即步进电动机在空载情况下能够正常启动的脉冲频率，如果脉冲频率高于该值，电动机不能正常启动，可能发生丢步或堵转。在有负载的情况下，启动频率应更低。如果要使电动机达到高速转动，脉冲频率应该有加速过程，即启动频率较低，然后按一定加速度升到所希望的高频（电动机转速从低速升到高速）。

（4）步进电动机的细分　步进电动机的细分控制，从本质上讲是通过对步进电动机的励磁绕组中电流的控制，使步进电动机内部的合成磁场为均匀的圆形旋转磁场，从而实现步进电动机步距角的细分。

一般步进电动机的细分为1、2、4、8、16、64、128和256几种，通常细分数不超过256。例如当步进电动机的步距角为1.8°，那么当细分为2时，步进电动机收到一个脉冲，只转动1.8°/2=0.9°，可见控制精度提高了1倍。细分数选择要合理，并非细分越大越好，要根据实际情况而定。细分数一般在步进驱动器上通过拨钮设定。

（5）步进电动机在工业控制领域的主要应用情况介绍　步进电动机作为执行元件，是机电一体化的关键产品之一，广泛应用在各种家电产品中，例如打印机、磁盘驱动器、玩具、雨刷、振动寻呼机、机械手臂和录像机等。另外步进电动机也广泛应用于各种工业自动化系统中。由于通过控制脉冲个数可以很方便地控制步进电动机转过的角位移，且步进电动机的误差不积累，可以达到准确定位的目的。还可以通过控制频率很方便地改变步进电动机的转速和加速度，达到任意调速的目的，因此步进电动机可以广泛地应用于各种开环控制系统中。

7.1.2　直接使用PLC的高速输出点控制步进电动机

7.1.2.1　S7-200系列PLC的高速输出点控制步进电动机

（1）高速脉冲输出指令介绍　高速脉冲输出功能即在PLC的指定输出点上实现脉冲输出（PTO）和脉宽调制（PWM）功能。S7-200系列PLC配有两个PTO/PWM发生器，它们可以产生一个高速脉冲串或者一个脉冲调制波形。一个发生器输出点是Q0.0，另一个发生器输出点是Q0.1。当Q0.0和 Q0.1作为高速输出点时，其普通输出点被禁用，而当不作为PTO/PWM发生器时，Q0.0和Q0.1可作为普通输出点使用。一般情况下，PTO/PWM输出负载至少为10%的额定负载。

脉冲输出指令（PLS）配合特殊存储器用于配置高速输出功能，PLS指令格式见表7-1。

表 7-1　PLS 指令格式

LAD	说　明	数据类型
PLS EN　ENO Q0.X	Q0.X：脉冲输出范围，为 0 时 Q0.0 输出，为 1 时 Q0.1 输出	WORD

脉冲串操作（PTO）按照给定的脉冲个数和周期输出一串方波（占空比 50%，如图 7-1 所示）。PTO 可以产生单段脉冲串或者多段脉冲串（使用脉冲包络）。可以μs 或 ms 为单位指定脉冲宽度和周期。

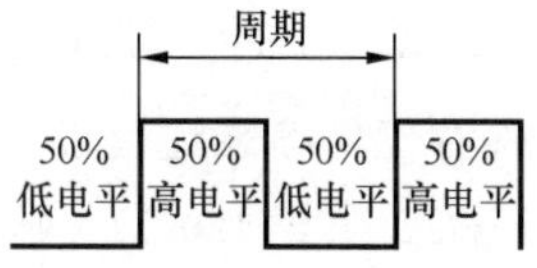

图 7-1　脉冲串输出

PTO 脉冲个数范围为 1～4294967295，周期为 10～65535μs 或者 2～65535ms。

（2）与 PLS 指令相关的特殊寄存器的含义　如果要装入新的脉冲数（SMD72 或 SMD82）、脉冲宽度（SMW70 或 SMW80）和周期（SMW68 或 SMW78），应该在执行 PLS 指令前装入这些值和控制寄存器，然后 PLS 指令会从特殊存储器 SM 中读取数据，并按照存储数值控制 PTO/PWM 发生器。这些特殊寄存器分为三大类：PTO/PWM 功能状态字、PTO/PWM 功能控制字和 PTO/PWM 功能寄存器。这些寄存器的含义见表 7-2～表 7-4。

表 7-2　PTO 控制寄存器的 SM 标志

Q0.0	Q0.1	控 制 字 节
SM67.0	SM77.0	PTO/PWM 更新周期值（0=不更新，1=更新周期值）
SM67.1	SM77.1	PWM 更新脉冲宽度值（0=不更新，1=脉冲宽度值）
SM67.2	SM77.2	PTO 更新脉冲数（0=不更新，1=更新脉冲数）
SM67.3	SM77.3	PTO/PWM 时间基准选择（0=1μs/格，1=1ms/格）
SM67.4	SM77.4	PWM 更新方法（0=异步更新，1=同步更新）
SM67.5	SM77.5	PTO 操作（0=单段操作，1=多段操作）
SM67.6	SM77.6	PTO/PWM 模式选择（0=选择 PTO，1=选择 PWM）
SM67.7	SM77.7	PTO/PWM 允许（0=禁止，1=允许）

表 7-3　其他 PTO/PWM 寄存器的 SM 标志

Q0.0	Q0.1	控 制 字 节
SMW68	SMW78	PTO/PWM 周期值（范围：2～65535）
SMW70	SMW80	PWM 脉冲宽度值（范围：0～65535）
SMD72	SMD82	PTO 脉冲计数值（范围：1～4294967295）
SMB166	SMB176	进行中的段数（仅用在多段 PTO 操作中）
SMW168	SMW178	包络表的起始位置，用从 V0 开始的字节偏移表示（仅用在多段 PTO 操作中）
SMB170	SMB180	线性包络状态字节
SMB171	SMB181	线性包络结果寄存器
SMD172	SMD182	手动模式频率寄存器

表 7-4 PTO/PWM 控制字节参考

控制寄存器（十六进制）	允许	执行 PLS 指令的结果				
		模式选择	PTO 段操作	时基	脉冲数	周期
16#81	Yes	PTO	单段	1μs/周期		装入
16#84	Yes	PTO	单段	1μs/周期	装入	
16#85	Yes	PTO	单段	1μs/周期	装入	装入
16#89	Yes	PTO	单段	1ms/周期		装入
16#8C	Yes	PTO	单段	1ms/周期	装入	
16#A0	Yes	PTO	多段	1ms/周期	装入	装入
16#A8	Yes	PTO	多段	1ms/周期		

使用 PTO/PWM 功能相关的特殊存储器 SM 还有以下几点需要注意。

① 如果要装入新的脉冲数（SMD72 或 SMD82）、脉冲宽度（SMW70 或 SMW80）或者周期（SMW68 或 SMW78），应该在执行 PLS 指令前装入这些数值到控制寄存器。

② 如果要手动终止一个正在进行的 PTO 包络，要把状态字中的用户终止位（SM66.5 或者 SM76.5）置 1。

③ PTO 状态字中的空闲位（SM66.7 或者 SM76.7）标志着脉冲输出完成。另外，在脉冲串输出完成时，可以执行一段中断服务程序。如果使用多段操作时，可以在整个包络表完成后执行中断服务程序。

（3）用一个实例说明 S7-200 系列 PLC 的高速输出点控制步进电动机的方法

【例 7-1】 如图 7-2 所示的电气原理图，请编写梯形图实现步进电动机正转、反转和停止功能，而且正转时，反转功能失效，反之亦然。

【解】 ① 主要软硬件配置

a．1 套 STEP 7-Micro/WIN V4.0 SP9；

b．1 台步进电动机的型号为 17HS111；

c．1 台步进驱动器的型号为 SH-2H042Ma；

d．1 台 CPU 224 CN。

② 步进电动机与步进驱动器的接线　本系统选用的步进电动机是两相四线的步进电动机，其型号是 17HS111，这种型号的步进电动机的出线接线图如图 7-2 所示。其含义是：步进电动机的 4 根引出线分别是红色、绿色、黄色和蓝色；其中红色引出线应该与步进驱动器的 A 接线端子相连，绿色引出线应该与步进驱动器的 $\overline{A}$ 接线端子相连，黄色引出线应该与步进驱动器的 B 接线端子相连，蓝色引出线应该与步进驱动器的 $\overline{B}$ 接线端子相连。

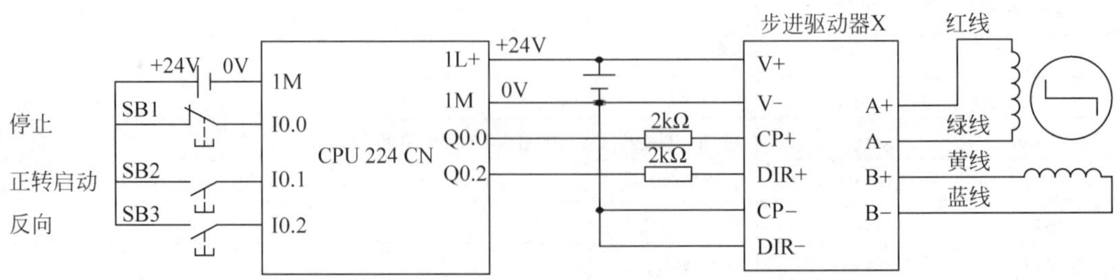

图 7-2　PLC 与驱动器和步进电动机接线图

③ PLC 与步进电动机、步进驱动器的接线　步进驱动器有共阴和共阳两种接法，这与控制信号有关系，通常西门子 PLC 输出信号是+24V 信号（即 PNP 接法），所以应该采用共阴接法，所谓共阴接法就是步进驱动器的 DIR−和 CP−与电源的负极短接，如图 7-2 所示。顺便指出，三菱的 PLC 输出的是低电位信号（即 NPN 接法），因此应该采用共阳接法。

那么 PLC 能否直接与步进驱动器相连接呢？答案是不能。这是因为步进驱动器的控制信号是+5V，而西门子 PLC 的输出信号是+24V，显然是不匹配的。解决问题的办法就是在 PLC 与步进驱动器之间串联一只 2kΩ 电阻，起分压作用，因此输入信号近似等于+5V。有的资料指出串联一只 2kΩ 的电阻是为了将输入电流控制在 10mA 左右，也就是起限流作用，在这里电阻的限流或分压作用的含义在本质上是相同的。CP+（CP−）是脉冲接线端子，DIR+（DIR−）是方向控制信号接线端子。PLC 接线图如图 7-2 所示。有的步进驱动器只能接“共阳接法”，如果使用西门子 S7-200 系列 PLC 控制这种类型的步进驱动器，不能直接连接，必须将 PLC 的输出信号进行反相。另外，读者还要注意，输入端的接线采用的是 PNP 接法，因此两只接近开关是 PNP 型，若读者选用的是 NPN 型接近开关，那么接法就不同。

④ 程序编写　梯形图程序如图 7-3 所示。

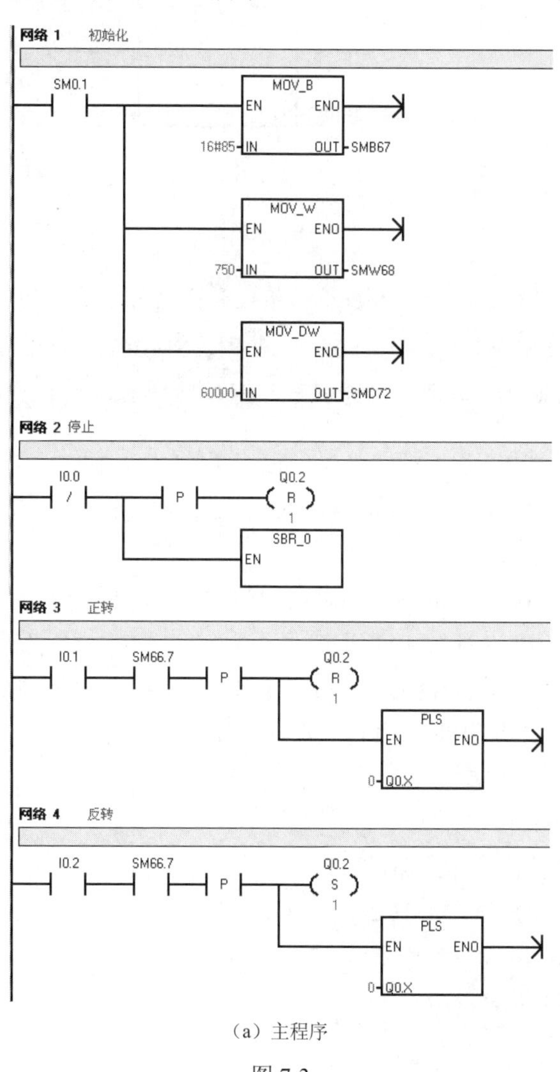

（a）主程序

图 7-3

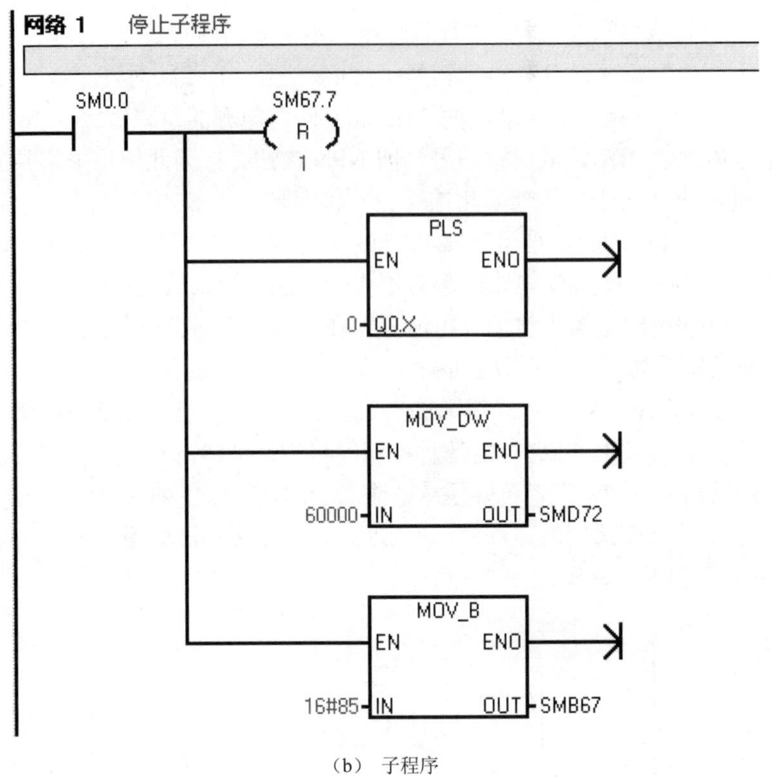

（b） 子程序

图 7-3 梯形图

【关键点】编写这段程序关键点在于初始化和强制使步进电动机停机而对 SMB67 的设定，其核心都在对 SMB67 寄存器的理解。其中，SMB67=16#85 的含义是 PTO 允许、选择 PTO 模式、单段操作、时间基准为微秒、PTO 脉冲更新和 PTO 周期更新。

若读者不想在输出端接分压电阻，那么在 PLC 的 1L+接线端子上接+5V DC 也是可行的，但产生的问题是本组其他输出信号都为+5V DC，因此读者在设计时要综合考虑利弊，从而进行取舍。

7.1.2.2 S7-1200 系列 PLC 的高速输出点控制步进电动机

【例 7-2】 用一台 CPU 1214C 控制步进驱动系统，要求实现步进电动机的启动、停止、复位、回原位等功能。步进驱动器的型号为 SH-2H042Ma，步进电动机的型号为 17HS111，是两相四线直流 24V 步进电动机。请画出 I/O 接线图并编写程序。

【解】 （1）主要软硬件配置

① 1 套 PORTAL V13；

② 1 台步进电动机的型号为 17HS111；

③ 1 台步进驱动器的型号为 SH-2H042Ma；

④ 1 台 CPU 1214C。

I/O 接线图如图 7-4 所示。

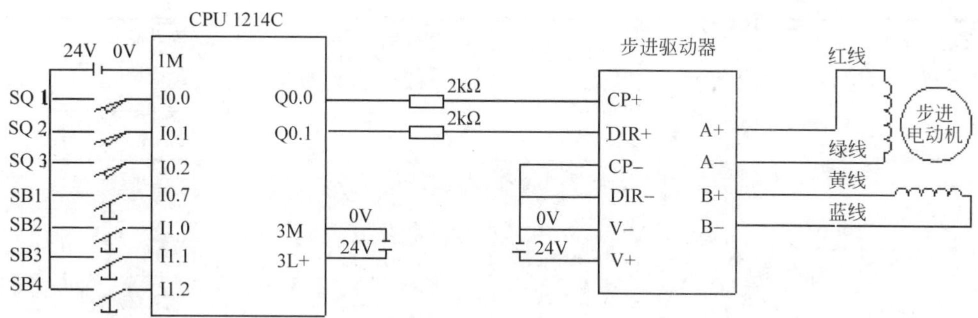

图 7-4 I/O 接线图

（2）硬件组态

① 新建项目。先新建项目，本例为“Motion_1200”，如图 7-5 所示。

② 定义脉冲发生器。先选中“属性”，再选中“脉冲发生器”(PTO/PWM)，再勾选“启用该脉冲发生器”，最后将脉冲发生器的类型选为“PTO”。脉冲输出有两种形式：一种是 PWM，另一种是 PTO，运动控制是选择 PTO 形式。如图 7-6 所示。

图 7-5 新建项目

③ 添加工艺对象。双击“插入新对象”，如图 7-7 所示，弹出“新增对象”界面，如图 7-8 所示，先选择“运动控制”选项图标，再定义对象的名称为“轴_1”，最后单击“确定”按钮。

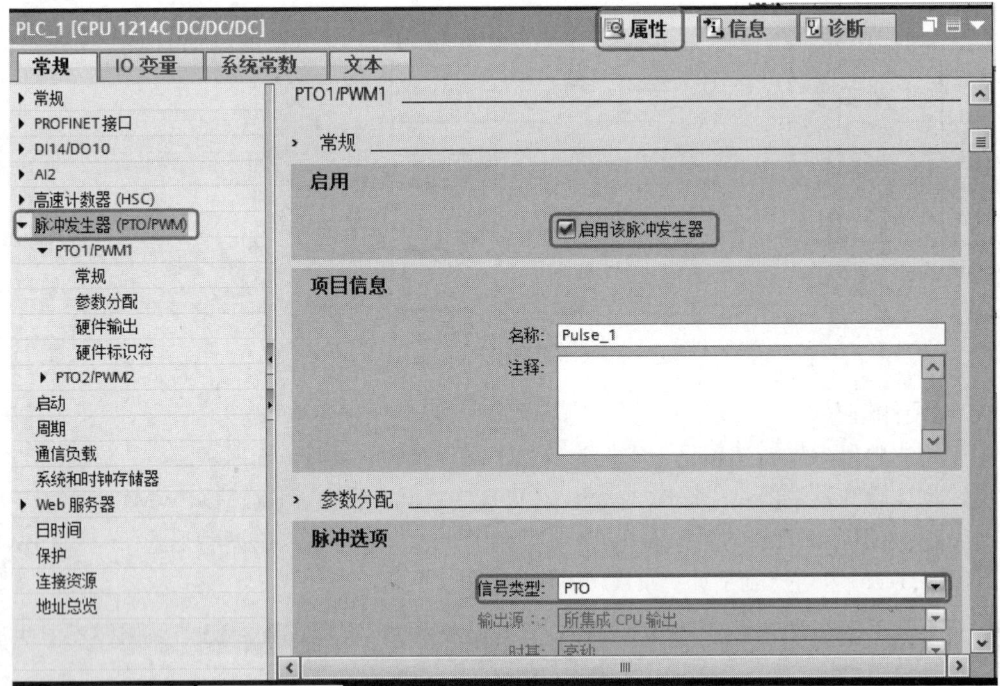

图 7-6 激活脉冲发生器

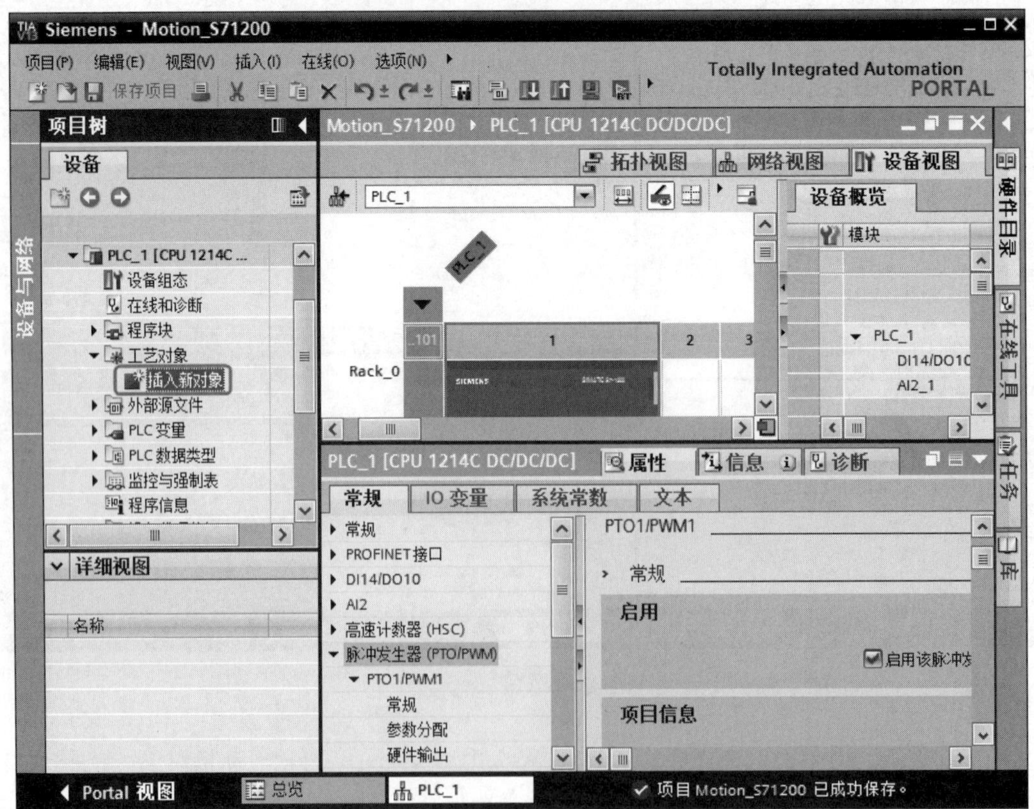

图 7-7 添加工艺对象

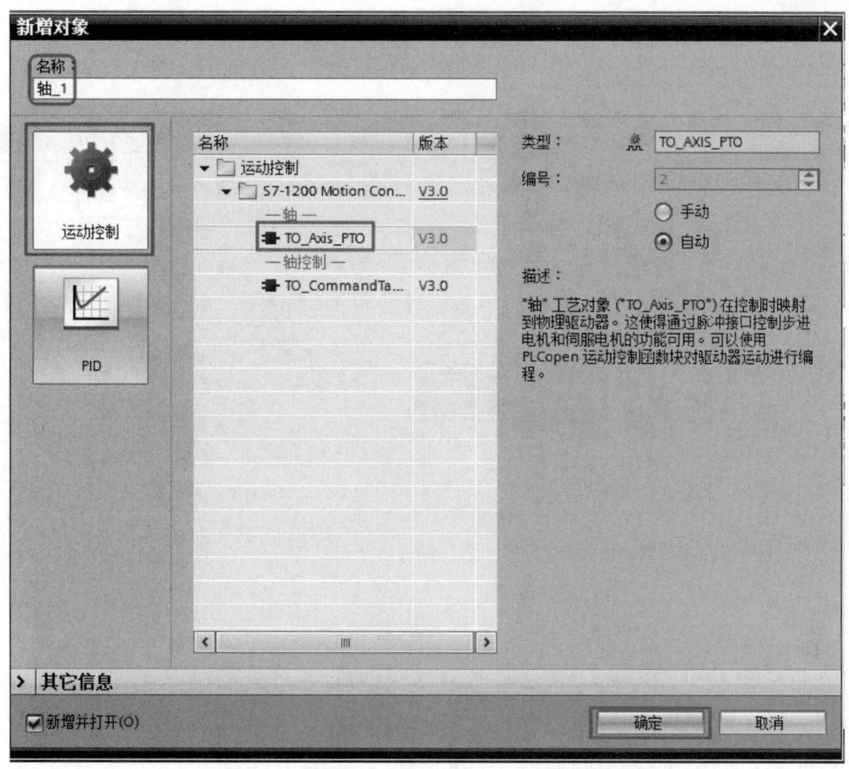

图 7-8 定义工艺对象数据块

④ 硬件接口组态。选取“常规”选项，“轴名”为“轴_1”，再选择“pulse_1”作为 PTO 输出。最后选定“Q0.0”为高速输出点,选定“Q0.1”控制方向，如图 7-9 所示。

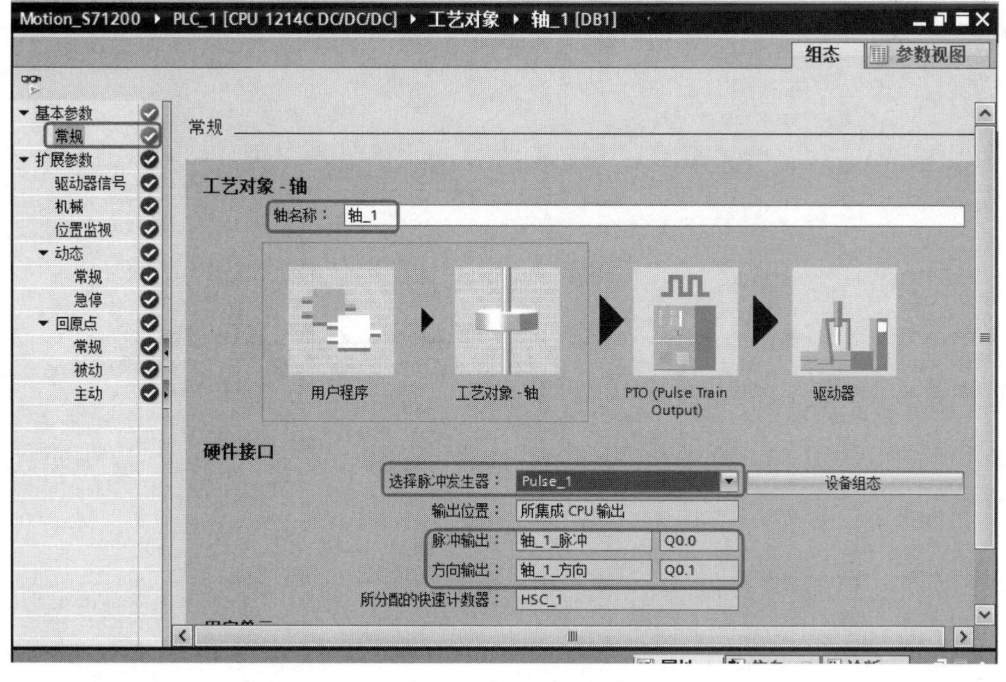

图 7-9 硬件接口组态

⑤ 机械组态。选取“机械”选项，“电机每转的脉冲数”为1000，再选择“电机每转的距离”为10mm，如图7-10所示。

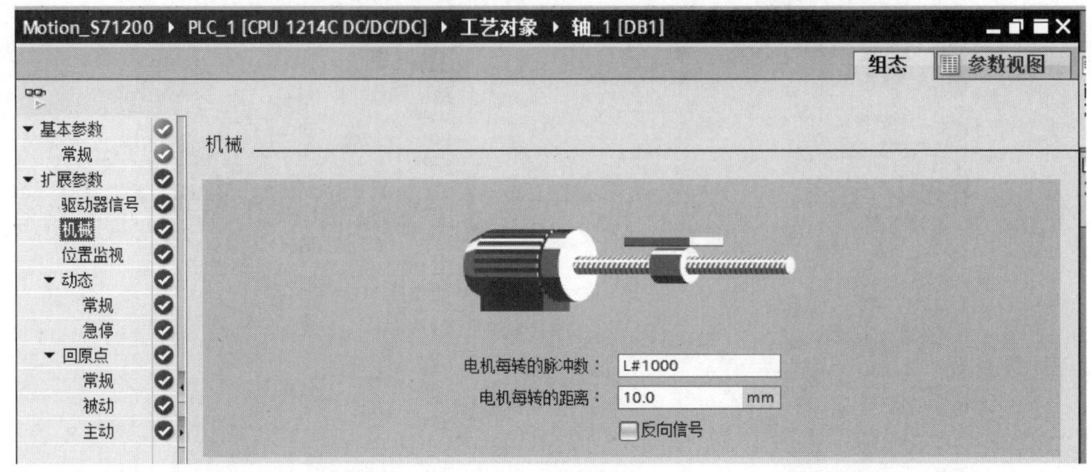

图7-10 机械组态

⑥ 位置监控组态。选取“位置监控”选项，再勾选“激活硬件限位开关”和“激活软件限位开关”，再选择硬件限位开关为“I0.1”和“I0.2”，硬件限位的“选择电平”都为“电平上限”。软件限位的范围是-100000～100000mm。如图7-11所示。

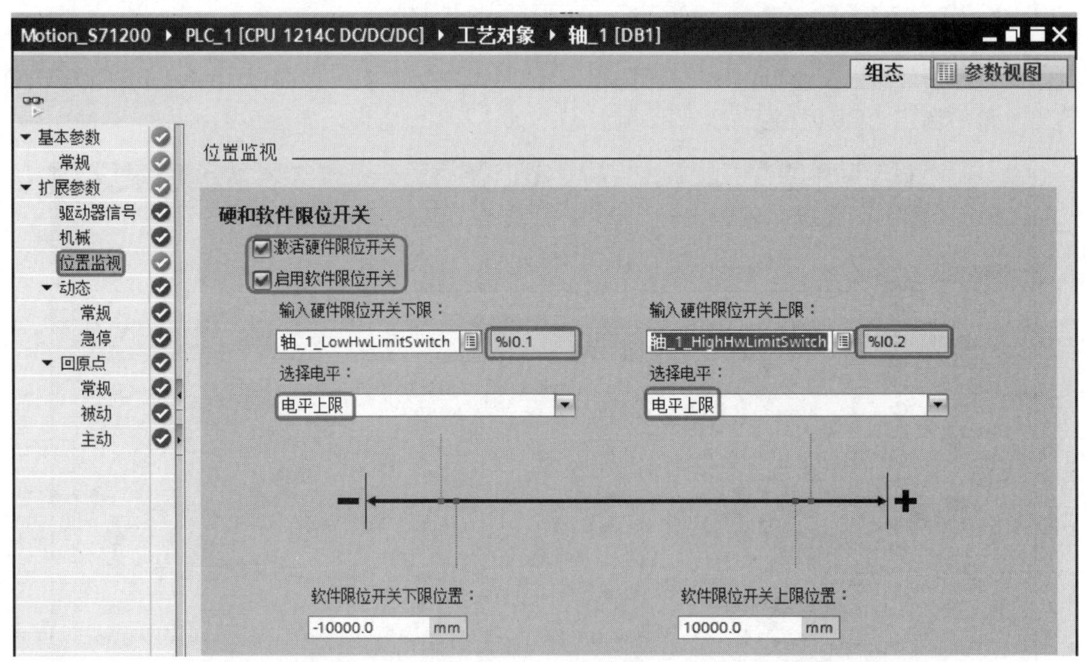

图7-11 位置限位组态

⑦ 动态参数组态。展开“动态”选项，再选取“常规”选项，先设定“最大速度”为250，再设定“启/停速度”为10。最后设定“加速度”和“减速度”为48mm/s^2，如图7-12所示。

选取“急停”选项，设定“急停减速时间”为0.5，如图7-13所示。

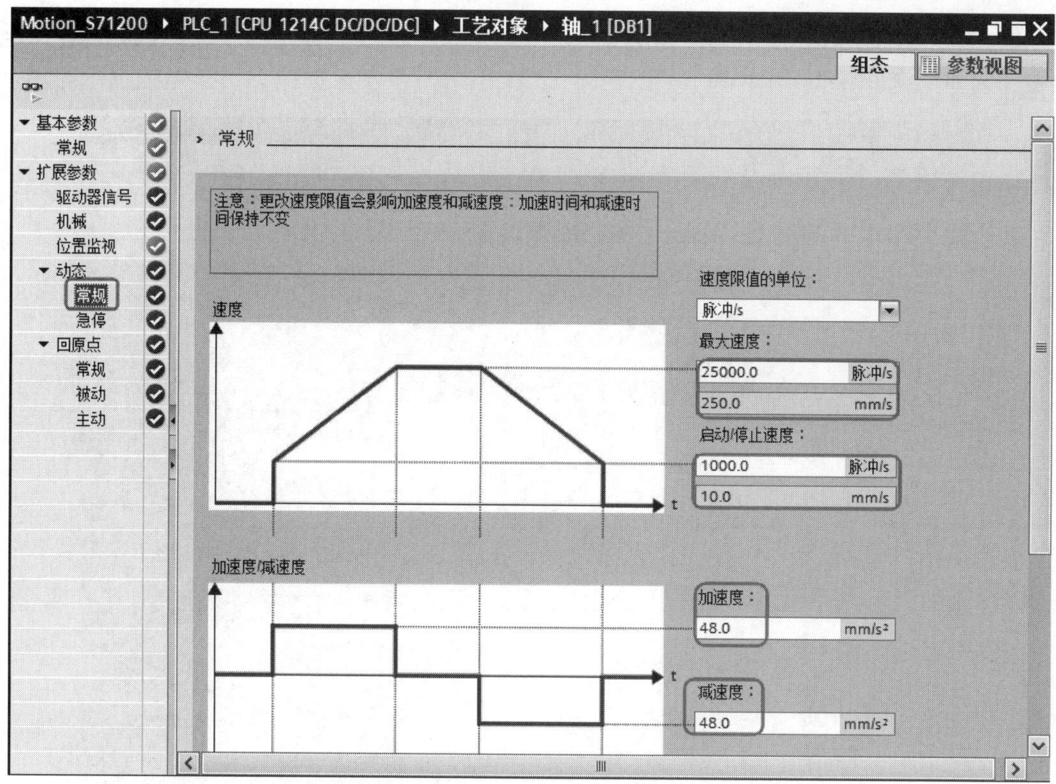

图 7-12　动态参数组态

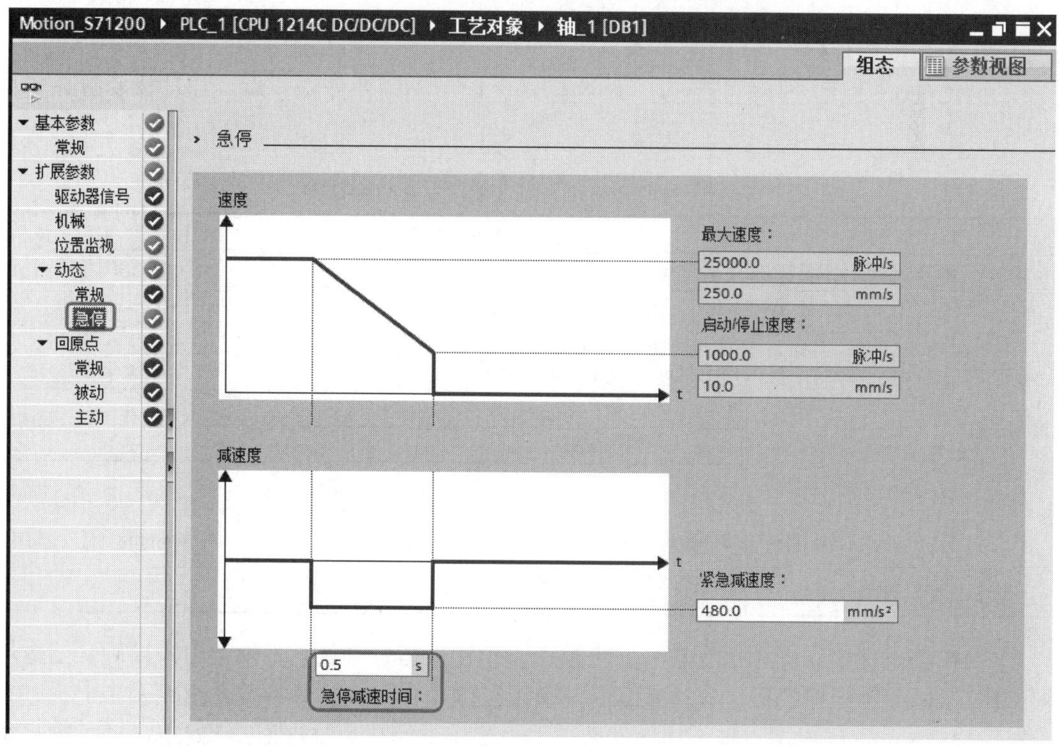

图 7-13　急停参数组态

⑧ 回参考点参数组态。“回参考点开关”为 I0.0；选择“逼近速度”为 50，选择“减速度”为 40，如图 7-14 所示。

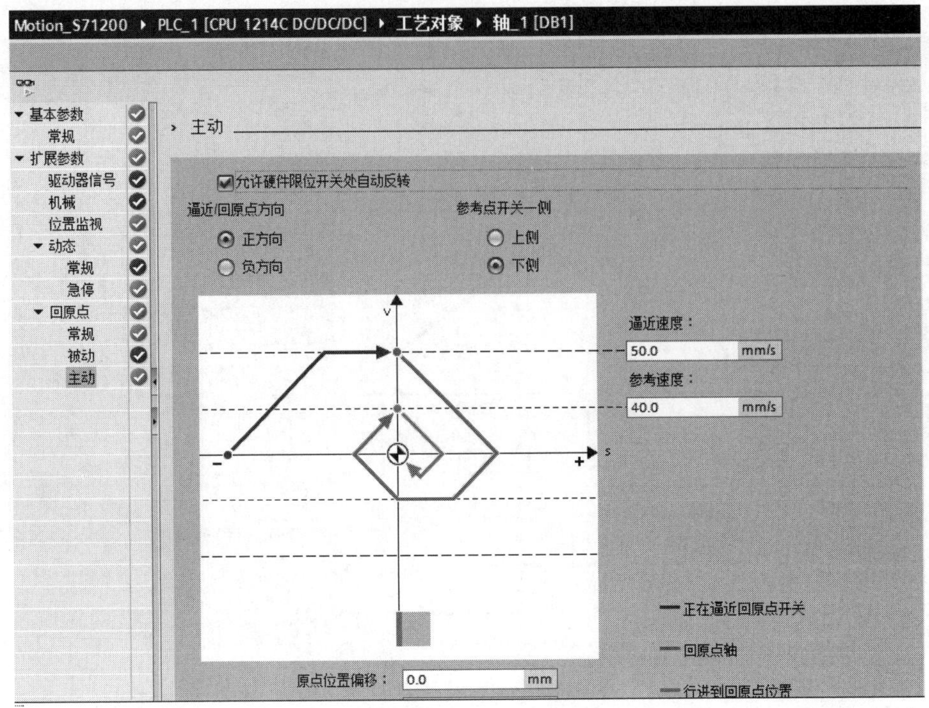

图 7-14 回参考点参数组态

（3）相关指令介绍

① MC_Power 系统使能指令块 轴在运动之前，必须使能指令块，其具体参数介绍见表 7-5。

表 7-5 MC_Power 系统使能指令块的参数表

指令块	各输入/输出参数的含义	数据类型
MC_Power EN ENO Axis Status Enable StopMode Busy Error ErrorID ErrorInfo	EN：使能	BOOL
	Axis：已组态好的工艺对象名称	TO_Axis_PTO
	StopMode：模式 0 时，按照组态好的急停曲线停止。模式 1 时，为立即停止，输出脉冲立即封死	INT
	Enable：为 1 时，轴使能；为 0 时，轴停止	BOOL
	ErrorID：错误 ID 码	Word
	ErrorInfo：错误信息	Word

② MC_Reset 错误确认指令块 如果存在一个错误需要确认，必须调用错误确认指令块进行复位，例如轴硬件超程，处理完成后，必须复位才行。其具体参数介绍见表 7-6。

③ MC_Home 回参考点指令块 参考点在系统中有时作为坐标原点，对于运动控制系统是非常重要的。回参考点指令块具体参数介绍见表 7-7。

表 7-6　MC_Reset 错误确认指令块的参数表

指　令　块	各输入/输出参数的含义	数 据 类 型
MC_Reset EN　ENO Axis　Done Execute　Busy Error ErrorID ErrorInfo	EN：使能	BOOL
	Axis：已组态好的工艺对象名称	TO_Axis_PTO
	Execute：上升沿使能	BOOL
	Busy：是否忙	BOOL
	ErrorID：错误 ID 码	Word
	ErrorInfo：错误信息	Word

表 7-7　MC_Home 回参考点指令块的参数表

指　令　块	各输入/输出参数的含义	数 据 类 型
MC_Home EN　ENO Axis　Done Execute　Error Position Mode	EN：使能	BOOL
	Axis：已组态好的工艺对象名称	TO_Axis_PTO
	Execute：上升沿使能	BOOL
	Position：当轴达到参考输入点的绝对位置（模式 2、3）；位置值（模式 1）；修正值（模式 2）	REAL
	Mode：为 0、1 时直接绝对回零；为 2 时被动回零；为 3 时主动回零	INT

④ MC_Halt 停止轴指令块　MC_Halt 停止轴指令块用于停止轴的运动，当上升沿使能 Execute 后，轴会按照组态好的减速曲线停车。停止轴块具体参数介绍见表 7-8。

表 7-8　MC_Halt 停止轴指令块的参数表

指　令　块	各输入/输出参数的含义	数 据 类 型
MC_Halt EN　ENO Axis　Done Execute　Error	EN：使能	BOOL
	Axis：已组态好的工艺对象名称	TO_Axis_PTO
	Execute：上升沿使能	BOOL

⑤ MC_MoveRelative 相对位移指令块　MC_MoveRelative 相对位移指令块的执行不需要建立参考点，只需要定义距离、速度和方向即可。当上升沿使能 Execute 后，轴按照设定的速度和距离运行，其方向由距离中的正负号（+/–）决定。相对位移块具体参数介绍见表 7-9。

表 7-9　MC_MoveRelative 相对位移指令块的参数表

指　令　块	各输入/输出参数的含义	数 据 类 型
MC_MoveRelative EN　ENO Axis　Done Execute　Error Distance Velocity	EN：使能	BOOL
	Axis：已组态好的工艺对象名称	TO_Axis_PTO
	Execute：上升沿使能	BOOL
	Distance：运行距离（正或者负）	REAL
	Velocity：定义的速度	REAL

（4）程序编写　程序如图 7-15 所示。

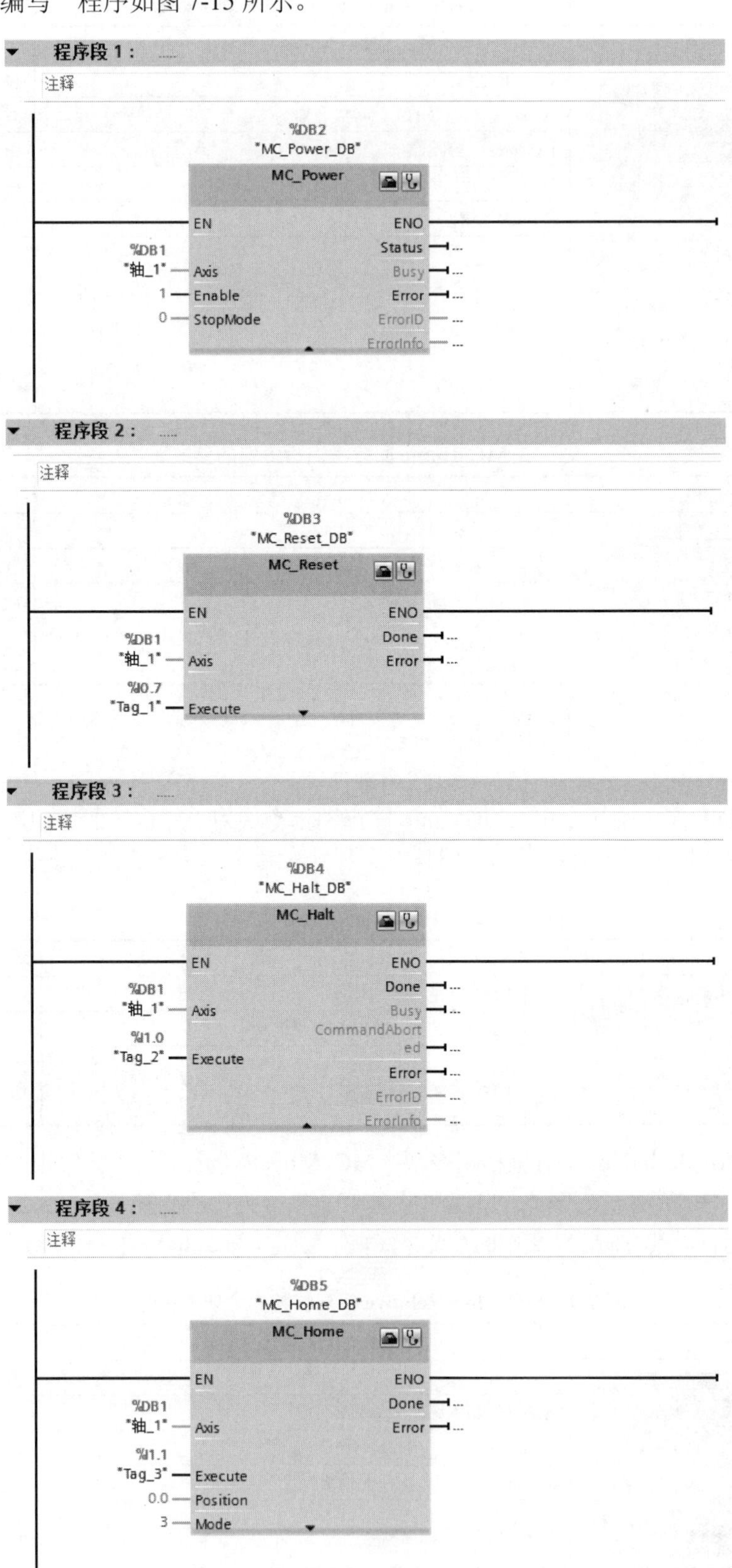

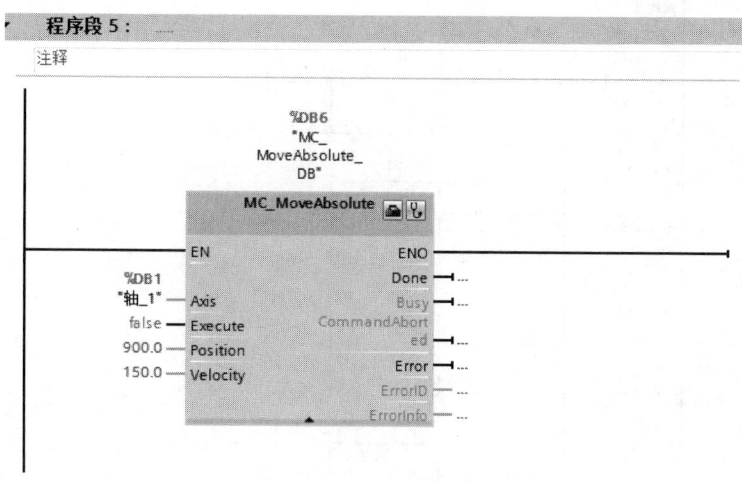

图 7-15　程序

7.1.3　步进电动机的调速控制

（1）步进电动机的调速原理　步进电动机的速度正比于脉冲频率，反比于脉冲周期。增加脉冲周期，步进电动机的速度下降；反之减小脉冲周期，步进电动机的速度增加。

（2）用西门子 S7-200 控制步进电动机的调速　对于 S7-200 系列 PLC，脉冲周期存在特殊寄存器 SMW68 中，因此要改变步进电动机的转速，必须改变 SMW68 中的脉冲频率。那么是不是只要改变了 SMW68 中的脉冲频率，步进电动机的转速就会随之改变呢？当然不是，因为步进电动机的转速改变，除了改变 SMW68 中的脉冲频率外，还必须是 PLC 把所有的脉冲发送完成才可以改变。因此，为了使步进电动机的转速立即改变，在改变 SMW68 中的脉冲频率之前，必须先将步进电动机停止，这是至关重要的。以下用一个例子讲解步进电动机的调速。

【例 7-3】 已知步进电动机的步距角是 1.8°，默认情况细分为 4，默认转速为 375r/min，转速的设定在触摸屏中进行，驱动器的细分修改后，触摸屏中的 VW2 也要随之修改，电气原理图如图 7-16 所示。

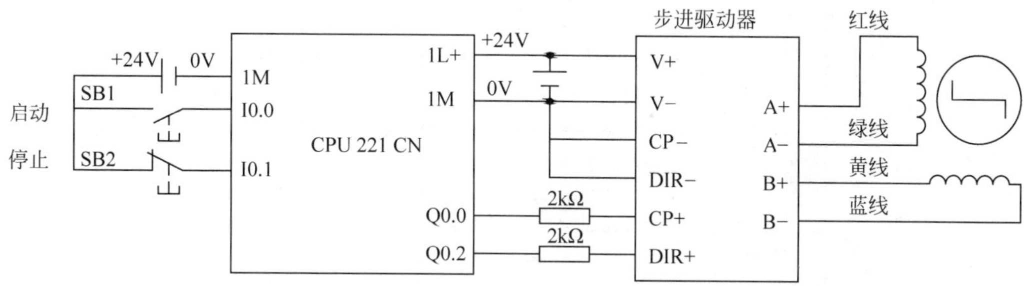

图 7-16　电气原理图

【解】 本例的默认转速 375r/min 存放在 VW0 中，细分数存放在 VW2 中，新的转速存放在 VW40 中。细分为 4，则步进电动机的转速实际降低到原来的四分之一。程序如图 7-17 所示。

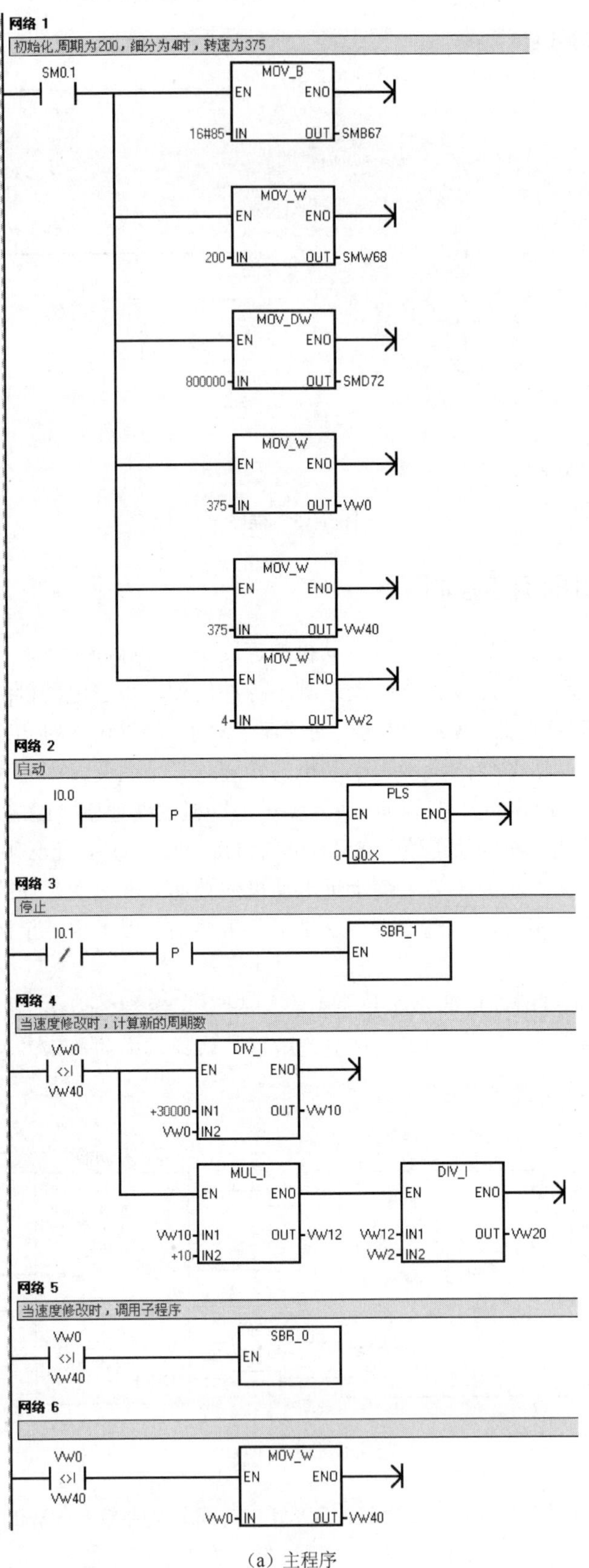
网络 1
初始化,周期为200，细分为4时，转速为375
SM0.1
MOV_B
EN ENO
16#85 IN OUT SMB67
MOV_W
EN ENO
200 IN OUT SMW68
MOV_DW
EN ENO
800000 IN OUT SMD72
MOV_W
EN ENO
375 IN OUT VW0
MOV_W
EN ENO
375 IN OUT VW40
MOV_W
EN ENO
4 IN OUT VW2
网络 2
启动
I0.0
P
PLS
EN ENO
0 Q0.X
网络 3
停止
I0.1
P
SBR_1
EN
网络 4
当速度修改时，计算新的周期数
VW0
<>I
VW40
DIV_I
EN ENO
+30000 IN1 OUT VW10
VW0 IN2
MUL_I
EN ENO
VW10 IN1 OUT VW12
+10 IN2
DIV_I
EN ENO
VW12 IN1 OUT VW20
VW2 IN2
网络 5
当速度修改时，调用子程序
VW0
<>I
VW40
SBR_0
EN
网络 6
VW0
<>I
VW40
MOV_W
EN ENO
VW0 IN OUT VW40

（a）主程序

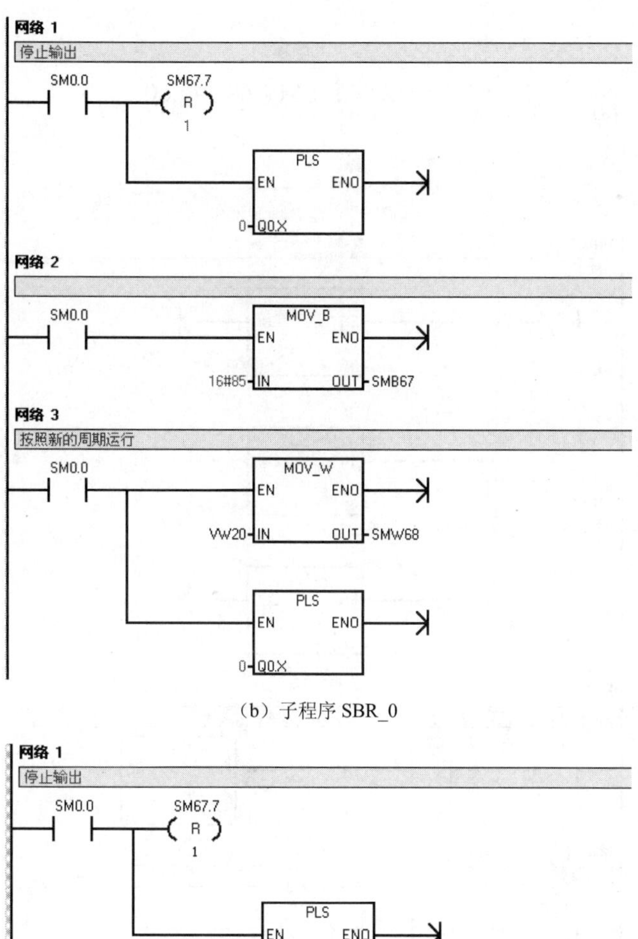

（b）子程序 SBR_0

（c）子程序 SBR_1

图 7-17　程序

7.1.4　步进电动机的正反转控制

（1）步进电动机的正反转的原理　当 Q0.2 为高电平时步进电动机反转，当 Q0.2 为低电平时步进电动机正转，深层原理在此不做探讨。

（2）用西门子 S7-200 控制步进电动机实现自动正反转　如果用按钮或者限位开关等控制步进电动机的正反转当然是很容易的，在前面已经讲解过，但如果要求步进电动机自动实现正反转就比较麻烦了，下面用一个实例讲解。

【例 7-4】 已知步进电动机的步距角是 1.8°，转速为 500r/min，要求步进电动机正转 3 圈后，再反转 3 圈，如此往复，请编写程序。电气原理图如图 7-16 所示。

【解】

$$T = 10^6 \times \frac{60}{500 \times \frac{360^\circ}{1.8^\circ}} = 600(\mu s)$$，所以设定 SMW68 为 600。

程序如图 7-18 所示。

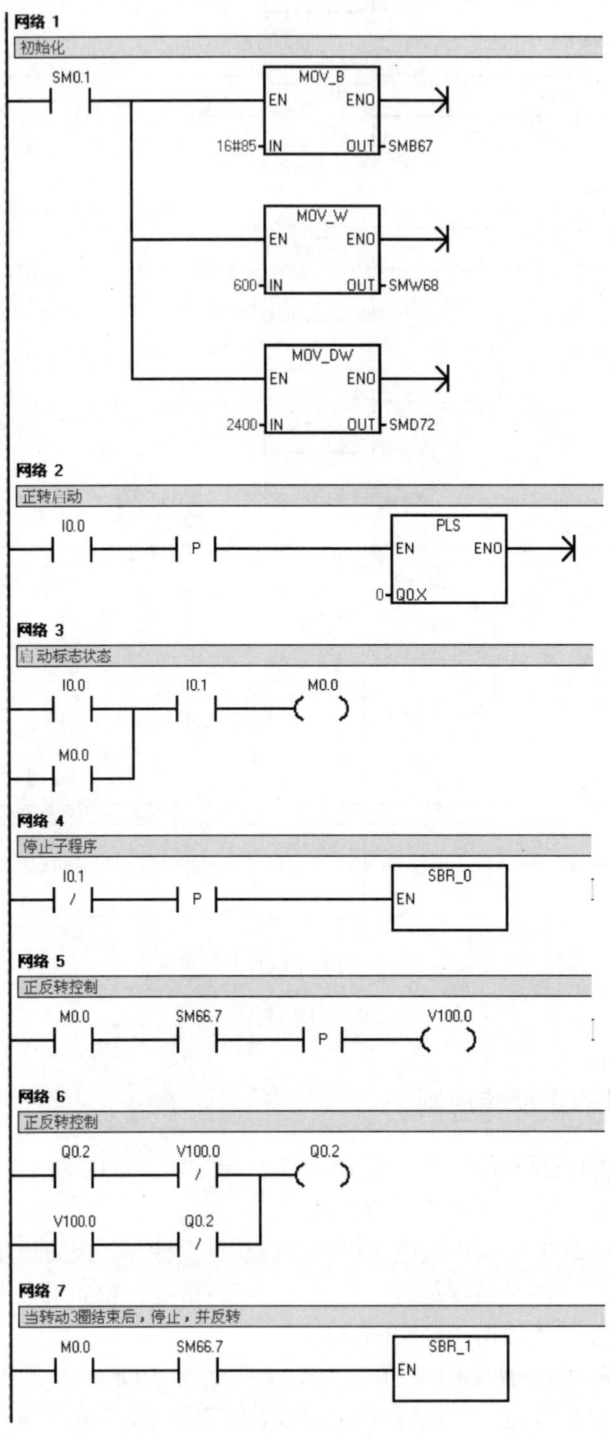

（a）主程序

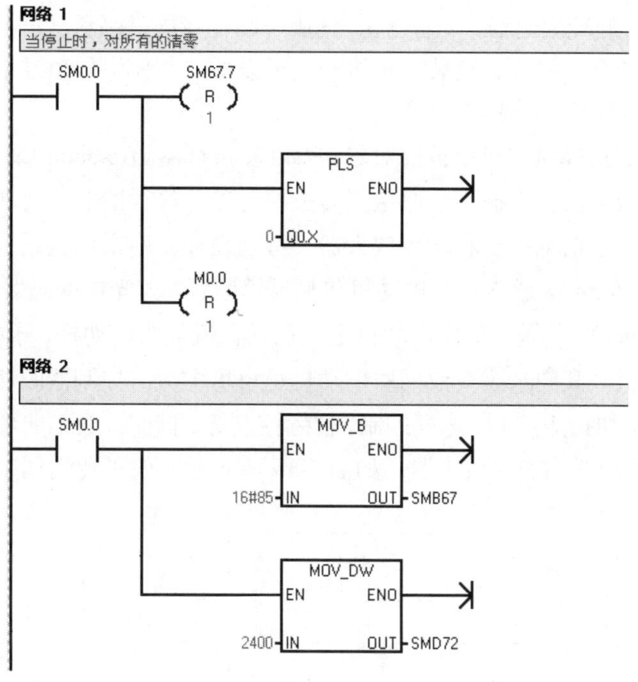

（b）子程序 SBR_0

网络 1
停止输出
SM0.0
SM67.7
R
1
PLS
EN
ENO
0-Q0.X
网络 2
SM0.0
MOV_B
EN
ENO
16#85-IN
OUT-SMB67

（c）子程序 SBR_1

图 7-18　程序

【关键点】这个题目的解法很多，高速输出部分有不少于 3 种解法（分别是 PLS 指令、指令向导和西门子运动库指令等），反向部分有不少于 4 种解法（可参考第 4 章的乒乓控制），请有兴趣的读者自己思考，并编写程序。

7.2　PLC 控制伺服系统

7.2.1　伺服系统基础

（1）伺服系统简介　伺服系统的产品主要包含伺服驱动器、伺服电动机和相关检测传感器（如光电编码器、旋转编码器、光栅等）。伺服产品在我国是高科技产品，得到了广泛的应用，其主要应用领域有：机床、包装、纺织和电子设备，其使用量超过了整个市场的一半，特别在机床行业，伺服产品应用十分常见。

一个伺服系统的构成通常包括被控对象（Plant）、执行器（Actuator）和控制器（Controller）等几部分组成，机械手臂、机械平台通常作为被控对象。执行器的主要功能是提供被控对象的动力，执行器主要包括电动机和功率放大器，特别设计应用于伺服系统的电动机称为“伺服电动机”（Servo Motor）。通常伺服电动机包括反馈装置，如光电编码器（Optical Encoder）、旋转变压器（Resolver）。目前，伺服电动机主要包括直流伺服电动机、永磁交流伺服电动机、感应交流伺服电动机，其中永磁交流伺服电动机是市场主流。控制器的功能在于提供整个伺服系统的闭路控制，如扭矩控制、速度控制、位置控制等。目前一般工业用伺服驱动器（Servo Driver）通常包括控制器和功率放大器。如图 7-19 所示是一般工业用伺服系统的组成框图。

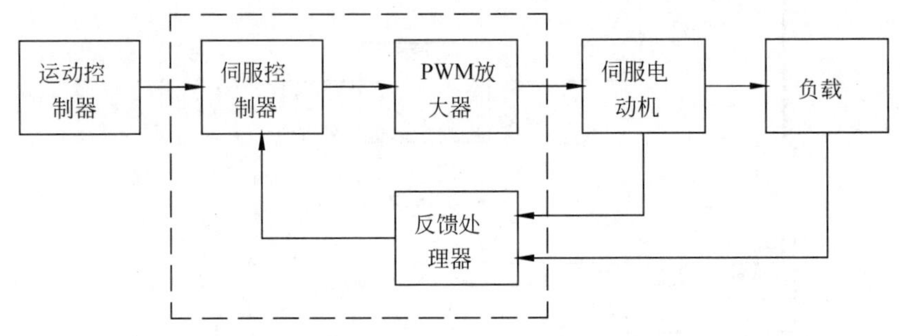

图 7-19　一般工业用伺服系统的组成框图

（2）台达伺服驱动系统　台达自动化产品是性价比较高的产品，特别是驱动类产品，在中国有一定的占有率。台达伺服驱动系统使用方法与日系伺服驱动系统类似。

台达 ECMA-C30604PS 永磁同步交流伺服电动机和 ASD-B-20421-B 全数字交流永磁同步伺服驱动装置组成的伺服驱动系统将在后续章节用到。

ECMA-C30604PS 的含义：ECM 表示电动机类型为电子换相式，C 表示电压及转速规格为 220V/3000r/min，3 表示编码器为增量式编码器，分辨率 2500ppr，输出信号线数为 5 根线，04 表示电动机的额定功率为 400W。

ASD-B20421 的含义：ASD-B2 表示台达 B2 系列驱动器，04 表示额定输出功率为 400W，21 表示电源电压规格及相数为单相 220V。

（3）伺服电动机的参数设定

① 控制模式　驱动器提供位置、速度、扭矩三种基本操作模式，可以用单一控制模式，即固定在一种模式控制，也可选择用混合模式来进行控制，每一种模式分两种情况，所以总共有 11 种控制模式。

② 参数设置方式操作说明　ASD-B2 伺服驱动器的参数共有 187 个，如：P0-xx、P1-xx、P2-xx、P3-xx 和 P4-xx，可以在驱动器上的面板上进行设置。伺服驱动器可采用自动增益调整模式。伺服驱动器参数设置见表 7-10。

表 7-10 伺服参数设置

<table>
<tr><th rowspan="2">序号</th><th colspan="2">参 数</th><th rowspan="2">设 置 数 值</th><th rowspan="2">功能和含义</th></tr>
<tr><th>参数编号</th><th>参数名称</th></tr>
<tr><td>1</td><td>P0-02</td><td>LED 初始状态</td><td>00</td><td>显示电动机反馈脉冲数</td></tr>
<tr><td>2</td><td>P1-00</td><td>外部脉冲列指令输入形式设定</td><td>2</td><td>2：脉冲列“+”符号</td></tr>
<tr><td>3</td><td>P1-01</td><td>控制模式及控制命令输入源设定</td><td>00</td><td>位置控制模式（相关代码 Pt）</td></tr>
<tr><td>4</td><td>P1-44</td><td>电子齿轮比分子(N)</td><td>1</td><td rowspan="2">指令脉冲输入比值设定
指定脉冲输入 f_1 → $\frac{N}{M}$ → 位置指令 f_2 → $f_2=f_1\frac{N}{M}$
指令脉冲输入比值范围：$1/50<N/M<200$
当 P1-44 分子设置为“1”P1-45 分母设置为“1”时，脉冲数为 10000
$一周脉冲数=\frac{P1-44分子=1}{P1-45分母=1}\times 10000=10000$</td></tr>
<tr><td>5</td><td>P1-45</td><td>电子齿轮比分母(M)</td><td>1</td></tr>
<tr><td>6</td><td>P2-00</td><td>位置控制比例增益</td><td>35</td><td>位置控制增益值加大时，可提升位置应答性及缩小位置控制误差量。但若设定太大时易产生振动即噪声</td></tr>
<tr><td>7</td><td>P2-02</td><td>位置控制前馈增益</td><td>5000</td><td>位置控制命令平滑变动时，增益值加大可改善位置跟随误差量。若位置控制命令不平滑变动时，降低增益值可降低机构的运转振动现象</td></tr>
<tr><td>8</td><td>P2-08</td><td>特殊参数输入</td><td>0</td><td>10：参数复位</td></tr>
</table>

7.2.2 直接使用 PLC 的高速输出点控制伺服系统

在前面的章节中介绍了直接使用 PLC 的高速输出点控制步进电动机，其实直接使用 PLC 的高速输出点控制伺服电动机的方法与之类似，只不过后者略微复杂一些，下面将用一个例子介绍具体的方法

【例 7-5】 某设备上有一套伺服驱动系统，伺服驱动器的型号为 ASD-B-20421-B，伺服电动机的型号为 ECMA-C30604PS，是三相交流同步伺服电动机，控制要求如下：

① 压下复位按钮 SB1 时，伺服驱动系统回原点；

② 压下启动 SB2 按钮，伺服电动机带动滑块向前运行 50mm，停 1s，再运行 50mm，停 1s，然后返回原点完成一个循环过程，再周而复始如此运行；

③ 压下急停按钮 SB3 时，系统立即停止；

④ 当按下停止按钮 SB4，完成一个工作循环后停止；

⑤ 运行时，灯常亮，复位完成时闪亮。

请画出 I/O 接线图，并编写程序。

【解】（1）主要软硬件配置

① 1 套 STEP 7-Micro/WIN SMART V2.1；

② 1 台伺服电动机，型号为 ECMA-C30604PS；

③ 1 台伺服驱动器的型号为 ASD-B-20421-B；

④ 1 台 CPU ST30 。

接线图如图 7-20 所示。

（2）组态硬件　高速输出有 PWM 模式和运动轴模式，对于较复杂的运动控制显然用运动轴模式控制更加便利。以下将具体介绍这种方法。

① 激活“运动控制向导”　打开 STEP 7-Micro/WIN SMART 软件，在主菜单“工具”中选中“运动”选项，并单击它，弹出装置选择界面，如图 7-21 所示。

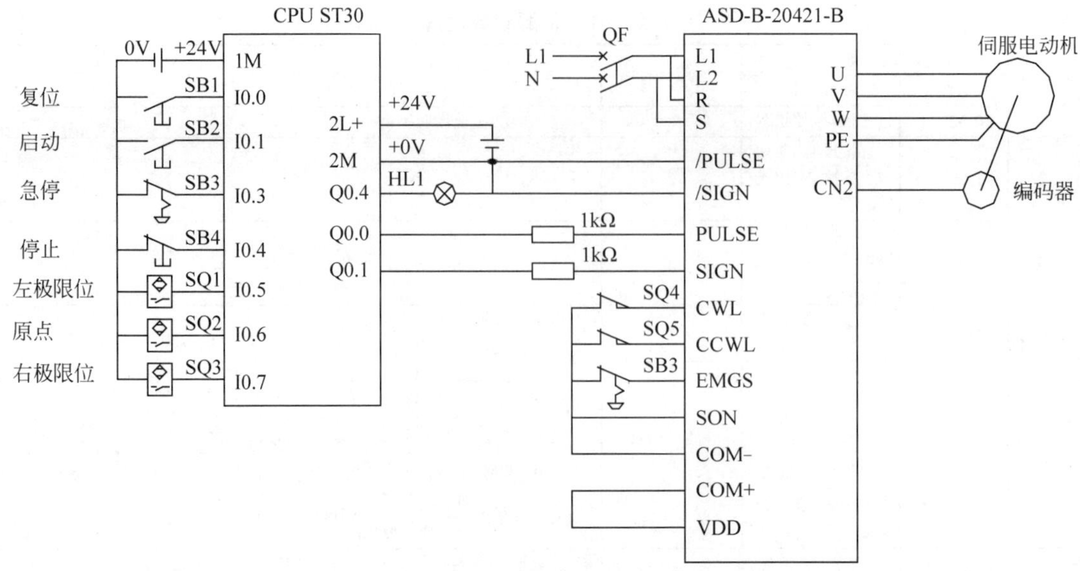

图 7-20 PLC 的高速输出点控制伺服电动机

图 7-21 激活“运动控制向导”

② 选择需要配置的轴 CPU ST30 系列 PLC 内部有三个轴可以配置，本例选择“轴 0”即可，如图 7-22 所示，再单击“下一步”按钮。

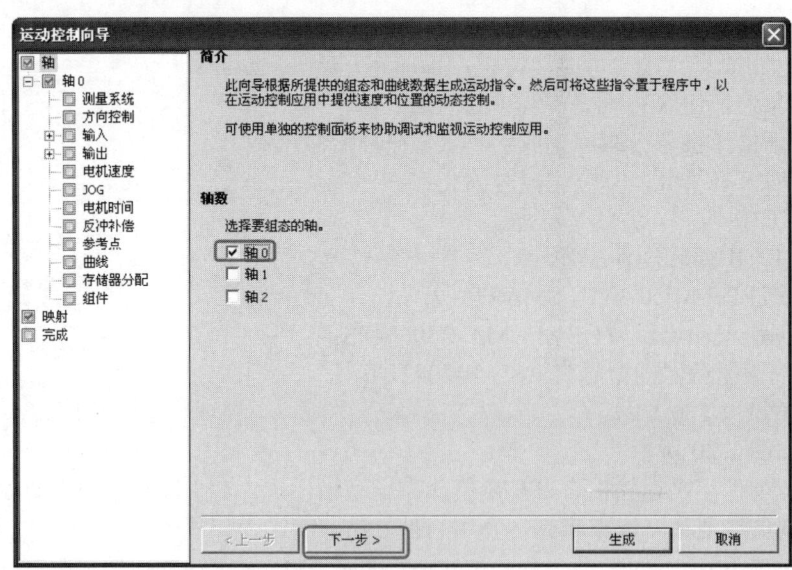

图 7-22 选择需要配置的轴

③ 为所选择的轴命名　为所选择的轴命名，本例为默认的“轴 0”，再单击“下一步”按钮，如图 7-23 所示。

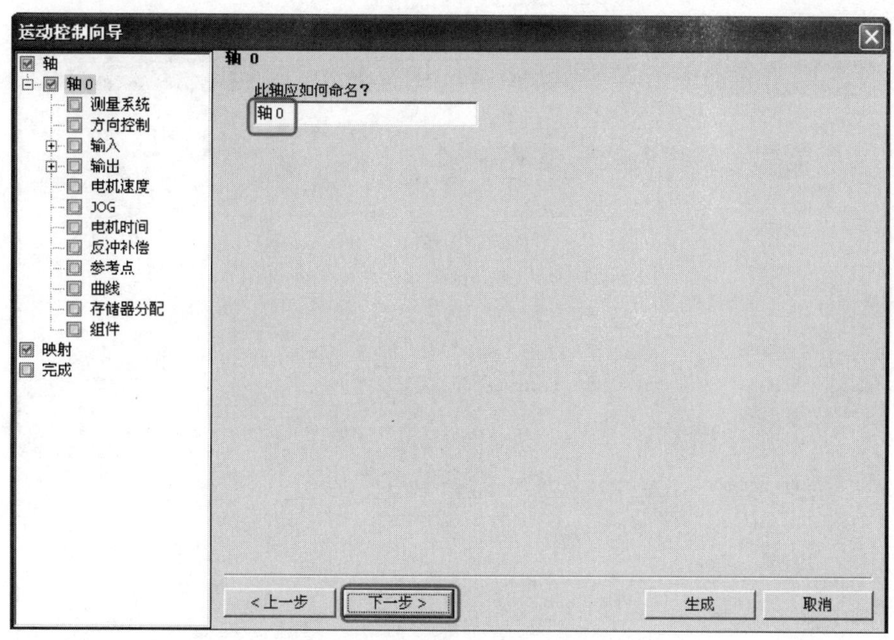

图 7-23　为所选择的轴命名

④ 输入系统的测量系统　将“选择测量系统”选项选择“工程单位”。因光电编码器为 10000 线，所以电动机转一圈需要 10000 个脉冲，所以“电机一次旋转所需的脉冲数”为“10000”；“测量的基本单位”设为“mm”；“电机一次旋转产生多少毫米的运动”为 4.0；这些参数与实际的机械结构有关，再单击“下一步”按钮，如图 7-24 所示。

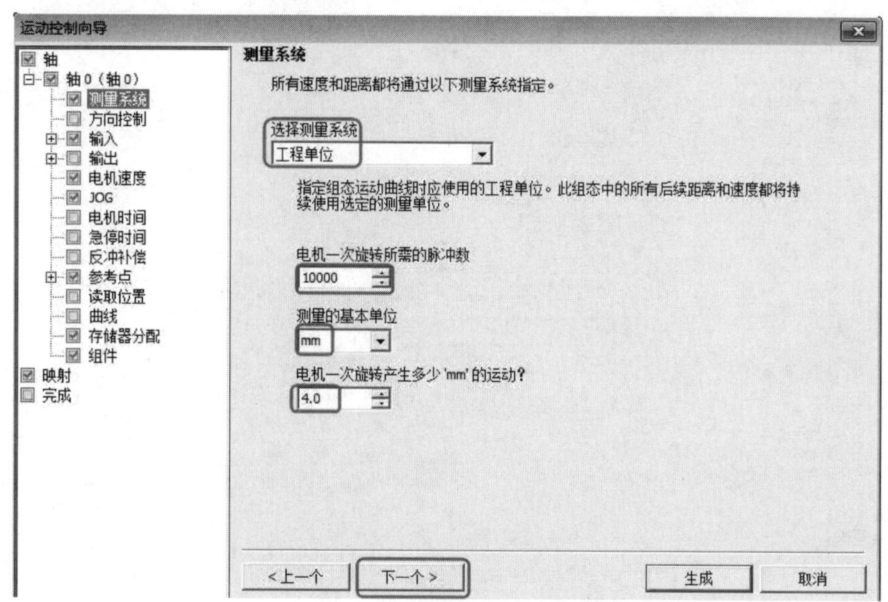

图 7-24　输入系统的测量系统

⑤ 设置脉冲方向输出　设置有几路脉冲输出，其中有单相（1 个输出）、双向（2 个输出）和正交（2 个输出）三个选项，本例选择“单相（1 个输出）”；再单击“下一步”按钮，如图 7-25 所示。

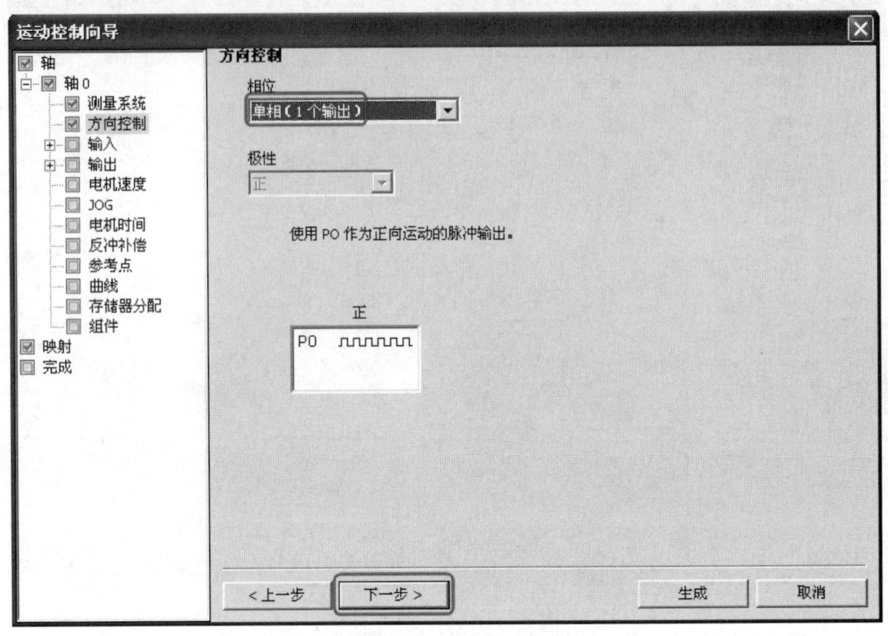

图 7-25　设置脉冲方向输出

⑥ 分配输入点

a．LMT+（正限位输入点）。选中“启用”，正限位输入点为“I0.5”，有效电平为“上限”，单击“下一步”按钮，如图 7-26 所示。

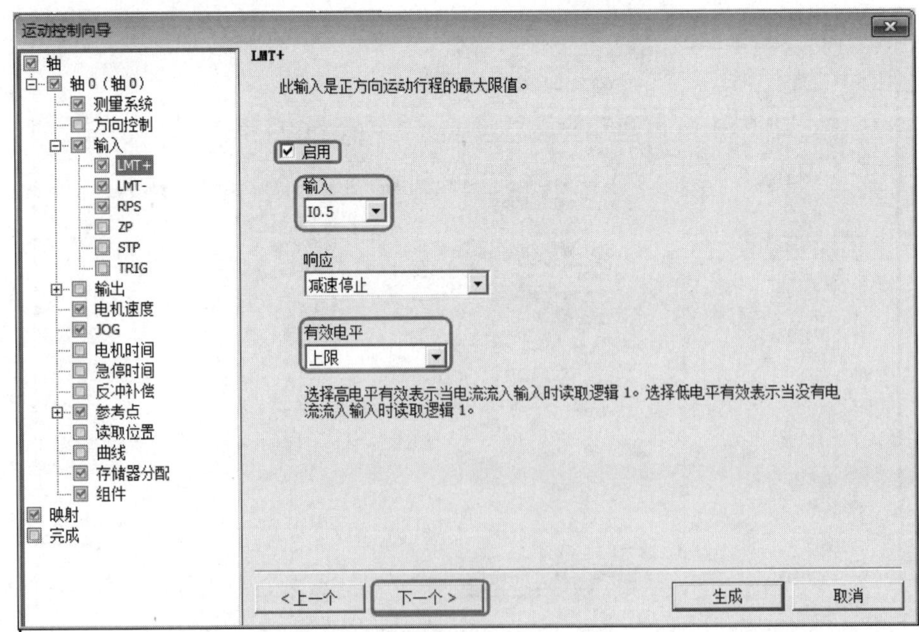

图 7-26　分配输入点——正限位输入点

b. LMT-（负限位输入点）。选中“启用”，负限位输入点为“I0.7”，有效电平为“上限”，单击“下一步”按钮，如图 7-27 所示。

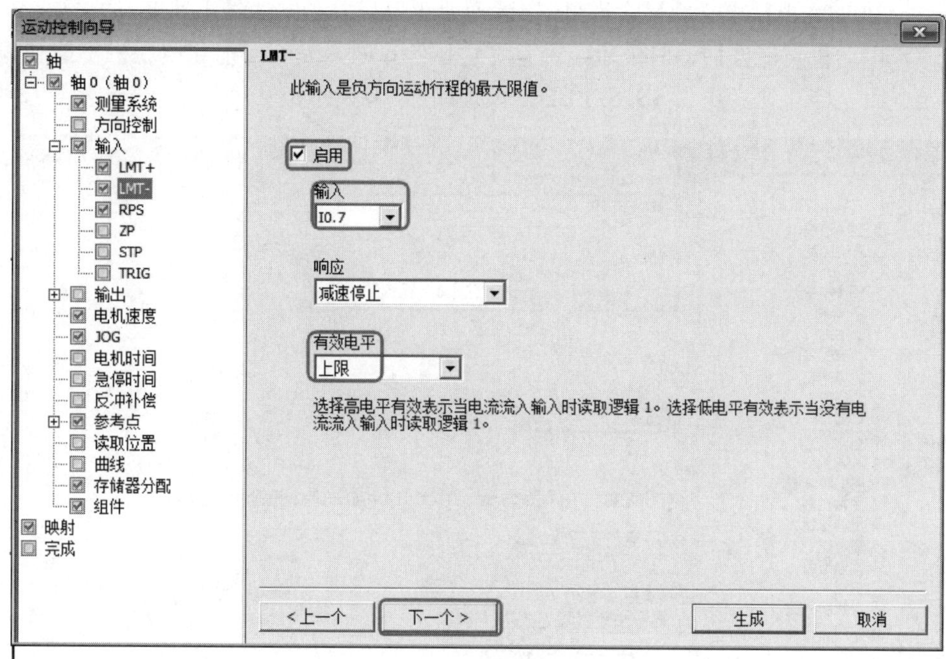

图 7-27 分配输入点——负限位输入点

c. RPS（回参考点）。选中“启用”，参考输入点为“I0.6”，有效电平为“上限”，单击“下一步”按钮，如图 7-28 所示。

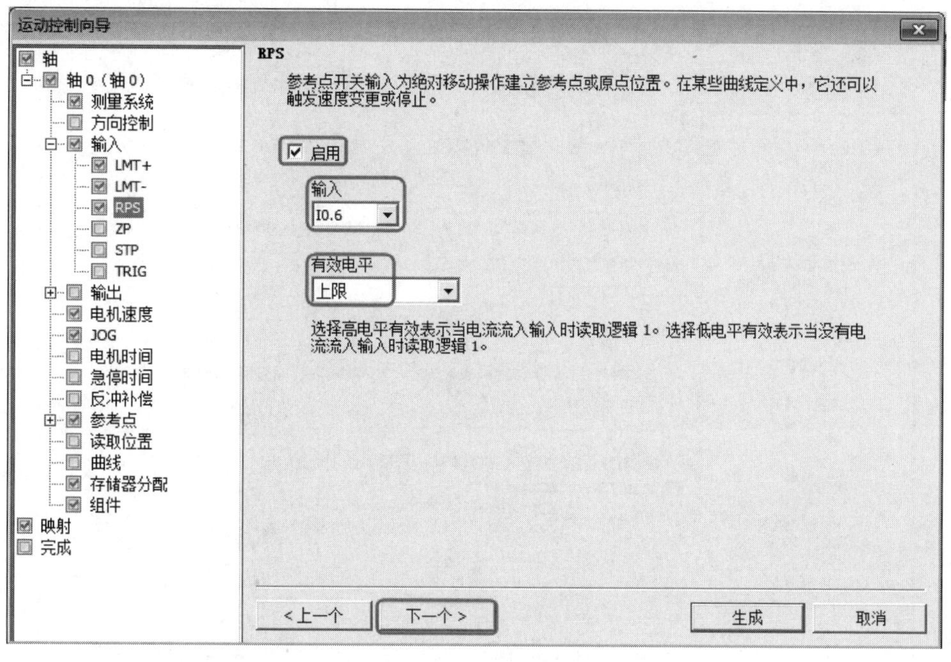

图 7-28 分配输入点——回参考点

⑦ 指定电动机速度

- MAX_SPEED：定义电动机运动的最大速度。
- SS_SPEED：根据定义的最大速度，在运动曲线中可以指定的最小速度。如果SS_SPEED数值过高，电动机可能在启动时失步，并且在尝试停止时，负载可能使电动机不能立即停止而多行走一段。停止速度也为SS_SPEED，设置如图7-29所示，再单击“下一步”按钮。

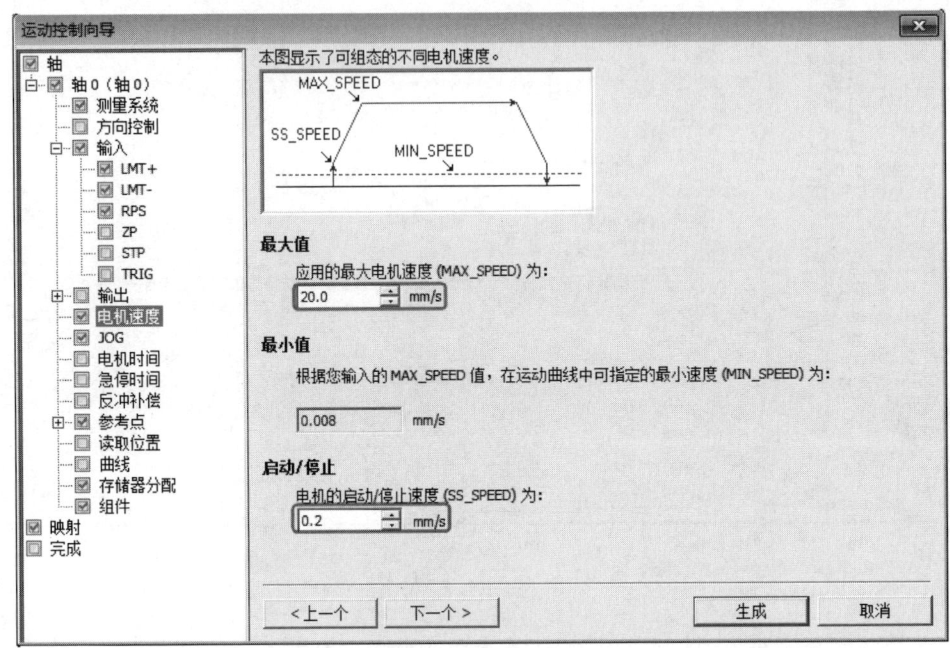

图 7-29　指定电动机速度

⑧ 查找参考点　查找参考点的速度和方向，如图7-30所示。再单击“下一步”按钮。

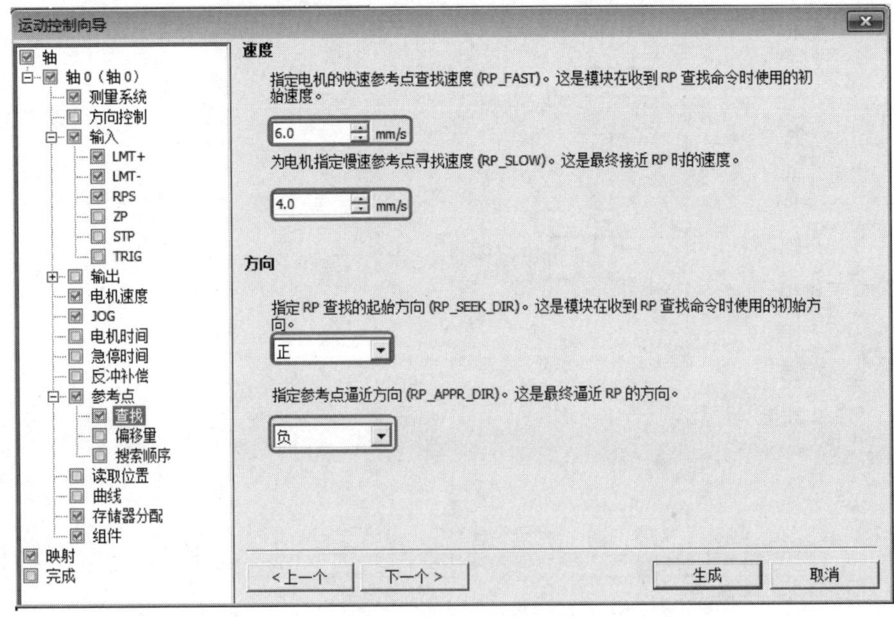

图 7-30　查找参考点

⑨ 为配置分配存储区 指令向导在 V 内存中以受保护的数据块页形式生成子程序，在编写程序时不能使用 PTO 向导已经使用的地址，此地址段可以系统推荐，也可以人为分配，人为分配的好处是可以避开读者习惯使用的地址段。为配置分配存储区的 V 内存地址如图 7-31 所示，本例设置为“VB1023~VB1115”，再单击“下一步”按钮。

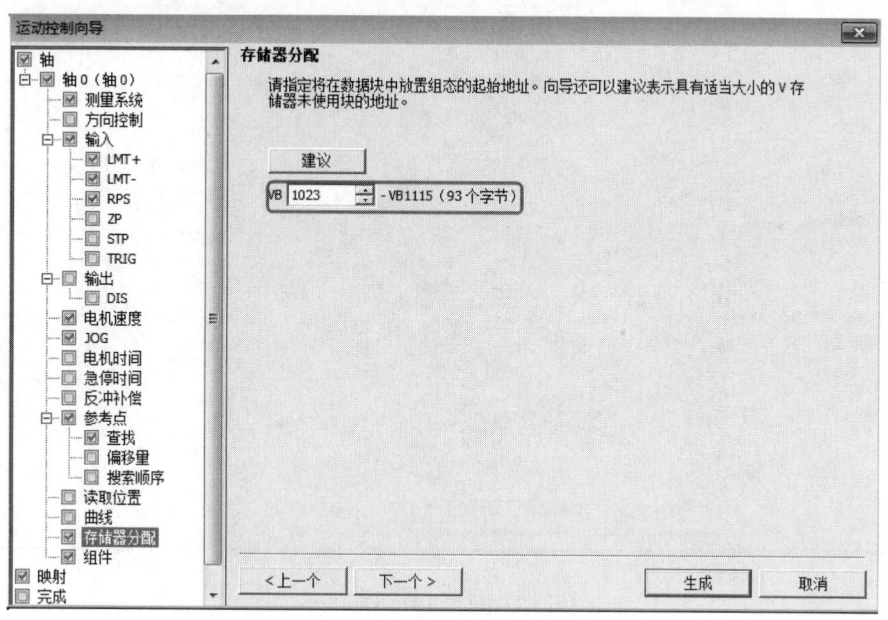

图 7-31 为配置分配存储区

⑩ 完成组态 单击“下一步”按钮，如图 7-32 所示。弹出如图 7-33 所示的界面，单击“生成”按钮，完成组态。

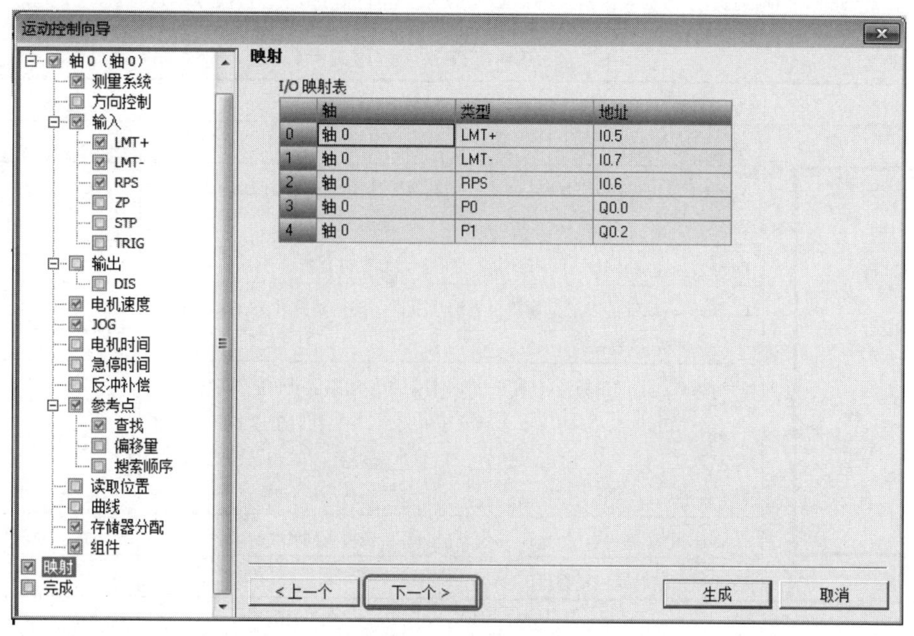

	轴	类型	地址
0	轴 0	LMT+	I0.5
1	轴 0	LMT-	I0.7
2	轴 0	RPS	I0.6
3	轴 0	P0	Q0.0
4	轴 0	P1	Q0.2

图 7-32 完成组态

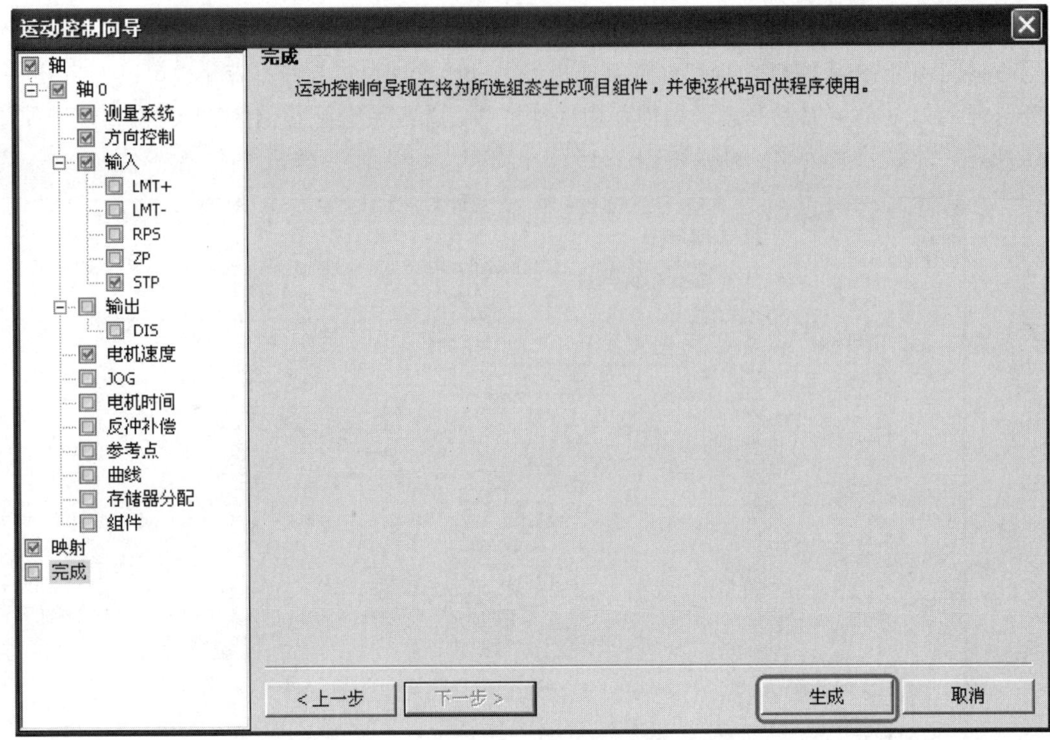

图 7-33　完成向导

（3）子程序简介

① AXISx_CTRL 子程序：（控制）启用和初始化运动轴，方法是自动命令运动轴，在每次 CPU 更改为 RUN 模式时，加载组态/包络表，每个运动轴使用此子例程一次，并确保程序会在每次扫描时调用此子例程。AXISx_CTRL 子程序的参数见表 7-11。

表 7-11　AXISx_CTRL 子程序的参数表

子　程　序	各输入/输出参数的含义	数　据　类　型
AXIS0_CTRL EN MOD_EN Done Error C_Pos C_Speed C_Dir	EN：使能	BOOL
	MOD_EN：参数必须开启，才能启用其他运动控制子例程向运动轴发送命令	BOOL
	Done：当完成任何一个子程序时，Done 参数会开启	BOOL
	C_Pos：运动轴的当前位置。根据测量单位，该值是脉冲数（DINT）或工程单位数（REAL）	DINT/ REAL
	C_Speed ：运动轴的当前速度。如果针对脉冲组态运动轴的测量系统，是一个 DINT 数值，其中包含脉冲数/每秒。 如果针对工程单位组态测量系统， 是一个 REAL 数值，其中包含选择的工程单位数/每秒（REAL）	DINT/ REAL
	C_Dir：电动机的当前方向，0 代表正向，1 代表反向	BOOL
	Error：出错时返回错误代码	BYTE

② AXISx_GOTO：其功能是命令运动轴转到所需位置，这个子程序提供绝对位移和相对位移 2 种模式。AXISx_GOTO 子程序的参数见表 7-12。

表 7-12　AXISx_GOTO 子程序的参数表

子　程　序	各输入/输出参数的含义	数 据 类 型
AXISx_GOTO EN START Pos　Done Speed　Error Mode　C_Pos Abort　C_Speed	EN：使能，开启 EN 位会启用此子程序	BOOL
	START：开启 START 向运动轴发出 GOTO 命令。对于在 START 参数开启且运动轴当前不繁忙时执行的每次扫描，该子例程向运动轴发送一个 GOTO 命令。为了确保仅发送一个命令，应以脉冲方式开启 START 参数	BOOL
	Pos：要移动的位置（绝对移动）或要移动的距离（相对移动）。根据所选的测量单位，该值是脉冲数(DINT)或工程单位数 (REAL)	DINT/ REAL
	Speed：确定该移动的最高速度。根据所选的测量单位，该值是脉冲数/每秒(DINT)或工程单位数/每秒 (REAL)	DINT/ REAL
	Abort：命令位控模块停止当前轮廓并减速至电动机停止	BOOL
	Mode：选择移动的类型。0 代表绝对位置，1 代表相对位置，2 代表单速连续正向旋转，3 代表单速连续反向旋转	BYTE
	Done：当完成任何一个子程序时，Done 参数会开启	BOOL
	Error：出错时返回错误代码	BYTE
	C_Pos：运动轴的当前位置。根据测量单位，该值是脉冲数(DINT)或工程单位数(REAL)	DINT/ REAL
	C_Speed：运动轴的当前速度。如果针对脉冲组态运动轴的测量系统，是一个 DINT 数值，其中包含脉冲数/每秒。如果针对工程单位组态测量系统，是一个 REAL 数值，其中包含选择的工程单位数/每秒 (REAL)	DINT/ REAL

（4）编写程序　使用了运动向导，编写程序就比较简单，但必须掌握子程序的使用方法，这是编写程序的关键，梯形图如图 7-34 所示。

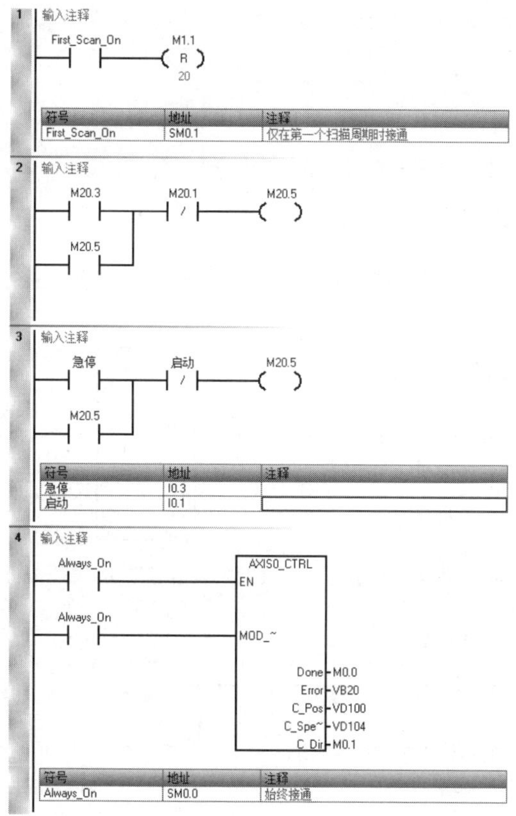

图 7-34

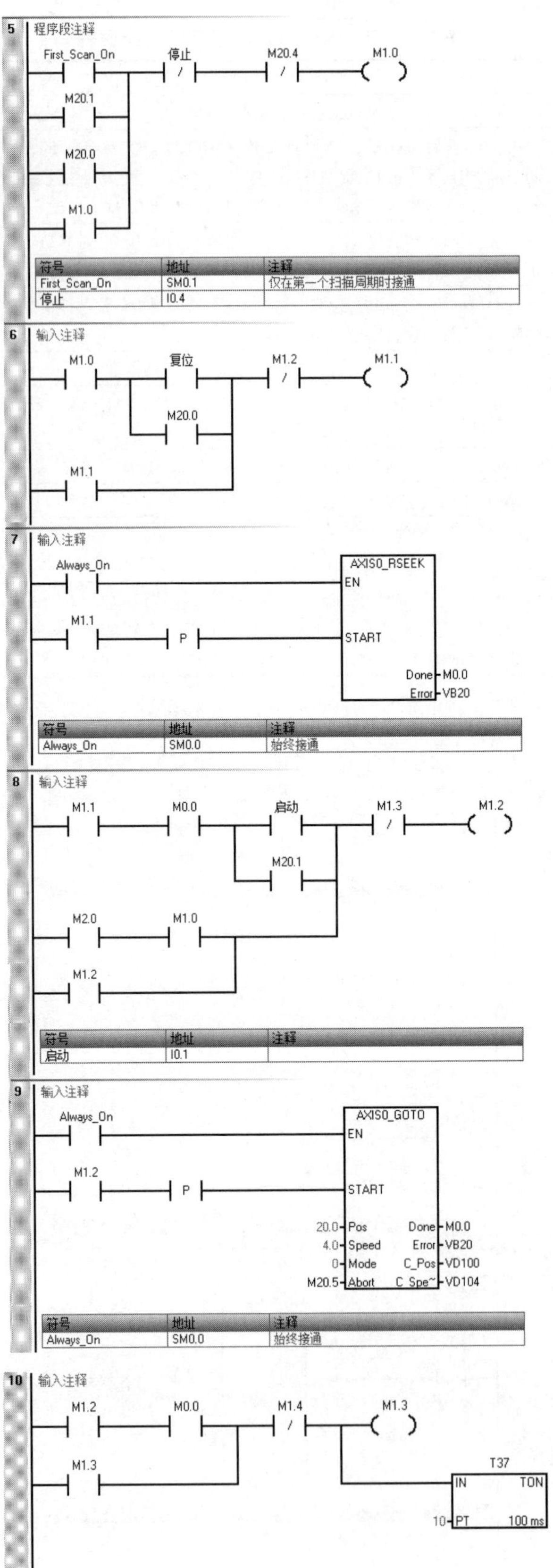

5 程序段注释
First_Scan_On 停止 M20.4 M1.0
M20.1
M20.0
M1.0
符号 地址 注释
First_Scan_On SM0.1 仅在第一个扫描周期时接通
停止 I0.4
6 输入注释
M1.0 复位 M1.2 M1.1
M20.0
M1.1
7 输入注释
Always_On AXIS0_RSEEK EN
M1.1 P START
Done M0.0
Error VB20
符号 地址 注释
Always_On SM0.0 始终接通
8 输入注释
M1.1 M0.0 启动 M1.3 M1.2
M20.1
M2.0 M1.0
M1.2
符号 地址 注释
启动 I0.1
9 输入注释
Always_On AXIS0_GOTO EN
M1.2 P START
20.0 Pos Done M0.0
4.0 Speed Error VB20
0 Mode C_Pos VD100
M20.5 Abort C_Spe~ VD104
符号 地址 注释
Always_On SM0.0 始终接通
10 输入注释
M1.2 M0.0 M1.4 M1.3
M1.3
T37 IN TON
10 PT 100 ms

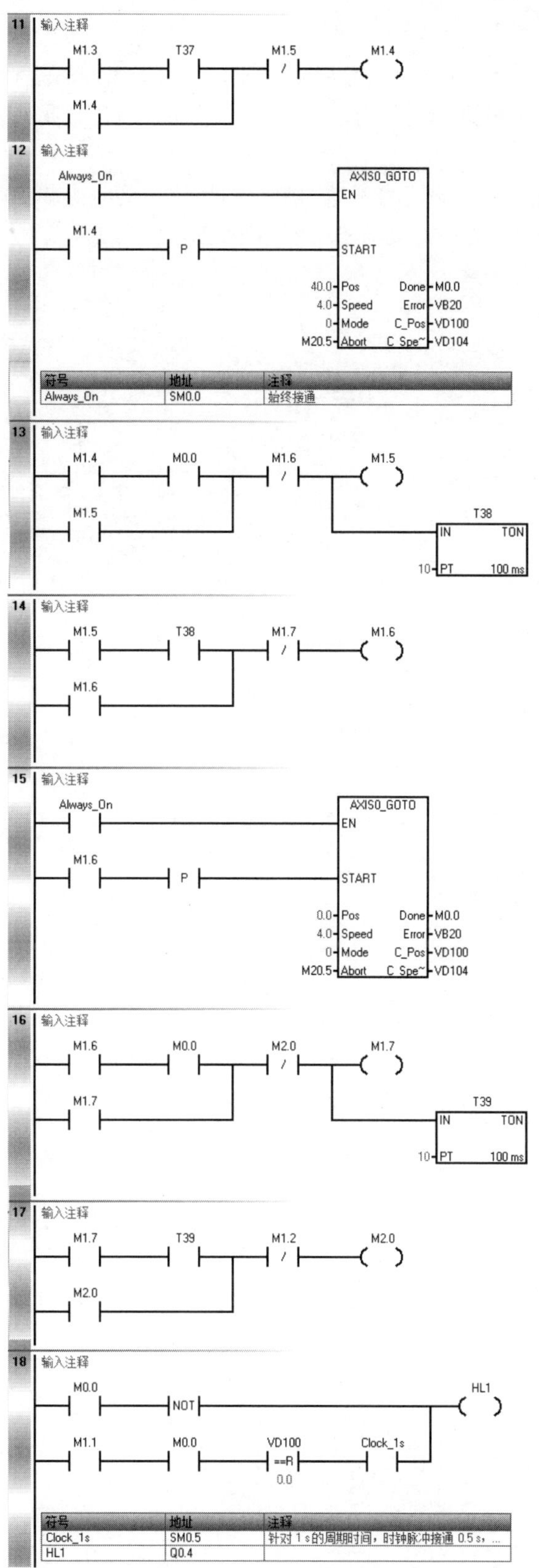
11 输入注释
M1.3
T37
M1.5
M1.4
M1.4
12 输入注释
Always_On
AXIS0_GOTO
EN
M1.4
P
START
40.0 Pos
Done M0.0
4.0 Speed
Error VB20
0 Mode
C_Pos VD100
M20.5 Abort
C_Spe~ VD104
符号 地址 注释
Always_On SM0.0 始终接通
13 输入注释
M1.4
M0.0
M1.6
M1.5
M1.5
T38
IN TON
10 PT 100 ms
14 输入注释
M1.5
T38
M1.7
M1.6
M1.6
15 输入注释
Always_On
AXIS0_GOTO
EN
M1.6
P
START
0.0 Pos
Done M0.0
4.0 Speed
Error VB20
0 Mode
C_Pos VD100
M20.5 Abort
C_Spe~ VD104
16 输入注释
M1.6
M0.0
M2.0
M1.7
M1.7
T39
IN TON
10 PT 100 ms
17 输入注释
M1.7
T39
M1.2
M2.0
M2.0
18 输入注释
M0.0
NOT
HL1
M1.1
M0.0
VD100
==R
0.0
Clock_1s
符号 地址 注释
Clock_1s SM0.5 针对 1 s的周期时间，时钟脉冲接通 0.5 s，...
HL1 Q0.4

图 7-34 梯形图

重点难点总结

（1）理解高速输出点的PTO控制寄存器的含义，这是编程的基础；

（2）位置向导的使用很方便，但对于其生成的子程序的含义要特别注意，否则很难编写程序；

（3）无论是步进驱动系统的接线还是伺服驱动系统的接线，都比以前学习的逻辑控制的接线要复杂很多，所以使用前一定要确保接线正确。

第8章

PLC 在变频器调速系统中的应用

本章介绍 MM 440 变频器的基本使用方法、PLC 控制变频器多段频率给定、PLC 控制变频器模拟量频率给定、USS 通信频率给定和 PROFIBUS 现场总线通信频率给定，以及使用变频器时三相异步电动机的制动和正反转控制。

8.1 西门子 MM 440 变频器使用简介

8.1.1 认识变频器

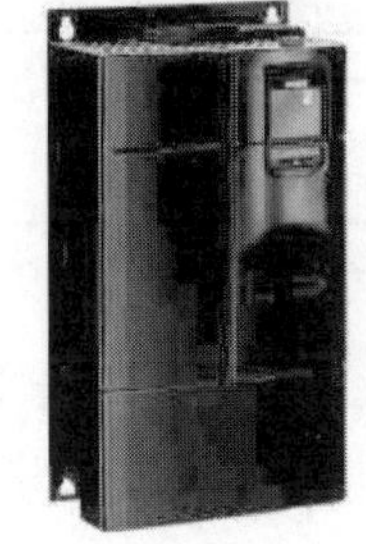

图 8-1 变频器外形

（1）初识变频器　变频器一般是利用电力半导体器件的通断作用将工频电源变换为另一频率的电能控制装置。变频器外形如图 8-1 所示。变频器有着“现代工业维生素”之称，在节能方面的效果不容忽视。

变频器产生的最初目的是速度控制，应用于印刷、电梯、纺织、机床和生产流水线等行业。而目前相当多的运用是以节能为目的。由于中国是能源消耗大国，而中国的能源储备又相对贫乏，因此国家大力提倡各种节能措施，其中着重推荐了变频器调速技术。在水泵、中央空调等领域，变频器可以取代传统的通过限流阀和回流旁路技术，充分发挥节能效果；在火电、冶金、矿山、建材行业，高压变频调速的交流电机系统的经济价值正在得以体现。

变频器是一种高技术含量、高附加值、高效益回报的高科技产品，符合国家产业发展政策。在过去的 20 多年，我国变频器行业从起步阶段到目前正逐步开始趋于成熟，发展十分迅速。进入 21 世纪以来，我国中、低压变频器市场的增长速度超过了 20%，远远高于近几年的 GDP 增长。

从产品优势角度看，通过高质量地控制电机转速，提高制造工艺水准，变频器不但有助于提高制造工艺水平（尤其在精细加工领域），而且可以有效节约电能，是目前最理想、最有前途的电机节能设备之一。

从变频器行业所处的宏观环境看，无论是国家中长期规划、短期的重点工程、政策法规、国民经济整体运行趋势，还是人们节能环保意识的增强、技术的创新、发展高科技产业的要求，从国家相关部委到各相关行业，变频器都受到了广泛的关注，市场吸引力巨大。

（2）交-直-交变频调速的原理　以图 8-2 说明交-直-交变频调速的原理，交-直-交变频调速就是变频器先将工频交流电整流成直流电，逆变器在微控制器（如 DSP）的控制下，将直流电逆变成不同频率的交流电。目前市面上的变频器多是这种原理工作的。

图 8-2 中 R0 起限流作用，当 R、S、T 端子上的电源接通时，R0 接入电路，以限制启动电流。延时一段时间后，晶闸管 VT 导通，将 R0 短路，避免造成附加损耗。Rt 为能耗制动电阻，当制动时，异步电动机进入发动机状态，逆变器向电容 C 反向充电，当直流回路的电压，即电阻 R1、R2 上的电压，升高到一定的值时（图中实际上测量的是电阻 R2 的电压），

通过泵升电路使开关器件 Vb 导通，这样电容 C 上的电能就消耗在制动电阻 Rt 上。通常为了散热，制动电阻 Rt 安装在变频器外侧。电容 C 除了参与制动外，在电动机运行时，主要起滤波作用。顺便指出起滤波作用是电容器的变频器称为电压型变频器；起滤波作用是电感器的变频器称为电流型变频器，比较多见的是电压型变频器。微控制器经运算输出控制正弦信号后，经过 SPWM（正弦脉宽调制）发生器调制，再由驱动电路放大信号，放大后的信号驱动 6 个功率晶体管，产生三相交流电压 U、V、W 驱动电动机运转。

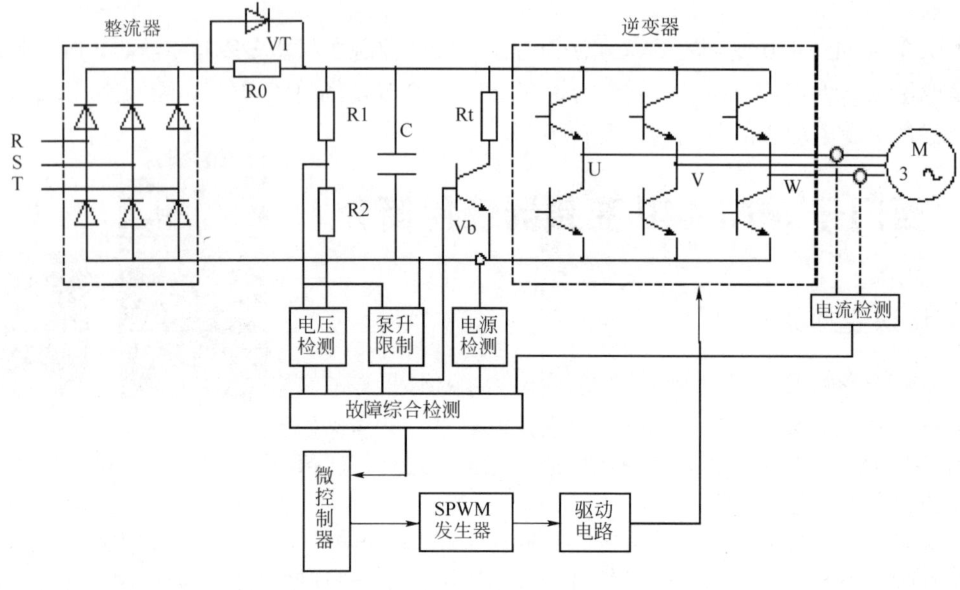

图 8-2　变频器原理图

【例 8-1】 如图 8-2 所示，若将变频器的动力线的输入和输出接反是否可行？若不可行有什么后果？

【解】 将变频器的动力线的输入和输出接反是不允许的，可能发生爆炸。

8.1.2　西门子 MM 440 变频器使用简介

（1）初识西门子 MM 440 变频器　西门子 MM 440 变频器由微处理器控制，并采用具有现代先进技术水平的绝缘栅双极性晶体管（IGBT）作为功率输出器件，它具有很高的运行可靠性和功能多样性。脉冲宽度调制的开关频率也是可选的，降低了电动机的运行的噪声。

MM 440 变频器的框图如图 8-3 所示，控制端子定义见表 8-1。

表 8-1　MM 440 控制端子

端子序号	端子名称	功　　能	端子序号	端子名称	功　　能
1	—	输出+10 V	10	ADC2+	模拟输入 2（+）
2	—	输出 0 V	11	ADC2−	模拟输入 2（−）
3	ADC1+	模拟输入 1（+）	12	DAC1+	模拟输出 1（+）
4	ADC1−	模拟输入 1（−）	13	DAC1−	模拟输出 1（−）
5	DIN1	数字输入 1	14	PTCA	连接 PTC/KTY84
6	DIN2	数字输入 2	15	PTCB	连接 PTC/KTY84
7	DIN3	数字输入 3	16	DIN5	数字输入 5
8	DIN4	数字输入 4	17	DIN6	数字输入 6
9	—	隔离输出+24 V / max. 100 mA	18	DOUT1/NC	数字输出 1/常闭触点

续表

端子序号	端子名称	功　能	端子序号	端子名称	功　能
19	DOUT1/NO	数字输出 1/常开触点	25	DOUT3COM	数字输出 3 转换触点
20	DOUT1/COM	数字输出 1/转换触点	26	DAC2+	模拟输出 2（+）
21	DOUT2/NO	数字输出 2/常开触点	27	DAC2−	模拟输出 2（−）
22	DOUT2/COM	数字输出 2/转换触点	28	—	隔离输出 0 V/max.100 mA
23	DOUT3NC	数字输出 3 常闭触点	29	P+	RS485
24	DOUT3NO	数字输出 3 常开触点	30	P−	RS485

MM 440 变频器的核心部件是 CPU 单元，根据设定的参数，经过运算输出控制正弦波信号，再经过 SPWM 调制，放大输出正弦交流电驱动三相异步电动机运转。

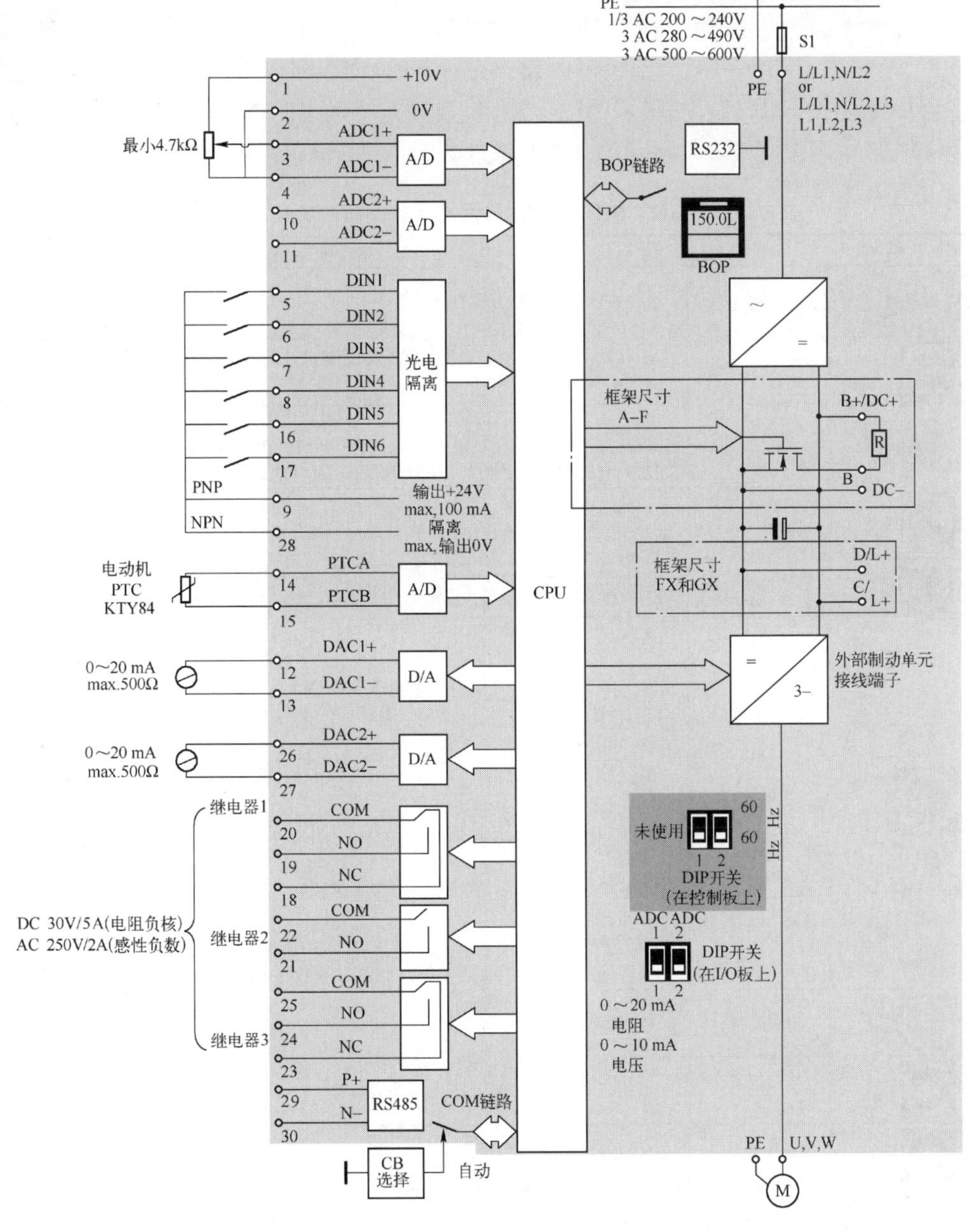

图 8-3　MM 440 变频器的框图

MM 440 变频器是一个智能化的数字变频器，在基本操作板上可进行参数设置，参数可分为四个级别：

图 8-4 BOP 基本操作面板的外形

①标准级，可以访问经常使用的参数。

②扩展级，允许扩展访问参数范围，例如变频器的 I/O 功能。

③专家级，只供专家使用，即高级用户。

④维修级，只供授权的维修人员使用，具有密码保护。

【关键点】 一般的用户将变频器设置成标准级或者扩展级即可。

BOP 基本操作面板的外形如图 8-4 所示，利用基本操作面板可以设置变频器的参数。BOP 具有 7 段显示的 5 位数字，可以显示参数的序号和数值，报警和故障信息，以及设定值和实际值。参数的信息不能用 BOP 存储。BOP 基本操作面板上的按钮的功能见表 8-2。

表 8-2 BOP 基本操作面板上的按钮的功能

显示/按钮	功 能	功能的说明
P(1) r0000 Hz	状态显示	LED 显示变频器当前的设定值
I	启动变频器	按此键启动变频器。缺省值运行时此键是被封锁的。为了使此键起作用，应设定 P0700=1
0	停止变频器	OFF1：按此键，变频器将按选定的斜坡下降速率减速停车；缺省值运行时此键被封锁；为了允许此键起作用，应设定 P0700=1。OFF2：按此键两次（或一次，但时间较长）电动机将在惯性作用下自由停车，此功能总是“使能”的
(换向键)	改变电动机的旋转方向	按此键可以改变电动机的旋转方向。电动机的反向用负号（—）表示或用闪烁的小数点表示。在缺省设定时此键被封锁。为使此键有效，应先按“启动电动机”键
jog	电动机点动	在“准备合闸”状态下按压此键，则电动机启动并运行在预先设定的点动频率。当释放此键，电动机停车。当电动机正在旋转时，此键无功能
Fn	功能	此键用于浏览辅助信息 变频器运行过程中，在显示任何一个参数时按下此键并保持不动 2s，将显示以下参数值（在变频器运行中，从任何一个参数开始）： ① 直流回路电压（用 d 表示，单位：V） ② 输出电流（A） ③ 输出频率（Hz） ④ 输出电压（用 o 表示，单位：V） ⑤ 由 P0005 选定的数值[如果 P0005 选择显示上述参数中的任何一个（3、4 或 5），这里将不再显示] 连续多次按下此键，将轮流显示以上参数 跳转功能 在显示任何一个参数（rXXXX 或 PXXXX）时，短时间按下此键，将立即跳转到 r0000，如果需要的话，可以接着修改其他的参数。跳转到 r0000 后，按此键将返回原来的显示点
P	访问参数	按此键即可访问参数
▲	增加数值	按此键即可增加面板上显示的参数数值
▼	减少数值	按此键即可减少面板上显示的参数数值
Fn + P	AOP 菜单	调出 AOP 菜单提示（仅用于 AOP）

（2）MM 440变频器BOP频率给定　以下用一个例子介绍MM 440变频器BOP频率给定的过程。

【例8-2】 一台MM 440变频器配一台西门子三相异步电动机，已知电动机的技术参数，功率为0.75kW，额定转速为1380r/min，额定电压为380V，额定电流为2.05A，额定频率为50Hz，试用BOP设定电动机的运行频率为10Hz。

【解】① 先介绍如何设定参数，以下通过将参数P1000的第0组参数，即设置P1000[0]=1的设置过程为例，讲解一个参数的设置方法，见表8-3。

表8-3　参数的设定方法

序　号	操作步骤	BOP显示
1	按P键，访问参数	r0000
2	按▲键，直到显示P1000	P1000
3	按P键，显示in000，即P1000的第0组值	in000
4	按P键，显示当前值2	2
5	按▼键，达到所要求的数值1	1
6	按P键，存储当前设置	P1000
7	按Fn键，显示r0000	r0000
8	按P键，显示频率	10.00

② 完整的设置过程。按照表8-4中的步骤进行设置。

表8-4　设置过程

步骤	参数及设定值	说　明	步骤	参数及设定值	说　明
1	P0003=2	扩展级	8	P0700=1	命令源（启停）为BOP
2	P0010=1	为1才能修改电动机参数	9	P1000=1	频率源为BOP
3	P0304=380	额定电压	10	P1080=0	最小频率
4	P0305=2.05	额定电流	11	P1082=50	最大频率
5	P0307=0.75	额定功率	12	P1120=10	从静止到达最大频率所需时间
6	P0311=1380	额定转速	13	P1121=10	从最大频率到停止所需时间
7	P0010=0	设置变频器参数和运行时必须为0			

③ 启停控制。按下基本操作面板上的I按键，三相异步电动机启动，稳定运行的频率为10Hz；当按O按键时，电动机停机。

【关键点】 初学者在设置参数时，有时进行了错误的设置，但又不知道在什么参数的设置上出错，在这种情况下可以对变频器进行复位，常见的变频器都有这个功能，复位后变频器的所有的参数变成出厂的设定值，但工程中正在使用的变频器要谨慎使用此功能。西门子MM 440的复位方法是，先将P0010设置为30，再将P0970设置为1，变频器上的显示器中闪烁的“busy”消失后，变频器成功复位。

8.2 变频器多段频率给定

在基本操作面板进行手动频率给定方法简单，对资源消耗少，但这种频率给定方法对于操作者来说比较麻烦，而且不容易实现自动控制，而PLC控制的多段频率给定和通信频率给定，就容易实现自动控制，以下将介绍 PLC 控制的多段频率给定。

【例 8-3】 用一台继电器输出 CPU 226 CN（DC/AC/Relay）控制一台 MM 440 变频器，当按下按钮 SB1 时，三相异步电动机以 5Hz 正转，当按下按钮 SB2 时，三相异步电动机以 15Hz 正转，当按下按钮 SB3 时，三相异步电动机以 15Hz 反转，当按下按钮 SB4 时，电动机停转。已知电动机的技术参数，功率为 0.06kW，额定转速为 1430r/min，额定电压为 380V，额定电流为 0.35A，额定频率为 50Hz，请设计方案，并编写程序。

【解】（1）主要软硬件配置

① 1 套 STEP 7-Micro/WIN V4.0 SP9；

② 1 台 MM 440 变频器；

③ 1 台 CPU 226 CN；

④ 1 台电动机；

⑤ 1 根编程电缆。

硬件配置如图 8-5 所示。

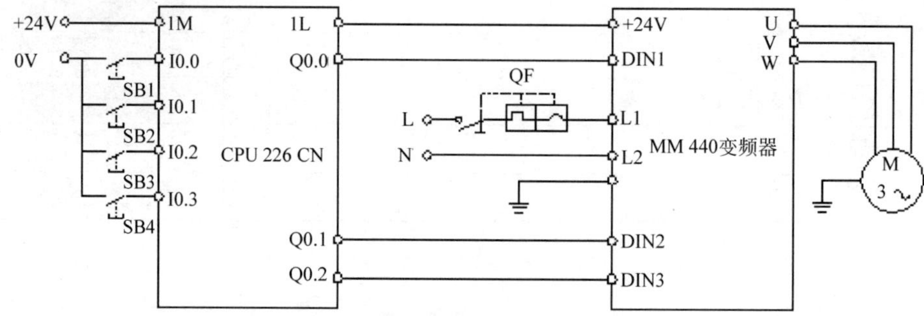

图 8-5 接线图（PLC 为继电器输出）

（2）参数的设置 多段频率给定时，当 DIN1 端子与变频器的 24V（端子 9）连接时对应一个频率，当 DIN1 和 DIN2 端子同时与变频器的 24V（端子 9）连接时再对应一个频率，DIN3 端子与变频器的 24V 接通时为反转，DIN3 端子与变频器的 24V 不接通时为正转。变频器参数见表 8-5。

表 8-5 变频器参数

序号	变频器参数	出厂值	设定值	功能说明
1	P0304	230	380	电动机的额定电压（380V）
2	P0305	1.8	0.35	电动机的额定电流（0.35A）
3	P0307	0.75	0.06	电动机的额定功率（60W）
4	P0310	50.00	50.00	电动机的额定频率（50Hz）
5	P0311	0	1430	电动机的额定转速（1430 r/min）
6	P1000	2	3	固定频率设定
7	P1080	0	0	电动机的最小频率（0Hz）
8	P1082	50	50.00	电动机的最大频率（50Hz）
9	P1120	10	10	斜坡上升时间（10s）
10	P1121	10	10	斜坡下降时间（10s）
11	P0700	2	2	选择命令源（由端子排输入）
12	P0701	1	16	固定频率设定值（直接选择选择+ON）
13	P0702	12	16	固定频率设定值（直接选择选择+ON）
14	P0703	9	12	反转
15	P1001	0.00	5	固定频率 1
16	P1002	5.00	10	固定频率 2

当Q0.0为1时，变频器的9号端子与DIN1端子连通，电动机以5Hz（固定频率1）的转速运行，固定频率1设定在参数P1001中；当Q0.0和Q0.1同时为1时，DIN1和DIN2端子同时与变频器的24V（端子9）连接，电动机以15Hz（固定频率1+固定频率2）的转速运行，固定频率2设定在参数P1002中。

修改参数P0701，对应设定数字输入1（DIN1）的功能；修改参数P0702，对应设定数字输入2（DIN2）的功能，依次类推。

【关键点】 不管是什么类型PLC，只要是继电器输出，其接线图都可以参考图8-5，若增加三个中间继电器则更加可靠，如图8-6所示。

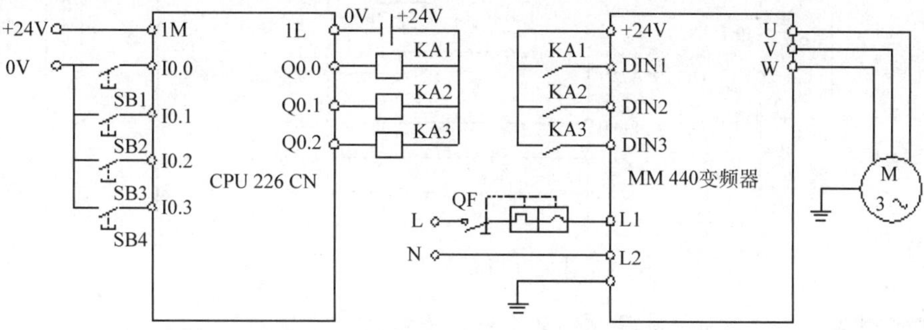

图8-6　接线图（PLC为继电器输出）

（3）编写程序　这个程序相对比较简单，如图8-7所示。

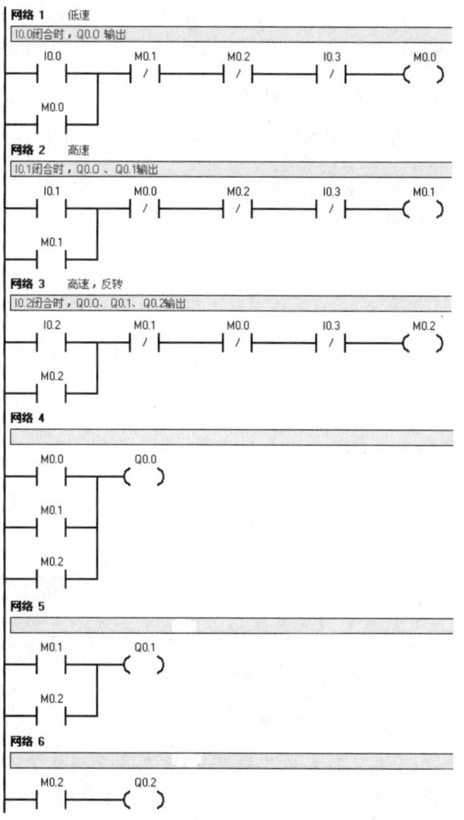

图8-7　程序

（4）PLC为晶体管输出（PNP型输出）时的控制方案 西门子的S7-200系列PLC大多为PNP输出（目前只有1款为NPN输出），MM 440变频器的默认为PNP输入，因此电平是可以兼容的。因为Q0.0（或者其他输出点输出时）输出的其实就是DC 24V信号，又因为PLC与变频器有共同的0V，所以当Q0.0（或者其他输出点输出时）输出时，就等同于DIN1（或者其他数字输入）与变频器的9号端子（24V）连通，硬件配置如图8-8所示，控制程序如图8-7中所示。

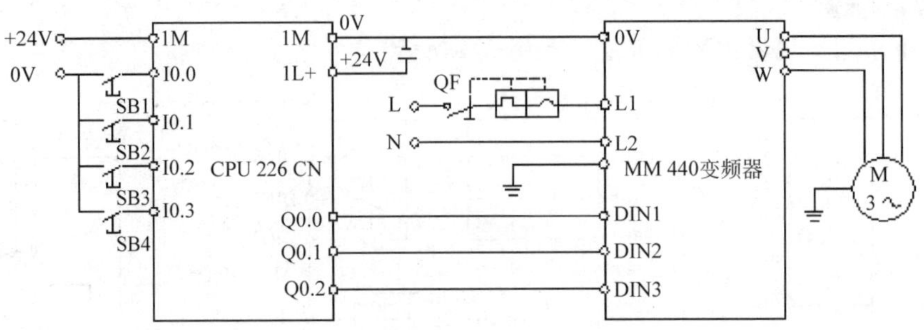

图8-8 接线图（PLC为PNP晶体管输出）

【关键点】PLC为晶体管时，其1M（0V）必须与变频器的0V短接，否则，PLC的输出不能形成回路。

（5）PLC为晶体管输出（NPN型输出）时的控制方案 日系的PLC晶体管输出多为NPN型，如三菱的FX系列PLC（新型的FX3U也有PNP输出）多为NPN输出，而西门子MM 440变频器默认为PNP输入，显然电平是不匹配的。所幸的是，西门子提供了解决方案，只要将参数P0725设置成0（默认为1），MM 440变频器就变成NPN输入，这样就与FX系列PLC的电平匹配了。接线（PLC为NPN晶体管输出）如图8-9所示。

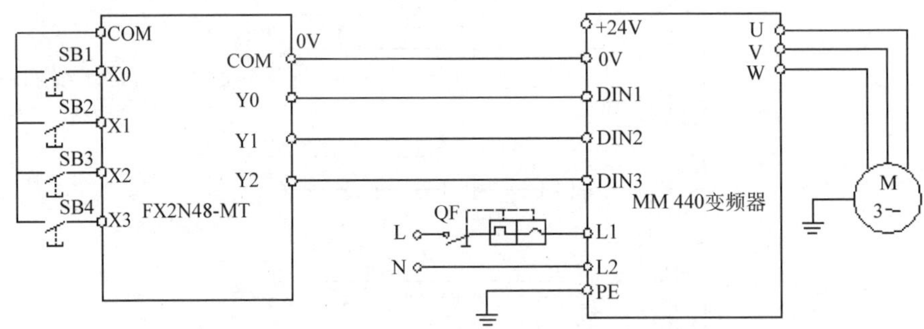

图8-9 接线图（PLC为NPN晶体管输出）

【关键点】必须将参数P0725设置成0（默认为1），MM 440变频器就才能变成NPN输入，这样MM 440变频器就与FX系列PLC的电平匹配了。有的变频器的输入电平的选择是通过跳线的方式实现的，如三菱的变频器。

（6）S7-200（晶体管输出）控制三菱变频器的方案 西门子S7-200系列PLC大多为PNP输出（目前只有1款为NPN输出），三菱A740变频器的默认为NPN输入，因此电平是不兼容的。所幸三菱变频器的输入电平也是输入和输出可以选择的，与西门子不同的是，需要将电平选择的跳线改换到PNP输入，而不需要改变参数设置。其接线图如图8-10所示。

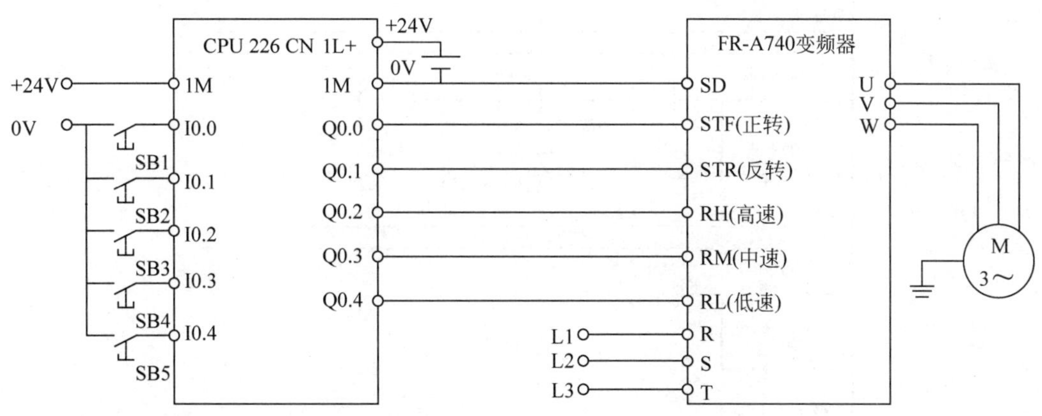

图 8-10 接线图[S7-200（晶体管输出）PLC，三菱 A740 变频器]

【关键点】将电平选择的跳线改换到 PNP 输入（由默认的“SINK”改成“SOURCE”）。此外，接线图要正确。三菱的强电输入接线端子（R、S、T）和强电输出端子（U、V、W）相距很近，接线时，切不可接反。

当三菱 A740 变频器的 STF 高电平时，电动机正转；STR 高电平时，电动机反转；RH 高电平时，电动机高速运行（15Hz），RL 高电平时，电动机低速运行（5Hz），程序如图 8-11 所示。

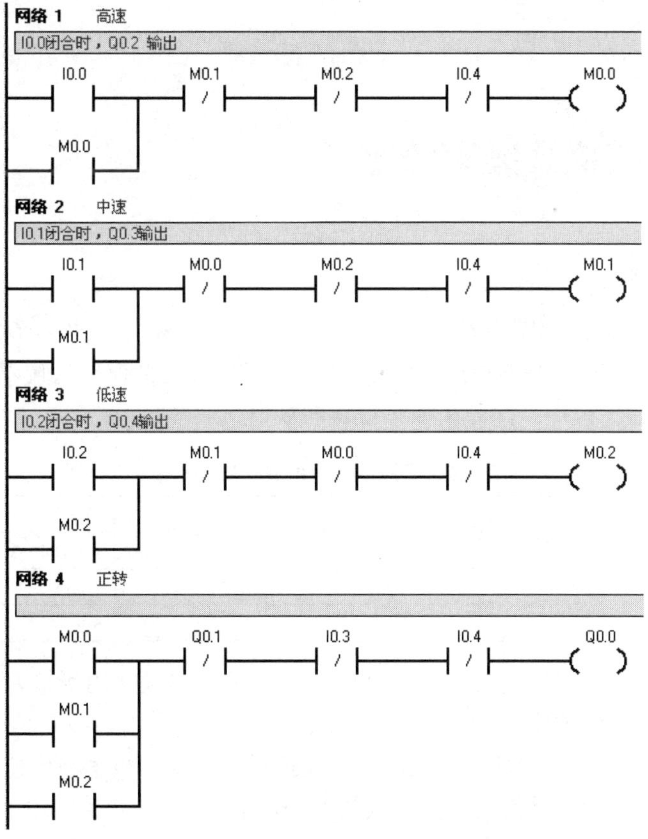

图 8-11

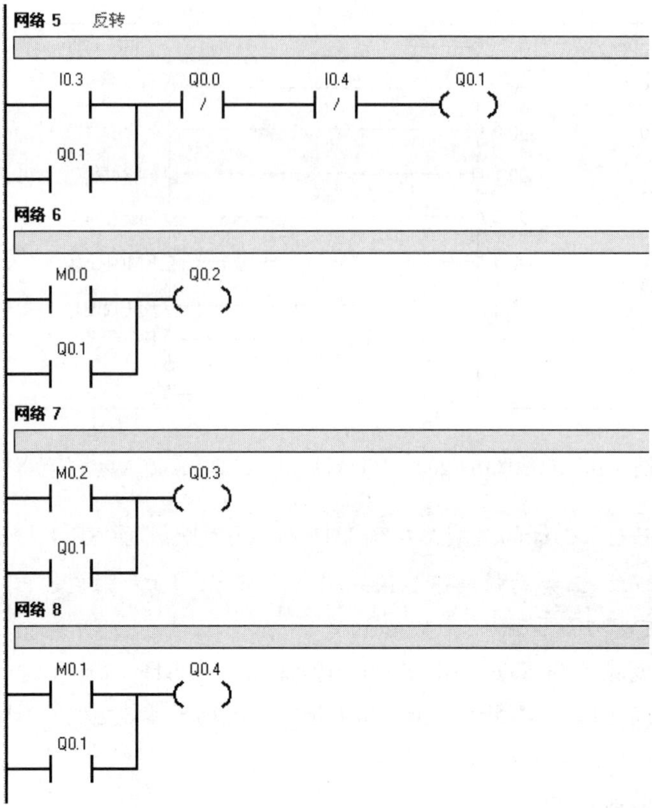

网络 5 反转
I0.3 Q0.0 I0.4 Q0.1
Q0.1
网络 6
M0.0 Q0.2
Q0.1
网络 7
M0.2 Q0.3
Q0.1
网络 8
M0.1 Q0.4
Q0.1

图 8-11 程序

8.3 变频器模拟量频率给定

8.3.1 模拟量模块的简介

（1）S7-200 系列模拟量模块简介

① 模拟量 I/O 扩展模块的规格 模拟量 I/O 扩展模块包括模拟量输入模块、模拟量输出模块和模拟量输入输出模块。部分模拟量模块的规格见表 8-6。

表 8-6 模拟量 I/O 扩展模块规格表

模块型号	输入点	输出点	电压	功耗/W	电源要求	
					DC 5V	DC 24V
EM 232	0	2	DC 24V	2	20mA	70mA
EM 235	4	1	DC 24V	2	30mA	60mA

② 模拟量 I/O 扩展模块的接线 S7-200 系列的模拟量模块用于输入和输出电流或者电压信号。模拟量输出模块的接线如图 8-12 所示。

模拟量输入模块有两个参数容易混淆，即模拟量转换的分辨率和模拟量转换的精度（误差）。分辨率是 A/D 模拟量转换芯片的转换精度，即用多少位的数值来表示模拟量。若 S7-200 模拟量模块的转换分辨率是 12 位，能够反映模拟量变化的最小单位是满量程的 1/4096。模拟量转换的精度除了取决于A/D转换的分辨率，还受到转换芯片的外围电路的影响。在实际应用中，输入的模拟量信号会有波动、噪声和干扰，内部模拟电路也会产生噪声、漂移，这些都会对转换的最后精度造成影响。这些因素造成的误差要大于A/D 芯片的转换误差。

当模拟量的扩展模块的输入点/输出点有信号输入或者输出时，LED 指示灯不会亮，这点与数字量模块不同，因为西门子模拟量模块上的指示灯没有与电路相连。

使用模拟量模块时，要注意以下问题：

a. 模拟量模块有专用的扁平电缆与CPU通信，并通过此电缆由CPU向模拟量模块提供5V DC的电源。此外，模拟量模块必须外接24V DC电源。

b. 每个模块能同时输入/输出电流或者电压信号。双极性就是信号在变化的过程中要经过“零”，单极性不过零。由于模拟量转换为数字量是有符号整数，因此双极性信号对应的数值会有负数。在S7-200中，单极性模拟量输入/输出信号的数值范围是0～32000；双极性模拟量信号的数值范围是-32000～+32000。

c. 一般电压信号比电流信号容易受干扰，应优先选用电流信号。电压型的模拟量信号，由于输入端的内阻很高（S7-200的模拟量模块为10MΩ），极易引入干扰。一般电压信号是用在控制设备柜内电位器设置，或者距离非常近、电磁环境好的场合。电流型信号不容易受到传输线沿途的电磁干扰，因而在工业现场获得广泛的应用。电流信号可以传输比电压信号远得多的距离。

d. 对于模拟量输出模块，电压型和电流型信号的输出信号的接线不同，各自的负载接到各自的端子上。

e. 模拟量输出模块总是要占据两个通道的输出地址。即便有些模块（EM 235）只有一个实际输出通道，它也要占用两个通道的地址。在编程计算机和 CPU 实际联机时，使用 Micro/WIN 的菜单命令“PLC→信息（Information）”，可以查看CPU 和扩展模块的实际I/O地址分配。

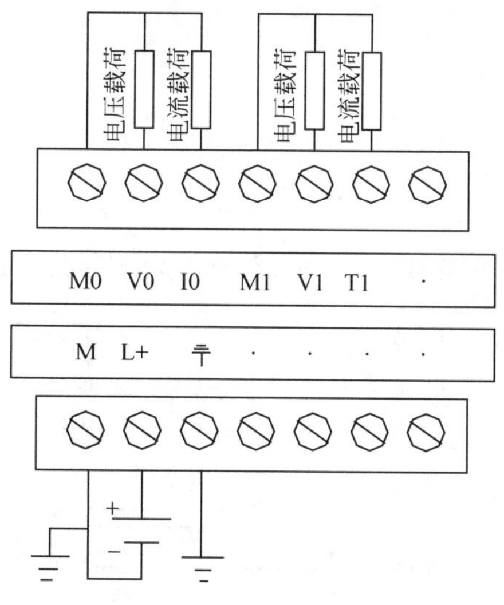

图8-12 EM 232模块接线图

（2）S7-300系列模拟量模块简介

① S7-300系列模拟量模块的分类 S7-300系列模拟量模块的种类比较多，主要模拟量

输入模块 SM 331 系列、模拟量输出模块 SM 332 系列以及模拟量输入/输出模块 SM 334 和 SM 335 系列，具体型号超过 30 种。按照分辨率分类，通常可分为 8 位、12 位和 16 位。

② 接线方案　以下介绍 SM 334(334-0CE01-0AA0)模块为例介绍模拟量模块的接线图。SM 334 的接线图如图 8-13 所示。

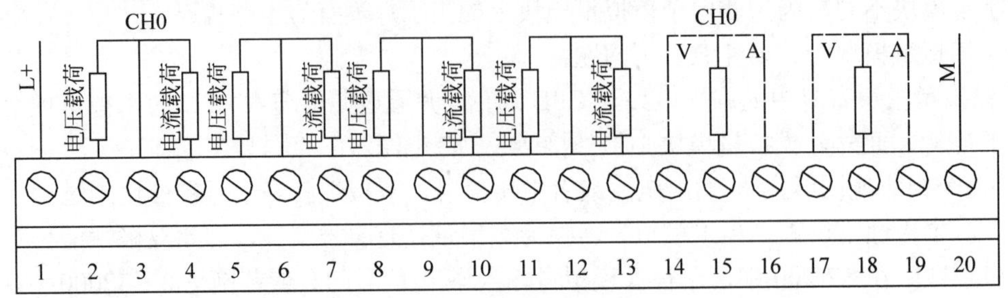

图 8-13　SM 334 的接线图

8.3.2 电流信号频率给定（利用 S7-200）

数字量多段频率给定可以设定速度段是有限的，而且不能做到无级调速，而外部模拟量输入可以做到无级调速，也容易实现自动控制，而且模拟量可以是电压信号或者电流信号，使用比较灵活，因此应用较广。以下用一个例子介绍电流信号频率给定。

【例 8-4】 用一台触摸屏、PLC 对变频器进行频率给定，已知电动机的技术参数，功率为 0.06kW，额定转速为 1440r/min，额定电压为 380V，额定电流为 0.35A，额定频率为 50Hz。

【解】（1）软硬件配置

① 1 套 STEP 7-Micro/WIN V4.0 SP9；

② 1 台 MM 440 变频器；

③ 1 台 CPU 226 CN；

④ 1 台电动机；

⑤ 1 根编程电缆；

⑥ 1 台 EM 232；

⑦ 1 台 HMI。

将 PLC、变频器、模拟量输出模块 EM 232 和电动机按照如图 8-14 所示接线。

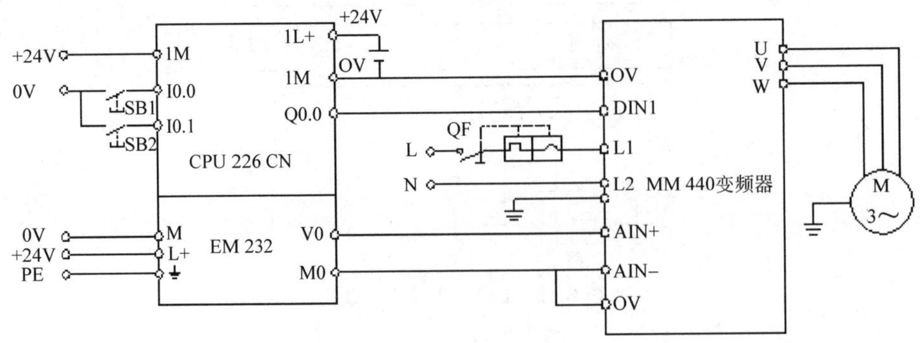

图 8-14　接线图

【关键点】接线时一定要把变频器的 0V 和 AIN−短接，PLC 的 1M 与变频器的 0V 也要短接，否则不能进行频率给定。

（2）设定变频器的参数　先查询 MM 440 变频器的说明书，再依次在变频器中设定表 8-7 中的参数。

表 8-7　变频器参数表

序　号	变频器参数	出　厂　值	设　定　值	功 能 说 明
1	P0304	230	380	电动机的额定电压（380V）
2	P0305	3.25	0.35	电动机的额定电流（0.35A）
3	P0307	0.75	0.06	电动机的额定功率（60W）
4	P0310	50.00	50.00	电动机的额定频率（50Hz）
5	P0311	0	1430	电动机的额定转速（1430 r/min）
6	P0700	2	2	选择命令源（由端子排输入）
7	P0756	0	1	选择 ADC 的类型（电流信号）
8	P1000	2	2	频率源（模拟量）
9	P701	1	1	数字量输入 1

【关键点】P0756 设定成 1 表示电流信号对变频器调速，这是容易忽略的，默认是电压信号；此外，还要将 I/O 控制板上的 DIP 开关设定为“ON”，如图 8-15 所示。

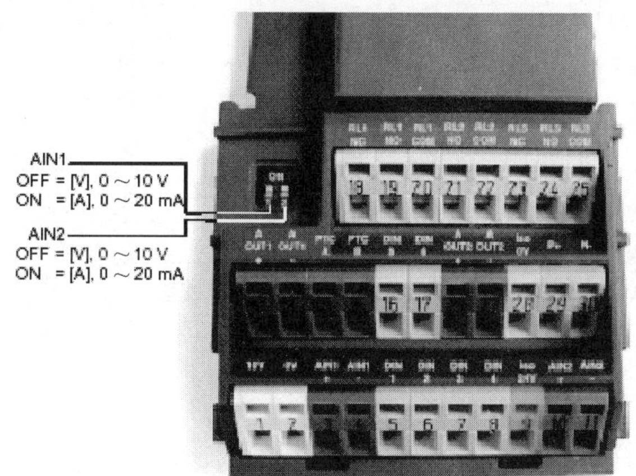

图 8-15　I/O 控制板上的 DIP 开关设定为“ON”

（3）编写程序，并将程序下载到 PLC 中　梯形图如图 8-16 所示。

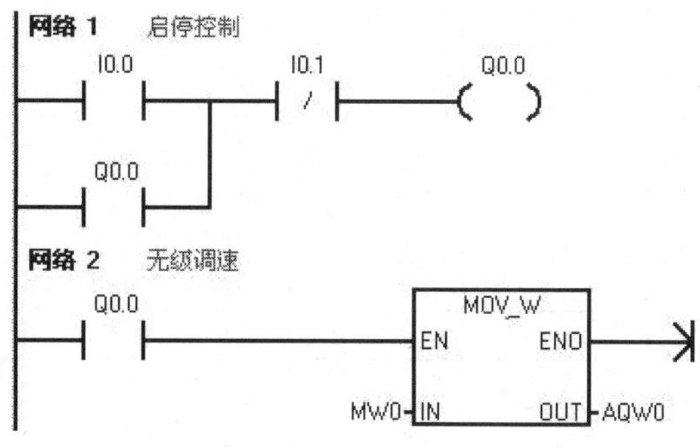

图 8-16　程序

8.3.3 电压信号频率给定（利用 S7-300）

在前面的章节介绍了 S7-200 系列 PLC 用电流信号对变频器进行频率给定，本节将介绍 S7-300 系列 PLC 用电压信号对变频器进行频率给定。

【例 8-5】 用一台触摸屏、PLC 对变频器进行频率给定，已知电动机的技术参数，功率为 0.06kW，额定转速为 1440r/min，额定电压为 380V，额定电流为 0.35A，额定频率为 50Hz。

【解】 （1）软硬件配置

① 1 套 STEP 7 V5.5 SP4；

② 1 台 MM 440 变频器；

③ 1 台 CPU 314C-2DP；

④ 1 台电动机；

⑤ 1 根编程电缆；

⑥ 1 台 SM 334；

⑦ 1 台 HMI。

硬件配置如图 8-17 所示。

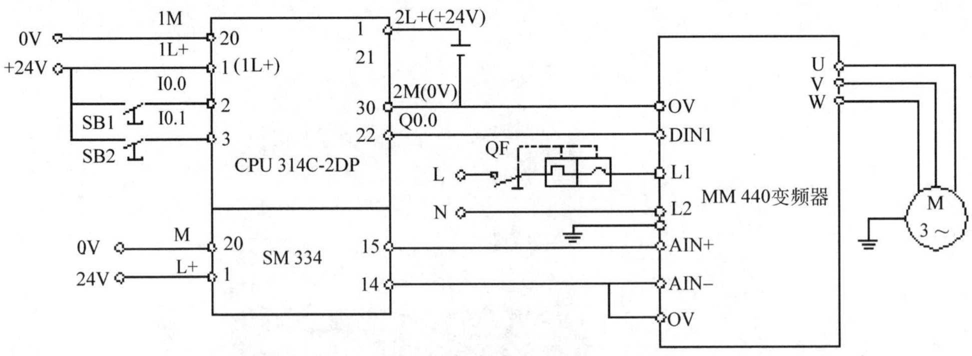

图 8-17 接线图

（2）设定变频器的参数 先查询 MM 440 变频器的说明书，再依次在变频器中设定表 8-8 中的参数。

表 8-8 变频器参数表

序 号	变频器参数	出 厂 值	设 定 值	功 能 说 明
1	P0304	230	380	电动机的额定电压（380V）
2	P0305	3.25	0.35	电动机的额定电流（0.35A）
3	P0307	0.75	0.06	电动机的额定功率（60W）
4	P0310	50.00	50.00	电动机的额定频率（50Hz）
5	P0311	0	1440	电动机的额定转速（1440 r/min）
6	P0700	2	2	选择命令源（由端子排输入）
7	P0756	0	0	选择 ADC 的类型（电压信号）
8	P1000	2	2	频率源（模拟量）
9	P701	1	1	数字量输入 1

【关键点】P0756 设定成 0 表示电压信号对变频器调速，默认是电压信号；此外，还要将 I/O 控制板上的 DIP 开关设定为“OFF”，DIP 开关的位置如图 8-15 所示。

（3）编写程序，并将程序下载到 PLC 中　在组织块 OB1 输入如图 8-18 程序所示的程序，其功能是发送启停信号。在组织块 OB35 输入如图 8-19 程序所示的程序，其功能是每 100ms 向变频器发送一个模拟量，其中 MWO 中的数据由触摸屏提供。

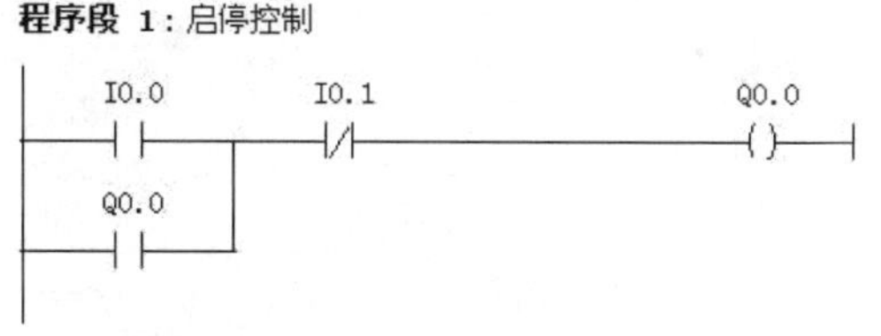

图 8-18　程序（组织块 OB1）

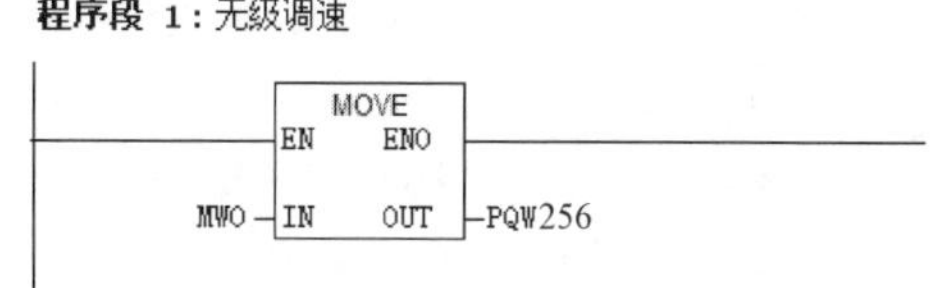

图 8-19　程序（组织块 OB35）

8.4　变频器的通信频率给定

8.4.1　MM 440 变频器通信的基本知识

MM 440 变频器既支持和主站的周期性数据通信，也支持和主站的非周期性的数据通信，也就是说 S7-300 可以使用功能块 SFC14/SFC15 读取和修改 MM 440 的参数值，调用一次可以读取或者修改一个参数。同时也可以使用功能块 SFC58/SFC59 或者 SFB52/SFB53 读取或者修改 MM 440 的参数，一次最多可以读取或者修改 39 个参数。

有效的数据块分成两个区域即 PKW 区（参数识别 ID-数值区）和 PZD 区（过程数据），有效数据字符如图 8-20 所示。

|<--- PKW 区					--->|	|<-- PZD 区			--->|
PKE	IND	PWE1	PWE2	……	PWEn	PZD1	PZD2	……	PZDn

图 8-20　有效数据字符

PKW 区说明参数识别 ID-数值 PKW 接口的处理方式。PKW 接口并非物理意义上的接口，而是一种机理，这一机理确定了参数在两个通信伙伴之间（例如控制装置与变频器）的传输方式，例如参数数值的读和写。

PKW 区的结构。PKW 区前两个字（即 PKE 和 IND）的信息是关于主站请求的任务（任务识别标记 ID）或应答报文的类型（应答识别标记 ID）。PKW 区的第 3、第 4 个字规定报文中要访问的变频器的参数号（PNU），PNU 的编号与 MICROMASTER4 的参数号相对应，例如 1082 = P1082 = Fmax。第一个字 PKE 见表 8-9，第二个字 IND 见表 8-10。

表 8-9　第一个字 PKE

第 1 个字（16 位）=PKE=参数识别标记 ID		
位 15～12	AK =任务或应答识别标记 ID	参看下文
位 11	SPM =参数修改报告	不支持（总是 0）
位 10～00	b.PNU =基本参数号	完整的 PNU 由基本参数号与 IND 的 15～12 一起构成

表 8-10 第二个字 IND

第 2 个字（16 位）=IND=参数的下标		
位 15 位 14 位 13 位 12 ($2^0 2^3 2^2 2^1$)	PNU 扩展 PNU 页号	参看下文
位 11～10	备用	未使用
位 09～08	选择文本的类型+文本的读或写	未使用
位 07～00	下标哪个元素 哪个参数值 哪个元素说明 哪个下标文本是有效的 哪个数值文本是有效的	数值 255=下表参数数值或参数说明的全部元素。只有当 P2013=127 时才有可能

完整的参数号是由参数的任务/应答识别 ID（位 0～10）中的基本参数号和下标（PNU 页号）中的位 12～15 一起产生的。第二个字 IND 参数下标见表 8-11。

表 8-11 第二个字 IND 参数下标

基本参数号（任务/应答识别标记 ID 中的位 10～0）	PNU 页（下标中的位 15～12）	完整的 PNU =基本 PNU+（PNU 页号×2000）
0…1999	0	0…1999
0…1999	1	2000…3999
0…1999	2	4000…5999
…	…	…
0…1999	15	30000…31999

第 3 和第 4 个字，PWE1 和 PWE2 是被访问参数的数值。MICROMASTER4 的参数数值有许多不同的类型：整数（单字长或双字长），十进制数（以 IEEE 浮点数的形式给出，永远是双字长）以及下标参数（这里称为数组）。参数的含义决定于参数数值的类型和 P2013 的设置。第三个字和第四个字的含义见表 8-12 和表 8-13。

表 8-12 第三个字 PWE1

第三个字=PWE1=第一个参数数值		
项目	参数数值的类型	P2013 的设置
位 15～0	=对于非数组参数是参数的数值 =对于数组参数是第 *n* 个参数的数值和对于第 *n* 个元素的任务	当 P2013 的值=3（固定长度为 3 个字）或=127（长度可变）以及单字长参数时
	=对于数组参数是第 1 个参数的数值和对于所有元素的任务	当 P2013 的值=127（长度可变）以及单字长参数时
	=0	当 P2013 的值=4（固定长度为 4 个字）以及单字长参数时
	=参数数值的高位字（非数组参数） =对于数组参数是参数数值的高位字和对于第 *n* 个元素任务的高位字	当 P2013 的值=4（固定长度为 4 个字）或=127（长度可变）以及双字长参数时
	=对于数组参数是第一个参数数值的高位字和对于所有元素任务的高位字	当 P2013 的值=127（长度可变）以及双字长参数时
	错误的数值	从站向主站发送，且应答标记 ID=任务不能执行时

表 8-13 第四个字 PWE2

第四个字＝PWE2=第二个参数数值		
项目	参数数值的类型	P2013 的设置
位 15～0	=对于数组参数是第 2 个参数数值和对于所有元素的任务	当 P2013 的值=4（固定长度为 4 个字）或=127（长度可变）以及单字长参数时
	=参数数值的低位字非数组参数 =对于数组参数是第 *n* 个参数数值的低位字和对于第 *n* 个元素任务的低位字	当 P2013 的值=4（固定长度为 4 个字）或=127（长度可变）以及双字长参数时
	=对于数组参数是第 1 个参数数值的低位字和对于所有元素任务的低位字	当 P2013 的值=127（长度可变） 以及双字长参数时
	=下一个要访问的识别符标记 ID	从站向主站传送，且应答识别标记 ID=任务不能执行时。错误的数值=ID 不存在或 ID 不能访问时。 当 P2013 的值=127 长度可变时
	=下一个或前一个有效的数值 16 位 =下一个或前一个有效的数值 32 位的高位字 根据以下判定条件： 如果新值>实际值 向下一个有效的数值 如果新值<实际值向前一个有效的数值	从站向主站传送且应答识别标记 ID=任务不能执行时。错误的数值=数值不可接受或有新的最大/最小值存在。当 P2013 的值=127 长度可变时

参数识别标记 ID（PEK）总是一个 16 位的值，位 0～10（PNU）包括所请求的参数号码，位 11（SPM）用于参数变更报告的触发位，位 12～15（AK）包括任务识别标记 ID（见表 8-14 和应答标记 ID（见表 8-15）。

表 8-14 任务识别标记 ID

任务识别标记 ID	含 义	识别标记 ID	
		正	负
0	没有任务	0	—
1	请求参数数值	1 或 2	7
2	修改参数数值（单字）[只是修改 RAM]	1	7 或 8
3	修改参数数值（双字）[只是修改 RAM]	2	7 或 8
4	请求元素说明	3	7
5	修改元素说明（MICROMASTER4 不可能）	—	—
6	请求参数数值（数组），即带下标的参数	4 或 5	7
7	修改参数数值（数组，单字）[只是修改 RAM]	4	7 或 8
8	修改参数数值（数组，双字）[只是修改 RAM]	5	7 或 8
9	请求数组元素的序号，即下标的序号，“no.”	6	7
10	保留备用	—	—
11	存储参数数值（数组，双字）[RAM 和 EEPROM 都修改]	5	7 或 8
12	存储参数数值（数组，单字）[RAM 和 EEPROM 都修改]	4	7 或 8
13	存储参数数值（双字）[RAM 和 EEPROM 都修改]	2	7 或 8
14	存储参数数值（单字）[RAM 和 EEPROM 都修改]	1	7 或 8
15	读出或修改文本（MICROMASTER440 不可能）	—	—

表 8-15　应答识别标记 ID

应答识别标记 ID	含　义	对任务识别标记 ID
0	不应答	0
1	传送参数数值（单）字	1、2 或 14
2	传送参数数值（双字）	1、3 或 13
3	传送说明元素	4
4	传送参数数值（数组，单字）	6、7 或 12
5	传送参数数值（数组，双字）	6、8 或 11
6	传送数组元素的数目	9
7	任务不能执行（有错误的数值）	1～15
8	对参数接口没有修改权	2、3、5、7、8
9～12	未使用	—
13	预留，备用	—
14	预留，备用	—
15	传送文本	15

8.4.2　S7-200 与 MM 440 变频器的 USS 通信频率给定

USS 协议（Universal Serial Interface Protocol 通用串行接口协议）是 SIEMENS 公司所有传动产品的通用通信协议，它是一种基于串行总线进行数据通信的协议。USS 协议是主-从结构的协议，规定了在 USS 总线上可以有一个主站和最多 31 个从站；总线上的每个从站都有一个站地址（在从站参数中设定），主站依靠它识别每个从站；每个从站也只对主站发来的报文做出响应并回送报文，从站之间不能直接进行数据通信。另外，还有一种广播通信方式，主站可以同时给所有从站发送报文，从站在接收到报文并做出相应的响应后，可不回送报文。

（1）使用 USS 协议的优点

① 对硬件设备要求低，减少了设备之间的布线。

② 无需重新连线就可以改变控制功能。

③ 可通过串行接口设置或改变传动装置的参数。

④ 可实时监控传动系统。

（2）USS 通信硬件连接注意要点

① 条件许可的情况下，USS 主站尽量选用直流型的 CPU（针对 S7-200 系列）。

② 一般情况下，USS 通信电缆采用双绞线即可（如常用的以太网电缆），如果干扰比较大，可采用屏蔽双绞线。

③ 在采用屏蔽双绞线作为通信电缆时，把具有不同电位参考点的设备互连，造成在互连电缆中产生不应有的电流，从而造成通信口的损坏。所以要确保通信电缆连接的所有设备共用一个公共电路参考点，或是相互隔离的，以防止不应有的电流产生。屏蔽线必须连接到机箱接地点或 9 针连接插头的插针 1。建议将传动装置上的 0V 端子连接到机箱接地点。

④ 尽量采用较高的波特率，通信速率只与通信距离有关，与干扰没有直接关系。

⑤ 终端电阻的作用是用来防止信号反射的，并不用来抗干扰。如果在通信距离很近、波特率较低或点对点的通信的情况下，可不用终端电阻。多点通信的情况下，一般也只需在 USS 主站上加终端电阻就可以取得较好的通信效果。

⑥ 当使用交流型的 CPU 22X 和单相变频器进行 USS 通信时，CPU 22X 和变频器的电

源必须接成同相位。

⑦ 建议使用CPU 226（或CPU 224+EM 277）来调试USS 通信程序。

⑧ 不要带电插拔USS 通信电缆，尤其是正在通信过程中，这样极易损坏传动装置和PLC的通信端口。如果使用大功率传动装置，即使传动装置掉电后，也要等几分钟，让电容放电后，再去插拔通信电缆。

S7-200利用USS通信频率给定，STEP 7-Micro/WIN V4.0 SP9软件中必须另外安装指令库，因为指令库不是STEP 7-Micro/WIN V4.0 SP9的标准配置，需要购买。

【例8-6】 用一台CPU 226 CN对变频器进行USS频率给定，已知电动机的技术参数，功率为0.06kW，额定转速为1440r/min，额定电压为380V，额定电流为0.35A，额定频率为50Hz。请制定解决方案。

【解】 （1）软硬件配置

① 1套STEP 7-Micro/WIN V4.0 SP9；

② 1台MM 440变频器；

③ 1台CPU 226 CN；

④ 1台电动机；

⑤ 1根编程电缆；

⑥ 1根屏蔽双绞线。

硬件配置如图8-21所示。

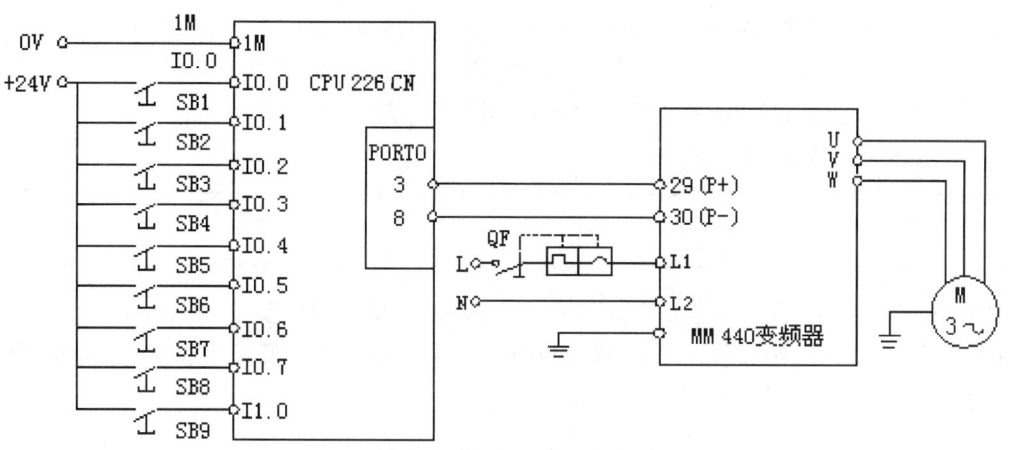

图8-21 硬件配置图

【关键点】 图8-21中，编程口PORT0的第3脚与变频器的29脚相连，编程口PORT0的第8脚与变频器的30脚相连，并不需要占用PLC的输出点。还有一点要指出，STEP 7-Micro/WIN V4.0 SP5以前的版本中，USS通信只能用PORT0口，而STEP 7-Micro/WIN SP5（含）之后的版本，则USS通信可以用PORT0口和PORT1口。调用不同的通信口使用的子程序也不同。

图8-21的USS通信连接是要求不严格时的做法，一般的工业现场不宜采用，工业现场的PLC端应使用专用的网络连接器，且终端电阻要接通，如图8-22所示，变频器端的连接

图如图 8-23 所示，在购买变频器时附带有所需的电阻，并不需要另外购置。还有一点必须指出：如果有多台变频器，则只有最末端的变频器需要接入如图 8-23 所示的电阻。

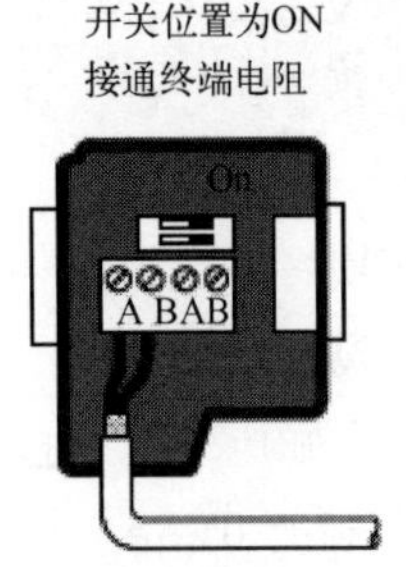

图 8-22 网络连接器图（PLC 端）

MM 440
P 29
N 30
0V 2
+10V 1
120 Ω
470 Ω
1.5kΩ

图 8-23 连接图（变频器端）

（2）相关指令介绍

① 初始化指令 USS_INIT 指令用于启用和初始化或禁止驱动器通信。在使用其他 USS 协议指令之前，必须执行 USS_INIT 指令，且无错。一旦该指令完成，立即设置“完成”位，才能继续执行下一条指令。

EN 输入打开时，在每次扫描时执行该指令。仅限为通信状态的每次改动执行一次 USS_INIT 指令。使用边缘检测指令，以脉冲方式打开 EN 输入。欲改动初始化参数，执行一条新 USS_INIT 指令。USS 输入数值选择通信协议：输入值 1 将端口 0 分配给 USS 协议，并启用该协议；输入值 0 将端口 0 分配给 PPI，并禁止 USS 协议。BAUD（波特率）将波特率设为 1200、2400、4800、9600、19200、38400、57600 或 115200。

ACTIVE（激活）表示激活驱动器。当 USS_INIT 指令完成时，DONE（完成）输出打开。“错误”输出字节包含执行指令的结果。USS_INIT 指令格式见表 8-16。

站点号具体计算如下：

D31	D30	D29	D28	…	D19	D18	D17	D16	…	D3	D2	D1	D0
0	0	0	0		0	1	0	0		0	0	0	0

D0~D31 代表 32 台变频器，要激活某一台变频器，就将该位置 1，上面的表格将 18 号变频器激活，其十六进制表示为：16＃00040000。若要将所有 32 台变频器都激活，则 ACTIVE 为 16＃FFFFFFFF。

表 8-16 USS_INIT 指令格式

LAD	输入 / 输出	含 义	数 据 类 型
USS_INIT EN Mode Done Baud Error Active	EN	使能	BOOL
	Mode	模式	BYTE
	Baud	通信的波特率	DWORD
	Active	激活驱动器	DWORD
	Done	完成初始化	BOOL
	Error	错误代码	BYTE

② 控制指令 USS_CTRL 指令用于控制激活（ACTIVE）驱动器。USS_CTRL 指令将选择的命令放在通信缓冲区中，然后送至编址的驱动器[DRIVE（驱动器）参数]，条件是已

在 USS_INIT 指令的激活（ACTIVE）参数中选择该驱动器。仅限为每台驱动器指定一条 USS_CTRL 指令。USS_CTRL 指令格式见表 8-17。

表 8-17 USS_CTRL 指令格式

LAD	输入/输出	含义	数据类型
USS_CTRL EN RUN OFF2 OFF3 F_ACK Resp_R Error DIR Status Speed Drive Run_EN Type D_Dir Speed_sp Inhibit Fault	EN	使能	BOOL
	RUN	模式	BOOL
	OFF2	允许驱动器滑行至停止	BOOL
	OFF3	命令驱动器迅速停止	BOOL
	F_ACK	故障确认	BOOL
	DIR	驱动器应当移动的方向	BOOL
	Drive	驱动器的地址	BYTE
	Type	选择驱动器的类型	BYTE
	Speed_SP	驱动器速度	DWORD
	Resp_R	收到应答	BOOL
	Error	通信请求结果的错误字节	BYTE
	Speed	全速百分比	DWORD
	Status	驱动器返回的状态字原始数值	WORD
	D_Dir	表示驱动器的旋转方向	BOOL
	Inhibit	驱动器上的禁止位状态	BOOL
	Fault	故障位状态	BOOL

具体描述如下：

EN 位必须打开，才能启用 USS_CTRL 指令。该指令应当始终启用。RUN（运行）[RUN/STOP（运行/停止）]表示驱动器是打开（1）还是关闭（0）。当 RUN（运行）位打开时，驱动器收到一条命令，按指定的速度和方向开始运行。为了使驱动器运行，必须符合三个条件，分别是 DRIVE（驱动器）在 USS_INIT 中必须被选为 ACTIVE（激活）；OFF2 和 OFF3 必须被设为 0；FAULT（故障）和 INHIBIT（禁止）必须为 0。

当 RUN（运行）关闭时，会向驱动器发出一条命令，将速度降低，直至电动机停止。OFF2 位被用于允许驱动器滑行至停止。OFF3 位被用于命令驱动器迅速停止。Resp_R（收到应答）位确认从驱动器收到应答。对所有的激活驱动器进行轮询，查找最新驱动器状态信息。每次 S7-200 从驱动器收到应答时，Resp_R 位均会打开，进行一次扫描，所有以下数值均被更新。F_ACK（故障确认）位被用于确认驱动器中的故障。当 F_ACK 从 0 转为 1 时，驱动器清除故障。DIR（方向）位表示驱动器应当移动的方向。"驱动器"（驱动器地址）输入是驱动器的地址，向该地址发送 USS_CTRL 命令。有效地址：0～31。"类型"（驱动器类型）输入选择驱动器的类型。将 3（或更早版本）驱动器的类型设为 0。将 4 驱动器的类型设为 1。

Speed_SP（速度设定值）是作为全速百分比的驱动器速度。Speed_SP 的负值会使驱动器反向旋转方向。范围：-200.0%～200.0%。

Error 是一个包含对驱动器最新通信请求结果的错误字节。USS 指令执行错误标题定义可能因执行指令而导致的错误条件。

Status 是驱动器返回的状态字原始数值。

Speed 是作为全速百分比的驱动器速度。范围：-200.0%～200.0%。

Run_EN（运行启用）表示驱动器是运行（1）还是停止（0）。

D_Dir 表示驱动器的旋转方向。

Inhibit 表示驱动器上的禁止位状态（0——不禁止，1——禁止）。欲清除禁止位，“故障”位必须关闭，RUN（运行）、OFF2 和 OFF3 输入也必须关闭。

Fault 表示故障位状态（0——无故障，1——故障）。驱动器显示故障代码。欲清除故障位，纠正引起故障的原因，并打开 F_ACK 位。

（3）设置变频器的参数　先查询 MM 440 变频器的说明书，再依次在变频器中设定表 8-18 中的参数。

表 8-18　变频器参数表

序 号	变频器参数	出 厂 值	设 定 值	功 能 说 明
1	P0304	230	380	电动机的额定电压（380V）
2	P0305	3.25	0.35	电动机的额定电流（0.35A）
3	P0307	0.75	0.06	电动机的额定功率（60W）
4	P0310	50.00	50.00	电动机的额定频率（50Hz）
5	P0311	0	1440	电动机的额定转速（1440r/min）
6	P0700	2	5	选择命令源（COM 链路的 USS 设置）
7	P1000	2	5	频率源（COM 链路的 USS 设置）
8	P2010	6	6	USS 波特率（6～9600）
9	P2011	0	18	站点的地址

【关键点】P2011 设定值为 18，与程序中的地址一致，正确设置变频器的参数是 USS 通信成功的前提。此外，要选用 USS 通信的指令，只要双击在如图 8-24 所示的库中对应的指令即可。

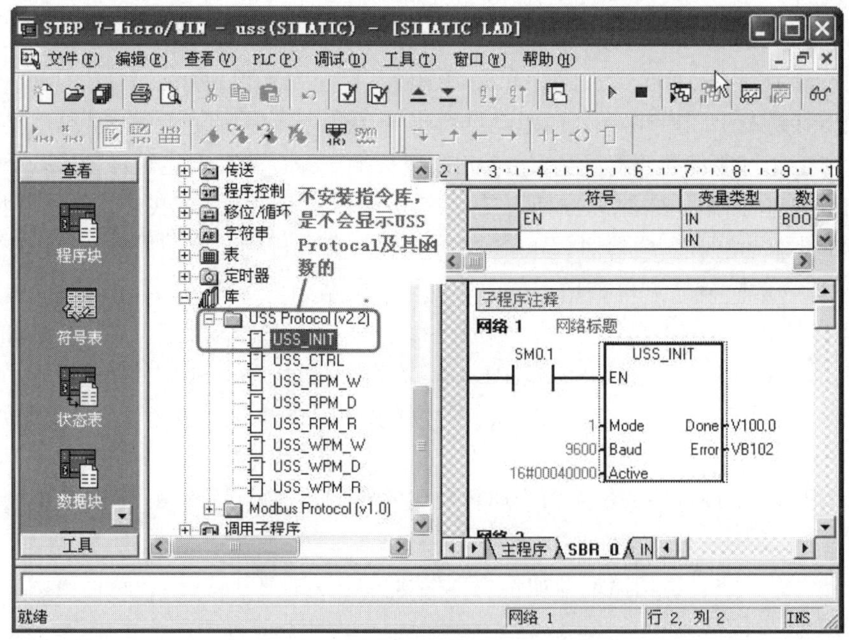

图 8-24　USS 指令库

（4）编写程序　程序如图 8-25 所示。

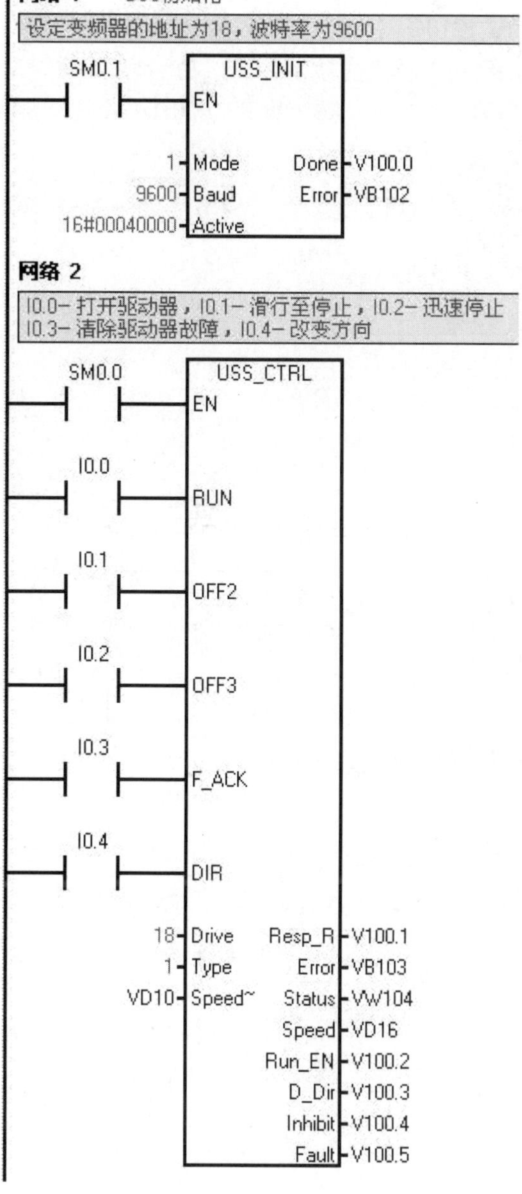

图 8-25　程序

8.4.3　S7-1200 PLC 与 MM 440 的 USS 通信

S7-1200 利用 USS 通信协议对 MM 440 进行频率给定时，要用到 STEP 7-Basic V13 软件中自带 USS 指令库，不像 STEP 7-Micro/WIN V4.0 SP9 软件，需要另外安装指令库。

S7-1200 的自由口通信可以采用 CM 1241（RS-485）或者 CM 1241（RS-232）模块，后续章节的MODBUS也是如此，虽然 USS协议通信也是串行通信的一种，但只能使用CM 1241（RS-485）模块。进行 USS 协议通信时，每个 S7-1200 CPU 最多可带 3 个通信模块，而每个

CM 1241（RS-485）通信模块最多支持 16 个变频器。因此用户在一个 S7-1200 CPU 中最多可建立 3 个 USS 网络，而每个 USS 网络最多支持 16 个变频器，总共最多支持 48 个 USS 变频器。

【例 8-7】 用一台 CPU 1214C 对 MM 440 变频器进行 USS 频率给定，将 P701 的参数改为 1，并读取 P702 参数。已知电动机的技术参数，功率为 0.06kW，额定转速为 1440 r/min，额定电压为 380V，额定电流为 0.35A，额定频率为 50Hz。请提出解决方案。

【解】 （1）软硬件配置

① 1 套 Portal V13；

② 1 台 MM 440 变频器；

③ 1 台 CPU 1214C；

④ 1 台 CM 1241（RS-485）；

⑤ 1 台电动机；

⑥ 1 根屏蔽双绞线。

硬件配置如图 8-26 所示。

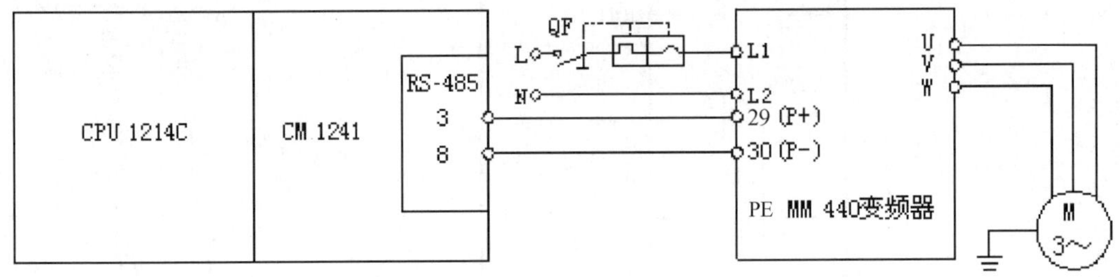

图 8-26 硬件配置图

（2）变频器的设置 按照表 8-19 设置变频器的参数，正确设置变频器的参数对于 USS 通信是非常重要的。

表 8-19 变频器参数表

序 号	变频器参数	出 厂 值	设 定 值	功 能 说 明
1	P0304	230	380	电动机的额定电压（380V）
2	P0305	3.25	0.35	电动机的额定电流（0.35A）
3	P0307	0.75	0.06	电动机的额定功率（60W）
4	P0310	50.00	50.00	电动机的额定频率（50Hz）
5	P0311	0	1440	电动机的额定转速（1440r/min）
6	P0700	2	5	选择命令源（COM 链路的 USS 设置）
7	P1000	2	5	频率源（COM 链路的 USS 设置）
8	P2010	6	6	USS 波特率（6～9600）
9	P2011	0	1	站点的地址
10	P2012	2	2	USS PZD 长度
11	P2013	127	4	USS PKW 长度

（3）硬件组态

① 新建项目。先新建项目，命名为“USS_S71200”，再添加硬件 CPU 1214C 和 CM 1241（RS-485），如图 8-27 所示。

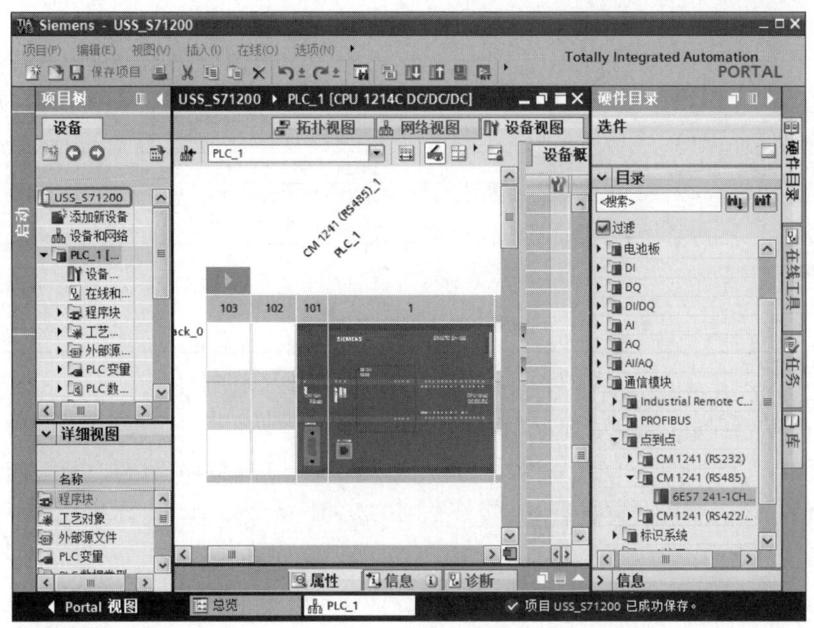

图 8-27　新建项目

② 新建循环中断块。把循环扫描的时间确定为 200ms，如图 8-28 所示。关于循环扫描时间的确定，将在后续章节讲解。

图 8-28　新建循环中断块

（4）编写程序

① 相关指令简介　USS_PORT 功能块用来处理 USS 网络上的通信，它是 S7-1200 CPU 与变频器的通信接口。每个 CM 1241（RS485）模块有且必须有一个 USS_PORT 功能块。USS_PORT 指令可以在 OB1 或者时间中断块中调用。USS_PORT 指令的格式见表 4-20。

表 8-20 USS_PORT 指令格式

LAD	输入 / 输出	说 明	数据类型
%FC1070 "USS_PORT" EN ENO PORT ERROR BAUD STATUS USS_DB	EN	使能	BOOL
	PORT	通过哪个通信模块进行 USS 通信	端口
	BAUD	通信波特率	DINT
	USS_DB	和变频器通信时的 USS 数据块	DINT
	ERROR	输出错误，0——无错误，1——有错误	BOOL
	STATUS	扫描或初始化的状态	UINT

S7-1200 PLC 与变频器的通信是与它本身的扫描周期不同步的，在完成一次与变频器的通信事件之前，S7-1200 通常完成了多个扫描。

USS_PORT 通信的时间间隔是 S7-1200 与变频器通信所需要的时间，不同的通信波特率对应的不同的 USS_PORT 通信间隔时间。不同的波特率对应的 USS_PORT 最小通信间隔时间见表 8-21。

表 8-21 波特率对应的 USS_PORT 最小通信间隔时间表

波 特 率	最小时间间隔/ms	最大时间间隔/ms
4800	212.5	638
9600	116.3	349
19200	68.2	205
38400	44.1	133
57600	36.1	109
15200	28.1	85

USS_DRV 功能块用来与变频器进行交换数据，从而读取变频器的状态以及控制变频器的运行。每个变频器使用唯一的一个 USS_DRV 功能块，但是同一个 CM 1241（RS-485）模块的 USS 网络的所有变频器（最多 16 个）都使用同一个 USS_DRV_DB。USS_DRV 指令必须在主 OB 中调用，不能在循环中断 OB 中调用。USS_DRV 指令的格式见表 8-22。

表 8-22 USS_DRV 指令格式

LAD	输入 / 输出	说 明	数据类型
USS_DRV EN ENO NDR ERROR RUN STATUS RUN_EN OFF2 D_DIR INHIBIT OFF3 FAULT SPEED F_ACK STATUS1 STATUS3 DIR STATUS4 DRIVE STATUS5 PZD_LEN STATUS6 SPEED_SP STATUS7 CTRL3 STATUS8 CTRL4 CTRL5 CTRL6 CTRL7 CTRL8	EN	使能	BOOL
	RUN	驱动器起始位： 该输入为真时，将使驱动器以预设速度运行	BOOL
	OFF2	紧急停止，自由停车	BOOL
	OFF3	快速停车，带制动停车	BOOL
	F_ACK	变频器故障确认	BOOL
	DIR	变频器控制电动机的转向	BOOL
	DRIVE	变频器的 USS 站地址	USINT
	PZD_LEN	PDZ 字长	USINT
	SPEED_SP	变频器的速度设定值，用百分比表示	REAL
	NDR	新数据到达	BOOL
	ERROR	出现故障	BOOL
	STATUS	扫描或初始化的状态	UINT
	INHIBIT	变频器禁止位标志	BOOL
	FAULT	变频器故障	BOOL
	SPEED	变频器当前速度，用百分比表示	REAL

USS_RPM 功能块用于通过 USS 通信从变频器读取参数。USS_WPM 功能块用于通过 USS 通信设置变频器的参数。USS_RPM 功能块和 USS_WPM 功能块与变频器的通信与 USS_DRV 功能块的通信方式是相同的。

USS_RPM 指令的格式见表 8-23，USS_WPM 指令的格式见表 8-24。

表 8-23　USS_ RPM 指令格式

LAD	输入 / 输出	说　明	数 据 类 型
USS_RPM EN　ENO REQ　DONE DRIVE　ERROR PARAM　STATUS INDEX　VALUE USS_DB	EN	使能	BOOL
	REQ	读取请求	BOOL
	DRIVE	变频器的 USS 站地址	USINT
	PARAM	读取参数号（0～2047）	UINT
	INDEX	参数下标（0～255）	UINT
	USS_DB	和变频器通信时的 USS 数据块	VARIANT
	DONE	1 表示已经读入	BOOL
	ERROR	出现故障	BOOL
	STATUS	扫描或初始化的状态	UINT
	VALUE	读到的参数值	多种类型

表 8-24　USS_WPM 指令格式

LAD	输入 / 输出	说　明	数 据 类 型
USS_WPM EN　ENO REQ　DONE DRIVE　ERROR PARAM　STATUS INDEX EEPROM VALUE USS_DB	EN	使能	BOOL
	REQ	发送请求	BOOL
	DRIVE	变频器的 USS 站地址	USINT
	PARAM	写入参数编号（0～2047）	UINT
	INDEX	参数索引（0～255）	UINT
	EEPROM	是否写入 EEPROM，1——写入，0——不写入	BOOL
	USS_DB	和变频器通信时的 USS 数据块	VARIANT
	DONE	1 表示已经写入	BOOL
	ERROR	出现故障	BOOL
	STATUS	扫描或初始化的状态	UINT
	VALUE	要写入的参数值	多种类型

② 编写程序　循环中断块 OB30 中的程序如图 8-29 所示，每次执行 USS_PORT 仅与一台变频器通信，主程序块 OB1 中的程序如图 8-30 所示，变频器的读写指令只能在 OB1 中。

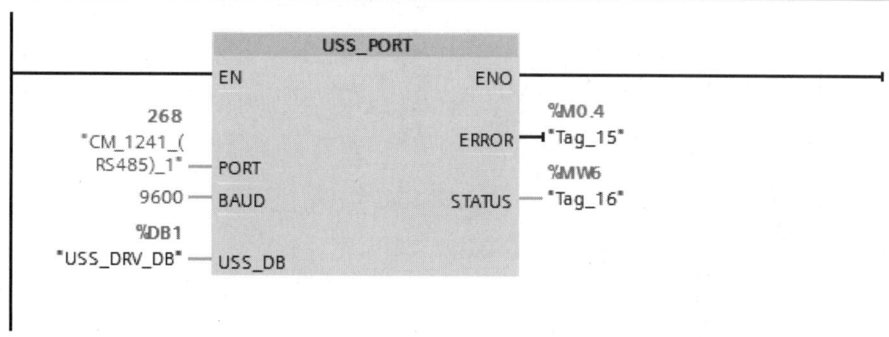

图 8-29　循环中断块 OB30 中的程序

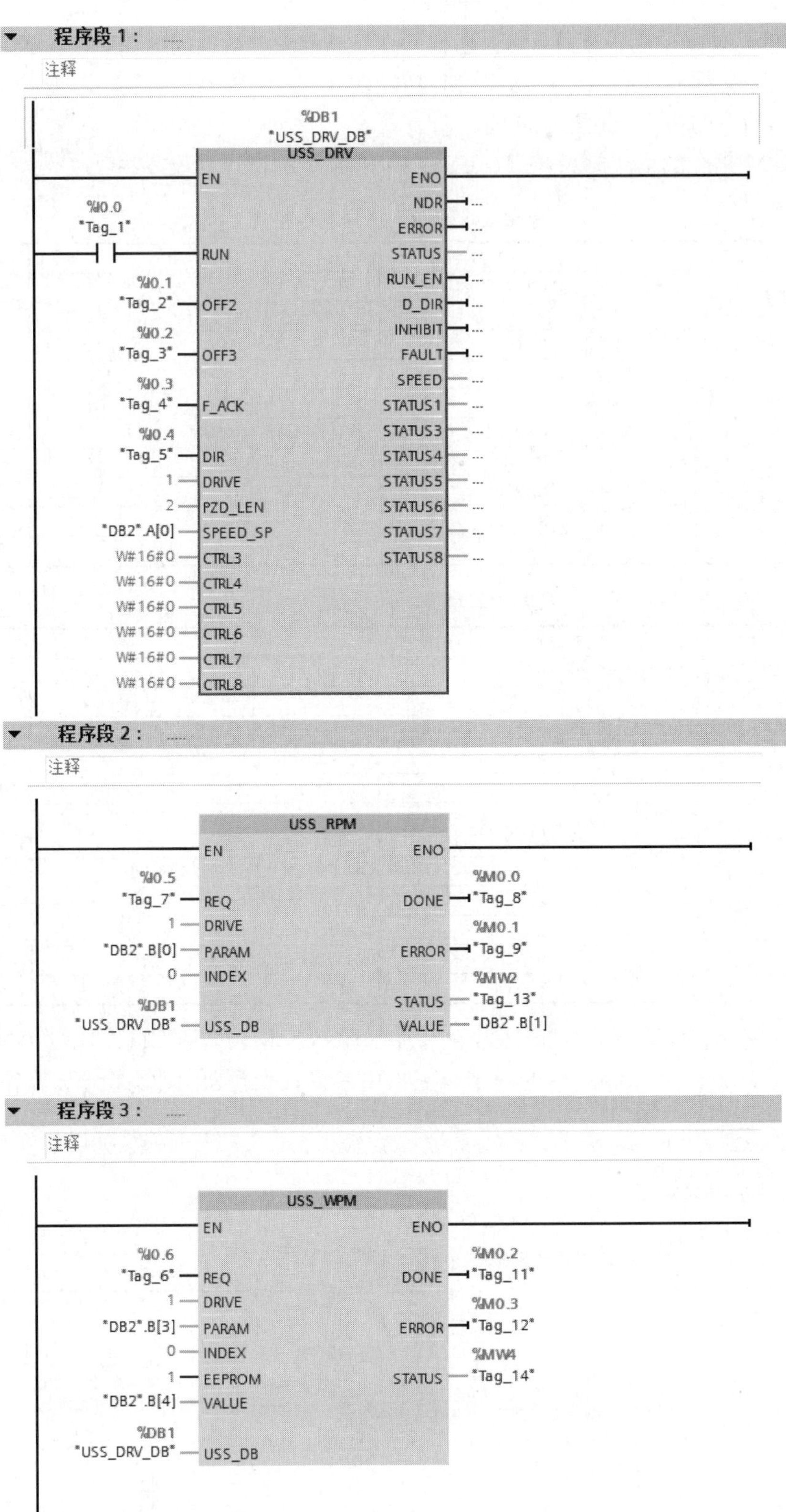

图 8-30　主程序块 OB1 中的程序

【关键点】① 对写入参数功能块编程时，各个数据的数据类型一定要正确对应。如果需要设置变量进行写入参数值时，注意该参数变量的初始值不能为 0，否则容易产生通信错误。

② 当同一个 CM 1241 RS-485 模块带有多个（最多 16 个）USS 变频器时，这个时候通信的 USS_DB 是同一个，USS_DRV 功能块调用多次，每个 USS_DRV 功能块调用时，相对应的 USS 站地址与实际的变频器要一致，而其他的控制参数也要一致。

③ 当同一个 S7-1200 PLC 带有多个 CM 1241 RS-485 模块（最多 3 个）时，这个时候通信的 USS_DB 相对应的是 3 个，每个 CM 1241 RS-485 模块的 USS 网络使用相同的 USS_DB，不同的 USS 网络使用不同的 USS_DB。

④ 当对变频器的参数进行读写操作时，注意不能同时进行 USS_RPM 和 USS_WPM 的操作，并且同一时间只能进行一个参数的读或者写操作，而不能进行多个参数的读或者写操作。

8.4.4 S7-300 与 MM 440 变频器的场总线通信频率给定

S7-200 可以与 MM 440 变频器进行 USS 通信，USS 通信其实就是一种自由口通信。但由于 S7-200 只能作 PROFIBUS-DP 从站，不能作 PROFIBUS-DP 主站，MM 440 变频器也只能作 PROFIBUS-DP 从站，不能作 PROFIBUS-DP 主站，因此 S7-200 不能作为主站与 MM 440 变频器进行现场总线通信。S7-300 可以在 PROFIBUS-DP 网络中作主站。以下用一个例子介绍 S7-300 与 MM 440 变频器的场总线通信。

【例 8-8】 有一台设备的控制系统中，由 HMI、CPU 314C-2DP 和 MM 440 变频器组成，要求对电动机进行无级调速，请设计方案，并编写程序。

【解】 （1）软硬件配置

① 1 套 STEP 7 V5.5 SP4；

② 1 台 MM 440 变频器（含 PROFIBUS 模板）；

③ 1 台 CPU 314C-2DP；

④ 1 台电动机；

⑤ 1 根 PC/MPI 电缆；

⑥ 1 根 PROFIBUS 屏蔽双绞线；

⑦ 1 台 HMI。

硬件配置如图 8-31 所示。

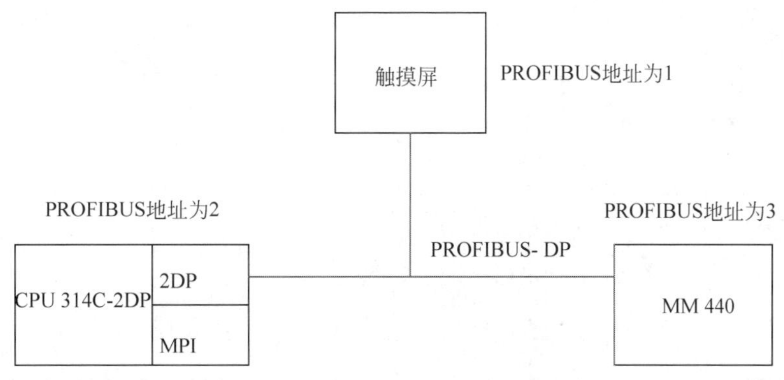

图 8-31 硬件配置图

（2）MM 440 变频器的设置　MM 440 变频器的参数数值见表 8-25。

表 8-25　MM 440 变频器参数表

序 号	变频器参数	出 厂 值	设 定 值	功 能 说 明
1	P0304	230	380	电动机的额定电压（380V）
2	P0305	3.25	0.35	电动机的额定电流（0.35A）
3	P0307	0.75	0.06	电动机的额定功率（60W）
4	P0310	50.00	50.00	电动机的额定频率（50Hz）
5	P0311	0	1440	电动机的额定转速（1440r/min）
6	P0700	2	6	选择命令源（COM 链路的通信板 CB 设置）
7	P1000	2	6	频率源（COM 链路的通信板 CB 设置）
8	P2009	0	1	USS 规格化

MM 440 变频器 PROFIBUS 站地址的设定在变频器的通信板（CB）上完成，通信板（CB）上有一排拨钮用于设置地址，每个拨钮对应一个“8-4-2-1”码的数据，所有的拨钮处于“ON”位置对应的数据相加的和就是站地址。拨钮示意图如图 8-32 所示，拨钮 1 和 2 处于“ON”位置，所以对应的数据为 1 和 2；而拨钮 3、拨钮 4、拨钮 5 和拨钮 6 处于“OFF”位置，所对应的数据为 0，站地址为 1＋2＋0＋0＋0＋0＝3。

图 8-32　拨钮示意图

【关键点】图 8-32 设置的站地址 3，必须和 STEP 7 软件中硬件组态的地址保持一致，否则不能通信。

（3）S7-300 的硬件组态

① 新建项目和 PROFIBUS 网络。将项目命名为“4-8”。新建 PROFIBUS 网络，设置 CPU 314C-2DP 的站地址为 2，选中如图 8-33 中“1”处的网络，展开“PROFIBUS　DP”。

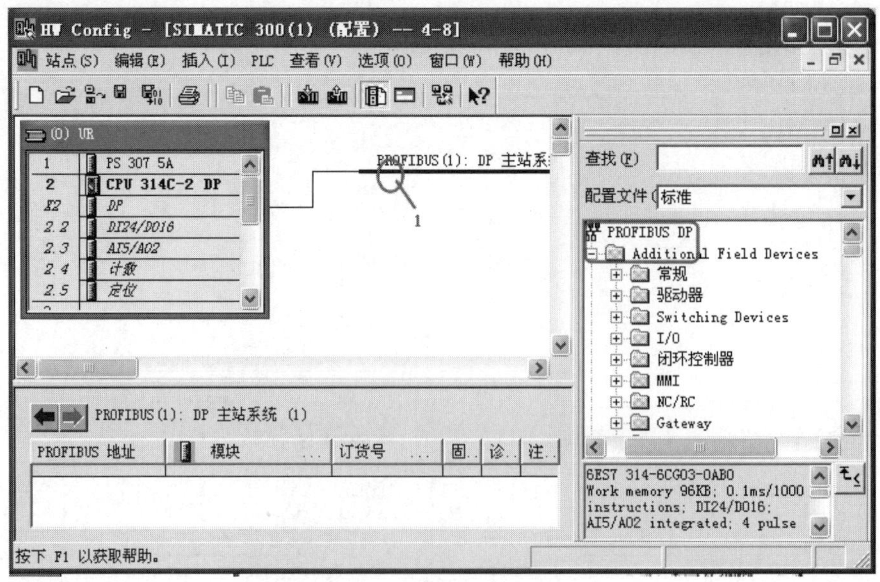

图 8-33　新建项目和 PROFIBUS 网络

② 选中“MICROMASTER 4”。如图 8-34 所示，先展开“SIMOVERT”，再选中“MICROMASTER 4”，并双击之，弹出图 8-35 所示的界面。

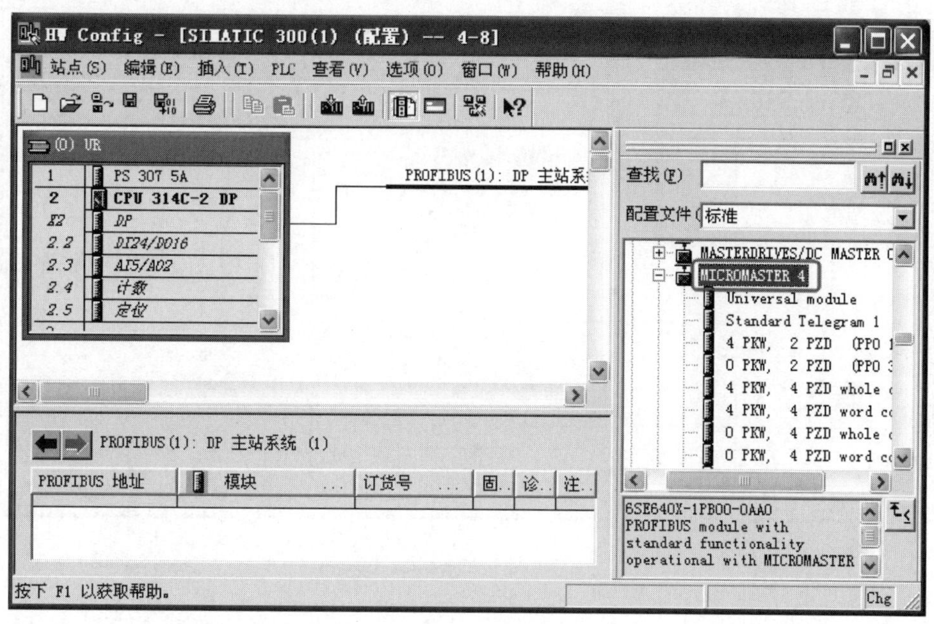

图 8-34 选中“MICROMASTER 4”

③ 设置 MM 440 的站地址。如图 8-35 所示，先选中“PROFIBUS（1）”网络，再将“地址”设置为 3，最后单击“确认”按钮。

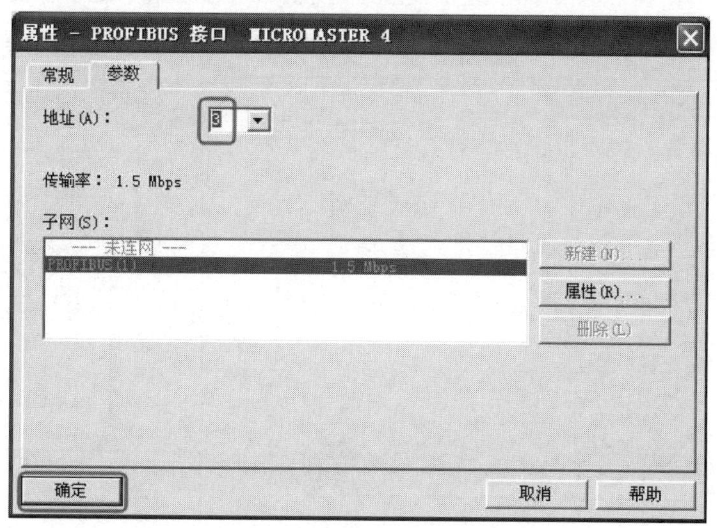

图 8-35 设置 MM 440 的站地址

④ 选择通信报文的结构。PROFIBUS 的通信报文由两部分组成，即 PKW（参数识别 ID 数据区）和 PZD 区（过程数据）。如图 8-36 所示，先选中“1”处，再双击“0 PKW ，2 PZD（PPO3）”，“0 PKW，2 PZD （PPO3）”通信报文格式的含义是报文中没有 PKW，只有 2 个字的 PZD。

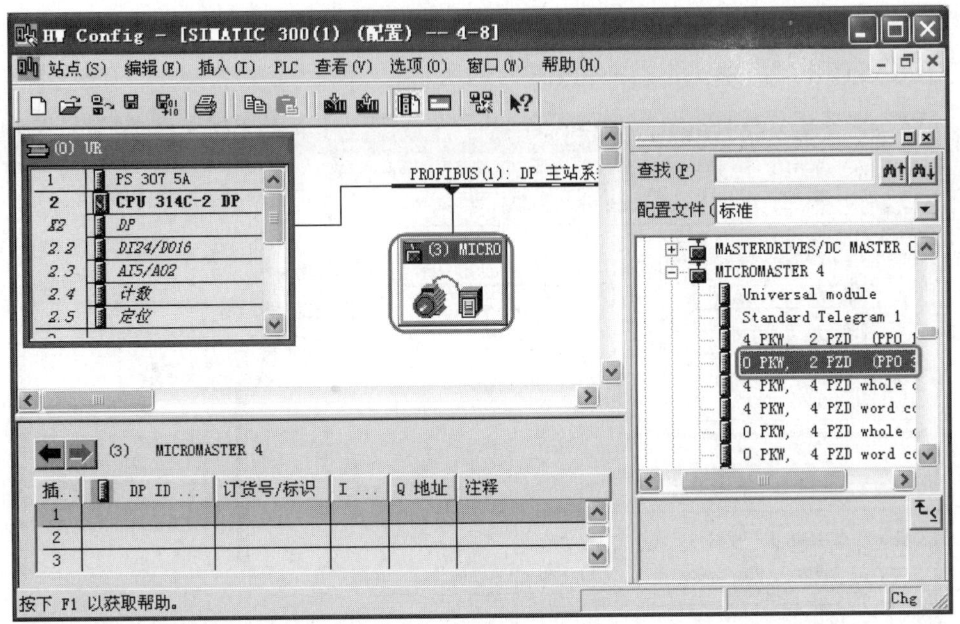

图 8-36 选择通信报文的结构

⑤ MM 440 的数据地址。如图 8-37 所示，MM 440 接收主站的数据存放在 IB256~IB259（共两个字），MM 440 发送信息给主站的数据区在 QB256~QB259（共两个字）。最后，编译并保存组态完成的硬件。

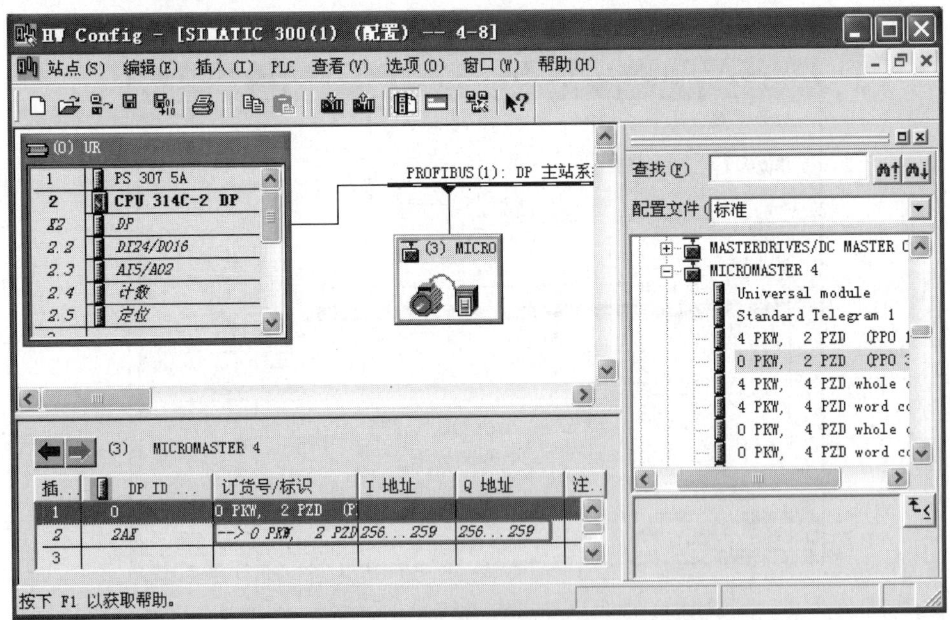

图 8-37 MM 440 的数据地址

（4）编写程序

① 任务报文 PZD 的介绍 任务报文的 PZD 区是为控制和检测变频器而设计的。PZD 的第一个字是变频器的控制字（STW）。变频器的 STW 控制字的各位含义见表 8-26。

表 8-26 变频器的 STW 控制字

位	项 目	含 义
位 00	ON（斜坡上升）/OFF1（斜坡下降）	0 否，1 是
位 01	OFF2：按照惯性自由停车	0 是，1 否
位 02	OFF3：快速停车	0 是，1 否
位 03	脉冲使能	0 否，1 是
位 04	斜坡函数发生器（RFG）使能	0 否，1 是
位 05	RFG 开始	0 否，1 是
位 06	设定值使能	0 否，1 是
位 07	故障确认	0 否，1 是
位 08	正向点动	0 否，1 是
位 09	反向点动	0 否，1 是
位 10	由 PLC 进行控制	0 否，1 是
位 11	设定值反向	0 否，1 是
位 12	未使用	
位 13	用电动电位计 MOP 升速	0 否，1 是
位 14	用电动电位计 MOP 降速	0 否，1 是
位 15	本机/远程控制	0P7019 下标 0，1P7019 下标 1

PZD 的第二个字是变频器的主设定值（HSW）。这就是主频率设定值。有两种不同的设置方式，当 P2009 设置为 0 时，数值以十六进制形式发送，即 4000（Hex）规格化为由 P2000（默认值为 50）设定的频率，4000 相当于 50Hz。当 P2009 设置为 1 时，数值以十进制形式发送，即 4000（十进制）表示频率为 40.00Hz。

例如当 P2009＝0 时，任务报文为 PZD＝047F4000，第一个字的二进制为 0000 0100 0111 1111。这个字的含义是：斜坡上升；不是自由惯性停机；不是快速停车；脉冲使能；斜坡函数发生器（RFG）使能；RFG 开始；设定值使能；不确认故障；不是正向点动；不是反向点动；PLC 进行控制；设定值不反向；不用 MOP 升速和降速。第二个字的含义是转速为 50Hz。

② 应答报文 PZD 的介绍　应答报文 PZD 的第一个字是变频器的状态字（ZWS）。变频器的状态字通常由参数 r0052 定义。变频器的状态字（ZSW）含义见表 8-27。

表 8-27 变频器的状态字 ZSW

位	项 目	含 义
位 00	变频器准备	0 否，1 是
位 01	变频器运行准备就绪	0 否，1 是
位 02	变频器正在运行	0 否，1 是
位 03	变频器故障	0 是，1 否
位 04	OFF2 命令激活	0 是，1 否
位 05	OFF3 命令激活	0 否，1 是
位 06	禁止接通	0 否，1 是
位 07	变频器报警	0 否，1 是
位 08	设定值/实际偏差过大	0 是，1 否
位 09	过程数据监控	0 否，1 是
位 10	已经达到最大频率	0 否，1 是
位 11	电动机极限电流报警	0 是，1 否
位 12	电动机抱闸制动投入	0 是，1 否
位 13	电动机过载	0 是，1 否
位 14	电动机正向运行	0 否，1 是
位 15	变频器过载	0 是，1 否

应答报文的 PZD 的第二个字是变频器的运行实际参数（HIW）。通常定义为变频器的实际输出频率。其数值也由 P2009 进行规格化。

③ 编写程序　程序如图 8-38 所示。

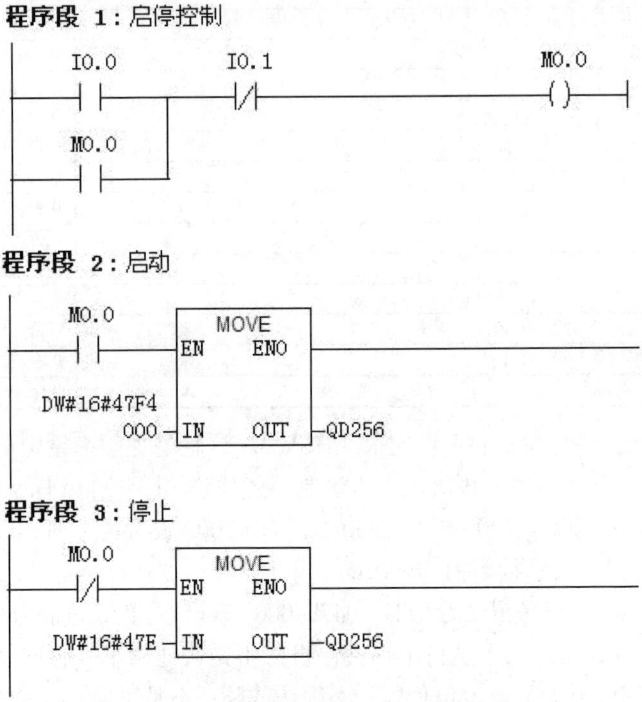

程序段 1：启停控制

I0.0　I0.1　M0.0

M0.0

程序段 2：启动

M0.0

MOVE

EN　ENO

DW#16#47F4
000 — IN　OUT — QD256

程序段 3：停止

M0.0

MOVE

EN　ENO

DW#16#47E — IN　OUT — QD256

图 8-38　程序

【关键点】理解任务报文和应答报文的各位的含义是十分关键的，否则很难编写出正确程序。

8.5　使用变频器时电动机的制动和正反转

8.5.1　使用变频器时电动机的制动

使用 MM 440 变频器时的制动方法有 OFF1、OFF2、OFF3、复合制动、直流注入制动和外接电阻制动等方式。

外接电阻的制动方法，其连线如图 8-39 所示。

（1）根据变频器的功率和电动机的工况，选用合适的制动电阻，具体参考 MM 440 变频器使用说明书。

（2）按照图 8-39 将变频器与电动机连接在一起，注意制动电阻 R 上的开关触头要与接触器 KM 的线圈串联，这样当制动电阻过热时，制动电阻上的热敏电阻切断接触器 KM 的电源，从而切断变频器的供电电源起到保护作用。

（3）当切断变频器电源或者按停止“按钮”时，电动机迅速停车。

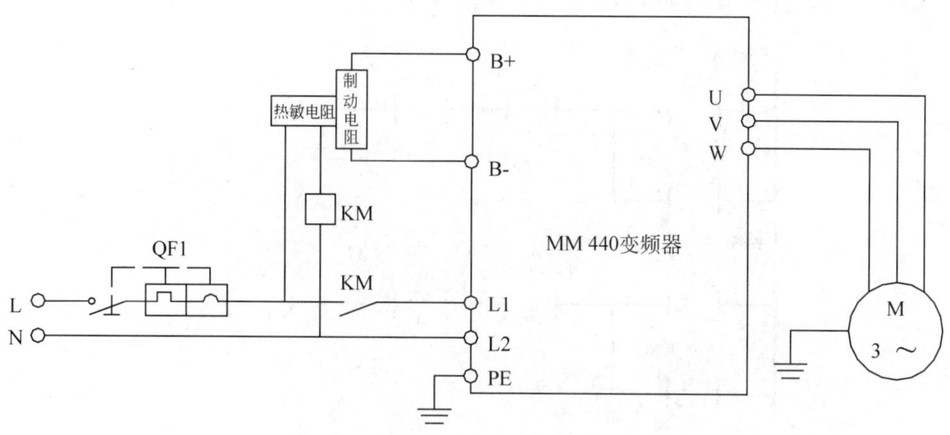

图 8-39　接线图（制动）

8.5.2　使用变频器时电动机的正反转

不使用变频器时，要控制电动机正反转要用两个接触器，而使用变频器后，设计方案就不同了。电动机的启动、正反转和制动均由 PLC 控制完成，SB1 控制启动正转、SB2 反转、SB3 控制停止（制动，OFF3 方式）。

（1）将 PLC、变频器和电动机按照如图 8-40 所示连线。

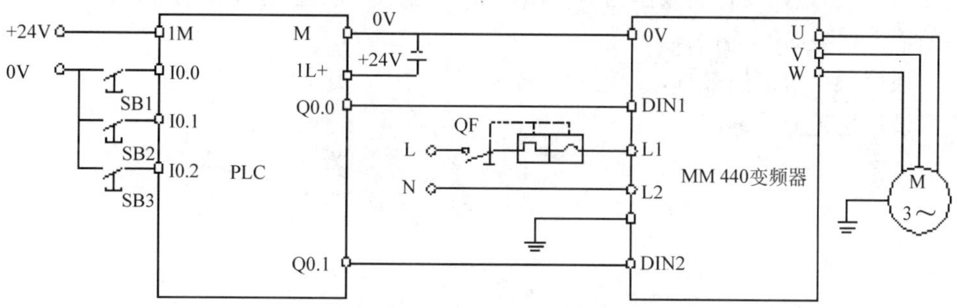

图 8-40　接线图（正反转）

（2）参考说明书，按照表 8-28 设定变频器的参数。

表 8-28　变频器参数

序号	变频器参数	出厂值	设定值	功能说明
1	P0304	230	380	电动机的额定电压（380V）
2	P0305	3.25	0.35	电动机的额定电流（0.35A）
3	P0307	0.75	0.06	电动机的额定功率（60W）
4	P0310	50.00	50.00	50.00
5	P0311	0	1440	1440
6	P0700	2	2	选择命令源
7	P1000	2	1	频率源
8	P0701	1	1	正转
9	P0702	12	2	反转

（3）编写程序，并下载到PLC中去，如图8-41所示。

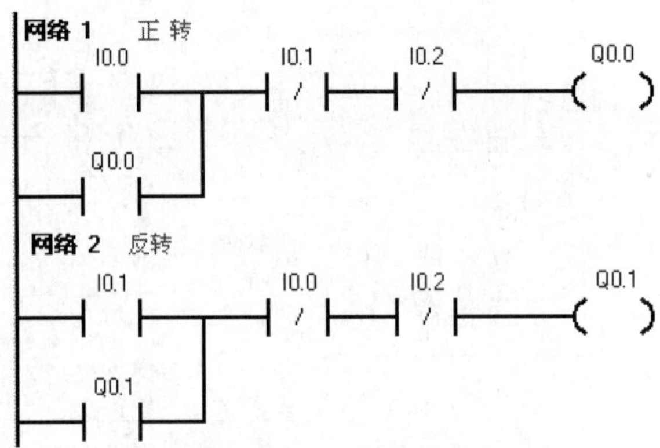

图8-41 正反转梯形图

重点难点总结

（1）掌握变频器的参数设定是正确使用变频器的前提。

（2）理解变频器的“交-直-交”工作原理。

（3）掌握变频器BOP频率给定、多段频率给定、模拟量频率给定和通信频率给定的应用场合以及其在运输站上的应用。

（4）掌握PLC控制变频器频率给定的接线方法，特别注意当PLC为晶体管输出时，若PLC为PNP输出，则要将变频器的输入调整PNP输入，同理若PLC为NPN输出，则要将变频器的输入调整NPN输入。

（5）通信频率给定的难点是理解各个控制字的含义，这是非常关键的，此外对变频器参数的正确设定也十分关键。

第9章

PLC的PPI/MPI/PROFIBUS和MODBUS通信

本章主要介绍S7-200、S7-1200和S7-300系列PLC的通信及其通信模块的应用。具体内容有S7-200系列PLC的PPI通信、S7-200系列PLC的MODBUS通信；S7-200和S7-300系列PLC的PROFIBUS现场总线通信、MPI通信。本章的内容较多，而且相对较复杂。

9.1 通信基础知识

PLC的通信包括PLC与PLC之间的通信、PLC与上位计算机之间的通信以及和其他智能设备之间的通信。PLC与PLC之间通信的实质就是计算机的通信，使得众多独立的控制任务构成一个控制工程整体，形成模块控制体系。PLC与计算机连接组成网络，将PLC用于控制工业现场，计算机用于编程、显示和管理等任务，构成“集中管理、分散控制”的分布式控制系统（DCS）。

9.1.1 通信的基本概念

（1）串行通信与并行通信　串行通信和并行通信是两种不同的数据传输方式。

串行通信就是通过一对导线将发送方与接收方进行连接，传输数据的每个二进制位按照规定顺序在同一导线上依次发送与接收，如图9-1所示。例如，常用的优盘USB接口就是串行通信。串行通信的特点是通信控制复杂，通信电缆少，因此与并行通信相比，成本低。

并行通信就是将一个8位数据（或16位、32位）的每一个二进制位采用单独的导线进行传输，并将传送方和接收方进行并行连接，一个数据的各二进制位可以在同一时间内一次传送，如图9-2所示。例如，老式打印机的打印口和计算机的通信就是并行通信。并行通信的特点是一个周期里可以一次传输多位数据，其连线的电缆多，因此长距离传送时成本高。

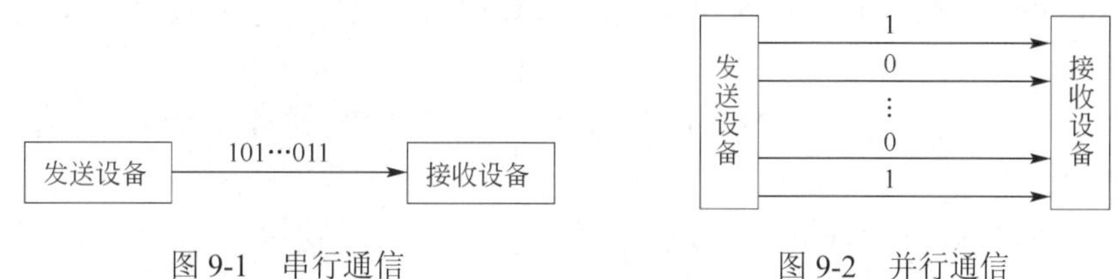

图9-1　串行通信　　图9-2　并行通信

（2）异步通信与同步通信　异步通信与同步通信也称为异步传送与同步传送，这是串行通信的两种基本信息传送方式。从用户的角度上说，两者最主要的区别在于通信方式的“帧”不同。

异步通信方式又称起止方式。它在发送字符时，要先发送起始位，然后是字符本身，最后是停止位，字符之后还可以加入奇偶校验位。异步通信方式具有硬件简单、成本低的特点，主要用于传输速率低于 19.2kbit/s 的数据通信。

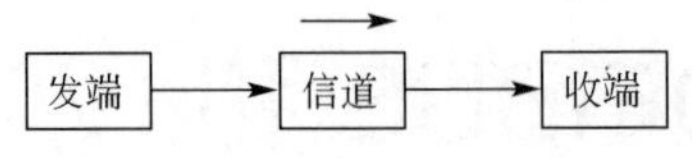

图 9-3 单工通信

同步通信方式在传递数据的同时，也传输时钟同步信号，并始终按照给定的时刻采集数据。其传输数据的效率高，硬件复杂，成本高，一般用于传输速率高于 20kbit/s 的数据通信。

（3）单工、全双工与半双工 单工、双工与半双工是通信中描述数据传送方向的专用术语。

① 单工（Simplex）：指数据只能实现单向传送的通信方式，一般用于数据的输出，不可以进行数据交换，如图 9-3 所示。

② 全双工（Full Simplex）：也称双工，指数据可以进行双向数据传送，同一时刻既能发送数据，也能接收数据，如图 9-4 所示。通常需要两对双绞线连接，通信线路成本高。例如，RS-422 就是“全双工”通信方式。

③ 半双工（Half Simplex）：指数据可以进行双向数据传送，同一时刻，只能发送数据或者接收数据，如图 9-5 所示。通常需要一对双绞线连接，与全双工相比，通信线路成本低。例如，RS-485 只用一对双绞线时就是“半双工”通信方式。

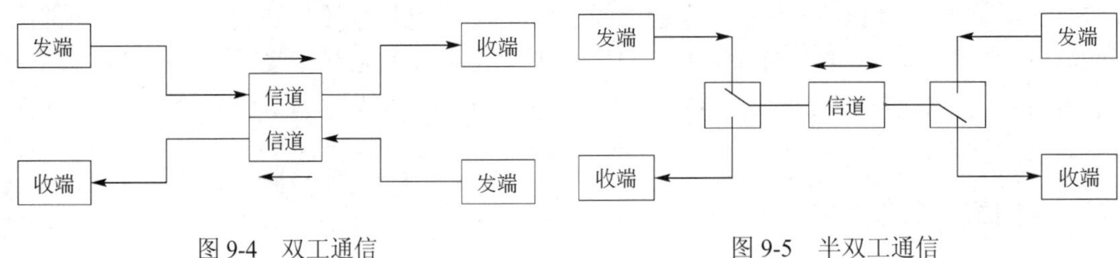

图 9-4 双工通信　　　　图 9-5 半双工通信

（4）PLC 网络的术语解释 PLC 网络中的名词、术语很多，现将常用的予以介绍。

① 站（Station）：在 PLC 网络系统中，将可以进行数据通信、连接外部输入/输出的物理设备称为“站”。例如，由 PLC 组成的网络系统中，每台 PLC 可以是一个“站”。

② 主站（Master Station）：PLC 网络系统中进行数据连接的系统控制站，主站上设置了控制整个网络的参数，通常每个网络系统只有一个主站，站号实际就是 PLC 在网络中的地址。

③ 从站（Slave Station）：PLC 网络系统中，除主站外，其他的站称为“从站”。

④ 远程设备站（Remote Device Station）：PLC 网络系统中，能同时处理二进制位、字的从站。

⑤ 本地站（Local Station）：PLC 网络系统中，带有 CPU 模块并可以与主站以及其他本地站进行循环传输的站。

⑥ 站数（Number of Station）：PLC 网络系统中，所有物理设备（站）所占用的“内存站数”的总和。

⑦ 网关（Gateway）：又称网间连接器、协议转换器。网关在传输层上以实现网络互联，是最复杂的网络互联设备，仅用于两个高层协议不同的网络互联。如图 9-6 所示， S7-400 通过工业以太网，把信息传送到 IE/PB 模块，再传送到 PROFIBUS 网络上的 IM153-1 模块，IE/PB 通信模块用于不同协议的互联，它实际上就是网关。

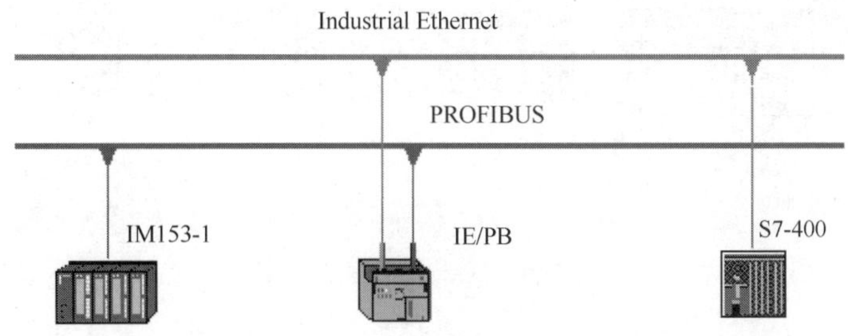

图 9-6 网关应用实例

⑧ 中继器（Repeater）：用于网络信号放大、调整的网络互联设备，能有效延长网络的连接长度。例如，PPI的正常传送距离不大于50m，经过中继器放大后，可传输1000多米，应用实例如图9-7所示，PLC采用MPI或者PPI协议通信时，传送距离可达1100m。

图 9-7 中继器应用实例

⑨ 路由器（Router）：所谓路由就是指通过相互连接的网络把信息从源地点移动到目标地点的活动。一般来说，在路由过程中，信息至少会经过一个或多个中间节点。路由器是互联网的主要节点设备。如图9-8所示，如果要把PG/PC的程序下载到SIMATIC 400(1)中，必然要经过SIMATIC 300(1)这个节点，这实际就用到了SIMATIC 300(1)的路由功能，图中的箭头展示了下载信息的流向。

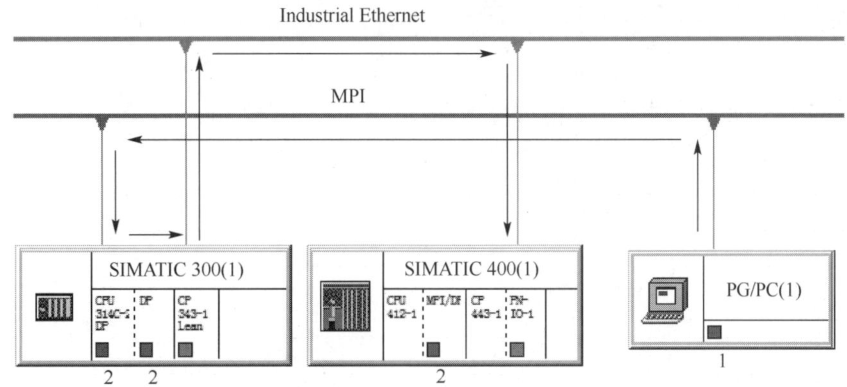

图 9-8 路由功能应用实例

⑩ 交换机（Switch）：交换机是为了解决通信阻塞而设计的，它是一种基于MAC地址识别，能完成封装转发数据包功能的网络设备。交换机可以“学习”MAC地址，并把其存放在内部地址表中，通过在数据帧的始发者和目标接收者之间建立临时的交换路径，使数据帧直接由源地址到达目的地址。如图9-9所示，交换机（EMS）将HMI（触摸屏）、PLC和PC（个人计算机）连接在工业以太网的一个网段中。

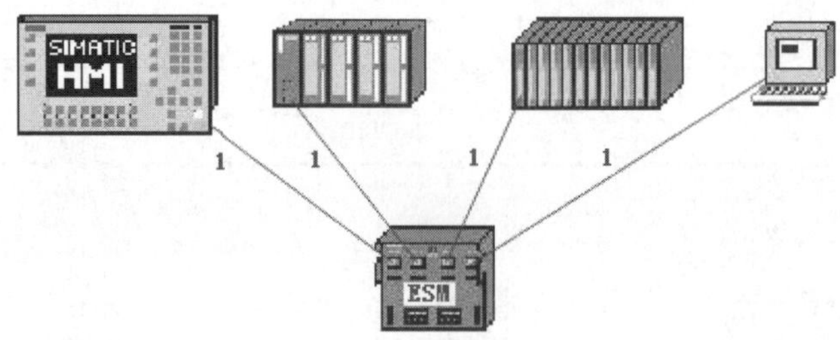

图 9-9 交换机应用实例

⑪ 网桥（Bridge）：也叫桥接器，是连接两个局域网的一种存储/转发设备，它能将一个大的 LAN 分割为多个网段，或将两个以上的 LAN 互联为一个逻辑 LAN，使 LAN 上的所有用户都可访问服务器。网桥将网络的多个网段在数据链路层连接起来，网桥的应用如图 9-10 所示。西门子的 DP/PA Coupler 模块就是一种网桥。

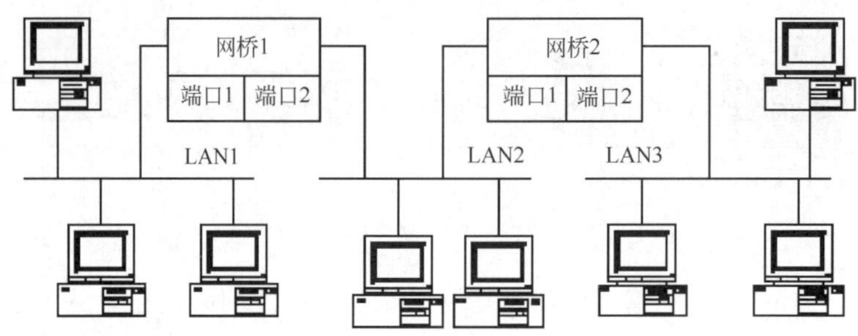

图 9-10 网桥应用实例

9.1.2 RS-485 标准串行接口

（1）RS-485 接口 RS-485 接口是在 RS-422 基础上发展起来的一种 EIA 标准串行接口，采用“平衡差分驱动”方式。RS-485 接口满足 RS-422 的全部技术规范，可以用于 RS-422 通信。RS-485 接口通常采用 9 针连接器。RS-485 接口的引脚功能参见表 9-1。

表 9-1 RS-485 接口的引脚功能

PLC 侧引脚	信号代号	信号功能
1	SG 或 GND	机壳接地
2	+24V 返回	逻辑地
3	RXD+或 TXD+	RS-485 的 B，数据发送/接收+端
5	+5V 返回	逻辑地
6	+5V	+5V
7	+24V	+24V
8	RXD－或 TXD－	RS-485 的 A，数据发送/接收－端
9	不适用	10 位协议选择（输入）

（2）西门子的 PLC 连线 西门子 PLC 的 PPI 通信、MPI 通信和 PROFIBUS-DP 现场总线通信的物理层都是 RS-485，而且采用的都是相同的通信线缆和专用网络接头。西门子提供两种网络接头，即标准网络接头和包括编程端口接头，可方便地将多台设备与网络连接，编

程端口允许用户将编程站或 HMI 设备与网络连接，而不会干扰任何现有网络连接，图 9-11 为带编程口的网络接头。标准网络接头的编程端口接头均有两套终端螺钉，用于连接输入和输出网络电缆。这两种接头还配有开关，可选择网络偏流和终端。图 9-11 显示了电缆接头的普通偏流和终端状况，右端的电阻设置为“on”，而左端的设置为“off”，图中只显示了一个，若有多个也是这样设置。要将终端电阻设置“on”或者“off”，只要拨动网络接头上的拨钮即可。图 9-11 中拨钮在“off”一侧，因此终端电阻未接入电路。

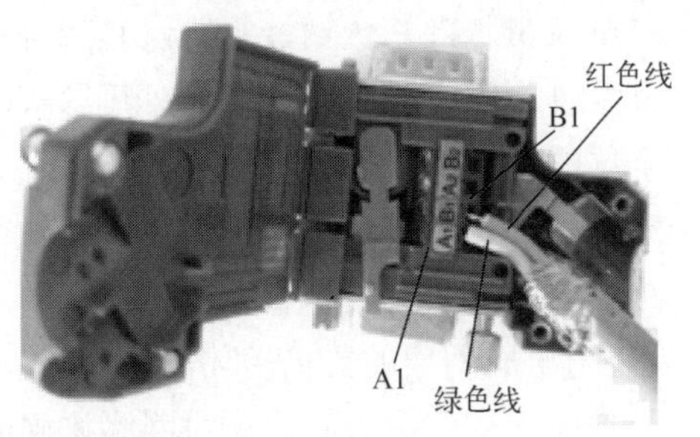

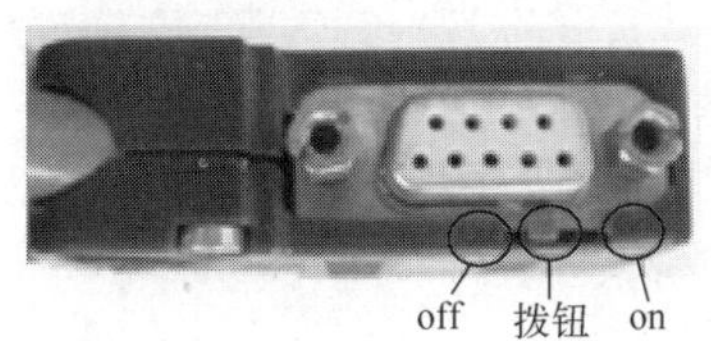

图 9-11　网络接头的偏流电阻设置图

【关键点】西门子的专用 PROFIBUS 电缆中有两根线，一根为红色，上标有“B”，一根为绿色，上面标有“A”，这两根线只要与网络接头上相对应的“A”和“B”接线端子相连即可（如“A”线与“A”接线端相连）。网络接头直接插在 PLC 的通信口上即可，不需要其他设备。注意：三菱的 FX 系列 PLC 的 RS-485 通信要加 RS-485 专用通信模块和终端电阻。

9.1.3　OSI 参考模型

通信网络的核心是 OSI（Open System Interconnection，开放式系统互联）参考模型。1984 年，国际标准化组织（ISO）提出了开放式系统互联的 7 层模型，即 OSI 模型。该模型自下而上分为：物理层、数据链接层、网络层、传输层、会话层、表示层和应用层。理解 OSI 参考模型比较难，但了解它，对掌握后续的以太网通信和 PROFIBUS 通信是很有帮助的。

OSI 的上 3 层通常称为应用层，用来处理用户接口、数据格式和应用程序的访问。下 4 层负责定义数据的物理传输介质和网络设备。OSI 参考模型定义了大多数协议栈共有的基本框架，如图 9-12 所示。

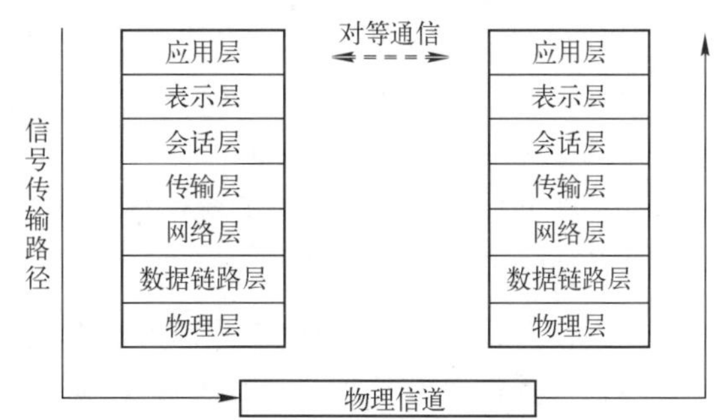

图 9-12　信息在 OSI 模型中的流动形式

① 物理层（Physical Layer）：定义了传输介质、连接器和信号发生器的类型，规定了物理连接的电气、机械功能特性，如电压、传输速率、传输距离等特性。典型的物理层设备有集线器（HUB）和中继器等。

② 数据链路层（Data Link Layer）：确定传输站点物理地址以及将消息传送到协议栈，提供顺序控制和数据流向控制。该层可以继续分为两个子层：介质访问控制层（Mediuum Access Control，MAC）和逻辑链路层（Logical Link Control Layer，LLC），即层 2a 和 2b。

其中 IEEE 802.3（Ethernet，CSMA/CD）就是 MAC 层常用的通信标准。典型的数据链路层的设备有交换机和网桥等。

③ 网络层（Network Layer）：定义了设备间通过逻辑地址（IP，Internet Protocol，因特网协议地址）传输数据，连接位于不同广播域的设备，常用来组织路由。典型的网络层设备是路由器。

④ 传输层（Transport Layer）：建立会话连接，分配服务访问点（Sevice Access Point，SAP），允许数据进行可靠（Transmission Control Protocol，TCP 传输控制协议）或者不可靠（User Datagram Protoco，UDP1 用户数据报协议）的传输。可以提供通信质量检测服务（QOS）。网关是互联网设备中最复杂的，它是传输层及以上层的设备。

⑤ 会话层（Session Layer）：负责建立、管理和终止表示层实体间通信会话，处理不同设备应用程序间的服务请求和响应。

⑥ 表示层（Presentation Layer）：提供多种编码用于应用层的数据转化服务。

⑦ 应用层（Application Layer）：定义用户及用户应用程序接口与协议对网络访问的切入点。目前各种应用版本较多，很难建立统一的标准。在工控领域常用的标准是（Mutimedia Messaging Service，MMS 多媒体信息服务），用来描述制造业应用的服务和协议。

数据经过封装后通过物理介质传输到网络上，接收设备除去附加信息后，将数据上传到上层堆栈层。

各层的数据单位一般有各自特定的称呼。物理层的单位是比特（bit）；数据链路层的单位是帧（Frame）；网络层的单位是分组（Packet，有时也称包）；传输层的单位是数据报（Datagram）或者段（Segment）；会话层、表示层和应用层的单位是消息（Message）。

9.2 SIMATIC NET 工业通信网络

SIMATIC NET 是西门子工业网络通信解决方案的统称。

9.2.1 工业通信网络结构

通常，企业的通信网络可分为三级：企业级、车间级和现场级，以下分别介绍。

（1）企业级通信网络　企业级通信网络用于企业的上层管理，为企业提供生产、管理和经营数据，通过数据化的方式优化企业资源，提高企业的管理水平。这个层中，IT 技术得到了广泛的应用，如 Internet 和 Intranet。

（2）车间级通信网络　车间级通信网络介于企业级和现场级之间，其主要功能是解决车间内各需要协调工作的不同工艺段之间的通信。车间级通信网络要求能传递大量的信息数据和少量控制信息，而且要求具备较强的实时性。这个层主要使用工业以太网。

（3）现场级通信网络　现场级通信网络处于工业网络的最底层，直接连接现场的各种设备，包括 I/O 设备、变频与驱动、传感器和变送器等，由于连接的设备千差万别，因此所使用的通信方式也比较复杂。又由于现场级通信网络直接连接现场设备，网络上传递的主要是控制信号，因此对网络的实时性和确定性有很高的要求。

SIMATIC NET 中，现场级通信网络中主要使用 PROFIBUS。同时 SIMATIC NET 也支持 AS-Interface、EIB 等总线技术。

9.2.2 通信网络技术说明

（1）MPI 通信　MPI（Multi-Point Interface，即多点接口）协议，用于小范围、少点数的现场级通信。MPI 是为 S7/M7/C7 系统提供接口，它设计用于编程设备的接口，也可用于在少数 CPU 间传递少量的数据。

（2）PROFIBUS 通信　PROFIBUS 符合国际标准 IEC 61158，是目前国际上通用的现场总线中 20 大现场总线之一，并以独特的技术特点、严格的认证规范、开放的标准和众多的厂家支持，成为现场级通信网络的优秀解决方案，目前其全球网络节点已经突破 3000 万个。

从用户的角度看，PROFIBUS 提供三种通信协议类型：PROFIBUS-FMS、PROFIBUS-DP 和 PROFIBUS-PA。

① PROFIBUS-FMS （Fieldbus Message Specification，现场总线报文规范），主要用于系统级和车间级的不同供应商的自动化系统之间传输数据，处理单元级（PLC 和 PC）的多主站数据通信。

② PROFIBUS-DP（Decentralized Periphery，分布式外部设备），用于自动化系统中单元级控制设备与分布式 I/O（例如 ET 200）的通信。主站之间的通信为令牌方式，主站与从站之间为主从方式，以及这两种方式的混合。

③ PROFIBUS-PA（Process Automation，过程自动化）用于过程自动化的现场传感器和执行器的低速数据传输，使用扩展的 PROFIBUS-DP 协议。

（3）工业以太网　工业以太网符合 IEEE 802.3 国际标准，是功能强大的区域和单元网络，是目前工控界最为流行的网络通信技术之一。

（4）点对点连接　严格地说，点对点（Point-to-Point）连接并不是网络通信，但点对点连接可以通过串口连接模块实现数据交换，应用比较广泛。

（5）AS-Interface　传感器/执行器接口用于自动化系统最底层的通信网络。它专门用来连接二进制的传感器和执行器，每个从站的最大数据量为 4bit。

9.3 PPI 通信

9.3.1 初识 PPI 协议

西门子的 S7-200 系列 PLC 可以支持 PPI 通信、MPI 通信（从站）、MODBUS 通信、USS 通信、自由口协议通信、PROFIBUS-DP 现场总线通信（从站）、AS-I 通信和以太网通信等。

PPI 是一个主从协议，主站向从站发出请求，从站作出应答。从站不主动发出信息，而是等候主站向其发出请求或查询，要求应答。主站通过由 PPI 协议管理的共享连接与从站通信。PPI 不限制能够与任何一台从站通信的主站数目，但是无法在网络中安装 32 台以上的主站。

PPI 协议目前还没有公开。

9.3.2 S7-200 系列 PLC 之间的 PPI 通信

PPI 通信的实现比较简单，通常有两种方法，方法 1 是用 STEP 7-Micro/WIN 中的“指令向导”生成通信子程序，这种方法比较简单，适合初学者使用。方法 2 是用网络读/网络写指令编写通信程序，相对而言要麻烦一些。以下仅介绍第一种方法。

【例 9-1】 某设备的第一站和第二站上的控制器是 CPU 226 CN，两个站组成一个 PPI 网络，其中，第一站的 PLC 为主站，第二站的 PLC 为从站。其工作任务是：当压下主站上的按钮 SB1 时，从站上的灯亮；当按下从站上的按钮 SB1 时，主站上的灯亮。请编写程序。

【解】 （1）主要软硬件配置

① 1 套 STEP 7-Micro/WIN V4.0 SP9；

② 2 台 CPU 226 CN；

③ 1 根 PROFIBUS 网络电缆（含两个网络总线连接器）；

④ 1 根 PC/PPI 电缆。

PROFIBUS 网络电缆、PPI 通信硬件配置、主站和从站接线如图 9-13～图 9-15 所示。

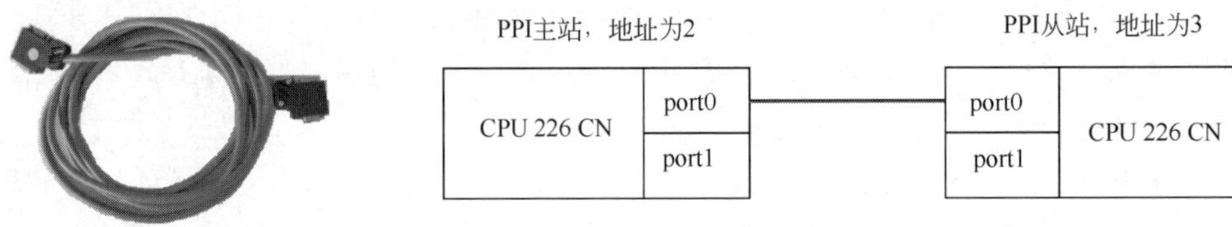

图 9-13 PROFIBUS 网络电缆　　图 9-14 PPI 通信硬件配置图

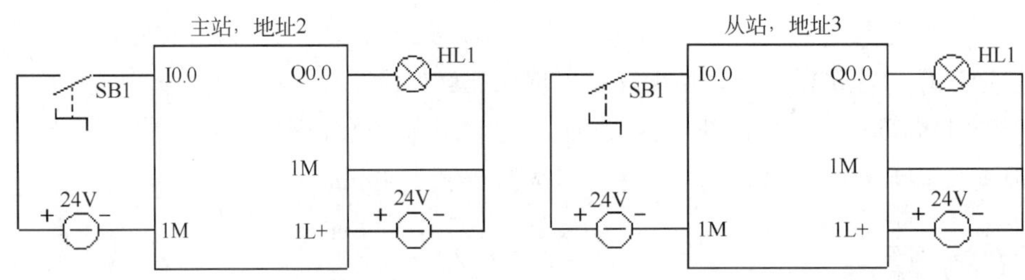

图 9-15 主站和从站接线图

（2）硬件配置过程

① 选择“NETR/NETW” 首先单击工具条中的“指令向导”按钮，弹出“指令向导”对话框，如图 9-16 所示，选中“NETR/NETW”选项，单击“下一步”按钮。

② 指定需要的网络操作数目 在图 9-17 所示的界面中设置需要进行多少网络读写操作，由于本例有一个网络读取和一个网络写，故设为“2”即可，单击“下一步”按钮。

③ 指定端口号和子程序名称 由于 CPU 226 有 PORT0 和 PORT1 两个通信口，网络连接器插在哪个端口，配置时就选择哪个端口，子程序的名称可以不作更改，因此在图 9-18 所示的界面中，直接单击“下一步”按钮。

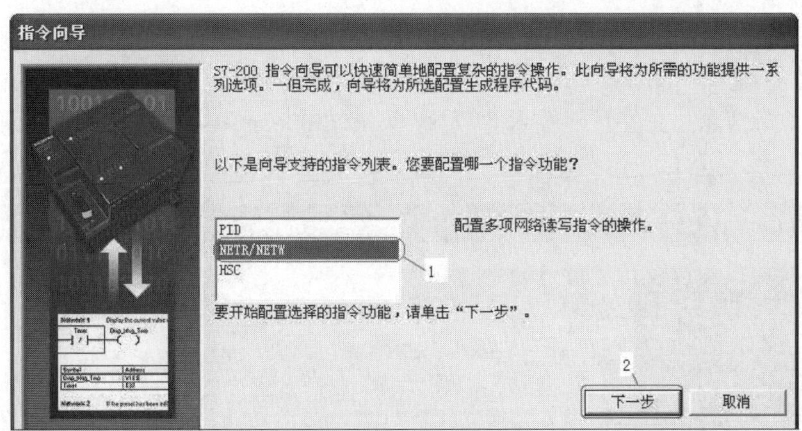

图 9-16 选择“NETR/NETW”

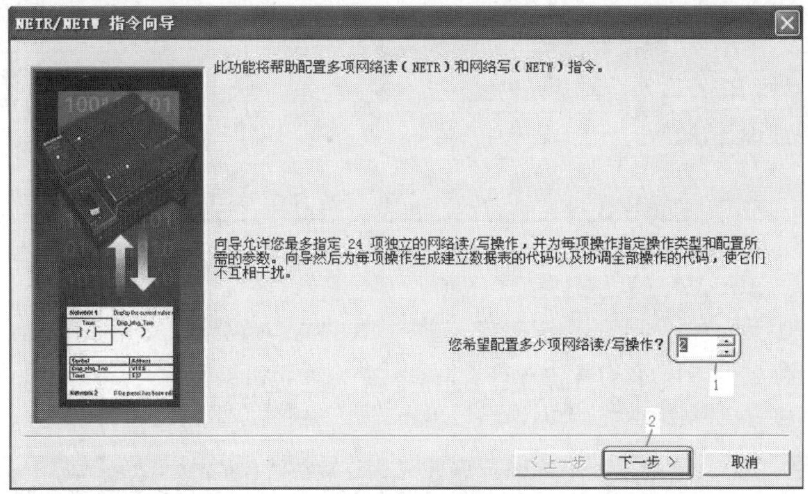

图 9-17 指定网络操作数目

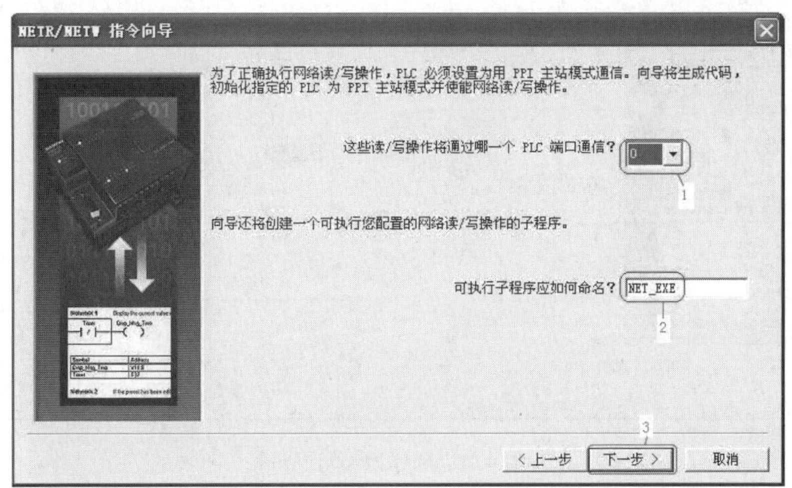

图 9-18 指定端口号和子程序名称

④ 组态网络读写操作　如图 9-19 所示的界面相对比较复杂，需要设置 5 项参数。在图中的位置“1”，选择“NETR”（网络读），主站读取从站的信息；在位置“2”输入 1，因为只有 1 个开关量信息；在位置 3 输入 3，因为第三站的地址为“3”；位置“4”和位置“5”输入“VB1”，然后单击“下一项操作”按钮。

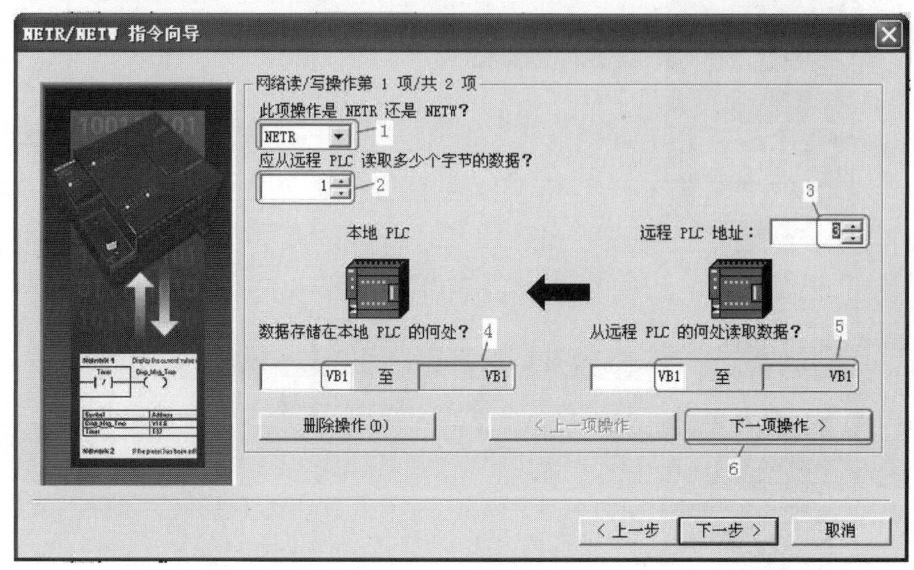

图 9-19　组态网络读操作

如图 9-20 所示，在图中的位置“1”，选择“NETW”（网络写），主站向从站发送信息；在位置“2”输入 1，因为只有 1 个开关量信息；在位置 3 输入 3，因为第三站的地址为“3”；位置“4”和位置“5”输入“VB0”，然后单击“下一项操作”按钮。

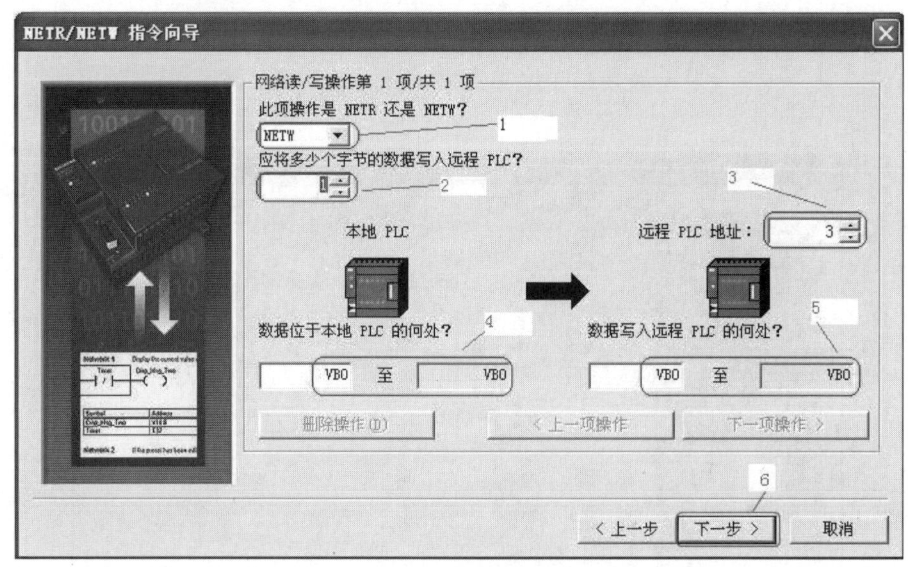

图 9-20　组态网络写操作

⑤ 分配 V 存储区　在图 9-21 所示的界面中分配系统要使用的存储区，通常使用默认值，

然后单击“下一步”按钮。

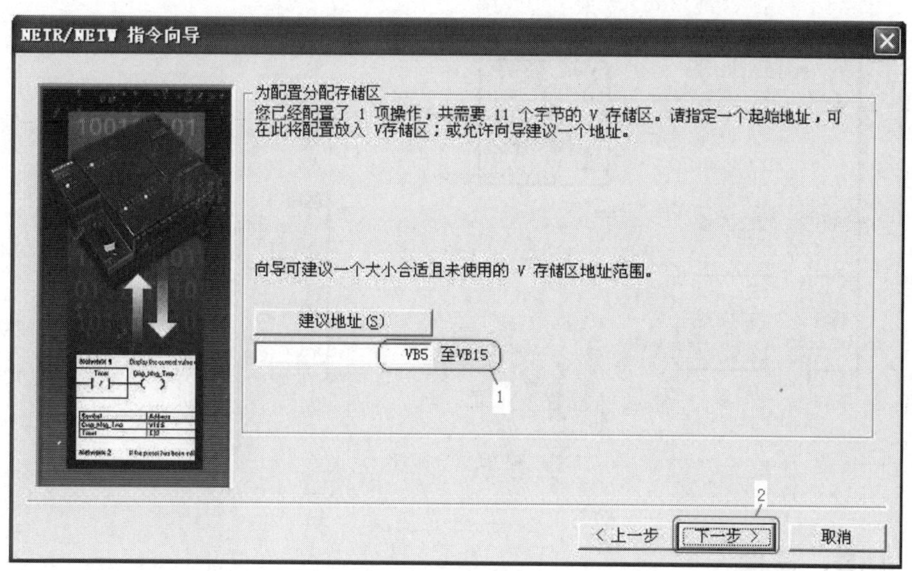

图 9-21　分配 V 存储区

⑥ 生成程序代码　单击“完成”按钮，如图 9-22 所示。至此通信子程序“NET_EXE”已经生成，在后续的程序中，可以调用此子程序。

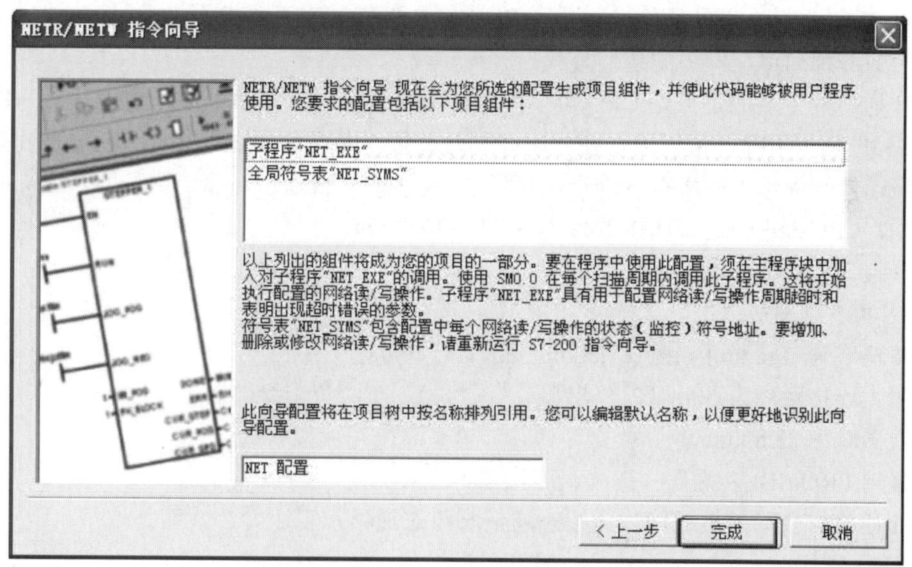

图 9-22　生成程序代码

（3）编写程序　通信子程序只在主站中调用，从站不调用通信子程序，从站只需要在指定的 V 存储单元中读写相关的信息既可。主站和从站的程序如图 9-23 所示。

【关键点】本例的主站站地址为“2”，在运行程序前，必须将从站的站地址设置成“3”（与图 9-20 中设置一致），此外，本例实际是将主站的 VB0 中数据传送到从站的 VB0 中。此外，要注意站地址和站内地址的区别。主站和从站的波特率必须相等。一般而言，其他的通信方式也遵循这个原则，这点初学者很容易忽略。

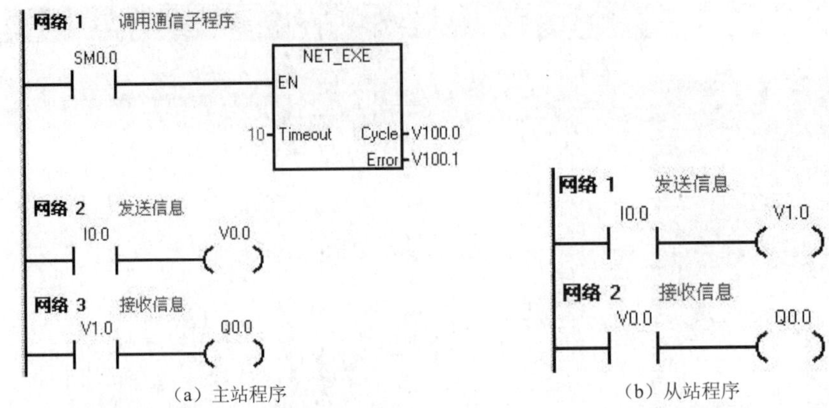

（a）主站程序　（b）从站程序

图 9-23　程序

9.4 MPI 通信

9.4.1 MPI 通信概述

MPI 网络可用于单元层，它是多点接口（MultiPoint Interface）的简称，是西门子公司开发的用于 PLC 之间通信的保密的协议。MPI 通信是当通信速率要求不高、通信数据量不大时，可以采用的一种简单、经济的通信方式。

MPI 通信的主要的优点是 CPU 可以同时与多种设备建立通信联系。也就是说，编程器、HMI 设备和其他的 PLC 可以连接在一起并同时运行。编程器通过 MPI 接口生成的网络还可以访问所连接硬件站上的所有智能模块。可同时连接的其他通信对象的数目取决于 CPU 的型号。例如，CPU 314 的最大连接数为 4，CPU 416 为 64。

MPI 接口的主要特性为：

- RS-485 物理接口；
- 传输率为 19.2 kbit/s 或 187.5 kbit/s 或 1.5 Mbit/s；
- 最大连接距离为 50m（2 个相邻节点之间），有两个中继器时为 1100 m，采用光纤和星形偶合器时为 23.8 km；
- 采用 PROFIBUS 元件（电缆、连接器）。

MPI 通信有全局数据通信、无组态通信和组态通信，以下介绍无组态通信。

9.4.2 无组态连接通信方式

（1）无组态连接 MPI 通信简介　无组态连接 MPI 通信适合 S7-200、S7-300、S7-400 之间的通信，通过调用 SFC65、SFC66、SFC67、SFC68 来实现。无组态通信不能和全局数据方式混合使用。

无组态通信分为：双边通信方式和单边通信方式。

（2）无组态单边通信方式应用举例　单边无组态通信方式只在一方编写通信程序。编写程序的一方为主站，另一方为从站。当 S7-200/300/400 进行单边无组态通信时，S7-300/400

既可作为主站也可以作为从站，但 S7-200 只能作为从站。

【例 9-2】 有两台设备，分别由一台 CPU 314C-2DP 和一台 CPU 226 CN 控制，从设备 1 上的 CPU 314C-2DP 发出启停控制命令，设备 2 的 CPU 226 CN 收到命令后，对设备 2 进行启停控制。同理设备 2 也能发出信号，对设备进行启停控制。

【解】 将设备 1 上的 CPU 314C-2DP 作为主站，主站的 MPI 地址为 2，将设备 2 上的 CPU 226 CN 作为从站，从站的 MPI 地址为 3。

① 主要软硬件配置

a. 1 套 STEP 7 V5.5 SP4。

b. 1 台 CPU 314C-2DP。

c. 1 台 CPU 226 CN。

d. 1 台 EM 277。

e. 1 根编程电缆。

f. 1 根 PROFIBUS 网络电缆（含两个网络总线连接器）。

g. 1 套 STEP 7 Micro/WIN V4.0 SP9。

MPI 通信硬件配置图如图 9-24 所示，PLC 接线图如图 9-25 所示。

从图 9-24 可以看出 S7-200 与 S7-300 间的 MPI 通信有两种配置方案。方案 1 只要将 PROFIBUS 网络电缆（含两个网络总线连接器）连接在 S7-300 的 MPI 接口和 S7-200 的 PPI 接口上即可，而方案 2 却需要另加一个 EM 277 模块，显然成本多一些，但若 S7-200 的 PPI 接口不够用时，方案 2 是可以选择的配置方案。

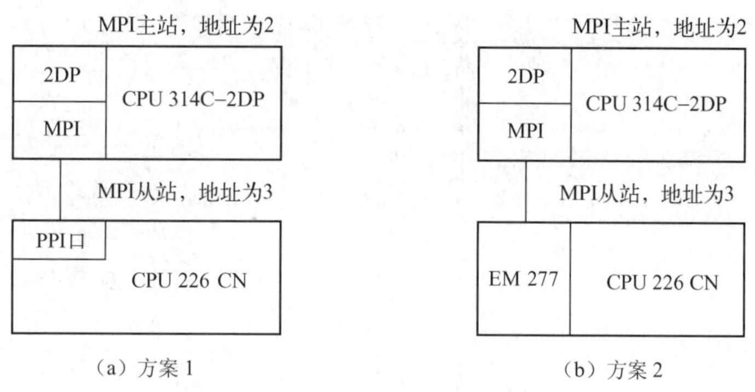

图 9-24 MPI 通信硬件配置图

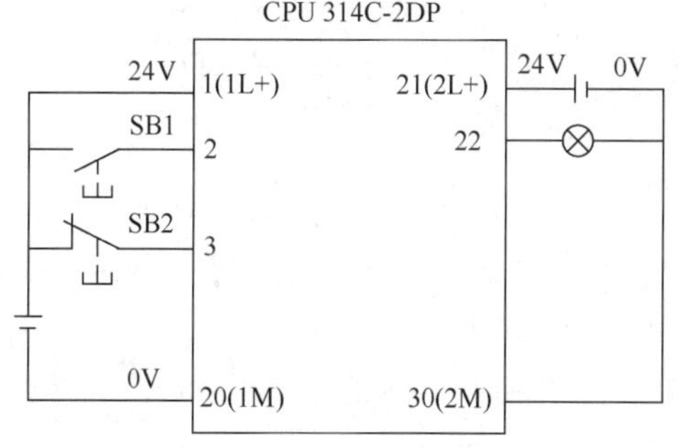

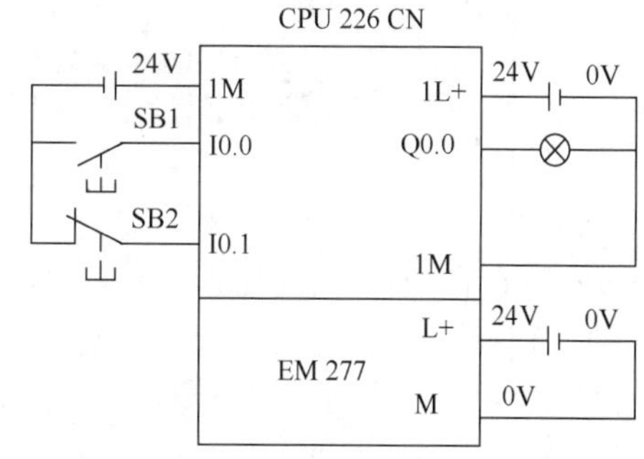

图 9-25 PLC 接线图

② 硬件组态　S7-200与S7-300间的MPI通信只能采用无组态通信，无组态通信指通信无须组态，完成通信任务，只需要编写程序即可。只要用到S7-300，硬件组态还是不可缺少的，这点读者必须清楚。

a. 新建项目并插入站点。新建项目，命名为“MPI_200”，再插入站点，重命名为“MASTER”，如图9-26所示，双击“硬件”，打开硬件组态界面。

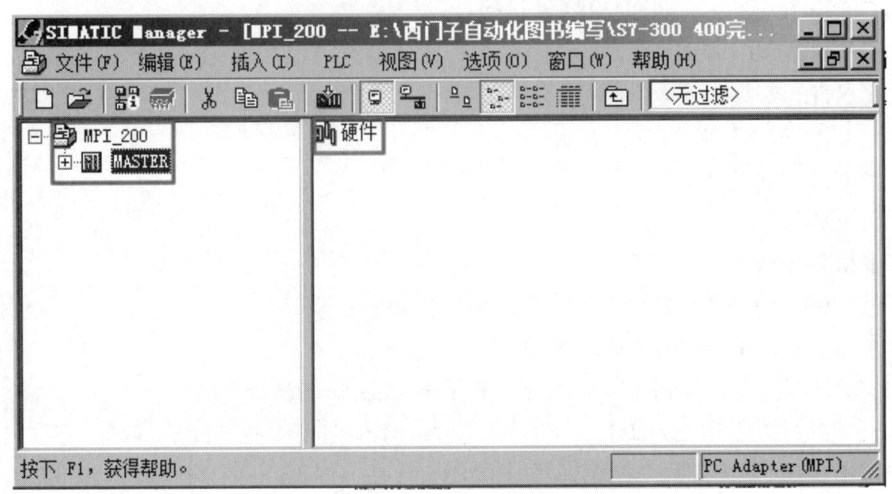

图9-26　新建项目并插入站点

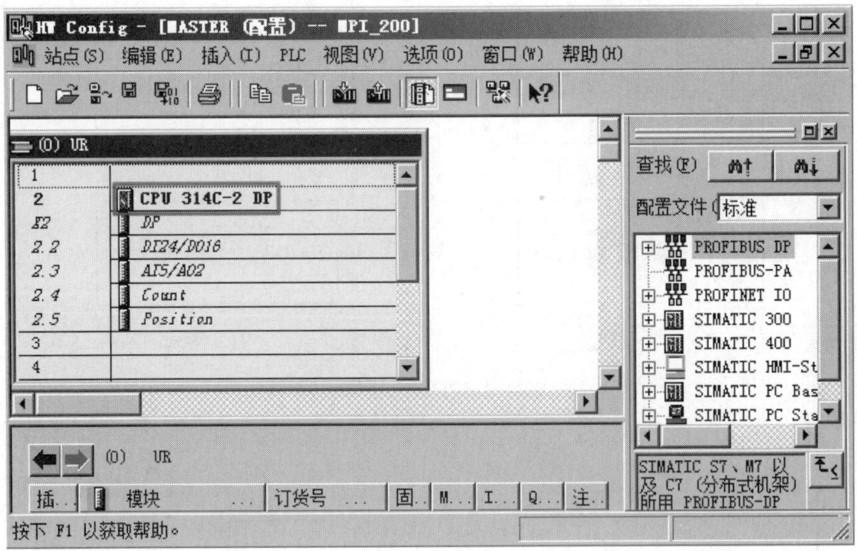

图9-27　组态主站硬件

b. 组态主站硬件。先插入导轨，再插入CPU模块，如图9-27所示，双击“CPU 314C-2DP”，打开MPI通信参数设置界面，单击“属性”按钮，如图9-28所示。

c. 设置主站的MPI通信参数。先选定MPI的通信波特率为默认的“187.5kbps”，再选定主站的MPI地址为“2”，再单击“确定”按钮，如图9-29所示。

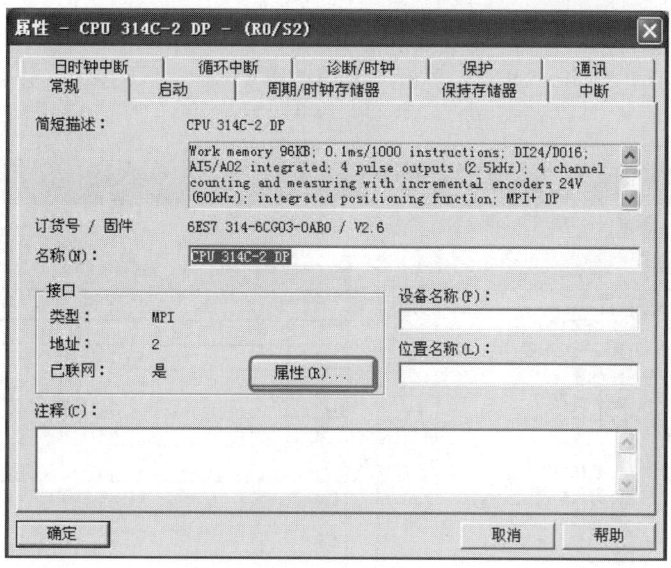

图 9-28　打开 MPI 通信参数设置界面

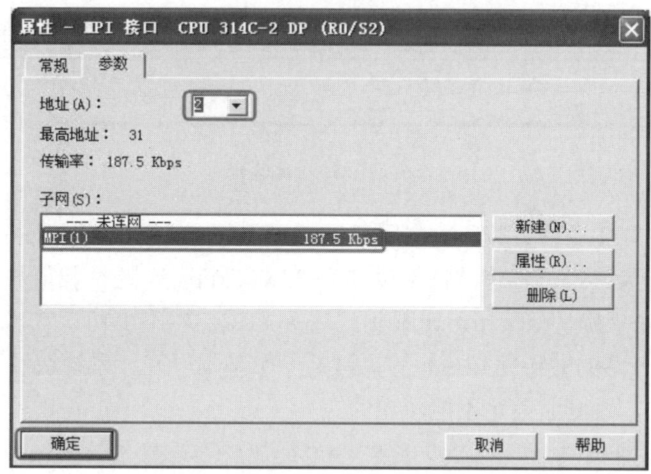

图 9-29　设置主站的 MPI 通信参数

d. 在 SIMATIC 管理器界面中，插入组织块 OB100 和 OB35，如图 9-30 所示。

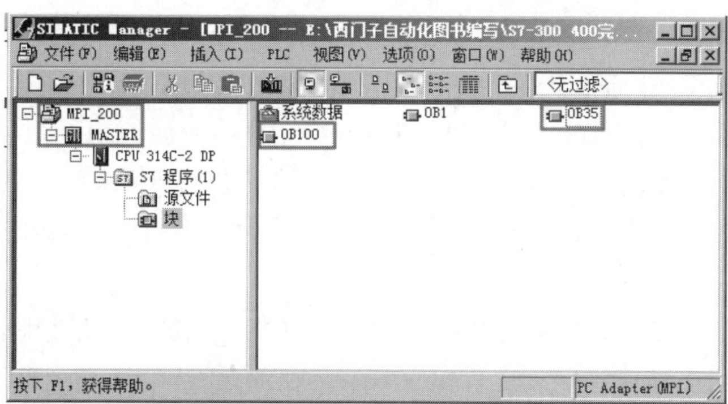

图 9-30　插入组织块 OB100 和 OB35

e. 打开系统块。完成以上步骤后，S7-300 的硬件组态完成，但还必须设置 S7-200 的通信参数。先打开 STEP 7-Micro/WIN，选定工具条中的“系统块”按钮，并双击之，如图 9-31 所示。

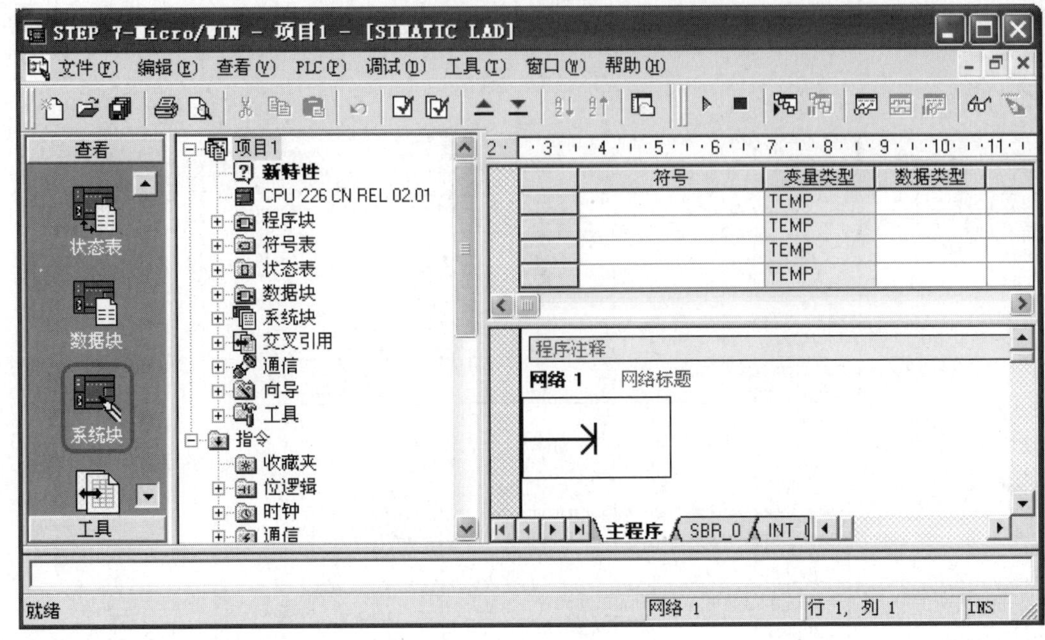

图 9-31 打开系统块

f. 设置从站的 MPI 通信参数。先将用于 MPI 通信的接口（本例为 port0）的地址设置成“3”，一定不能设定为“2”，再将波特率设定为“187.5kbps”，这个数值与 S7-300 的波特率必须相等，最后单击“确认”按钮，如图 9-32 所示，这一步不少初学者容易忽略，其实这一步非常关键，因为各站的波特率必须相等，这是一个基本原则。系统块设置完成后，还要将其下载到 S7-200 中，否则通信是不能建立的。

【关键点】硬件组态时，S7-200 和 S7-300 的波特率设置值必须相等，此外 S7-300 的硬件组态和 S7-200 的系统块必须下载到相应的 PLC 中才能起作用。

③ 相关指令介绍 无组态连接的 MPI 的通信适合 S7-400、S7-300、S7-200 之间的通信，通过调用 SFC66、SFC67、SFC68 和 SFC69 来实现。

X_PUT（SFC68）发送数据的指令，通过 SFC68“X_PUT”，将数据写入不在同一个本地 S7 站中的通信伙伴。在通信伙伴上没有相应 SFC。在通过 REQ=1 调用 SFC 之后，激活写作业。此后，可以继续调用 SFC，直到 BUSY=0 指示接收到应答为止。

必须要确保由 SD 参数（在发送 CPU 上）定义的发送区和由 VAR_ADDR 参数（在通信伙伴上）定义的接收区长度相同。SD 的数据类型还必须和 VAR_ADDR 的数据类型相匹配。其输入和输出的含义见表 9-2。

X_GET（SFC67）接收数据的指令，通过 SFC67“X_GET”，可以从本地 S7 站以外的通信伙伴中读取数据。在通信伙伴上没有相应 SFC。在通过 REQ=1 调用 SFC 之后，激活读作业。此后，可以继续调用 SFC，直到 BUSY=0 指示数据接收为止。 然后，RET_VAL 便包含了以字节为单位的、已接收的数据块的长度。

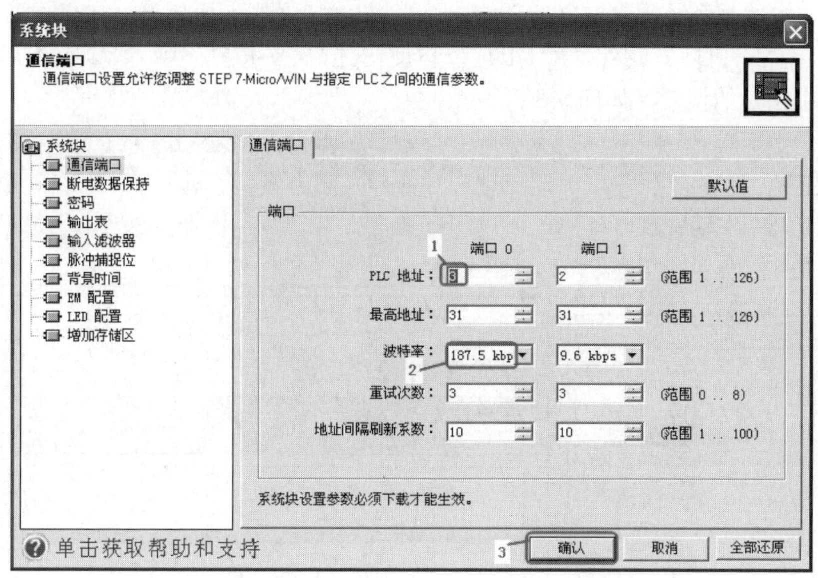

图 9-32 设置从站的 MPI 通信参数

表 9-2 X_PUT（SFC68）指令格式

LAD	输入/输出	含 义	数据类型
“X_PUT” EN ENO REQ RET_VAL CONT BUSY DEST_ID VAR_ADDR SD	EN	使能	BOOL
	REQ	发送请求	BOOL
	CONT	作业结束之后是否保持建立与通信伙伴的连接	BOOL
	DEST_ID	对方的 MPI 地址	WORD
	VAR_ADDR	对方的数据区	ANY
	SD	本机的数据区	ANY
	RET_VAL	返回数值（如错误值）	INT
	BUSY	发送是否完成	BOOL

必须要确保由 RD 参数定义的接收区（在接收 CPU 上）至少和由 VAR_ADDR 参数定义的要读取的区域（在通信伙伴上）一样大。RD 的数据类型还必须和 VAR_ADDR 的数据类型相匹配。其输入和输出的含义见表 9-3。

表 9-3 X_GET（SFC67）指令格式

LAD	输入/输出	含 义	数据类型
“X_GET” EN ENO REQ RET_VAL CONT BUSY DEST_ID RD VAR_ADDR	EN	使能	BOOL
	REQ	接收请求	BOOL
	CONT	作业结束之后是否保持建立与通信伙伴的连接	BOOL
	DEST_ID	对方的 MPI 地址	WORD
	VAR_ADDR	对方的数据区	ANY
	RD	本机的数据区	ANY
	RET_VAL	返回数值（如错误值）	INT
	BUSY	接收是否完成	BOOL

④ 程序编写 X_PUT（SFC68）发送数据的指令和 X_GET（SFC67）接收数据的指令是系统功能，也就是系统预先定义的功能，只要将“库”展开，再展开“Standart Libarary（标准库）”，选定“X_PUT”或者“X_GET”，再双击之，“X_PUT”或者“X_GET”就自动放置在程序段中指定的位置，如图 9-33 所示。

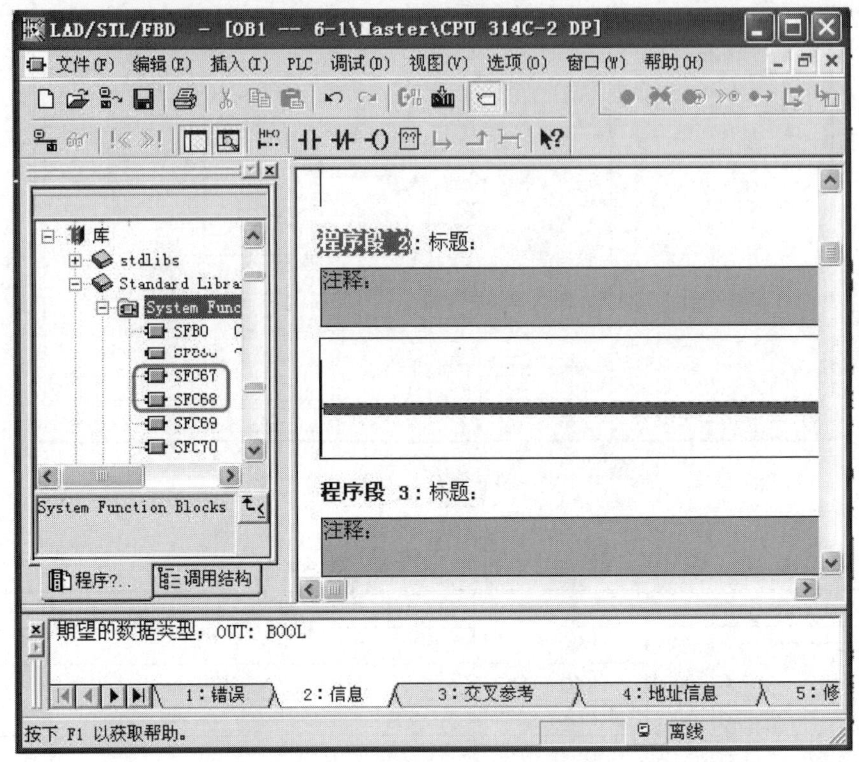

图 9-33 X_PUT 和 X_GET 指令的位置

主站的梯形图如图 9-34~图 9-36 所示，从站的梯形图如图 9-37 所示，有时从站可以不编写梯形图程序。

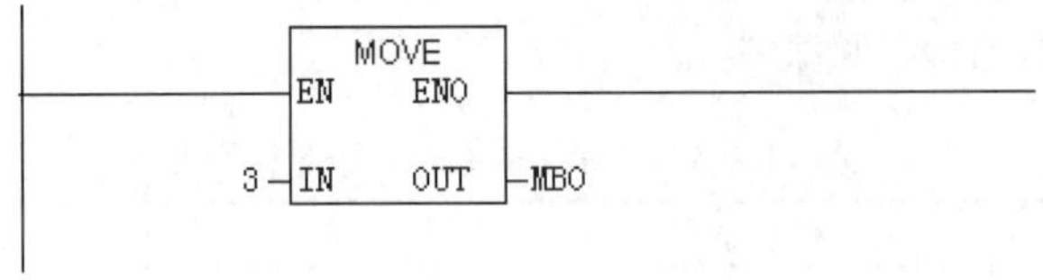

图 9-34 主站 OB100 中的梯形图

【关键点】本例主站地址为“2”，从站的地址为“3”，因此硬件配置采用方案 1 时，必须将“PPI 口”的地址设定为“3”。而采用方案 2 时，必须将 EM 277 的地址设定为“3”，设定完成后，还要将 EM 277 断电，新设定的地址才能起作用。指令“X_PUT”的参数 SD 和 VAR_ADDR 的数据类型可以据实际情况确定，但在同一程序中数据类型必须一致。

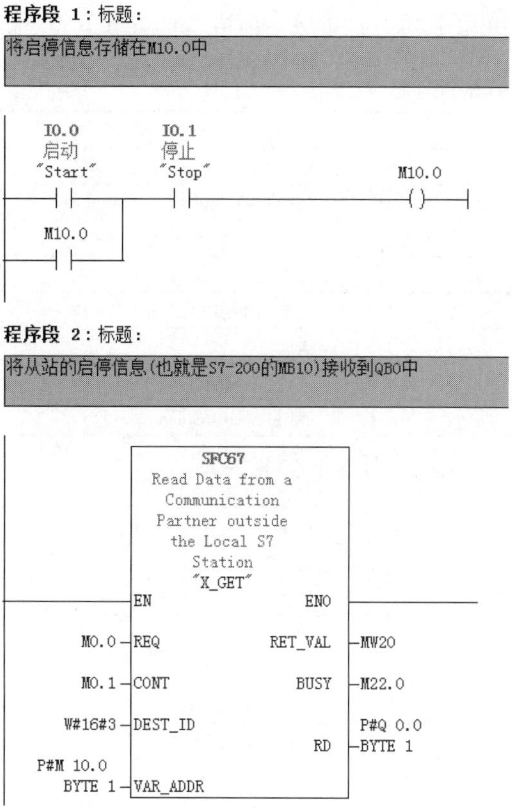

程序段 1：标题：
将启停信息存储在M10.0中
I0.0
启动
"Start"
I0.1
停止
"Stop"
M10.0
M10.0
程序段 2：标题：
将从站的启停信息(也就是S7-200的MB10)接收到QB0中
SFC67
Read Data from a Communication Partner outside the Local S7 Station
"X_GET"
EN
ENO
M0.0
REQ
RET_VAL
MW20
M0.1
CONT
BUSY
M22.0
W#16#3
DEST_ID
P#Q 0.0
RD
BYTE 1
P#M 10.0
BYTE 1
VAR_ADDR

图 9-35　主站 OB1 中的梯形图

程序段 1：标题：
将S7-300的启停信息(也就是MB10)，发送S7-200的QB0
SFC68
Write Data to a Communication Partner outside the Local S7 Station
"X_PUT"
EN
ENO
M0.0
REQ
RET_VAL
MW26
M0.1
CONT
BUSY
M22.1
W#16#3
DEST_ID
P#Q 0.0
BYTE 1
VAR_ADDR
MB10
SD

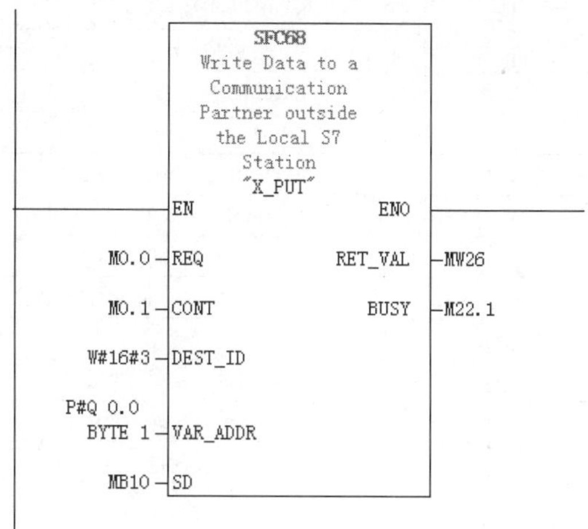

图 9-36　主站 OB35 中的梯形图

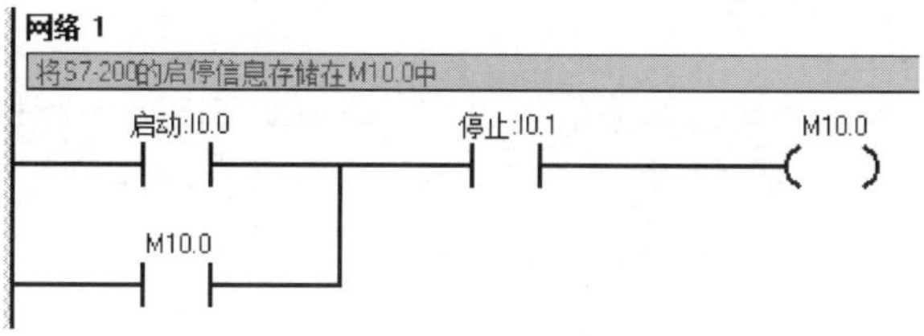

网络 1
将S7-200的启停信息存储在M10.0中
启动:I0.0
停止:I0.1
M10.0
M10.0

图 9-37　从站梯形图

9.5 PROFIBUS 现场总线通信

9.5.1 PROFIBUS 现场总线概述

IEC（国际电工委员会）对现场总线（Fieldbus）的定义是“安装在制造和过程区域的现场装置与控制室内的自动控制装置之间的数字式、串行、多点通信的数据总线称为现场总线”。IEC 61158 是迄今为止制订时间最长、意见分歧最大的国际标准之一。经过 12 年的讨论，终于在 1999 年年底通过了 IEC 61158 现场总线标准，这个标准容纳了 8 种互不兼容的总线协议。后来又经过不断讨论和协商，在 2003 年 4 月，IEC 61158 Ed.3 现场总线标准第 3 版正式成为国际标准，确定了 10 种不同类型的现场总线为 IEC 61158 现场总线。2007 年 7 月，第 4 版现场总线增加到20种，新增的现场总线中，工业以太网占有重要的地位，见表9-4。

表 9-4 IEC 61158 的现场总线

类型编号	名称	发起的公司
Type 1	TS61158 现场总线	原来的技术报告
Type 2	ControlNet 和 Ethernet/IP 现场总线	美国 Rockwell 公司
Type 3	PROFIBUS 现场总线	德国 SIEMENS 公司
Type 4	P-NET 现场总线	丹麦 Process Data 公司
Type 5	FF HSE 现场总线	美国 Fisher Rosemount 公司
Type 6	SwiftNet 现场总线	美国波音公司
Type 7	World FIP 现场总线	法国 Alstom 公司
Type 8	INTERBUS 现场总线	德国 Phoenix Contact 公司
Type 9	FF H1 现场总线	现场总线基金会
Type 10	PROFINET 现场总线	德国 SIEMENS 公司
Type 11	TC net 实时以太网	
Type 12	Ether CAT 实时以太网	德国倍福
Type 13	Ethernet Powerlink 实时以太网	最大的贡献来自于 Alstom
Type 14	EPA 实时以太网	中国浙大、沈阳所等
Type 15	Modbus RTPS 实时以太网	施耐德
Type 16	SERCOS I、II 现场总线	数字伺服和传动系统数据通信
Type 17	VNET/IP 实时以太网	法国 Alstom 公司
Type 18	CC-Llink 现场总线	三菱电机公司
Type 19	SERCOS III 现场总线	数字伺服和传动系统数据通信
Type 20	HART 现场总线	Rosemount 公司

9.5.2 PROFIBUS 通信概述

PROFIBUS 是西门子的现场总线通信协议，也是 IEC 61158 国际标准中的现场总线标准之一。现场总线 PROFIBUS 满足了生产过程现场级数据可存取性的重要要求，一方面它覆盖了传感器/执行器领域的通信要求，另一方面又具有单元级领域所有网络级通信功能。特别在“分散 I/O”领域，由于有大量的、种类齐全、可连接的现场总线可供选用，因此 PROFIBUS 已成为事实的国际公认的标准。

（1）PROFIBUS 的结构和类型　从用户的角度看，PROFIBUS 提供三种通信协议类型：PROFIBUS-FMS、PROFIBUS-DP 和 PROFIBUS-PA。

① PROFIBUS-FMS（Fieldbus Message Specification，现场总线报文规范），使用了第一层、第二层和第七层。第七层（应用层）包含 FMS 和 LLI（底层接口）主要用于系统级和车间级的不同供应商的自动化系统之间传输数据，处理单元级（PLC 和 PC）的多主站数据通信。目前 PROFIBUS-FMS 已经很少使用。

② PROFIBUS-DP（Decentralized Periphery，分布式外部设备），使用第一层和第二层，这种精简的结构特别适合数据的高速传送，PROFIBUS-DP 用于自动化系统中单元级控制设备与分布式 I/O（例如 ET 200）的通信。主站之间的通信为令牌方式（多主站时，确保只有一个起作用），主站与从站之间为主从方式（MS），以及这两种方式的混合。三种方式中，PROFIBUS-DP 应用最为广泛，全球有超过 3000 万的 PROFIBUS-DP 节点。

③ PROFIBUS-PA（Process Automation，过程自动化）用于过程自动化的现场传感器和

执行器的低速数据传输，使用扩展的 PROFIBUS-DP 协议。

此外，对于西门子系统，PROFIBUS 提供了两种更为优化的通信方式，即 PROFIBUS-S7 通信和 S5 兼容通信。

① PROFIBUS-S7（PG/OP 通信）使用了第一层、第二层和第七层。特别适合 S7 PLC 与 HMI 和编程器通信，也可以用于 S7-300 和 S7-400 以及 S7-400 和 S7-400 之间的通信。

② PROFIBUS-FDL（S5 兼容通信）使用了第一层和第二层。数据传送快，特别适合 S7-300、S7-400 和 S5 系列 PLC 之间的通信。

（2）PROFIBUS 总线电缆

① 最大电缆长度和传输速率的关系　PROFIBUS-DP 段的最大电缆长度和传输速率有关，传输的速率越快，则传输的距离越近，对应关系如图 9-38 所示。一般设置通信波特率不大于 500kbit/s，电气传输距离不大于 400m（不加中继器）。

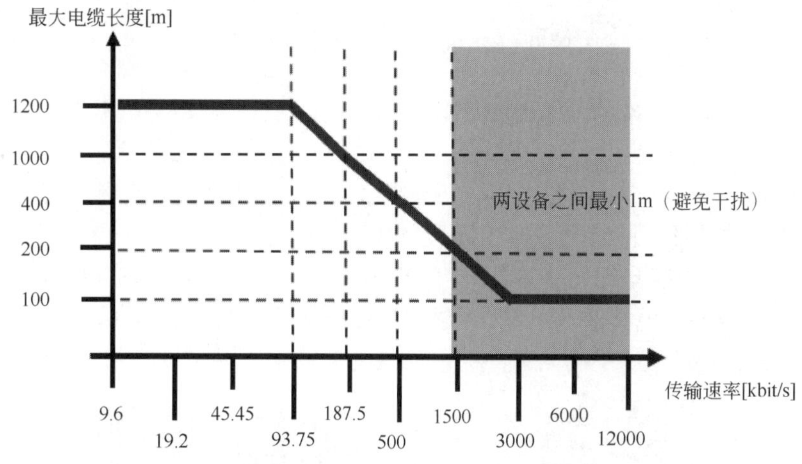

图 9-38　传输距离与波特率的对应关系

② PROFIBUS-DP 电缆　PROFIBUS-DP 电缆是专用的屏蔽双绞线，外层为紫色。PROFIBUS-DP 电缆钢结构和功能如图 9-39 所示。外层是紫色绝缘层，编制网防护层主要防止低频干扰，金属箔片层为防止高频干扰，最里面是 2 根信号线，红色为信号正接总线连接器的第 8 引脚，绿色为信号负接总线连接器的第 3 引脚。PROFIBUS-DP 电缆的屏蔽层“双端接地”。

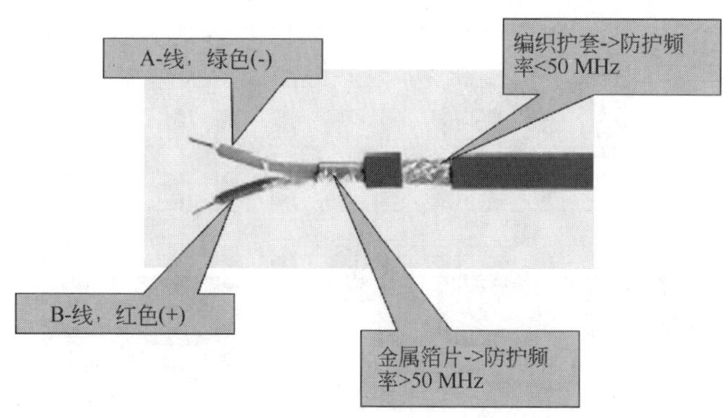

图 9-39　PROFIBUS-DP 电缆结构和功能

9.5.3 PROFIBUS 总线拓扑结构

（1）PROFIBUS 电气接口网络

① RS-485 中继器的功能　如果通信的距离较远或者 PROFIBUS 的从站大于 32 个时，就要加入 RS-485 中继器。如图 9-38 所示，波特率为 500kbit/s 时，最大的传输距离为 400m。如果传输距离大于 1000m 时，需要加入 2 台 RS-485 中继器，就可以满足长度和传输速率的要求，拓扑结构如图 9-40 所示。

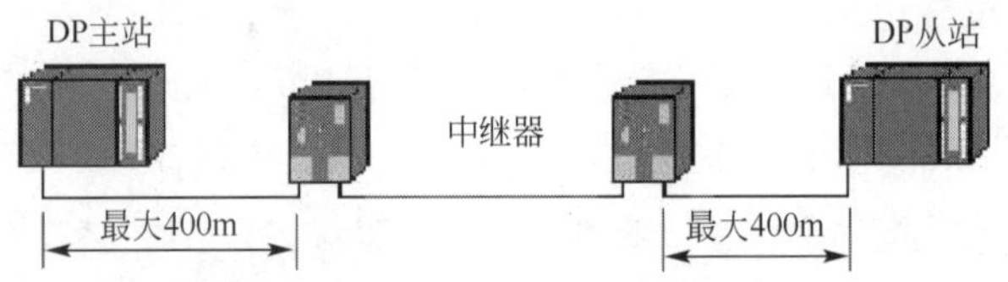

图 9-40　RS-485 中继器进行网络拓展

西门子的 RS-485 中继器具有信号放大和再生功能，在一条 PROFIBUS 总线上最多可以安装 9 台 RS-485 中继器。一个 PROFIBUS 网络的一个网段最多 32 个站点，如果一个 PROFIBUS 网络多于 32 个站点就要分成多个网段，如一个 PROFIBUS 网络有 70 个站点，就需要 2 台 RS-485 中继器将网络分成 3 个网段。

② 利用 RS-485 中继器的网络拓扑　PROFIBUS 网络可以利用 RS-485 中继器组成“星型”总线结构和“树型”网络总线结构。“星型”总线结构如图 9-41 所示，“树型”网络总线结构如图 9-42 所示。

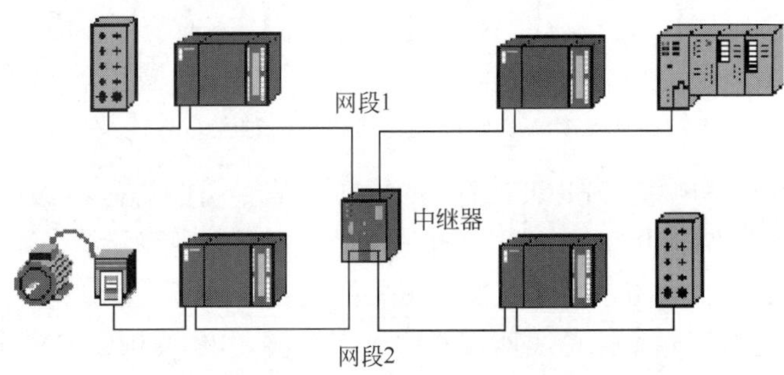

图 9-41　RS-485 中继器星型拓扑结构

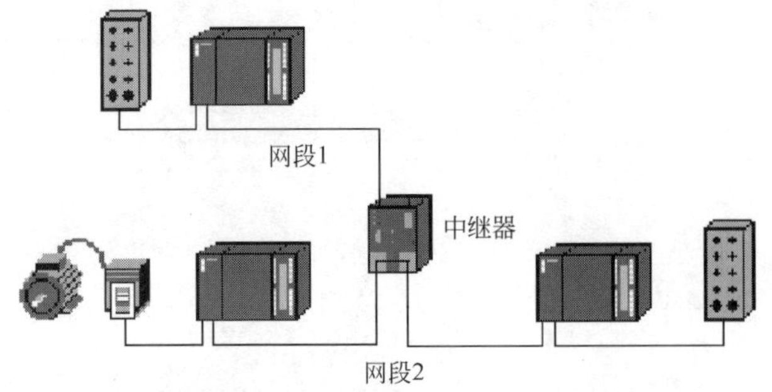

图 9-42　RS-485 中继器树型拓扑结构

（2）PROFIBUS 光纤接口网络　对于长距离数据传输，电气网络往往不能满足要求，而光纤网络可以满足长距离数据传输且保持高的传输速率。此外，光纤网络有较好的抗电磁干扰能力。

利用光纤作为传输介质，把 PLC 接入光纤网络，有三种接入方式：

① 集成在模块上的光纤接口　例如 CP342-5 FO、IM153-2 FO 和 IM467 FO，这些模块末尾都有“FO”标记。这些模块的光纤分为塑料光纤和 PCF 光纤。使用塑料光纤时，两个站点的最大传输距离为 50m。使用 PCF 光纤时，西门子的光纤的长度有 7 个规格，分别是 50m、75m、100m、150m、200m、250m 和 300m。两个站点的最大传输距离为 300m。

② 用 OBT 扩展 PROFIBUS 电气接口　只有电气接头可以通过 OBT（Optical Bus Terminal）连接一个电气接口到光纤网上。这是一种低成本的简易连接方式。但 OBT 只能用于塑料光纤和 PCF 光纤；一个 OBT 只能连接一个 PROFIBUS 站点；只能组成总线网，不能组成环网；因此应用并不多见。

③ 用 OLM 扩展 PROFIBUS 电气接口　如果普通的 PROFIBUS 站点设备没有光纤接头，只有电气接头可以通过 OLM（Optical Link Module）连接一个电气接口到光纤网上。OLM 光连模块的功能是进行光信号和电信号的相互转换，这种连接方式最为常见。OLM 光连模块根据连接介质分为如下几种：OLM/P11（连接塑料光纤）、OLM/P12（连接 PCF 光纤）、OLM/G11（连接玻璃光纤，一个电气接口，一个光接口）和 OLM/G12（连接玻璃光纤，一个电气接口，两个光接口）。OLM 光连模块外形如图 9-43 所示。

图 9-43　OLM 光连模块外形

利用 OLM 进行网络拓扑可分为三种方式：总线结构、星型结构和冗余环网。总线拓扑结构如图 9-44 所示，OLM 上面的电气接口，下面的是光纤接口。注意，在同一个网络中，OLM 模块的类型和光纤类型必须相同不能混用。

a. 总线拓扑结构简单，但如果一个 OLM 模块损坏或者光纤损坏，将造成整个网络不能正常工作，这是总线网络拓扑结构的缺点。

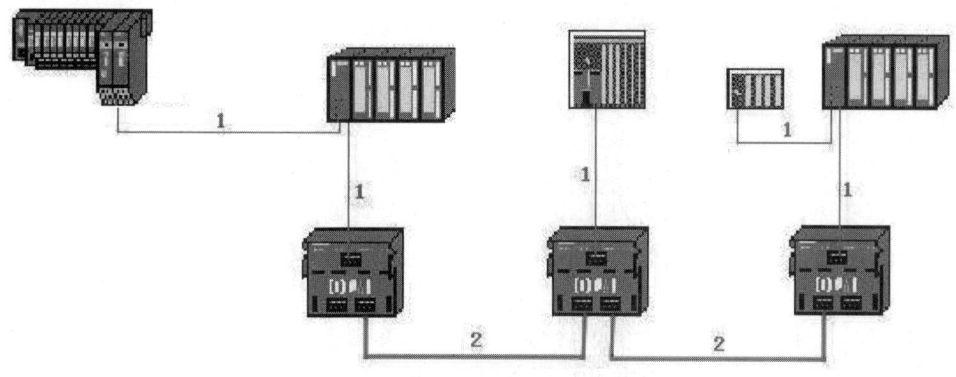

图 9-44　OLM 总线拓扑结构

1—RS-485 总线；2—光纤

b. 环型网络结构拓扑如图 9-45 所示，只是将如图 9-44 所示的首位相连，就变成冗余环形网络结构，其可靠性大为提高，在工程中应用较多。

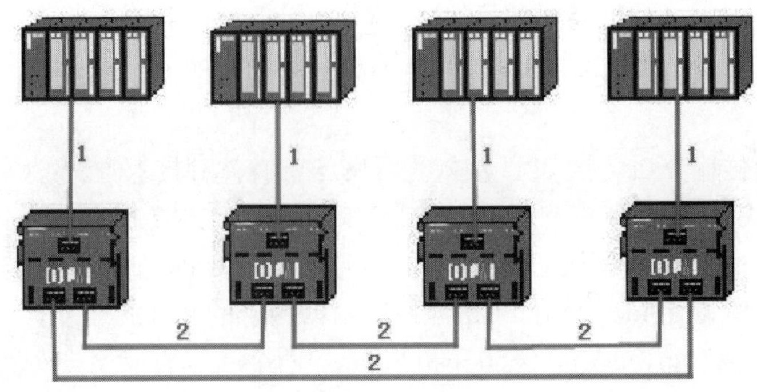

图 9-45 OLM 环型拓扑结构

1—RS-485 总线；2—光纤

c. 星形网络结构拓扑如图 9-46 所示，其可靠性较高，但需要的投入相对较大。

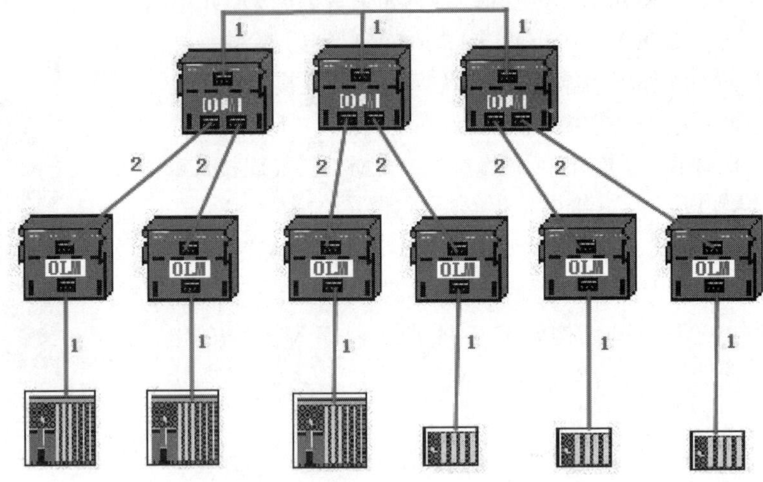

图 9-46 OLM 星型拓扑结构

1—RS-485 总线；2—光纤

9.5.4 S7-300 与 ET 200M 的 PROFIBUS-DP 通信

用 CPU 314C-2DP 作为主站，远程 I/O 模块作为从站，通过 PROFIBUS 现场总线，建立与这些模块（如 ET 200S、EM 200M 和 EM 200B 等）通信，是非常方便的，这样的解决方案多用于分布式控制系统。这种 PROFIBUS 通信，在工程中最容易实现，因此应用也最广泛。

【例 9-3】 有两台设备，分别由一台 CPU 314C-2DP 控制，从设备 1 上的 CPU 314C-2DP 发出启/停控制命令，设备 2 上的模块收到命令后，对设备 2 进行启停控制。从设备 2 上发出启/停控制命令，设备 1 上的模块收到命令后，对设备 1 进行启停控制。

【解】 将设备 1 上的 CPU 314C-2DP 作为主站，将设备 2 上的分布式模块作为从站。

（1）主要软硬件配置

① 1 套 STEP 7 V5.5 SP4；

② 1 台 CPU 314C-2DP；

③ 1 台 IM153-1；

④ 1 块 SM 323 DI8/DO8；

⑤ 1 根 PROFIBUS 网络电缆（含两个网络总线连接器）；

⑥ 1 根 PC/MPI 电缆。

PROFIBUS 现场总线硬件配置图如图 9-47 所示，PROFIBUS 现场总线通信中的 PLC 和远程模块接线图如图 9-48 所示。

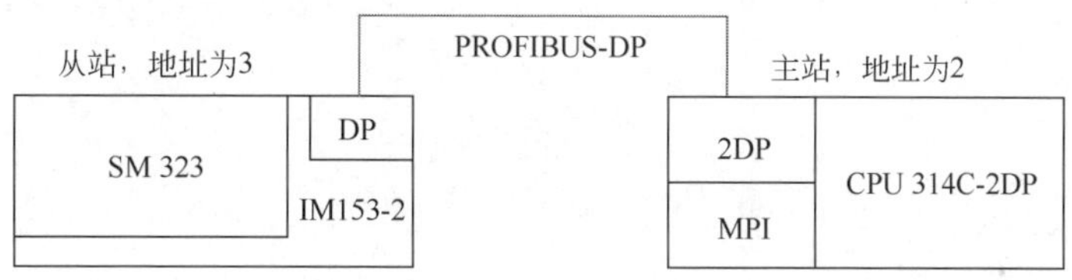

图 9-47　PROFIBUS 现场总线硬件配置图

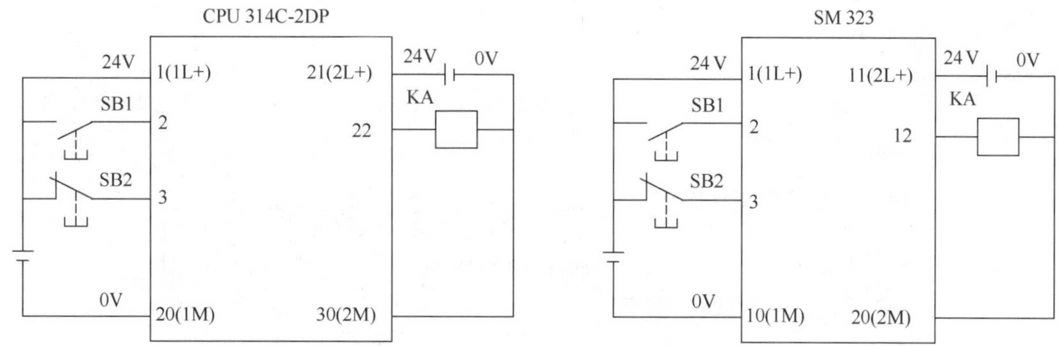

图 9-48　PROFIBUS 现场总线通信—PLC 和远程模块接线图

（2）硬件组态

① 新建项目和插入站点。先打开 STEP 7，再新建项目，本例命名为“ET200M”，接着单击菜单“插入”下的“站点”，并单击“SIMATIC 300 站点”，新建项目和插入主站如图 9-49 所示。

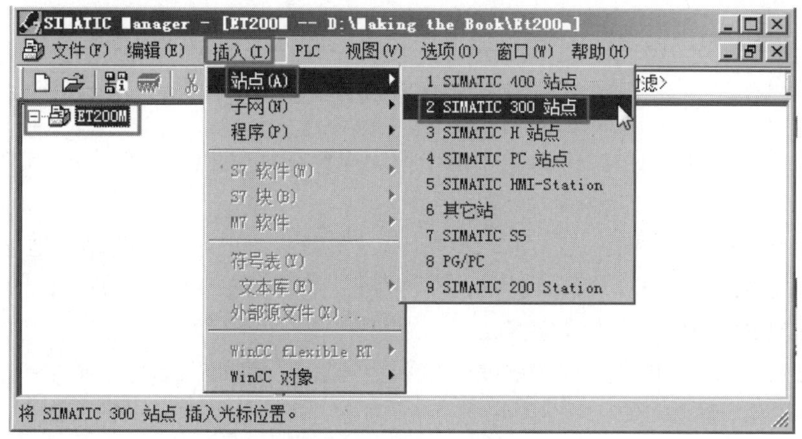

图 9-49　新建项目和插入站点

② 选中硬件。先单击“ET200M”前的“+”，展开“ET200M”，将“SIMATIC 300（1）”重命名为“Master”，选中硬件如图 9-50 所示，再双击“硬件”，打开硬件组态界面。

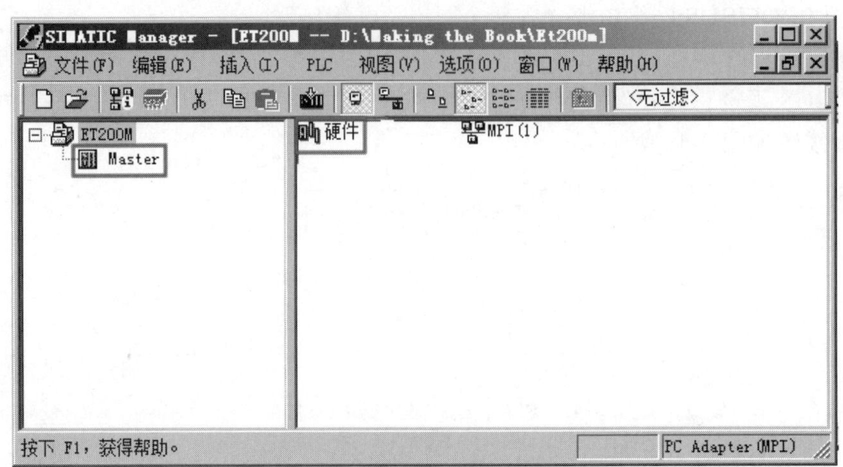

图 9-50 选中硬件

③ 插入导轨。在硬件组态界面中，先单击 SIMATIC 300 前的“+”，展开 SIMATIC 300，再展开 RACK-300，再双击“Rail”，弹出导轨 UR，如图 9-51 所示。

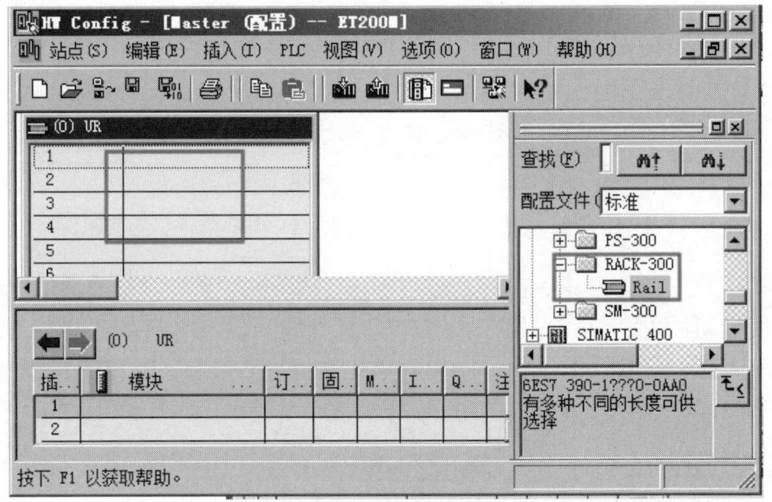

图 9-51 插入导轨

④ 插入 CPU 模块。选中槽位 2，选中后槽位为绿色，展开 CPU-300，再展开 CPU 314-2DP，再双击“V2.6”，如图 9-52 所示。

⑤ 新建 PROFIBUS 网络。如图 9-53 所示，“地址”中的选项是主站的地址，本例确定为 2，再展开 CPU 314-2DP，再单击“新建”按钮，弹出如图 9-54 所示界面。单击“确定”按钮，主站的 PROFIBUS 网络设定完成。

⑥ 修改主站的 I/O 地址。双击槽位“2.2”，再选定“地址”选项卡，去掉“系统默认”前的“√”，并在“输入”的起始地址中输入 0，“输出”的起始地址也输入 0，最后单击“确定”按钮，修改主站的 I/O 地址如图 9-55 所示。

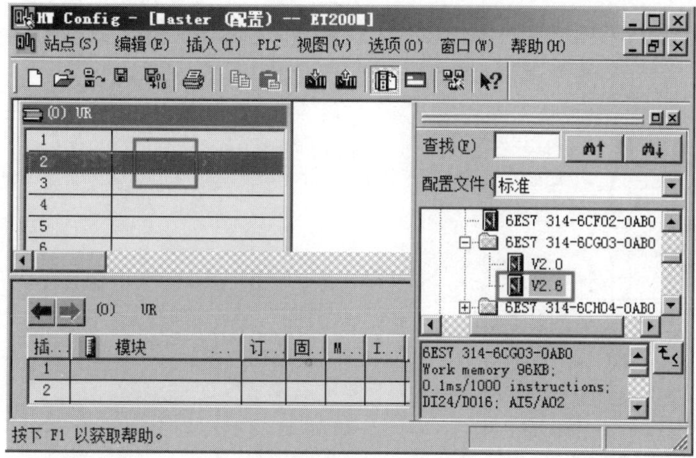

图 9-52 插入 CPU 模块

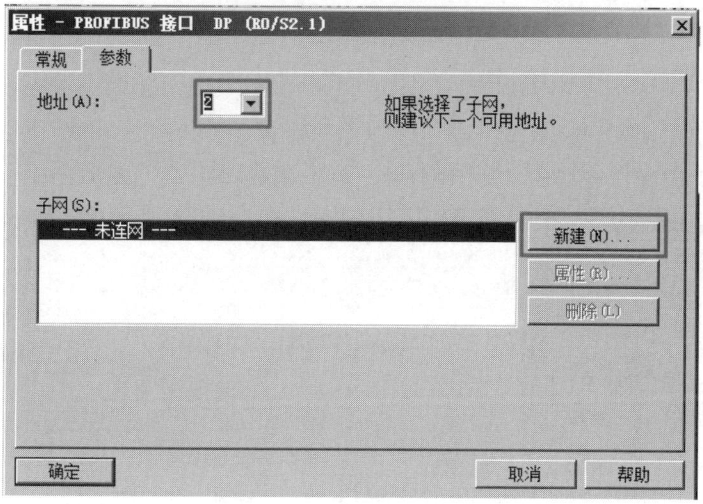

属性 - PROFIBUS 接口 DP (R0/S2.1)

常规 参数

地址(A): 2

如果选择了子网，
则建议下一个可用地址。

子网(S):

--- 未连网 ---

新建(N)...

属性(R)...

删除(L)

确定 取消 帮助

图 9-53 新建 PROFIBUS 网络（1）

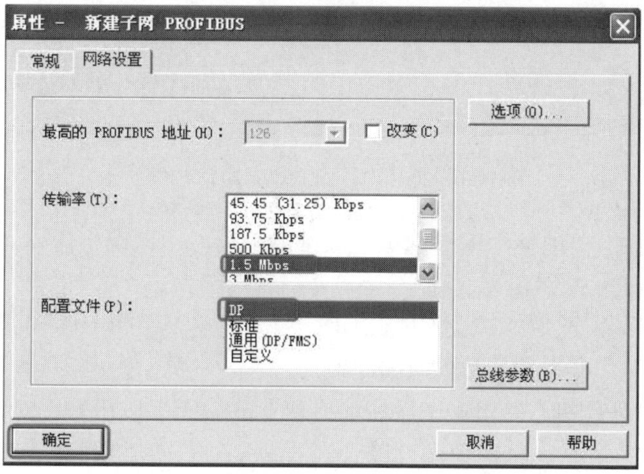

属性 - 新建子网 PROFIBUS

常规 网络设置

最高的 PROFIBUS 地址(H): 126 改变(C)

选项(O)...

传输率(T): 45.45 (31.25) Kbps / 93.75 Kbps / 187.5 Kbps / 500 Kbps / 1.5 Mbps / 3 Mbps

配置文件(P): DP / 标准 / 通用(DP/FMS) / 自定义

总线参数(B)...

确定 取消 帮助

图 9-54 新建 PROFIBUS 网络（2）

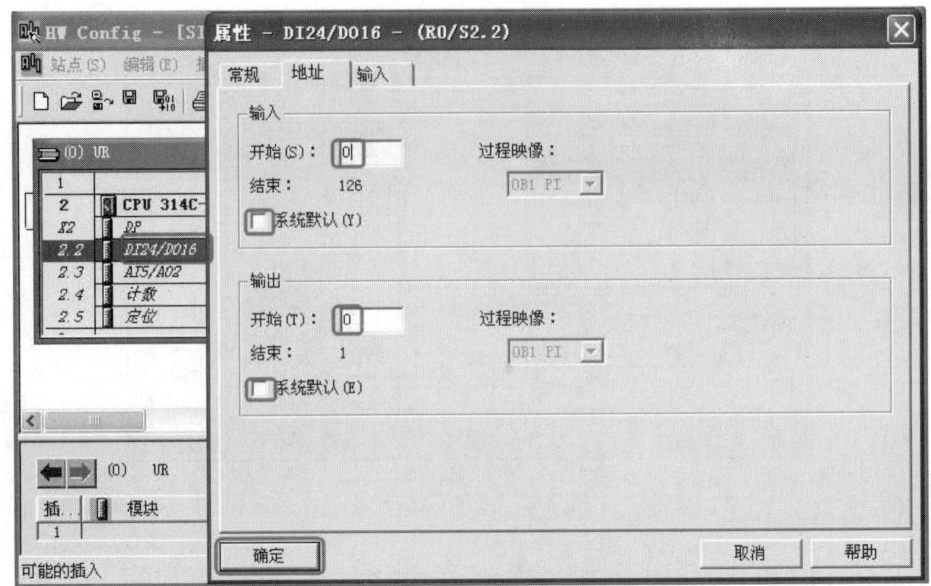

图 9-55 修改主站的 I/O 地址

⑦ 将从站挂到 PROFIBUS 网络上。选中“1”处的 PROFIBUS 网络，再展开“PROFIBUS DP”下的“ET 200M”，并双击“IM 153-1”，组态从站硬件如图 9-56 所示。

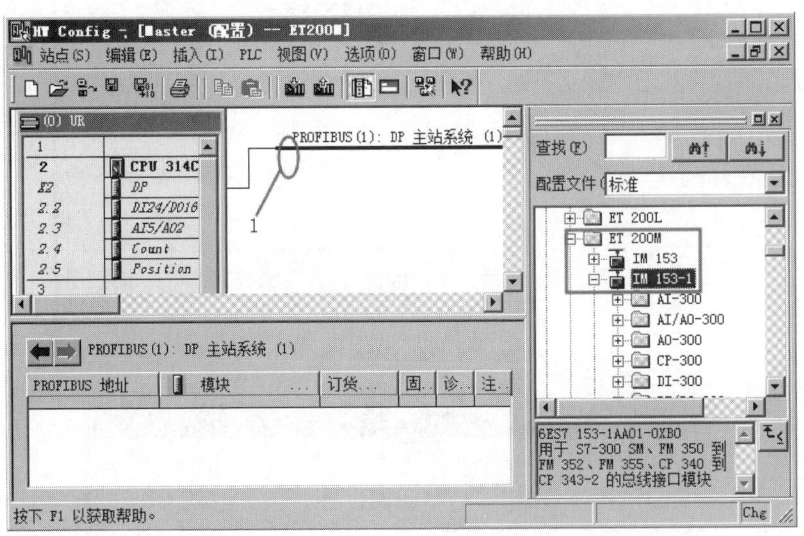

图 9-56 将从站挂到 PROFIBUS 网络上

⑧ 设定从站地址。“地址”中的选项是从站的地址，本例确定为 3，再单击“确定”按钮，设定从站地址如图 9-57 所示。

⑨ 插入输入模块。选中“1”处的“IM 153-1”，再展开“DI/DO-300”，并双击“SM 323 DI8/ DO8×DC24V ”，插入模块如图 9-58 所示。

⑩ 保存和编译硬件组态。单击工具栏的“保存和编译”按钮，对硬件组态进行编译，保存和编译如图 9-59 所示。从图中还可以看到：SM 323 的输入地址为 IB3 和 IB4，输出地址为 QB2 和 QB3。

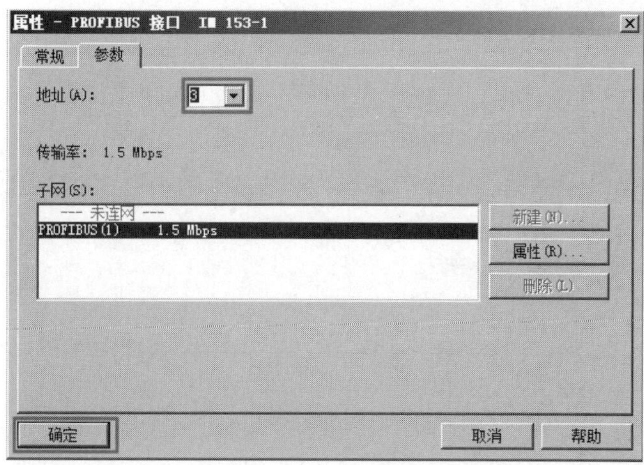

图 9-57 设定从站地址

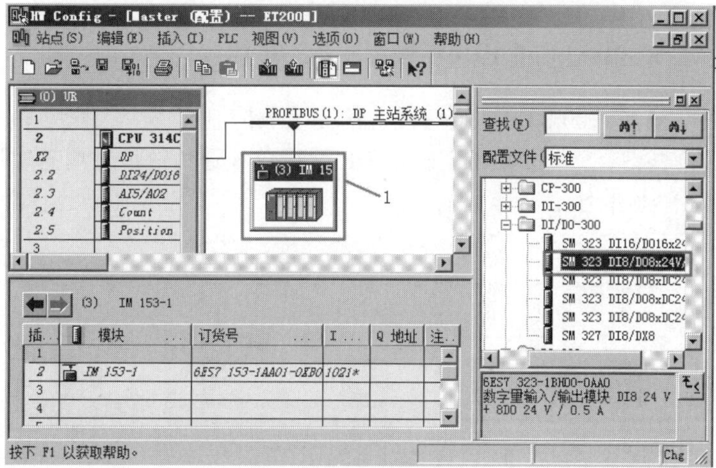

图 9-58 插入模块

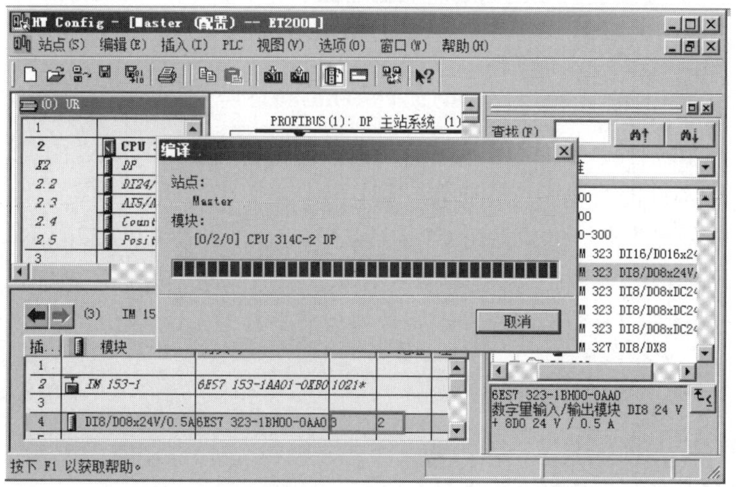

图 9-59 编译保存硬件组态

（3）编写程序 只需要对主站编写程序，主站的梯形图程序如图 9-60 所示。

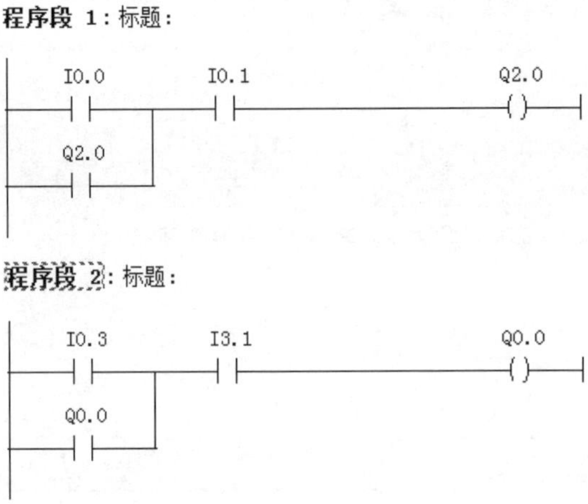

程序段 1：标题：

I0.0　I0.1　Q2.0

Q2.0

程序段 2：标题：

I0.3　I3.1　Q0.0

Q0.0

图 9-60　梯形图

9.5.5　S7-300 与 S7-200 间的 PROFIBUS-DP 通信

在我国 S7-300 与 S7-200 间的现场总线通信在工业控制有不少工程应用，如图 9-61 所示为某铜矿的 S7-300 与 S7-200 间 PROFIBUS-DP 现场总线通信的硬件组态实例，由于此实例比较复杂。在此不详细介绍。

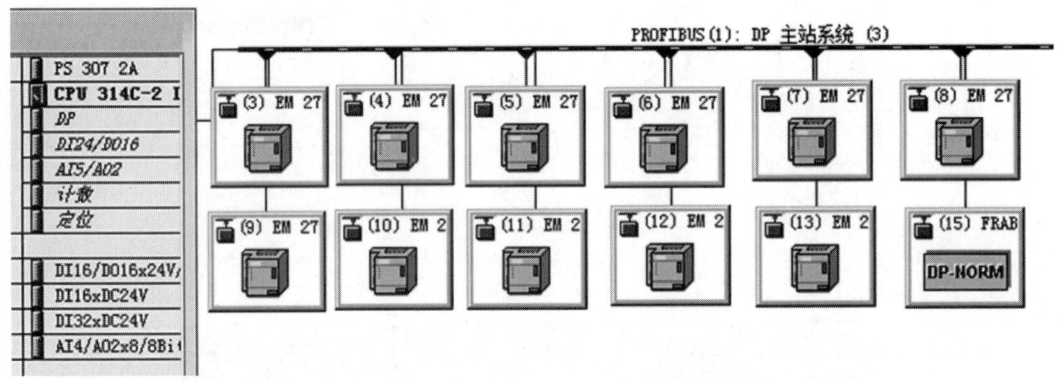

图 9-61　某铜矿的 S7-300 与 S7-200 间 PROFIBUS-DP 现场总线通信的硬件组态实例

以下以一台 CPU 314C-2DP 与一台 CPU 226 CN 之间的 PROFIBUS 的现场总线通信为例介绍 S7-200 与 S7-300 间的现场总线通信。

【例 9-4】 模块化生产线的主站为 CPU 314C-2DP，从站为 CPU 226 CN 和 EM 277 的组合，主站发出开始信号（开始信号为高电平），从站接收信息，并使从站的指示灯以 1s 为周期闪烁。同理，从站发出开始信号（开始信号为高电平），主站接收信息，并使主站的指示灯以 1s 为周期闪烁。

【解】（1）主要软硬件配置

① 1 套 STEP 7-Micro/WIN V4.0 SP9。

② 1 套 STEP 7 V5.5 SP4。

③ 1 台 CPU 226 CN。

④ 1 台 EM 277。

⑤ 1 台 CPU 314C-2DP。

⑥ 1 根编程电缆。

⑦ 1 根 PROFIBUS 网络电缆（含两个网络总线连接器）。

PROFIBUS 现场总线硬件配置如图 9-62 所示，PLC 接线如图 9-63 所示。

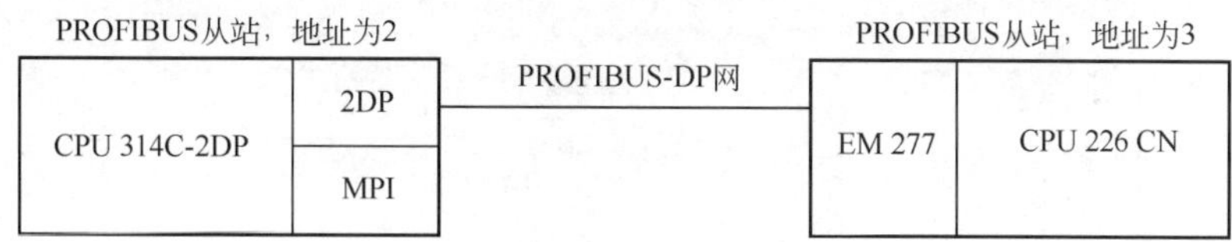

图 9-62　PROFIBUS 现场总线硬件配置图

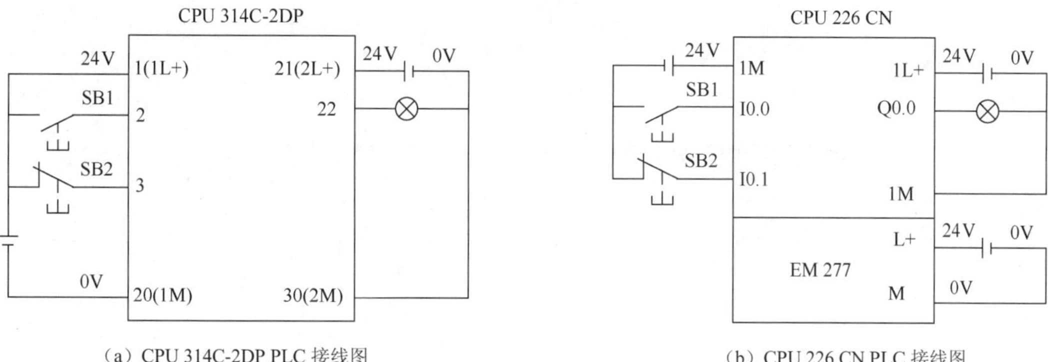

（a）CPU 314C-2DP PLC 接线图　　（b）CPU 226 CN PLC 接线图

图 9-63　PROFIBUS 现场总线通信 PLC 接线图

（2）CPU 314C-2DP 的硬件组态　S7-300 与 S7-200 的 PROFIBUS 通信总的方法是：首先对主站 CPU 314C-2DP 的硬件进行硬件组态，下载硬件，再编写主站程序，下载主站程序；编写从站程序，下载从站程序，最后便可建立主站和从站的通信。具体步骤如下：

① 打开 STEP 7 软件。双击桌面上的快捷键，打开 STEP 7 软件。当然也可以单击“开始”→“所有程序”→“SIMATIC”→“SIMATIC Manager”打开 STEP 7 软件。

② 新建项目。单击“新建”按钮，弹出“新建项目”对话框，在“命名（M）”中输入一个名称，本例为“DP_200”再单击“确定”按钮，如图 9-64 所示。

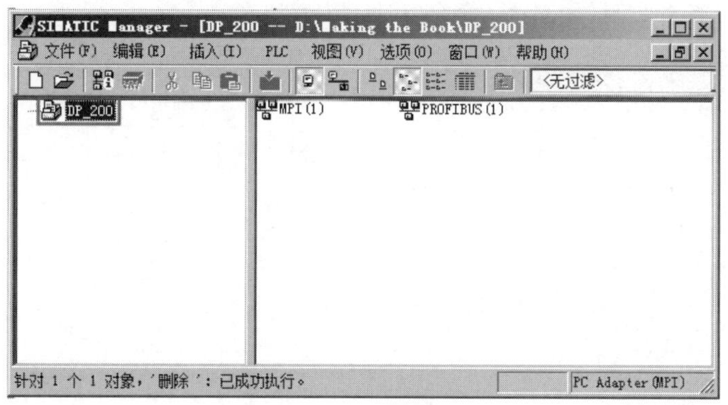

图 9-64　新建项目

③ 插入站点。单击菜单栏“插入”菜单，再单击“站点”和“SIMATIC 300 站点”子菜单，如图 9-65 所示，这个步骤的目的主要是为了插入主站。将主站“SIMATIC 300（1）”重命名为“Master”，双击“硬件”，打开硬件组态界面，如图 9-66 所示。

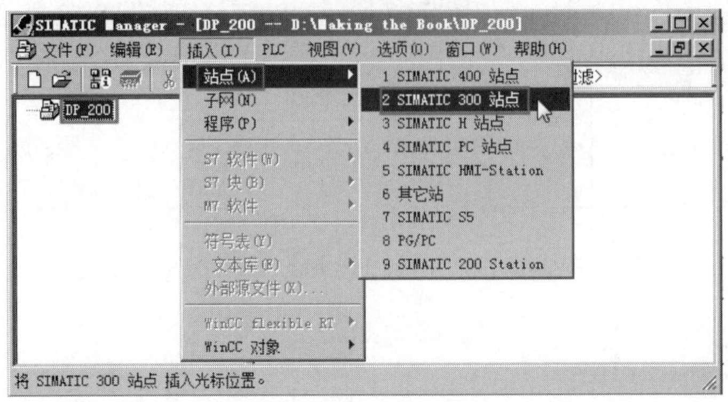

图 9-65 插入站点

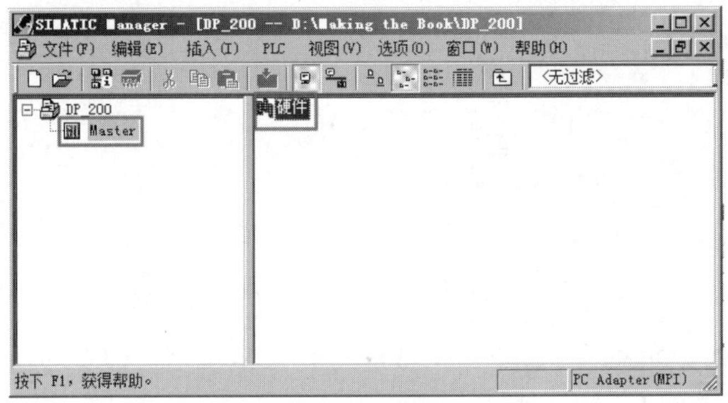

图 9-66 打开硬件组态

④ 插入导轨。展开硬件目录中的“SIMATIC 300”下的“RACK-300”，双击导轨“Rail”，如图 9-67 所示。硬件组态的第一步都是插入导轨，否则后续的步骤不能进行。

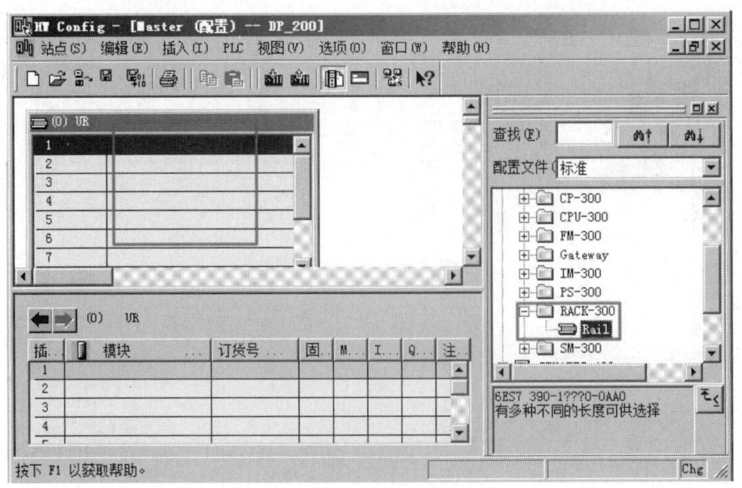

图 9-67 插入导轨

⑤ 插入 CPU。展开硬件目录中的“SIMATIC 300”下的“CPU-300”，再展开“CPU 314C-2DP”下的“6ES7 314-6CG06-OABO”，将“V2.6”拖入导轨的 2 号槽中，如图 9-68 所示。若选用了西门子的电源，在配置硬件时，应该将电源插入到第一槽，本例中使用的是开关电源，因此硬件配置时不需要插入电源，建议读者最好选用西门子电源。

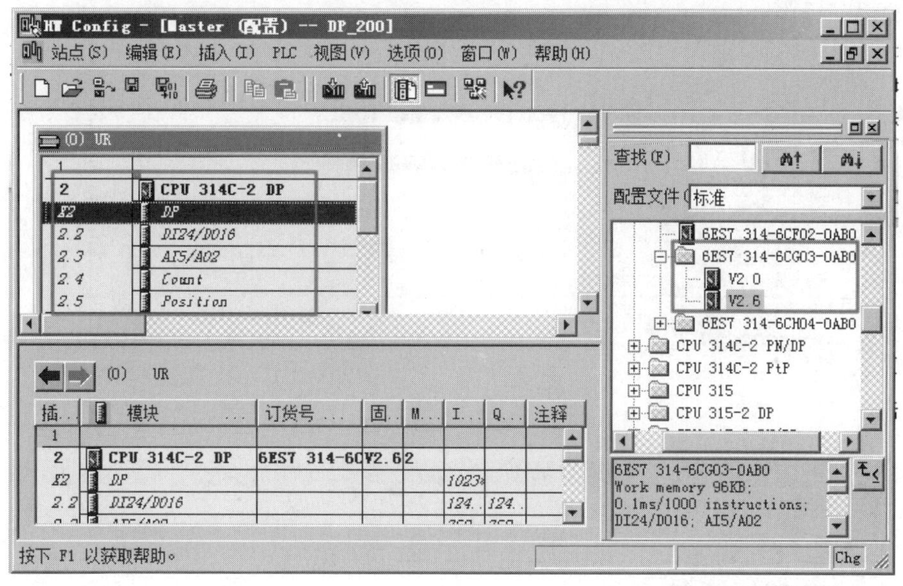

图 9-68 插入 CPU

⑥ 配置网络。双击 2 号槽中的“DP”，弹出“属性-DP”对话框，单击“属性”按钮，弹出“属性-PROFIBUS 接口”对话框，如图 9-69 所示；单击“新建”按钮，再弹出“属性-新建子网 PROFIBUS”对话框，如图 9-70 所示；选定传输率为“1.5Mbps”和配置文件为“DP”，单击“确定”按钮，如图 9-71 所示。

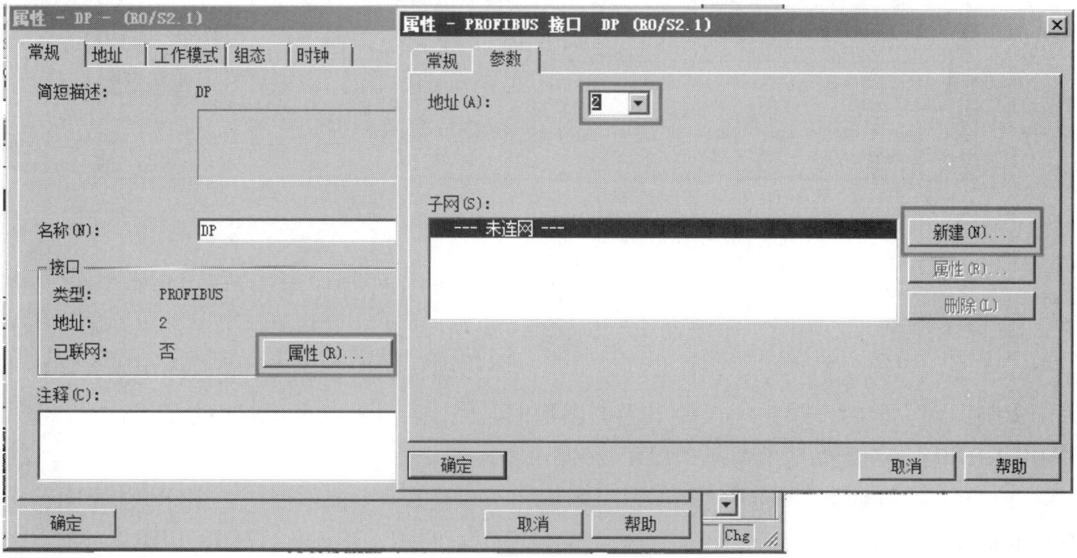

图 9-69 新建网络网络

图 9-70 设置通信参数

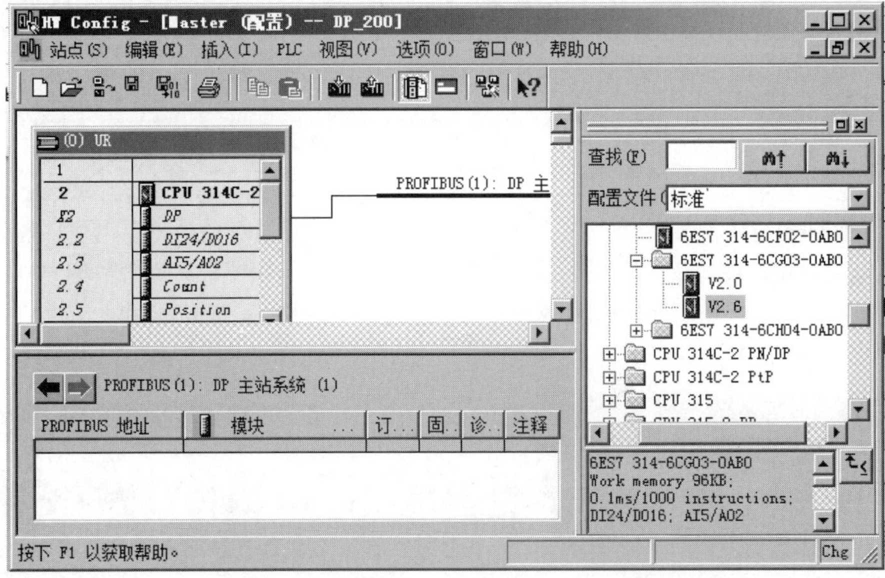

图 9-71 配置网络

⑦ 修改 I/O 起始地址。双击 2 号槽中的“DI24/DO16”，弹出“属性-DI24/DO16”对话框，如图 9-72 所示；去掉“系统默认”前的“√”，在“输入”和“输出”的“开始”中输入“0”，单击“确定”按钮，如图 9-73 所示。这个步骤目的主要是为了使程序中输入和输出的起始地址都从“0”开始，这样更加符合我们的习惯，若没有这个步骤，也是可行的，但程序中输入和输出的起始地址都从“124”开始，不方便。

⑧ 配置从站地址。先选中“PROFIBUS”，展开硬件目录，先后展开“PROFIBUS-DP”→“Additional Field Device”→“PLC”→“SIMATIC”，再双击“EM 277 PROFIBUS-DP”，弹出“属性-PROFIBUS 接口”对话框，将地址改为“3”，最后单击“确定”按钮，如图 9-74 所示。

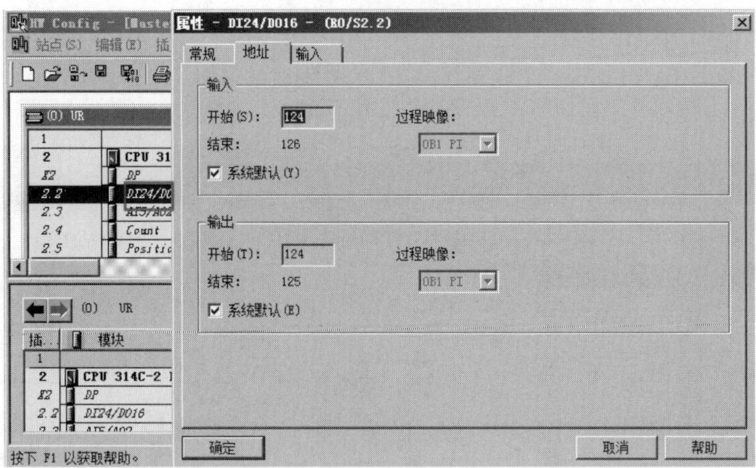

图 9-72 修改 I/O 起始地址（1）

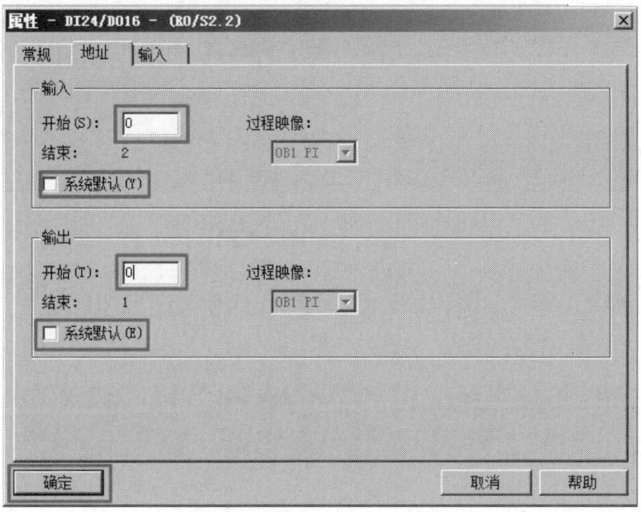

属性 - DI24/DO16 - (R0/S2.2)
常规 地址 输入
输入
开始(S): 0
结束: 2
过程映像: OB1 PI
系统默认(Y)
输出
开始(T): 0
结束: 1
过程映像: OB1 PI
系统默认(E)
确定 取消 帮助

图 9-73 修改 I/O 起始地址（2）

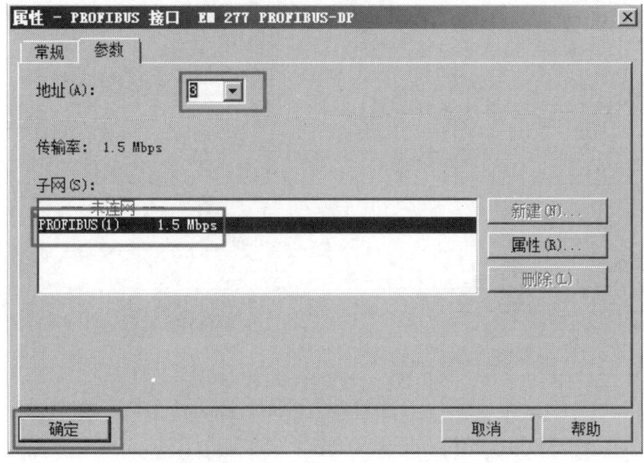

图 9-74 配置从站地址

⑨ 分配从站通信数据存储区。先选中 3 号站，展开项目“EM 277 PROFIBUS-DP”，再双击“2 Bytes Out/2 Bytes In”，如图 9-75 所示。当然也可以选其他的选项，这个选项的含义是：每次主站接收信息为 2 个字节，发送的信息也为 2 个字节。

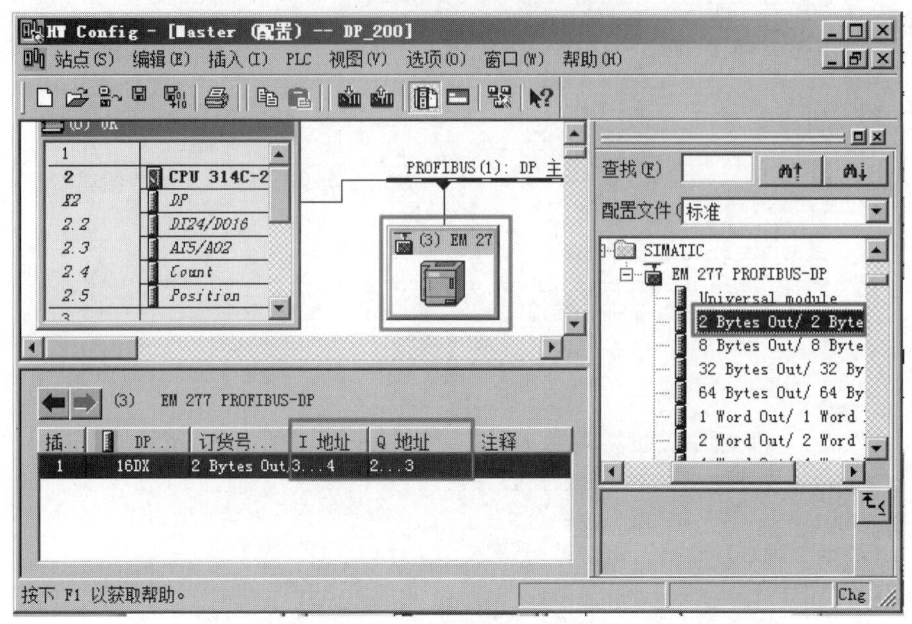

图 9-75 分配从站通信数据存储区

⑩ 设置周期存储器。双击“CPU 314C-2DP”，打开属性界面，选中“周期/时钟存储器”选项卡，勾选“时钟存储器”，输入“100”，单击“确定”按钮即可，如图 9-76 所示。

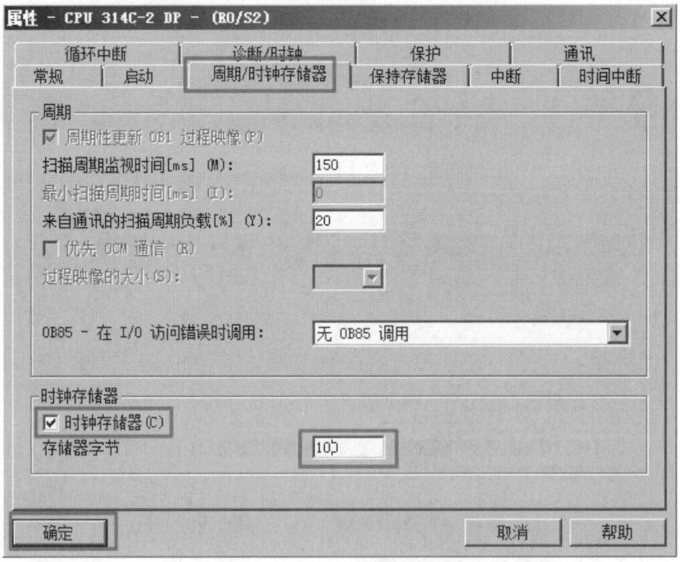

图 9-76 设置周期存储器

⑪ 下载硬件组态。到目前为止，已经完成了硬件的组态，单击“保存和编译”按钮，若有错误，则会显示，没有错误，系统将自动保存硬件组态；接着单击“下载”按钮，系

统将硬件配置下载到 PLC 中。下载硬件的步骤是不可缺少的，否则前面所做的硬件配置的工作都是徒劳的，但保存和编译步骤可以省略，因为单击“下载”按钮也可以起到这个作用。

⑫ 打开块并编译程序。激活“SIMATIC Manager-PROFIBUS”界面，展开工程“DP_200”，选中“块”，如图 9-77 所示。单击“OB1”，弹出“属性-组织块”对话框，再单击“确定”按钮。之后弹出“LAD/STL/FBD”界面，实际上是程序编辑界面，在此界面上，输入如图 9-78 所示的程序。

文件(F) 编辑(E) 插入(I) PLC 视图(V) 选项(O) 窗口(W) 帮助(H)
<无过滤>
DP_200
Master
CPU 314C-2 DP
S7 程序(6)
源文件
块
系统数据
OB1
按下 F1，获得帮助。
PC Adapter (MPI)

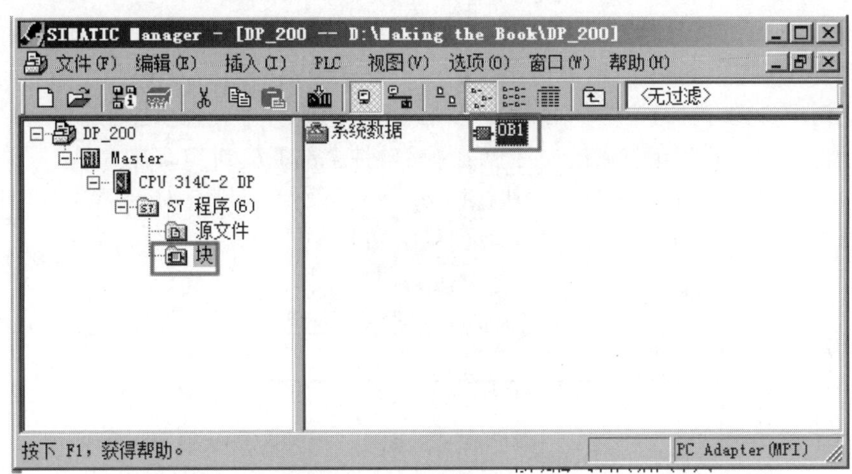

图 9-77 打开 OB1（1）

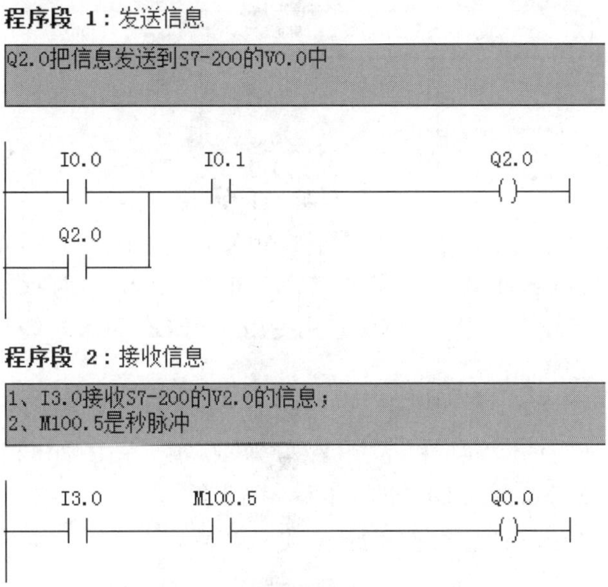

程序段 1：发送信息
Q2.0把信息发送到S7-200的V0.0中
I0.0
I0.1
Q2.0
Q2.0
程序段 2：接收信息
1、I3.0接收S7-200的V2.0的信息；
2、M100.5是秒脉冲
I3.0
M100.5
Q0.0

图 9-78 CPU 314C-2DP 的程序

（3）编写程序

① 编写主站的程序 按照以上步骤进行硬件组态后，主站和从站的通信数据发送区和接收数据区就可以进行数据通信了，主站和从站的发送区和接收数据区对应关系见表 9-5。

表 9-5 主站和从站的发送区和接收数据区对应关系

序 号	主站 S7-300	对应关系	S7-200 从站
1	QW2	⟶	VW0
2	IW3	⟵	VW2

主站将信息存入 QW2 中，发送到从站的 VW0 数据存储区，那么主站的发送数据区为什么是 QW2 呢？因为 CPU 314C-2DP 自身是 16 点数字输出占用了 QW0,因此不可能是 QW0，QW2 是在前面的序（9）中设定的（如图 9-75 所示）。当然也可以设定为其他的单元，但不可以设定为 QW0。从站的接收区默认为 VW0，从站的发送区默认为 VW2，这个单元是可以在硬件组态时更改的，请读者参考西门子的相关手册。从站的信息可以通过 VW2 送到主站的 IW3。注意，务必要将组态后的硬件和编译后软件全部下载到 PLC 中。

② 编写从站程序 在桌面上双击快捷键，打开软件 STEP 7 Micro/WIN，在梯形图中输入如图 9-79 所示的程序；再将程序下载到从站 PLC 中。

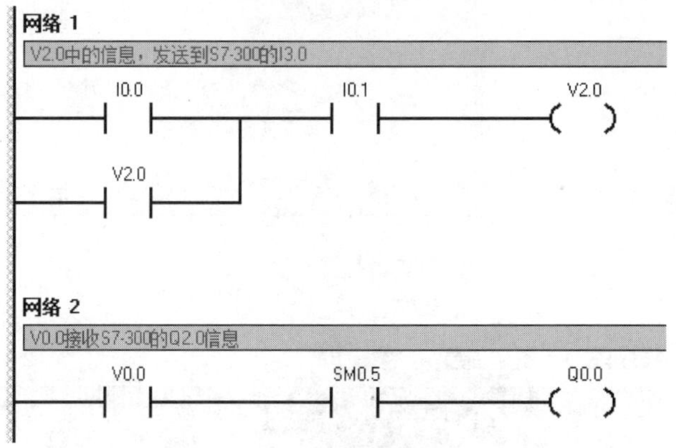

图 9-79 CPU 226 CN 的程序

（4）硬件连接 主站 CPU 314C-2DP 有两个 DB9 接口，一个是 MPI 接口，它主要用于下载程序（也可作为 MPI 通信使用），另一个 DB9 接口是 DP 口，PROFIBUS 通信使用这个接口。从站为 CPU 226 CN+EM 277，EM 277 是 PROFIBUS 专用模块，这个模块上面 DB9 接口为 DP 口。主站的 DP 口和从站的 DP 口用专用的 PROFIBUS 电缆和专用网络接头相连，主站和从站的硬件连线如图 9-62 所示。

PROFIBUS 电缆是二线屏蔽双绞线，两根线为 A 线和 B 线，电线塑料皮上印刷有 A、B 字母，A 线与网络接头上的 A 端子相连，B 线与网络接头上的 B 端子相连即可。B 线实际与 DB9 的第 3 针相连，A 线实际与 DB9 的第 8 针相连。

【关键点】在前述的硬件组态中已经设定从站为第三站，因此在通信前，必须要将 EM 277 的“站号”选择旋钮旋转到“3”的位置，否则通信不能成功。此外，完成设定 EM 277 的站地址后，必须将 EM 277 断电，新设定的站地址才能生效。从站网络连接器的终端电阻应置于“on”，如图 9-80 所示。若要置于“off”，只要将拨钮拨向“off”一侧即可。

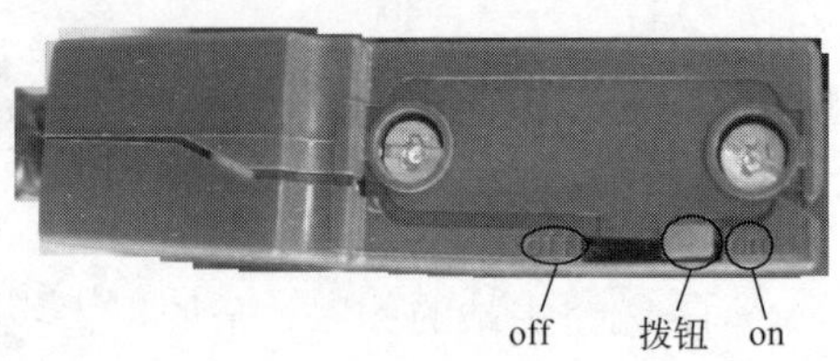

图 9-80 网络连接器的终端电阻置于“on”

（5）软硬件调试　用 PROFIBUS 的电缆将 S7-300 的 DP 口与 EM 277 的 DP 口相连，并将 S7-300 端的网络连接器上的拨钮拨到“on”，并将 EM 277 端的网络连接器上的拨钮拨到“on”上。再将程序下载到 PLC 中。最后将两台 PLC 的运行状态从“STOP”都拨到“RUN”上。

9.5.6　S7-300 与 S7-300 间的 PROFIBUS-DP 通信

S7-300 与 S7-300 间的现场总线通信同 S7-300 与 S7-200 间的现场总线通信有所不同，有的 S7-300 CPU 自带有 DP 通信口（如 CPU 314C-2DP），进行 PROFIBUS 通信时，只需要将两台 S7-300 CPU 的 DP 通信口用 PROFIBUS 通信电缆连接即可。而有的 S7-300 CPU 没有自带的 DP 通信口（如 CPU 314C），要进行 PROFIBUS 通信时，还必须配置 DP 接口模块（CP342-5）。以下仅以两台 CPU 314C-2DP 之间 PROFIBUS 通信为例介绍 S7-300 与 S7-300 间的 PROFIBUS 现场总线通信。

【例 9-5】 有两台设备，分别由一台 CPU 314C-2DP 控制，要求实时从设备 1 上的 CPU 314C-2DP 的 MB10 发出 1 个字节到设备 2 的 CPU 314C-2DP 的 MB10，对从设备 2 上的 CPU 314C-2DP 的 MB20 发出 1 个字节到设备 1 的 CPU 314C-2DP 的 MB20。

【解】（1）主要软硬件配置

① 1 套 STEP 7 V5.5 SP4。

② 2 台 CPU 314C-2DP。

③ 1 根编程电缆。

④ 1 根 PROFIBUS 网络电缆（含两个网络总线连接器）。

PROFIBUS 现场总线硬件配置图如图 9-81 所示。

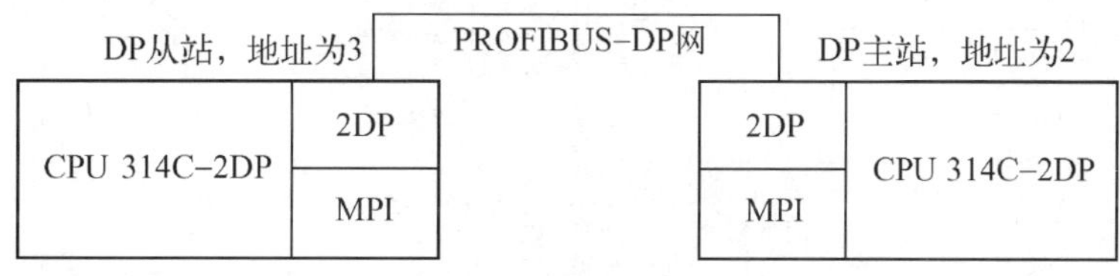

图 9-81　PROFIBUS 现场总线硬件配置图

（2）硬件组态

① 新建项目并插入站点。首先新建一个项目，本例为“profibus_s7300”，如图 9-82 所示。再在项目中插入两个站点，本例为“Client”和“Server”，共插入 2 个站点，并将站点重命名为“Client”和“Server”，如图 9-83 所示。

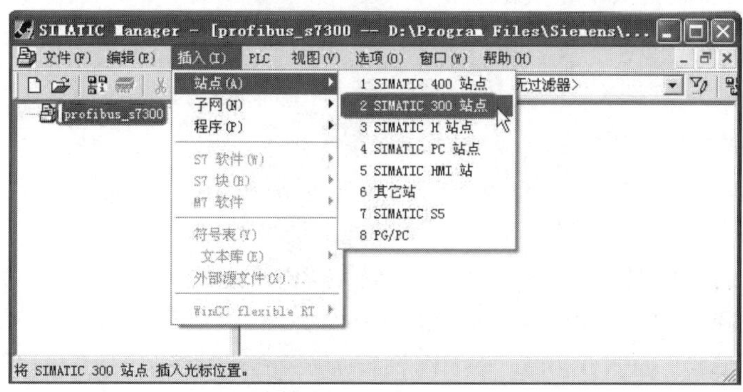

图 9-82　新建项目并插入站点

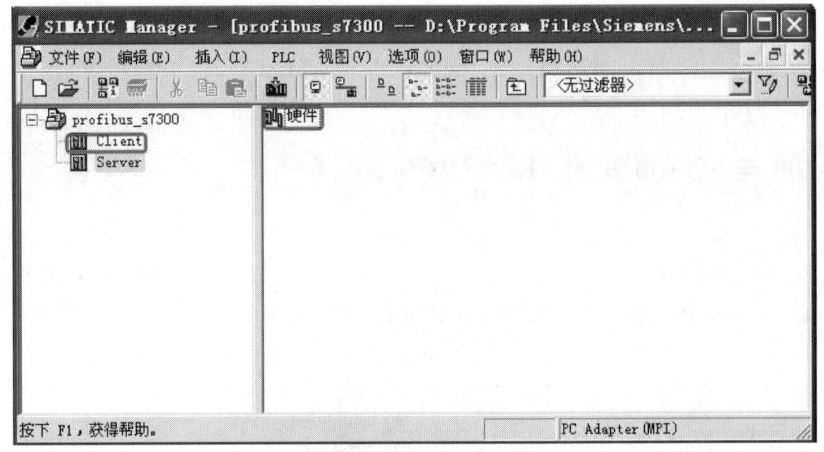

图 9-83 插入站点并重命名

② 插入导轨。如图 9-83 所示，选中从站 “Client”，双击“硬件”，弹出如图 9-84 所示的界面，双击导轨“Rail”，弹出“1”处的导轨。

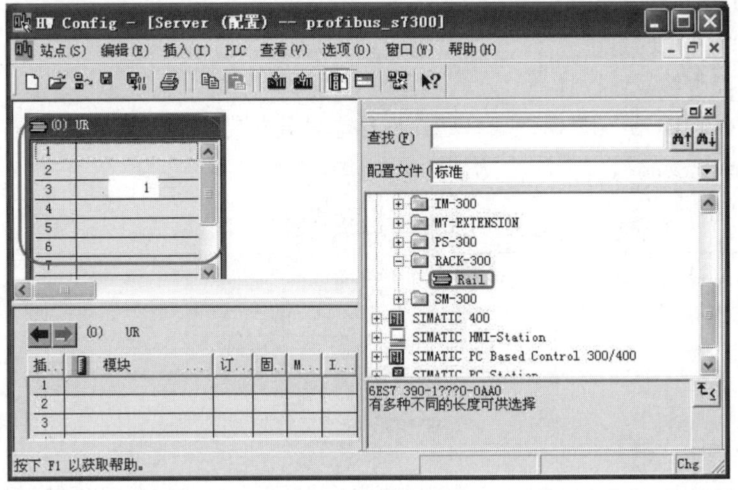

图 9-84 插入导轨

③ 插入 CPU 模块。如图 9-85 所示，先选中导轨的 2 号槽位，再展开 CPU 314C-2DP，双击“V2.6”，也可直接用鼠标的左键选中“V2.6”并按住左键不放，直接将 CPU 拖入 2 号槽。

【关键点】 CPU 314C-2DP 有 4 个产品型号，读者在组态时，一定要注意 CPU 314C-2DP 机壳上印刷的产品型号要与组态选择的产品型号一致。另外，“314-6CG03-0AB0”还有两个版本，在组态时也要注意与机壳上印刷的一致，否则会出错。

④ 新建 PROFIBUS 网络。如图 9-86 所示，先选定从站的站地址为“3”，再单击“新建”按钮，弹出如图 9-87 所示的界面。

⑤ 选择通信的波特率。如图 9-87 所示，先选定 PROFIBUS 的通信的波特率为“1.5Mbps”，再单击“确定”按钮，弹出如图 9-88 所示的界面。

⑥ 选择操作模式。如图 9-88 所示，先选择操作模式为“DP 从站”模式选项，再选定“组态”选项卡，弹出如图 9-89 所示的界面。

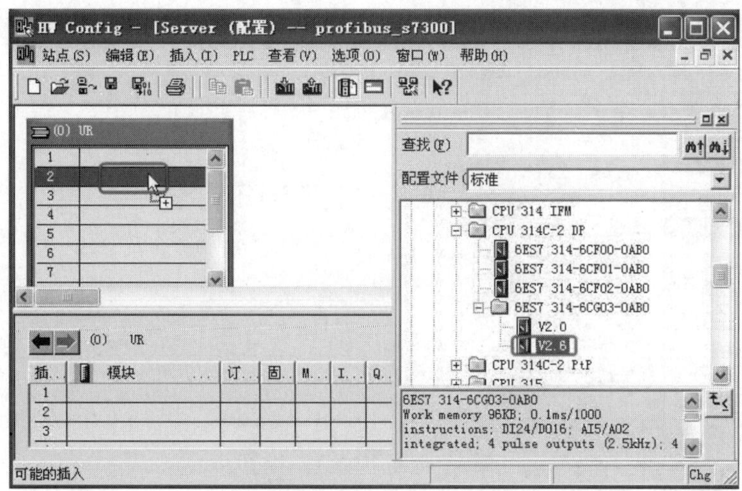

图 9-85　插入 CPU 模块

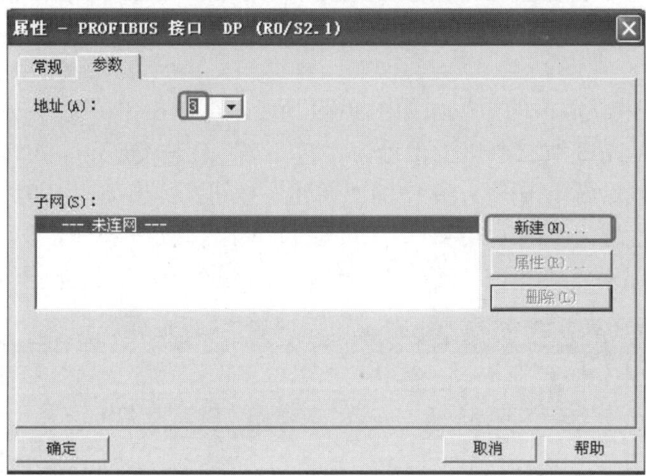

图 9-86　新建 PROFIBUS 网络

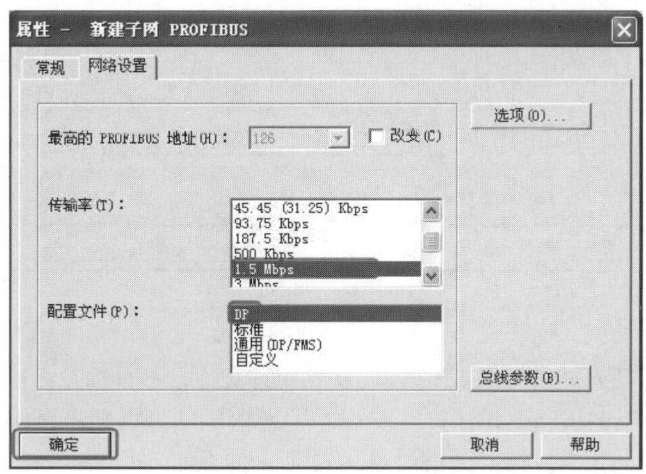

图 9-87　选择通信的波特率

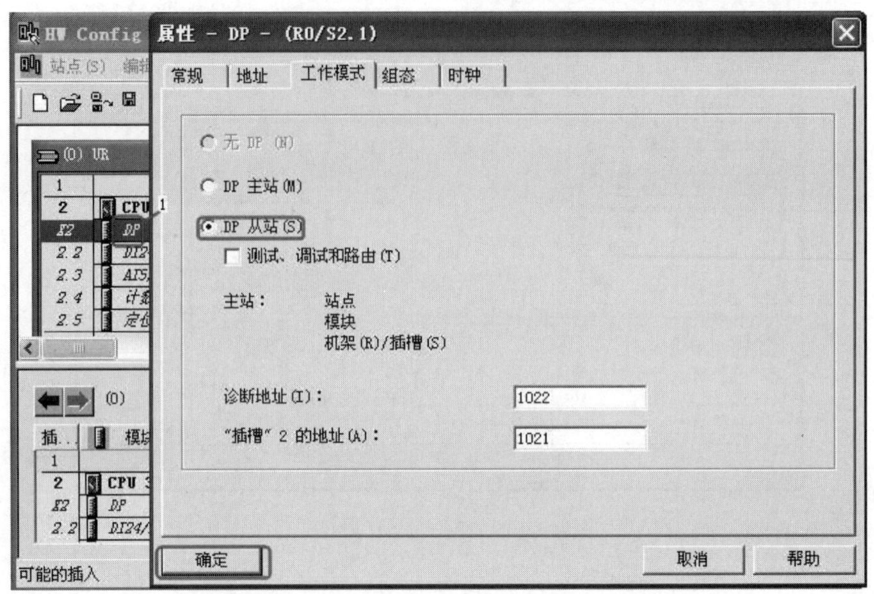

图 9-88　工作模式选择

⑦ 组态接收区和接收区的数据。如图 9-89 所示，先单击“新建”按钮，弹出如图 9-90 所示的界面，定义从站 3 的接收区的地址为“3”（实际就是 QB3），再单击“确定”按钮，接收区数据定义完成。再单击图 9-89 中的“新建”按钮，弹出如图 9-91 所示的界面，定义从站 3 的发送区的地址为“3”（实际就是 IB3），再单击“确定”按钮，发送区数据定义完成。弹出如图 9-92 所示的界面，单击“确定”按钮，从站的发送接收区数据组态完成。

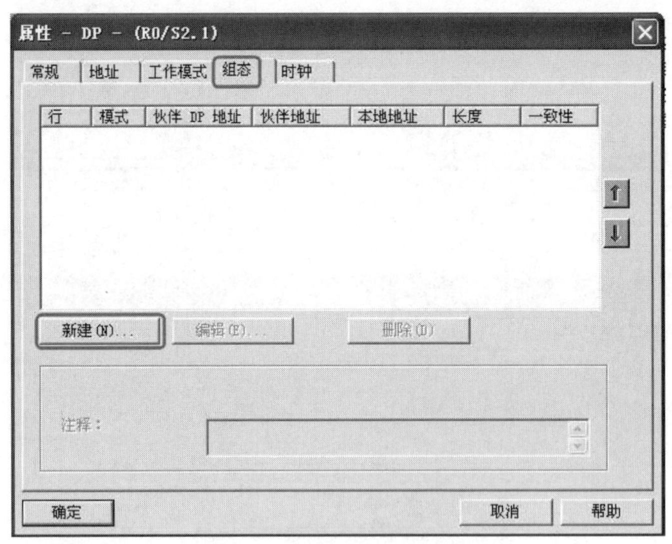

图 9-89　组态通信接口数据区

⑧ 主站组态时插入导轨和插入 CPU 与从站组态类似，不再重复，以下从选择通信波特率开始讲解，如图 9-93 所示，先选定主站 2 的通信地址为“2”，再选定通信的波特率为“1.5Mbps”，单击“确定”按钮，弹出如图 9-94 所示的界面。

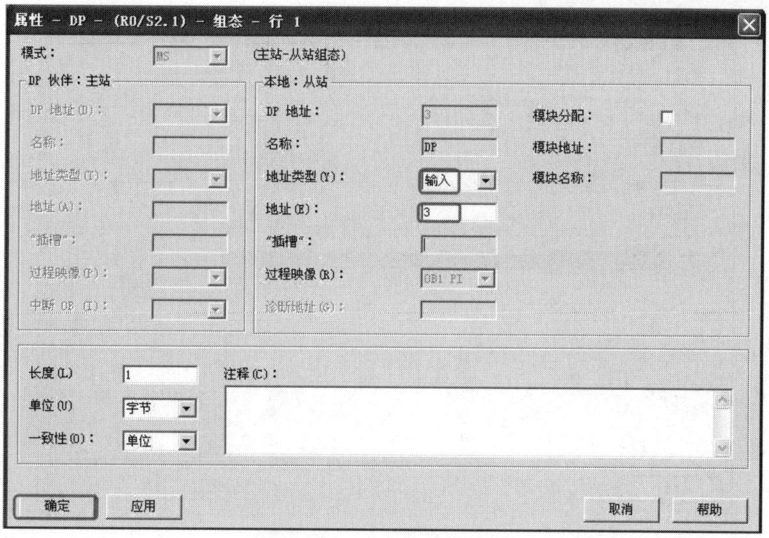

图 9-90　组态接收区数据

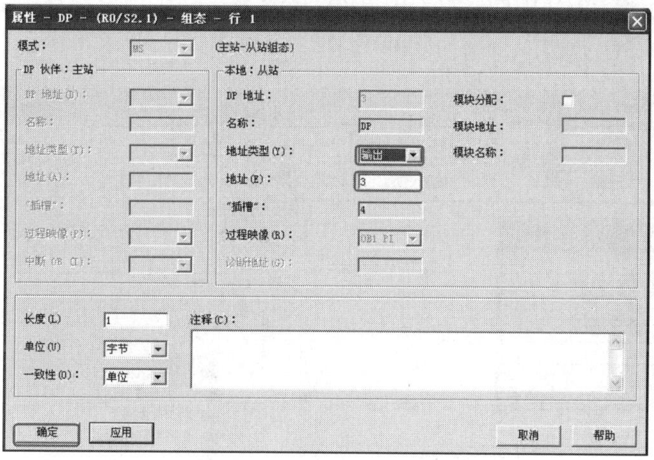

图 9-91　组态发送区数据

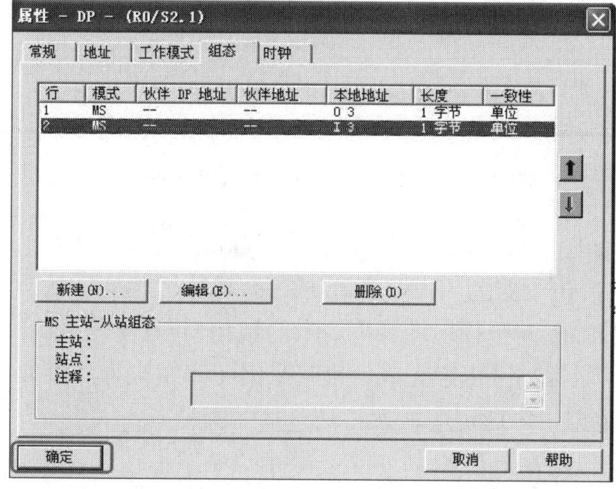

图 9-92　从站数据区组态完成

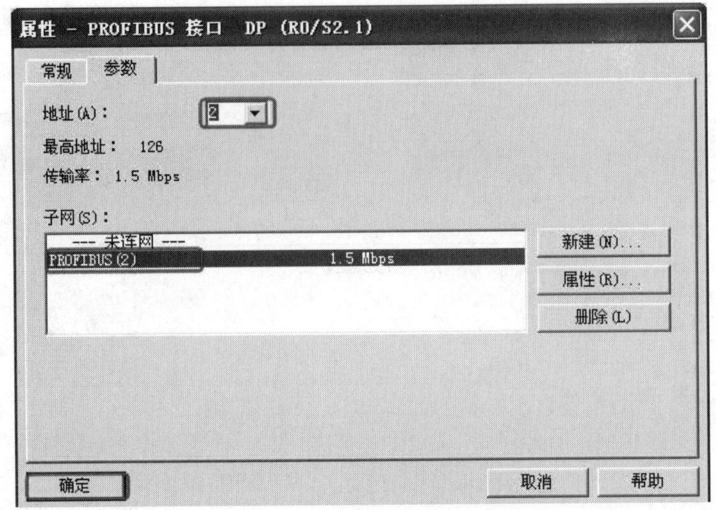

图 9-93 选择通信波特率

⑨ 将从站 3 挂到 PROFIBUS 网络上。如图 9-94 所示，先用鼠标选中 PROFIBUS 网络的“1”处，再双击“CPU 31x”，弹出如图 9-95 所示的界面。

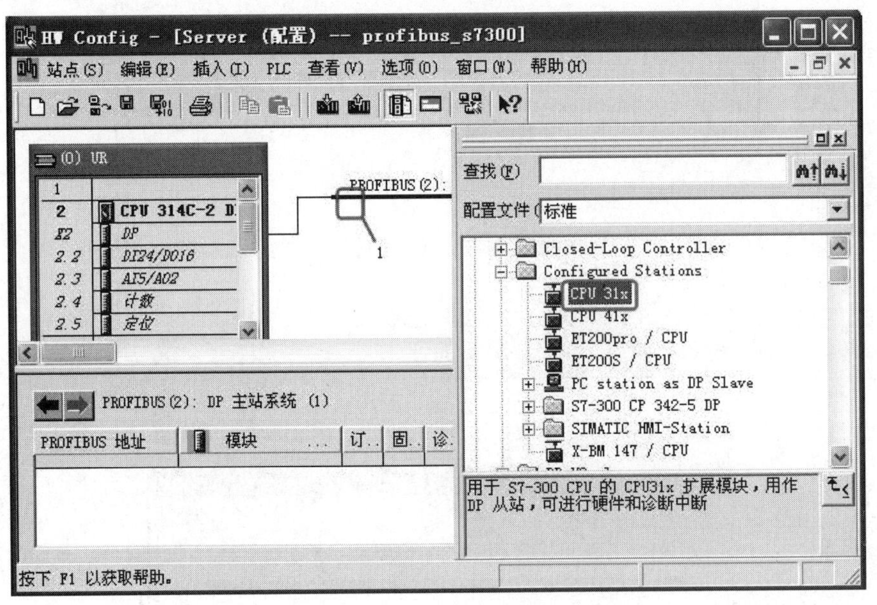

图 9-94 将从站 3 挂到 PROFIBUS 网络上

⑩ 激活从站 3。如图 9-95 所示，单击“连接”按钮，弹出如图 9-96 所示的界面。

⑪ 组态主站通信接口数据区。如图 9-96 所示，选中“组态”选项卡，再双击“1”处，弹出如图 9-97 所示的界面。先选择地址类型为发送数据，再选定地址为“3”（实际就是 QB3），单击“确定”按钮，发送数据区组态完成。接收数据区的组态方法类似，只需要将图 9-98 中地址类型选择为接收数据，再选定地址为“3”（实际就是 IB3），单击“确定”按钮。

⑫ 硬件组态完成。在如图 9-99 所示中，单击“确定”按钮，弹出如图 9-100 所示的界面。至此，主站的组态已经完成。

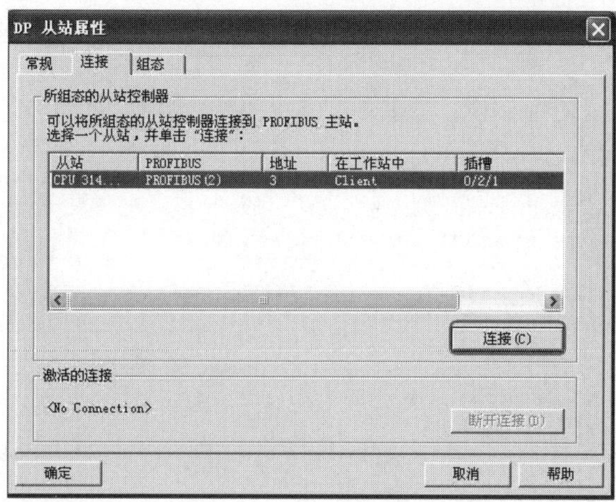

图 9-95　激活从站 3

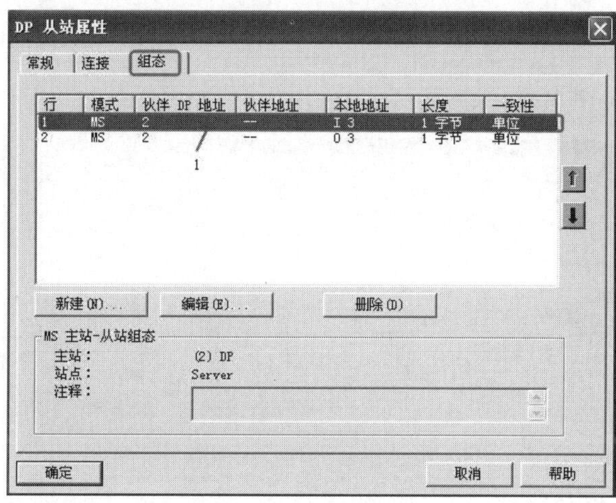

图 9-96　组态主站通信接口数据区

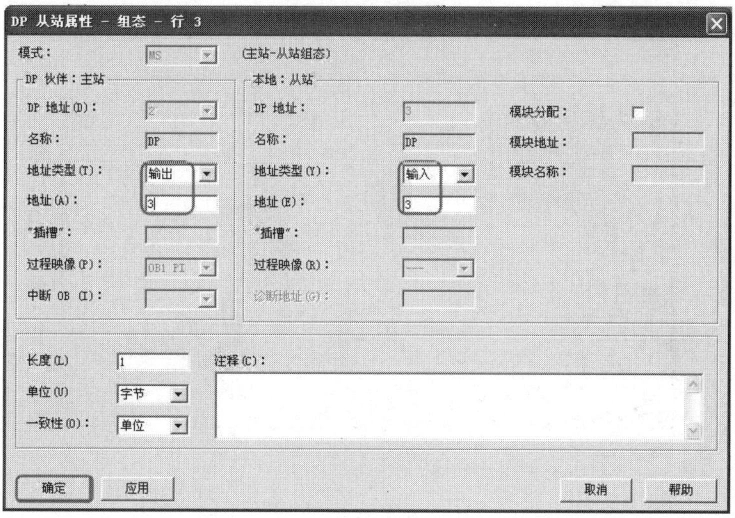

图 9-97　组态发送数据区

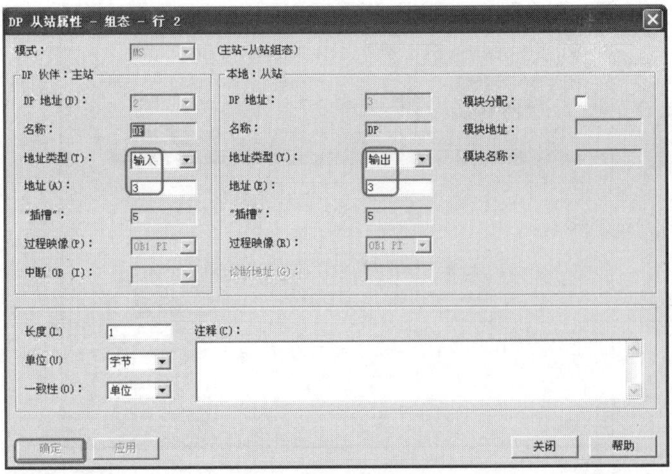

DP 从站属性 - 组态 - 行 2

模式： MS （主站-从站组态）

DP 伙伴：主站

DP 地址(D)： 2

名称： DP

地址类型(T)： 输入

地址(A)： 3

“插槽”： 5

过程映像(P)： OB1 PI

中断 OB (I)：

本地：从站

DP 地址： 3

名称： DP

地址类型(Y)： 输出

地址(E)： 3

“插槽”： 5

过程映像(R)： OB1 PI

诊断地址(G)：

模块分配：

模块地址：

模块名称：

长度(L) 1

单位(U) 字节

一致性(O)： 单位

注释(C)：

确定 应用 关闭 帮助

图 9-98 组态接收数据区

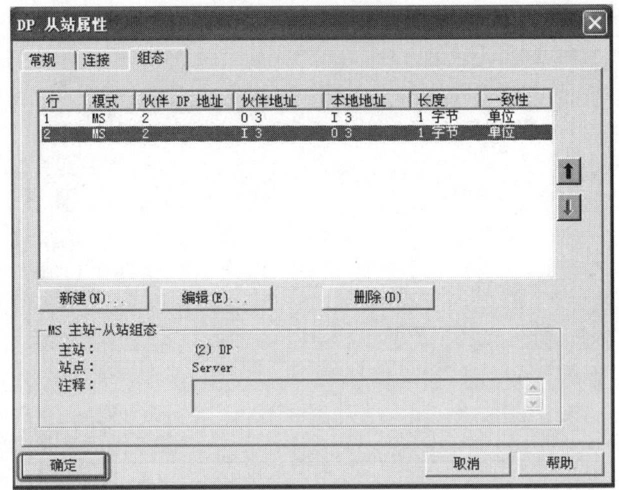

图 9-99 硬件组态完成（1）

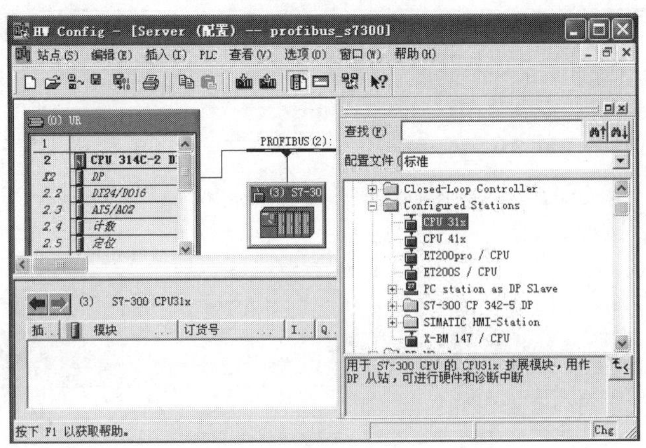

图 9-100 硬件组态完成（2）

⑬ 单击按钮，保存和编译硬件组态。硬件组态完毕。

【关键点】在进行硬件组态时，主站和从站的波特率要相等，主站和从站的地址不能相同，本例的主站地址为 2，从站的地址为 3。最为关键的是：先对从站组态，再对主站进行组态。

（3）编写主站程序　S7-300 与 S7-300 间的现场总线通信的程序编写有很多种方法，本例是最为简单的一种方法。从图 9-99 中，很容易看出主站 2 和从站 3 的数据交换的对应关系，也可参见表 9-6。

表 9-6　主站和从站的发送接收数据区对应关系

序　　号	主站 S7-300	对 应 关 系	从站 S7-300
1	QB3	⟶	IB3
2	IB3	⟵	QB3

主站的程序如图 9-101 所示。

（4）编写从站程序　从站程序如图 9-102 所示。

程序段 1：标题：

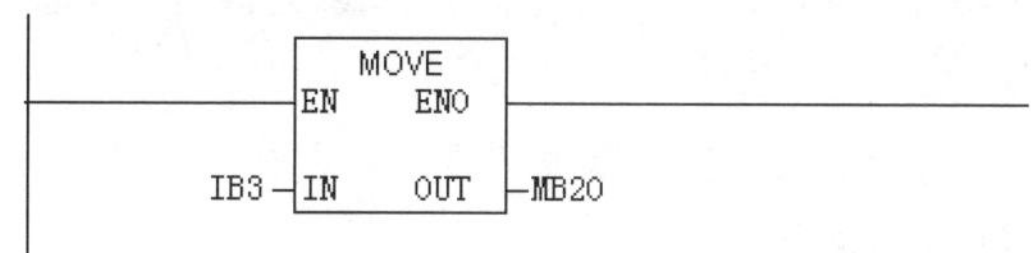

程序段 2：标题：

主站的MB10传送给QB3,QB3发送到从站的MB10

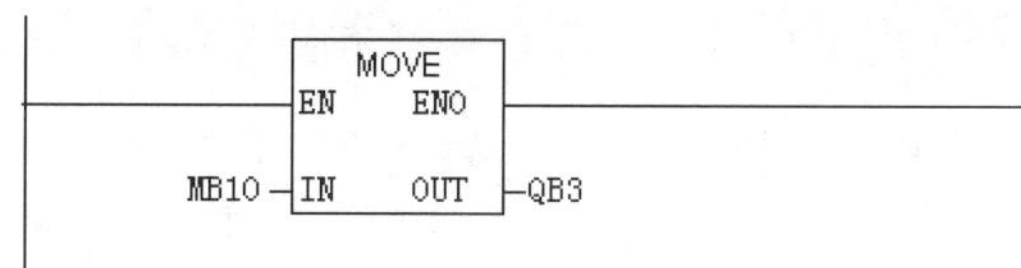

图 9-101　主站程序

程序段 1：标题：

从站把主站发送的信息接收到IB3，之后传送到MB10中；

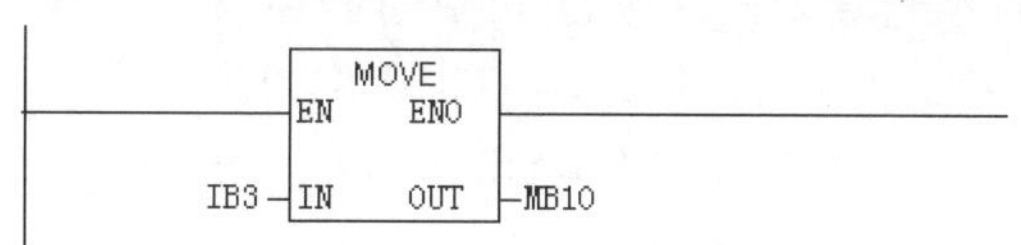

程序段 2：标题：

从站把MB20传送到QB3，再发送到主站的MB20中；

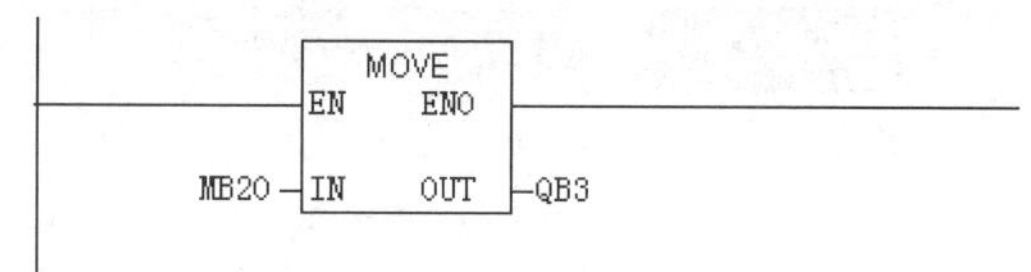

图 9-102　从站程序

9.6　MODBUS 通信概述

9.6.1　MODBUS 通信概述

MODBUS 协议是应用于电子控制器上的一种通用语言。通过此协议，控制器相互之间、控制器经由网络（例如以太网）和其他设备之间可以通信。它已经成为一种通用工业标准。有了它，不同厂商生产的控制设备可以连成工业网络，进行集中监控。

此协议定义了一个控制器能认识使用的消息结构，而不管它们是经过何种网络进行通信的。它描述了控制器请求访问其他设备的过程，如回应来自其他设备的请求，以及怎样侦测错误并记录。它制定了消息域格局和内容的公共格式。

MODBUS 协议最早由莫迪康公司（现在被施耐德收购）开发。此协议在智能仪表中应用较为常见。由于此协议为免费开放协议，因此国产 PLC 的通信多支持 MODBUS 协议。

9.6.2 MODBUS 传输模式

控制器可以使用 ASCII 模式或 RTU 模式，在标准的 MODBUS 网络上通信。在配置每台控制器时，用户须选择通信模式以及串行口的通信参数（波特率，奇偶校验等）。在 MODBUS 总线上的所有设备应具有相同的通信模式和串行通信参数。

（1）ASCII 模式　当控制器以 ASCII 模式在 MODBUS 总线上进行通信时，一个信息中的每 8 位字节作为 2 个 ASCII 字符传输，这种模式的主要优点是允许字符之间的时间间隔长达 1s，也不会出现错误。

（2）RTU 模式　控制器以 RTU 模式在 MODBUS 总线上进行通信时，信息中的每 8 位字节分成 2 个 4 位十六进制的字符，该模式的主要优点是在相同波特率下其传输的字符的密度高于 ASCII 模式，每个信息必须连续传输。

MODBUS 的 RTU 模式比较常用。

9.6.3 S7-200 PLC 间 MODBUS 通信

（1）使用 MODBUS 协议库　STEP 7-Micro/WIN 指令库包括专门为 MODBUS 通信设计的预先定义的子程序和中断服务程序，使得与 MODBUS 设备的通信变得更简单。通过 MODBUS 协议指令，可以将 S7-200 组态为 MODBUS 主站或从站设备。

可以在 STEP 7-Micro/WIN 指令树的库文件夹中找到这些指令。当在程序中输入一个 MODBUS 指令时，自动将一个或多个相关的子程序添加到项目中。

西门子指令库以一个独立的光盘销售，在购买和安装了 1.1 版本的西门子指令库后，任何后续的 STEP 7-Micro/WIN V3.2x 和 V4.0 升级都会在不需要附加费用的情况下自动升级指令库（当增加或修改库时）。

【关键点】STEP 7-Micro/WIN V4.0 SP4（含）以前的版本，指令库只有从站指令，之后的版本才有主站指令库，如果需要 SP4（含）以前 S7-200 作主站，读者必须在自由口模式下，按照 MODBUS 协议编写程序，这会很麻烦。CPU 的固化程序版本不低于 V2.0 才能支持 MODBUS 指令库。

（2）MODBUS 的地址　MODBUS 地址通常是包含数据类型和偏移量的 5 个字符值。第一个字符确定数据类型，后面四个字符选择数据类型内的正确数值。

① 主站寻址　MODBUS 主站指令可将地址映射到正确功能，然后发送至从站设备。MODBUS 主站指令支持下列 MODBUS 地址：

00001～09999 是离散输出（线圈）；

10001～19999 是离散输入（触点）；

30001～39999 是输入寄存器（通常是模拟量输入）；

40001～49999 是保持寄存器。

所有 MODBUS 地址都是基于 1，即从地址 1 开始第一个数据值。有效地址范围取决于从站设备。不同的从站设备将支持不同的数据类型和地址范围。

② 从站寻址　MODBUS 主站设备将地址映射到正确功能。MODBUS 从站指令支持以下地址：

00001～00128 是实际输出，对应于 Q0.0～Q19.7；

10001～10128 是实际输入，对应于 I0.0～I19.7；

30001～30032 是模拟输入寄存器，对应于 AIW0～AIW62；

40001～04xxxx 是保持寄存器，对应于 V 区。

所有 MODBUS 地址都是从 1 开始编号的。表 9-7 所示为 MODBUS 地址与 S7-200 地址的对应关系。

表 9-7 MODBUS 地址与 S7-200 地址的对应关系

序　号	MODBUS 地址	S7-200 地址
1	00001	Q0.0
	00002	Q0.1
	…	…
	00127	Q19.6
	00128	Q19.7
2	10001	I0.0
	10002	I0.1
	…	…
	10127	I19.6
	10128	I19.7
3	30001	AIW0
	30002	AIW1
	…	…
	30032	AIW62
4	40001	HoldStart
	40002	HoldStart+2
	…	
	4xxxx	HoldStart+2×（xxxx-1）

MODBUS 从站协议允许对 MODBUS 主站可访问的输入、输出、模拟输入和保持寄存器（V 区）的数量进行限定。例如，若 HoldStart 是 VB0，那么 MODBUS 地址 40001 对应 S7-200 地址的 VB0。

（3）S7-200 PLC 间 MODBUS 通信应用举例　以下以两台 CPU 226 CN 之间的 MODBUS 现场总线通信为例介绍 S7-200 系列 PLC 之间的 MODBUS 现场总线通信。

【例 9-6】 某生产线的主站为 CPU 226 CN，从站为 CPU 226 CN，主站发出开始信号（开始信号为高电平），从站接收信息，并控制从站的电动机的启停。

【解】 ① 主要软硬件配置

a. 1 套 STEP 7-Micro/WIN V4.0 SP9；

b. 1 根 PC/PPI 电缆；

c. 2 台 CPU 226 CN；

d. 1 根 PROFIBUS 网络电缆（含两个网络总线连接器）。

MODBUS 现场总线硬件配置如图 9-103 所示。

② 相关指令介绍

a. 主设备指令　初始化主设备指令 MBUS_CTRL 用于 S7-200 端口 0（或用于端口 1 的 MBUS_CTRL_P1 指令）可初始化、监视或禁用 MODBUS 通信。在使用 MBUS_MSG 指令之前，必须正确执行 MBUS_CTRL 指令，指令执行完成后，立即设定“完成”位，才能继续执行下一条指令。其各输入/输出参数见表 9-8。

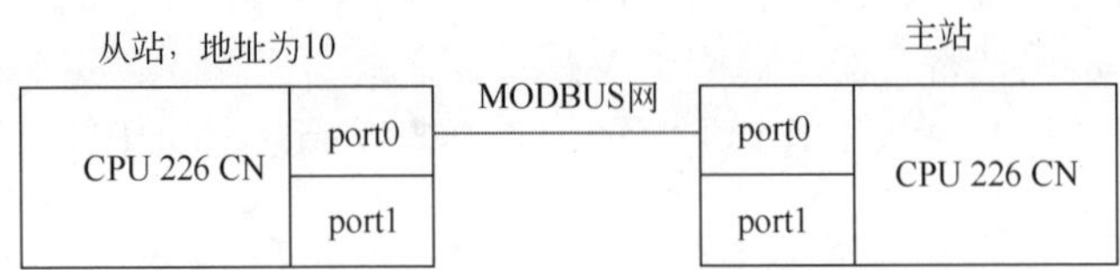

图 9-103 MODBUS 现场总线硬件配置图

表 9-8 MBUS_CTRL 指令的参数表

子 程 序	输入/输出	说 明	数据类型
MBUS_CTRL EN Mode Baud Done Parity Error Timeout	EN	使能	BOOL
	Mode	为 1 将 CPU 端口分配给 MODBUS 协议并启用该协议。为 0 将 CPU 端口分配给 PPI 协议，并禁用 MODBUS 协议	BOOL
	Baud	将波特率设为 1200、2400、4800、9600、19200、38400、57600 或 115200	D WORD
	Parity	0——无奇偶校验 1——奇校验 2——偶校验	BYTE
	Timeout	等待来自从站应答的毫秒时间数	WORD
	Error	出错时返回错误代码	BYTE

MBUS_MSG 指令（或用于端口 1 的 MBUS_MSG_P1）用于启动对 MODBUS 从站的请求，并处理应答。当 EN 输入和“首次”输入打开时，MBUS_MSG 指令启动对 MODBUS 从站的请求。发送请求，等待应答，并处理应答。EN 输入必须打开，以启用请求的发送，并保持打开，直到“完成”位被置位。此指令在一个程序中可以执行多次。其各输入/输出参数见表 9-9。

表 9-9 MBUS_MSG 指令的参数表

子 程 序	输入/输出	说 明	数据类型
MBUS_MSG EN First Slave Done RW Error Addr Count DataPtr	EN	使能	BOOL
	First	“首次”参数应该在有新请求要发送时才打开，进行一次扫描。“首次”输入应当通过一个边沿检测元素（例如上升沿）打开，这将保证请求被传送一次	BOOL
	Slave	“从站”参数是 MODBUS 从站的地址。允许的范围是 0～247	BYTE
	RW	0—读 1—写	BYTE
	Addr	“地址”参数是 MODBUS 的起始地址	DWORD
	Count	“计数”参数，读取或写入的数据元素的数目	INT
	DataPtr	S7-200 CPU 的 V 存储器中与读取或写入请求相关数据的间接地址指针	DWORD
	Error	出错时返回错误代码	BYTE

【关键点】指令 MBUS_CTRL 的 EN 要接通，在程序中只能调用一次，MBUS_MSG 指令可以在程序中多次调用，要特别注意区分 Addr 、DataPtr 和 Slave 三个参数。

b. 从设备指令 MBUS_INIT 指令用于启用、初始化或禁止 MODBUS 通信。在使用 MBUS_SLAVE 指令之前，必须正确执行 MBUS_INIT 指令。指令完成后立即设定“完成”位，才能继续执行下一条指令。其各输入/输出参数见表 9-10。

表 9-10 MBUS_INIT 指令的参数表

子 程 序	输入/输出	说 明	数 据 类 型
MBUS_INIT EN Mode Done Addr Error Baud Parity Delay MaxIQ MaxAI MaxHold HoldSt~	EN	使能	BOOL
	Mode	为 1 将 CPU 端口分配给 MODBUS 协议并启用该协议。为 0 将 CPU 端口分配给 PPI 协议，并禁用 MODBUS 协议	BYTE
	Baud	将波特率设为 1200、2400、4800、9600、19200、38400、57600 或 115200	D WORD
	Parity	0——无奇偶校验 1——奇校验 2——偶校验	BYTE
	Addr	“地址”参数是 MODBUS 的起始地址	BYTE
	Delay	“延时”参数，通过将指定的毫秒数增加至标准 MODBUS 信息超时的方法，延长标准 MODBUS 信息结束超时条件	WORD
	MaxIQ	参数将 MODBUS 地址 0xxxx 和 1xxxx 使用的 I 和 Q 点数设为 0～128 之间的数值	WORD
	MaxAI	参数将 MODBUS 地址 3xxxx 使用的字输入（AI）寄存器数目设为 0～32 之间的数值	WORD
	MaxHold	参数设定 MODBUS 地址 4xxxx 使用的 V 存储器中的字保持寄存器数目	WORD
	HoldStart	参数是 V 存储器中保持寄存器的起始地址	DWORD
	Error	出错时返回错误代码	BYTE

MBUS_SLAVE 指令用于为 MODBUS 主设备发出的请求服务，并且必须在每次扫描时执行，以便允许该指令检查和回答 MODBUS 请求。在每次扫描且 EN 输入开启时，执行该指令。其各输入/输出参数见表 9-11。

表 9-11 MBUS_SLAVE 指令的参数表

子 程 序	输入/输出	说 明	数 据 类 型
MBUS_SLAVE EN Done Error	EN	使能	BOOL
	Done	当 MBUS_SLAVE 指令对 MODBUS 请求作出应答时，“完成”输出打开。如果没有需要服务的请求时，“完成”输出关闭	BOOL
	Error	出错时返回错误代码	BYTE

【关键点】MBUS_INIT 指令只在首次扫描时执行一次，MBUS_SLAVE 指令无输入参数。

③ 编写程序 主站和从站的程序如图 9-104 和图 9-105 所示。

【关键点】在调用了 MODBUS 指令库的指令后，还要对库存储区进行分配，这是非常重要的，否则即使编写程序没有语法错误，程序编译后也会显示至少几十个错误。分配库存储区的方法如下：先选中“程序块”，再单击右键，弹出快捷菜单，并单击“库存储区”，如图 9-106 所示。再在“库存储区”中填写 MODBUS 指令所需要用到的存储区的起始地址，如图 9-107 所示。示例中 MODBUS 指令所需要用到的存储区为 VB0 ~ VB283，这个区间的 V 存储区在后续编程是不能使用的。

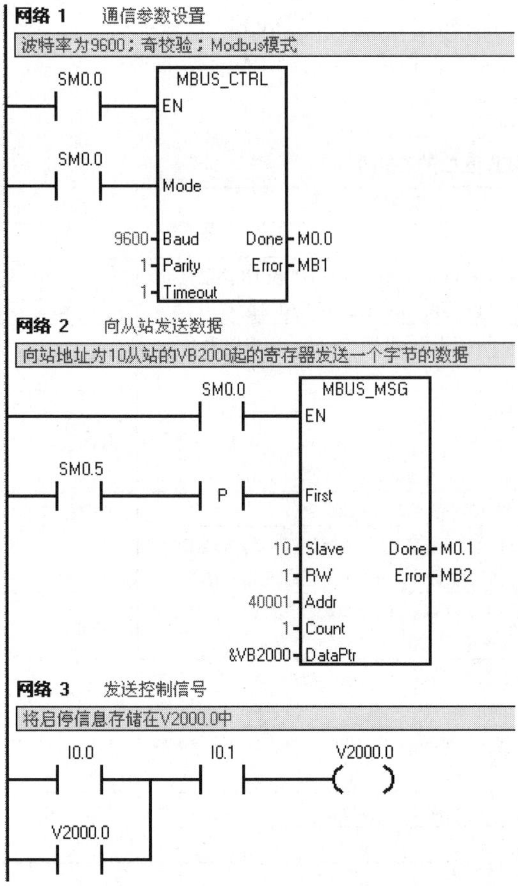

网络 1 通信参数设置
波特率为9600；奇校验；Modbus模式
SM0.0
MBUS_CTRL
EN
SM0.0
Mode
9600 Baud
1 Parity
1 Timeout
Done M0.0
Error MB1
网络 2 向从站发送数据
向站地址为10从站的VB2000起的寄存器发送一个字节的数据
SM0.0
MBUS_MSG
EN
SM0.5
P
First
10 Slave
1 RW
40001 Addr
1 Count
&VB2000 DataPtr
Done M0.1
Error MB2
网络 3 发送控制信号
将启停信息存储在V2000.0中
I0.0
I0.1
V2000.0
V2000.0

图 9-104 主站程序

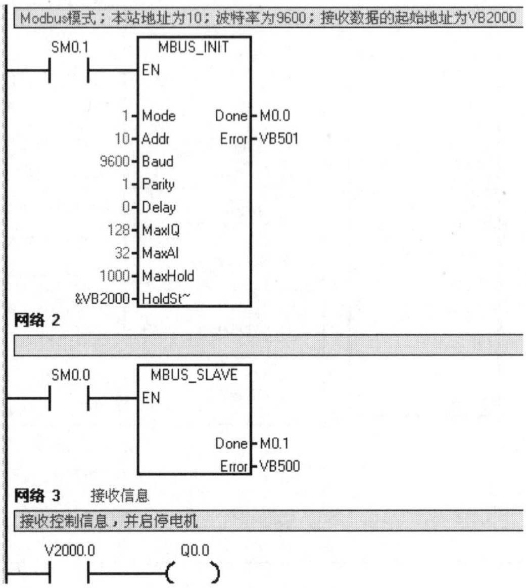

Modbus模式；本站地址为10；波特率为9600；接收数据的起始地址为VB2000
SM0.1
MBUS_INIT
EN
1 Mode
10 Addr
9600 Baud
1 Parity
0 Delay
128 MaxIQ
32 MaxAI
1000 MaxHold
&VB2000 HoldSt~
Done M0.0
Error VB501
网络 2
SM0.0
MBUS_SLAVE
EN
Done M0.1
Error VB500
网络 3 接收信息
接收控制信息，并启停电机
V2000.0
Q0.0

图 9-105 从站程序

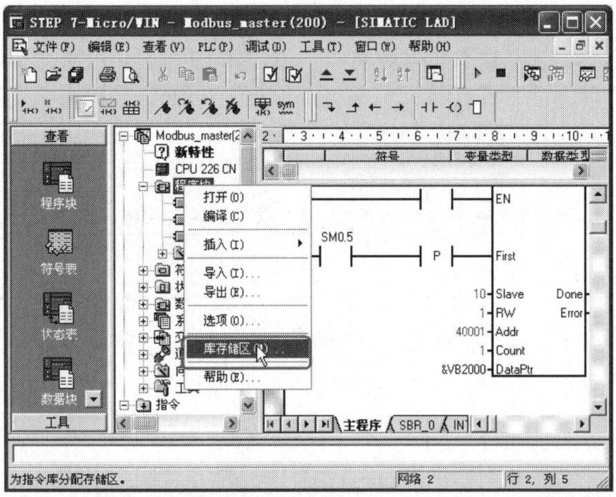

打开(O)
编译(C)
插入(I)
导入(I)...
导出(E)...
选项(O)...
库存储区(M)...
帮助(H)...
为指令库分配存储区。

图 9-106 选定库存储区

库存储区分配
Modbus Master Port 0 (v1.2)
"Modbus Master Port 0 (v1.2)"指令库需要 284 个字节的全局 V 存储区。指定一个起始地址以便分配这个数量的 V 存储区供此库使用。单击"建议地址"，使用程序交叉引用寻找所需大小的未用块。
建议地址(S)
删除库符号表
VB0 至VB283
确定
取消
1
2

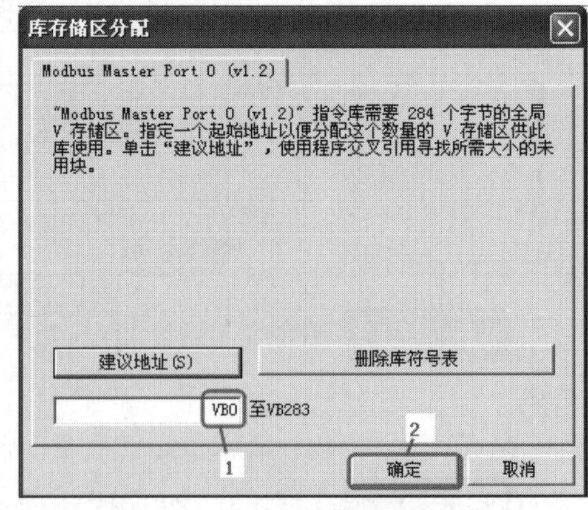

图 9-107 设定库存储区的范围

9.6.4 S7-1200 与 S7-1200 的 MODBUS 通信

S7-1200 PLC 与 S7-1200 PLC 间的 MODBUS 通信，S7-1200 PLC 的程序编写的方法与前述的 MODBUS 通信的编程方法相似。以下用一个例子介绍 S7-1200 PLC 与 S7-1200 PLC 间

的 MODBUS 通信。

【例 9-7】 有两台设备，都由 S7-1200 PLC 控制，一台 S7-1200 为 MODBUS 从站。主站将一个字周期性传送到 MODBUS 从站中，请编写相关程序。

【解】 （1）主要软硬件配置

① 1 套 PORTAL V13；

② 1 根网线；

③ 1 根 PROFIBUS 网络电缆（含两个网络总线连接器）；

④ 2 台 CPU 1214C；

⑤ 2 台 CM 1241（RS-485）。

MODBUS 现场总线硬件配置如图 9-108 所示。

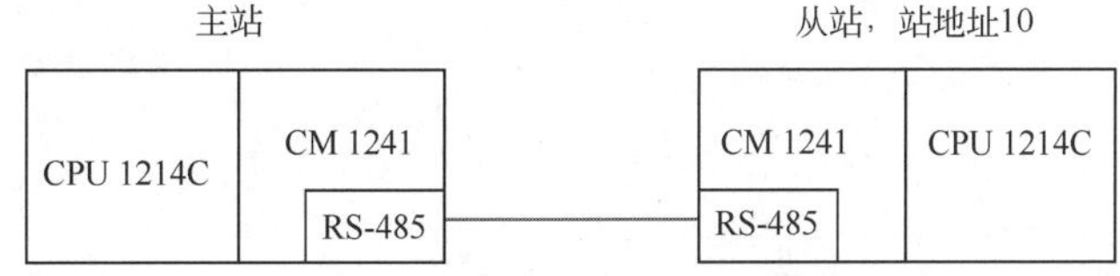

图 9-108　MODBUS 现场总线硬件配置图

（2）硬件组态

① 新建项目，并添加硬件。新建项目，命名为“MODBUS”，添加主站（PLC_1）的硬件，分别为：CPU 1214C 和 CM 1241（RS-485）；添加从站（PLC_2）的硬件，分别为：CPU 1214C 和 CM 1241（RS-485），如图 9-109 所示。

选中主站的 CPU 1214C 模块，打开系统时钟，设置该字节为 MB10，所以 M10.1 是脉冲频率为 5 的脉冲。

【关键点】 主站和从站的硬件可以添加在一个项目中，不必新建两个项目。

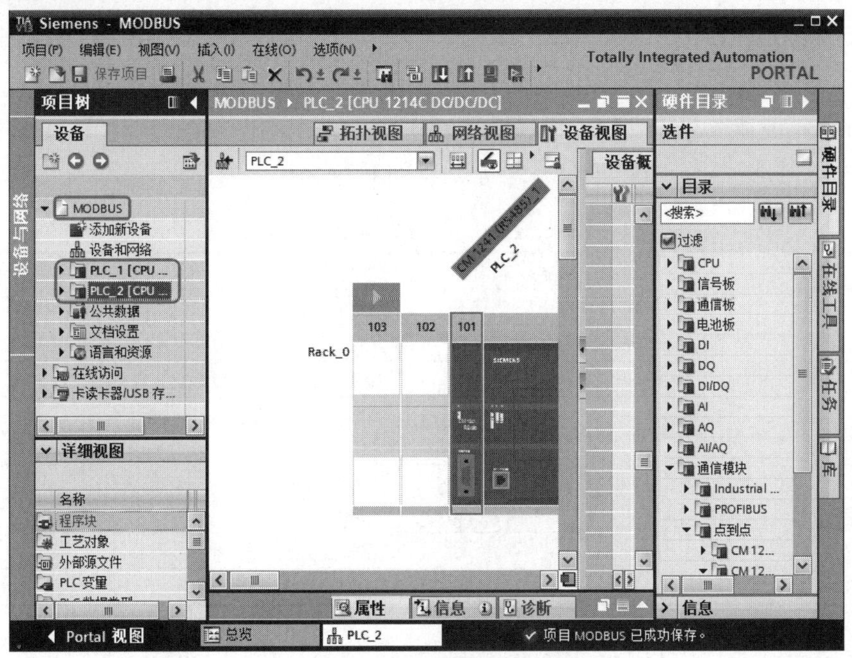

图 9-109　新建项目并添加硬件

② 创建主站和从站的数据块和数组。先在主站中创建数据块，命名为“DB1”，注意 DB1 为绝对寻址方式；再打开数据块 DB1，在数据块中创建数组 A[0..1]，如图 9-110 所示。从站数据块的创建方法和主站完全相同，如图 9-111 所示。

MODBUS ▸ PLC_1 [CPU 1214C DC/DC/DC] ▸ 程序块 ▸ DB1 [DB1]

DB1

	名称	数据类型	启动值	保持性	可从 HMI ...	在 HMI ...	设置
1	▼ Static			☐	☐	☐	
2	▼ A	Array[0..1] of Word		☐	☑	☑	
3	A[0]	Word	16#9	☐	☑	☑	
4	A[1]	Word	16#8	☐	☑	☑	

图 9-110 创建主站的数据块和数组

MODBUS ▸ PLC_2 [CPU 1214C DC/DC/DC] ▸ 程序块 ▸ DB1 [DB1]

DB1

	名称	数据类型	启动值	保持性	可从 HMI ...	在 HMI ...	设置
1	▼ Static			☐	☐	☐	
2	▼ A	Array[0..1] of Word		☐	☑	☑	
3	A[0]	Word	16#1	☐	☑	☑	
4	A[1]	Word	16#2	☐	☑	☑	

图 9-111 创建从站的数据块和数组

（3）编写程序

① 相关指令简介 MB_SLAVE 指令的功能是将串口作为 MODBUS 从站，响应 MODBUS 主站的请求。使用 MB_SLAVE 指令，要求每个端口独占一个背景数据块，背景数据块不能与其他的端口共用。MB_SLAVE 指令的输入/输出参数见表 9-12。

表 9-12 MB_SLAVE 指令的参数表

指 令	输入/输出	说 明	数据类型
MB_SLAVE EN ENO MB_ADDR NDR MB_HOLD_REG DR ERROR STATUS	EN	使能	BOOL
	MB_ADDR	从站地址，有效值为 0～247	USINT
	MB_HOLD_REG	保持存储器数据块的地址	VARIANT
	NDR	新数据是否准备好，0——无数据，1——主站有新数据写入	BOOL
	DR	读数据标志，0——未读数据，1——主站读取数据完成	BOOL
	STATUS	故障代码	WORD
	ERROR	是否出错；0 表示无错误，1 表示有错误	BOOL

② 程序编写 主站程序如图 9-112 和图 9-113 所示。MB_COMM_LOAD 指令只需要首

次启动时，运行一次即可。

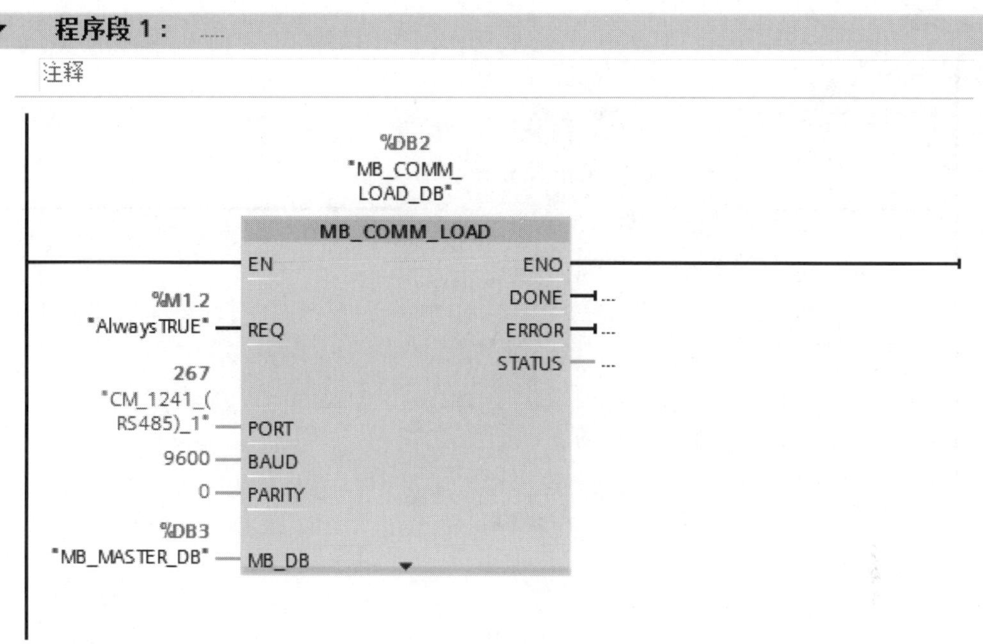

图 9-112 主站程序（OB100 中）

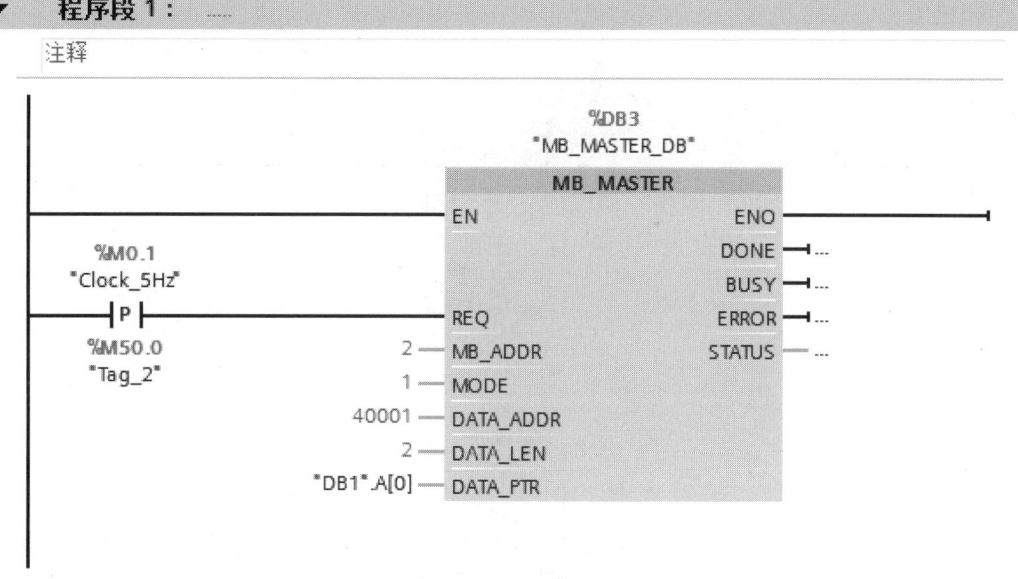

图 9-113 主站程序（OB1 中）

【关键点】 REQ 是上升沿有效，M0.1 是 5Hz 的时间脉冲，也就是每秒产生 5 次脉冲，每秒产生 5 次把数据发送出去。

从站程序如图 9-114 和图 9-115 所示。

程序段 1： .....
注释
%DB2
"MB_COMM_
LOAD_DB"
MB_COMM_LOAD
EN
ENO
%M1.2
"AlwaysTRUE"
REQ
DONE
ERROR
STATUS
267
"CM_1241_(
RS485)_1"
PORT
9600
BAUD
0
PARITY
%DB3
"MB_SLAVE_DB"
MB_DB

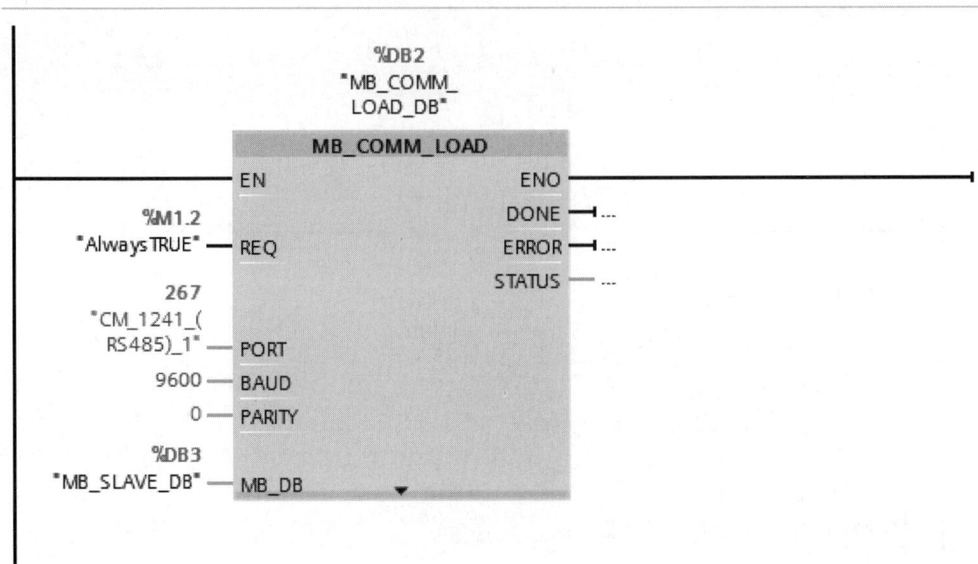

图 9-114　从站程序（OB100 中）

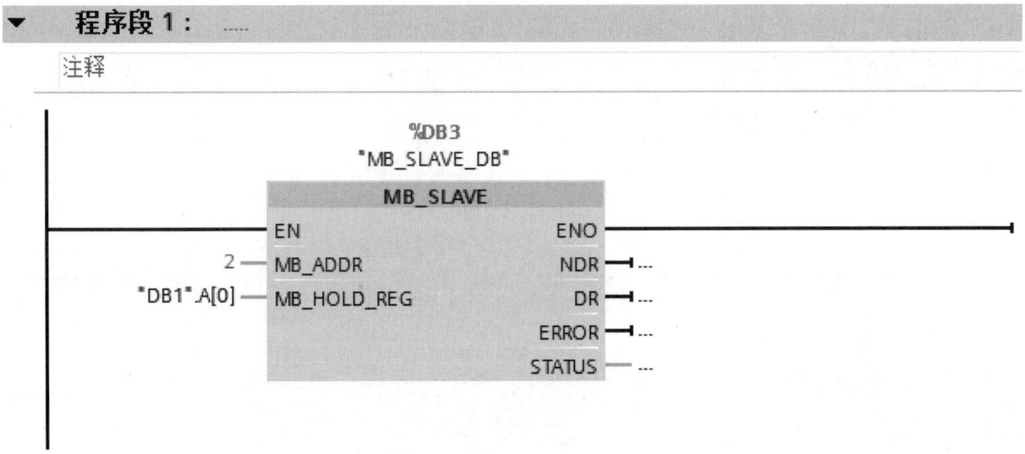

程序段 1： .....
注释
%DB3
"MB_SLAVE_DB"
MB_SLAVE
EN
ENO
2
MB_ADDR
NDR
"DB1".A[0]
MB_HOLD_REG
DR
ERROR
STATUS

图 9-115　从站程序（OB1 中）

重点难点总结

通信是 PLC 中的难点，一般初学者不容易掌握，往往通信不成功时，还不知道错误出在何处。其实西门子的每种通信都有固定的模式，只要掌握正确步骤，就可以完成通信。

（1）PROFIBUS 现场总线应用很广泛，应重点掌握。

（2）PROFIBUS 现场总线通信有两个难点：一是通信的组态，步骤较多，初学时容易出错；二是通信专用函数的参数较多，不易理解。

因此要学好本章内容必须下工夫。

第10章 工业以太网通信

本章主要内容包括：以太网的简介、以太网的连线和 S7-200/S7-300/S7-400/S7-1200 系列 PLC 之间的工业以太网通信。

10.1 以太网通信概述

以太网（Ethernet），指的是由 Xerox公司创建，并由 Xerox、Intel 和 DEC 公司联合开发的基带局域网规范。以太网络使用 CSMA/CD（载波监听多路访问及冲突检测）技术，并以 10Mbit/s 的速率运行在多种类型的电缆上。以太网与IEEE 802.3 系列标准相类似。以太网不是一种具体的网络，而是一种技术规范。

10.1.1 以太网通信简介

（1）以太网的历史　以太网的核心思想是使用公共传输信道，这个思想产生于 1968 年美国的夏威尔大学。

以太网技术的最初进展来自于施乐帕洛阿尔托研究中心的众多先锋技术项目中的一个。人们通常认为以太网发明于 1973 年，以当年罗伯特·梅特卡夫（Robert Metcalfe）给他 PARC 的老板写了一篇有关以太网潜力的备忘录为标志。

1979 年，梅特卡夫成立了 3Com 公司。3Com 联合迪吉多、英特尔和施乐（DEC、Intel 和 Xerox）共同将网络进行标准化、规范化。这个通用的以太网标准于 1980 年 9 月 30 日出台。

（2）以太网的分类　按照传输速率来划分，可分为：标准以太网、快速以太网、千兆以太网和万兆以太网。

（3）网络的服务　网络的服务功能非常多，主要有文件服务（如文件传输和存储等）、打印服务（如网络打印和无纸传真等）、消息服务（如电子邮件）、应用程序服务和数据库服务等。

（4）传输介质　以太网可以采用多种连接介质，包括同轴电缆、双绞线、光纤、无线传输、红外传输和微波系统等。其中双绞线多用于从主机到集线器或交换机的连接，而光纤则主要用于交换机间的级联和交换机到路由器间的点到点链路上。同轴电缆作为早期的主要连接介质已经逐渐趋于淘汰。

（5）连接设备　网络的主要连接设备有：介质接头（如最为常见的 RJ45 水晶头）、网卡、调制解调器、中继器、集线器、网桥、路由器和网关等。

（6）网络拓扑结构　网络的物理拓扑结构主要有：星型、总线型、环型、网状和蜂窝状物理拓扑结构。

① 星型。管理方便、容易扩展、需要专用的网络设备作为网络的核心节点、需要更多的网线和对核心设备的可靠性要求高。采用专用的网络设备（如集线器或交换机）作为核心

节点，通过双绞线将局域网中的各台主机连接到核心节点上，这就形成了星型结构。星型网络虽然需要的线缆比总线型多，但布线和连接器比总线型的要便宜。此外，星型拓扑可以通过级联的方式很方便地将网络扩展到很大的规模，因此得到了广泛的应用，被绝大部分的以太网所采用。如图 10-1 所示，1 台 ESM（Electrical Switch Module）交换机与 2 台 PLC 和 2 台计算机组成星型网络，这种拓扑结构在工控中很常见。

② 总线型。所需的电缆较少，价格便宜，管理成本高，不易隔离故障点，采用共享的访问机制，易造成网络拥塞。早期以太网多使用总线型的拓扑结构，采用同轴电缆作为传输介质，连接简单，通常在小规模的网络中不需要专用的网络设备，但由于它存在的固有缺陷，已经逐渐被以集线器和交换机为核心的星型网络所代替。如图 10-2 所示，3 台交换机组成总线网络，交换机再与 PLC、计算机和远程 I/O 模块组成网络。

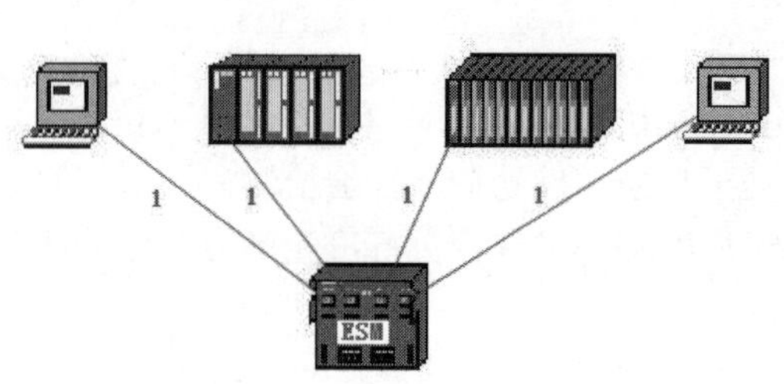

图 10-1 拓扑图
1—TP 电缆，RJ45 接口

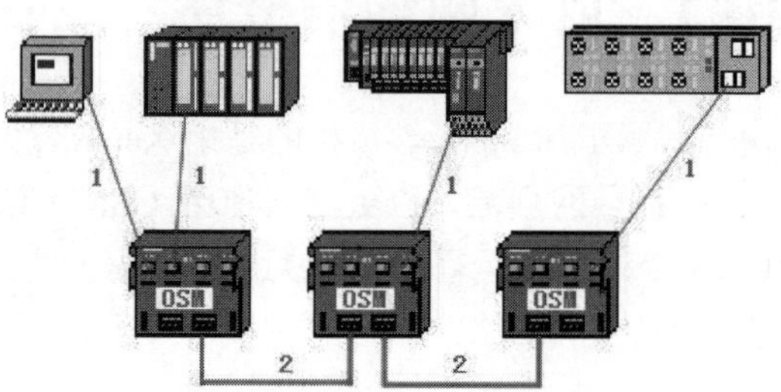

图 10-2 总线拓扑应用
1—TP 电缆，RJ45 接口；2—光缆

③ 环形。西门子的网络中，用 OLM（Optical Link Module）模块将网络首尾相连，形成环网，也可用 OSM（Optical Switch Module）交换机组成环网。与总线型相比冗余环网增加了交换数据的可靠性。如图 10-3 所示，4 台交换机组成环网，交换机再与 PLC、计算机和远程 I/O 模块组成网络，这种拓扑结构在工控中很常见。

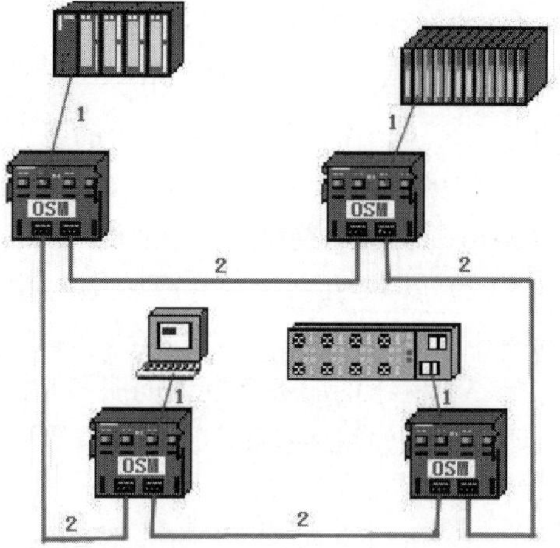

图 10-3 环型拓扑应用
1—TP 电缆，RJ45 接口；2—光缆

总之，以太网是目前世界上最为流行的拓扑标准之一，具有传播速率高、网络资源丰富、系统功能强大、安装简单和使用维修方便等很多优点。

10.1.2 工业以太网通信简介

（1）初识工业以太网 所谓工业以太网，通俗地讲就是应用于工业的以太网，是指其在技术上与商用以太网（IEEE 802.3 标准）兼容，但材质的选用、产品的强度和适用性方面应能满足工业现场的需要。工业以太网技术的优点表现在：以太网技术应用广泛，为所有的编程语言所支持；软硬件资源丰富；易于与 Internet 连接，实现办公自动化网络与工业控制网络的无缝连接；通信速度快；可持续发展的空间大等。

虽然以太网有众多的优点，但作为信息技术基础的 Ethernet 是为 IT 领域应用而开发的，在工业自动化领域只得到有限应用，这是由于：

① Ethernet 采用 CSMA/CD 碰撞检测方式，在网络负荷较重时，网络的确定性（Determinism）不能满足工业控制的实时要求；

② Ethernet 所用的接插件、集线器、交换机和电缆等是为办公室应用而设计的，不符合工业现场恶劣环境要求；

③ 在工程环境中，Ethernet 抗干扰（EMI）性能较差，若用于危险场合，以太网不具备本质安全性能；

④ Ethernet 网还不具备通过信号线向现场仪表供电的性能。

随着信息网络技术的发展，上述问题正在迅速得到解决。为促进 Ethernet 在工业领域的应用，国际上成立了工业以太网协会（Industrial Ethernet Association，IEA）。

（2）网络电缆接法　用于 Ethernet 的双绞线有 8 芯和 4 芯两种，双绞线的电缆连线方式也有两种，即正线（标准 568B）和反线（标准 568A），其中正线也称为直通线，反线也称为交叉线。正线接线如图 10-4 所示，两端线序一样，从上至下线序是：白绿，绿，白橙，蓝，白蓝，橙，白棕，棕。反线接线如图 10-5 所示，一端为正线的线序，另一端为从上至下线序是：白橙，橙，白绿，蓝，白蓝，绿，白棕，棕。对于千兆以太网，用 8 芯双绞线，但接法不同于以上所述的接法，请参考有关文献。

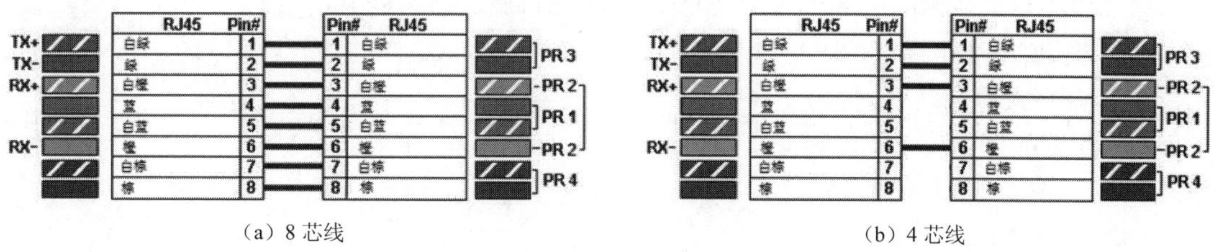

（a）8 芯线　　（b）4 芯线

图 10-4　双绞线正线接线图

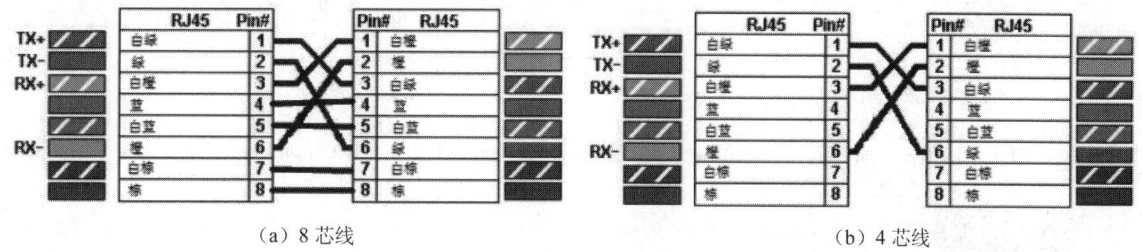

（a）8 芯线　　（b）4 芯线

图 10-5　双绞线反线接线图

对于 4 芯的双绞线，只用连接头上的（常称为水晶接头）1、2、3 和 6 四个引脚。西门子的 PROFINET 工业以太网采用 4 芯的双绞线。

常见的采用正线连接的有：计算机（PC）与集线器（HUB）、计算机（PC）与交换机（SWITCH）、PLC 与交换机（SWITCH）、PLC 与集线器（HUB）。

常见的采用反线连接的有：计算机（PC）与计算机（PC）、PLC 与 PLC。

10.2　S7-200 PLC 的以太网通信

S7-200 系列 PLC 自身不带以太网接口，因此要组成以太网必须配备以太网模块 CP243-1 或者 CP243-1 IT。S7-200 系列 PLC 不仅可以通过以太网与 S7-200、S7-1200、S7-300/400 通信，还可以与 PC 的应用程序通过 OPC 进行通信。

下面介绍 S7-200 系列 PLC 与 S7-300 系列 PLC 间的以太网通信。

当 S7-200 系列 PLC 与 S7-300 系列 PLC 进行以太网通信时，S7-300 可以作为服务器端或者客户端，S7-200 也可以作为服务器端或者客户端，但 S7-300 配置有的型号的以太网模块（如 CP343-1 Lean）时，S7-300 只能作为服务器端。以 S7-300 作为服务器端，S7-200 作为客户端为例，介绍 S7-200 系列 PLC 与 S7-300 系列 PLC 间的以太网通信。

【例 10-1】 当 S7-300 服务器端上发出一个启停信号时，客户端 S7-200 收到信号，并启停一台电动机。

【解】 （1）软硬件配置

① 1 台 CPU 226 CN；

② 1 台 CP243-1 IT 以太网模块；

③ 1 台 CPU 314C-2DP；

④ 1 台 CP343-1 Lean 以太网模块；

⑤ 1 台 8 口交换机；

⑥ 2 根带水晶接头的 8 芯双绞线（正线或者反线）；

⑦ 1 套 STEP 7- Micro /WIN V4.0 SP9 和 1 套 STEP 7 V5.5 SP4；

⑧ 1 根 PC/PPI 电缆（USB 口）；

⑨ 1 台个人电脑（含网卡）。

硬件配置如图 10-6 所示。

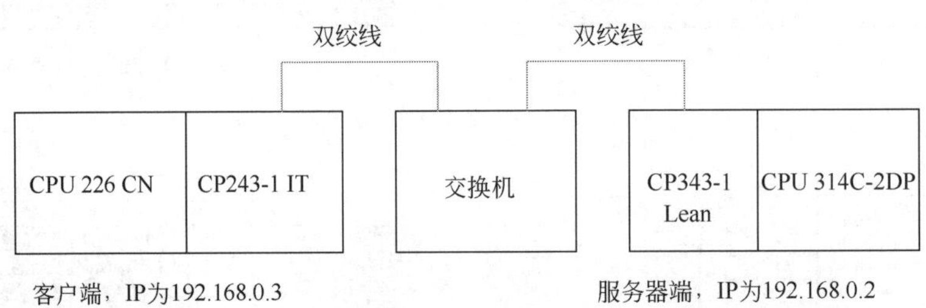

图 10-6　S7-200 系列 PLC 与 S7-300 系列 PLC 间的以太网通信硬件配置

【关键点】 CP343-1 Lean 只能作为服务器端，不能作为客户端，但 CP343-1 IT 模块既可以作为服务器端，又可以作为客户端。

（2）配置客户端

① 打开“以太网向导”单击“工具”→“以太网向导”，弹出“以太网向导”如图 10-7 和图 10-8 所示，单击“下一步”按钮。

② 指定模块位置　在模块位置中输入位置号，本例为“0”，再单击“读取模块”按钮，若读取成功，则模块的信息显示在如图 10-9 所示的序号“3”处，再单击“下一步”按钮。

③ 指定模块地址　在 IP 地址中输入“192.168.0.3”，在“子网掩码”中输入“255.255.255.0”，网关可以空置，“为此模块指定通信连接类型”中选择“自动检测通信”选项，最后单击“下一步”按钮，如图 10-10 所示。IP 地址的末位可以为小于等于 255，但除 2 外的所有整数。

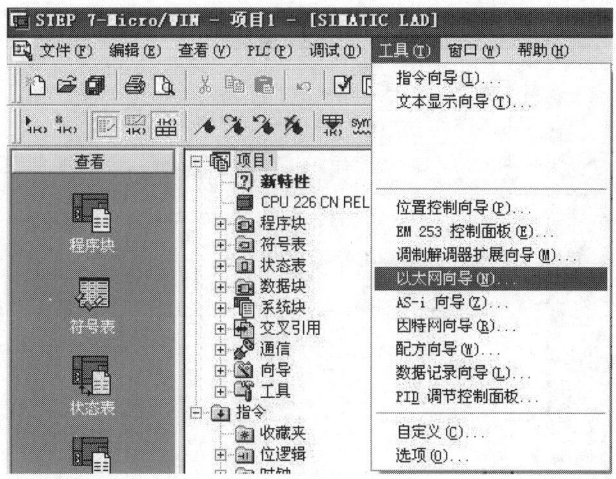

图 10-7 打开以太网向导

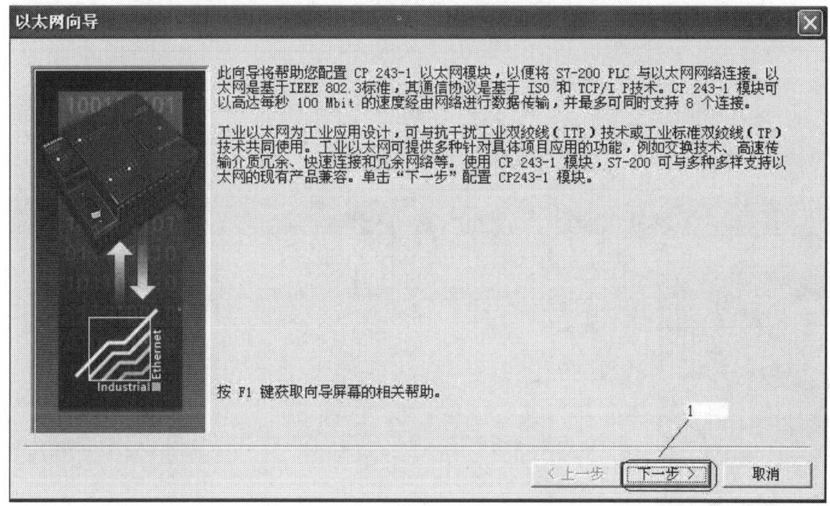

图 10-8 以太网向导初始界面

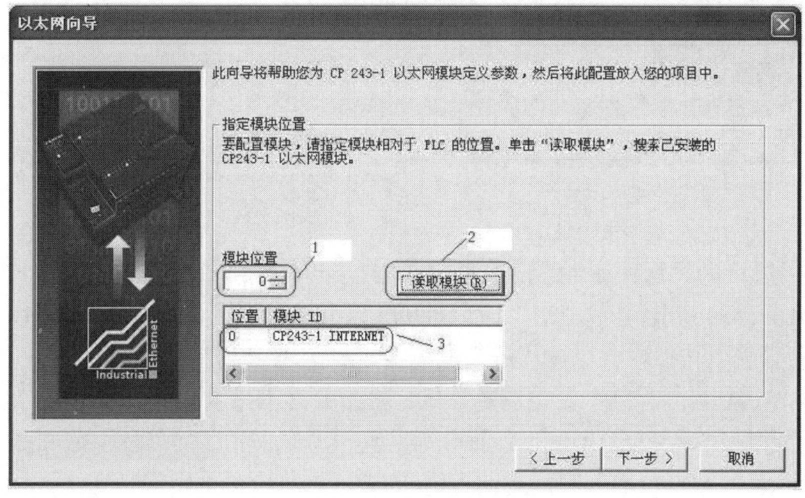

图 10-9 指定模块位置

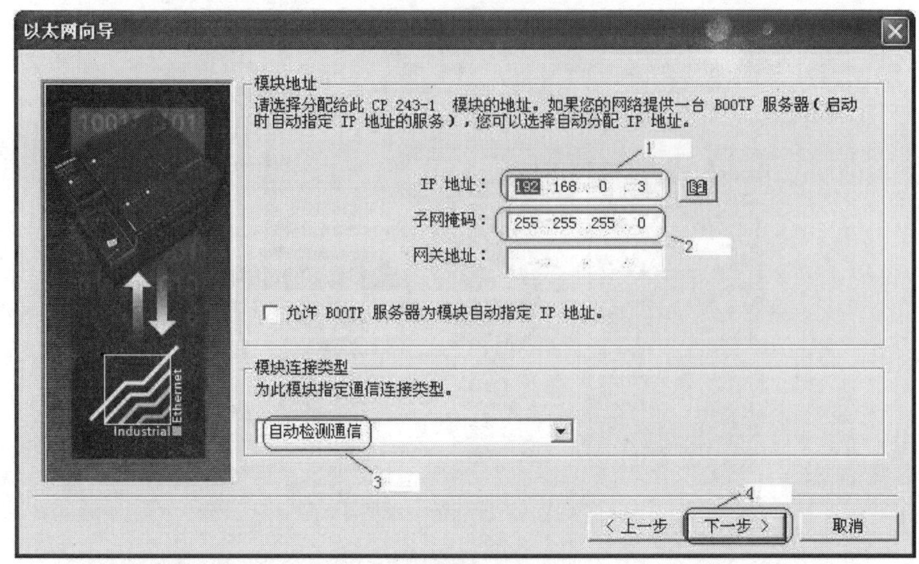

图 10-10　指定模块地址

④ 指定命令字节和连接数目　因为只有两个模块，所以“为此模块配置的连接数”选定为“1”，再单击“下一步”按钮，如图 10-11 所示。

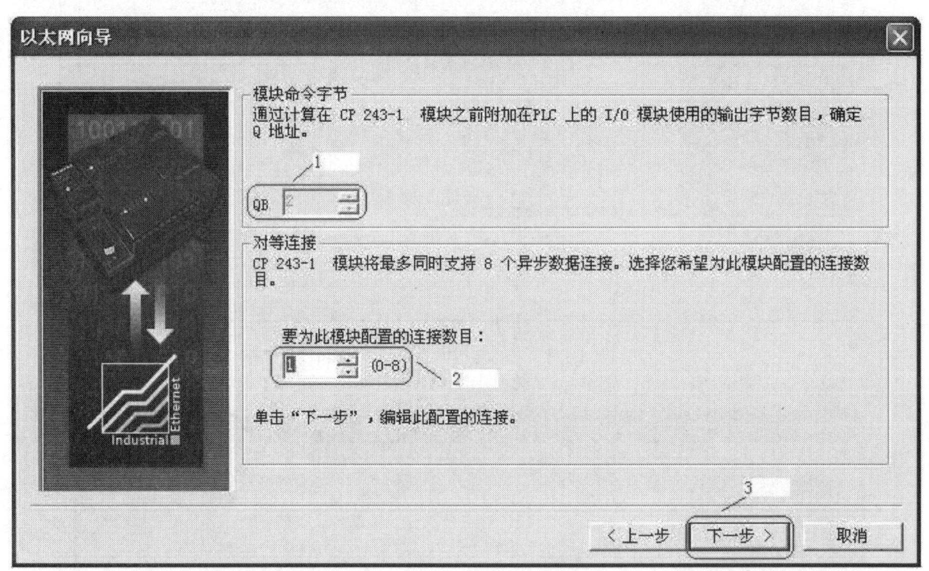

图 10-11　指定命令字节和连接数目

⑤ 配置连接　将“远程属性”设置为“03.02”（若为 S7-200 则设定为 10.00），再将“为此连接指定服务器的 IP 地址”设定“192.168.0.2”。单击“确定”按钮，如图 10-12 所示。

单击“新传输”按钮，再单击“确定”按钮，如图 10-13 所示。

如图 10-14 所示，在“1”处，选定“从远程服务器连接读取数据”；“2”处选定 1，因为一个字节可以包含 8 个开关量信息，而本例只有一个开关量；“3”和“4”处的含义是将服务器端的 MB0 中的数据传送到客户端的 VB0 中去；再单击“确定”按钮。

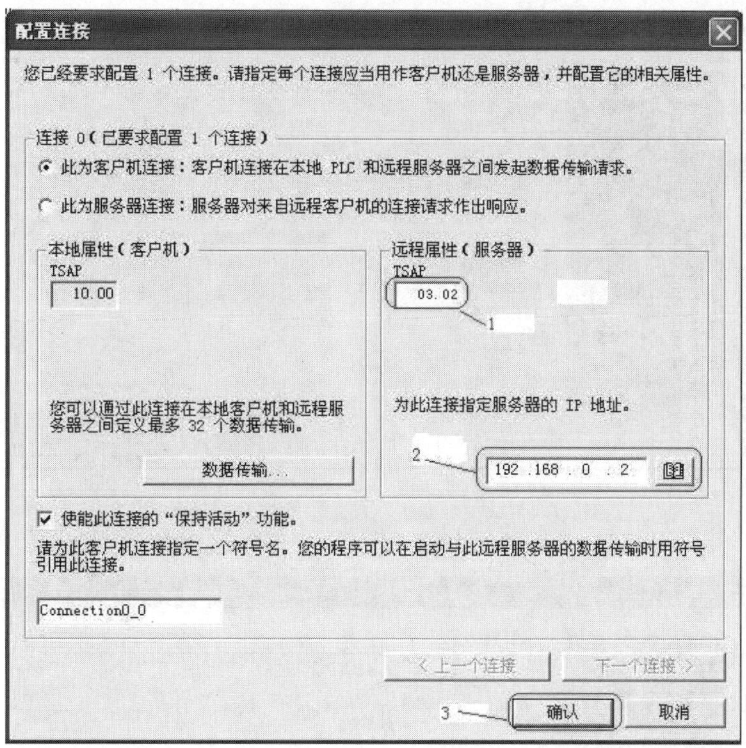

图 10-12　配置连接（1）

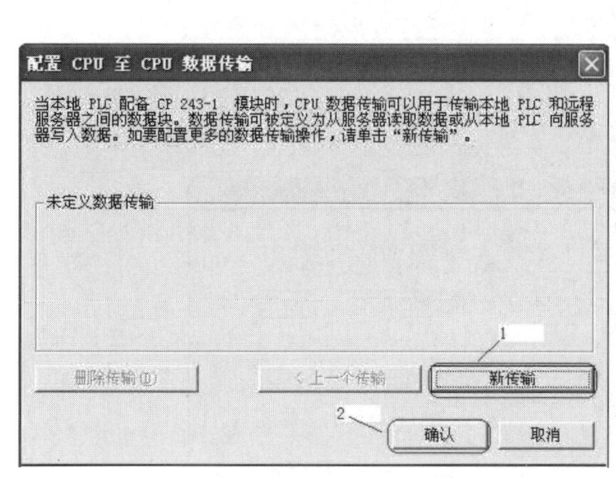

图 10-13　配置连接（2）

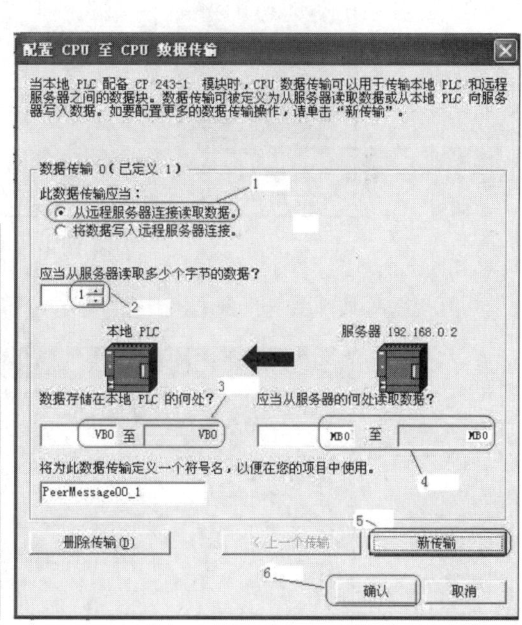

图 10-14　配置连接（3）

⑥ CRC 保护与保持现有活动时间间隔　如图 10-15 所示，先选定“是，为数据块中的此配置生成 CRC 保护”，再单击“下一步”按钮。

⑦ 分配配置存储区　如图 10-16 所示，先单击“建议地址”，再单击“下一步”按钮。

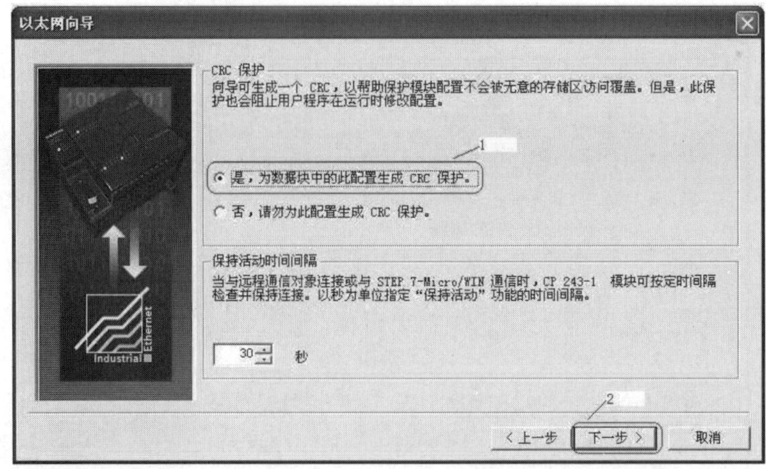

图 10-15 CRC 保护与保持现有活动时间间隔

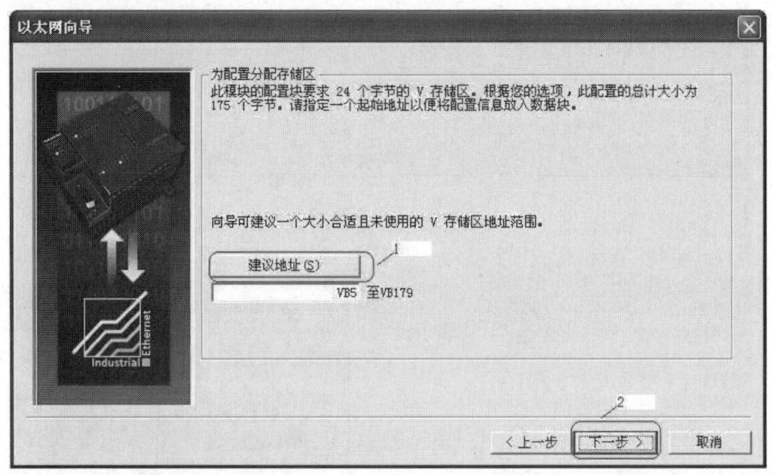

图 10-16 分配配置存储区

⑧ 生成项目组件 如图 10-17 所示，单击“完成”按钮，完成客户端的配置。

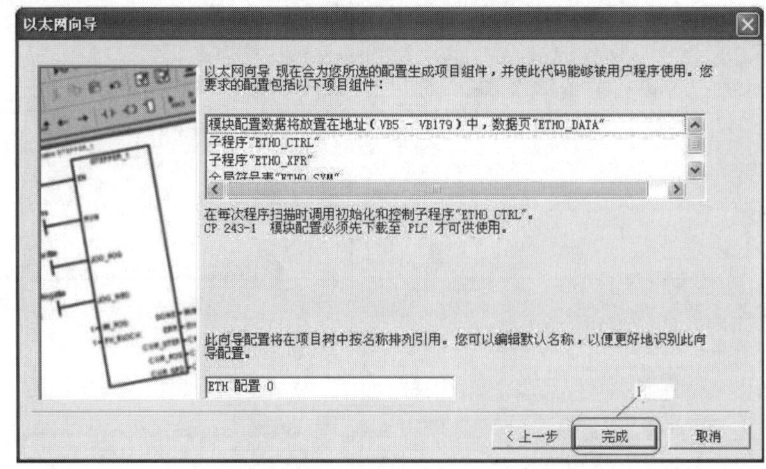

图 10-17 生成项目组件

（3）配置服务器端

① 新建项目 新建项目如图 10-18 所示，选中导轨槽位 4，再双击 CP343-1 Lean 模块的 V2.0 版本，弹出“IP 地址设置”界面，如图 10-19 所示。

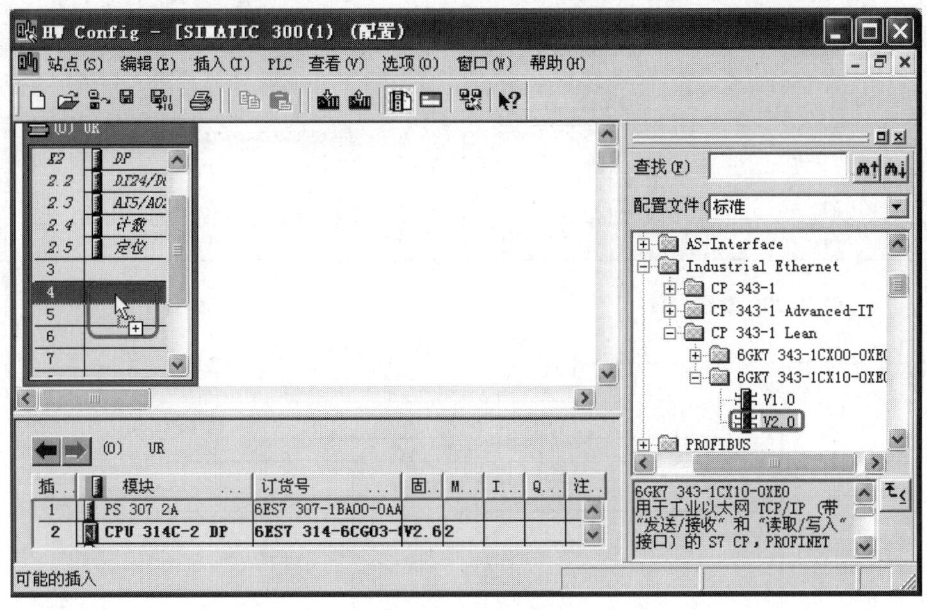

图 10-18 新建项目

② IP 地址设置 如图 10-19 所示，在“IP 地址”中填写服务器端地址“192.168.0.2”，在“子网掩码”（Subnet mask）中填写 “255.255.255.0”，再单击“新建”按钮，弹出“组件以太网”界面，如图 10-20 所示。

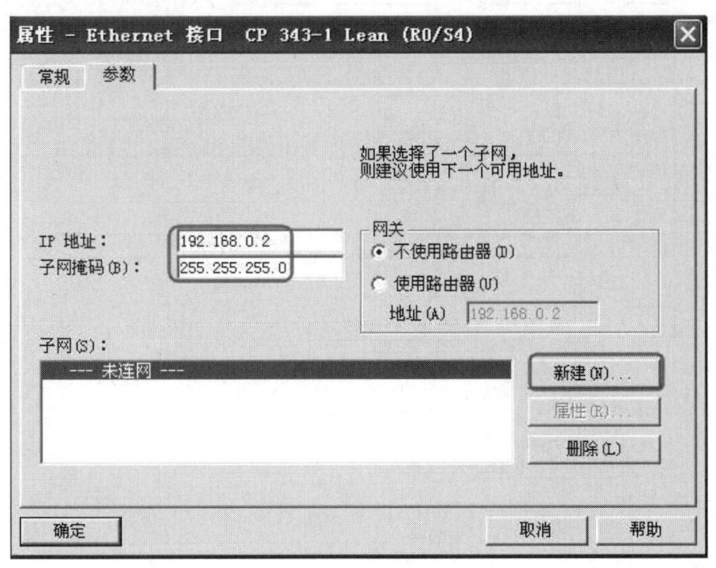

图 10-19 IP 地址设置

③ 新建子网 如图 10-20 所示，单击“确定”按钮，弹出如图 10-21 所示界面，选中“Ethernet（1）” 单击“确定”按钮，新建子网完成。

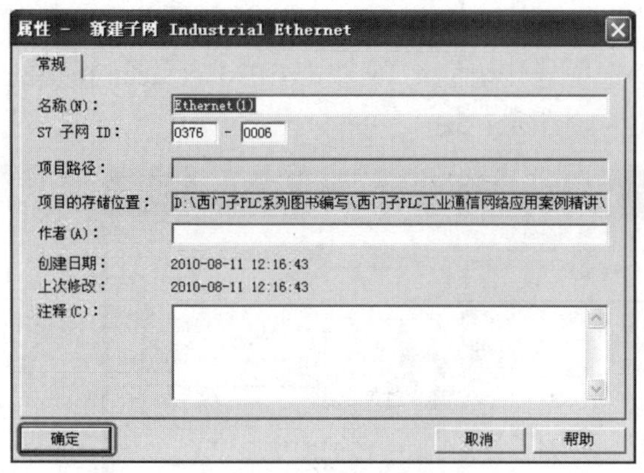

图 10-20 新建子网（1）

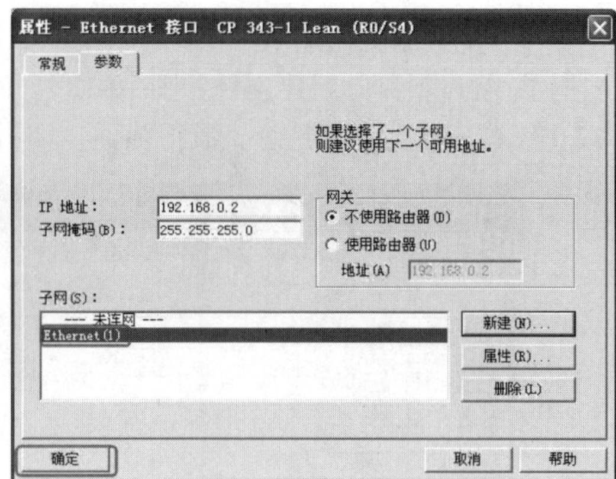

图 10-21 新建子网（2）

（4）编写程序 客户端程序如图 10-22 所示，服务器端程序如图 10-23 所示。

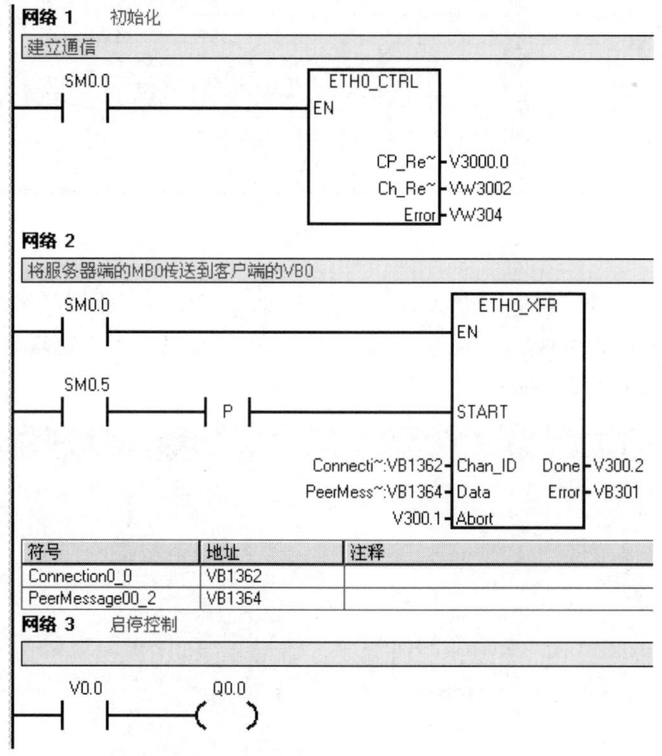

符号	地址	注释
Connection0_0	VB1362	
PeerMessage00_2	VB1364	

图 10-22 客户端程序

图 10-23 服务器端程序

10.3　S7-1200 PLC 的以太网通信

S7-1200 系列 PLC 是西门子公司 2009 年推出的新产品，是小型 PLC，其性能介于 S7-200 和 S7-300 之间，是性价比较高的 PLC。由于 S7-1200 系列 PLC 自带 PROFINET 口，所以其以太网通信的硬件成本相对较低，而且实现也比较容易。以下将对 S7-1200 与 S7-1200、S7-200 和 S7-300 的以太网通信分别进行介绍。

10.3.1　S7-1200 系列 PLC 间的以太网通信

两台 S7-1200 间的以太网通信不需要另外配置以太网模块（这点不同于 S7-200 和 S7-300），三台或者三台以上 S7-1200 以太网通信可以选择配置以太网模块（CSM1277，与 S7-1200 相配的交换机）或者交换机。相对于 S7-200 和 S7-300 而言，S7-1200 系列 PLC 的以太网通信是一种比较经济的通信解决方案。此外，S7-1200 的编译软件 STEP 7 Basic 自带以太网通信指令，而且组态也比较简单，因此 S7-1200 间的以太网通信比较容易实现。

【例 10-2】 当一台 S7-1200 上发出一个启停信号时，另一台 S7-1200 收到信号，并启停一台电动机。

【解】 （1）主要软硬件配置

① 1 套 PORTAL V13；

② 1 根网线（正连接和反连接均可）；

③ 2 台 CPU 1214C。

硬件配置如图 10-24 所示。

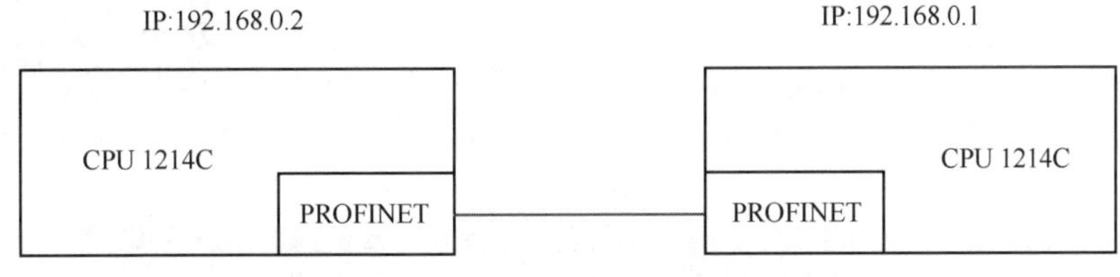

图 10-24　以太网通信硬件配置图

【关键点】 多台 S7-1200 进行以太网通信时，网络中应该配置交换机或者以太网模块，若要求不高，配置 HUB 也可行。

（2）相关指令介绍

① TSEND_C 指令　TSEND_C 指令可以用“TCP ”协议或者“ISO-on-TCP”协议，使本地机与远程机进行通信，本地机向远程机发送数据。该指令能被 CPU 自动监控和维护。TSEND_C 指令主要参数见表 10-1。

② TRCV_C 指令　TRCV_C 指令可以用“TCP”协议或者“ISO-on-TCP”协议，使本地机与远程机进行通信，本地机接收远程机发送来数据。该指令能被 CPU 自动监控和维护。TRCV_C 指令主要参数见表 10-2。

（3）硬件组态与编程

① 新建项目　新建项目，命名为“TCP”，单击“创建”按钮，项目创建完成，如图 10-25 所示。

表 10-1 TSEND_C 指令的主要参数表

指 令	参 数	说 明	数据类型
TSEND_C（EN, REQ, CONT, LEN, CONNECT, DATA, COM_RST; ENO, DONE, BUSY, ERROR, STATUS）	EN	使能	BOOL
	REQ	当上升沿时，启动向远程机发送数据	BOOL
	CONT	1 表示连接，0 表示断开连接	BOOL
	LEN	发送数据的最大长度，用字节数表示	INT
	CONNECT	连接数据 DB	ANY
	DATA	发送数据，包含要发送数据的地址和长度	ANY
	DONE	0——任务没有开始或者正在运行；1——任务没有错误地执行	BOOL
	BUSY	0——任务已经完成；1——任务没有完成或者一个新任务没有触发	BOOL
	ERROR	1——处理过程中有错误	BOOL
	STATUS	状态信息	WORD

表 10-2 TRCV_C 指令的主要参数表

指 令	参 数	说 明	数据类型
TRCV_C（EN, EN_R, CONT, LEN, CONNECT, DATA, COM_RST; ENO, DONE, BUSY, ERROR, STATUS, RCVD_LEN）	EN	使能	BOOL
	EN_R	为 1 时，为接收数据做准备	BOOL
	CONT	1 表示连接，0 表示断开连接	BOOL
	LEN	发送数据的最大长度，用字节数表示	INT
	CONNECT	连接数据 DB	ANY
	DATA	发送数据，包含要发送数据的地址和长度	ANY
	DONE	0——任务没有开始或者正在运行；1——任务没有错误地执行	BOOL
	BUSY	0——任务已经完成；1——任务没有完成或者一个新任务没有触发	BOOL
	ERROR	1——处理过程中有错误	BOOL
	STATUS	状态信息	WORD

图 10-25 新建项目

② 添加硬件　先单击“添加新设备”，再选中要添加的 CPU 的类型，双击所选中的型号即可，如图 10-26 所示。重复以上步骤，添加另一台 CPU。

图 10-26　添加硬件

③ 用子网连接两个 CPU　双击“设备和网络”，弹出网络界面，用鼠标的左键选中“1”处，按住鼠标左键不放，拖动鼠标到“2”处，并释放，如图 10-27 所示。

图 10-27　用子网连接两个 CPU

④ 编写主控CPU程序 先选中“PLC_1”，再选中“程序块”，双击“Main(OB1)”（主程序），如图10-28所示。此时弹出程序编写界面，编写如图10-29所示的程序。

图10-28 编写程序（1）

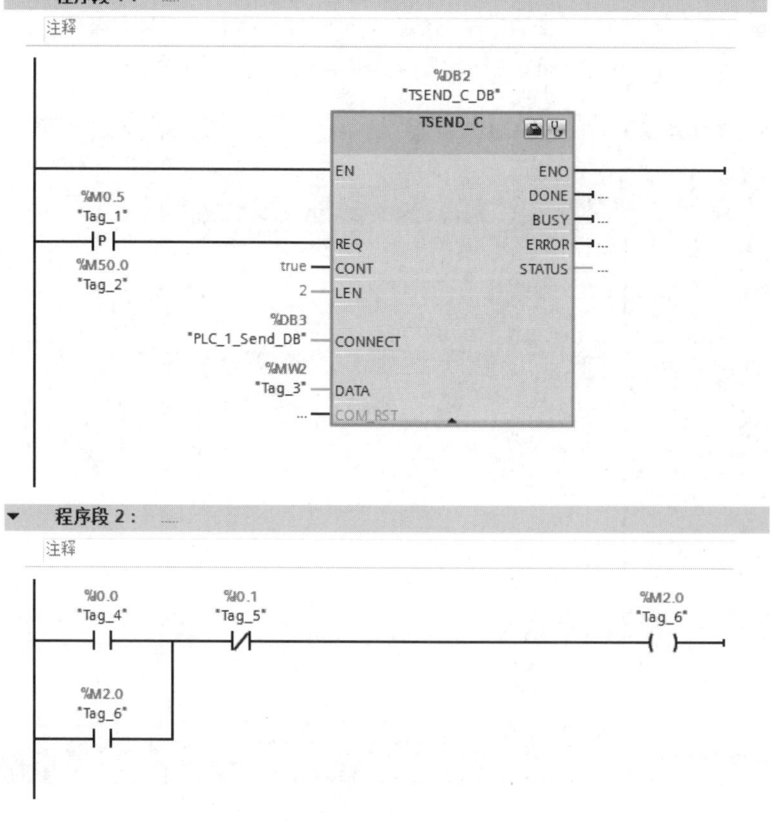

图10-29 编写程序（2）

⑤ 调整主控 CPU 的连接参数　选中图 10-29 中的“TSEND_C”指令，再先选中“属性”，再选中“连接数据”，将本地机命名为“PLC_1”，再将远程机名选中为“PLC_2”，将本地机的 IP 地址确立“192.168.0.1”，再将远程机的 IP 地址确立为“192.168.0.2”。再将本地机的连接类型（以太网通信协议）选定为“ISO-on-TCP”（本例远程机的连接类型在另一个界面中设定），连接 ID 为“1”（此连 ID 与远程机要相同），本地机的连接数据选定为“PLC_1_Send_DB”，这与图 10-29 中的“TSEND_C”的“CONNECT”端子上的参数是一致的，远程机的连接数据选定为“PLC_2_Receive_DB”。选择“主动建立连接”就是将本地机设定为主控机。将“本地 TSAP”设定为“PLC1”（由设计者命名），将“伙伴 TSAP”设定为“PLC2”。调整连接参数如图 10-30 所示。

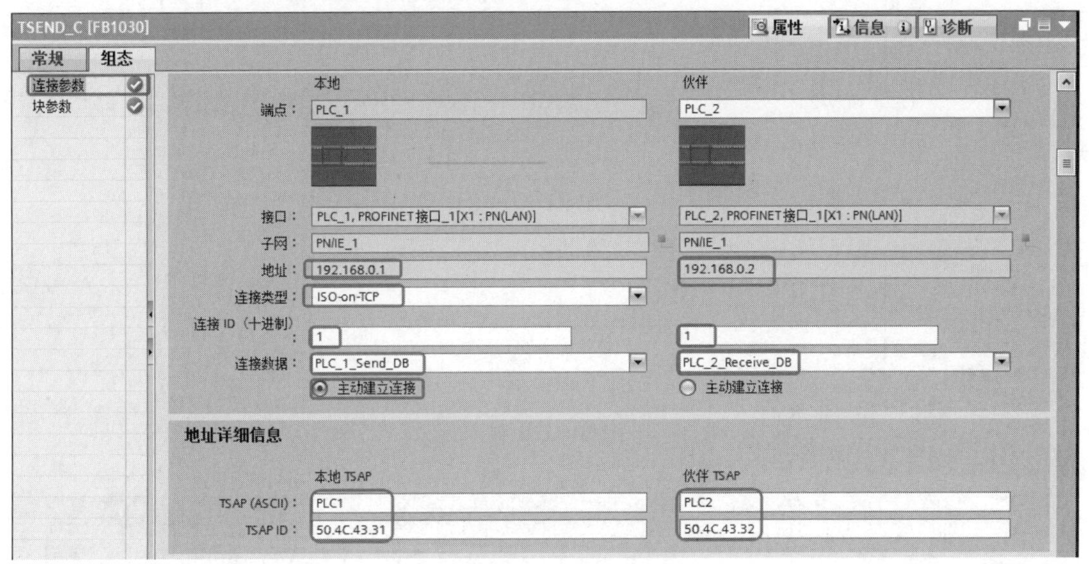

图 10-30　调整连接参数

⑥ 编写另一台 CPU 的程序　主控 CPU 中发出控制信息，另一台 CPU 则接收控制信息，启停电动机，其程序如图 10-31 所示。其实，信息是可以双向传送的，也就是说主控 CPU 也可以接收另一台 CPU 发送的信息，只不过本例比较简单，不需要这个步骤而已。

⑦ 调整另一台 CPU 的连接参数　选中图 10-31 中的“TRCV_C”指令，再先选中“属性”，再选中“连接数据”，将本地机命名为“PLC_2”，再将远程机名选中为“PLC_1”，将本地机的 IP 地址确立“192.168.0.2”，再将远程机的 IP 地址确立为“192.168.0.1”。再将本地机的连接类型（以太网通信协议）选定为“ISO-on-TCP”（本例远程机的连接类型在另一个界面中设定），连接 ID 为“1”（此连 ID 与远程机要相同），本地机的连接数据选定为“PLC_2_Receive_DB”，这与图 10-31 中的“TRCV_C”的“CONNECT”端子上的参数是一致的，远程机的连接数据选定为“PLC_1_Send_DB”。选择“主动建立连接”就是将远程机设定为主控机。将“本地 TSAP”设定为“PLC2”（由设计者命名），将“伙伴 TSAP”设定为“PLC1”。调整连接参数如图 10-32 所示。

【关键点】要注意图 10-30 和图 10-32 中的参数设定的细微区别。此外，在添加设备时，系统已经将默认的 IP 地址分配给 CPU，可以不必重新分配。但若读者要根据自己需要更改 IP 地址是可行的，先选中“设备组态”，再单击“以太网地址”，最后在 IP 地址中填入读者需要的 IP 地址即可，如图 10-33 所示。

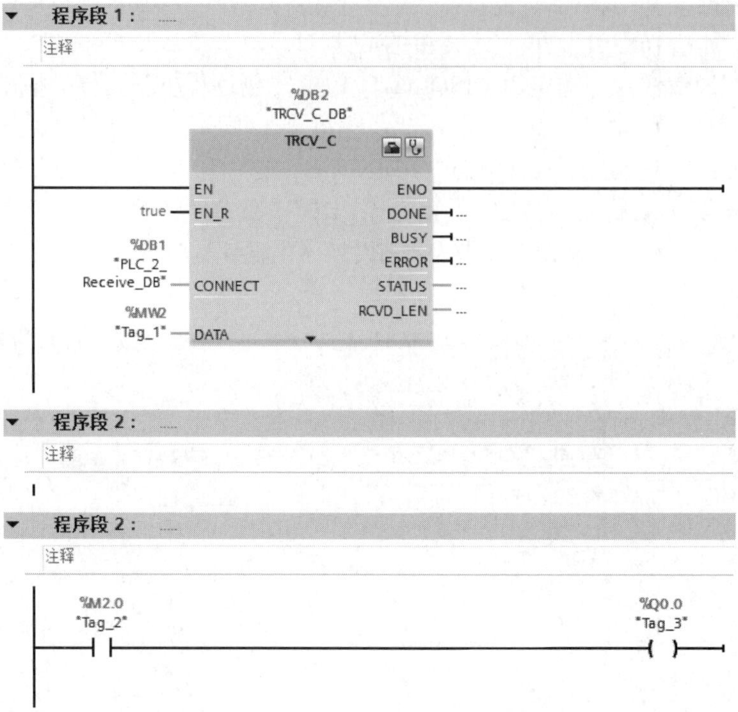

程序段 1： ……

注释

%DB2
"TRCV_C_DB"
TRCV_C
EN　　ENO
true — EN_R　　DONE —…
BUSY —…
ERROR —…
%DB1 "PLC_2_Receive_DB" — CONNECT　　STATUS —…
RCVD_LEN —…
%MW2 "Tag_1" — DATA

程序段 2： ……

注释

程序段 2： ……

注释

%M2.0 "Tag_2"　　%Q0.0 "Tag_3"

图 10-31　程序

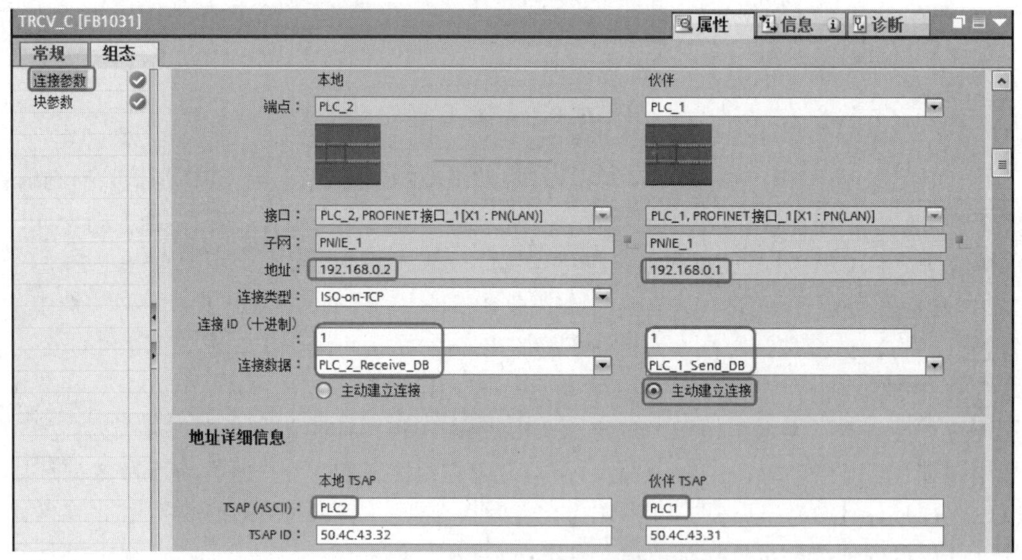

图 10-32　调整 CPU 的连接参数

10.3.2　S7-1200 系列 PLC 与 S7-300 系列 PLC 间的以太网通信

S7-300 系列 PLC 的以太网的通信协议很丰富，通信指令也丰富，因此有较大的选择余地，而 S7-200 系列 PLC 仅能用 S7 协议进行以太网通信，S7-1200 系列 PLC 的通信协议比较丰富，可以根据不同的情况选用 S7、ISO-on-TCP 或者 TCP 协议。以下用 ISO-on-TCP 协议为例讲解 S7-1200 系列 PLC 与 S7-300 系列 PLC 间的以太网通信。

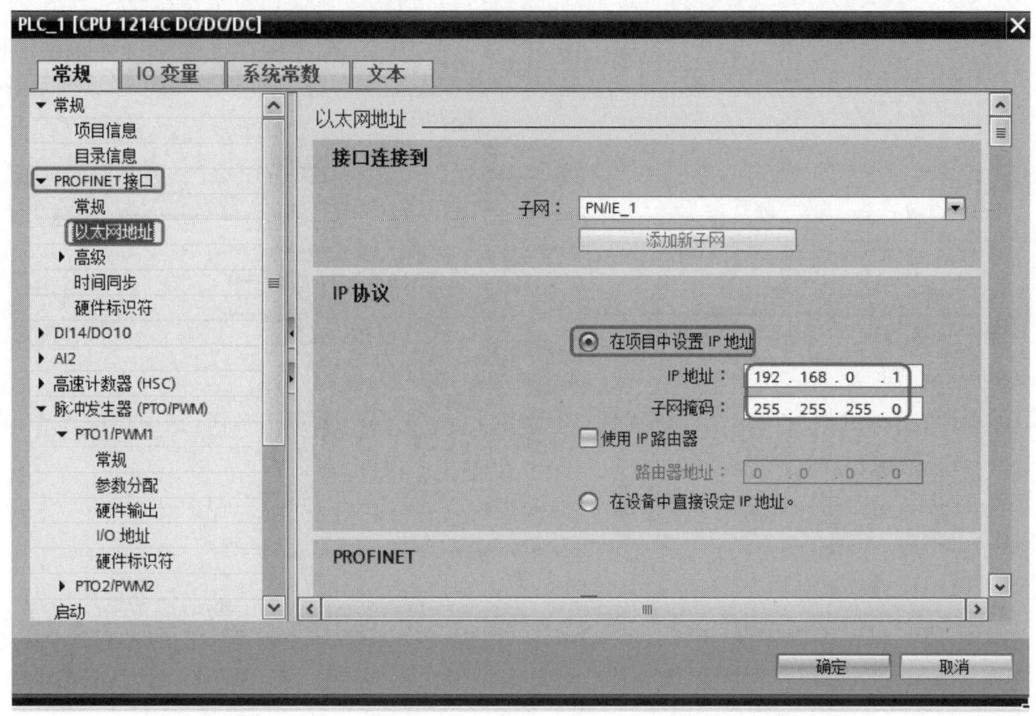

图 10-33 修改 CPU 的 IP 地址

【例 10-3】 当 S7-1200 PLC 上发出一个启停信号时，S7-300 收到信号，并启/停一台电动机。

【解】 （1）主要软硬件配置

① 1 套 STEP 7 V5.5 SP4 和 1 套 PORTAL V13；

② 1 根 PC/MPI 电缆和 1 根网线；

③ 1 台 CPU 314C-2DP；

④ 1 台 CPU 1214C；

⑤ 1 台 CP343-1 Lean。

硬件配置如图 10-34 所示。

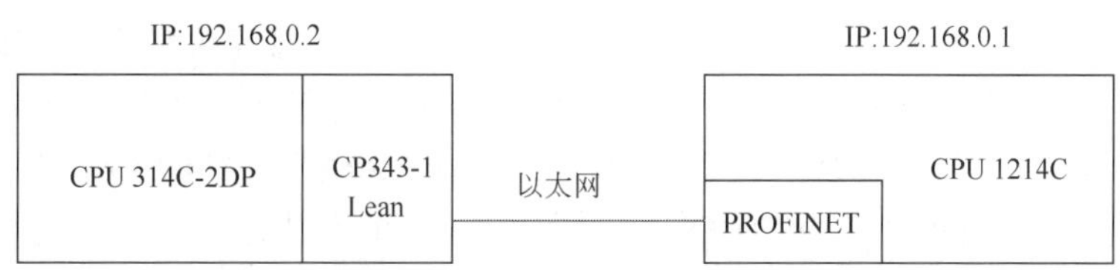

图 10-34 以太网通信硬件配置图

（2）组态 S7-1200 并编写程序

① 建立项目，并组态 S7-1200 新建项目，命名为“Ethant_s71200”，组态硬件 CPU

1214C，将界面切换到程序块，打开主程序块（OB1），在 OB1 中编写程序如图 10-35 所示。

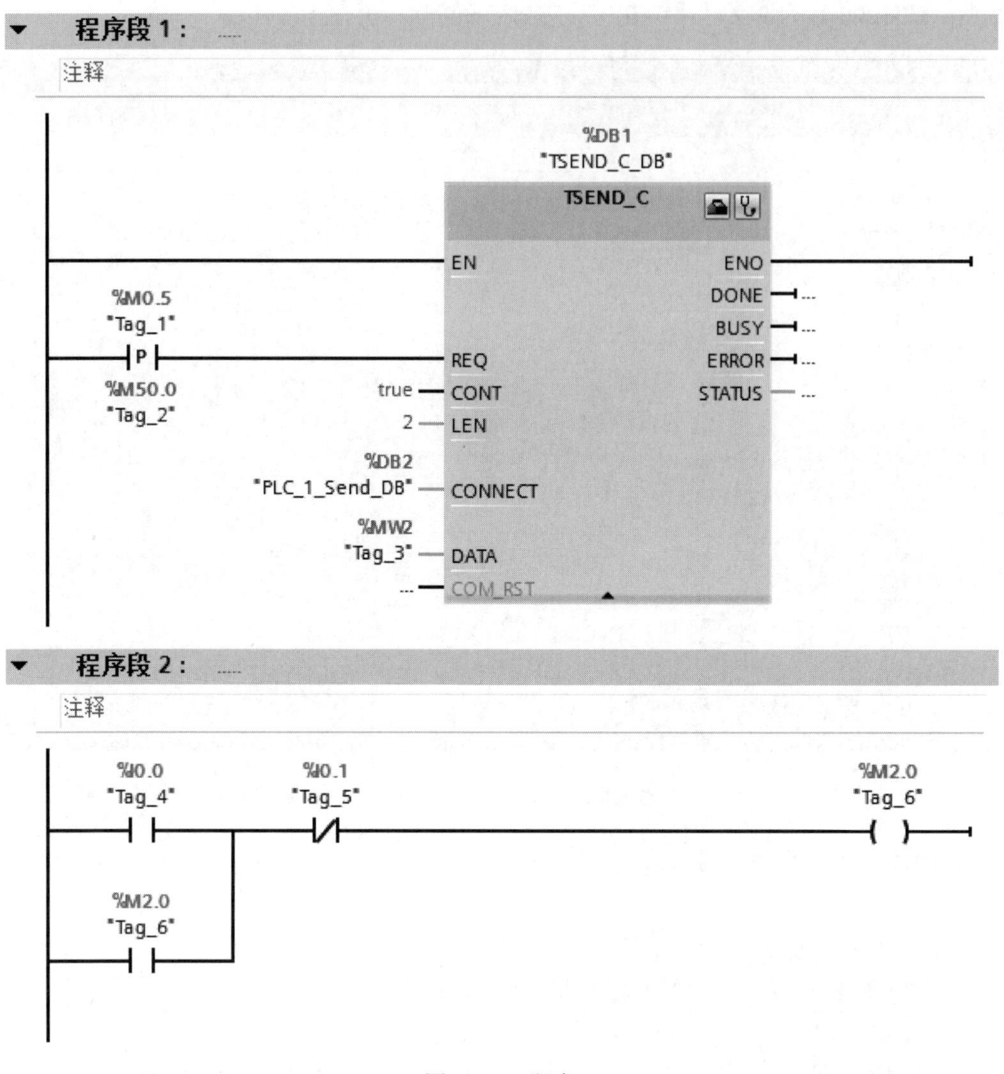

图 10-35 程序

② 连接参数的设置 编写完成程序，以太网通信并不能进行，还必须对连接参数进行设置，这直接关系到通信是否能够成功。在 OB1 中，先选中“属性”，再选中“连接数据”，将本地机命名为“PLC_1”，再将远程机名选中为“未指定”，将本地机的 IP 地址确立为“192.168.0.1”，再将远程机的 IP 地址确立为“192.168.0.2”。再将本地机的连接类型（以太网通信协议）选定为“ISO-on-TCP”（本例远程机的连接类型在 STEP 7 中设定，将在后续讲解），连接 ID 为“1”（此连 ID 与远程机要相同），连接数据选定为“PLC_1_Send_DB”，这与图 10-35 中的“TSEND_C”的“CONNECT”端子上的参数是一致的。选择“主动建立连接”就是将本地机设定为主控机。将“本地 TSAP”设定为“PLC1”（由设计者命名），将“伙伴 TSAP”设定为“PLC2”。连接参数的设置如图 10-36 所示。

（3）组态 S7-300 并编写程序

① 新建项目 新建项目，命名为“6-6”，其硬件组态如图 10-37 所示。

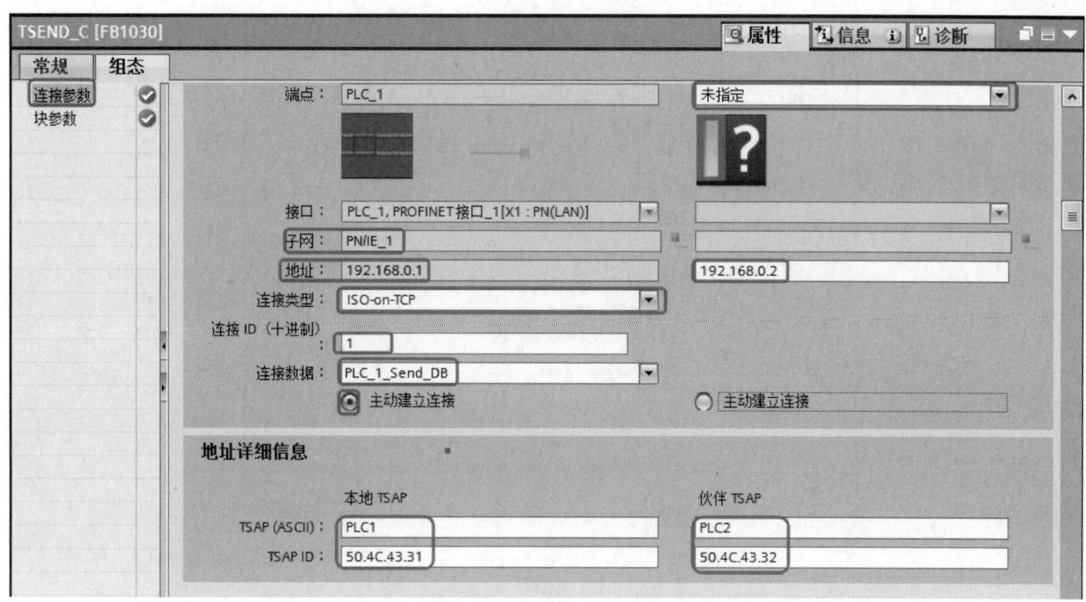

图 10-36 连接参数设定

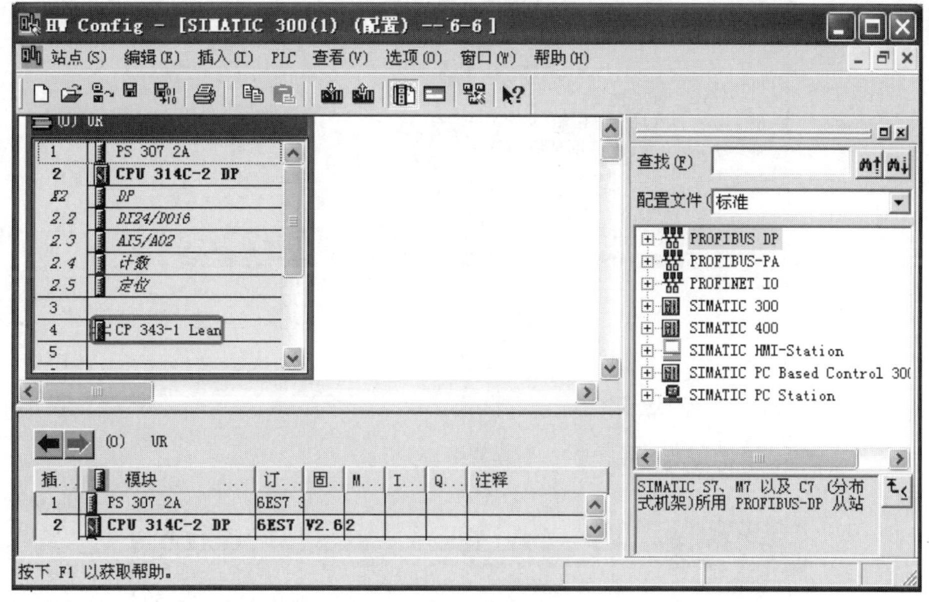

图 10-37 硬件组态

② 新建网络 双击如图 10-37 所示的“CP 343-1 Lean”，弹出“属性”界面，如图 10-38 所示。双击“属性”按钮，弹出图 10-39 所示界面。先单击“新建”按钮，在“IP 地址”中输入“CP 343-1 Lean”的 IP 为“192.168.0.2”。

③ 建立网络连接 在管理界面中双击“Ethernet(1)”，如图 10-39 所示，弹出“新建连接”界面，如图 10-40 所示，选中“1”处，单击右键，单击“插入新连接”，弹出如图 10-41 所示界面。

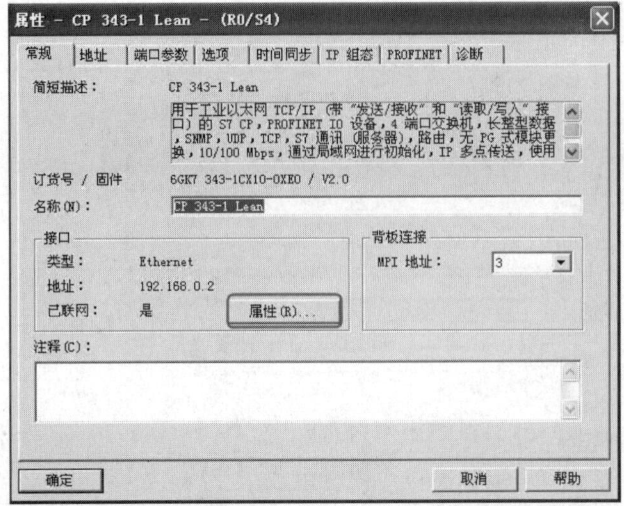

图 10-38 属性

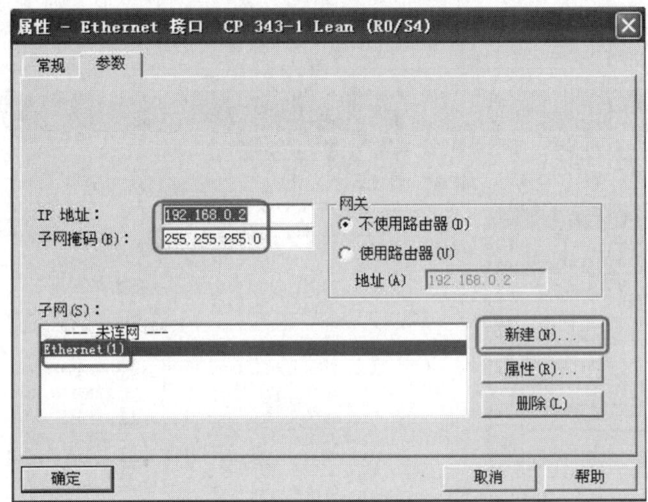

图 10-39 新建网络与 IP 地址设定

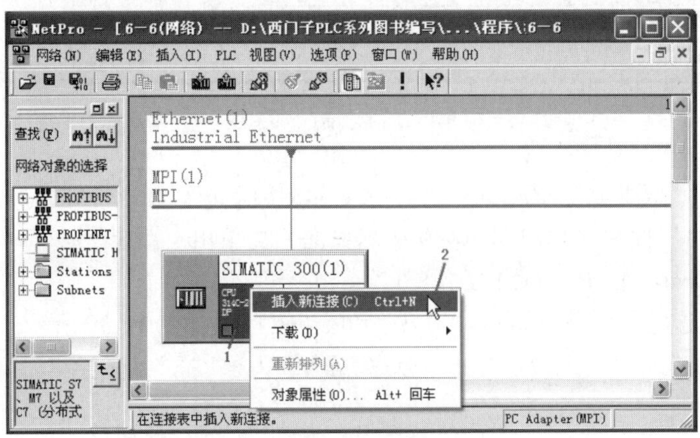

图 10-40 新建连接

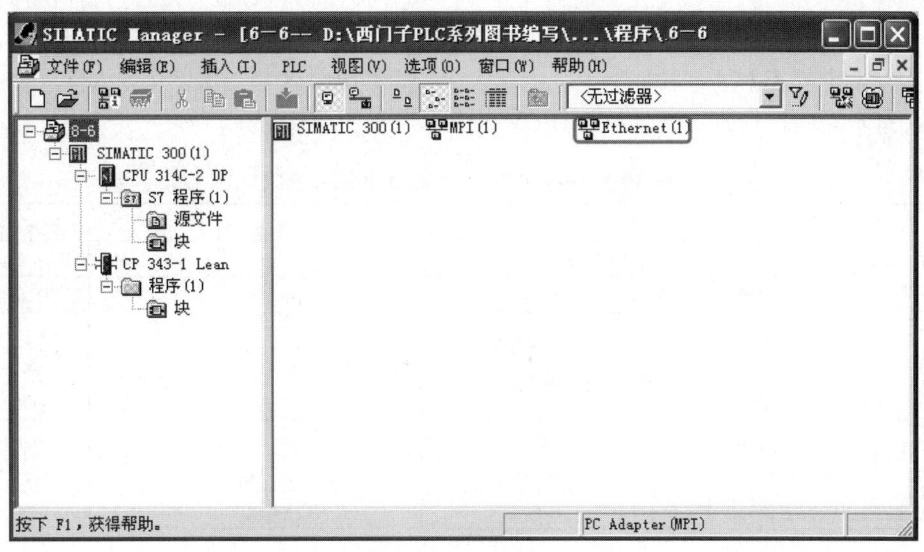

图 10-41 管理界面

④ 设定通信参数 通信协议的设置如图 10-42 所示，先选定“未指定”（因为在 S7-300 的硬件组态中，没有组态 S7-1200，所以选此项），再选择通信协议为“ISO-on-TCP 连接”，再单击“应用”按钮，弹出如图 10-43 所示界面。先设置本地机的“TSAP”为“PLC1”，再将远程机的 IP 地址和“TSAP”分别设置为“192.168.0.1”和“PLC2”。

【关键点】在 S7-1200 中设置参数时，S7-1200 是本地机，而 S7-300 是远程机，而在 S7-300 中设置参数时，S7-300 是本地机，而 S7-1200 是远程机。在硬件组态时，TSAP 是对应的，不能颠倒。此外，S7-300 和 S7-1200 中的连接 ID 要相等，如本例都为 1（当然也可都为 2）。

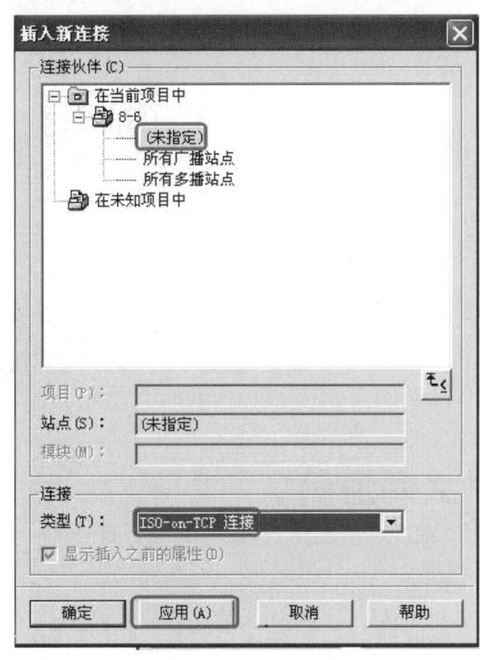

图 10-42 设定通信协议

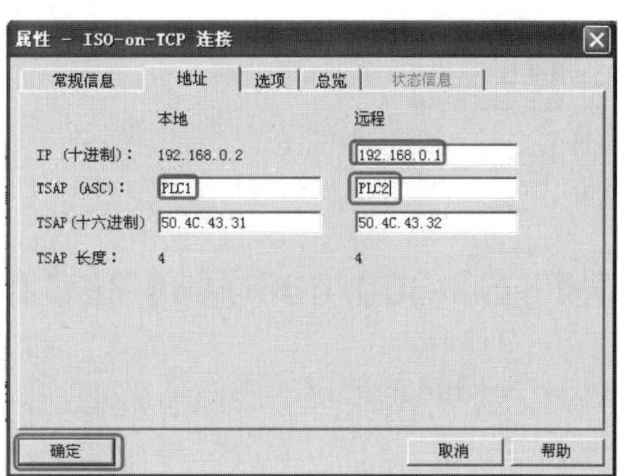

图 10-43 “ISO-on-TCP 连接”属性

⑤ 编写程序 AG_RECV 功能（FC）：接收从以太网 CP 在已组态的连接上传送的数据。为数据接收指定的数据区可以是一个位存储区或一个数据块区。当可以从以太网 CP 上接收数据时，指示无错执行该功能。AG_RECV 的各项参数见表 10-3。

表 10-3 AG_RECV（FC6）的指令格式

LAD	输入/输出	说 明	数据类型
"AG_RECV" EN ENO ID NDR LADDR ERROR RECV STATUS LEN	EN	使能	BOOL
	ID	组态时的连接号	INT
	LADDR	模块硬件组态地址	WORD
	RECV	接收数据区	ANY
	NDR	接收数据确认	BOOL
	ERROR	错误代码	BOOL
	STATUS	返回数值（如错误值）	WORD
	LEN	接收数据长度	INT

由于“AG_RECV”指令支持“ISO-on-TCP”协议，故可以使用此指令。编程思想是先将信息接收到 MB50 开始的 1 个字节中（即 MB50）中，再把启停信息（即 M50.0）取出，并传递给 Q0.0，从而控制电动机的启停，其程序如图 10-44 所示。

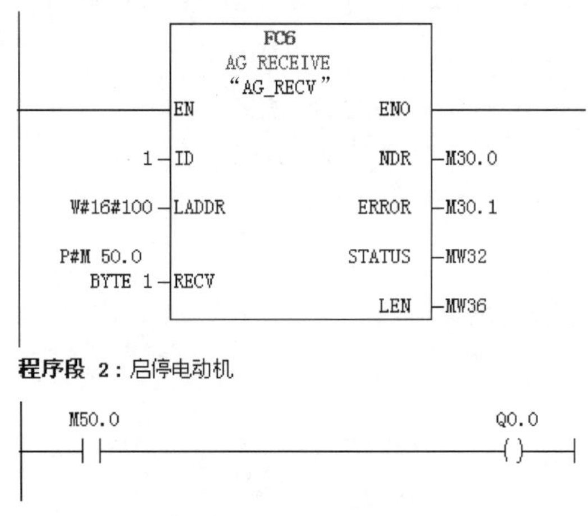

图 10-44 程序

【关键点】本例还可以用 TCP 和 S7 协议进行通信，用 S7 协议通信时，CP343-1 做客户端，S7-300 中用 PUT/GET 指令和 S7-1200 进行通信，但要注意 CP343-1 Lean 是不能做客户端的。用 TCP 协议通信的方法与用“ISO-on-TCP”协议类似。

10.4 S7-300/400 系列 PLC 的以太网通信

10.4.1 S7-300 间的以太网通信

（1）西门子工业以太网通信方式简介 工业以太网的通信主要利用第 2 层（ISO）和第 4 层（TCP）的协议。以下是西门子以太网的几种通信方式。

① ISO Transport（ISO 传输协议） ISO 传输协议支持基于 ISO 的发送和接收，使得设备（例如 SIMATIC S5 或 PC）在工业以太网上的通信非常容易，该服务支持大数据量的数据传输(最大 8KB)。ISO 数据接收由通信方确认，通过功能块可以看到确认信息。用于 SIMATIC S5 和 SIMATIC S7 的工业以太网连接。

② ISO-on-TCP ISO-on-TCP 支持第 4 层 TCP/IP 协议的开放数据通信。用于支持 SIMATIC S7 和 PC 以及非西门子支持的 TCP/IP 以太网系统。ISO-on-TCP 符合 TCP/IP，但相对于标准的 TCP/IP，还附加了 RFC 1006 协议，RFC 1006 是一个标准协议，该协议描述了如何将 ISO 映射到 TCP 上去。

③ UDP UDP（User Datagram Protocol，用户数据报协议），属于第 4 层协议，提供了 S5 兼容通信协议，适用于简单的交叉网络数据传输，没有数据确认报文，不检测数据传输的正确性。UDP 支持基于 UDP 的发送和接收，使得设备（例如 PC 或非西门子公司设备）在工业以太网上的通信非常容易。该协议支持较大数据量的数据传输（最大 2KB），数据可以通过工业以太网或 TCP/IP 网络（拨号网络或因特网）传输。通过 UDP，SIMATIC S7 通过建立 UDP 连接，提供了发送/接收通信功能，与 TCP 不同，UDP 实际上并没有在通信双方建立一个固定的连接。

④ TCP/IP TCP/IP 中传输控制协议，支持第 4 层 TCP/IP 协议的开放数据通信。提供了数据流通信，但并不将数据封装成消息块，因而用户并不接收到每一个任务的确认信号。TCP 支持面向 TCP/IP 的 Socket。

TCP 支持给予 TCP/IP 的发送和接收，使得设备（例如 PC 或非西门子设备）在工业以太网上的通信非常容易。该协议支持大数据量的数据传输（最大 8KB），数据可以通过工业以太网或 TCP/IP 网络（拨号网络或因特网）传输。通过 TCP，SIMATIC S7 可以通过建立 TCP 连接来发送/接收数据。

（2）S7 通信 S7 通信（S7 Communication）集成在每一个 SIMATIC S7/M7 和 C7 的系统中，属于 OSI 参考模型第 7 层应用层的协议，它独立于各个网络，可以应用于多种网络(MPI、PROFIBUS、工业以太网）。S7 通信通过不断地重复接收数据来保证网络报文的正确。在 SIMATIC S7 中，通过组态建立 S7 连接来实现 S7 通信。在 PC 上，S7 通信需要通过 SAPI-S7 接口函数或 OPC（过程控制用对象链接与嵌入）来实现。

（3）实例 以下用两台 S7-300 的以太网通信为例，介绍 S7-300 间的以太网通信。

【例 10-4】 有两台设备，分别由一台 CPU 314C-2DP 控制，要求从设备 1 上的 CPU 314C-2DP 的 MB10 发出 1 个字节到设备 2 的 CPU 314C-2DP 的 MB10，对从设备 2 上的 CPU 314C-2DP 的 MB20 发出 1 个字节到设备 1 的 CPU 314C-2DP 的 MB20。

【解】 S7-300 之间的组态可以采用很多连接方式，如 TCP/IP、ISO-on-TCP 和 S7 Communication 等，以下仅介绍 TCP/IP 连接方式。

① 软硬件配置 S7-300 间的以太网通信硬件配置如图 10-45 所示，本例用到的软硬件如下：

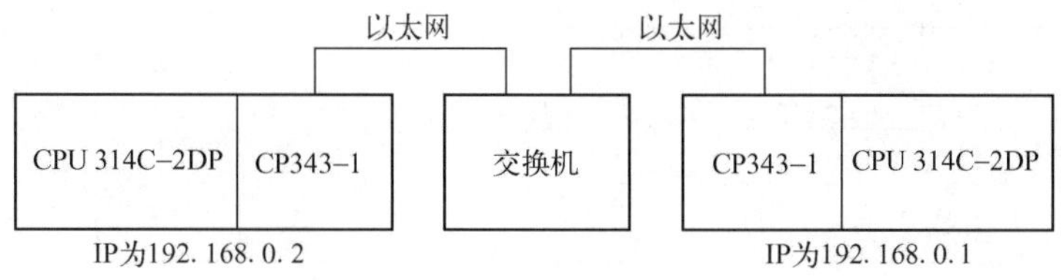

图 10-45 S7-300 间的以太网通信硬件配置图

a. 2 台 CPU 314C-2DP。

b. 2 台 CP343-1 以太网模块。

c. 1 根 PC/MPI 适配器（USB 口）。

d. 1 台个人电脑（含网卡）。

e. 1 台 8 口交换机。

f. 2 根带水晶接头的 8 芯双绞线（正线）。

g. 1 套 STEP 7 V5.5 SP4。

② 硬件组态

a. 新建项目。新建项目，命名为“Enet_TCP”，再插入两个站分别是 CLIENT 和 SERVER，每个站点上配置一台 CP343-1 以太网通信模块，如图 10-46 所示。

【关键点】西门子工业以太网通信中，客户端（CLIENT）是主控站，服务器端（SERVER）是被控站。

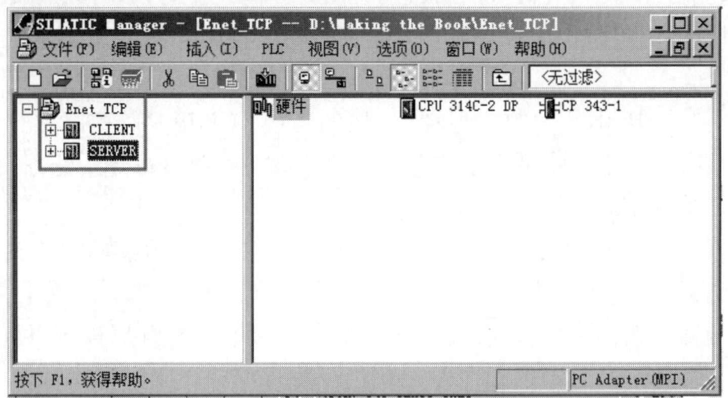

图 10-46 新建项目

b. 组态以太网。双击“硬件”，弹出如图 10-47 所示界面，选中“CP 343-1”的“PN-IO”并双击，弹出如图 10-48 所示界面，单击“属性”按钮，弹出如图 10-49 所示界面。

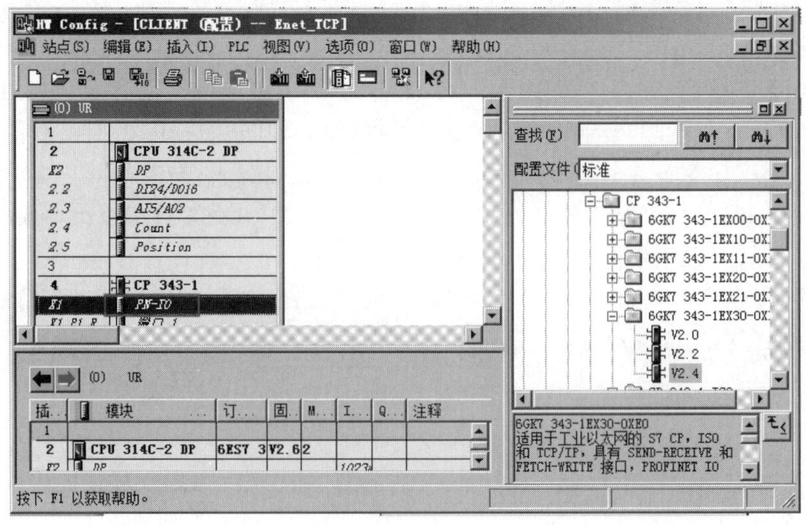

图 10-47 组态以太网（1）

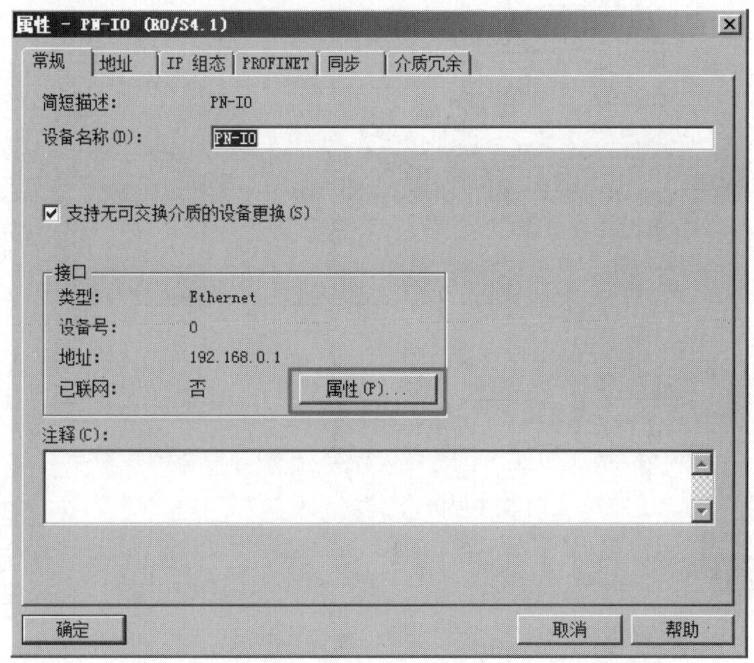

图 10-48 组态以太网（2）

c. 新建网络。在如图 10-49 所示界面中，单击“新建”按钮，弹出如图 10-50 所示界面，单击“确定”按钮，弹出如图 10-51 所示界面，再单击“确定”按钮。

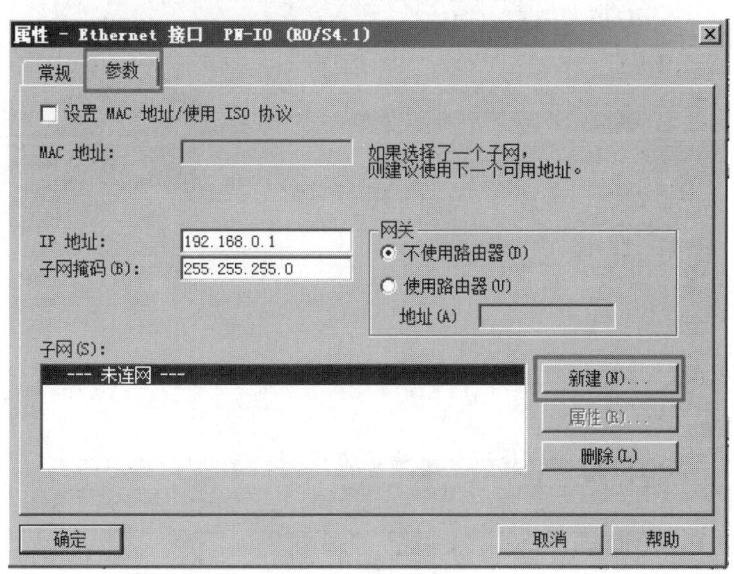

图 10-49 新建以太网（1）

d. 设置网络参数。如图 10-51 所示，先选中“Ethernet（1）”，再在“IP 地址”中设置“192.168.0.2”，在“子网掩码”中设置“255.255.255.0”，单击“确定”按钮。

e. 采用同样的方法，配置第二个以太网模块的参数，不同之处在于，将“IP 地址”中设置成“192.168.0.1”。

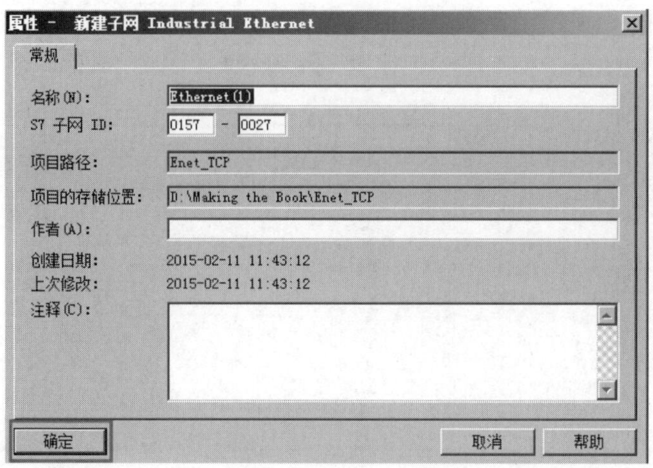

图 10-50 新建以太网（2）

【关键点】同一个网络中，IP 地址是唯一的，绝对不允许重复。

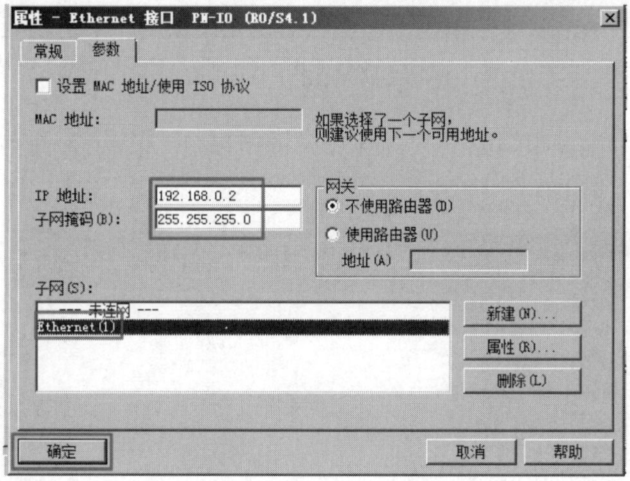

属性 - Ethernet 接口 PN-IO (R0/S4.1)
常规 参数
设置 MAC 地址/使用 ISO 协议
MAC 地址：
如果选择了一个子网，则建议使用下一个可用地址。
IP 地址：192.168.0.2
子网掩码(B)：255.255.255.0
网关
不使用路由器(D)
使用路由器(U)
地址(A)
子网(S)：
--- 未连网 ---
Ethernet(1)
新建(N)...
属性(R)...
删除(L)
确定 取消 帮助

图 10-51 设置网络参数

f. 打开网络连接。返回项目管理器界面，如图 10-52 所示，选中并双击“Ethernet（1）”，弹出如图 10-53 所示界面。

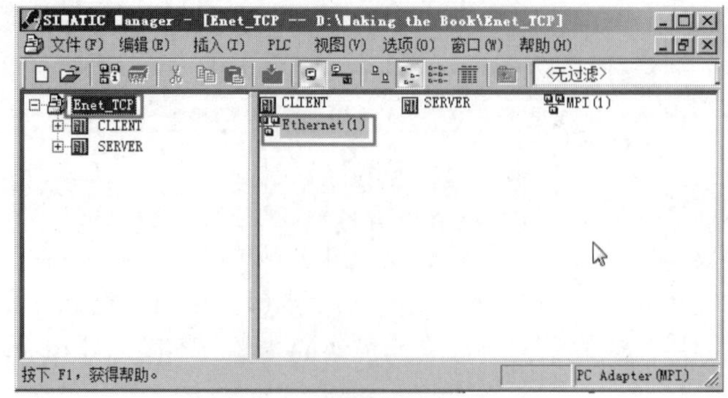

图 10-52 打开网络连接界面

g. 组态以太网连接。如图 10-53 所示，先选中客户端的“1”处，单击鼠标右键，弹出快捷菜单，再单击“插入新连接”，弹出如图 10-54 所示界面。

【关键点】若一个 PLC 中选择了“插入新连接”选项，另一 PLC 则不必激活此项，必须有一台 PLC 选择此选项，以便在通信初始化中起到主动连接的作用。

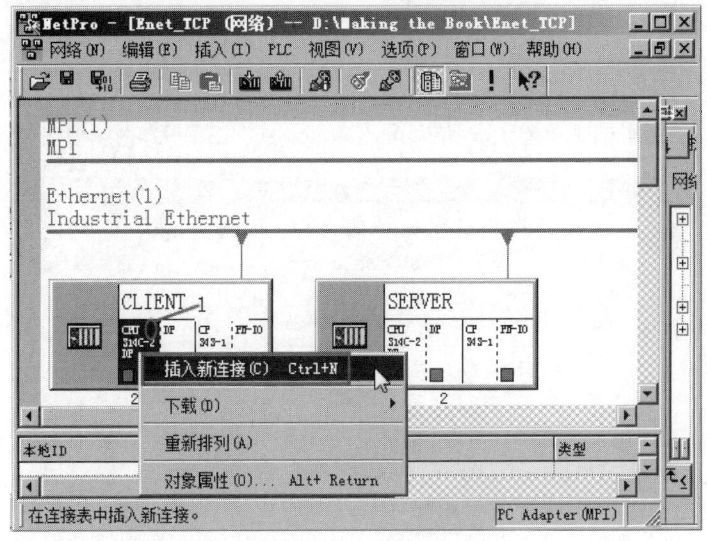

图 10-53 组态以太网连接

h. 添加一个 TCP 连接。如图 10-54 所示，先选中“CPU 314C-2 DP”，再选择“TCP 连接”，再单击“应用”按钮，弹出如图 10-55 所示界面。

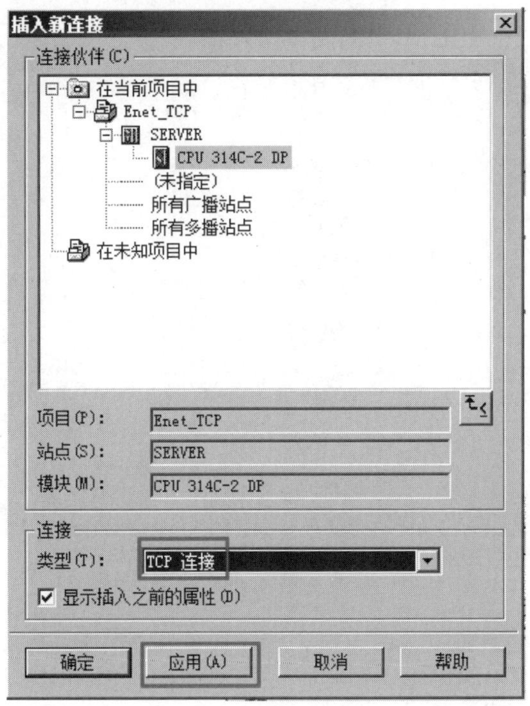

图 10-54 添加一个 TCP 连接

i. 设置网络连接参数。如图 10-55 所示，先选择“激活连接的建立”，再单击“确定”按钮。

在如图 10-56 中的“地址”选项卡中可以看到通信双方的 IP 地址，占用的端口号可以自己设置，也可以使用默认值，如 2001。编译后存盘，至此硬件组态完成。

【关键点】图 10-55 中的 ID 是组态时的连接号，LADDR 是模块硬件组态地址，地址相同才能通信，在编程时要用到。

③ 相关指令简介　AG_SEND 块将数据传送给以太网 CP，用于在一个已组态的 ISO 传输连接上进行传输。所选择的数据区可以是一个位存储器区或一个数据块区。当可以在以太网上发送整个用户数据区时，指示无错执行该功能。AG_SEND 的各项参数见表 10-4。

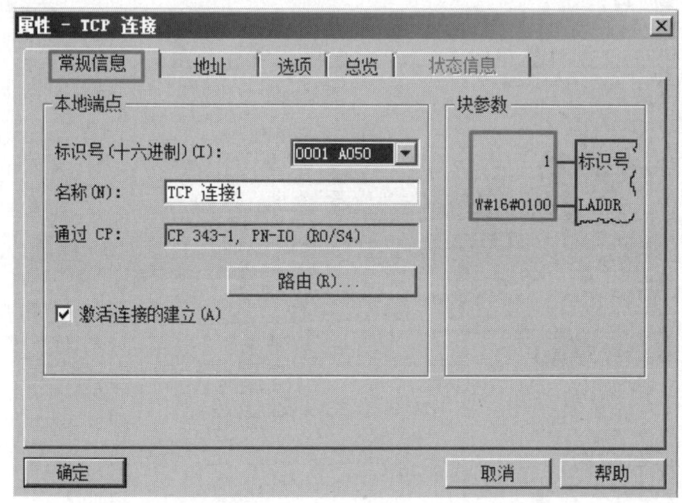

图 10-55　设置网络连接参数

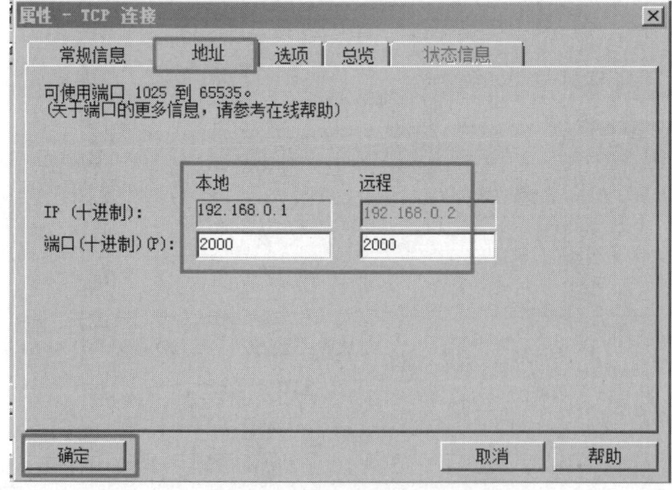

图 10-56　设置 TCP/IP 端口

AG_RECV 功能（FC）接收从以太网 CP 在已组态的连接上传送的数据。为数据接收指定的数据区可以是一个位存储区或一个数据块区。当可以从以太网 CP 上接收数据时，指示无错执行该功能。AG_RECV 的各项参数见表 10-5。

表 10-4 AG_SEND（FC5）指令格式

LAD	输入/输出	含 义	数据类型
“AG_SEND” EN ENO ACT DONE ID ERROR LADDR STATUS SEND LEN	EN	使能	BOOL
	ACT	发送请求	BOOL
	ID	组态时的连接号	INT
	LADDR	模块硬件组态地址	WORD
	SEND	发送的数据区	ANY
	LEN	发送数据长度	INT
	ERROR	错误代码	BOOL
	STATUS	返回数值（如错误值）	WORD
	DONE	发送是否完成	BOOL

表 10-5 AG_RECV 指令格式

LAD	输入/输出	含 义	数 据 类 型
“AG_RECV” EN ENO ID NDR LADDR ERROR RECV STATUS LEN	EN	使能	BOOL
	ID	组态时的连接号	INT
	LADDR	模块硬件组态地址	WORD
	RECV	接收数据区	ANY
	NDR	接收数据确认	BOOL
	ERROR	错误代码	BOOL
	STATUS	返回数值（如错误值）	WORD
	LEN	接收数据长度	INT

④ 编写程序 在编写程序时，双方都需要编写发送 AG_SEND（FC5）指令和接收 AG_RECV（FC6）指令，客户端（IP 地址为 192.168.0.1）的梯形图如图 10-57~图 10-59 所示。

程序段 1：标题：

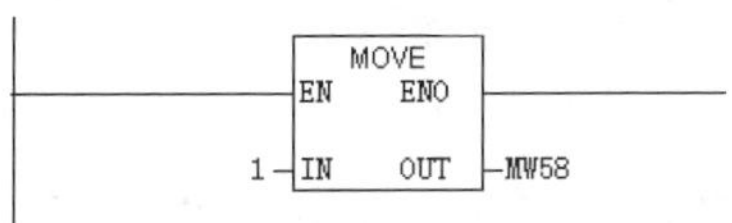

图 10-57 客户端 OB100 中的梯形图

程序段 1：接收信息

客户端把服务器的MB20接收到客户端的MB20；

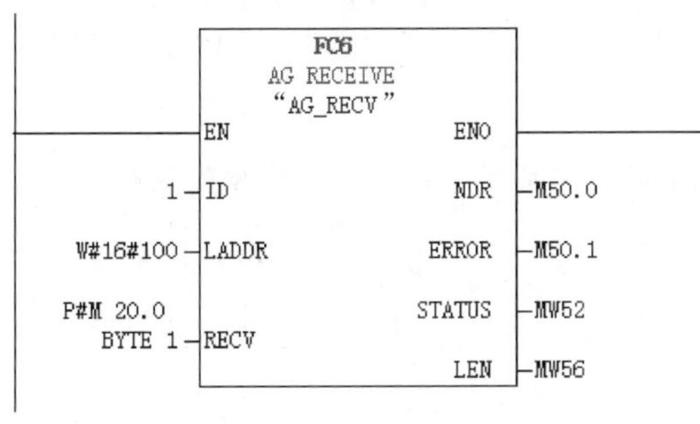

图 10-58 客户端 OB1 中的梯形图

程序段 1：发送信息
1、M100.5是秒脉冲；
2、将客户端的MB10发送到服务器的MB10
FC5
AG SEND
"AG_SEND"
EN
ENO
M100.5
ACT
DONE
M50.2
1
ID
ERROR
M50.3
W#16#100
LADDR
STATUS
MW60
P#M 10.0
BYTE 1
SEND
MW58
LEN

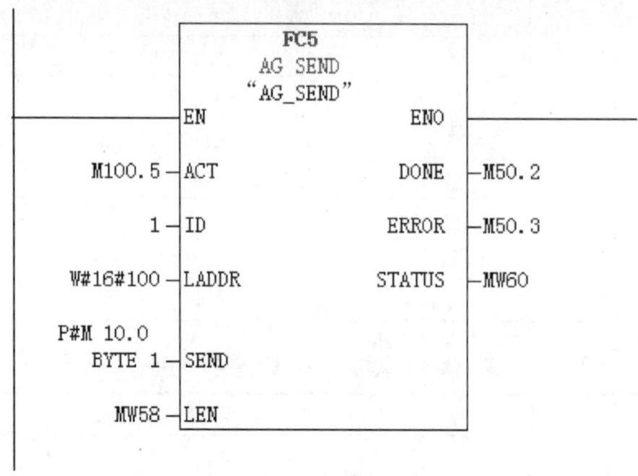

图 10-59 客户端 OB35 中的梯形图

服务器端（IP 地址为 192.168.0.2）中的梯形图程序如图 10-60~图 10-62 所示。

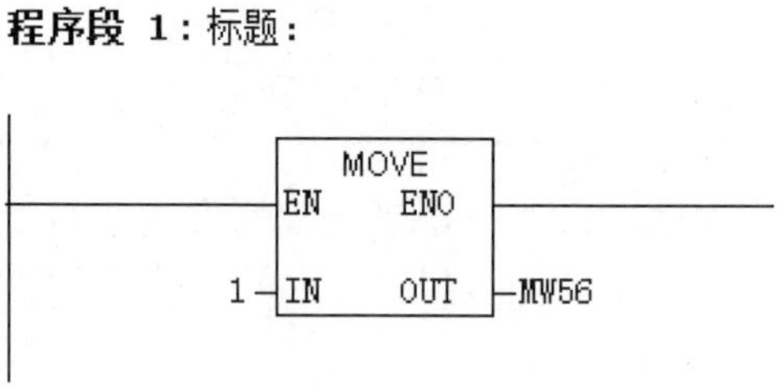

程序段 1：标题：
MOVE
EN
ENO
1
IN
OUT
MW56

图 10-60 服务器端 OB100 中的梯形图

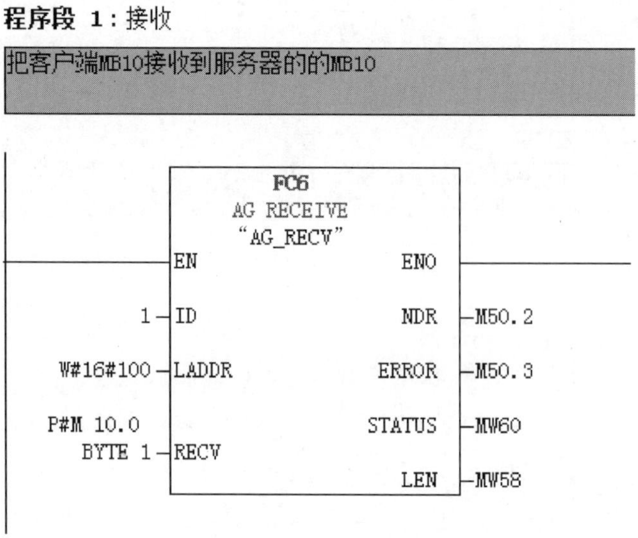

程序段 1：接收
把客户端MB10接收到服务器的的MB10
FC6
AG RECEIVE
"AG_RECV"
EN
ENO
1
ID
NDR
M50.2
W#16#100
LADDR
ERROR
M50.3
P#M 10.0
BYTE 1
RECV
STATUS
MW60
LEN
MW58

图 10-61 服务器端 OB1 中的梯形图

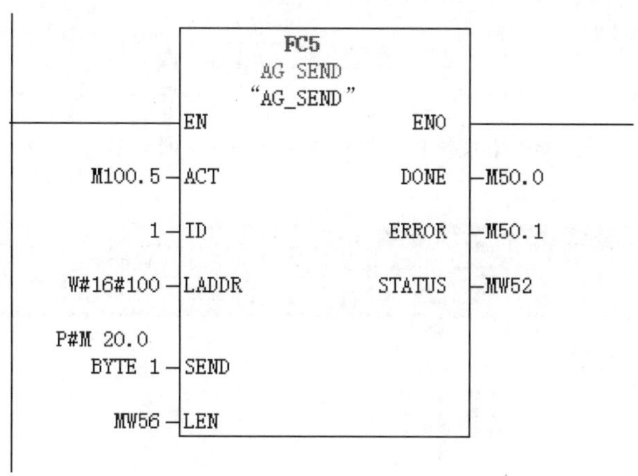

图 10-62 服务器端 OB35 中的梯形图

10.4.2 S7-400 与远程 I/O 模块 ET200 间的 PROFINET 通信

（1）PROFINET 简介 PROFINET 是 PROFIBUS 组织推出的基于工业以太网的开放式现场总线。PROFINET 自动化通信领域提供了一个完整的网络解决方案，包括诸如实时以太网、运动控制、分布式自动化、故障安全及网络安全等自动化领域问题，并可以完全兼容工业以太网和现有的现场总线（如 PROFIBUS）技术。

PROFINET 是实时现场总线，可以用于对实时性高的场合，如运动控制。PROFINET 目前是西门子主推的现场总线，已经取代 PROFIBUS 成为西门子公司的标准配置。

（2）实例 PROFINET 有 2 种应用形式：PROFINET I/O 和 PROFINET CBA。PROFINET I/O 适合于模块化分布式的应用，与 PROFIBUS-DP 方式相似。PROFINET CBA 适合于智能站点之间的应用。以下用一个例子介绍 PROFINET I/O 的应用。

【例 10-5】 某系统的控制器有 S7-400、SM 421、CP443-1、ET200M 和 SM 323 组成，要用 S7-400 上的 2 个按钮控制，远程站上的一台电动机的启停，请组态并编写相关程序。

【解】 ① 主要软硬件配置

a. 1 套 STEP 7 V5.5 SP4。

b. 1 台 CP421-1。

c. 1 台 SM 421 和 SM 422。

d. 1 台 CP443-1。

e. 1 台 153-4 PN。

f. 1 台 EM 323。

g. 1 根网线。

PROFINET 现场总线硬件配置如图 10-63 所示。

② 硬件组态过程

a. 新建项目。新建项目，命名为“Profi_IO”，插入站点 CPU 400，双击“硬件”，打开硬件组态界面，如图 10-64 所示。

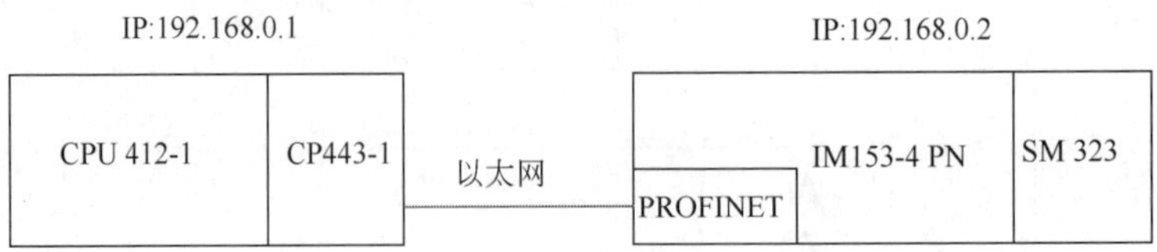

图 10-63 PROFINET 现场总线硬件配置

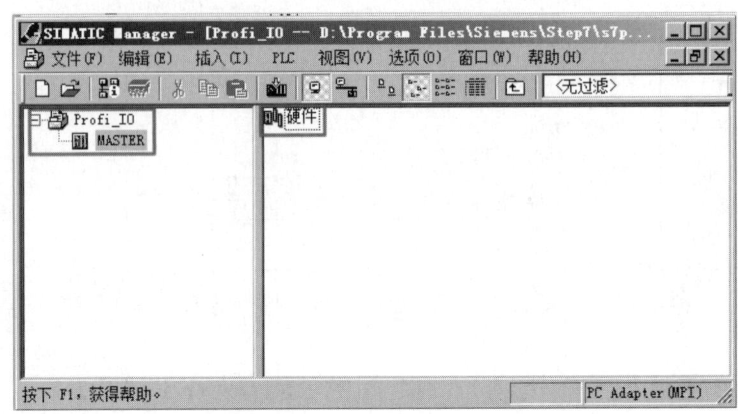

图 10-64 新建项目

b. 组态硬件。先插入机架 UR2，再插入电源 PS 407 4A，然后插入 CP443-1、DO32 和 DI32 模块如图 10-65 所示。

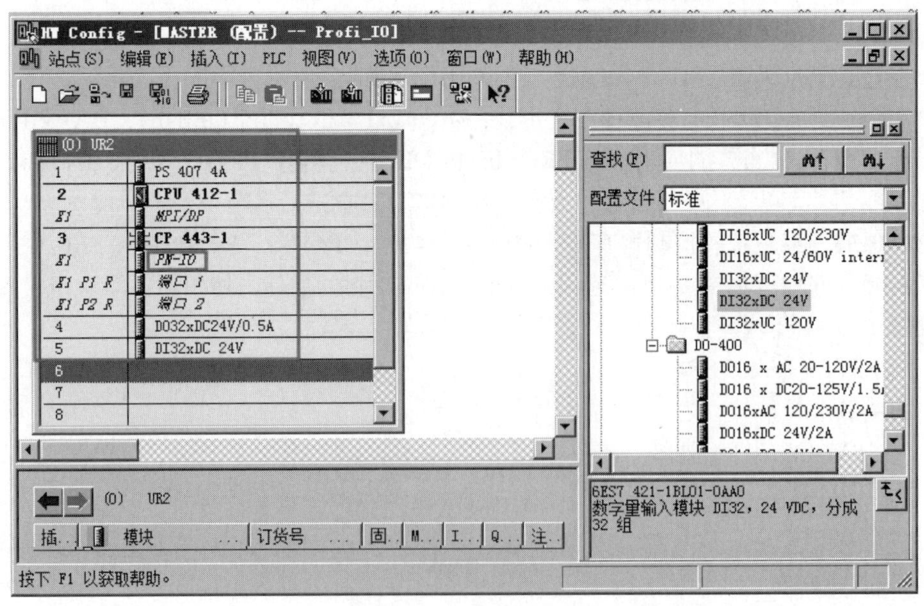

图 10-65 组态硬件

c. 设置主站 IP 地址。双击如图 10-65 所示的“PN-IO”，打开“PN-IO”的属性界面，单击“属性”按钮，如图 10-66 所示。弹出如图 10-67 所示的界面，在此图中设置 IP 地址，单击“确定”按钮即可。

属性 - PN-IO (R0/S3.1)
常规
地址
PROFINET
同步
介质冗余
简短描述:
PN-IO
设备名称(D):
PN-IO
支持无可交换介质的设备更换(S)
接口
类型:
Ethernet
设备号:
0
地址:
192.168.0.1
已联网:
是
属性(P)...
注释(C):
确定
取消
帮助

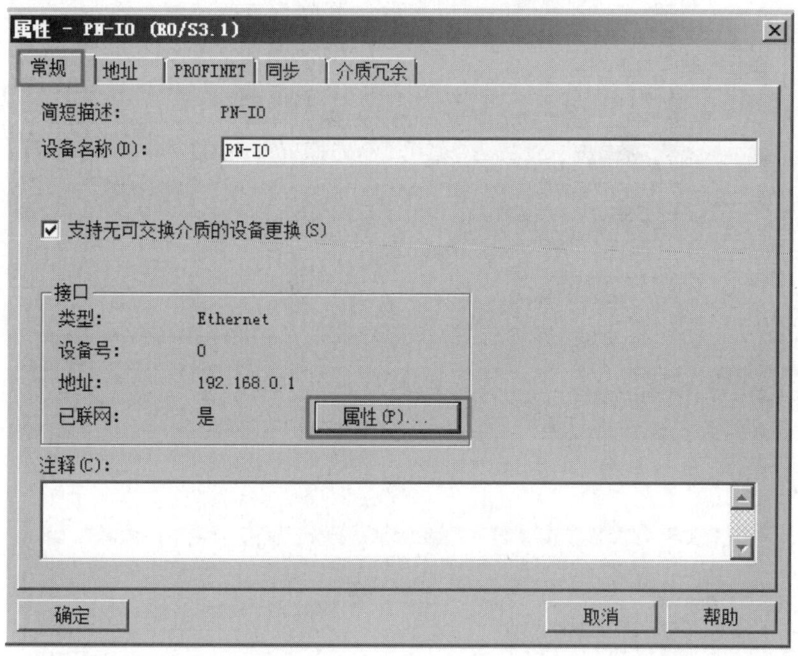

图 10-66 PN-IO 属性

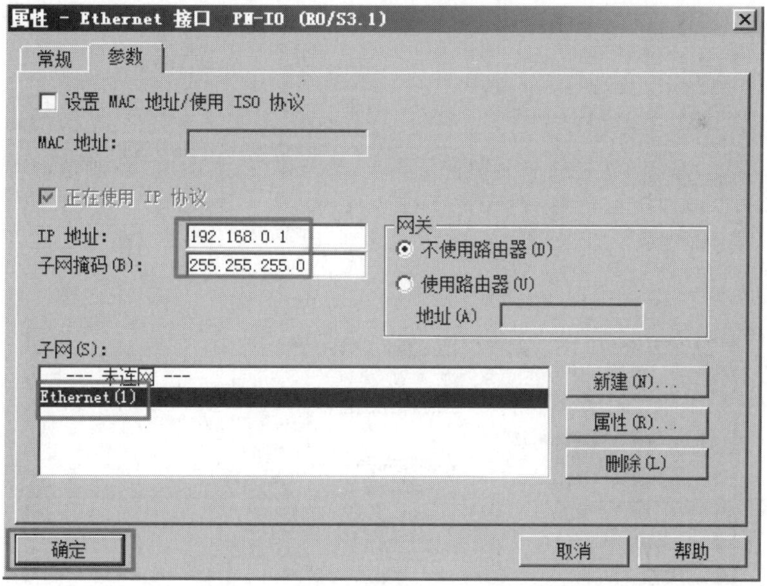

属性 - Ethernet 接口 PN-IO (R0/S3.1)
常规
参数
设置 MAC 地址/使用 ISO 协议
MAC 地址:
正在使用 IP 协议
IP 地址:
192.168.0.1
子网掩码(B):
255.255.255.0
网关
不使用路由器(D)
使用路由器(U)
地址(A)
子网(S):
--- 未连网 ---
Ethernet(1)
新建(N)...
属性(R)...
删除(L)
确定
取消
帮助

图 10-67 设置主站 IP 地址

d. 网络组态。选中 PN-IO，右击鼠标弹出快捷菜单，单击“插入 PROFINET IO 系统”，如图 10-68 所示。

选中标记“1”处，单击“PROFINET IO”→“I/O”→“ET 200M”→“IM153-4 PN”，如图 10-69 所示。然后在远程 I/O 模块上插入信号模块 SM 323，如图 10-70 所示。

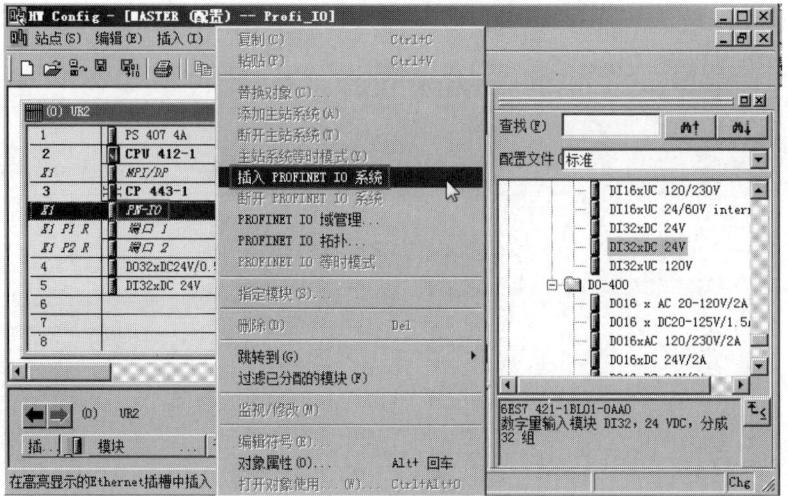

图 10-68 插入 PROFINET IO 系统

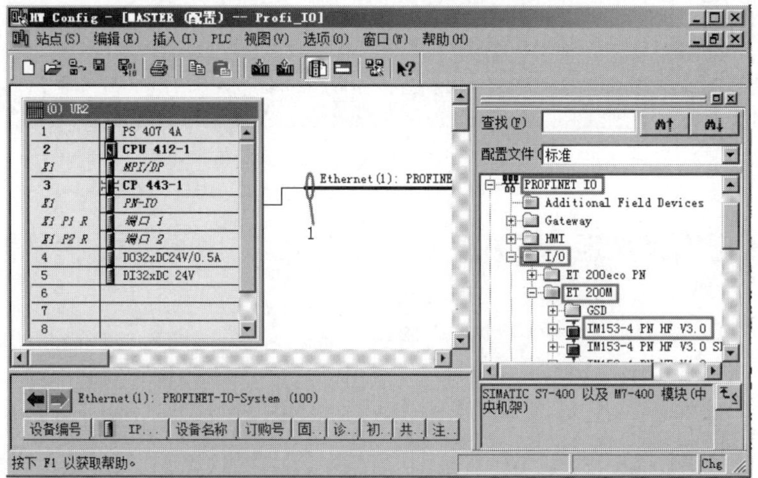

图 10-69 插入远程 I/O 模块

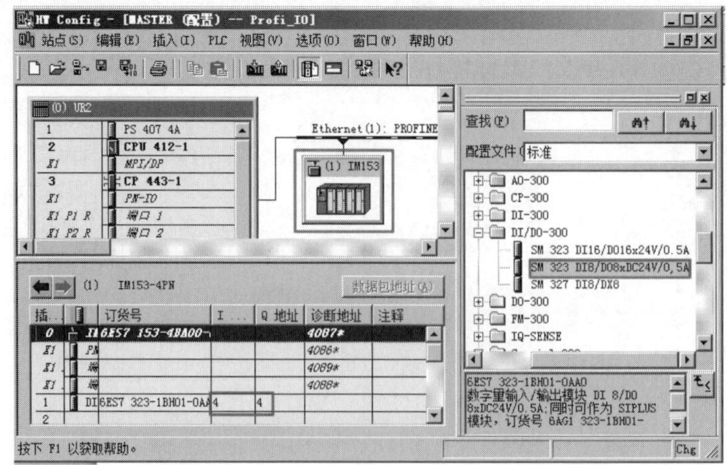

图 10-70 在远程 I/O 模块上插入信号模块

e. 分配设备名称和验证设备名称。PROFIBUS-DP 与远程 I/O 通信的硬件组态做到上一步就完成。因为远程 I/O 的地址由拨码开关设置。而 IP 地址不能由拨码开关设置，因此把设备名称和 IP 地址绑定在一起，在验证设备时，把设备名称下载到远程 I/O 模块的存储卡中，这样实际就是把 IP 地址下载到远程 I/O 模块中。双击如图 10-70 所示的“IM153-4 PN”，弹出如图 10-71 所示界面，将设备“ET200M”与“192.168.0.2”关联，单击“确定”按钮，最后把整个项目用以太网下载到 CPU 中。

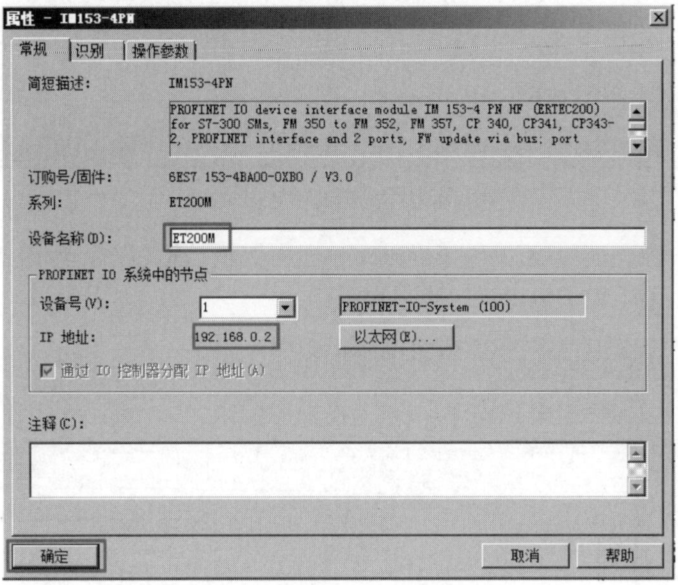

图 10-71 设备重命名

在菜单栏中，单击“PLC”→“Ethernet”→“分配设备名称”，如图 10-72 所示，弹出 7-73 所示界面，单击“Assign name”（分配名称），这样实际上把模块的名称“ET200M”下载到 IP 地址为 192.168.0.2 的远程站里。

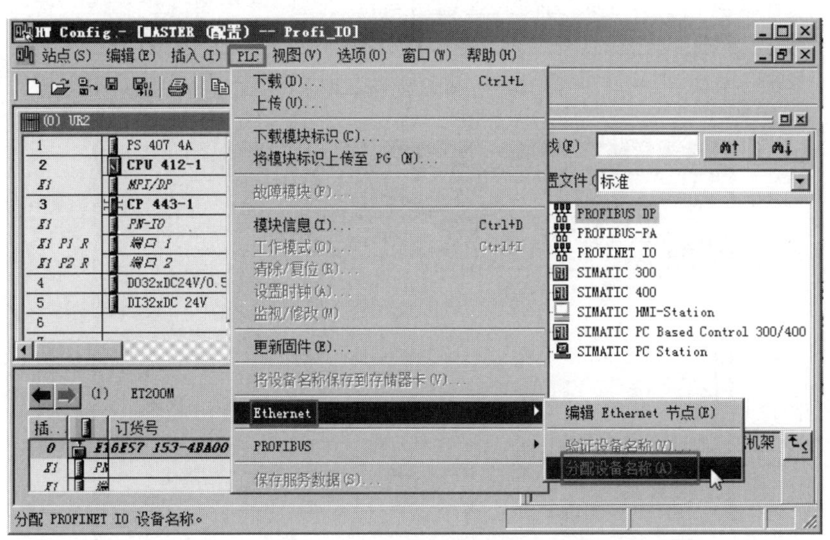

图 10-72 分配设备名称（1）

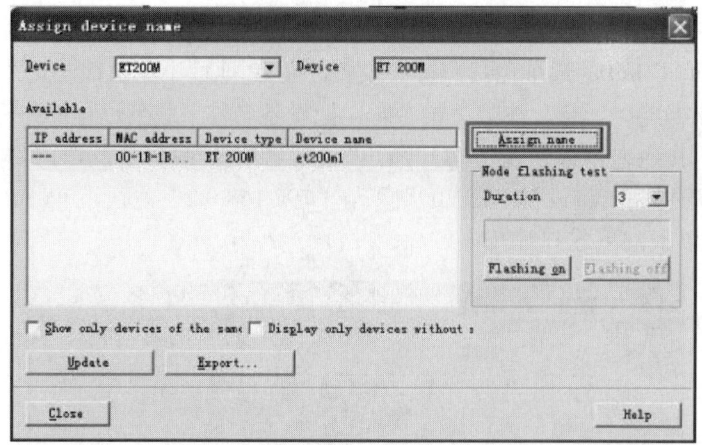

图 10-73 分配设备名称（2）

在菜单栏中，单击“PLC”→“Ethernet”→“验证设备名称”，如图 10-74 所示，弹出 7-75 所示界面，可以看到“Status”（状态）下有一个“√”，表示验证成功。

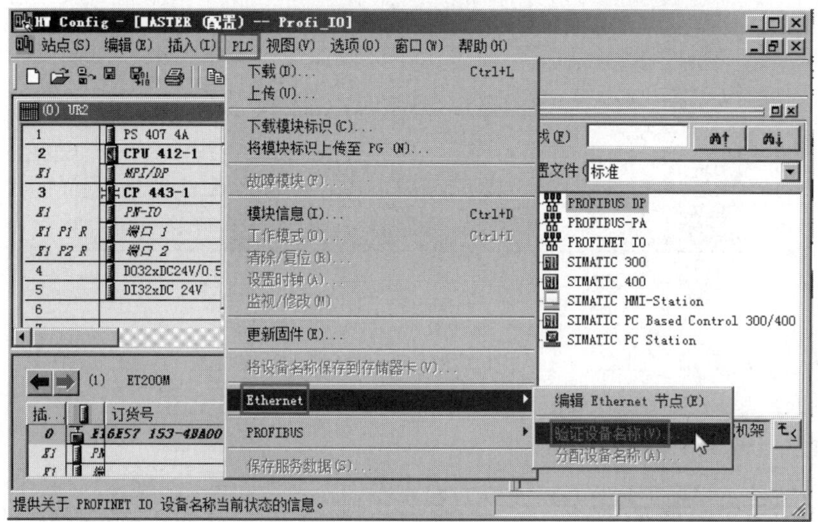

图 10-74 验证设备名称（1）

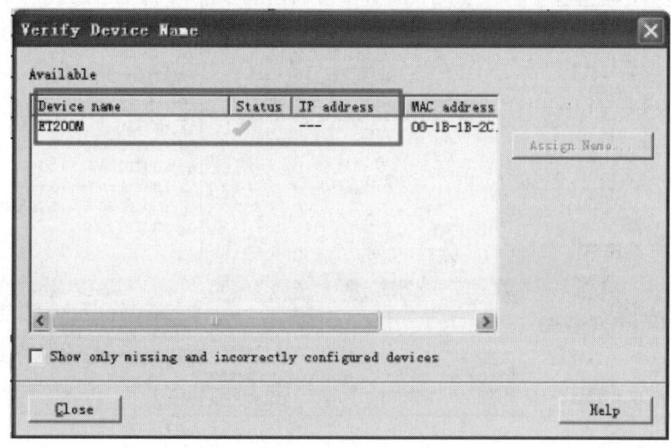

图 10-75 验证设备名称（2）

【关键点】分配设备名称和验证设备名称必须在 STEP 7 与 CPU 处于连接状态下才能进行。

f. 编写程序。打开 OB1，在 OB1 中编写如图 10-76 所示的梯形图程序。

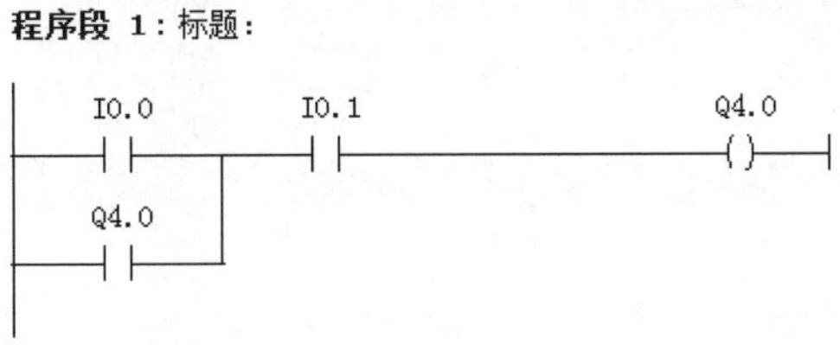

程序段 1：标题：

I0.0　I0.1　Q4.0

Q4.0

图 10-76　梯形图

10.4.3　S7-400 与 S7-200 SMART 间的以太网通信

S7-200 SMART 是西门子公司新推出的 PLC，用于取代 S7-200。S7-200 SMART 内置 PROFINET 接口（PN 口）。S7-400 与 S7-200 SMART 间的以太网通信，可以利用 S7-200 SMART 内置 PN 口，采用 S7 通信协议。以下用一个例子介绍 S7-400 与 S7-200 SMART 间的以太网通信。

【例 10-6】 某系统的控制器由 S7-400、SM 421、CP443-1 和 CPU ST40 组成，要将 S7-400 上的 2 个字节 MB0 和 MB1 传送到 CPU ST40 的 MB0 和 MB1，将 CPU ST40 上的 2 个字节 MB10 和 MB11 传送到 S7-400 的 MB10 和 MB11，请组态并编写相关程序。

【解】 以 S7-400 作客户端，S7-200 SMART 作服务器端。

（1）主要软硬件配置

① 1 套 STEP 7 V5.5 SP4。

② 1 台 CP421-1。

③ 1 台 SM 421 和 SM 422。

④ 1 台 CP443-1。

⑤ 1 台 CPU ST40。

⑥ 2 根网线。

PROFINET 现场总线硬件配置如图 10-77 所示。

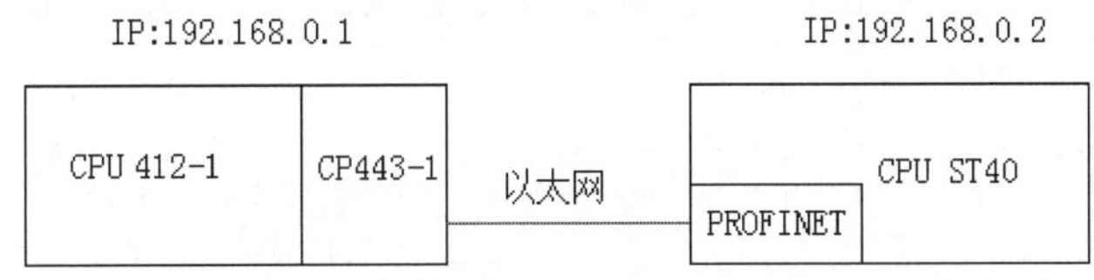

图 10-77　PROFINET 现场总线硬件配置

（2）硬件组态过程

① 新建项目和组态硬件。新建项目，命名为“PN_SMART”，插入站点 CPU 400，双击“硬件”，打开硬件组态界面，先插入机架 UR2，再插入电源 PS 407 4A，然后插入 CP443-1、DO32 和 DI32 模块，如图 10-78 所示。

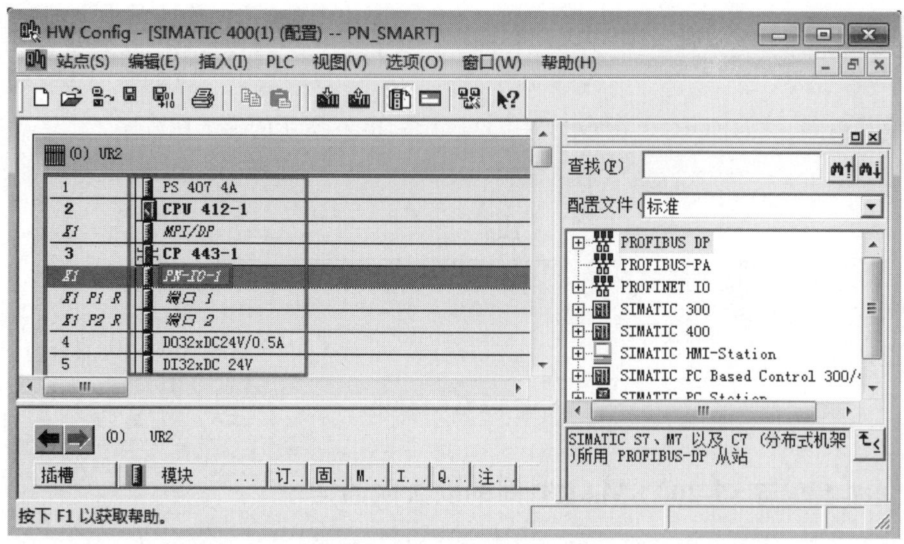

图 10-78 新建项目和硬件组态

② 设置客户端 IP 地址。双击如图 10-78 所示的“PN-IO”，打开“PN-IO”的属性界面，单击“属性”按钮，如图 10-79 所示。弹出如图 10-80 所示的界面，设置如图所示的 IP 地址，单击“确定”按钮即可。

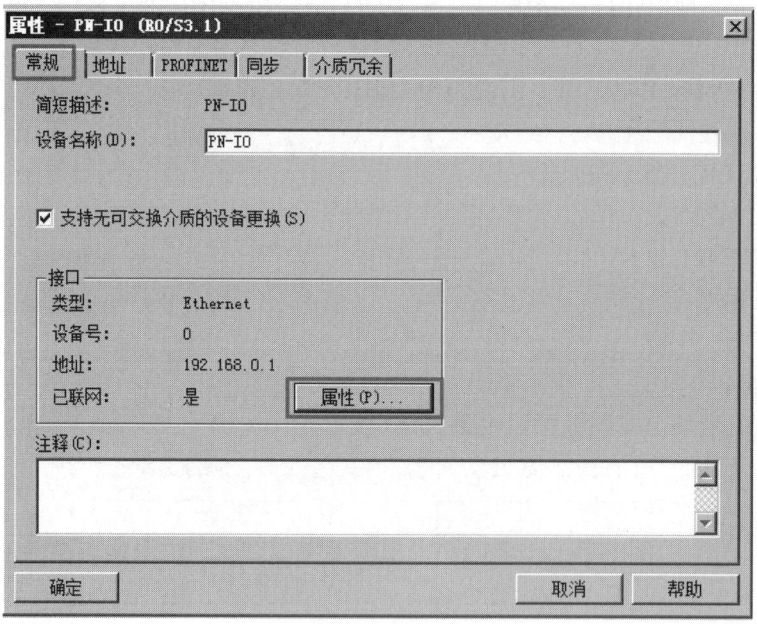

属性 - PN-IO (R0/S3.1)
常规 | 地址 | PROFINET | 同步 | 介质冗余
简短描述: PN-IO
设备名称(D): PN-IO
☑ 支持无可交换介质的设备更换(S)
接口
类型: Ethernet
设备号: 0
地址: 192.168.0.1
已联网: 是
属性(P)...
注释(C):
确定 取消 帮助

图 10-79 PN-IO 属性

③ 网络组态。选中如图 10-81 所示的“1”处，单击鼠标的右键，弹出快捷菜单，单击“插入新连接”选项，弹出如图 10-82 所示的对话框，选中“未指定”选项和“S7 连接”，单击“应用”按钮，弹出如图 10-83 的所示界面。

由于 S7-400 是客户端，也就是主控端，本地连接端点勾选“建立主动连接”，如图 10-83 所示；设置伙伴，即服务器端的 IP 地址是“192.168.0.2”；注意，本地 ID 为“1”，这是连接号，在编写程序时要用到；最后，单击“地址详细信息”按钮，弹出如图 10-84 所示的界面。

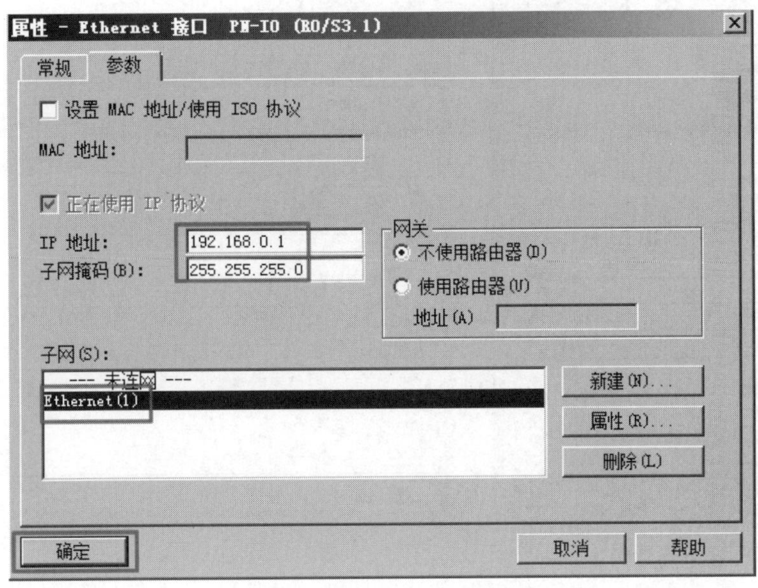

图 10-80 设置客户端 IP 地址

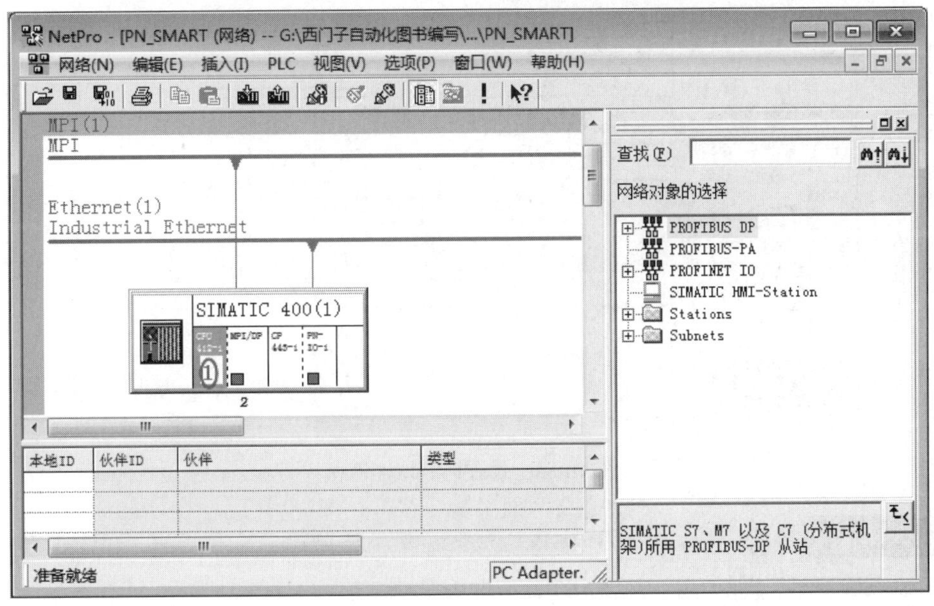

图 10-81 插入新连接（1）

如图 10-84 所示，设置伙伴(S7-200 SMART)的 TSAP 为“03.01”，S7-400 的 TSAP 不变，这一步容易忽略，单击“确定”按钮。最后单击网络组态界面的工具栏的“保存和编译”按钮。

（3）编写梯形图程序 因为 S7-400 做客户端，S7-200 SMART 做服务器端，所以 S7-200 SMART 不需要编写通信程序，只需要在 S7-400 中编写程序，如图 10-85 所示。注意 M20.5 为秒脉冲，在硬件组态中设置。

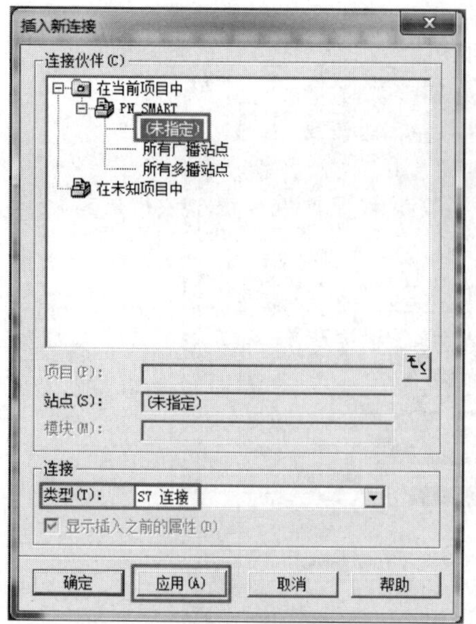

图 10-82 插入新连接（2）

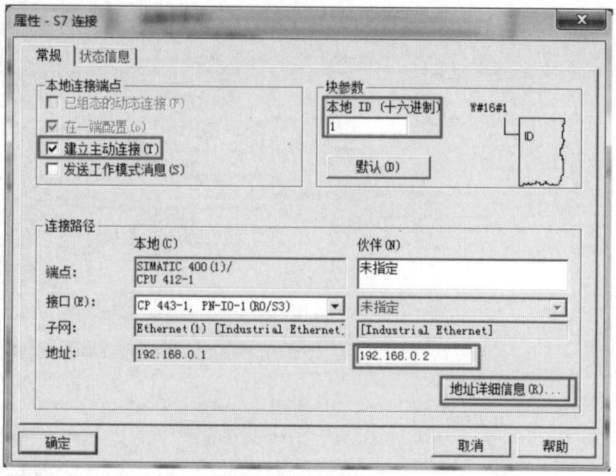

图 10-83 属性-S7 连接

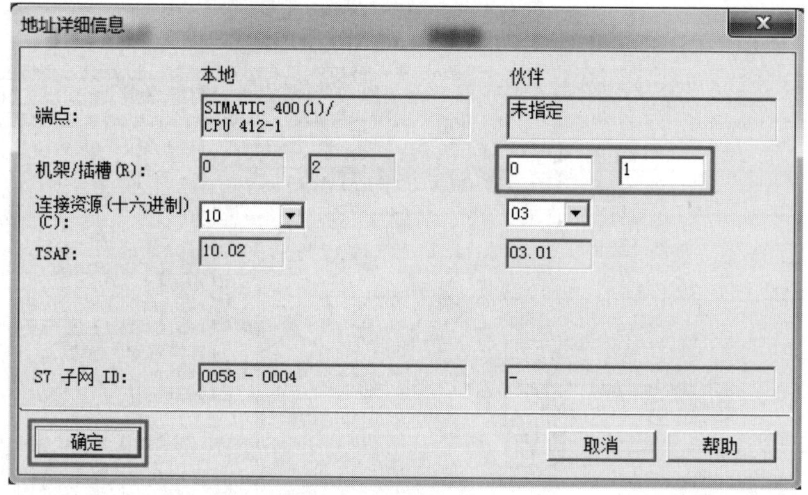

图 10-84 设置详细地址信息

【关键点】哪些接口支持 S7-Server(服务器端)，哪些接口支持 S7-Client(客户端)？

① S7-Server 只能被动建立单边 S7 connection（S7 连接）；S7-Client 可以主动建立单边 S7 connection，也可以与另一 S7-Client 建立双边 S7 connection。

② 所有 S7-400 CPU 以及 CP 的接口都可以同时作 S7-Server 和 S7-Client。S7-400 CP 的接口可以看作是 CPU 接口的扩展。

③ S7-300 CPU 分成以下几种情况：

a. S7-300 CPU 的集成 PN 接口可以同时作 S7-Server 和 S7-Client；

b. S7-300 CPU + CP 343-1Lean 的以太网接口只能作 S7-Server；

c. S7-300 CPU V1.2 以上 + CP 343-1EX11 以上的以太网接口可以同时作 S7-Server 和 S7-Client。

⊟ **程序段 1**：标题：

将S7-400上的MW0传送到CPU ST40上的MW0。

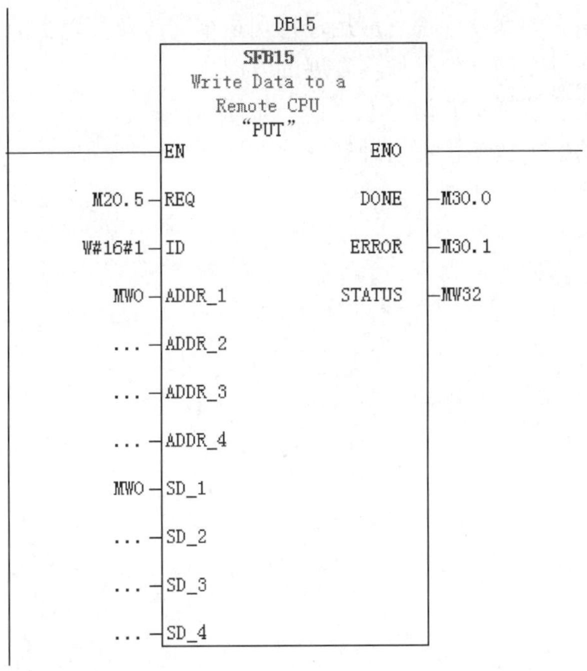

⊟ **程序段 2**：标题：

S7-400上的MW10接收来自CPU ST40上的MW10传送来的信息。

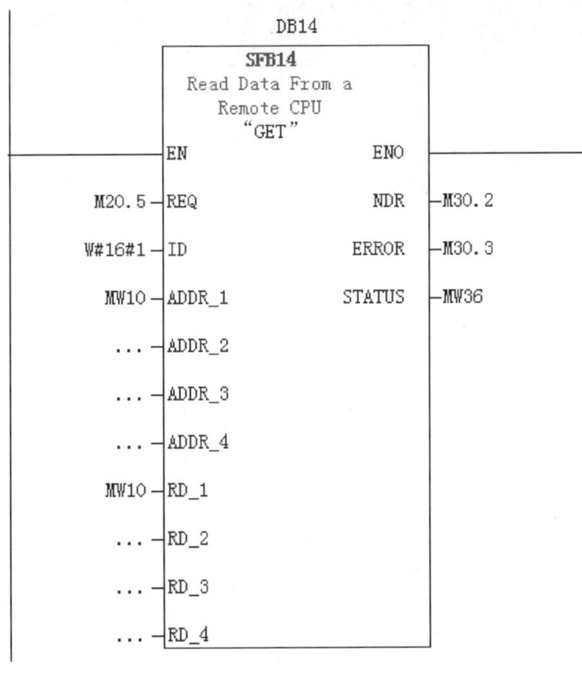

图 10-85　客户端梯形图

重点难点总结

通信是 PLC 中的难点，一般初学者不容易掌握，往往通信不成功时，还不知道错误出在何处。其实西门子的每种通信都有固定的模式，只要掌握正确步骤，就可以完成通信。

（1）工业以太网在稍大的系统中都有应用，特别是车间级及其以上的通信系统中应用较多，应该重点掌握。工业以太网通信是通信发展的方向。

（2）工业以太网现场总线通信有两个难点：一是通信的组态，步骤较多，初学时容易出错；二是通信专用函数的参数较多，不易理解。

因此要学好本章内容必须下工夫。

第11章 西门子 PLC 其他应用技术

本章介绍了西门子 PLC 高速计数器的应用、PWM 技术的应用和西门子 PLC 相关的技巧。

11.1 高速计数器的应用

11.1.1 高速计数器的简介

S7-200 CPU 提供了多个高速计数器（HSC0~HSC5）以响应快速脉冲输入信号。高速计数器的计数速度比 PLC 的扫描速度要快得多，因此高速计数器可独立于用户程序工作，不受扫描时间的限制。用户通过相关指令，设置相应的特殊存储器控制计数器的工作。

（1）高速计数器的工作模式和输入　高速计数器有 13 种工作模式，每个计数器都有时钟、方向控制、复位启动等特定输入。对于双向计数器，两个时钟都可以运行在最高频率，高速计数器的最高计数频率取决于 CPU 的类型。在正交模式下，可选择 1×（1 倍速）或者 4×（4 倍速）输入脉冲频率的内部技术频率。

高速计数器的工作模式和输入点见表 11-1。

表 11-1　高速计数器的工作模式和输入点

模　　式	中断描述	输　入　点			
	HSC0	I0.0	I0.1	I0.2	
	HSC1	I0.6	I0.7	I1.0	I1.1
	HSC2	I1.2	I1.3	I1.4	I1.5
	HSC3	I0.1			
	HSC4	I0.3	I0.4	I0.5	
	HSC5	I0.4			
0	带有内部方向控制的单相计数器	时钟			
1		时钟		复位	
2		时钟		复位	启动
3	带有外部方向控制的单相计数器	时钟	方向		
4		时钟	方向	复位	
5		时钟	方向	复位	启动
6	带有增减计数时钟的双相计数器	增时钟	减时钟		
7		增时钟	减时钟	复位	
8		增时钟	减时钟	复位	启动
9	A/B 正交计数器	时钟 A	时钟 B		
10		时钟 A	时钟 B	复位	
11		时钟 A	时钟 B	复位	启动
12	只有 HSC0 和 HSC3 支持模式 12				

【关键点】S7-200 CPU 221、CPU 222 没有 HSC1 和 HSC2；CPU 224、CPU 224XP 和 CPU 226 拥有全部的 6 个高速计数器。只有 HSC0 和 HSC3 支持模式 12，其中 HSC0 计数 Q0.0 的输出脉冲，其中 HSC3 计数 Q0.1 的输出脉冲，在此模式下工作时，并不需要外部接线。

高速计数器的硬件输入接口与普通数字量接口使用相同的地址。已经定义用于高速计数器的输入点不能再用于其他功能。但某些模式下，没有用到的输入点还可以用作开关量输入点。

（2）高速计数器的控制字和初始值、预置值　所有的高速计数器在 S7-200 CPU 的特殊存储区中都有各自的控制字。控制字用来定义计数器的计数方式和其他一些设置，以及在用户程序中对计数器的运行进行控制。高速计数器的控制字的位地址分配见表 11-2。

表 11-2　高速计数器的控制字的位地址分配

HSC0	HSC1	HSC2	HSC3	HSC4	HSC5	描　述
SM37.0	SM47.0	SM57.0	—	SM147.0	—	复位有效控制，0=复位高电平有效，1=复位低电平有效
—	SM47.1	SM57.1	—	—	—	启动有效控制，0=启动高电平有效，1=启动低电平有效
SM37.2	SM47.2	SM57.2	—	SM147.2	—	正交计数器速率选择，0=4×计数率，1=1×计数率
SM37.3	SM47.3	SM57.3	SM137.3	SM147.3	SM157.3	计数方向控制，0=减计数，1=加计数
SM311.4	SM411.4	SM511.4	SM1311.4	SM1411.4	SM1511.4	向 HSC 中写入计数方向，0=不更新，1=更新
SM37.5	SM47.5	SM57.5	SM137.5	SM147.5	SM157.5	向 HSC 中写入预置值，0=不更新，1=更新
SM37.6	SM47.6	SM57.6	SM137.6	SM147.6	SM157.6	向 HSC 中写入初始值，0=不更新，1=更新
SM37.7	SM47.7	SM57.7	SM137.7	SM147.7	SM157.7	HSC 允许，0=禁止 HSC，1=允许 HSC

高速计数器都有初始值和预置值，所谓初始值就是高速计数器的起始值，而预置值就是计数器运行的目标值，当前值（当前计数值）等于预置值时，会引发一个内部中断事件，初始值、预置值和当前值都是 32 位有符号整数。必须先设置控制字以允许装入初始值和预置值，并且初始值和预置值存入特殊存储器中，然后执行 HSC 指令使新的初始值和预置值有效。装载高速计数器的初始值、预置值和当前值的寄存器与计数器的对应关系见表 11-3。

表 11-3　装载初始值、预置值和当前值的寄存器与计数器的对应关系表

高速计数器	HSC0	HSC1	HSC2	HSC3	HSC4	HSC5
初始值	SMD38	SMD48	SMD58	SMD138	SMD148	SMD158
预置值	SMD42	SMD52	SMD62	SMD142	SMD152	SMD162
当前值	HC0	HC1	HC2	HC3	HC4	HC5

（3）指令介绍　高速计数器（HSC）指令根据 HSC 特殊内存位的状态配置和控制高速计数器。高速计数器定义（HDEF）指令选择特定的高速计数器（HSCx）的操作模式。模式选择定义高速计数器的时钟、方向、起始和复原功能。高速技术指令的格式见表 11-4。

以下一个简单例子说明控制字和高速计数器指令的具体应用，梯形图程序和注释如图

11-1 所示。

表 11-4 高速计数指令格式

LAD	输入/输出	参数说明	数据类型
HDEF (EN, ENO, HSC, MODE)	HSC	高速计数器的号码	BYTE
	MODE	模式	BYTE
HSC (EN, ENO, N)	N	指定高速计数器的号码	WORD

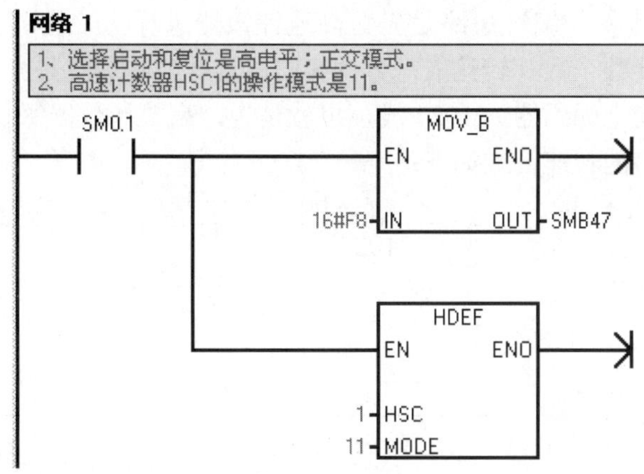

图 11-1 程序

11.1.2 高速计数器在转速测量中的应用

以下用两个例子说明高速计数器在转速测量中的应用。

【例 11-1】 一台电动机上配有一台光电编码器（光电编码器与电动机同轴安装），试用 S7-200 CPU 测量电动机的转速。

【解】 因为光电编码器与电动机同轴安装，所以光电编码器的转速就是电动机的转速。

（1）软硬件配置

① 1 套 STEP 7-MicroWIN V4.0 SP9；

② 1 台 CPU 226 CN；

③ 1 台光电编码器（1024 线）；

④ 1 根编程电缆（或者 CP5611 卡）。

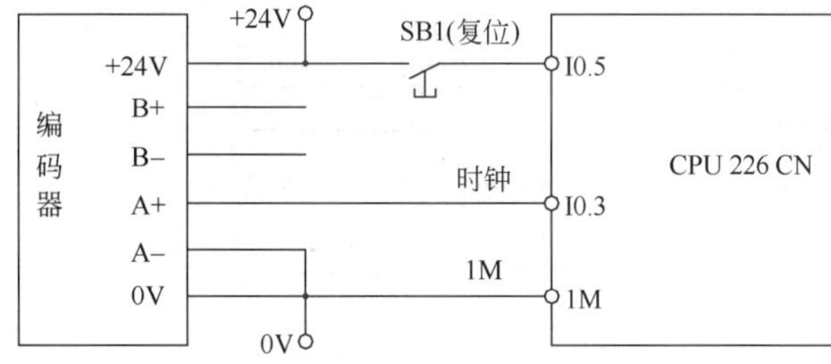

图 11-2 接线图

【关键点】光电编码器的输出脉冲信号有+5V和+24V(或者18V),而多数S7-200 CPU的输入端的有效信号是+24V（PNP接法时），只有CPU 224XP型的I0.3、I0.4和I0.5三个输入端子既可以接入+5V的信号，也可以接入+24V的信号。因此，在选用光电编码器时要注意最好不要选用+5V输出的光电编码器。图11-2中的编码器是PNP型输出，这一点也非常重要，涉及到程序的初始化，在选型时要注意。此外，编码器的A–端子要与PLC的1M短接。否则不能形成回路。

那么若只有+5V输出的光电编码器是否可以直接用于以上回路测量速度呢？答案是不能，但经过三极管升压后是可行的，具体解决方案读者自行思考。

（2）编写程序　本例的编程思路是先对高速计数器进行初始化，启动高数计数器，在100ms内高数计数器计数个数，转化成每分钟编码器旋转的圈数就是光电编码器的转速，也就是电动机的转速。光电编码器为1024线，也就是说，高数计数器每收到1024个脉冲，电动机就转1圈。电动机的转速公式如下：

$$n=\frac{N\times10\times60}{1024}=\frac{N\times75}{2^7}$$

以上公式中，n为电动机的转速；N为100ms内高数计数器计数个数（收到脉冲个数）。

程序如图11-3、图11-4所示。

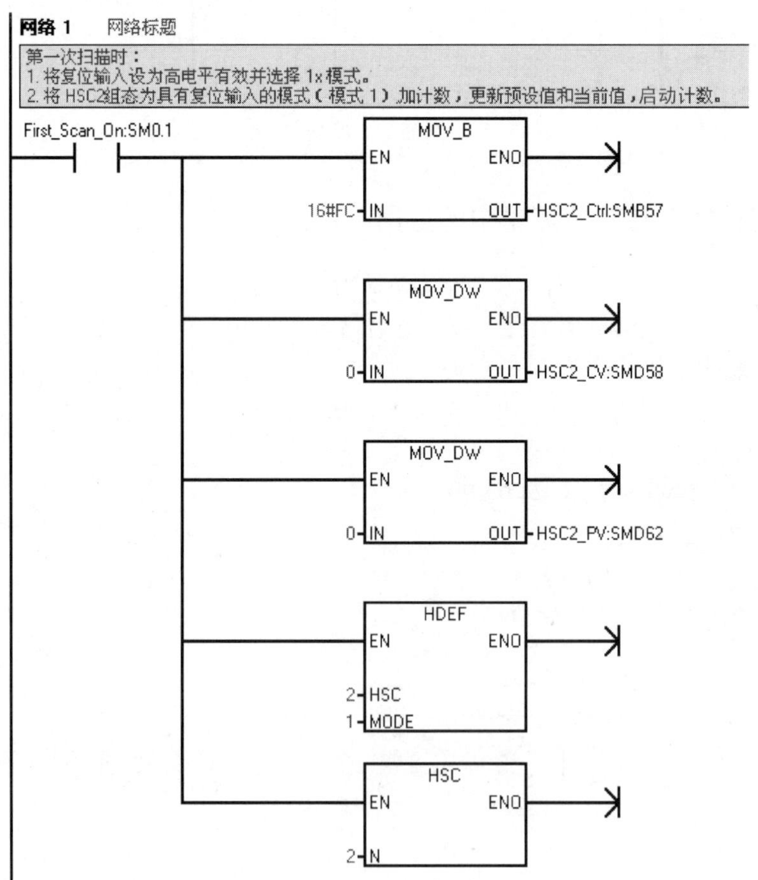

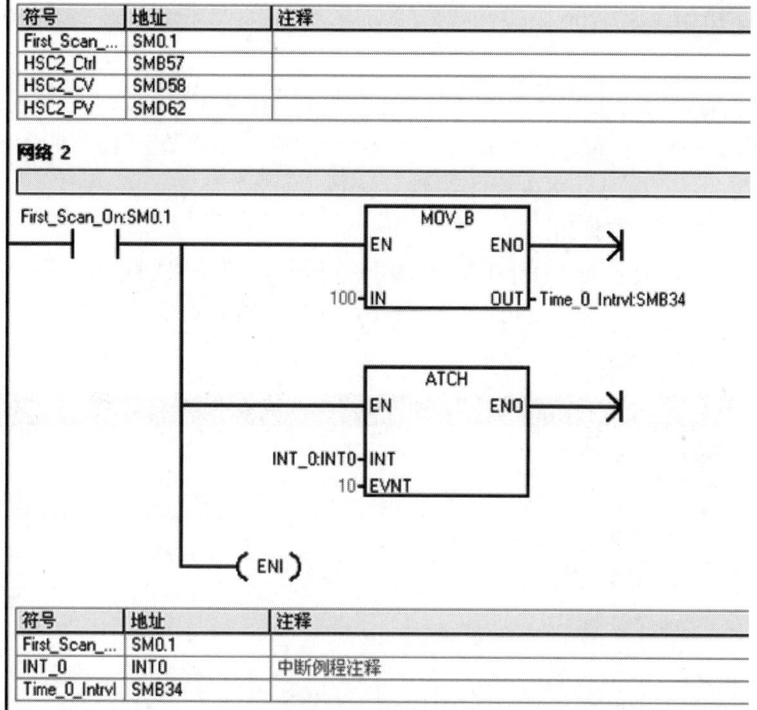

图 11-3 主程序

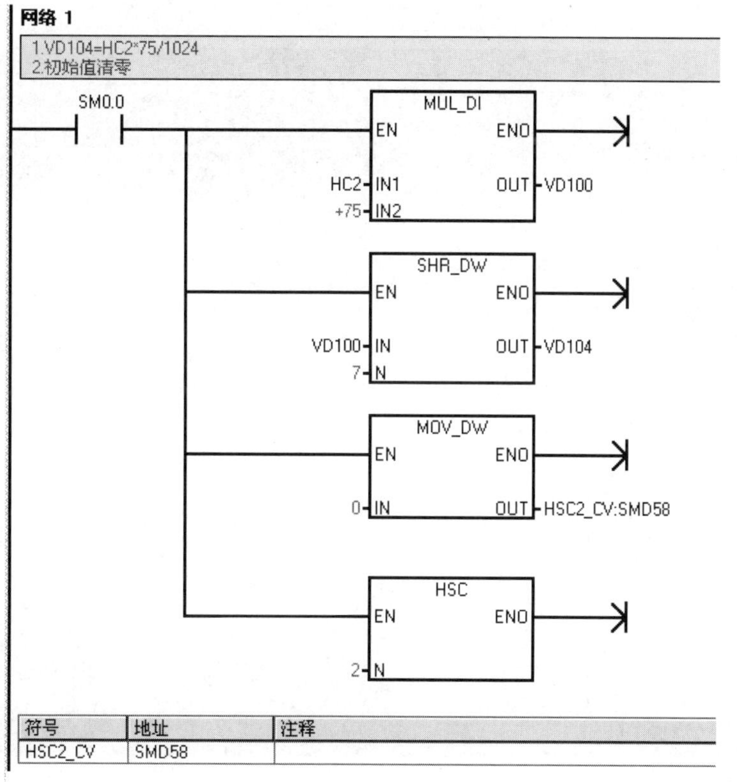

图 11-4 中断程序 INT_0

前述的例子讲解了 S7-200 高速计数器的应用，以下的例子将介绍 S7-1200 高速计数器的应用。

【例 11-2】 某旋转设备上安装有单相增量编码器，接入 CPU 1214C。要求在计数 5 个脉冲时，计数复位，M0.5 置位，并设置新值为 10 个脉冲，当计数到 10 个脉冲后复位 M0.5，并将预置值设定为 5，周而复始执行此功能。

【解】 （1）先进行硬件组态

① 创建新项目，命名为“HSC1”，如图 11-5 所示，单击“创建”按钮，弹出图 11-6 所示的界面，双击“添加新设备”，弹出如图 11-7 所示的界面，选定要组态的硬件，再单击“确定”按钮即可。

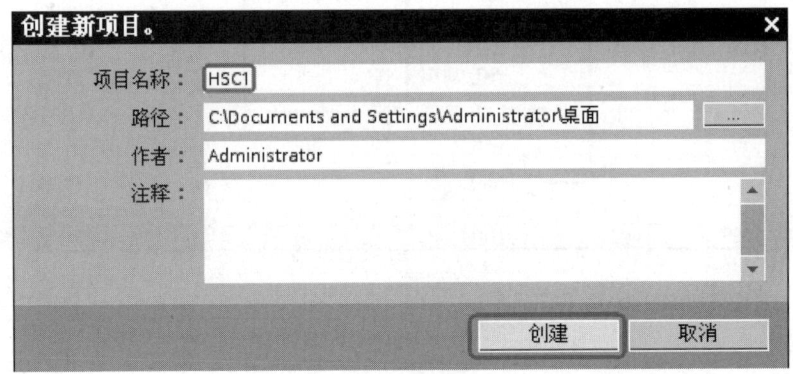

图 11-5　创建新项目

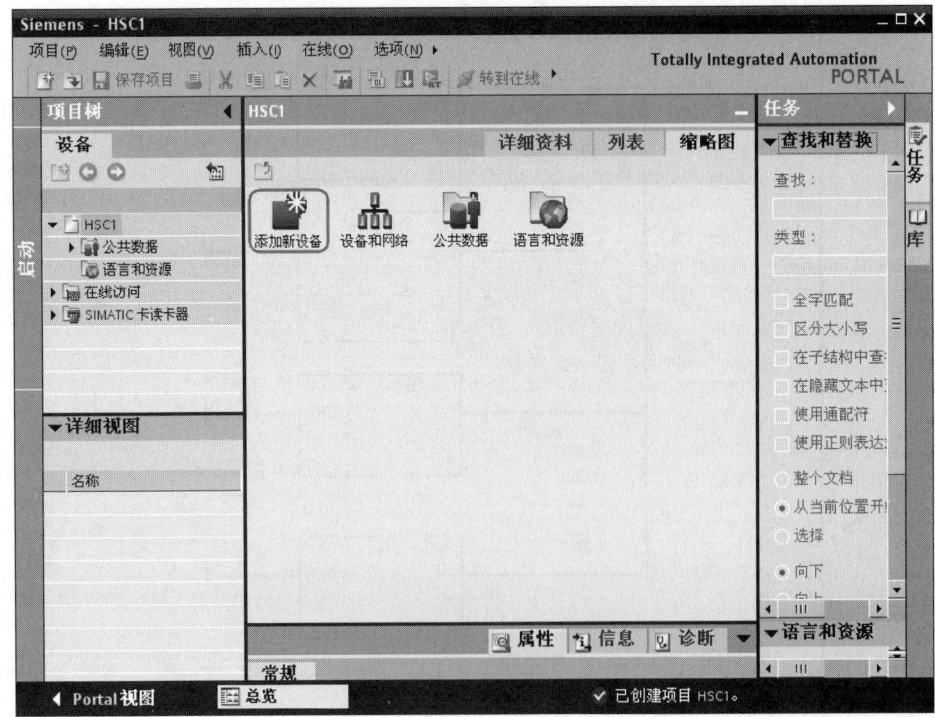

图 11-6　添加新设备

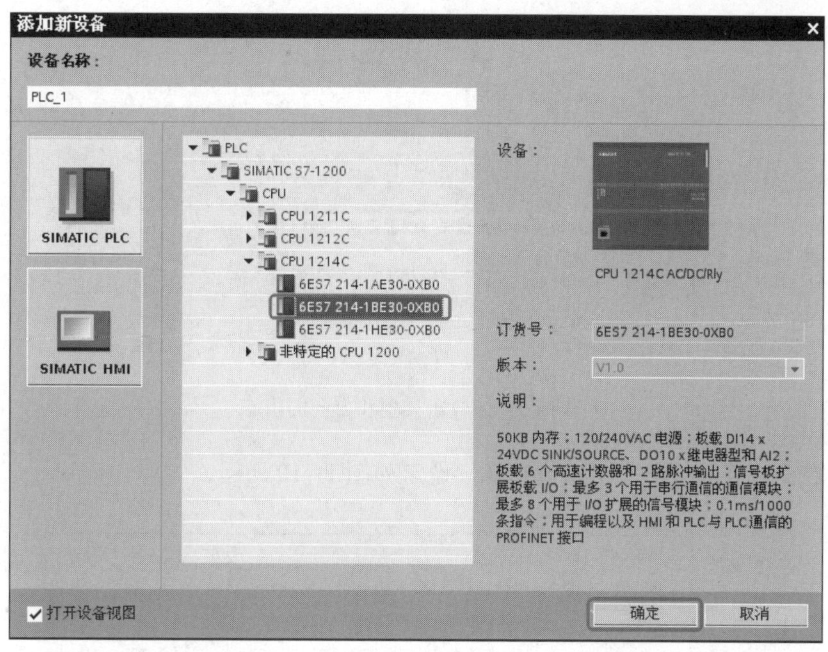

图 11-7 选择设备

② 先选中 PLC，再选中“属性”选项卡，接着展开高速计数器，最后勾选“允许使用该高速计数器”选项，激活高速计数器，如图 11-8 所示。

图 11-8 激活高速计数器

③ 计数器类型和方向的组态。如图 11-9 所示，计数类型有三种：计数、运动轴和频率测量。本例选择“计数”。运行阶段分为四种：单相、双相、A/B 正交 1 倍速和 A/B 正交 4 倍速，本例选择“单相”。计数方向由用户程序决定。计数方向为“加计数”(向上计数)。

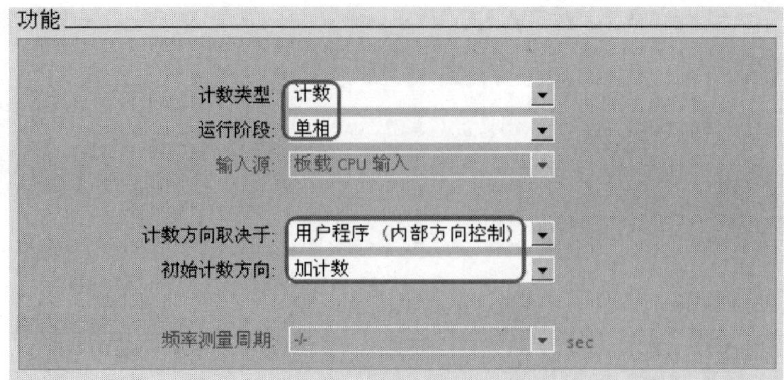

图 11-9 计数器类型和方向的组态

④ 初始值和复位组态。初始值和复位设定如图 11-10 所示。

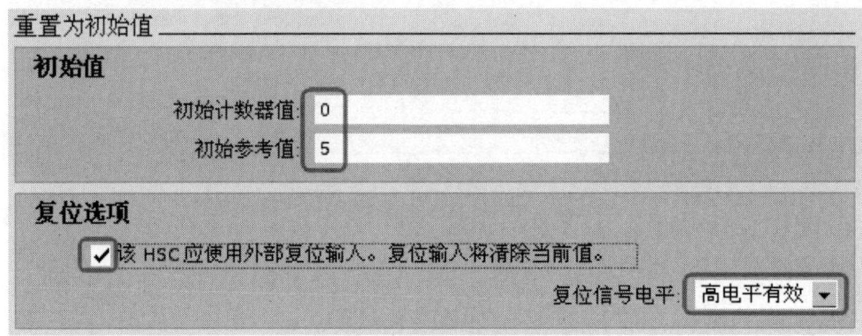

图 11-10 初始值和复位组态

⑤ 预置值中断组态。如图 11-11 所示，激活预置值中断。单击硬件中断右侧的下三角按钮，在打开的下拉列表中选择硬件中断块，在弹出的对话框中单击“添加对象”按钮确认，如图 11-12 所示。

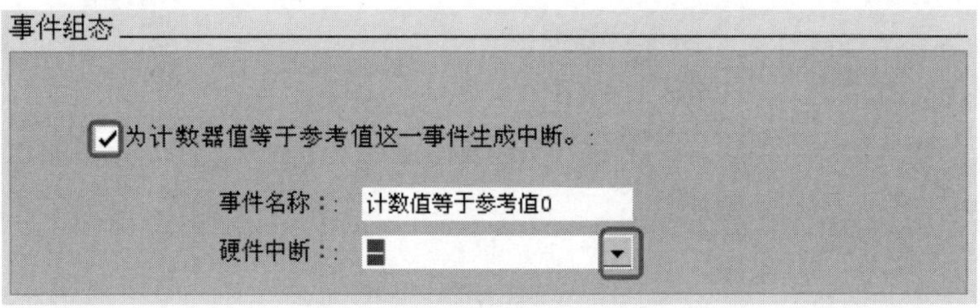

图 11-11 预置值中断组态

图 11-12 添加硬件中断

⑥ 组态添加的硬件中断。如图 11-13 所示，进行中断命名定义和编程语言选择。最后单击“确定”按钮。

图 11-13　组态添加的硬件中断

⑦ 进行地址分配并设置硬件识别号，如图 11-14 所示。

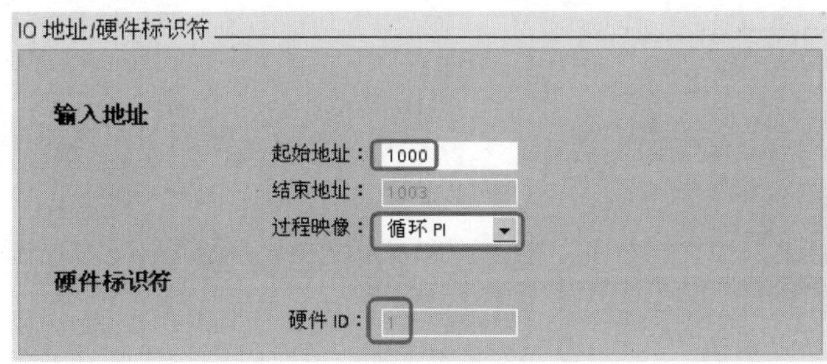

图 11-14　地址分配与硬件标识符

（2）编写程序

① 指令介绍　高速计数器指令块需要使用指定背景数据块用于存储参数。CTRL_HSC 的各个参数的含义见表 11-5。

表 11-5　CTRL_HSC 数据块参数含义

LAD	输入/输出	说　明	数据类型
CTRL_HSC EN　ENO HSC　BUSY DIR　STATUS CV RV PERIOD NEW_DIR NEW_CV NEW_RV NEW_PERIOD	HSC	高速计数器硬件标识号	INT
	DIR	为 TRUE 时使能新方向	BOOL
	CV	为 TRUE 时使能新初始值	BOOL
	RV	为 TRUE 时使能新参考值	BOOL
	PERIOD	为 TRUE 时使能新频率测量周期	BOOL
	NEW_DIR	方向选择，1：正向；0：反向	INT
	NEW_ CV	新初始值	DINT
	NEW_ RV	新参考值	DINT
	NEW_ PERIOD	新频率测量周期	INT

② 编写程序　双击打开硬件中断程序块，如图 11-15 所示，在指令列表中将高速计数器指令块拖到硬件编程界面中，系统要求添加背景数据块，如图 11-16 所示，对高速计数器背景数据块进行定义。程序如图 11-17 所示。

图 11-15　打开硬件中断块

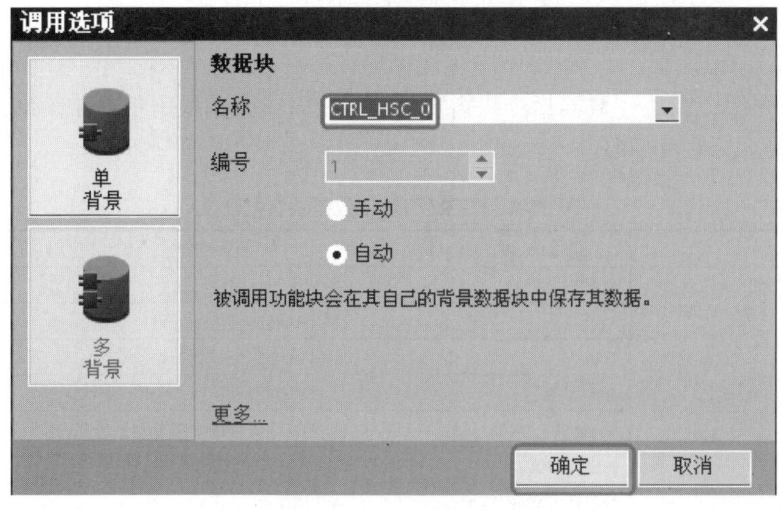

图 11-16　定义高速计数器背景数据块

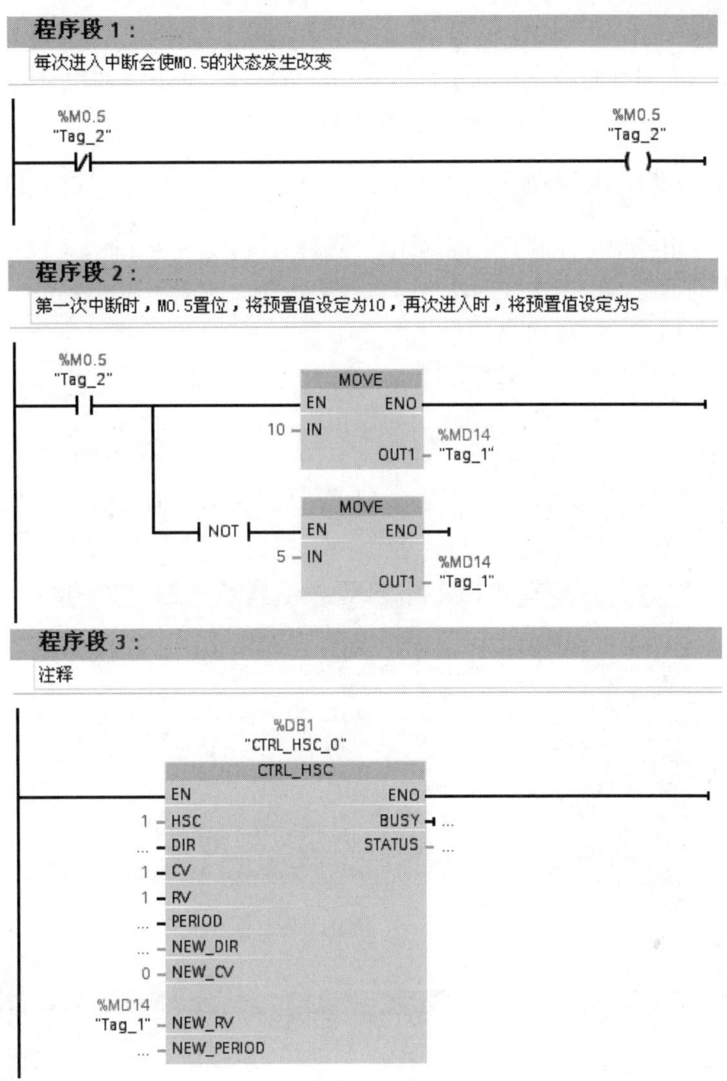

图 11-17　程序

11.2　PWM

11.2.1　PWM 功能简介

PWM（Pulse Width Modulation，脉宽调制）是一种周期固定、宽度可调的脉冲输出，如图 11-18 所示，PWM 功能虽然是数字量输出，但其很多方面类似于模拟量，比如它可以控制电机转速、阀门位置等。S7-1200 CPU 提供了两个输出通道用于高速脉冲输出，分别可组态为 PTO 或者 PWM，PTO 的功能只能由运动控制指令来实现，前面的章节已经介绍。PWM 功能使用 CTRL_PWM 指令块实现，当一个通道被组态成 PWM 时，将不能使用 PTO 功能，反

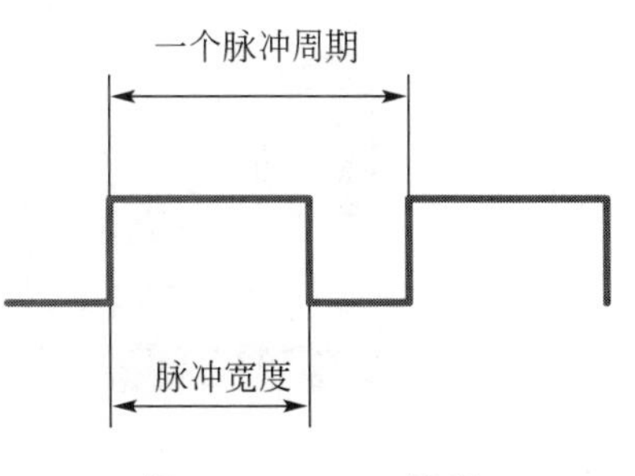

图 11-18　PWM 原理

之亦然。

脉冲宽度可以表示成百分之几、千分之几、万分之几或者 S7 模拟量格式，脉宽的范围可从 0（无脉冲，数字量输出为 0）到全脉冲周期（数字量输出为 1）。

11.2.2 PWM 功能应用举例

【例 11-3】 使用模拟量控制数字量输出，当模拟量值发生变化时，CPU 输出的脉冲宽度随之变化，但周期不变，可用于控制脉冲方式加热设备。此应用通过 PWM 功能实现，脉冲周期为 1s，模拟量值在 0~27648 之间变化。

【解】 先进行硬件组态，再编写程序。

（1）硬件组态

① 创建新项目，命名为“PWM0”，如图 11-19 所示，单击“创建”按钮，弹出图 11-20 所示的界面，双击“添加新设备”，弹出图 11-21 所示的界面，选定要组态的硬件，再单击“确定”按钮即可。

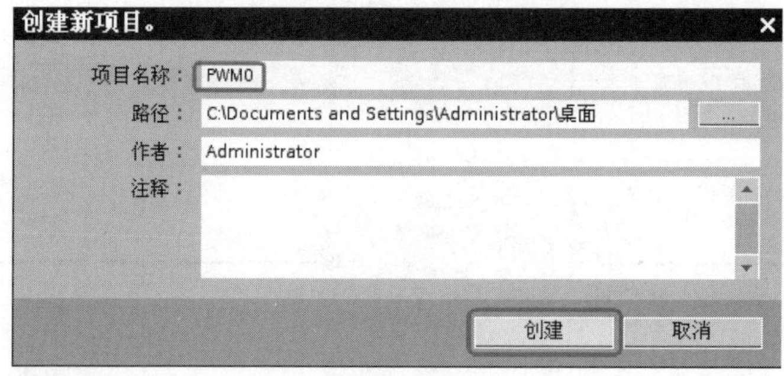

图 11-19 创建新项目

图 11-20 添加新设备

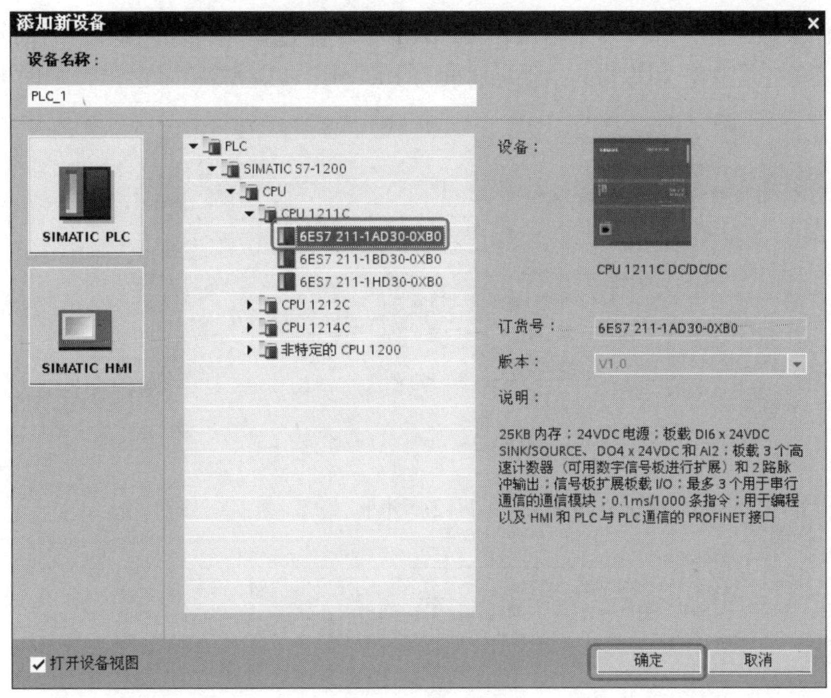

图 11-21 选定 CPU

② 激活 PWM 功能。先选中 CPU，再选中“属性”选项卡，并展开“PTO/PWM1”，最后勾选“允许使用该脉冲发生器”，如图 11-22 所示。

图 11-22 激活 PWM 功能

③ 硬件参数组态。脉冲发生器用作“PWM”，不能选择“PTO”选项；时间基准为“毫秒”，脉冲宽度格式为S7模拟格式；循环时间为1000ms；初始脉冲宽度为0，如图11-23所示。

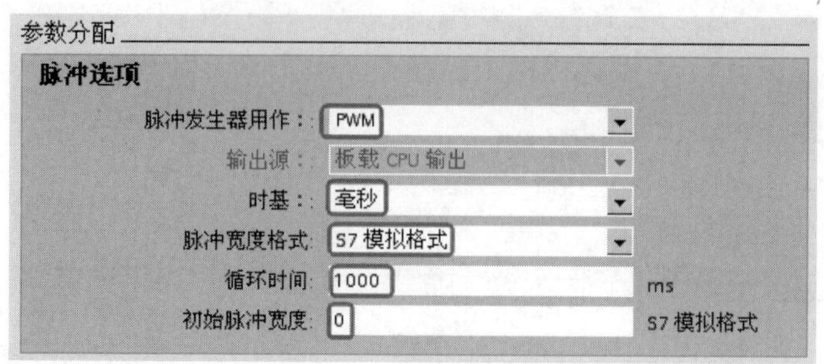

图11-23　硬件参数组态

④ 硬件输出与脉宽地址。设置如图11-24所示。

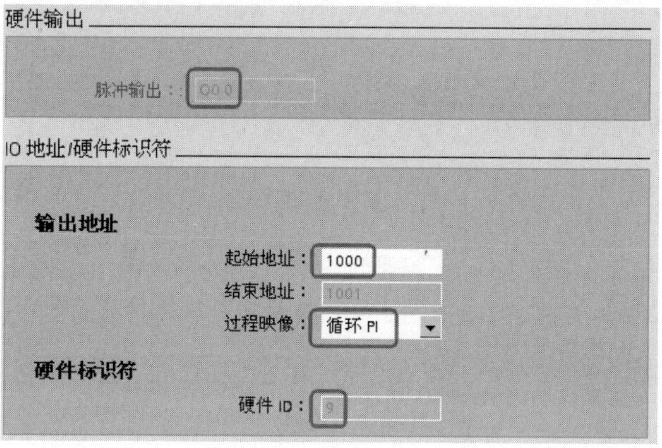

图11-24　硬件输出与脉宽地址

（2）编写程序

① 指令介绍　S7-1200 CPU使用CTRL_PWM指令块实现PWM输出。在使用此指令时，需要添加背景数据块，用于存储参数信息。当EN端变为1时，指令块通过ENABLE端使能或者禁止脉冲输出，脉冲宽度通过组态好的QW来调节，当CTRL_PWM指令块正在运行时，BUSY位将一直为0。有错误发生时，ENO为0，STATUS显示错误信息。

CTRL_PWM指令块的各个参数的含义见表11-6。

表11-6　CTRL_PWM指令块参数含义

LAD	输入/输出	说　明	数据类型
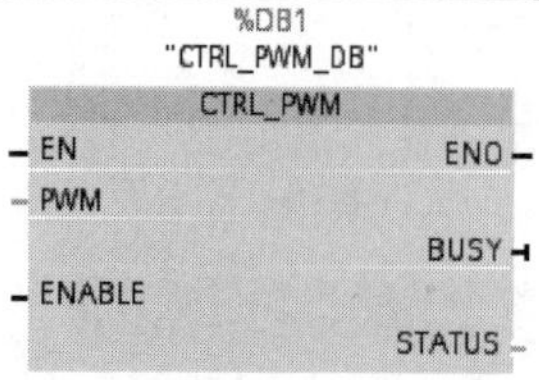 %DB1 "CTRL_PWM_DB" CTRL_PWM EN ENO PWM BUSY ENABLE STATUS	PWM	硬件标识号，即组态参数中的HW ID	WORD
	ENABLE	为1使能指令块，为0禁止指令块	BOOL
	BUSY	功能应用中	BOOL
	STATUS	状态显示	WORD

② 编写程序　编写程序如图11-25所示。

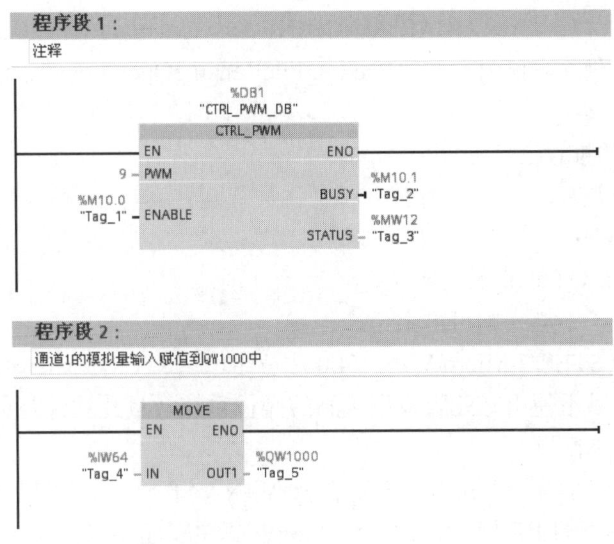

图 11-25　程序

11.3　其他技巧/难点

11.3.1　安装和使用西门子软件注意事项

（1）安装和使用 STEP 7 注意事项

① Window 7 不再支持 STEP 7 V5.4，建议安装 STEP 7 V5.5 SP1 以上的版本。

② 如果操作系统是 32 位 Window 7，那么安装仿真软件必须是 PLCSIM V5.4 SP4（或以上）版本。

③ 如果操作系统是 64 位 Window 7，那么安装仿真软件必须是 PLCSIM V5.4 SP5（或以上）版本。

④ 还有最近推出的新模块，STEP 7 V5.4 也不再支持，所以建议安装 STEP 7 V5.5 SP1（或以上）版本，因为西门子已经不升级 STEP 7 V5.4 了。

⑤ 无论是 Window 7 还是 Window XP 系统的 HOME 版都不能安装西门子的大型软件（S7-200 的除外）。

⑥ 安装 STEP 7 时，最好关闭监控和杀毒软件。

⑦ 如电脑安装了监控软件（如百度监控、金山监控），则电脑中可能无法安装仿真软件 PLCSIM，处理办法是先卸载这些监控软件，再安装仿真 PLCSIM，之后再安装卸载了的监控软件。

⑧ 软件的存放目录中不能有汉字。例如将软件存放在“D:/软件/STEP 7”目录中就不能安装。此时可弹出“SSF 文件错误”的信息。

⑨ 在安装 STEP 7 的过程中出现提示“请重新启动 Windows” 字样。这可能是 360 安全软件作用的结果，重启电脑是可行的，如果读者不选择重启电脑。可以做如下操作：

在 Windows 的菜单命令下，单击“开始”→“运行”，在运行对话框中输入“regedit”，打开注册表编辑器。

选中注册表中的“HKEY_LOCAL_MACHINE\Sysytem \CurrentControlset\Control”中的“Session manager”，删除右侧窗口的“PendingFileRenameOperations”。这个处理方法在安装其他软件时也适用。

⑩ 西门子软件的推荐安装顺序。

a. 首先安装 STEP 7。

b. 再安装 WinCC。

c. 最后安装 WinCC Flexible。

这是个推荐顺序，不遵守则可能出错。

（2）安装和使用 STEP 7-Micro/WIN V4.0 注意事项　STEP 7-Micro/WIN V4.0 SP9 对操作系统要求不高，可以不使用专业版或旗舰版的操作系统，且此软件是免费的，安装也比较容易，但有时会有如下问题。

① Window 7 操作系统只支持 STEP 7-Micro/WIN V4.0 SP9（或以上）版本。

② 有的电脑安装 STEP 7-Micro/WIN V4.0 SP9 后，可以正常编译软件，但不能使用帮助。解决办法为：在微软的官方网站上下载 KB917607 补丁包，并安装在电脑中即可。

③ 在 Window 7（64 位）操作系统，安装 STEP 7-Micro/WIN V4.0 SP9 后，可以正常编译软件，但在“设置 PC/PG 接口”界面中，找不到接口参数，如“PC /PPI Cable.PPI.1”。

解决方法为：在桌面上选中图标“V4.0 STEP 7-Micro/WIN…”，单击鼠标右键，在弹出的快捷菜单中单击“属性”选项，弹出如图 11-26 所示的界面，选中“兼容性”选项卡，勾选“以兼容模式运行这个程序”，单击“确定”按钮即可。

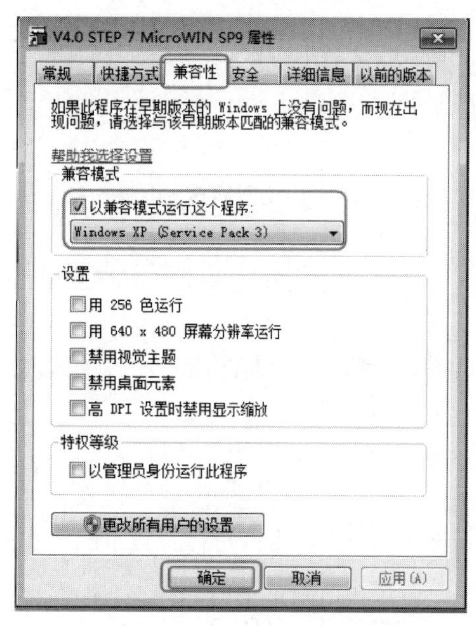

图 11-26　属性-兼容性

（3）安装和使用 STEP 7-Micro/WIN SMART 注意事项　STEP 7-Micro/WIN SMART 对操作系统要求不高，不强制需要专业版/旗舰版的操作系统，且此软件是免费的，安装也比较容易，但有时会有如下问题。

S7-200 SMART 安装后不能启动，报错信息为“MWSmart Executable 已停止工作”。

① 解决方法 1　关闭监控和杀毒软件，如问题未解决使用方法 2。

② 解决方法 2　当 SMART 软件安装完毕后，打开软件会提醒 MWsmart Executable 已停止工作，需关闭程序。

打开“开始”按钮，在“运行”中写入“gpedit.msc”，按计算机回车键，弹出图标“gpedit.msc”。之后弹出“本地组策略编辑器”。点击“用户配置”→“管理模板”→“开始菜单和任务栏”，选中并双击“不保留最近打开文档的历史”，在弹出的界面中，选择“禁用”，并单击“确定”按钮即可。

11.3.2　创建和使用 S7-200 的库函数

【例 11-4】 将子程序表达式 Ly=(La-Lb)×Lx 定义成库函数。

【解】 （1）首先打开子程序“SBR_0”，子程序的上方就是变量表。

（2）在变量表中，输入如图 11-27 所示的参数。

	符号	变量类型	数据类型	注释
	EN	IN	BOOL	
LW0	La	IN	INT	
LW2	Lb	IN	INT	
LW4	Lx	IN	INT	
		IN		
		IN_OUT		
LD6	Ly	OUT	DINT	
		OUT		

图 11-27 变量表

（3）再在子程序中输入如图 11-28 所示的程序。

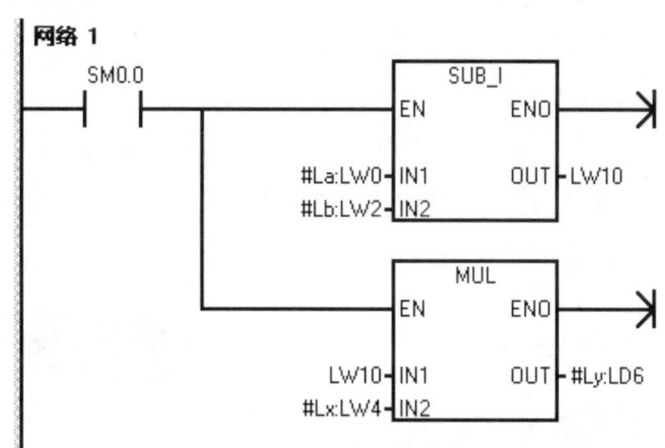

图 11-28 子程序

【关键点】LW0、LW2、LW4 的数据类型是“INT”，变量类型是“输入”（IN）；而 LD6 的数据类型是“DINT”，变量类型是“输出”（OUT），不能弄错。

定义指令库和调用指令的具体方法如下：

（4）创建库。在菜单栏中，单击“文件”→“新建库”，如图 11-29 所示，打开“创建库”界面，如图 11-30 所示，在“组件”选项卡中，选择已经创建好的程序，本例为“函数 1”，单击“添加”按钮。选中“属性”选项卡，如图 11-31 所示，输入库名“函数 1”，再单击“浏览”按钮，弹出如图 11-32 所示的界面，单击“保存”按钮，保存库文件。回到图 11-30 所示的界面，单击“确定”按钮，完成创建库。

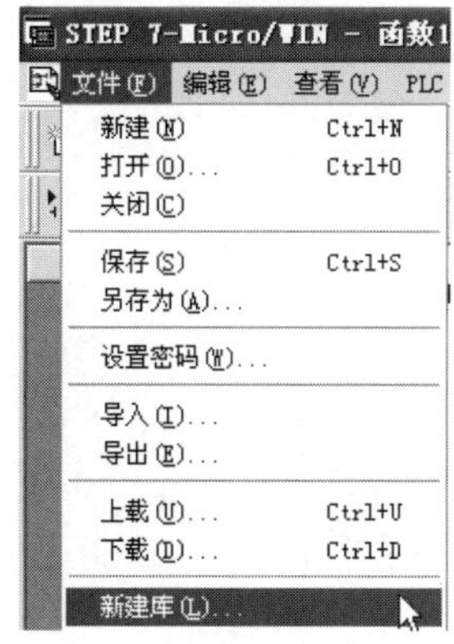

图 11-29 “创建库”界面（1）

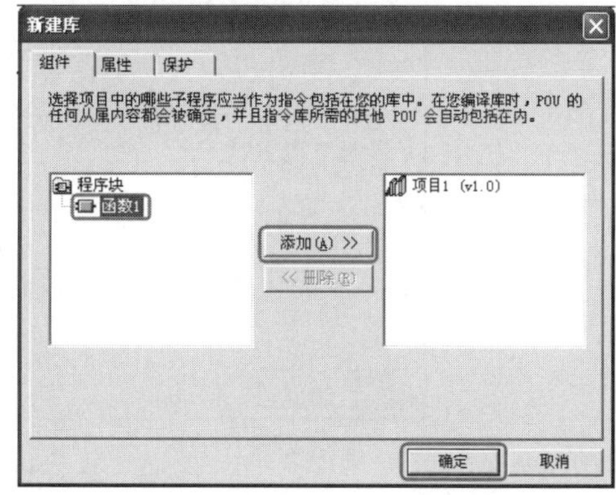

图 11-30 “创建库”界面（2）

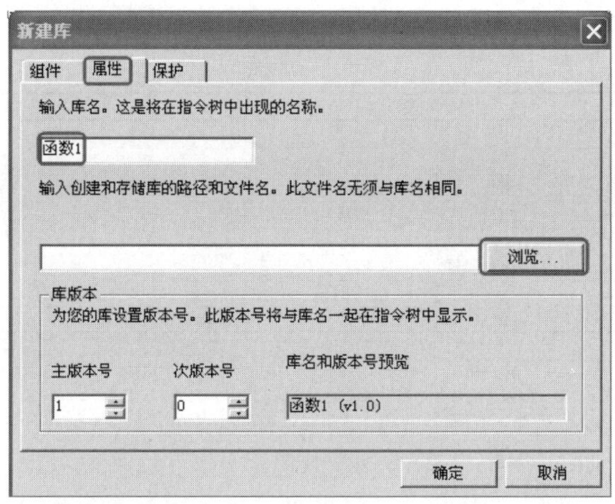

图 11-31 “创建库”界面（3）

（5）添加库文件。在菜单栏中，单击“文件”→“添加/删除”，如图 11-33 所示。如图 11-34 所示界面，单击 “添加”按钮，弹出如图 11-35 所示的界面，选择“函数 1”文件，单击“确定”按钮，此时“函数 1”已经添加到“库”中。

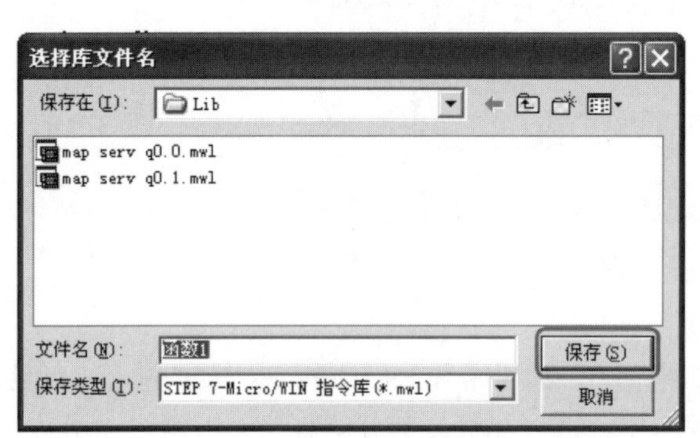

图 11-32 保存“库文件”

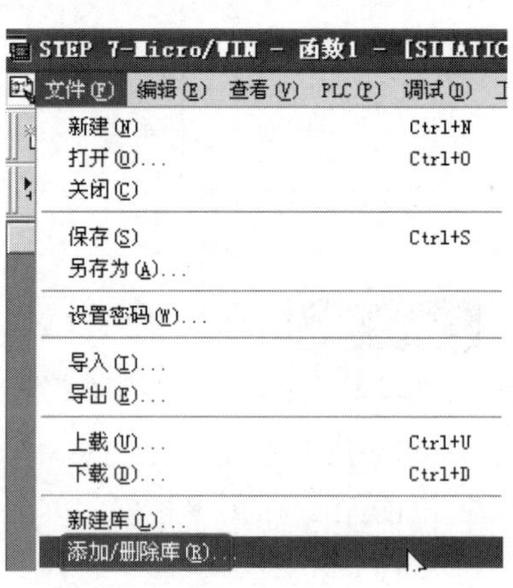

图 11-33 添加库文件（1）

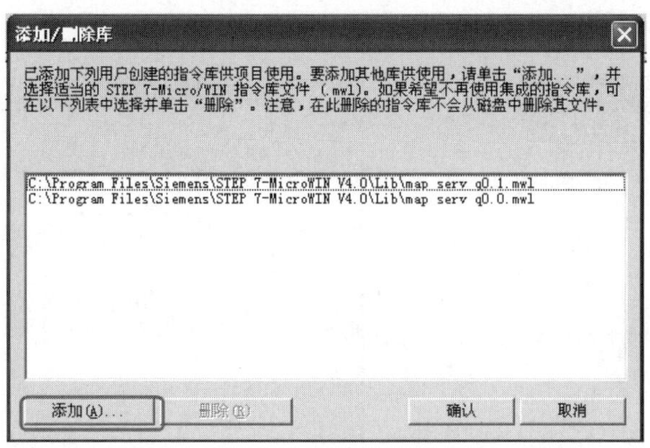

图 11-34 添加库文件（2）

（6）查看“库文件”。在“项目树”中，展开“库”，可以看到“函数 1”已经添加到“库”中,如图 11-36 所示。

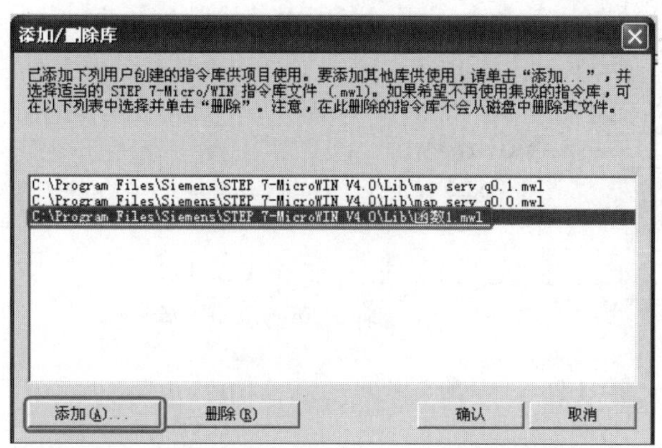

图 11-35　添加库文件（3）

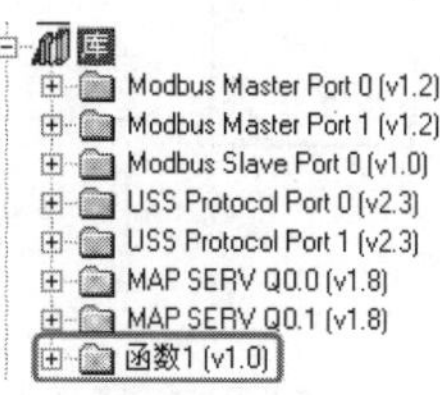

图 11-36　查看“库文件”

【关键点】①一个已存在的程序项目，只有子程序、中断程序可以被创建为指令库，主程序不能被创建成库。②如果不小心将存放的库函数删除，则以后不能被成功调用。

（7）调用程序。在主程序中调用库函数，如图 11-37 所示。

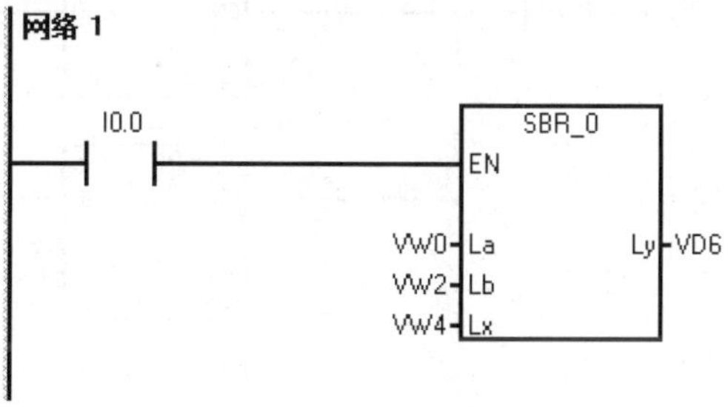

网络 1
I0.0
SBR_0
EN
VW0 La　Ly VD6
VW2 Lb
VW4 Lx

图 11-37　调用程序

11.3.3　指针的应用

间接寻址是指用指针来访问存储区数据。指针以双字的形式存储其他存储区的地址。只能用 V 存储器、L 存储器或者累加器寄存器（AC1、AC2、AC3）作为指针。要建立一个指针，必须以双字的形式，将需要间接寻址的存储器地址移动到指针中。指针也可以为子程序传递参数。

S7-200 允许指针访问以下存储区：I、Q、V、M、S、AI、AQ、SM、T（仅限于当前值）和 C（仅限于当前值）。无法用间接寻址的方式访问位地址，也不能访问 HC 或者 L 存储区。

要使用间接寻址，应该用“&”符号加上要访问的存储区地址来建立一个指针。指令的输入操作数应该以“&”符号开头来表明是存储区的地址，而不是其内容将移动到指令的输出操作数（指针）中。

当指令中的操作数是指针时，应该在操作数前面加上“*”号。如图 11-38 所示，输入*AC1 指定 AC1 是一个指针，MOVW 指令决定了指针指向的是一个字长的数据。在本例中，存储在 VB200 和 VB201 中。

例如：MOVD &VB200, AC1，其含义是将 VB200 的地址（VB200 的起始地址）作为指针存入 AC1 中。MOVW *AC1, AC0，其含义是将 AC1 指向的字送到 AC0 中去。

如图 11-38 所示，输入*AC1 指定 AC1 是一个指针，MOVW 指令决定了指针指向的是一个字长的数据。在本例中，存储在 VB200 和 VB201 中。

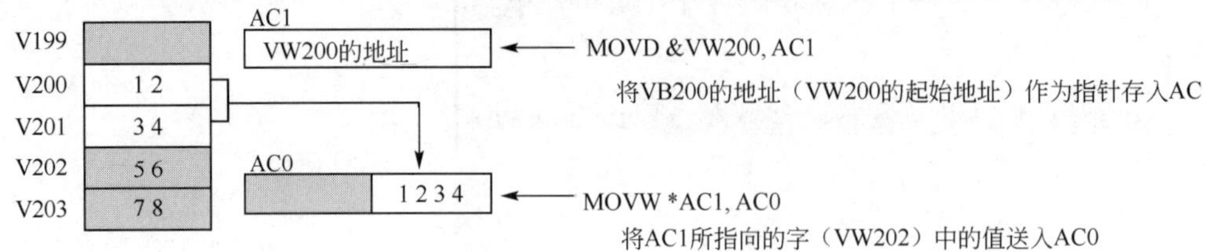

图 11-38　指针的使用

【例 11-5】 将非线性的表格存放在 VW0 开始的 100 字中，表格偏移量（表格中字的序号，第一个字序号为 0）在 VD200 中，用间隔寻址将表格中相对于偏移量的数据传送到 VW210 中去。

【解】 梯形图程序如图 11-39 所示。

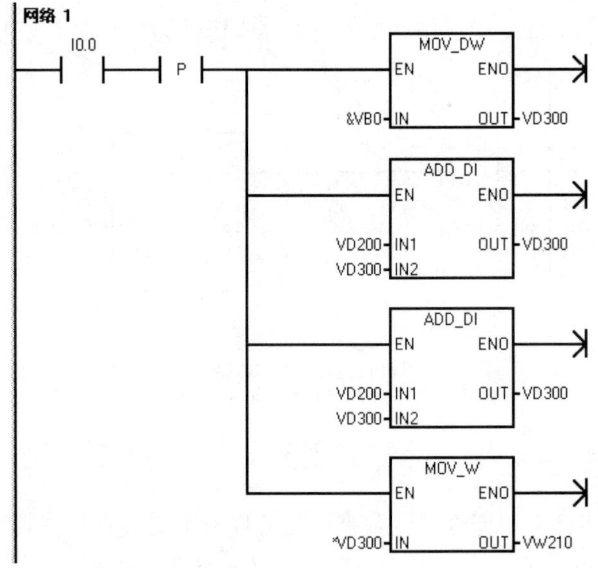

图 11-39　梯形图

重点难点总结

（1）高速计数器是难点也是重点，要注意与高速计数器相关的特殊存储器的含义。

（2）指针是难点和重点。

西门子 PLC 工程应用案例

本章介绍 5 个典型的 PLC 系统集成过程的案例，供读者模仿学习，本章是前面章节内容的综合应用，因此本章的例题都有一定的难度。

12.1 压力数据采集 PLC 控制系统

【例 12-1】 某设备的控制器由 2 台 CPU 226 CN、3 台 EM 231 CN（8 通道）和 1 台 EM 231（4 通道）组成，用于采集压力和扭矩数据，系统共有 24 个压力信号（四线电流传感器）和 4 个扭矩信号（二线电流传感器）需要采集。要求如下：

（1）试设计此系统，并绘制原理图；

（2）只需要采集压力和扭矩数据，数据处理由上位机完成；

（3）编写梯形图程序。

12.1.1 系统软硬件配置

（1）主要软硬件

① 2 台 CPU 226 CN；

② 4 台 EM 231 CN；

③ 1 套 STEP 7-Micro/WIN V4.0 SP9；

④ 1 根 PC/PPI 电缆。

（2）PLC 的 I/O 分配　PLC 的 I/O 分配见表 12-1。

表 12-1　PLC 的 I/O 分配表

名　称	符　号	输 入 点	名　称	符　号	输 出 点
启动按钮	SB1	I0.0			
停止按钮	SB2	I0.1			
急停按钮	SB3	I0.2			

（3）控制系统的接线　控制系统的接线如图 12-1 所示。主站上采集 16 路模拟量信号，从站采集 12 路模拟量信号。

12.1.2 编写控制程序

这个题目有 2 种解法：第一种方法使用 MODBUS 通信，这种方法简单，梯形图如图 12-2 和图 12-3 所示。

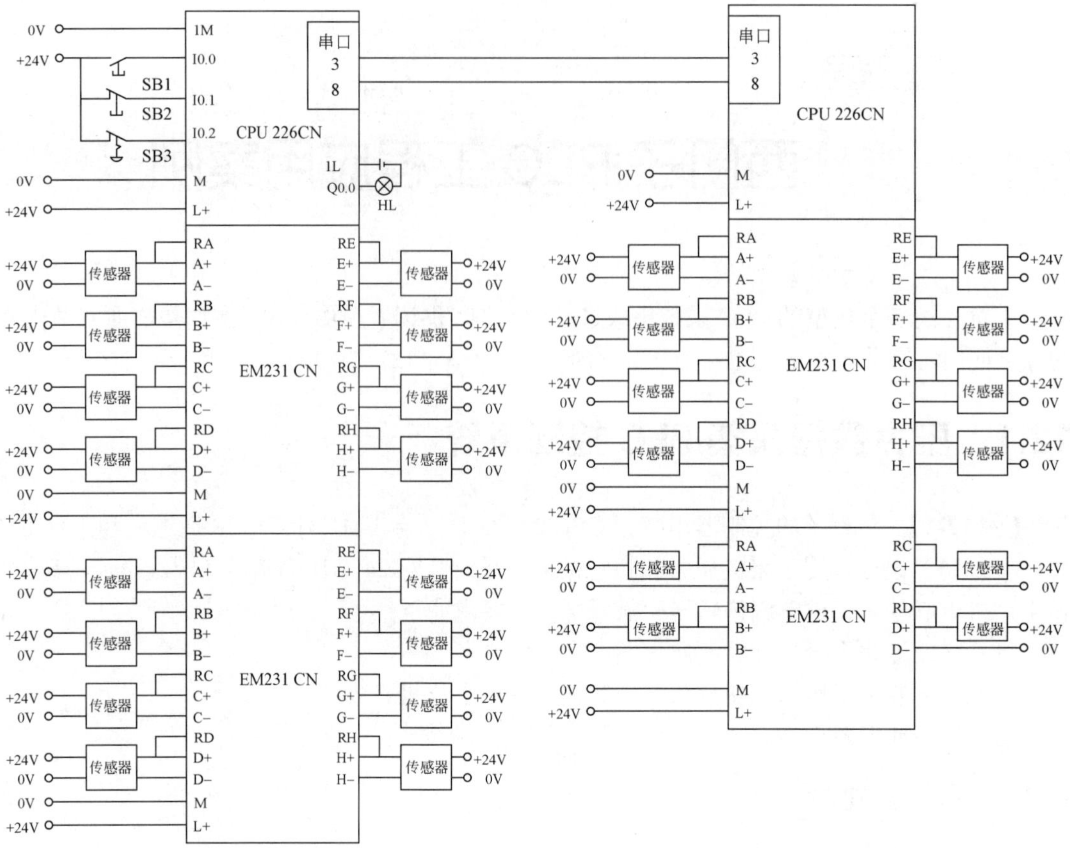

图 12-1 PLC 接线图

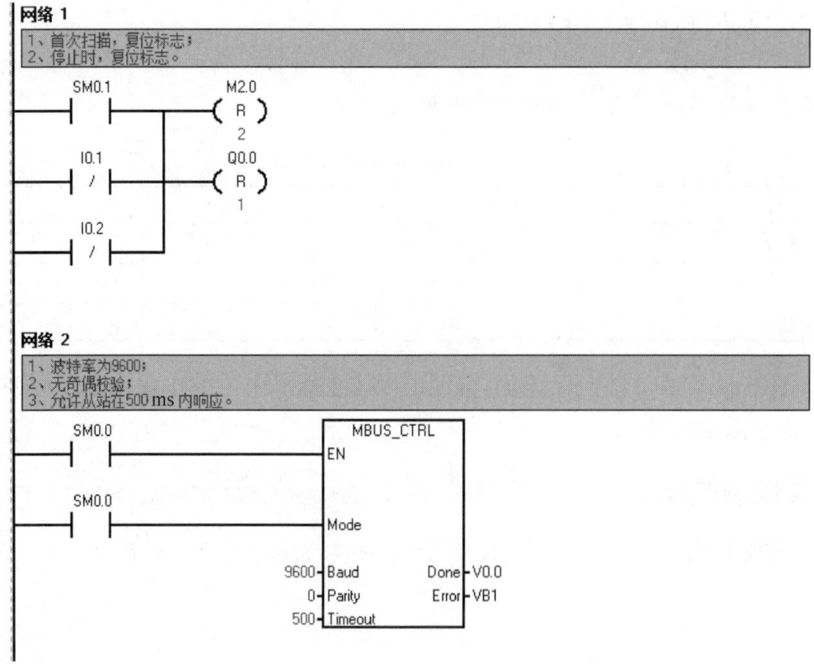

网络 1
1、首次扫描，复位标志；
2、停止时，复位标志。
SM0.1
M2.0
R
2
I0.1
Q0.0
R
1
I0.2
网络 2
1、波特率为9600；
2、无奇偶校验；
3、允许从站在500 ms 内响应。
SM0.0
MBUS_CTRL
EN
SM0.0
Mode
9600
Baud
Done
V0.0
0
Parity
Error
VB1
500
Timeout

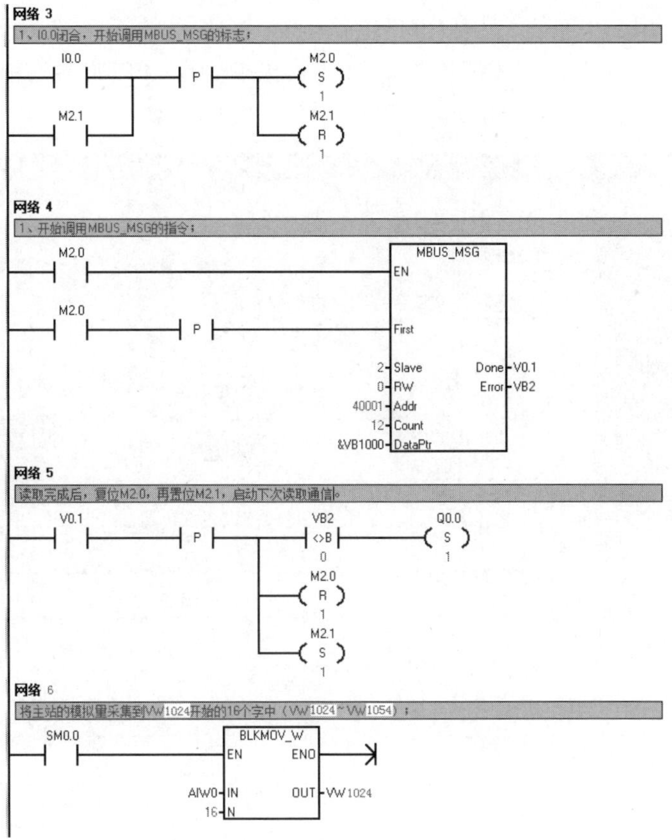

图 12-2 梯形图（主站）

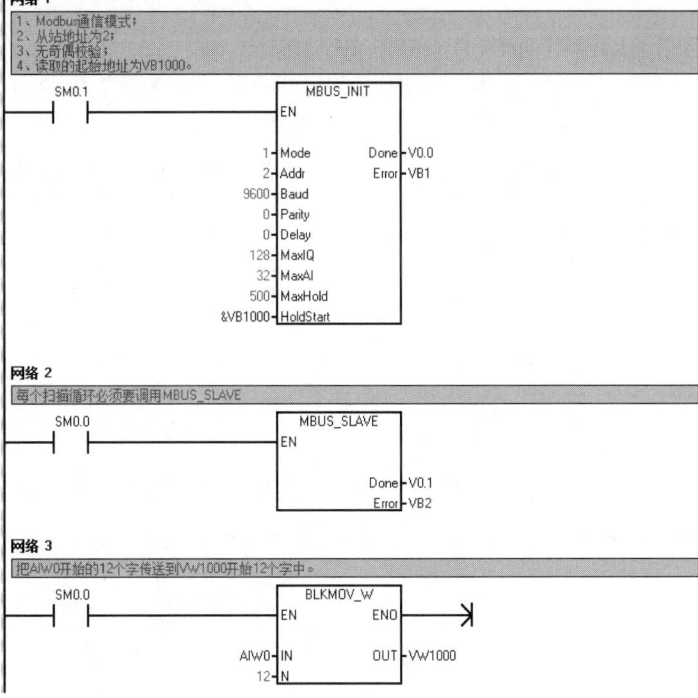

图 12-3 梯形图（从站）

第二种方法采用PPI通信，由于PPI通信一次最多传送16个字节，而从站的12路模拟量信号占24个字节，需要2次才能传送完12路模拟量信号。PPI向导在前面章节已经讲述，不再重复讲解，但其中关键的一步如图12-4所示。

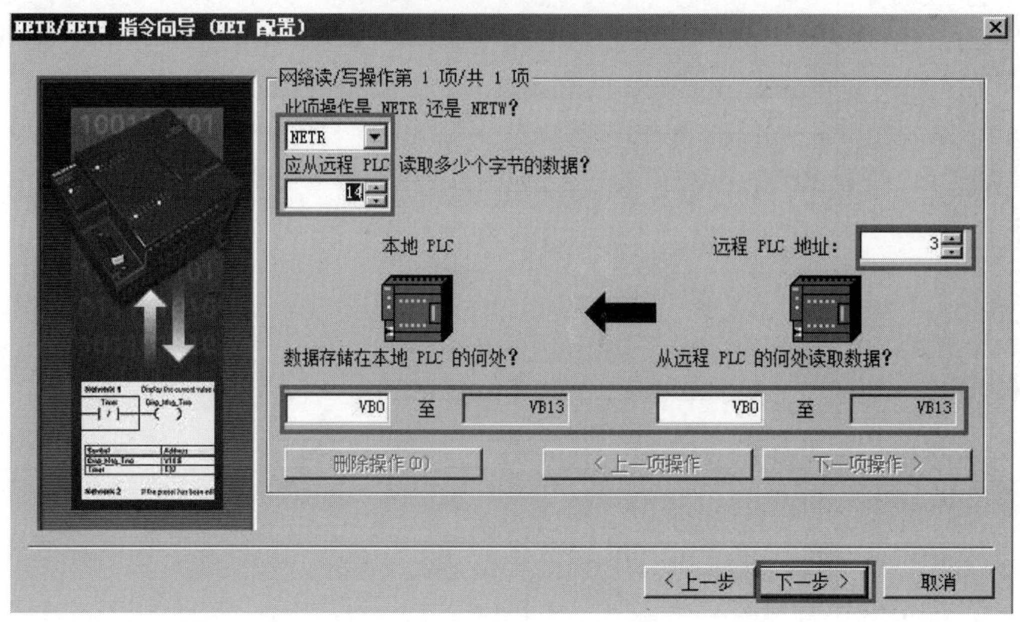

图12-4 指令向导

编写梯形图程序，如图12-5和图12-6所示。

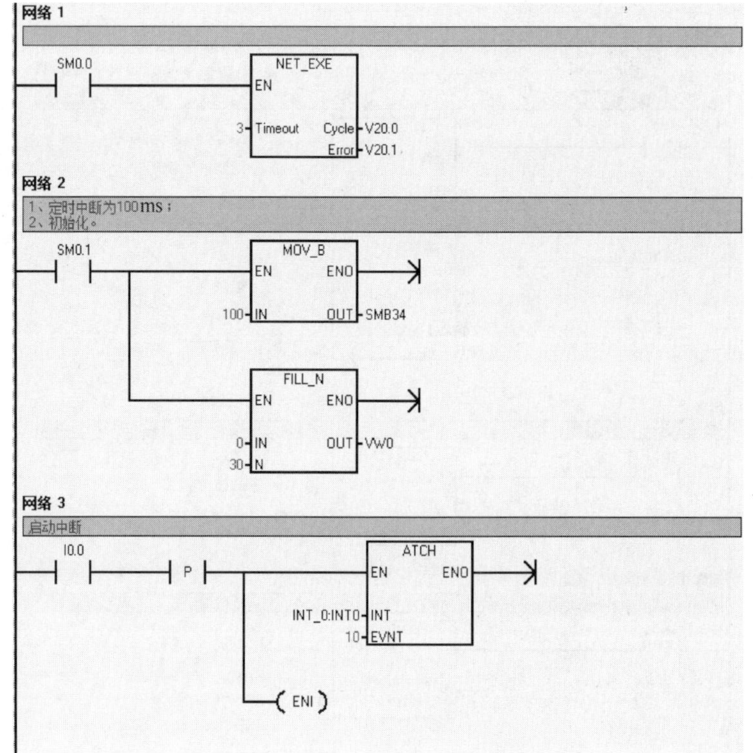

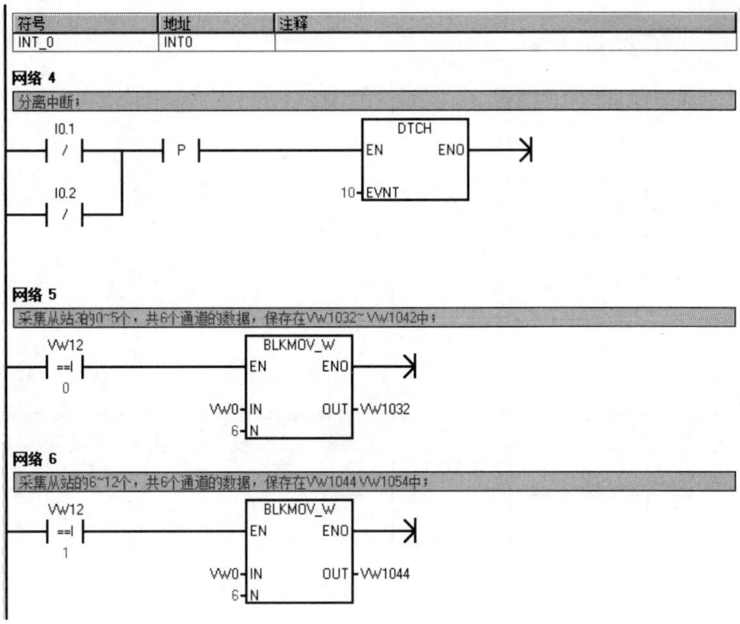

符号	地址	注释
INT_0	INT0	

网络 4

分离中断；

I0.1 / P DTCH EN ENO
I0.2 /
10 EVNT

网络 5

采集从站3的0~5个，共6个通道的数据，保存在VW1032~VW1042中；

VW12 ==I 0 BLKMOV_W EN ENO
VW0 IN OUT VW1032
6 N

网络 6

采集从站的6~12个，共6个通道的数据，保存在VW1044 VW1054中；

VW12 ==I 1 BLKMOV_W EN ENO
VW0 IN OUT VW1044
6 N

（a）主程序

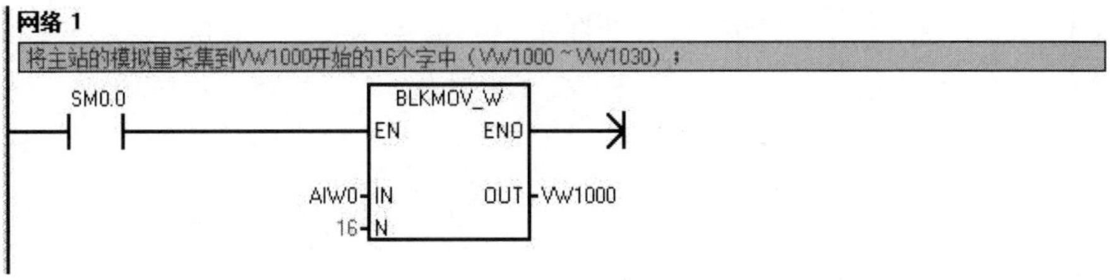

网络 1

将主站的模拟里采集到VW1000开始的16个字中（VW1000 ~ VW1030）；

SM0.0 BLKMOV_W EN ENO
AIW0 IN OUT VW1000
16 N

（b）中断程序

图 12-5 主站梯形图

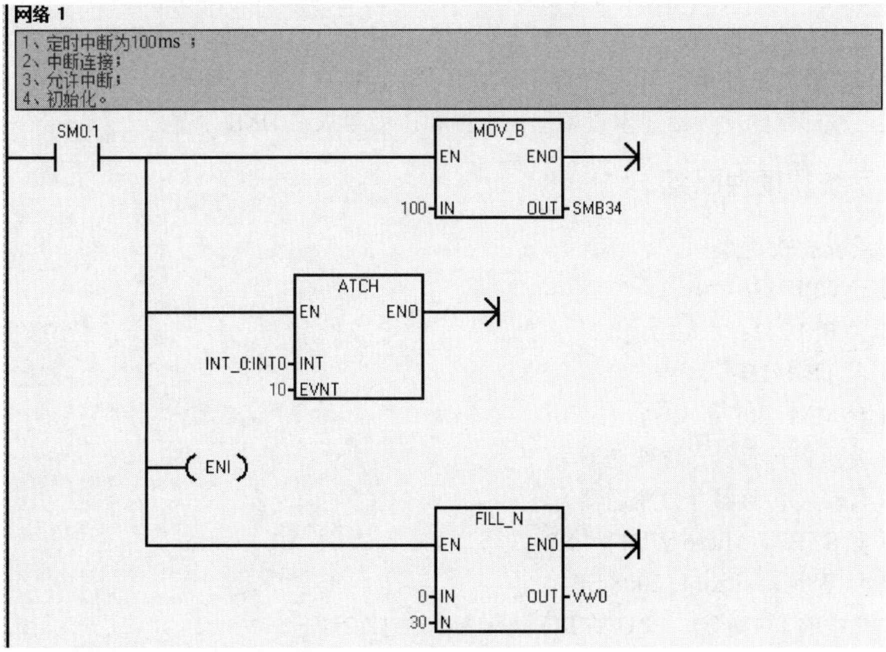

网络 1

1、定时中断为100ms ；
2、中断连接；
3、允许中断；
4、初始化。

SM0.1 MOV_B EN ENO
100 IN OUT SMB34

ATCH EN ENO
INT_0:INT0 INT
10 EVNT

(ENI)

FILL_N EN ENO
0 IN OUT VW0
30 N

（a）主程序

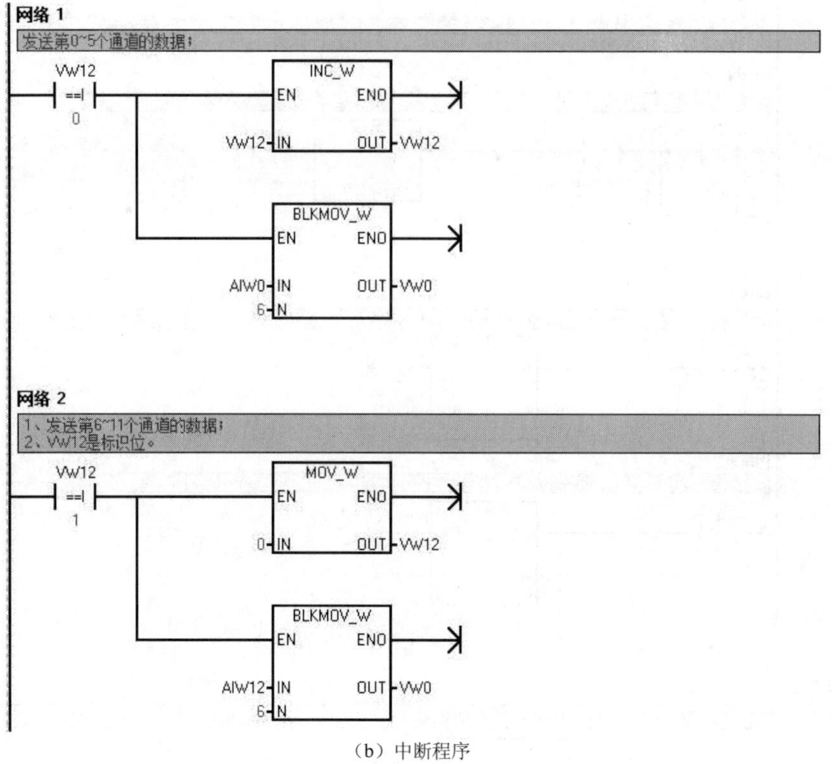

（b）中断程序

图 12-6　从站梯形图

12.2　物料混合机的 PLC 控制

【例 12-2】 有一个物料混合机，主机由 7.5kW 的电动机驱动，根据物料不同，要求速度在一定的范围内无级可调，且要求物料太多或者卡死设备时系统能及时保护；机器上配有冷却水，冷却水温度不能超过 50℃，而且冷却水管不能堵塞，也不能缺水，堵塞和缺水将造成严重后果，冷却水的动力不在本设备上，水温和压力要求在 HMI 上显示。

12.2.1　系统软硬件配置

（1）系统的软硬件

① 1 台 CPU 226 CN；

② 1 台 EM 231；

③ 1 台 TP-177B；

④ 1 台 MM 440；

⑤ 1 台压力传感器（含变送器）；

⑥ 1 台温度传感器（含变送器）；

⑦ 1 套 STEP 7-Micro/WIN V4 SP9；

⑧ 1 套 WinCC flexible 2008 SP4。

（2）PLC 的 I/O 分配　PLC 的 I/O 分配表见表 12-2。

表 12-2 PLC 的 I/O 分配表

序号	地址	功能	序号	地址	功能
1	I0.0	启动	9	AIW2	压力
2	I0.1	停止	10	VD0	速度
3	I0.2	急停	11	VD22	电流值
4	M0.0	启/停	12	VD50	转速设定
5	M0.1	缓停	13	VW60	温度显示
6	M0.2	启/停	14	VW62	压力显示
7	M0.3	快速停			
8	AIW0	温度			

（3）原理图　系统的原理图如图 12-7 所示。

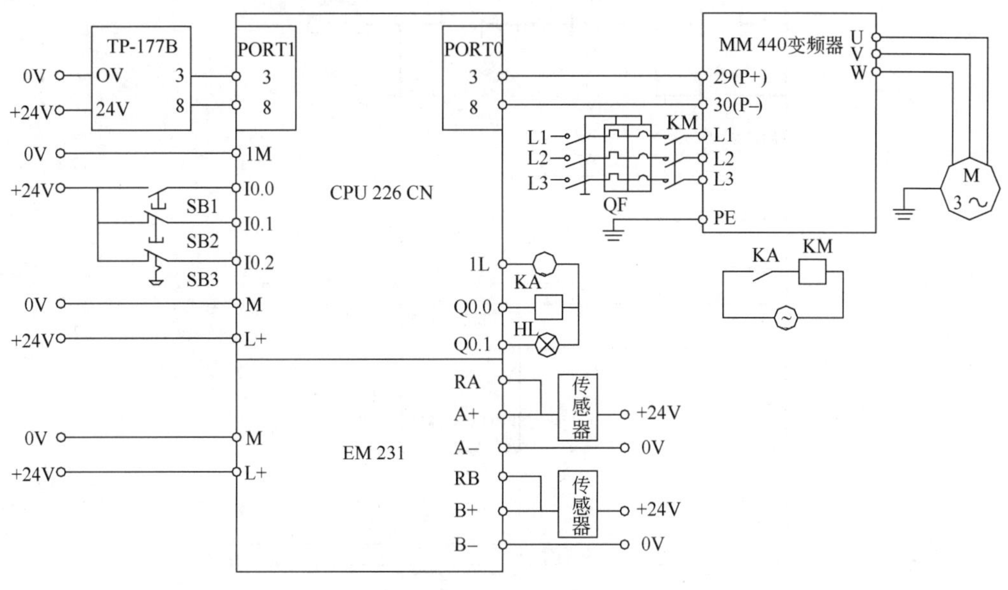

图 12-7　原理图

（4）变频器参数设定　变频器的参数设置见表 12-3。

表 12-3　变频器的参数设置

序号	变频器参数	出厂值	设定值	功能说明
1	P0005	21	27	显示电流值
2	P0304	380	380	电动机的额定电压（380V）
3	P0305	19.7	19.7	电动机的额定电流（19.7A）
4	P0307	7.5	7.5	电动机的额定功率（7.7kW）
5	P0310	50.00	50.00	电动机的额定频率（50Hz）
6	P0311	1440	1400	电动机的额定转速（1400 r/min）
7	P0700	2	5	选择命令源（COM 链路的 USS 设置）
8	P1000	2	5	频率源（COM 链路的 USS 设置）
9	P2010	6	6	USS 波特率（6～9600）
10	P2011	0	18	站点的地址
11	P2012	2	2	PZD 长度
12	P2013	127	127	PKW 长度（长度可变）
13	P2014	0	0	看门狗时间

12.2.2 编写控制程序

温度传感器最大测量量程是 100℃，其对应的数字量是 32000，所以 AIW0 采集的数字量除以 32000 再乘 100（即 AIW0/320）就是温度值；压力传感器的最大量程是 10000Pa，其对应的数字量是 32000，所以 AIW2 采集的数字量除以 32000 再乘 10000（即 AIW2×10/32）就是压力值；程序中的 VD0 是额定频率的百分比，由于电动机的额定转速是 1400r/min，假设电动机转速是 700 r/min，那么 VD0＝50.0，所以 VD0=VD50/1400×100（即 VD50/14）。

程序如图 12-8 所示。

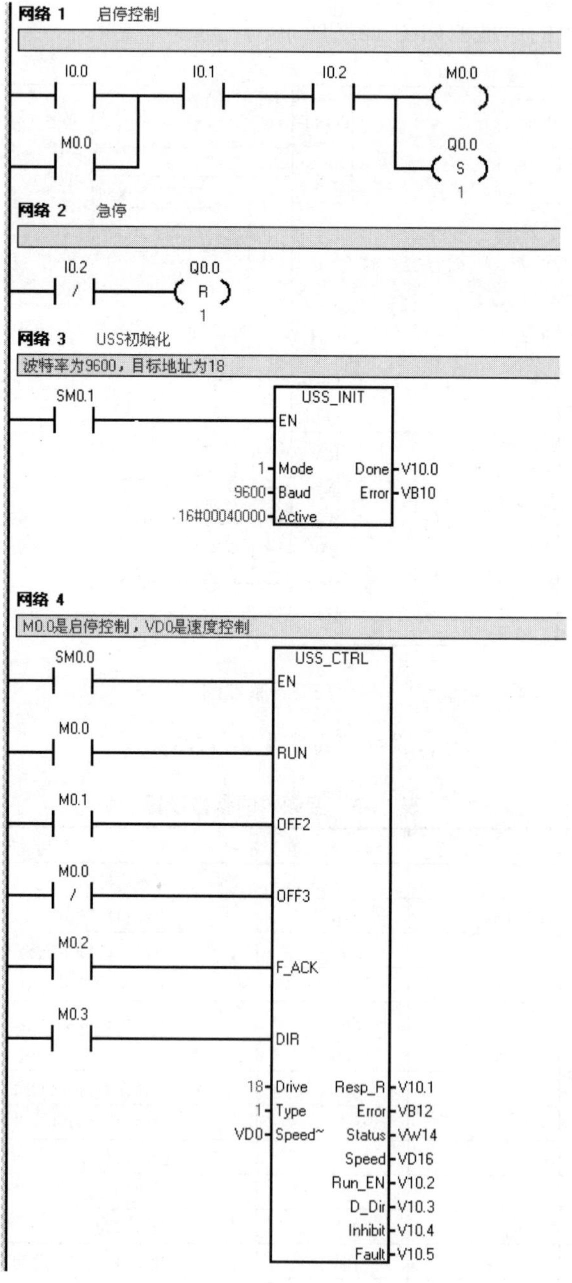

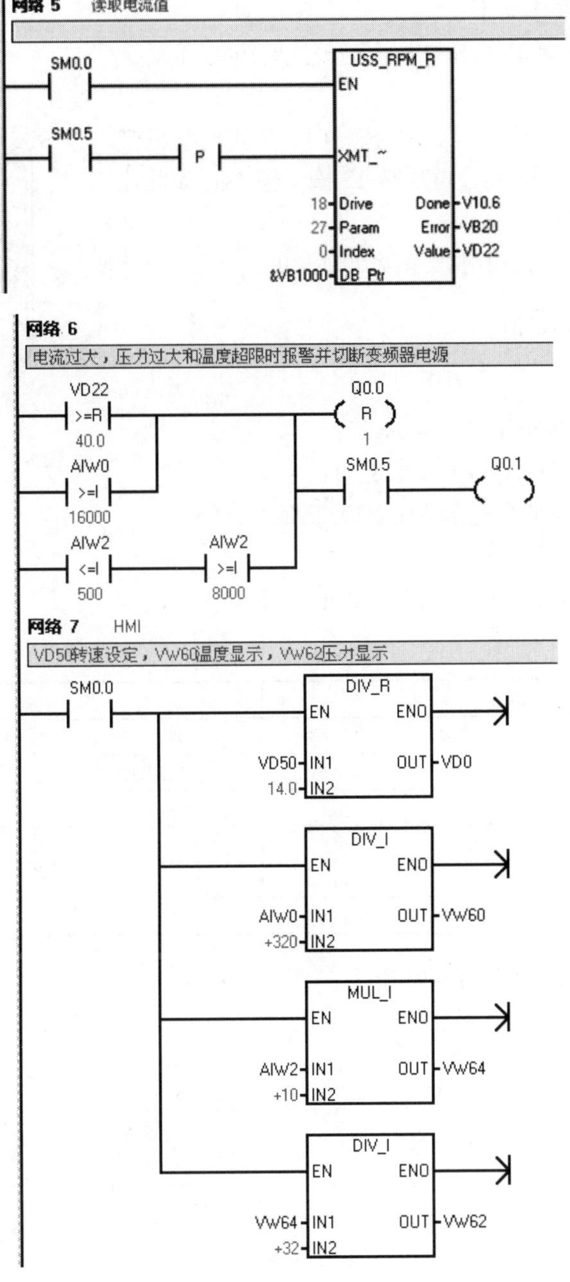

图 12-8 程序

注意：压力和温度显示都是整数，若要显示为实数，程序要稍加改动；此外，关于触摸屏部分在此不作说明，请读者自行完成。

12.3 小型搅拌机的 PLC 控制

【例 12-3】 某小型搅拌机，其控制系统主要由 PLC、步进驱动和步进电动机组成，其示意图如图 12-9 所示。

其控制控制任务要求如下：

① 有手动/自动转换开关 SA1，手动模式时,可以手动正转和反转控制。

② 自动模式时，当压下“启动”按钮时，步进电动机带动搅拌叶片正转 12 圈，停 1s，再反转 12 圈，停 1s，如此往复循环 3 次，自动停机。

③ 当压下“停止”按钮时，系统立即停止。

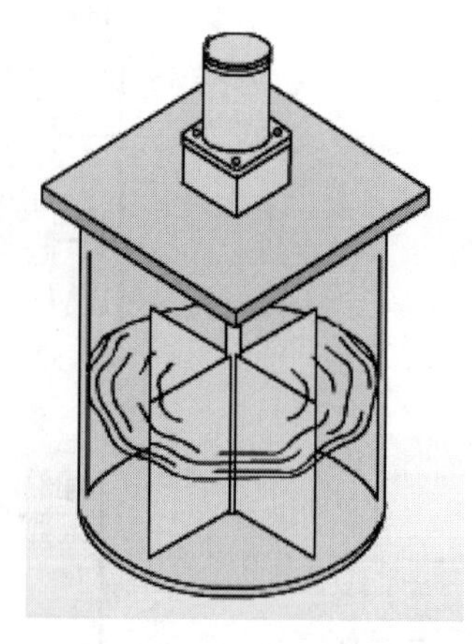

图 12-9 小型搅拌机的工作示意图

12.3.1 系统软硬件配置

（1）系统软硬件

① 1 套 STEP 7-Micro/WIN V4.0 SP9；

② 1 台步进电动机的型号为 17HS111；

③ 1 台步进驱动器的型号为 SH-2H042Ma；

④ 1 台 CPU 221CN。

（2）PLC 的 I/O 分配 PLC 的 I/O 分配见表 12-4。

表 12-4 I/O 分配表

输入			输出		
名称	代号	地址	名称	代号	地址
启动按钮	SB1	I0.0	高速输出		Q0.0
停止按钮	SB2	I0.1	方向		Q0.2
手动/自动转换按钮	SA1	I0.2			
正转点动按钮	SB3	I0.3			
反转点动按钮	SB4	I0.4			

小型搅拌机的原理图如图 12-10 所示。

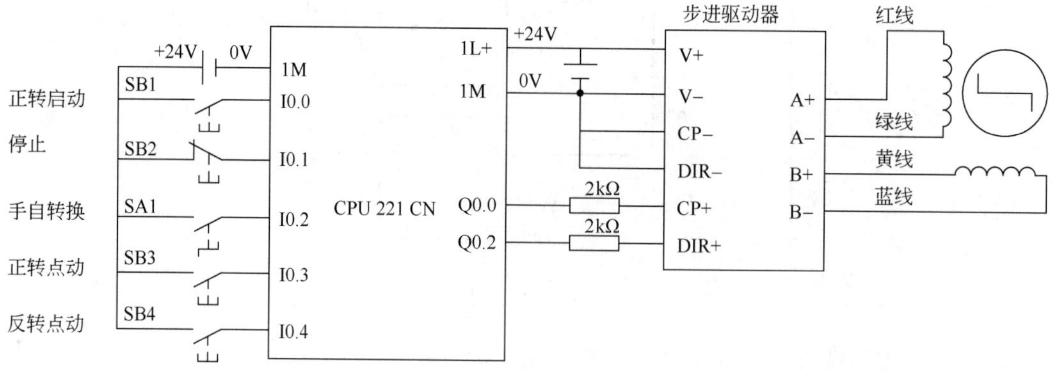

图 12-10 小型搅拌机的接线图

12.3.2 控制程序的编写

（1）计算周期和脉冲个数 已知步进电动机的步距角是 1.8°，转速为 500r/min。

$T = 10^6 \times \dfrac{60}{500 \times \dfrac{360^\circ}{1.8^\circ}} = 600(\mu s)$，所以设定 SMW68 为 600。

12 转的脉冲个数为：

$n = 12 \times \dfrac{360^\circ}{1.8^\circ} = 2400$，所以设定 SMD72 为 2400。

（2）编写程序　主程序如图 12-11 所示，子程序如图 12-12 和图 12-13 所示。

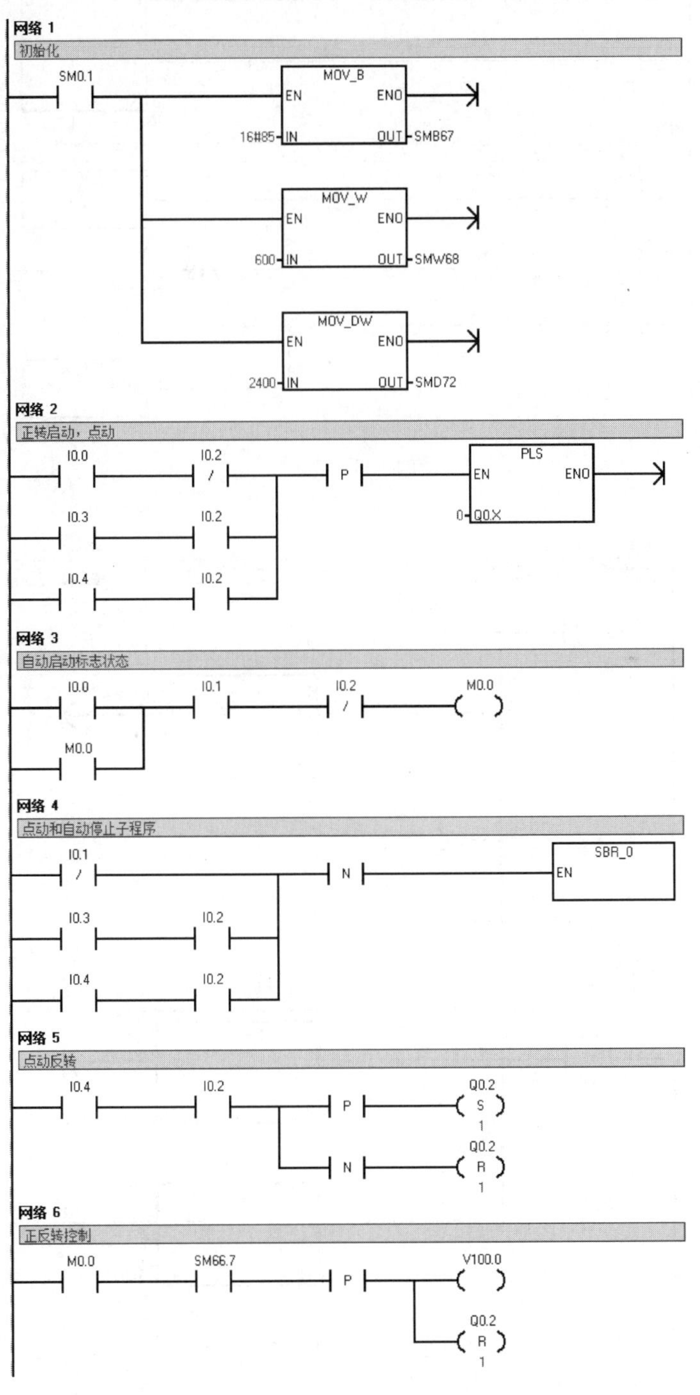

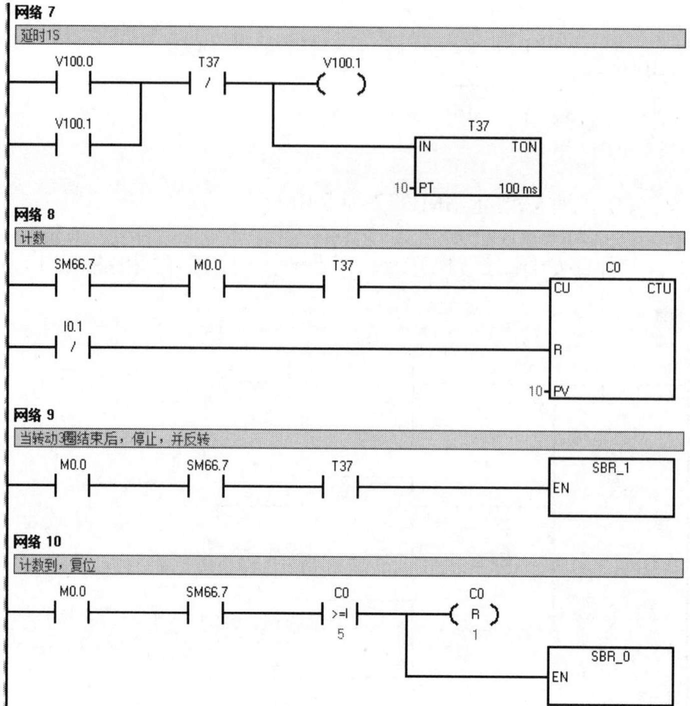

图 12-11 主程序

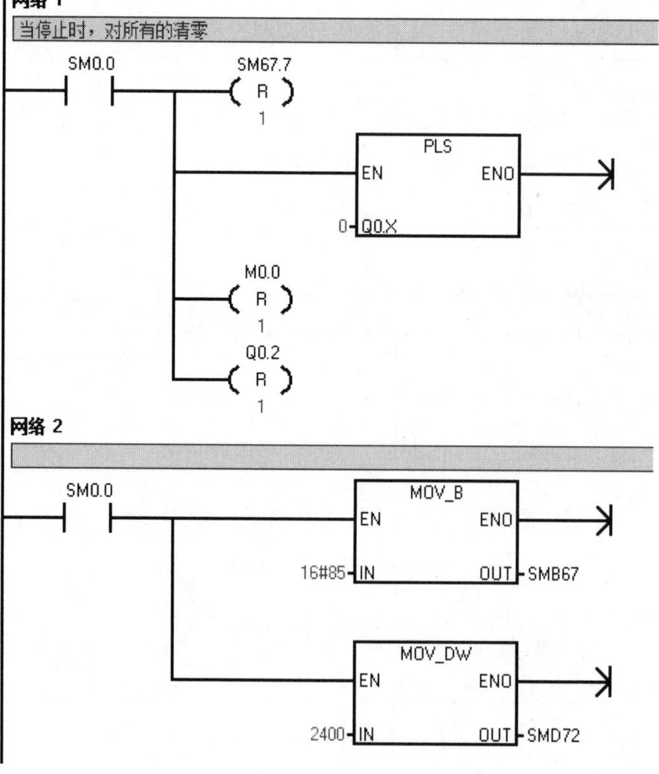

图 12-12 子程序 SBR_0

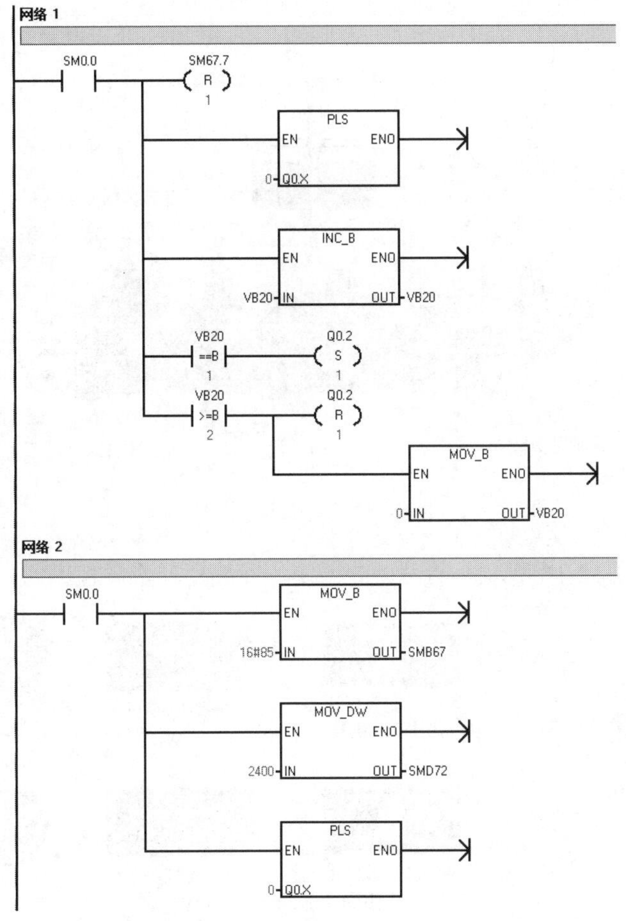

图 12-13　子程序 SBR_1

12.4　啤酒灌装线系统的 PLC 控制

【例 12-4】 有两条啤酒生产线，由一台 S7-300 控制。啤酒线启动运行，当啤酒瓶到位后，传送带停止转动，开始灌装啤酒，装满后，传送带转动，当啤酒瓶到达灌装线尾部时，系统自动计数，并显示。1 号线示意图如图 12-14 所示。

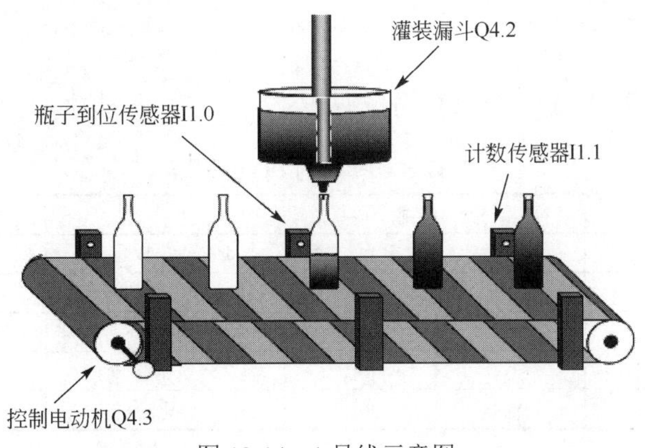

图 12-14　1 号线示意图

2 号线示意图如图 12-15 所示。

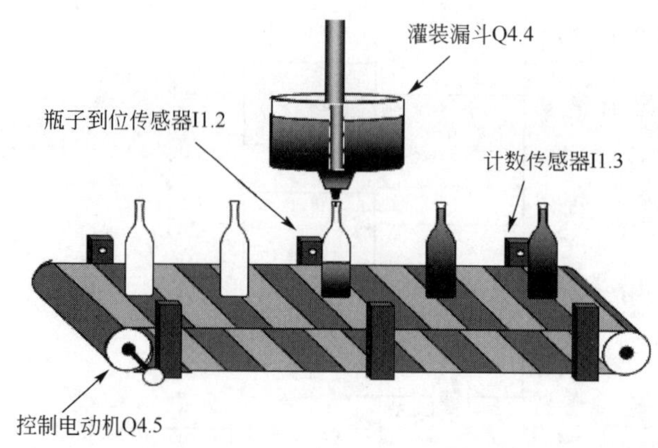

图 12-15 2 号线示意图

面板示意图如图 12-16 所示。请设计此系统，并编写梯形图程序。

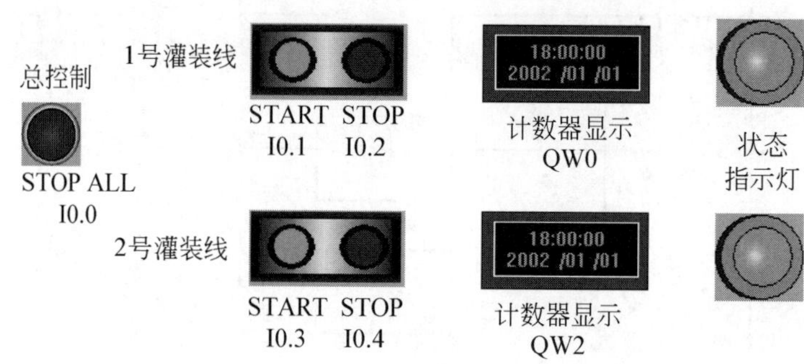

图 12-16 面板示意图

12.4.1 系统软硬件配置

（1）系统的软硬件

① 1 套 STEP 7 V5.5 SP4。

② 1 台 CPU 314C-2DP。

③ 1 根编程电缆。

④ 2 台 SM 322。

（2）PLC 的 I/O 分配 PLC 的 I/O 分配见表 12-5。

表 12-5 PLC 的 I/O 分配表

名 称	符 号	输 入 点	名 称	符 号	输 出 点
总控制按钮	SB1	I0.0	1 号线计数		QW0
1 号线启动按钮	SB2	I0.1	2 号线计数		QW2
1 号线停止按钮	SB3	I0.2	1 号线显示	HL1	Q4.0
2 号线启动按钮	SB4	I0.3	2 号线显示	HL2	Q4.1
2 号线停止按钮	SB5	I0.4	1 号线电动机	KA1	Q4.3

续表

名　称	符　号	输入点	名　称	符　号	输出点
1 号线瓶子到位传感器	SQ1	I1.0	2 号线电动机	KA2	Q4.5
1 号线计数传感器	SQ2	I1.1	1 号线电磁阀	YA1	Q4.2
2 号线瓶子到位传感器	SQ3	I1.2	2 号线电磁阀	YA2	Q4.4
2 号线计数传感器	SQ4	I1.3			

（3）控制系统的接线　控制系统的接线如图 12-17 所示。

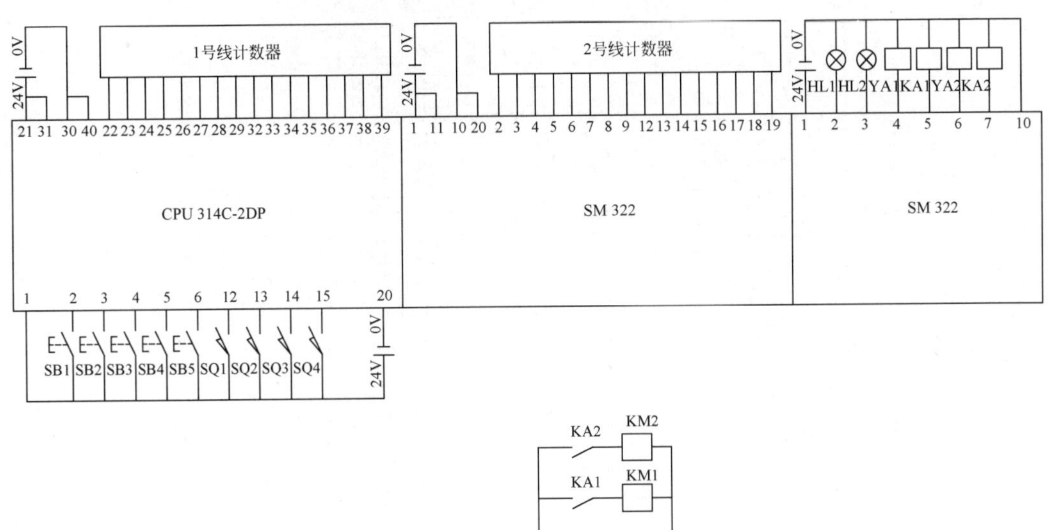

图 12-17　接线图

（4）硬件组态　先新建项目，命名为“灌装线”，配置 1 块模块 CPU 314C-2DP 和 2 块 DO16x24V，如图 12-18 所示，并将 CPU 314C-2DP 的输入地址修改为“IB0~IB2”，输入地址修改为“QB0~QB1”；然后将第一块 DO16x24V 的输出地址修改为“QB2~QB3”；将第二块 DO16x24V 的输出地址修改为“QB4~QB5”；这些地址在编写程序时，必须与之一一对应。

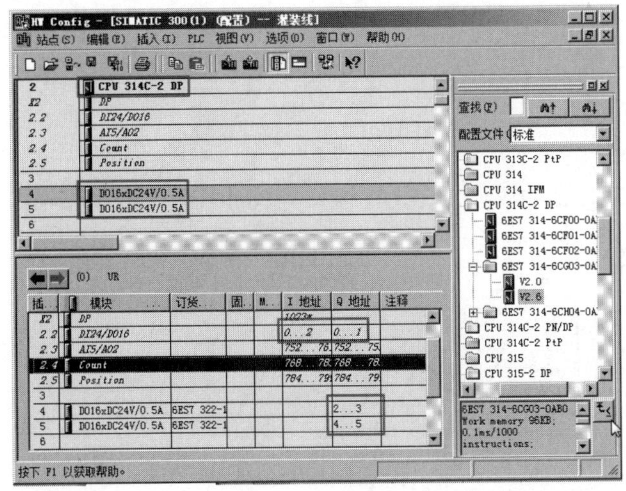

图 12-18　硬件组态

12.4.2 控制程序的编写

（1）输入符号表　按照如图 12-19 所示，输入符号表，在实际工程中，这项工作不能省略。

符号编辑器 - [S7 程序(1) (符号) -- 灌装线\SIMATIC 300(1)\CPU 314C-2 DP]

符号表(S)　编辑(E)　插入(I)　视图(V)　选项(O)　窗口(W)　帮助(H)

全部符号

	状态	符号	地址		数据类型		注释
1		Bottling_Control	FB	1	FB	1	
2		Cntr_1	C	1	COUNTER		Line1 Bottling Counter
3		Cntr_2	C	2	COUNTER		Line2 Bottling Counter
4		Display_1	QW	0	WORD		Line1 Count Display
5		Display_2	QW	2	WORD		Line2 Count Display
6		FB1	DB	1	FB	1	
7		Fill_1	Q	4.2	BOOL		Line1 Bottling Control
8		Fill_2	Q	4.4	BOOL		Line2 Bottling Control
9		Filling_Status_1	M	0.0	BOOL		Line1 Bottling Status
10		Filling_Status_2	M	0.1	BOOL		Line2 Bottling Status
11		Line1_Status	Q	4.0	BOOL		Line1 Status(Run/Stop)
12		Line2_Status	Q	4.1	BOOL		Line2 Status(Run/Stop)
13		Motor_1	Q	4.3	BOOL		Line1 Motor Control
14		Motor_2	Q	4.5	BOOL		Line2 Motor Control
15		Operation_Con...	FC	1	FC	1	
16		Sensor_Fill_1	I	1.0	BOOL		Line1 Bottling Sensor
17		Sensor_Fill_2	I	1.2	BOOL		Line2 Bottling Sensor
18		Sensor_Full_1	I	1.1	BOOL		Line1 Bottling Full Sensor
19		Sensor_Full_2	I	1.3	BOOL		Line2 Bottling Full Sensor
20		Start_L1	I	0.1	BOOL		Line1 Start Signal
21		Start_L2	I	0.3	BOOL		Line2 Start Signal
22		Stop_All	I	0.0	BOOL		Stop All Lines
23		Stop_L1	I	0.2	BOOL		Line1 Stop Signal
24		Stop_L2	I	0.4	BOOL		Line2 Stop Signal
25		Timer_1	T	1	TIMER		Line1 Bottling Timer
26		Timer_2	T	2	TIMER		Line2 Bottling Timer
27							

按下 F1 获取帮助。　CAPS　NUM

图 12-19　符号表

（2）编写 FC1 的梯形图

① 先新建功能 FC1，再在程序编辑器中声明 3 个输入参数：Start、Stop、Stop_All，如图 12-20 所示。

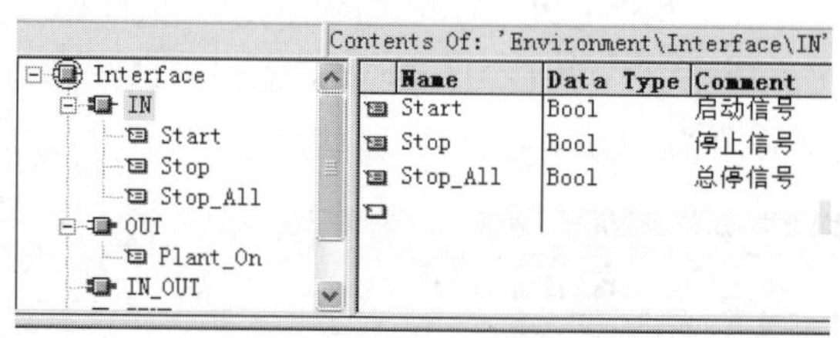

图 12-20　声明输入参数

② 接着在程序编辑器中声明 1 个输出参数：Plant_On，如图 12-21 所示。

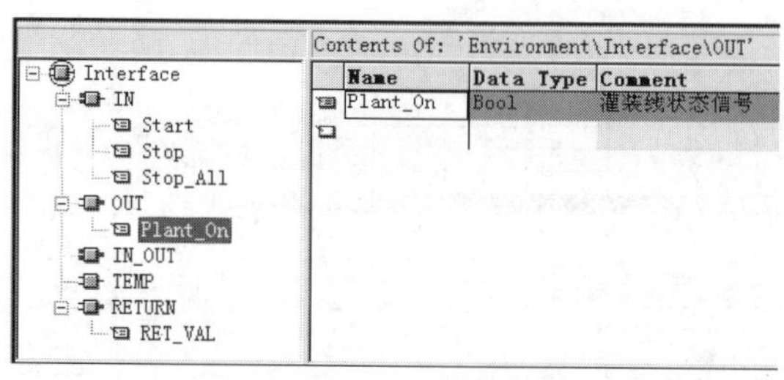

图 12-21　声明输出参数

③ 编写 FC1 的梯形图，如图 12-22 所示，其功能实际就是启停控制。

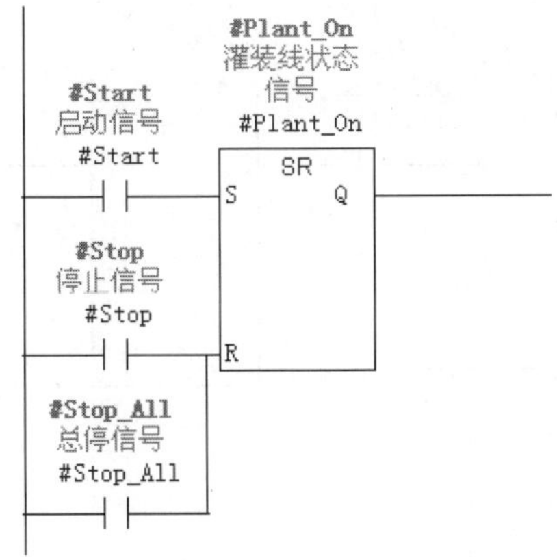

图 12-22　FC1 中的梯形图

（3）编写 FB1 的梯形图

① 先新建功能块 FB1，再在程序编辑器中声明 5 个输入变量，要特别注意变量的数据类型，如图 12-23 所示。

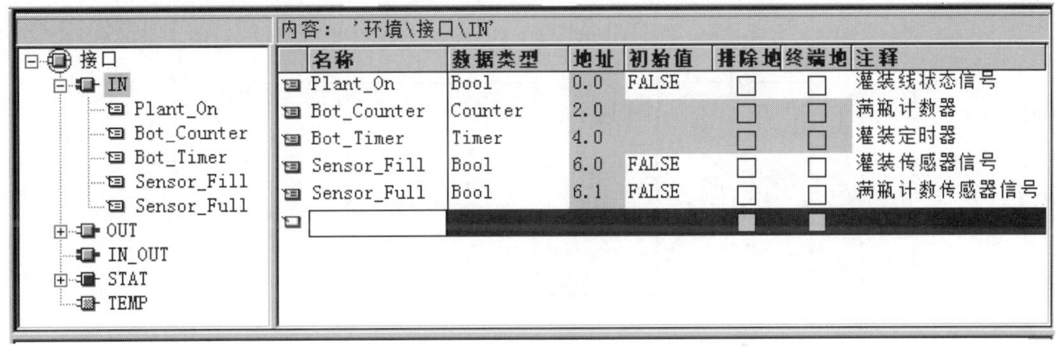

名称	数据类型	地址	初始值	排除地	终端地	注释
Plant_On	Bool	0.0	FALSE	□	□	灌装线状态信号
Bot_Counter	Counter	2.0		□	□	满瓶计数器
Bot_Timer	Timer	4.0		□	□	灌装定时器
Sensor_Fill	Bool	6.0	FALSE	□	□	灌装传感器信号
Sensor_Full	Bool	6.1	FALSE	□	□	满瓶计数传感器信号

图 12-23　声明输入参数

② 在程序编辑器中，声明 2 个输出变量，如图 12-24 所示。

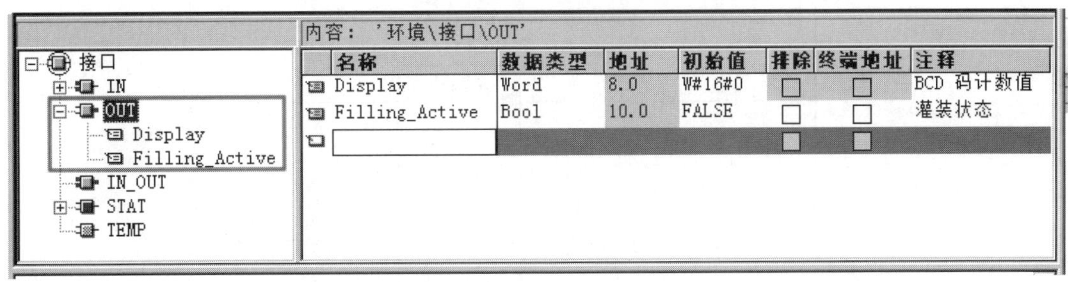

名称	数据类型	地址	初始值	排除	终端地址	注释
Display	Word	8.0	W#16#0	□	□	BCD 码计数值
Filling_Active	Bool	10.0	FALSE	□	□	灌装状态

图 12-24　声明输出参数

③ 编写 FB1 的梯形图，如图 12-25 所示。

程序段 1：标题：

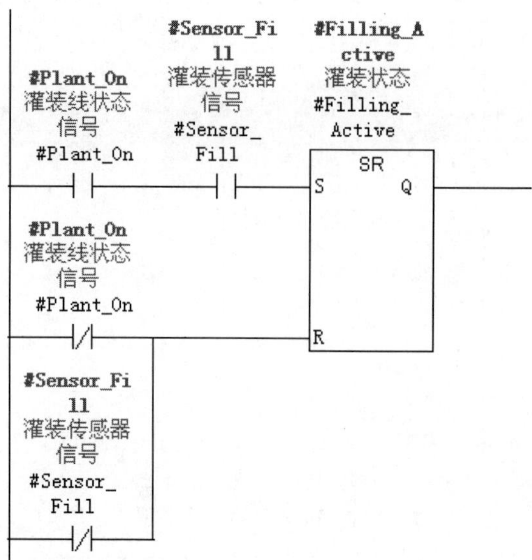

程序段 2：标题：

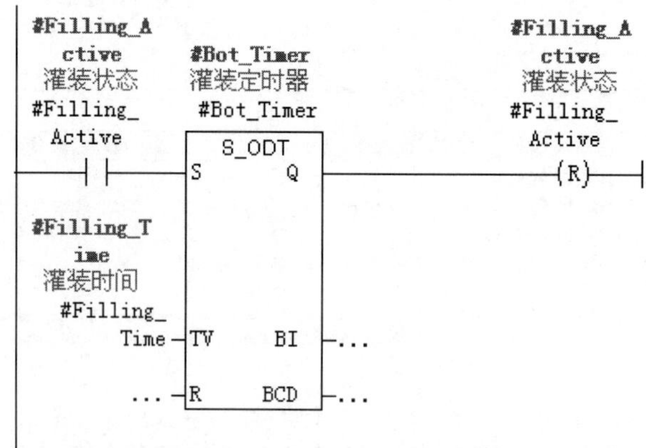

程序段 3：标题：

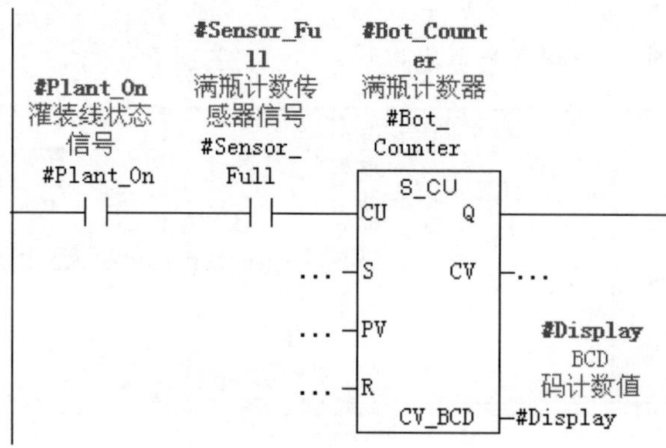

图 12-25　FB1 中的梯形图

（4）编写 OB1 的梯形图　主程序梯形图如图 12-26 所示。

程序段 1：标题：

1号灌装线的启停控制：将控制面板的输入信号作为FC1的输入参数，FC1的输出参数为1号线运行状态

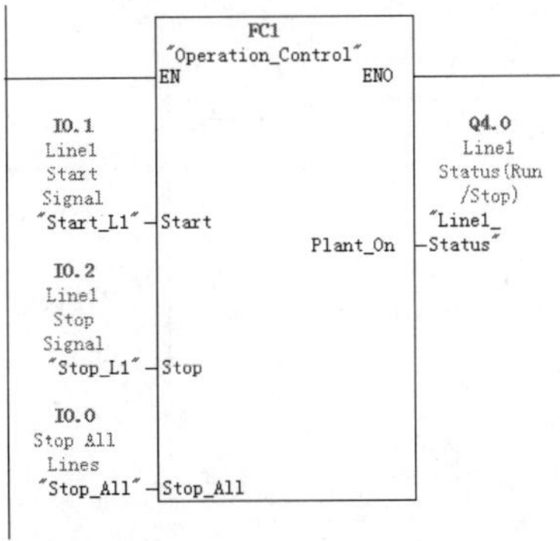

程序段 2：标题：

2号灌装线的启停控制。

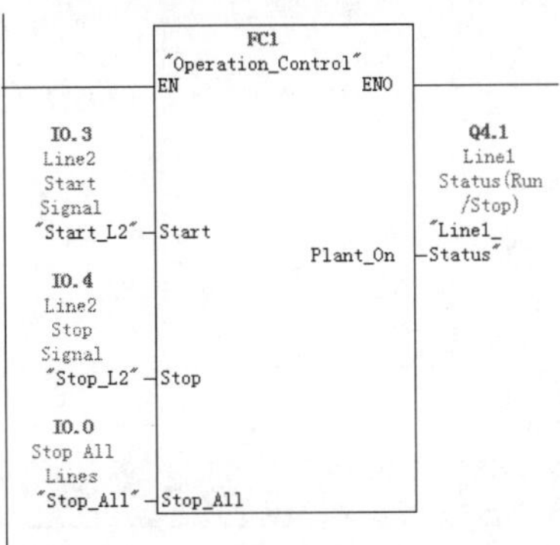

程序段 3：标题：

1号灌装线的运行状态信号（Line_1_Status），计数器Cntr_1、定时器Time_1和1号灌装线的传感器信号，FB1的满瓶计数值输出到Display_1，输出灌装状态信号Filling_status_1

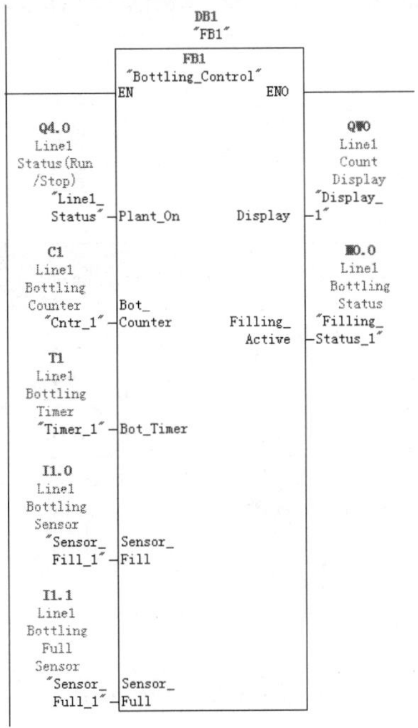

程序段 5：标题：

2号灌装线的运行状态信号

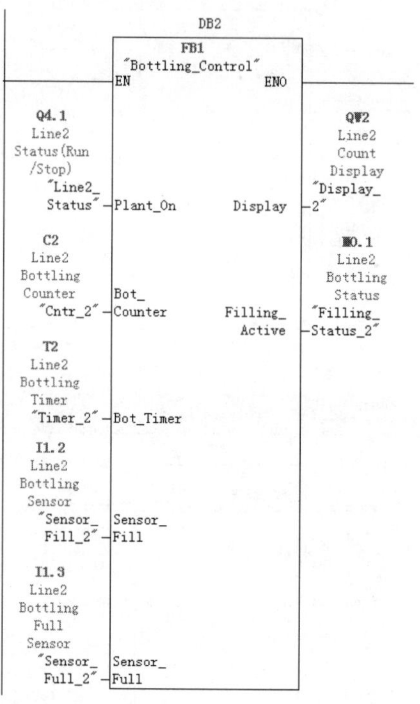

程序段 5： Line1 Motor Control

1号灌装线动作

Q4.0
Line1
Status(Run
/Stop)
"Line1_
Status"
M0.0
Line1
Bottling
Status
"Filling_
Status_1"
Q4.3
Line1
Motor
Control
"Motor_1"
M0.0
Line1
Bottling
Status
"Filling_
Status_1"
Q4.2
Line1
Bottling
Control
"Fill_1"

程序段 6： Line1 Motor Control

2号灌装线动作

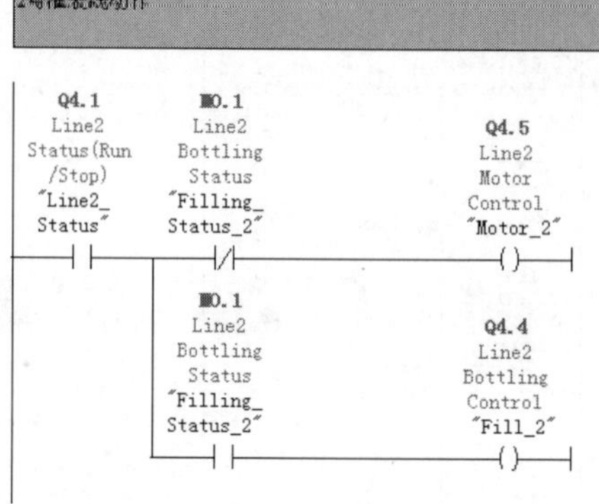

图 12-26 OB1 中的梯形图

12.5 往复运动小车PLC控制系统

【例12-5】 有一台小车，由CPU 314C-2DP控制一台MM 440变频器拖动，原始位置有限位开关SQ1。已知电动机的技术参数，功率为0.75kW，额定转速为1400r/min，额定电压为380V，额定电流为2.05A，额定频率为50Hz。系统有2种工作模式。

（1）自动模式时，当在原始位置，压下启动按钮SB1时，三相异步电动机以30Hz正转，驱动小车前进，碰到限位开关SQ2后，三相异步电动机以40Hz反转，小车后退，当碰到减速限位开关SQ3后时，三相异步电动机以10Hz反转，小车减速后退，碰到原始位置有限位开关SQ1，小车停止。压下停止SB2按钮时，小车完成一个工作循环后，停机。

（2）手动模式时，有前进和后退点动按钮，点动的频率都是20Hz。

（3）处于运行状态时，指示灯亮。

（4）变频器离CPU 314C-2DP较远，采用现场总线通信。

（5）任何时候，压下急停SB3按钮，系统立即停机，请设计方案，并编写程序。

12.5.1 系统软硬件配置

（1）系统的软硬件

① 1套STEP 7 V5.5 SP4。

② 1台CPU 314C-2DP。

③ 1根编程电缆。

④ 1台MM 440变频器（带PROFIBUS模版）。

⑤ 1台IM153-1。

⑥ 1台SM 321。

（2）PLC的I/O分配 PLC的I/O分配见表12-6。

表12-6 PLC的I/O分配

名称	符号	输入点	名称	符号	输出点
启动按钮（主站）	SB1	I0.0	指示灯	HL1	Q0.0
停止按钮（主站）	SB2	I0.1	指示灯	HL2	Q0.1
急停按钮（主站）	SB3	I0.2			
启动按钮（从站）	SB4	I3.0			
停止按钮（从站）	SB5	I3.1			
急停按钮（从站）	SB6	I3.2			
初始位置（从站）	SQ1	I3.3			
前极限位置（从站）	SQ2	I3.4			
减速位置（从站）	SQ3	I3.5			
前前极限位置（从站）	SQ4	I3.6			
后后极限位置（从站）	SQ5	I3.7			
点动按钮（向前，从站）	SB7	I4.0			
点动按钮（向后，从站）	SB8	I4.1			
手/自转换按钮（从站）	SA1	I4.2			

（3）控制系统的接线 控制系统的接线如图12-27和图12-28所示。

（4）硬件组态　首先创建项目，命名为“小车往复（通信）”，先组态变频器，如图 12-29 所示，站地址为“3”，输出数据区为“PQW256~PQW260”（PLC 输出到变频器地址），输入数据区为“PIW256~PIW260”（PLC 接收变频器反馈地址）。再组态远程 I/O 模块 IM153-1 和 EM 323，如图 12-30 所示，站地址为“4”，输入数据区为“PIW3~PIW4”。这些数据在编写程序时都会用到。

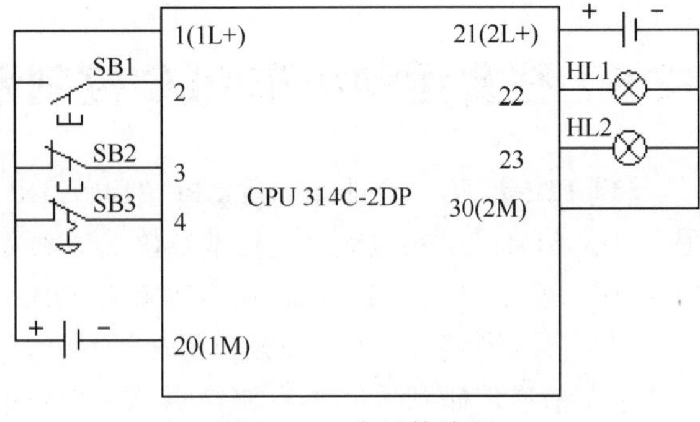

图 12-27　主站接线图

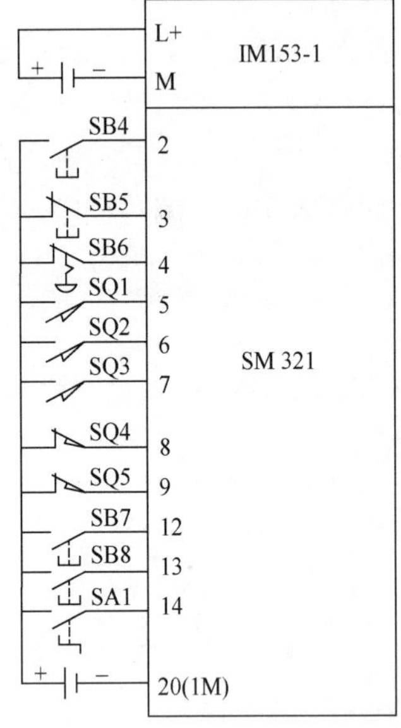

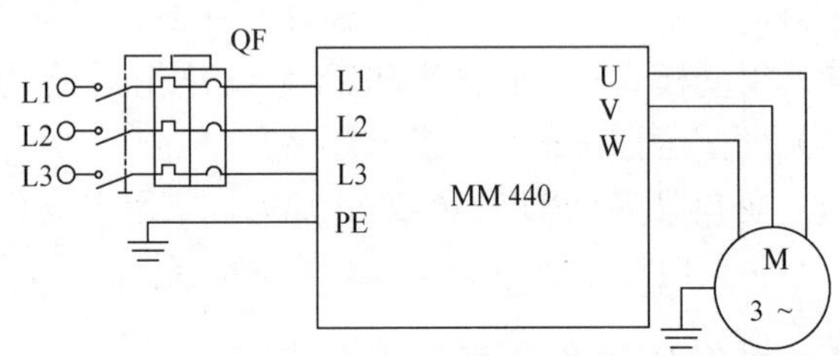

图 12-28　从站接线图

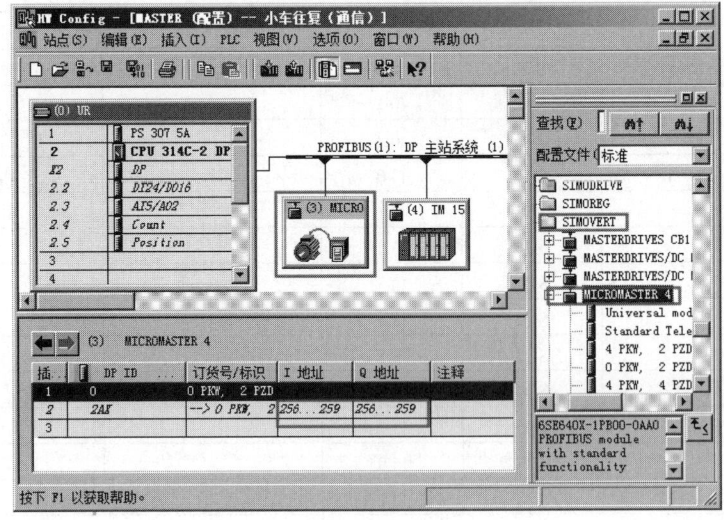

图 12-29　硬件组态（1）

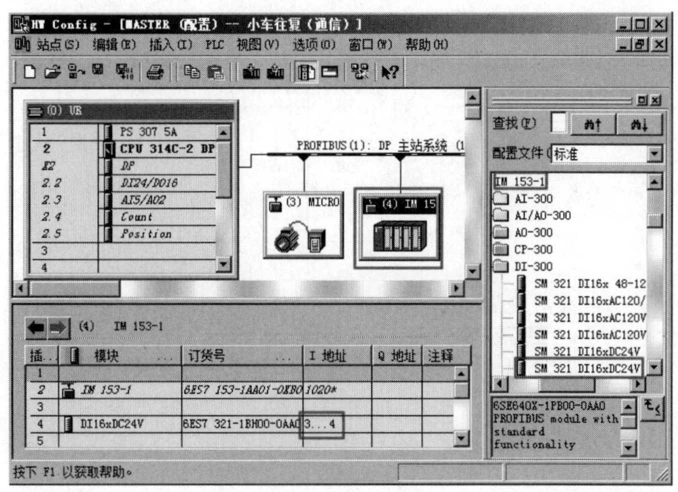

图 12-30　硬件组态（2）

12.5.2　控制程序的编写

编写程序如图 12-31～图 12-39 所示。

⊟ **程序段 1**：手动

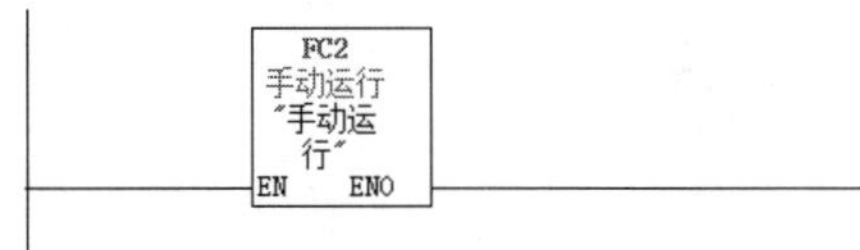

⊟ **程序段 2**：自动运行

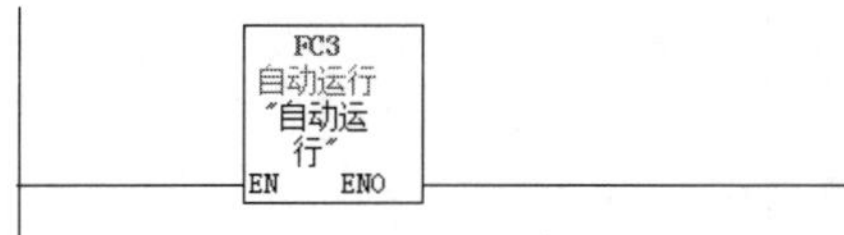

⊟ **程序段 3**：急停、极限位保护和模式转换

⊟ **程序段 4**：指示灯显示

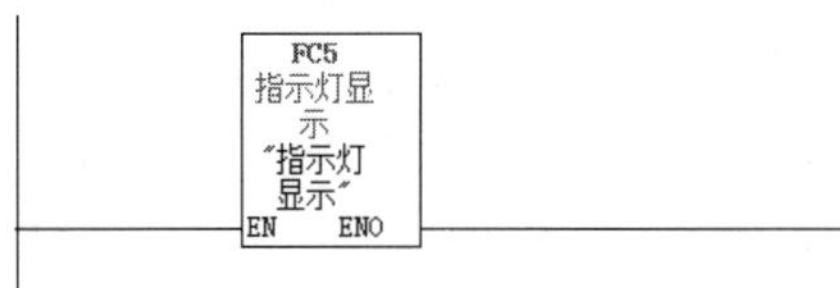

⊟ **程序段 5**：报警

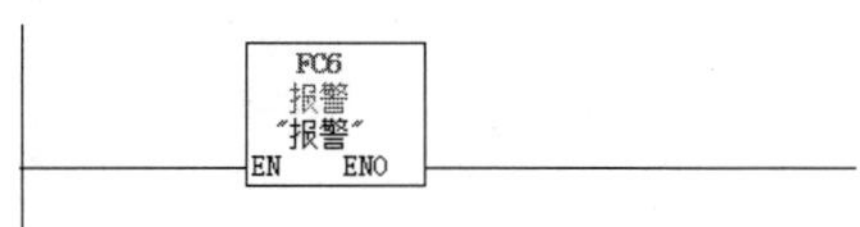

图 12-31　OB1 中的梯形图

⊟ **程序段 1**：标题：

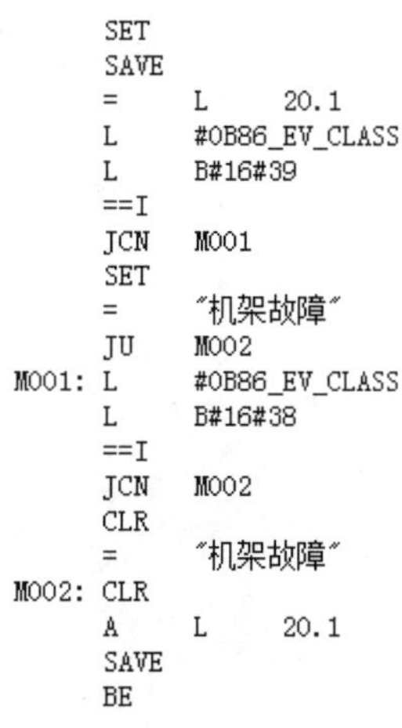

```
       SET
       SAVE
       =     L     20.1
       L     #OB86_EV_CLASS
       L     B#16#39
       ==I
       JCN   M001
       SET
       =     "机架故障"
       JU    M002
M001:  L     #OB86_EV_CLASS
       L     B#16#38
       ==I
       JCN   M002
       CLR
       =     "机架故障"
M002:  CLR
       A     L     20.1
       SAVE
       BE
```

图 12-32　OB86 中的指令表

⊟ 程序段 1：标题：

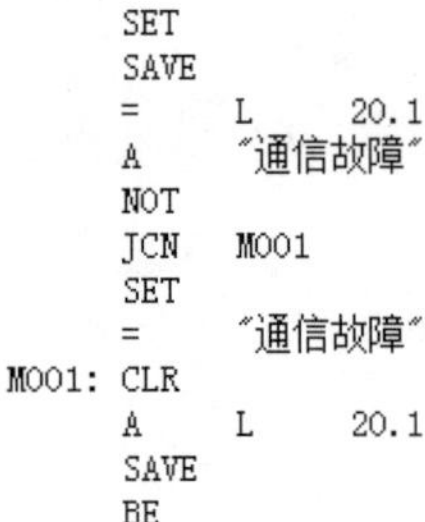

```
       SET
       SAVE
       =     L     20.1
       A     "通信故障"
       NOT
       JCN   M001
       SET
       =     "通信故障"
M001:  CLR
       A     L     20.1
       SAVE
       BE
```

图 12-33 OB87 中的指令表

⊟ 程序段 1：标题：

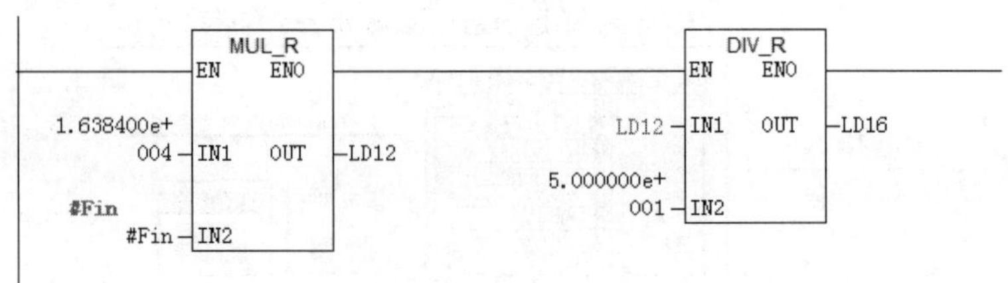

⊟ 程序段 2：标题：

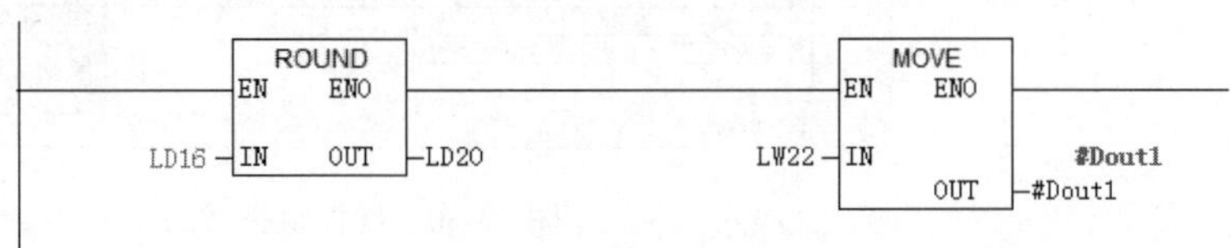

⊟ 程序段 3：标题：

运行方向

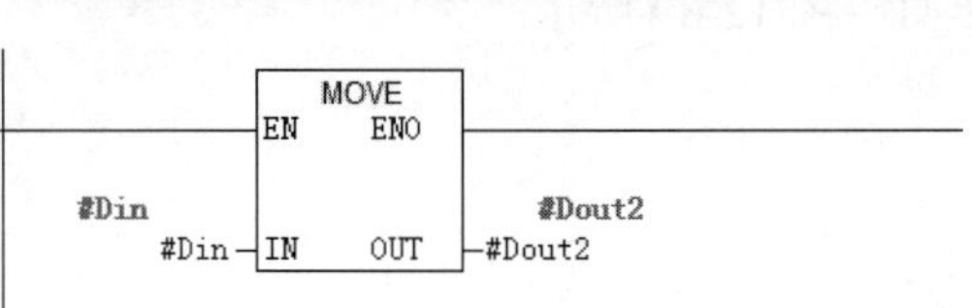

图 12-34 FC1 中的梯形图

⊟ 程序段 1：手动控制

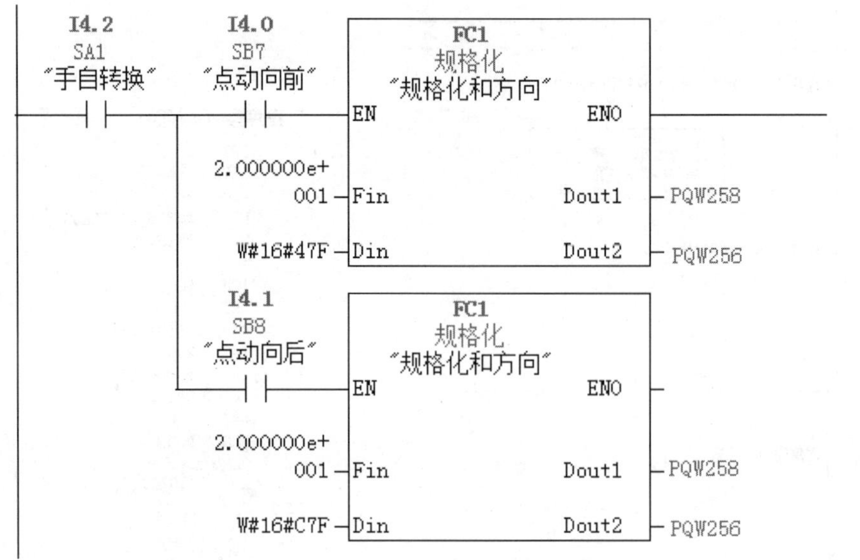

图 12-35 FC2 中的梯形图

⊟ **程序段 1**：停止

I0.1 SB2 "停止（主站）"
I0.0 SB1 "启动（主站）"
M1.0
I3.1 SB5 "停止（从站）"
M1.0

⊟ **程序段 2**：前进

I0.0 SB1 "启动（主站）"
I3.3 SQ1 "初始位置"
I4.2 SA1 "手自转换"
M0.1
M1.0
M0.0
I3.0 SB4 "启动（从站）"
M0.3
M0.0
FC1 规格化 "规格化和方向"
EN ENO
3.000000e+001 — Fin Dout1 — PQW258
W#16#47F — Din Dout2 — PQW256

⊟ **程序段 3**：停止1s

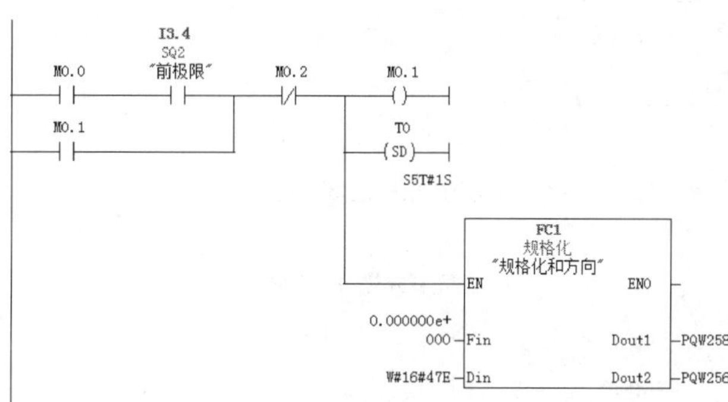

⊟ **程序段 4**：快速后退

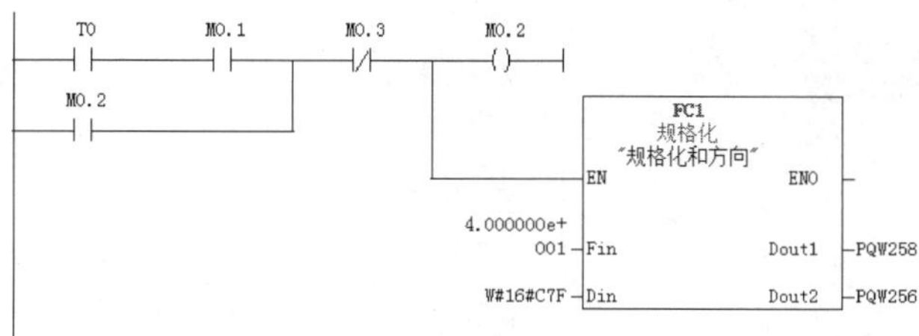

⊟ **程序段 5**：减速后退

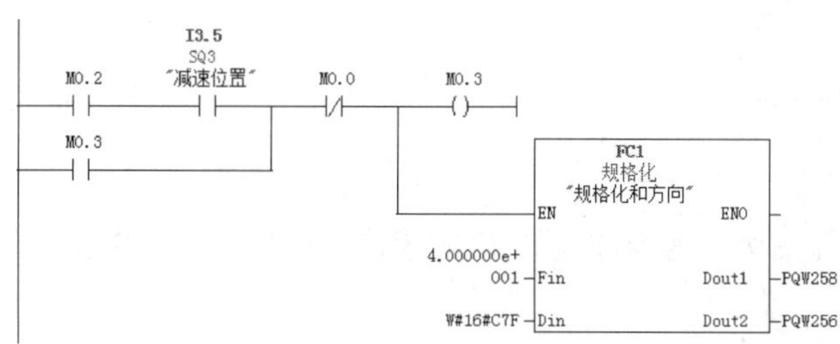

图 12-36 FC3 中的梯形图

⊟ **程序段 1**：急停、极限位保护和模式转换

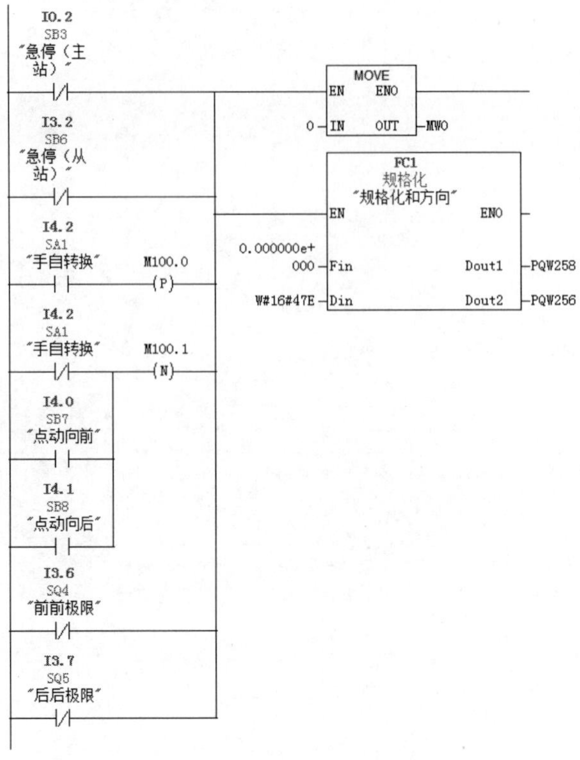

图 12-37　FC4 中的梯形图

⊟ **程序段 1**：指示灯显示

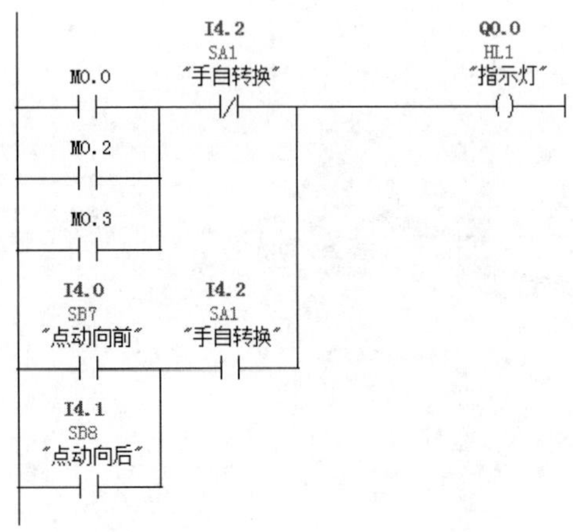

图 12-38　FC5 中的梯形图

⊟ **程序段 1**：报警

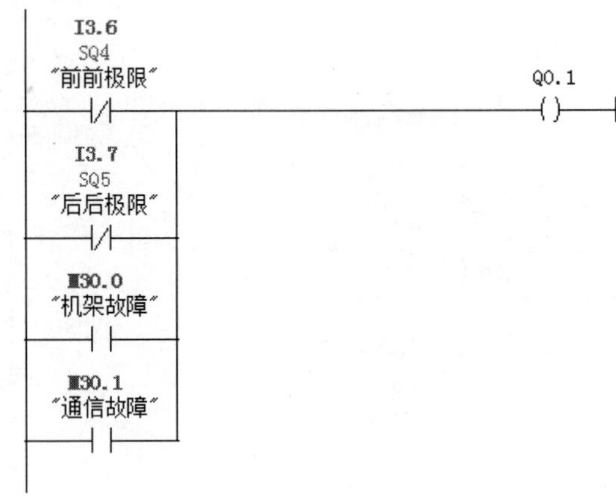

图 12-39　FC6 中的梯形图

重点难点总结

本章介绍 5 个典型的工程案例，内容涉及 PLC 的通信、模拟量数据采集、运动控制等，有难度。

参 考 文 献

[1] 向晓汉，等. 西门子 S7-300/400 PLC 完全精通教程. 北京：化学工业出版社，2016.
[2] 向晓汉，等. 西门子 PLC 完全精通教程. 北京：化学工业出版社，2014.
[3] 崔坚. 西门子工业网络通信指南. 北京：机械工业出版社，2009.
[4] 吕景泉. 自动生产线的安装与调试. 北京：中国铁道出版社，2008.
[5] 蔡行健. 深入浅出西门子 S7-200 PLC. 北京：北京航空航天大学出版社，2003.
[6] 杨光. 深入浅出西门子 S7-300 P LC. 北京：北京航空航天大学出版社，2004.
[7] 苏昆哲. 深入浅出西门子 Wincc V6. 0. 北京：北京航空航天大学出版社，2004.
[8] 张春. 深入浅出西门子 S7-1200 PLC. 北京：北京航空航天大学出版社，2009.
[9] 西门子公司. S7-200 系统手册. 2008.
[10] 西门子公司. MICROMASTER440 标准变频器使用大全. 2007.
[11] 廖常初. 西门子人机界面组态与应用技术. 北京：机械工业出版社，2007.
[12] 严盈富. 监控组态软件与 PLC 入门. 北京：人民邮电出版社，2006.
[13] 张志柏，等. 西门子 S7-300PLC 应用技术. 北京：电子工业出版社，2007.
[14] 张运刚. 从入门到精通西门子 S7-300/400 P LC 技术与应用. 北京：人民邮电出版社，2007.
[15] 张运刚. 从入门到精通西门子工业网络通信实战. 北京：人民邮电出版社，2007.
[16] 刘光源. 电工实用手册. 北京：中国电力出版社，2001.
[17] 龚中华，等. 三菱 FX/Q 系列 PLC 应用技术. 北京：人民邮电出版社，2006.
[18] 张春. 深入浅出西门子 S7-1200 PLC. 北京：北京航空航天大学出版社，2009.
[19] 严盈富. 触摸屏与 PLC 入门. 北京：人民邮电出版社，2006.